地下管线探查与管理

叶 英 编著

中国建筑工业出版社

图书在版编目（CIP）数据

地下管线探查与管理/叶英编著. —北京：中国建筑工业出版社，2019.9 (2022.3 重印)
ISBN 978-7-112-24036-4

Ⅰ.①地… Ⅱ.①叶… Ⅲ.①地下管道-探查②地下管道-管理 Ⅳ.①TU990.3

中国版本图书馆 CIP 数据核字(2019)第 157712 号

全书共分 10 章，首先从地下管线的概念、分类、敷设方式和特点出发，进一步阐述了地下管线的发展、问题与展望。其次介绍了地下管线的探查方法与技术，并针对常见的四种地下管线探测任务（城市地下管线普查、厂区或住宅区地下管线探测、施工场地管线探测、专业管线探测）、复杂管线探测（近间距并行管线、非金属管线、深埋管线）展开研究。随后结合管道内的检测与维护介绍了管内机器人技术的分类与进展。最后介绍相应的地下管线测绘与地下管线安全性评价方法。本书可供地下管线检测、城市市政管理人员，大专院校高年级学生、研究生作为教材或参考书。

责任编辑：曾　威
责任校对：张　颖

地下管线探查与管理
叶　英　编著

*

中国建筑工业出版社出版、发行（北京海淀三里河路 9 号）
各地新华书店、建筑书店经销
北京科地亚盟排版公司制版
北京中科印刷有限公司印刷

*

开本：787×1092 毫米　1/16　印张：24¾　字数：567 千字
2019 年 10 月第一版　　2022 年 3 月第二次印刷
定价：**78.00** 元

ISBN 978-7-112-24036-4
(34523)

前　　言

城市地下管线是现代化城市不可缺少的市政基础设施，它是城市资源输送、废物排泄、信息流动的物理载体。这些地下管线如同人体的“神经”和“血管”，日夜担负着城市的水、电、信息和能量的供给与传输，是城市赖以生存和发展的物质基础。

随着城市现代化建设进程的不断发展，人们越来越深刻地意识到城市地下管线探测工作的重要性。城市地下管线信息和资料的完整性和准确性将直接影响城市的规划建设和管理，如果没有完整准确的地下管线信息，在对城市地下管线埋设不清的情况下盲目施工，将会给人民的生命和财产造成严重的损失。

以1995年建设部、国家统计局联合在全国首次推进开展城市地下管线普查工作，1998年建设部专门下达“关于加强城市地下管线规划管理的通知”和全国地下管线专业委员会成立及有效的工作为重要标志，为我国城市地下管线行业的形成与发展奠定了坚实的基础和起到了积极促进作用。为了统一全国地下管线探测工作，建设部早在1993年就编制了《城市地下管线探测技术规程》（CJJ 61—94）作为行业标准，2003年又发布编号为CJJ 61—2003的新规程，用于指导和规范地下管线探测工作。中规协于2007年3月28日发布了关于“城市地下管线管理现状调查”的通知［（2007）中规协秘字第022号］。但随着我国经济的快速发展，城市现代化程度的高速推进，由于历史原因（体制不顺、欠账过多）和传统观念（重建设轻管理、重地上轻地下、重数量轻质量等）的影响，城市地下管线行业的发展与整个城市经济社会发展不协调，相对滞后，在各个层面上还有大量的工作要积极推进和完成。

当前整个地下管线探测普查工作比例偏低，面临的任务艰巨，目前只有30%左右的城市开展了地下管线的普查工作，权属单位的专业管线普查只有8%左右。地下管线普查工作发展相对不平衡，大型城市进展相对较快，中等及小型城市进展缓慢，在已开展的普查城市中，有50%左右的大型城市全部或局部开展过普查，在中型和小型城市中分别只有10%和9%左右的城市开展过普查工作。全国大、中小型城市地下管线普查率要达到90%以上，估计需要10年至15年的时间。城市小区地下管线是城市地下管线系统一个重要部分，随着城市地下管线信息化建设的发展，为保证城市地下管线信息化建设的全面与完整，城市小区地下管线将会逐步纳入到整个城市地下管线的信息化建设之中。

由于管网数量急速增加、管理相对滞后、城市环境变化巨大、城市大量建设工程以及城市人口工作和生活要求提高等多种因素的交织作用，城市地下管线事故数量成倍增长。同时，各类管线纵横交错，当某一管线发生严重事故时，极易以各种破坏形式作用于其他管网，使各种危险因素相互作用、叠加，甚至是相互助长，从而引发重大灾害事故。事故的发生给人们的生产和生活以及城市的运行带来了严重的损失，同时也严重制约着地下管线的安全运行和科学发展。

地下管线属于隐蔽工程，我国地下管线的信息化管理手段较为落后，与城市建设相差较远，存在管线资料存储单一、管线管理手段落后、管线缺乏统一管理等问题。由于管理和技术因素，城市地下管线安全事故每年都有发生。2011 年我国地下管线存量规模约 160 万 km，其中给水/排水管道约 100 万 km，工业管道约 20 万 km。其中建于 20 世纪 80～90 年代，采用金属、混凝土管材的管道占比约为 90%，这些管材的使用寿命不到 20 年。2008 年至 2010 年，仅媒体报道的地下管线事故每年就数以千计，平均每天约有 5.6 起。据不完全统计，我国每年因施工引发的管网事故所造成的直接经济损失达 50 亿，间接经济损失达 400 亿元之多，经济损失数额之大触目惊心，同时还伴有大量的人员伤亡，甚至造成不良政治影响，城市地下管线的安全形势十分严峻。

世界各国地下管线管理面临的问题是相似的，无论是国外还是国内，都面临着现存地下管线信息的收集、管理组织架构问题、资金问题、维护和安全问题等。无论是美国、英国还是德国、日本，都将地下管线运行安全放到了第一位。美国专门通过了《2006 管道检测、保护、实施及安全法案》，英国 1996 年出台了《管道安全条例》，日本、德国采用了严格的程序和共同沟等手段来减少事故的发生。

国内也是如此，国务院办公厅《关于加强城市地下管线建设管理的指导意见》（国办发〔2014〕27 号）明确指出发文的原因是："为切实加强城市地下管线建设管理，保障城市安全运行，提高城市综合承载能力和城镇化发展质量"。

从 19 世纪末期人们就提出了利用地球物理方法研究地下管线，到 20 世纪 30 年代末期，由于第二次世界大战爆发，地下管线探测研究逐渐被遗忘。二战后期，地球物理学家们才将视野又转向于管线探测。目前，地下管线探测技术在国外已应用多年，发展研究了电法、磁法、电磁法、地质雷达法、人工地震法、红外法等多种物探方法。我国地下管线探测技术起步较晚，开始于 20 世纪 80 年代中期，但发展较快，在 80 年代末期就已经较成熟，90 年代初形成一股热潮。但是我国的管线探测技术还处于起步阶段，很多技术方法还不够成熟，不少技术难点有待于今后进一步研究和解决。由于我国幅员辽阔，各地基础条件不一致，经济发展水平不平衡，地下管线信息化建设仍任重道远，暴露和存在的一些突出问题应加快研究解决。由于城市化进程的推进，城市地下管线的布设越来越密集、多样、复杂，由于布设时间的不同，很多地段多种管线密集并行、交叉分布甚至重叠。这给城市管线的探测工作造成了极大的干扰，再加之城市交通环境、空间电磁以及工业电流和离散电流等诸多因素的影响，使得城市管线探测工作的难度进一步增大。

采用地下管线探测、建立信息管理系统、动态管理和综合应用一体化的方法，全面查明城市地下管线分布情况，建立具有充分性、现势性的城市地下管线综合数据库和专业数据库。构建城市地下管线信息管理系统，实现地下管线信息的数字化管理，将地下管线信息以数字的形式进行获取、存储、处理、分析、管理、查询、输出、更新，并建立切实可行的数据更新机制，保证地下管线数据的动态管理。提高城市管理效率，为社会提供多元化的服务，为城市可持续发展及减灾防灾提供决策支持。

城市地下管线的管理水平是一个城市发展和管理现代化的重要标志，我国政府已经把城市地下管线建设管理提升到可持续发展的战略高度。因此，查明城市现有地下管线的分布和规划好未来地下管线的布局，对城市建设和管理、城市生活保障具有十分重要的意义。

书中内容主要介绍作者在地下管线探查等方面的研究成果，抛砖引玉，期望推动我国在地下管线探查与管理方面的广泛应用。作者多年研究的 TER 瞬变电磁雷达作为地下管线探查的一种新方法与技术，它在管线探查方面有独特的优势，书中也列举了典型的试验与应用案例，以说明其应用效果。

作者曾于 1996～2001 年参与山西省太原市城市给水管网的建设工程；2011 年主持北京市科委重大项目“地下管线及地下空洞综合探测技术研究”，将 UEP 地下工程瞬变电磁地质预报系统用于城市地下管线探测，通过与各种地质雷达的探测能力比较，进一步明确采用浅层瞬变电磁方法探测深部管线的优越性；2015 年主持北京市政路桥集团项目“城市浅层瞬变电磁雷达研制与应用”、2018 年主持北京市政路桥集团项目“城市浅层瞬变电磁雷达产业化与工程应用”，希望把瞬变电磁雷达应用于地下管线探查中，以期在城市地下管线普查中解决行业的实际难题。

书中的内容得到了地下工程建设预报预警北京市重点实验室团队、项目组的多方协助与合作，在此表示感谢。

目　录

1 地下管线概述

城市地下管线是现代化城市不可缺少的市政基础设施（图 1-1），主要分为地下管道和地下电缆两大类；其次，还包括综合管沟和人防地下设施。它是城市资源输送、废物排泄、信息流动的物理载体。这些地下管线如同人体的“神经”和“血管”，日夜担负着城市的水、电、信息和能量的供给与传输，有人把地下管线誉为城市的“生命线”，是城市赖以生存和发展的物质基础。由于历史及城市管理现实的原因，大量地下管线没有翔实准确的资料，这给城市规划、建设和管理带来了大量的问题，而管线探测是补充管线资料的有效办法。现在部分城市因为暴雨导致的内涝极其严重，影响了当地人民群众的工作和生活。而城市地下管线的管理水平，是一个城市发展和管理现代化的重要标志，我国政府已经把城市地下管线建设管理提升到可持续发展的战略高度。因此，查明城市现有地下管线的分布和规划好未来地下管线的布局，对城市建设和管理、城市生活保障具有十分重要的意义。

图 1-1　城市地下管线

1.1　地下管线的分类与代码管理

地下管线是指埋设于地下（水下）的各种管（沟、巷）道和电缆的总称。一般是指城市由于生产、生活而铺设于地下的各类管道，包括供水、排水管道、供热（暖气、地热）管道、供气燃气管道、供电、通讯管线（包括缆、线），统称地下管线。地下管线的种类较多，埋设方法与工艺不尽相同。

1.1.1　地下管线的分类

目前涉及地下管线设施分类的标准主要有《基础地理信息要素分类与代码》（GB/T 13923—2006）、《城市地下空间设施分类与代码》（GB/T 28590—2012）、《城市地下管线探测技术规程》（CJJ 61—2017）和《管线要素分类代码与符号表达》（CH/T 1036—2015），由于没有统一的原则和标准，其分类比较混乱。

《基础地理信息要素分类与代码》（GB/T 13923—2006）按区域、管线类别和实施要素进行分类。

《城市地下空间设施分类与代码》（GB/T 28590—2012）按设施功能、功能主特征和设施实体进行分类。设施功能分为：地下电力设施、地下信息与通信设施、地下给水设施、地下排水设施、地下燃气设施、地下热力设施、地下工业管道设施、地下输油管道设施和地下综合管沟设施等九大类；功能主特征：地下电力设施、地下信息与通信设施的功能主特征为“埋设方式”，地下给水设施功能主特征为“水质”，地下排水设施功能主特征为“水源和输送动力”，地下燃气设施主要以“传输介质和压力”为功能主特征来划分，地下热力设施、地下工业管道设施和地下输油管道设施则以“传输介质”为功能主特征来划分，地下综合管沟设施主要以“管沟规模”为功能主特征来划分；设施功能则以两位数字代码，未明确分类方法。

《城市地下管线探测技术规程》（CJJ 61—2017）按管类、权属、输送介质和设施实体要素分类。第一级按管类分为给水、排水、燃气、工业、热力、电力、电信和其他等 8 类。第二级按权属、输送介质分类，其中给水分为原水、输水、中水、配水、直饮水、消防水、绿化水、循环水；排水分为雨水、污水、合流；燃气分为液化气、天然气和煤气；热力分为热水、蒸汽；电力分为供电、路灯、交通信号、电车和广告；通信分为有线电视、信息网络和广播；工业分为氧气、乙炔、乙烯、油料、排渣、干气、苯、丙烯和精丙烯。三级按管线实体要素分为线、特征和附属物。

地下管线根据不同的功能、材质、管形、埋设方式、物理性质等都有不同的分类。

1）按功能划分

在城市发展建设的过程中，其地下管线的主要类型根据我国所发布的《城市地下管线探测技术规程》可以分为以下几种类型，包括给水、排水、燃气、热力、工业、电力、电信和其他管线等，这些不同类型的城市地下管线与人们的生活和企业的发展息息相关，根据管线使用类型的不同，可以分为工业管线和市政基础管线等，同时，针对这九大类型的地下管线来说，还能够进一步细分，比如排水管线可以分为污水管线和雨水管线，而污水管线又能够分为工业污水管线和生活污水管线，电信管线也可以分为广播管线、通讯管线和电视管线等（图 1-2）。

（1）供水（给水）管道：包括生活用水、消防用水及工业用水等输配水管道。

（2）排水（下水）管道：包括雨水管道、污水管道、两污合流管道和工业废水等各种管道，特殊地区还包括与其工程衔接的明沟（渠）盖板河等。

（3）燃气管道：包括煤气管道、天然气管道、液化石油气等输配管道。

（4）热力管道：包括供热水管道、供热气管道、洗澡供水管道等。

（5）电力电缆：包括动力电缆、照明电缆、路灯等各种输配电力电缆等。输配电电缆、动力电缆、照明电缆等管道。

（6）电信电缆：包括市话、长话、广播、光缆、有线电视、军用通信、铁路及其他各种专业通信设施的直埋电缆。包括光缆管线、电视管线、市话管线、长话管线和军用通讯管线等管道。

（7）工业管道（特种管道）：按其输送的介质分为石油、重油、柴油、液体燃料、氧气、氢气、乙烯、乙炔、压缩空气等油气管道，氯化钾、丙烯和甲醇等化工管道，工业排渣、排灰管道及盐卤和煤浆等输送管道。

（8）其他管线：主要指上面几类管线之外的城市管线，比如个别的生活垃圾管道等。

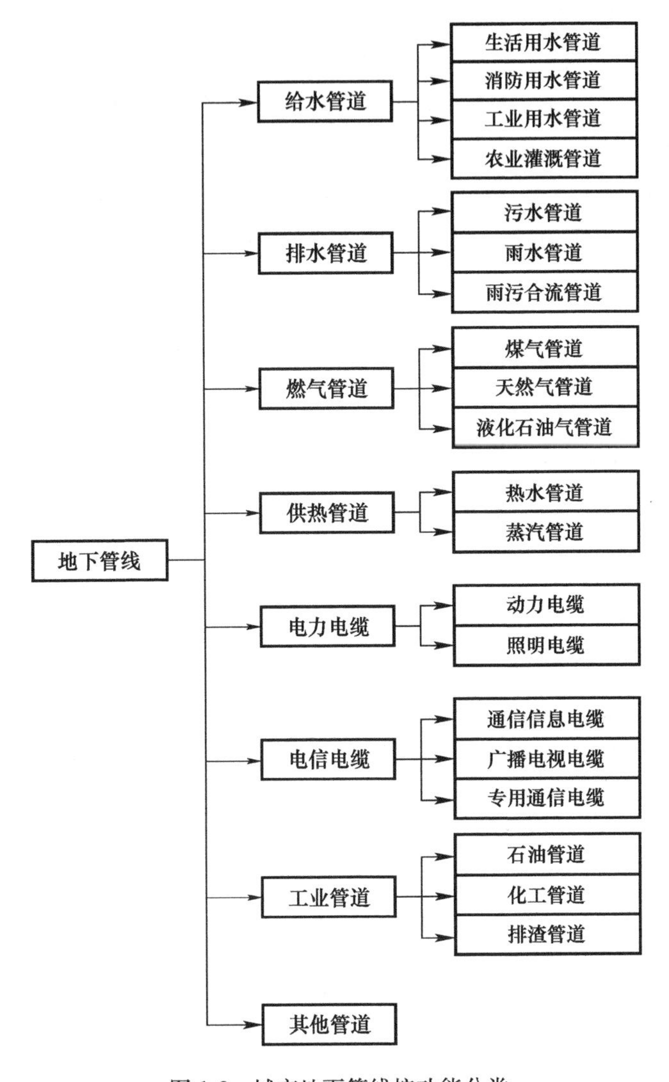

图 1-2　城市地下管线按功能分类

工矿企业、机关、学校、住宅小区等主要按照地下管线输送的介质、用途、主要成分等进行分类。例如，新鲜水、回用水、软化水、高压消防水、普通消防水、泡沫消防水、药剂消防水、中水、绿化水、生活用水、饮用水、生活热水、生产污水、生活污水、混合污水、生产废水、雨水、雨污合流、含硫污水、含碱污水和含酸污水等。

2）按材质划分

根据国内给水、排水、供热、燃气、供电、通讯等行业的信息，目前国内常用的地下管线类别包括了钢管、铸铁管、镀锌钢管、预应力混凝土管、预应力钢筒混凝土管、塑料管、陶土管、石棉水泥管以及有色金属管九大类。

(1) 由铸铁、钢材等金属材料构成的金属管道；

(2) 由铜、铝等金属材料构成的金属电缆；

(3) 由光纤材料构成的非金属线缆；

(4) 由陶瓷、水泥、塑料PE、玻璃钢等非金属材料组成的非金属管道；

(5) 由钢筋作为骨料构成的水泥管、墙体。

地下管线功能各异、结构不一、权属复杂，其服务对象、范围也有所不同，管线被破坏后的影响大小也难以统一界定。为了能够在各类地下工程施工过程中对地下管线进行合理的评价，尤其是在交叉穿越阶段，必须了解各管线的结构类型及其允许变形的能力，综合评价以做好后续的施工方案。不同材质管道的应用范围和主要规格及其接口类型见表1-1。

城市地下管线材质、规格及其接口类型简表　　表1-1

管道材质	应用行业	常见管道口径（mm）	结构类型	允许变形值
钢管	给水、排水、煤气、蒸汽、石油输送、石油天然气、农业灌溉用和喷灌用管等	*DN*8～2400	丝扣接口、焊接接口、法兰接口	较小
铸铁管	给水、排水和煤气输送	*DN*75～2200	承插橡胶圈法兰压盖连接、不锈钢卡箍内衬橡胶圈连接	较大
镀锌钢管	建筑、机械、煤矿、化工、电力、公路、桥梁、集装箱、体育设施、农业机械、石油机械、探矿机械等制造工业	*DN*15～100	挤压卡箍连接、胀形连接、橡胶密封圈连接、氩弧焊接连接	较小
预应力混凝土管	给水管	*DN*50～2800	承插式连接，包含水泥捻口、石棉水泥接口、铅接口、橡胶圈接口	较大
预应力钢筒混凝土管	长间隔输水干线、压力倒虹吸、城市供水工程、产业有压输水管线、电厂循环水工程下水管道、压力排污干管等	*DN*600～4000	承插式连接，包含水泥捻口、石棉水泥接口、铅接口、橡胶圈接口	较大
塑料管	给水、排水、通讯、电力等	*DN*16～500	热熔接、粘结连接、卡套式连接、法兰连接	较大
陶土管	城市污水管道、农用排水灌溉管道	*DN*200～500	承插式连接	较小
石棉水泥管	电力电缆管	*DN*100～200	沟槽式连接	较大
有色金属管（主要有铜管、黄铜管）	自来水管道、供热、制冷管道	*DN*20～300	卡套式、焊接式（分锡焊和铜焊）	较小

3）按管形划分

分为圆形管道、方形管道和地沟（管沟）。

4）按敷设方式划分

可分为以下几种：架空敷设、直埋敷设、地下管沟敷设、共同沟敷设、非开挖敷设。其中管沟敷设又分为通行地沟、半通行地沟和不通行地沟三种。

（1）给水管线：主要输水管线多为大口径，材质多为混凝土和球墨铸铁管两种，在主要道路上呈单条或者多条并行状布设，埋深一般在0.5～3m，支输水管线材质一般为PE管或者球墨铸铁管，埋深≤1.5m。

（2）排水管线：特点是管径大，主干排水管线管径一般≥0.6m，埋深0.5～6m，连接雨落口为小管径（0.15～0.4m），埋深≤2m。

（3）通讯管线：主要分布在慢车道及人行道上，分支较多，多以管块或直埋套管的方式埋设。

（4）燃气管线：埋设没有规律，多为PE管线且很多城市未埋设示踪线，主管道埋设较深，一般在0.5～2m。

（5）电力管线：主要分布在非机动车道及人行道上，多为管沟和管块的方式埋设，埋深1～3m，路灯与交通信号管线埋设浅，多以管埋为主且埋设方式不规则。

（6）热力管道：主要为蒸汽管道，分布于道路中央，多以管沟和套管方式埋设。

5）按覆土深度分类

分为浅埋和深埋。其中，管线覆土深度大于1.5m的称为深埋。

6）按其物理性质划分

地下管线与周围介质在电性、磁性、密度、波阻抗和导热性等方面均存在物性差异，因此，人们可以利用导电率、导磁率、介电常数和密度等物理参数，选择不同的地球物理方法进行地下管线探测。

1.1.2 地下管线分类代码

目前涉及管线要素代码的标准有《基础地理信息要素分类与代码》（GB/T 13923—2006）、《城市地下空间设施分类与代码》（GB/T 28590—2012）、《管线要素分类代码与符号表达》（CH/T 1036—2015）和《城市地下管线探测技术规程》（CJJ 61—2003）等。其中，《城市地下空间设施分类与代码》（GB/T 28590—2012）主要参照欧美地区不同规范的代码构成方式，采用分层代码的形式进行编写，与现有的标准分类编码系统《基础地理信息要素分类与代码》（GB/T 13923—2006）、《城市地下管线探测技术规程》（CJJ 61—2017）和《管线要素分类代码与符号表达》（CH/T 1036—2015）等并不兼容，而是独立的一套编码系统，将地下空间设施强行与地面地理空间信息剥离开来，并不适合现在地上地下一体化信息系统的建设工作，并不能满足城市地下管线信息化建设的需求。

《城市地下空间设施分类与代码》（GB/T 25890）采用6位编码，如图1-3所示。

《基础地理信息要素分类与代码》（GB/T 13923）采用6位编码，如图1-4所示。

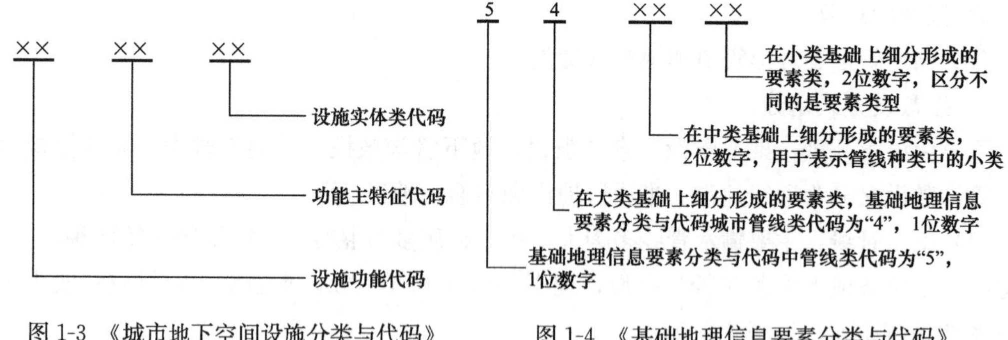

图 1-3 《城市地下空间设施分类与代码》管线要素代码

图 1-4 《基础地理信息要素分类与代码》管线要素代码编码结构

《城市地下管线探测技术规程》(CJJ 61) 采用 9 位编码，如图 1-5 所示。

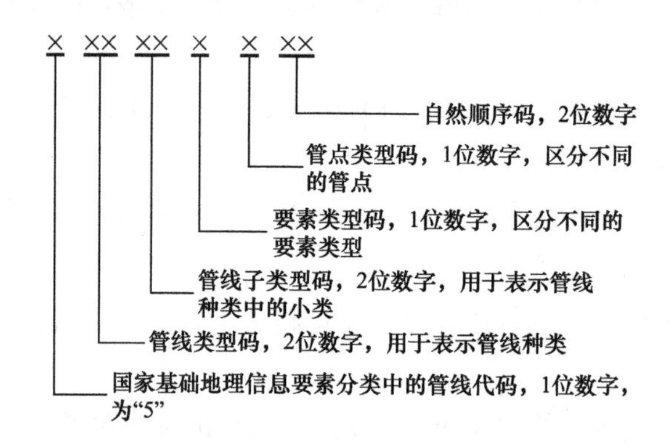

图 1-5 《城市地下管线探测技术规程》管线要素代码编码结构

这三者编码都不相同，造成实施过程中不知道该执行哪个标准。在充分考虑地下管线与地上空间信息要素统一开展信息化的发展需求，结合《基础地理信息要素分类与代码》(GB/T 13923) 的分类与代码规则，制定《管线要素分类代码与符号表达》(CH/T 1036)。管线要素代码见表 1-2。

《管线要素分类代码与符号表达》管线要素代码 **表 1-2**

要素名称	分类代码	要素名称	分类代码
管线直流	5000000	供电管线	5410100
输电管线	5100000	高压管段	5410101
高压输电线	5110000	中压管段	5410102
配电线	5120000	低压管段	5410103
通信管线	5200000	其他管段	5410104
陆地通信线	5210000	专用管段	5410601
海底光缆	5220000	其他电力管线	5419800
油、汽、水输送主管道	5300000	电力管线附属设施	5419900
油管道	5310000	弯头	5419901
天然气主管道	5320000	分支	5419902
水主管道	5330000	电力沟	5419903
城市管线	5400000	预留口	5419904
电力管线	5410000	变压器	5419905

续表

要素名称	分类代码	要素名称	分类代码
检修井	5419906	开关器	5419911
接线箱	5419907	人孔井	5419912
通风井	5419908	手孔	5419913
控制柜	5419909	变电所	5419914
环网柜	5419910		

1.2 地下管线敷设方式及特点

常见地下管线埋设方式有直埋、管沟、管块（管道）、隧道和综合管廊。常见管线施工工艺有明开、浅埋暗挖、定向钻（拉管、顶管、盾构）、架空、沿墙和沿管架。常见管线附属设施有场站（水源地、泵站、变电站、变电室、配电室、污水处理厂、交换站、交换室、调压站和热交换站等）、窨井、小室、阀门、计量表、压力表、温度表、水锤、配电箱、交接箱、分线盒、分线包、接头、张力弯、伸缩管、变径和套管等。

1.2.1 敷设方式

在城市迅速发展的条件下，地下管线扮演着越来越重要的角色，对其需求逐渐增多，技术的进步促进了经济、实用的非开挖管线敷设方式的出现，并将逐步替代传统的施工方法。管线的敷设方式主要有架空敷设、直埋敷设、地沟敷设、共同沟敷设、非开挖敷设。

（1）架空敷设，指的是在地面独立支架上或建筑物附墙支架上敷设管道的一种方法。这种敷设方法较为经济，而且施工方便，便于检查和维修。但是由于管线裸露在地表，容易受到外界环境变化的影响，如风、雨、雷电、化学腐蚀、温度变化等，而且占地面积较多，破坏城市美观。根据支架高度，架空敷设分为低支架、中支架和高支架敷设。

（2）直埋敷设，是一种传统的地下管道施工方式，是管道直接埋于土壤中不加其他防护设施。直埋敷设充分开发利用了地下空间，不需要地上配套设施，这样地面上部空间变得整洁，国内外许多热力管线工程都采用这种敷设方法。直埋敷设包括无补偿方式和有补偿方式，这种方法的缺点是管道腐蚀性强，容易受到外力损伤，难以检查和维修。

（3）地沟敷设，也称为管沟敷设，是在地下管沟内敷设管道的一种方法。地沟是地下敷设管线的围护结构，其作用是承受土压力和地面荷载，以防止水体入侵，保护管道。按照地沟内人行通道的设置，地沟可分为通行、半通行、不通行地沟。通行地沟是人可以进入其内直立通行，维护管理、检查修护方便，但施工建设成本高，占地面积大；半通行地沟是高度为1.2～1.4m，宽度不小于0.5m的人行通道，工作人员可在其中检查和修理管道，但更换管道时需要开挖地面；不通行地沟的横截面较小，因此占地面积小，只需确保必要的管道安装尺寸即可，成本低，但管道维修需要开挖地面。地沟敷设有效利用了地下空间，检修方便，但成本高，需要设立排水点，容易堆积易燃气体，存在不稳定安全成分，污垢清洗困难。

(4) 综合管沟敷设，即地下管线综合廊道，是将两种以上的城市管线集中放置在同一个人造空间，而形成的一种现代化、集约化的城市基础设施。与传统的直埋方式相比，避免了路面的反复开挖，延长路面使用寿命，从而降低路面的维护保养费用。管线共同沟敷设，不仅可以消除目前城市建设中普遍存在的“挖了填、填了挖”的“马路开膛”现象，而且有利于环境保护和交通畅通，同时也方便了维修和管理，缩短新增管道的施工周期。

(5) 非开挖敷设，是指在铺设、检查、维修和更换各种地下管线时不开挖地表，是一种高科技实用且环保的新技术。非开挖技术又称水平定向钻探技术（Horizontal Directional Drilling），即非开挖敷设地下管线施工技术。它是传统管线施工的一次革命，非开挖技术将逐渐取代传统的“挖路埋管”敷设方式。与传统的开挖铺管施工技术相比，非开挖技术经济、环保、安全，不但减少路面开挖，不影响交通，不破坏周围环境，而且施工周期短，降低施工费用。在旧管道维修和工程的安装难度高时，可以解决一些传统开挖技术不能解决的施工问题。但是，管线敷设深度一般在几米至十几米之间，有的甚至达几十米，这对探测定位地下管线提出了挑战，增加了管线探测工作的难度。

1.2.2 自身特点

城市地下管线是维持城市基本功能的公共基础设施网络，在空间布局和功能方面具有如下特点：

1) 空间布局特点

(1) 公共性

各地下管线系统存在地下空间中，有很强的公共性。它占用一定的地下空间资源、有一定的服务范围和服务区域。地下管线覆盖整个城市，共同为城市的各单位、集体和个人服务，城市以及城市居民对地下管线具有很强的依赖性。由于地下管线的这一特点，无论城市地下管线系统哪个区域、哪类管线一旦遭到破坏，都将会对管线功能和空间上相关管线造成连锁损害效应，影响服务对象的正常使用，降低管网服务质量，甚至引发严重后果。

(2) 易损性

城市地下管线纵横交错地敷设在城市地面以下，在日常生活中很难被人们直接接触。但是，地下管线时常会遭受来自各方的破坏，具有极强的易损性。破坏管线的因素不尽相同，主要因素包括外部环境、地质条件、敷设方式和自身条件等。

(3) 关联性

尽管各类地下管线自成系统并且独自运行，但由于地下管线共同敷设在城市地下空间中，其空间分布位置存在关联，这种联系使得地下管线从整体空间布局上构成了完整的网络结构。其网络规模庞大，具有数量众多的节点和线路，且各类不同的管线彼此相互影响，共同发挥作用。例如，当灾害发生后，一个管线系统的可靠程度，不仅与该系统自身的抗灾性有关，还与空间上和该系统布设有关联的其他管网系统的抗灾能力有关。因此，当某些管线发生故障不能正常运营时，其影响的范围不仅涉及该管线所服务的区域，还可能会影响到与之相关的区域，甚至对整个管网系统的正常运营带来影响。

（4）广泛性

城市地下管线的空间分布范围宽广，整个地下管线系统的功能不仅与组成系统的各单元密切相关，而且与各类管线间空间布局状况有关，这种联系使得整个地下管线系统构成了一个完整的网络，广泛分布于城市的地下空间中。

2）功能方面的特点

城市地下空间中纵横交错的管网系统，是典型的复杂网络系统，由于历史原因和人为因素，地下管线具有以下特点。

（1）多元性。城市在发展，城市地下管线的功能也在不断增强与更新，单一的地下管线无法承担其任务。随着管线种类的不断增加以及功能的不断细化与完善，城市地下管线表现出多元化的趋势。

（2）隐蔽性。管线的架设方式有两种，一种是架空，另一种是埋设于地下的。实际中大部分管线都埋设于地下，埋设较浅的有几厘米，较深的有几米，甚至有的较深的市政管线埋设达到十几米。因此，这些埋设于地下的管线看不见、摸不着，空间位置信息和属性信息只能借助于探测仪器且获取困难，数据的精度也不是很高。

（3）复杂性。城市地下管线有九大类，又分为几十个小类，几十种管线都埋设于地下，种类多、密度大，由于以往地下管线敷设规划管理不规范，导致各类管线纵横交错，空间关系极其复杂。

（4）系统性。虽然地下管线空间关系错综复杂，但是一类管线又有一定的系统性。地下管线都是有管线点、管线段、建（构）筑物等组成的，每一类管线都是一个系统，系统各组分正常运行的情况下，整个系统才能发挥它的功能。例如：燃气管道在整条管线部件都正常的情况下才能传送燃气，只要是有一段管线漏气，则与之相关联的整条管线系统都不能使用了。

（5）动态性。随着城市建设的迅猛发展，地下管线作为城市的重要基础设施，也在不断发展。地下管线的改建、扩建、新建工程在每一个城市都比较频繁，因此，地下管线数据库的更新机制也是目前比较重要的一个问题。

《城市地下管线探测规程》按其任务的类型把地下管线探测任务分成四种：城市地下管线普查、专业地下管线探测、厂区或住宅小区地下管线探测及施工场地管线探测。规程对地下管线探测的共性问题已经作了较详细的阐述和规定，但它们的个性问题还需要做进一步研究。否则，在具体工程中很可能达不到工程要求，甚至对工程造成影响。

1.2.3 探查特点

（1）管线特征点的属性复杂，获取难度大。由于管线特征点绝大部分埋在地下，需要用物探的方法将埋于地下的管线特征点探查清楚，包括平面位置、埋深、走向等属性，并按规定编号。同时还需调查管线的管径、埋设方式、权属单位等内容。然后用测量手段测出管线特征点的三维坐标，最后根据探查及测量成果编汇地下管线现状图。

（2）道路交叉口的探测难度大，管线点密集。现状管线在敷设时缺少统一规划，且市政管线的种类繁多，如雨水、污水、给水、煤气等七八种，而电力和电信管线埋设比较随意，路口管线纵横交错，管线特征点密度大，管线探测难度很大，易测错、漏测，同时也易造成地面点编号混乱。

(3) 管线数量多，工作量大。管线的外业包括管线探查和管线特征点测量两道工序，而管线特征点的测量在探查工作完成后才能进行，易造成探查测量结果不统一。

(4) 管线特征点的探测精度要求比较高。

(5) 作业环境相对比较差，人流大，车辆多，给探测工作的开展和人身安全、仪器设备的使用带来诸多不便。

1.3　一般规定

1.3.1　调查目的与测定范围

城市中心城区地下管线基础信息普查工作，需按照相关部门的探查任务和数据成果要求进行。它为建立规范的综合管线管理信息系统，提高地下管线管理的整体效率，实现地下管线数据即时交换、共建共享、动态更新，最终推进城市数字化城市管理系统、智慧城市的建设。

管线探测目的是查明各种管线的敷设状况、投影位置和埋深、管线类别、材质、管径规格、载体性质、电压（压力）值、电缆条数、管块孔数、权属单位、附属设施等。它包括管线探查和管线点测量，管线点包括明显管线点（实地可直接定位的点）和隐蔽管线点（实地看不见的管线点，也就是必须通过探测或其他方法定位的点），并最终生成综合管网图及数据库。探测管线目的与测定范围按 4 种任务类型对比见表 1-3。

探测管线目的与测定范围　　　　**表 1-3**

地下管线探测分类	探测目的	测定范围
城市地下管线普查	为城市规划、建设和管理提供可靠信息	道路、广场等主干管线通过的区域
专业地下管线探测	为某一专业管线的规划设计、施工和运营的需要提供现况资料	专业管线工程敷设的区域
厂区或住宅区地下管线探测	为厂区或住宅区规划、建设和管理提供可靠信息	除探测厂区或住宅区的地下管线，还要注意地下管线普查与厂区或住宅小区管线探测范围之间的衔接，避免漏测和重复探测
施工场地管线探测	保护地下管线，防止施工开挖破坏地下管线	包括需要开挖的区域和可能受开挖影响威胁地下管线安全的区域。此外，为了查明测区地下管线的分布有时还需要再扩大范围

1.3.2　管线探查测注与取舍

查明测区内地下管线的具体敷设状况，需要按照有关要求，对于明显管线点应对所有管线及其附属设施进行实地调查、记录和测量。对于隐蔽管线，需要查明其特征点在地面的投影位置，隐蔽管线特征点包括交叉点、转折点及管线上的附属设施中心点等，井盖要标明材质和规格。基于后期建库和实际管理需要，建议对调查对象一一拍照。

各类管线的测量定位点均以管沟道中心线和附属设施的几何中心为准。地下管线的测量定位点按表1-4执行。

地下管线探查与测注项目　　表1-4

管线种类	地面建（构）筑物	管线点		量注项目	测注高程位置
		特征点	附属物		
给水	水源井、泵站、水塔、水池	拐点、三通、四通、变径、变深、出地	阀门、水表、消防栓、各种窨井	管径、材质、埋深、井盖规格和材质	管顶及地面高程
排水	净化池、泵站、暗沟地面出口	进出水口、交叉、拐点	雨水篦、各种窨井、排污装置	材质、管径或断面尺寸埋深、材质、井盖规格和材质	管内底、方沟底及地面高程
电力	变电站、配电室、高压线杆、铁塔	拐点、分支、出地、上杆	变压器、人孔井、手孔井	材质、电压等级、根数或已用孔数和孔数、埋深、井盖规格和材质	缆顶、管块顶或沟底高程及地面高程
通讯	变换站、控制室、差转台、发射塔、检修井、塔杆	拐点、分支、出地、上杆	接线箱、人孔井、手孔井	材质、直埋根数或管块孔数、埋深、井盖规格和材质	缆线或管块顶高程及地面高程
天然气	气化站、调压房、储气站	拐点、三通、变径、变深、四通、出地	阀门、窨井、凝水缸	管径、材质压力等级、埋深、井盖规格和材质	管顶及地面高程
热力	锅炉房、热交换站	拐点、三通、变径、变深、四通、出地	阀门、窨井、排污、排气阀门	管径、材质、埋深、井盖规格和材质	管顶及地面高程

探测项目内的所有管线都应查明权属单位。部队、铁路、民航、海运及其他专业管线也参照上表规定执行，但应注明权属单位及用途。

电力、通讯管沟测注的平面位置为管沟几何中心、套管和直埋电缆埋深均以外顶计。

地下管线探测取舍范围应按表1-5执行。

地下管线普查取舍标准　　表1-5

管线种类		调查取舍标准	备注
给水	给水	管径≥100mm	
	中水		
排水	雨水	管径≥300mm	方沟≥400×400mm
	污水	管径≥300mm	
电力	供电	电压≥380V	包括直、交流
	路灯	电压=380V	
电信	电信	全测	含联通、移动、电信、军用电缆、天童通信、共建恒业、有线电视等
	有视	全测	
	军用	全测	
天然气、热力、工业、综合管沟		全测	

1.3.3 管线布设原则与规定

各类管线的用途不同，性质各异，在城市道路面或建设用地地面下敷设多种管线时，如果不进行综合规划与管理，那么各种管线在水平以及竖向空间位置上可能会产生干扰和冲突，从而引发管道事故，危及城市安全。城市地下管线综合规划和管理，就是根据地下空间实际情况，科学合理的布置各类管线的走向、间距、埋深等，并且合理规划不同管线间的空间布局，包括平面位置和竖向位置。

工程管线在道路下面的规划位置宜相对固定，各种工程管线不应在垂直方向上重叠直埋敷设。从道路红线向道路中心线方向平行布置的次序，应根据工程管线的性质及埋设深度等确定。分支线少、埋设深、检修周期短和可燃、易燃和损坏时对建筑物基础安全有影响的工程管线应远离建筑物。布置次序宜为：电力电缆、电信电缆、燃气配气、给水配水、热力干线、燃气输气、给水输水、雨水排水、污水排水。

1）管线水平布设的原则和要求

为使地下管线布设符合城市发展要求，管线水平布设在规划与设计时需遵循以下原则和要求。

（1）统一坐标系

为避免出现互不衔接和连接混乱等状况，在地下管线前期的规划和设计中，必须采用与城市规划设计相一致的高程以及坐标系统。

（2）充分利用现有管线

进行新的管线规划设计时，需要充分考虑已有管线布设情况，一般只在现有管线与城市发展不适应时，才会考虑将其拆除或废弃。

（3）预留发展空间

考虑到城市未来发展的需要，地下管线的数量必然会增加，因此在城市管线规划设计时，比如管位设计时，应尽可能为以后可能新增的管线预留发展空间。

（4）适当控制管线长度

在满足管线稳定运行和使用需求的前提下，应尽可能控制管线的敷设长度，以减少施工成本，降低管线管理和维护的难度。

（5）符合布设位置要求

地下管线应尽可能布设在道路绿化带、人行道或者非机动车道等地面下，当布设空间受到限制时，可以将检修次数相对较少和埋设深度较深的管道布设在机动车道地面下，同时还应尽可能避开车辆频繁经过地带。

（6）符合水平顺序要求

一般情况下，地下管线布设应与道路红线、道路中心线平行，各类地下管线从道路红线或建筑物红线向道路中心线方向平行布置的顺序，由各管线的性质和埋设深度所确定。

（7）符合水平净距要求

在进行地下管线综合水平布设时，应保证管线与管线、管线与建（构）筑物两者之间的水平距离符合相关规范要求。

(8) 避开地质条件不良地带

在进行地下管线布设时，应尽量的避开滑坡危险带、容易塌陷地区、地震断裂带等地质条件不良地带。

横向规划示意如图 1-6 所示。

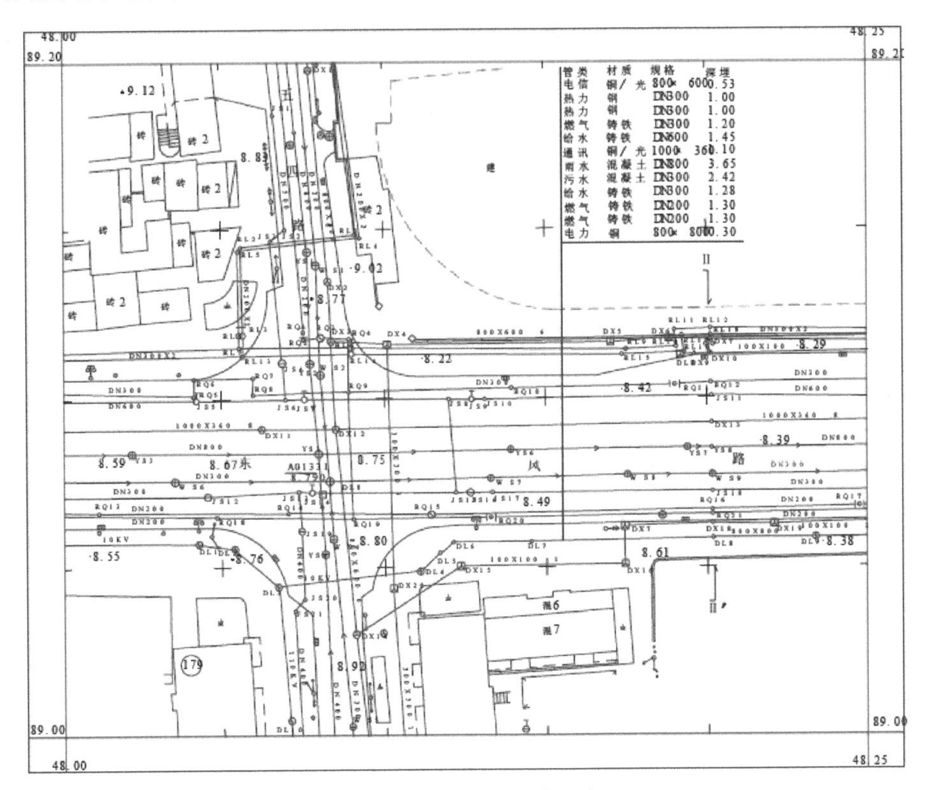

图 1-6 某道路的管线横向布置

2) 管线垂直布设的原则及要求

地下管线在竖向空间位置上的布设应以水平布设为基础，同时结合管线布设区域的具体情况。为使地下管线布设符合城市发展要求，管线在规划与设计时垂直布设需遵循以下原则和要求：

(1) 尽可能减小埋设深度

进行管线位置竖向布设时，应在满足各类管线运营要求和相关埋深规范的基础上，尽可能减小管线的埋设深度，降低施工成本，便于管线后期的检修和维护。

(2) 满足专业技术要求

对于重力自流管线等特殊管线，在管线竖向布设过程中埋设深度必须满足管线的坡度和流向要求。

(3) 适当增加必要的保护措施

在地下管线布设时，对于有重型设备或者大型运输车辆行驶的地段，应对可能会承受重压的管线采取必要的保护措施，以防止设备或车辆通过时损毁管线。

（4）尽量采用综合管沟等敷设方式

为了便于地下管线的日常管理和维护，在技术和经济条件满足的情况下，在地下空间相对狭小，地下管线种类众多的区域，特别是针对交通咽喉区，应尽量采用综合管沟等先进技术进行管线敷设。

（5）优先考虑有特殊埋设要求的管线

管线垂直布设时，应优先考虑有特殊埋设要求的管线。例如，在确定各类地下管线交叉口标高时，应首先考虑排水管线标高。

（6）符合垂直净距要求

在进行管线竖向布设时，应保证管线与管线、管线与建（构）筑物两者之间的垂直距离符合相关规范的要求

纵向规划示意如图 1-7 所示。

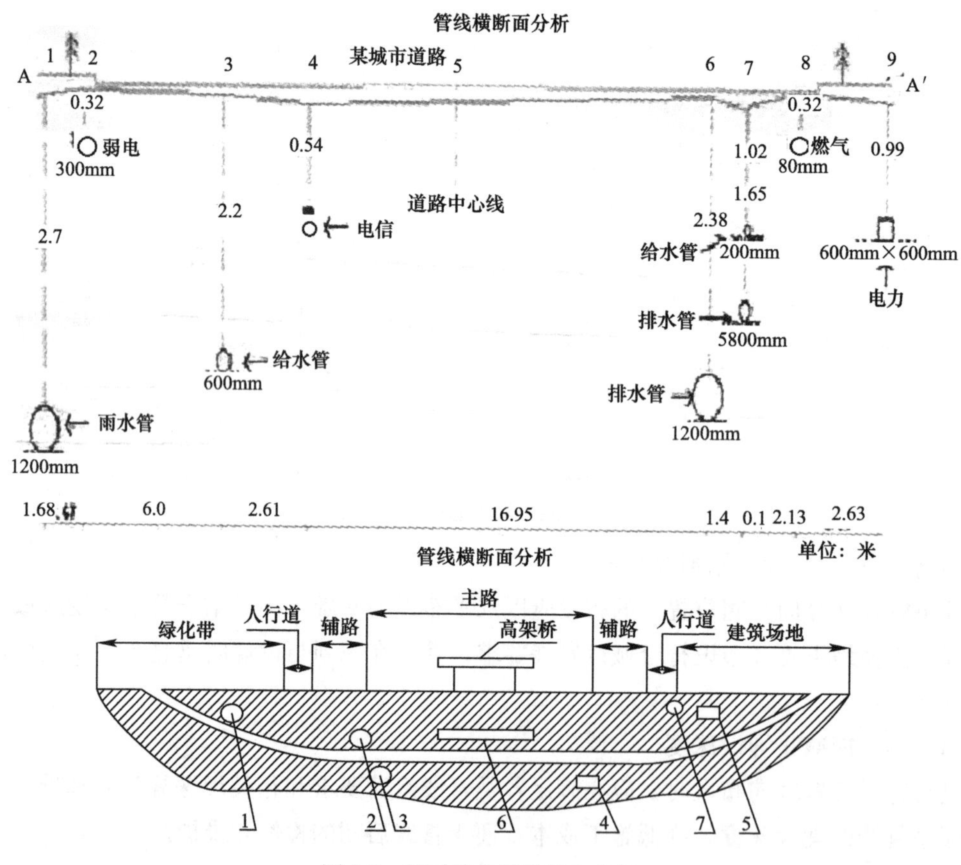

图 1-7　某道路的管线纵向布置

1—铸铁燃气管，ϕ400mm，埋深 2.0m；2—雨水管，ϕ2m，下底埋深 4.75m；
3—污水管，ϕ1.55m，上顶埋深 5.55m；4—电力拱沟，2m×2.5m，上顶埋深 8.35m；
5—自来水管，ϕ100mm，埋深 2.56m；6—高架桥基础；7—电信管，埋深 1.4m

我国地域广阔，各地区气候差异较大，严寒、寒冷地区土壤冰冻线较深，给水、排水、煤气等工程管线属深埋一类。热力、电信、电力等工程管线不受冰冻影响，属浅埋一

类。严寒、寒冷地区以外的地区冬季土壤不冰冻或者冰冻深度只有几十厘米，覆土尝试不受影响。

3）管线井位设计间距要求

管线井位设计间距见表1-6。

管线井位设计间距　　　　**表1-6**

管线种类	管径mm	最大井间距/mm	备注
给水	＜700	200	
	700～1400	400	
燃气		8000	主管段，井位多见于路口通行管沟设安装孔
热力		200	
电力		200	
电信		100	人孔间的距离
雨水	150	20	
	400	40	
	≥500	50	
	200～400	30	雨水（合流）管道为40m
	500～700	50	雨水（合流）管道为60m
污水	800～1000	70	雨水（合流）管道为80m
	1100～1500	90	雨水（合流）管道为100m
	＞1500，且≤2000	100	雨水（合流）管道为120m
工业		100	

4）管线点的间距要求

管线点的间距要求见表1-7。

管线点的间距要求对比　　　　**表1-7**

地下管线探测分类	管线点间距	备注
城市地下管线普查	地形图上的间距≤15cm	按1：500图实地间距为75m
专业地下管线探测	地形图上的间距≤15cm	按1：500图实地间距为75m
厂区或住宅区地下管线探测	地形图上的间距≤10cm	按1：500图实地间距为50m
施工场地管线探测	实地间距≤10m	

5）工程管线之间及其与建（构）筑物之间的最小水平净距

（1）道路红线宽度超过30m的城市干道宜两侧布置给水配水管线和燃气配气管线，道路红线宽度超过50m的城市干道应在道路两侧布置排水管线。

（2）工程管线之间及其与建（构）筑物之间的最小水平净距应符合表1-8的规定。当受道路宽度、断面以及现状工程管线位置等因素限制难以满足要求时，可根据实际情况采取安全措施后减少其最小水平净距。

6）埋深规定

地下管线埋深可分为内底埋深、外顶埋深和中心埋深三种。测量何种埋深根据地下管线的性质按规程的要求确定，须符合以下要求：

（1）地下沟道（管沟）或自流（重力流）的地下管道测量其内底埋深；

（2）有压力的地下管道测量其外顶埋深；

工程管线之间及其与建（构）筑物之间的最小水平净距（m） 　　表 1-8

序号	管线名称	1	2		3	4					5		6		7		8	9	10			11	12
		建筑物	给水管		污水雨水排水管	燃气管					热力管		电力电缆		电信电缆		乔木	灌木	地上杆柱			道路侧石边缘	铁路钢轨（或坡脚）
			$d\leqslant$200mm	$d>$200mm		低压	中压		高压		直埋	地沟	直埋	缆沟	直埋	管道			通信照明及<10kV	高压铁塔基础边			
							B	A	B	A										≤35kV	>35kV		
1	建筑物		1.0	3.0	2.5	0.7	1.5	2.0	4.0	6.0	2.5	0.5	0.5		1.0	1.5	3.0	1.5	*				0.6
2	给水管 $d\leqslant$200mm	1.0			1.0	0.5			1.0	1.5	1.5		0.5		1.0		1.5		0.5	3.0		1.5	
	给水管 $d=$200mm	3.0			1.5																		
3	污水、雨水排水管	2.5	1.0	1.5		1.0	1.2		1.5	2.0	1.5		0.5		1.0		1.5		0.5	1.5		1.5	
4	燃气管 低压 $P\leqslant$0.05MPa	0.7	0.5		1.0	$DN\leqslant$300mm0.4 $DN>$300mm0.5					1.0		0.5		0.5	1.0	1.2		1.0	1.0	5.0	1.5	5.0
	燃气管 中压 0.005MPa<$P\leqslant$0.2MPa	1.5			1.2						1.0	1.5											
	燃气管 中压 0.2MPa<$P\leqslant$0.4MPa	2.0																					
	燃气管 高压 0.4MPa<$P\leqslant$0.8MPa	4.0	1.0		1.5						1.5	2.0	1.0		1.0							2.5	
	燃气管 高压 0.8MPa<$P\leqslant$1.6MPa	6.0	1.5		2.0						2.0	4.0	1.5		1.5								
5	热力管 直埋	2.5	1.5		1.5	1.0	1.0		1.5	2.0			2.0		1.0		1.5		1.0	2.0	3.0	1.5	1.0
	热力管 地沟	0.5					1.5		2.0	4.0													
6	电力电缆 直埋	0.5	0.5		0.5	0.5	0.5		1.0	1.5	2.0				0.5		1.0		0.6			1.5	3.0
	电力电缆 缆沟																						
7	电信电缆 直埋	1.0	1.0		1.0	0.5			1.0	1.5	1.0		0.5		1.0		1.0	1.0	0.5	0.6		1.5	2.0
	电信电缆 管道	1.5				1.0											1.5						
8	乔木（中心）	3.0	1.5		1.5	1.2					1.5		1.0		1.0	1.5			1.5			0.5	
9	灌木	1.5													1.0								
10	地上杆柱 通信照明及<10kV	*	0.5		0.5	1.0					1.0		0.6		0.5		1.5					0.5	
	地上杆柱 高压铁塔基础边 ≤35kV		3.0		1.5	1.0					2.0				0.6								
	地上杆柱 高压铁塔基础边 >35kV					0.5					3.0												
11	道路侧石边缘		1.5		1.5	1.5			2.5		1.5		1.5		1.5		0.5		0.5				
12	铁路钢轨（或坡脚）	6.0	5.0								1.0		3.0		2.0								

(3) 管块或管组测量其外顶埋深；

(4) 直埋电缆或光缆测量其中心埋深（以中心埋深代替外顶埋深）。

1.3.4 管线性质和类型规定

(1) 依据给水的用途，给水管道分为生活用水、非生活用水（主要用于生产用水和消防用水）；

(2) 依据排水的性质，排水管道分为污水、雨水和雨污合流。其中，渠宽大于或等于2000mm要做渠边线，流入渠的分支管线只能流到渠边，渠标明流向，渠中心连线在图面上不显示但库里要有连线；

(3) 燃气管道，按其所传输的燃气性质分为煤气、液化气和天然气；按燃气管道的压力 P 大小分为低压、中压和高压。其中，低压小于等于5kPa；中压大于5kPa小于等于0.4MPa；高压大于0.4MPa小于等于1.6MPa。

(4) 工业管道，根据其所运输的材料性质进行分类，主要包括废水、石油、消费泡沫等；按管内压力大小分为无压（或自流）、低压、中压和高压：

① 无压（或自流）压力=0；

② 低压 $0<P\leqslant 1.6$MPa；

③ 中压 $1.6\text{MPa}<P\leqslant 10$MPa；

④ 高压 $P>10$MPa。

(5) 供电电缆，按其功能分为供电（输电或配电）、路灯，交通信号等；按电压的高低可分为低压、高压和超高压：

① 低压 $V\leqslant 1$kV；

② 高压 $1\text{kV}<V\leqslant 110$kV；

③ 超高压 $V>110$kV。

(6) 通讯电缆分为军用、民用及其他使用维护单位。

1.3.5 管线探查流程

地下管线探查包括：管线探测、管线测量、管线图测绘、管线信息采集和建立管线信息管理系统。

(1) 技术流程

接收任务→编写技术设计书→现场技术交底→仪器方法及适应性试验→外业调查→探测草图→管线探测→探查信息录入→探测质量检验→管线点测量→数据处理→管线成果编绘→检查、修改、整饰→审核验收→成果提交。

(2) 城市地下管线探测

城市地下管线探查任务是查明各种地下管线的平面位置、高程、埋深、走向、结构材料、规格、埋设年代和权属单位等，通过地下管线测量，绘制成地下管线平面图和断面图，并采集城市地下管线信息系统所需要的一切数据。

地下管线探查是在现场查明地下管线的敷设状况及在地面上的投影位置和埋深，并在地面设置管线点标志。地下管线探查方法包括明显管线点的实地调查、隐蔽管线点的物探调查和开挖调查。

(3) 城市地下管线测量

地下管线测量工作包括新建地下管线的施工测量（规划放线）、新埋设管线的竣工测量和已有管线探查测量。其成果为地下管线正确的施工定位、测绘地下管线图（平面图和断面图）及采集城市地下管线信息系统所需要的信息。其地理空间位置必须采用本城市统一的平面坐标系统和高程系统。地下管线的施工测量的基本方法同一般工程施工测量，即在控制测量的基础上测设地下管线设计点位的三维坐标（平面位置和高程）。

(4) 城市地下管线图测绘

地下管线图分为专业管线图和综合管线图，区别在于专业管线图上除管线周围地形外只包括单一专业（一条或几条）管线，而综合管线图则包括该地段内所有各种专业管线。地下管线地形图测量的基本方法与一般城市大比例尺地形图测量完全相同，只是在测量的内容上增加了地下空间（地下管线及其地下附属设施）的部分。它们都采用本城市统一的平面坐标和高程系统，统一的图幅分幅方法和测绘技术标准。因此，地下管线地形图的测绘一般以城市大比例尺地形图为基础（底图），加测属于地下管线专业部分的内容，以及修测、补测地形图上与现状不符的部分，来完成城市地下管线地形图的测绘。

(5) 城市地下管线纵横断面图测绘

用于地下管线信息管理的地下管线图，除了综合管线图、专业管线图外，还有地下管线纵断和横断面图。根据管线点的平面坐标和高程可绘制地下管线的纵断面图，为了明显表示管线的纵向坡度，图的垂直比例尺规定要比水平比例尺大 10 倍；横断面图是为详细表示各种管线在某一里程处的断面分布情况，需要有较大的比例尺（表 1-9）。

地下管线纵横断面图的比例尺 **表 1-9**

比例尺 \ 断面	纵断面图		横断面图	
水平比例尺	1∶500	1∶1000	1∶100	1∶200
垂直比例尺	1∶50	1∶100	1∶100	1∶200

(6) 管线信息采集

信息采集的方法主要采用人工纸质记录，然后再内业整理录入的作业模式，主要方法有：

① 填写调查表法，按照规范要求，事先印制好表格，调查时逐项把调查量测相关数据和属性填写到表格中；

② 绘制调查草图法，调查时逐项把调查量测的相关数据和属性按照现场的方位，绘制到调查草图中；

③ 图表结合法，在现场按方位绘制示意草图并标注点号及连接关系，量测的数据及属性填写调查表格。随着移动技术和设备的发展，可利用安卓手机或 Pad 信息采集软件及

设备，根据规范设计出信息采集和录入界面，在现场完成信息和数据的采集录入。

（7）管理信息系统建立

基于主流的 GIS 软件，开发城市地下综合管网管理信息系统，包含基本的 GIS 功能、管线信息查询、管线数据维护和管线浏览、关键点搜索与预警分析等功能。

地下管线普查基本工作流程见图 1-8。

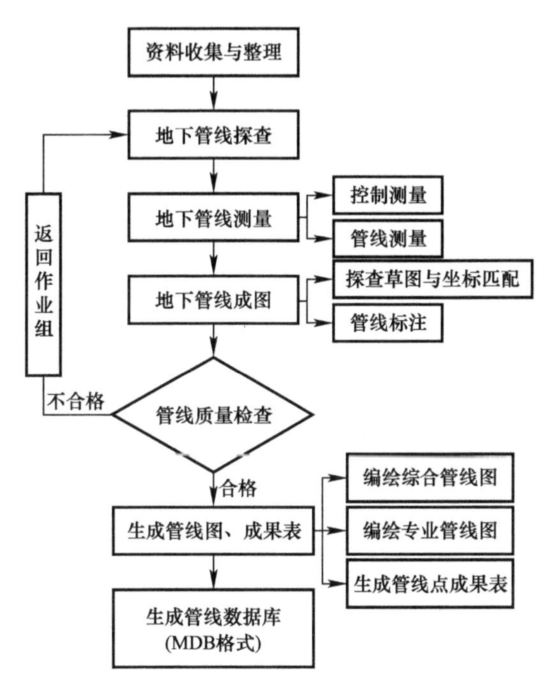

图 1-8 地下管线普查基本工作流程图

1.3.6 相关标准规范

目前，国内发布的和正在制定的地下管线信息化相关国家或行业标准 10 项。

其中国家标准 5 项包括：

（1）《基础地理信息要素分类与代码》（GB/T 13923—2006）；

（2）《测绘成果质量检查与验收规定》（GB/T 24356—2009）；

（3）《城市地下空间设施分类与代码》（GB/T 28590—2012）；

（4）《信息技术地下管线数据交换技术要求》（GB/T 29806—2013）；

（5）《地下管线数据获取规程》（GB/T 35644—2017）。

行业标准 5 项包括：

（1）《管线要素分类代码与符号表达》（CH/T 1037—2015）；

（2）《管线信息系统建设技术规范》（CH/T 1036—2015）；

（3）《管线测量成果质量检验技术规程》（CH/T 1033—2014）；

（4）《管线测绘技术规程》（CH/T 6002—2015）；

（5）《城市地下管线探测技术规程》（CJJ 61—2003）。

按测绘地理信息标准体系划分，包括标准定义与描述类3项、获取与处理类3项、检验与测试类2项，以及成果与服务类、管理类各1项。

其中定义与描述类有：

(1)《基础地理信息要素分类与代码》(GB/T 13923—2006)；

(2)《城市地下空间设施分类与代码》(GB/T 28590—2012)；

(3)《管线要素分类代码与符号表达》(CH/T 1036—2015)。

获取与处理类有：

(1)《地下管线数据获取规程》(GB/T 35644—2017)；

(2)《管线测绘技术规程》(CH/T 6002)；

(3)《城市地下管线探测技术规程》(CJJ 61—2003)。

检验与测试类有：

(1)《测绘成果质量检查与验收规定》(GB/T 24356—2009)；

(2)《管线测量成果质量检验技术规程》(CH/T 1033—2014)。

成果与服务类有：

(1)《信息技术地下管线数据交换技术要求》(GB/T 29806—2013)；

(2)《管线信息系统建设技术规范》(CH/T 1036—2015)。

参 考 文 献

[1] 赵金飞. 城市地下管线材质及其接口形式分类 [J]，科技风，2016，3.

[2] 陈勇，张云，吴思等. 浅谈地下管线信息化标准体系建设 [J]，测绘通报，2016 (S1)：130-133.

[3] 张洪禄，张洪奎. 施工场地管线探测特点及注意的问题 [J]，勘察科学技术，2012 (1).

2 地下管线的发展、问题与展望

2.1 地下管线的发展

自1861年在上海埋下第一条煤气管道，发展至今，我国城市地下管线行业作为一个跨行业、跨部门、多学科的新兴行业，形成时间不长，尤其是改革开放以来地下管线种类越来越多，埋于地下的各种管线密如蛛网。

2.1.1 国内城市地下管线概况

近年来，我国城市地下管线的建设规模不断扩大。据《2014年中国城市建设统计年鉴》，如表2-1所示，截止到2014年年底，我国城市供水、燃气、供热、排水等城市地下管线总长度已经超过184万km，是1978年地下管线总长的30.5倍，2014年城市建成区内，每平方千米地面下管线长度超过37km。近几十年时间来，我国各类地下管线的数量已十分庞大，并且这个数量还在逐年增加。

各年地下管线长度（单位：km）　　**表2-1**

年份	供水管线	燃气管线	供热管线	排水管线	总计
1978	35984	4717	359	19556	60616
2000	254561	89458	43782	141758	529559
2001	289338	100479	53109	158128	601054
2002	312605	113823	58740	173042	658210
2003	333289	130211	69967	198645	732112
2004	358410	147949	77038	218881	802278
2005	379332	162109	86110	241056	868607
2006	430426	189491	93955	261379	975251
2007	447229	221103	102986	291933	1063251
2008	480084	257846	120596	315220	1173746
2009	510399	273461	124807	343892	1252559
2010	539778	308680	139173	369553	1357184
2011	573774	348965	147338	414074	1484151
2012	591872	388941	160080	439080	1579973
2013	646413	432370	178136	464878	1721797
2014	676727	474600	187184	511179	1849690

2.1.2 管理体制与政策法规

1）管理机制体制

改革开放以来，随着城市建设的快速发展和对地下管线重要地位和作用认识程度日益提高，各地纷纷组织开展城市地下管线普查，推进地下管线信息化建设。在经历了较长时期的原始阶段后，又经历了20世纪90年代的起步阶段，现已进入良性发展的快车道，地下管线信息化建设取得较大进展。随着地下管线信息化建设的推进，改变了地下管线的传统管理方式，我国地下管线管理已由最初的编绘综合地下管线图，过渡到建立城市综合地下管线数据库和信息管理系统。2005年原建设部科技委地下管线管理技术专业委员会转为中国城市规划协会地下管线专业委员会，发挥职能和桥梁纽带作用，促进行业信息沟通和技术交流，积极推进地下管线管理技术进步，取得了显著效果。目前，我国城市地下管线管理已开始步入数字化、信息化时代。

（1）原始阶段的地下管线管理

20世纪90年代以前，我国城市地下管线类别相对较少，主要有给水、排水、电力、通信等几种，规模也不大。地下管线资料主要包括管线设计资料、竣工资料、开井调查和整测资料，全国各地基本是以纸质的图、表和卡片的形式保存，采用人工方式管理地下管线档案资料，其中相当一部分资料仍然保留在各权属单位，不能集中保存。这种传统管理方式的特点是：资料不全、不准、分散，也不完整，而且随着时间推移极易造成丢缺。到1990年代初，部分城市开始尝试采用计算机辅助成图方法编绘地下管线图，被动地利用计算机管理已有地下管线资料，但是仍未摆脱传统档案资料的被动管理模式，行业内称之为地下管线信息化建设的“原始阶段”或“萌芽阶段”。

（2）地下管线自动化管理的起步

到20世纪90年代中期，我国城市建设和社会发展迅速，城市地下管线种类快速增加，规模扩大较快，地下管线承担的功能也越来越大，地下管线在城市规划、城市建设和城市管理中的地位和作用日益明显，传统的地下管线档案资料管理方法已经不能适应当时城市发展的需要。随着科学技术的发展，许多城市的规划、测绘、城建档案以及管线权属单位开始尝试运用数字测绘技术、计算机辅助制图技术、数据库技术和GIS技术，实现地下管线资料的计算机管理，改变传统的管理模式，即将已有地下管线图、表、文字及相关资料进行数字化，并建立地下管线数据库系统，地下管线管理的自动化程度有所提高。北京、上海、天津、济南、南京等城市都曾采用这种方式管理城市地下管线资料，对当时的城市建设与发展起到了一定的指导作用。但是，这些数字化成果和数据库系统基本是单机独立操作，作用也仅仅局限于地下管线档案资料的管理，资料的自动分析等功能基本属于空白，共享与更新还基本未提到议事日程。限于技术发展水平和对地下管线重要地位作用的认识程度，这一阶段的地下管线信息化建设水平和自动化程度相对较低，行业内称之为地下管线信息化建设的“起步阶段”。

(3) 地下管线管理进入数字化和信息化时代

1998年原建设部发布"关于加强城市的下管线规划管理的通知"(建规[1998] 69号文),要求"未开展城市地下管线普查的城市应尽快对城市地下管线进行一次全面普查,弄清地下管线现状。有条件的城市应采用地理信息系统技术建立城市地下管线数据库,以便更好地对地下管线实现动态管理。"这对推动我国地下管线信息化建设起到了政策引导和支持保障作用,同时GIS技术日臻完善,一些探测单位和软件企业以流行的MapInfo、ArcGIS、MapGIS等为平台,使用C++、VB、VC和.NET等开发工具,采用面向对象技术构建数据库,开发出了功能实用、操作简便的多种地下管线信息管理系统,并在实际中应用推广。不仅为改变传统管理方式提供了先进、有力的工具,而且促进了地下管线信息化建设的快速发展,并可将管线管理的职能与OA、MIS有效融合,成为多个城市的规划、建设与管理的有力工具,为实现管线信息的规范化、科学化管理和资源共享奠定了基础。之后又在信息资源共享交换功能上取得了突破,利用网络技术建立一个能够支持分布式地下管线信息集成应用和共享的框架。不仅可以使得处于异构环境、分布存放的各种专业地下管线数据库协同工作,满足及时了解地下管线信息不断增加信息的需求;而且因信息共享可以减少不同部门对同一种目标管线重复进行数据采集、处理和建库,可以大大降低数据更新成本。部分城市已经利用基于WebService技术的数据服务与互操作,较好地解决了地下管线信息共享的平台搭建问题。20世纪90年代末广州市通过地下管线普查,开发建立了地下管线信息系统,国内先后有北京、上海、莱芜、威海、厦门、沈阳、宁波、齐齐哈尔、苏州、常州、成都、昆明、太原、淄博等城市相继开发建立地下管线信息管理系统。修订的行业标准《城市地下管线探测技术规程》CJJ 61,总结了地下管线数据库建立、信息系统开发经验成果,明确了相关技术标准,为实施地下管线信息系统建设提供了技术依据。

2005年5月1日原建设部第136号令发布实施的《城市地下管线工程档案管理办法》和2007年3月8日原建设部发布的"关于加强中小城市城乡建设档案工作的意见"(建办[2007] 68号),以及一些地方法相关法规政策的先后出台,对加速城市地下管线信息化进程起到促进作用。到目前,全国大约有近1/3的城市建立了地下管线信息管理系统,其中多数城市逐步建立完善地下管线档案信息的动态更新机制,探索信息资源共享,发挥地下管线信息的社会效益。其他城市也正在积极组织和准备开展地下管线普查,建立地下管线信息管理系统。城市地下管线由最初的图、表、卡片管理方式,经过计算机辅助编绘地下管线图、初步实现微机化管理,逐步过渡到建立城市综合地下管线数据库和信息管理系统,实现信息资源共享初见成效,已开始进入数字化、信息化的稳步快速发展阶段。

目前,一些城市开发的基于GIS的管线信息系统实现了各种管线信息数据和地形信息的综合管理,同时兼顾不同用户开发相应的管理功能并实现网络化,充分发挥现实管线数据信息资源的效益,实现城市地下管线的数据处理、信息检索、查询统计、空间分析与辅助设计、信息输出等综合应用,达到规范化、科学化管理的目的;同时奠定了地下管线信息资源共享的基础,也可为城市规划、建设、管理和实施突发事故的应急反应和救援预案提供可靠的决策依据。

2）政策法规制定

以1995年建设部、国家统计局联合在全国首次推进开展城市地下管线普查工作，1998年建设部专门下达“关于加强城市地下管线规划管理的通知”和全国地下管线专业委员会成立及有效的工作为重要标志，为我国城市地下管线行业的形成与发展奠定了坚实的基础和起到了积极促进作用。为了统一全国地下管线探测工作，建设部早在1993年就编制了《城市地下管线探测技术规程》（CJJ 61—94）作为行业标准，2003年又发布编号为CJJ 61—2003的新规程，用于指导和规范地下管线探测工作。中规协于2007年3月28日发布了关于“城市地下管线管理现状调查”的通知［（2007）中规协秘字第022号］。但随着我国经济的快速发展，城市现代化程度的高速推进，由于历史原因（体制不顺、欠账过多）和传统观念（重建设轻管理、重地上轻地下、重数量轻质量等）的影响，城市地下管线行业的发展与整个城市经济社会发展不协调，相对滞后，在各个层面上还有大量的工作要积极推进和完成。针对全国城市地下管线行业管理方面的现有政策法规有：

（1）1998年建设部专门下发的《关于加强城市地下管线规划管理的通知》（建规［1998］69号），文中明确规定未开展城市地下管线普查的城市，应尽快对城市地下管线进行一次全面普查，弄清城市地下管线的现状，有条件的城市应采用地理信息技术建立城市地下管线数据库，以便更好地对地下管线实行动态管理；

（2）2006年第136号令《城市地下管线工程档案管理办法》，第一次以部令的形式明确了城市地下管线管理的行政主体和执法主体、规划、建设与管理的程序，规范了各责任主体的建设与管理行为；

（3）一些地方政府也制订了一些地方性政策、法规文件，强化了地下管线普查与建设管理的力度。

（4）2003年以来，国务院副总理曾培炎同志两次对建设部有关城市地下管线管理工作做出重要指示，要求建设部抓紧制订《城市地下管线管理条例》和组织进行地下管线普查，表明城市地下管线管理问题已列入国务院议事日程。

以上这些政策规定，在推进我国城市地下管线行业的发展方面起到了积极作用。

2.1.3 地下管线普查工作

当前整个地下管线探测普查工作比例偏低，面临的任务艰巨，目前只有30%左右的城市开展了地下管线的普查工作，权属单位的专业管线普查只有8%左右。地下管线普查工作发展相对不平衡，大型城市进展相对较快，中等及小型城市进展缓慢，在已开展的普查城市中，有50%左右的大型城市全部或局部开展过普查，在中型和小型城市中分别只有10%和9%左右的城市开展过普查工作。全国大、中小型城市地下管线普查率要达到90%以上，估计需要10年至15年的时间。城市小区地下管线是城市地下管线系统一个重要部分，随着城市地下管线信息化建设的发展，为保证城市地下管线信息化建设的全面与完整，城市小区地下管线将会逐步纳入到整个城市地下管线的信息化建设之中。

地下管线的信息管理技术层次与水平得到快速提高，国产化程度较高，大部分是国产信息管理系统，在技术层面上几乎与发达国家同步，但缺乏统一的标准，规范性不够，同时在网络化、智能化和可视化方面还要进一步提升。相关普查仪器设备，主要还是依赖进口，国产化程度较低，这直接影响了管线普查的力度和速度。

在我国管线探测技术起步较晚，但发展较快。据统计，我国管线的普查工作发展大约可以分为五个大阶段。第一次称之为整测阶段（1992 年以前），如北京分别于 1964 年、1976 年、1986 年开展了三次地下管线的普查整测工作。第二次称之为探测起步阶段（1992～1998 年），引入了电磁法探测技术，为了统一全国各城市地下管线探测的技术要求，建设部于 1994 年发布了我国行业标准《城市地下管线探测技术规程》（CJJ 61—1994），并于 1995 年 7 月 1 日实施。第三次称之为普查开始阶段（1998～2005 年），将电磁法与开挖、钎探、雷达、测绘等多种探测技术相结合，并于 2001 年对“94 版规程”进行了修订，在 2003 年重新发布了《城市地下管线探测技术规程》（CJJ 61—2003），于 2003 年 10 月日起实施。第四次称之为普查发展阶段（2005～2013 年），2004 年 12 月经建设部第 49 次常务会议讨论通过了《城市地下管线工程档案管理办法》，并于 2005 年 5 月 1 日施行。第五次称之为全面高速发展阶段（2014 年至今），国务院办公厅在《关于加强城市地下管线建设管理的指导意见》中，明确提出 2015 年底前完成城市地下管线普查工作，这标志着地下管线建设工作进入了全面高速发展阶段。

据统计，我国自 2005 年以来每年新增普查城市（地级及以上城市）都在 20 个以上，全国 50%以上的城市（地级及以上城市）已经进行了地下管线普查。我国部分城市地下管线管理落后，有的城市甚至情况不清，与我国现代化建设和经济快速发展不相适应。其产生的原因可以归纳为：

（1）地下管线资料流失和残缺现象严重。许多大中城市尤其是一些历史悠久的城市，地下管线铺设的历史太久，有的城市地下管线施工档案不全，其中有的部分或全部流失，有的甚至没有档案资料，这就给管理工作带来了巨大困难。

（2）地下管线重复铺设，分布错综复杂。许多城市的地下管线由于所属单位不同，加之又是在不同时期施工的，记录不全，后来施工者稍有不慎就会将早期管线破坏。

（3）地下管线普查手段落后。过去一些城市也认识到健全地下管线资料对城市规划建设的重要性，开展了一些普查工作，但由于其方法和手段落后，往往达不到预期目标。

纵观我国地下管线普查工作的开展情况可以发现，普查工作的进展程度与当地的经济状况有着密切的关系。由于我国东西部的经济差距导致我国地下管线普查工作开展程度也参差不齐。西部欠发达地区开展地下管线普查的城市数量只占全国普查城市数量 1/3 的比例，仅为东部发达地区的一半多。从普查的综合管线总长度看，苏州、无锡 2 个地级市综合管线普查的总长度在 1 万 km 以上，烟台、绍兴、东莞、徐州、唐山、威海、淄博等城市综合管线普查的总长度也在 5000km 左右，全部集中在东部发达地区。中西部虽然有 76 个城市进行过普查，但除去直辖市和省会外，别的城市多数都只普查了几百至一千多公里不等的综合管线，这些城市中很大一部分也只是进行了部分普查，没有进行全城区范围的全面普查。这种情况反映两个问题，一是经济欠发达地区对地下管线普查工作的重视程度不够；二是欠发达地区的地下基础设施可能还不完善。我国地下管线普查工作虽然取得了可观的成绩，但是在宏观层面和微观层面上依然存在问题。

由于城市的发展，地下管线越铺越密，越铺越宽，越铺越远，存在安全隐患。应及早地结束城市地下管线管理无序的状况，实现地下管线科学普查与动态管理，真正发挥其城市“神经与血管”作用。近10年来，我国的地下管线管理工作取得了较大成绩：

(1) 全国已有10多个省市60多个城市建立了地下管线信息管理系统，还有越来越多的城市正在积极筹建中。这些管理系统为城市建设、规划和管理发挥了重要作用。

(2) 城市地下管线探测技术在不断提高，并日趋完善成熟。

(3) 建立并不断完善城市地下管线探测与管理工作标准与相应规程，标志着我国城市地下管线管理正逐步走向标准化与规范化。

(4) 建立了一支地下管线探测、测绘和管理软件系统的现代化专业人员队伍，高标准、高质量地完成城市地下管线探测任务。

目前，国内城市地下管线信息不清的现象普遍存在，有近七成的城市还未对原有的地下管线及时进行普查、建档，对新增地下管线不能及时建档入库，甚至不按规定进行地下管线竣工测量。也就是说到目前国内绝大多数城市地下管线没有一套全面、准确的地下管线综合图或数据库，已有地下管线信息不能满足日益发展的城市建设需求，与国内经济社会高速发展的形势形成极大反差。

因此，造成城市地下管线安全事故的间接原因主要是城市地下管线的重要性没有得到足够重视，既有技术层面的原因，更重要的是管理层面的原因，造成地下管线档案信息资料的不完整，缺少了科学利用资料的机制；针对专业地下管线没有建立在役管线运行状况实时监测的科学决策机制。

此外，即便有法但执法力度欠缺，也是导致城市地下管线事故频发的重要因素。

我国地级市总数为291个（截至2015年6月）。如图2-1，在全国各地级市中，开展城市普查的地级市约222个，占全国地级市总数的76.29%。从区域分布看，华东地区开展普查的地级市数量最多（地级市77个，开展普查的地级市71个），占比最大，为92.21%。华南和西北地区开展普查的地级市占比最小，分别为61.54%和62.50%。

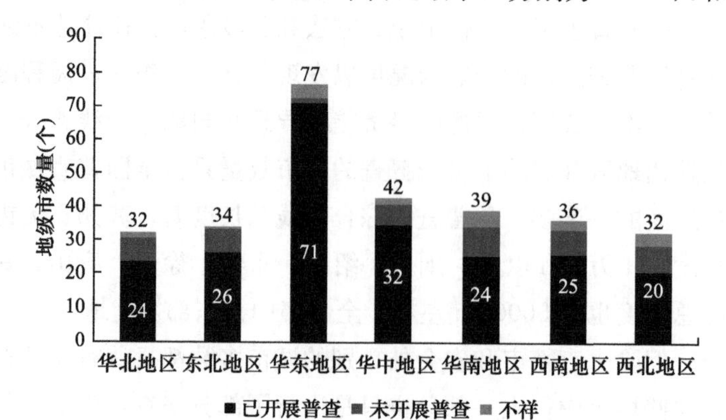

图2-1 我国各区域地级市普查开展情况

2.1.4 地下管线安全现状

随着城市现代化建设进程的不断发展，人们越来越深刻地意识到城市地下管线探测工作的重要性。城市地下管线信息和资料的完整性和准确性将直接影响城市的规划建设和管理，如果没有完整准确的地下管线信息，在对城市地下管线埋设不清的情况下盲目施工，将会给人民的生命和财产造成严重的损失。

2.1.4.1 地下管线安全概况

随着城市化进程的加快，地下市政管线迅速增长，但是相关介质的漏损量也相当惊人。有资料显示，截至2009年末，全国供水管道长度为510399km，漏损水量高达603381×10^4m^3；城市人工煤气供气管道长度40447km，燃气损失量68866×10^4m^3；城市天然气供气管道长度218778km，燃气损失量152275×10^4m^3；城市液化石油气供气管道长度14236km，燃气损失量65935×10^3kg。

由于管网数量急速增加、管理相对滞后、城市环境变化巨大、城市大量建设工程以及城市人口工作和生活要求提高等多种因素的交织作用，城市地下管线事故数量成倍增长。同时，各类管线纵横交错，当某一管线发生严重事故时，极易以各种破坏形式作用于其他管网，使各种危险因素相互作用、叠加，甚至是相互助长，从而引发重大灾害事故。事故的发生给人们的生产和生活以及城市的运行带来了严重的损失，同时也严重制约着地下管线的安全运行和科学发展。

地下管线属于隐蔽工程，与城市建设管理相比，我国地下管线的信息化管理手段却较为落后，存在管线资料存储单一、管线管理手段落后、管线缺乏统一管理等问题。由于管理和技术因素，城市地下管线安全事故每年都有发生。2011年我国地下管线存量规模约160万km，其中给水/排水管道约100万km，工业管道约20万km。其中建于20世纪80～90年代，采用金属、混凝土管材的管道占比约为90%，这些管材的使用寿命不到20年。2008年至2010年，仅媒体报道的地下管线事故每年就数以千计，平均每天约有5.6起。据不完全统计，我国每年因施工引发的管网事故所造成的直接经济损失达50亿，间接经济损失达400亿元之多，经济损失数额之大触目惊心，同时还伴有大量的人员伤亡，甚至造成不良政治影响，城市地下管线的安全形势十分严峻。

近年来，每逢雨季，都会对城市地下管线带来极大考验，暴雨一下，路面瞬间积水，城市交通即刻瘫痪。同时，地下管道塌陷、爆炸事件常有发生，给人类的生命和财产造成极大的损失。仅2018年12月国内外地下管线相关事故就有46起，其中国内地下管线相关事故43起，包括地下管线破坏事故33起，占比76.74%，路面塌陷事故8起，占比18.60%，井盖缺失事故2起，占比4.65%。事故共造成9人死亡，26人受伤。国外地下管线相关事故3起，造成1人死亡，65人受伤。

1）自身结构原因导致的典型事故

（1）2010年1月6日12时10分，许昌市区五一路、帝豪路交叉口，供热管网发生爆管事件，造成6人受伤，6辆车受损，约2500户居民供暖受到影响。这是一起典型的管线老化事故。由于管线长期以来缺乏必要的维修和保养，当压力增大时，使得管线爆裂而产生爆炸（图 2-2）。

图 2-2 许昌市供热管网事故图片

（2）2012 年 3 月 22 日，广州市白云区太和镇北太路大沥加油站附近，一条天然气管道发生泄漏。据事后统计，天然气管道破口长近 40cm，泄漏范围约有 1km²，800 余名群众被紧急疏散。经过连续 2 个多小时的处置，泄漏管道被成功堵住，事故没有造成人员伤亡。

（3）北京市西城区车公庄大街附近路面，于 2012 年 4 月 1 日突然塌陷，以致一名女子经过时不慎掉入其中并被热力管道渗漏的热水严重烫伤致死。

（4）2013 年 11 月 22 日，青岛中石化东黄输油管道发生严重泄漏问题，原油流入市政排水暗渠，引发爆炸（图 2-3、图 2-4），62 人在这场爆炸中死亡，直接损失 75127 万元。

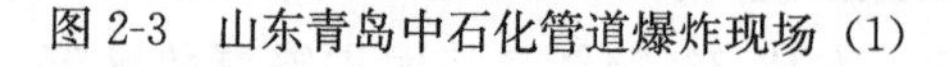

图 2-3 山东青岛中石化管道爆炸现场（1）

图 2-4 山东青岛中石化管道爆炸现场（2）

2）人为破坏导致的典型事故

（1）1999 年 8 月 29 日，某施工单位在北京市玉泉营环岛附近将 6 条重要通信光缆挖断，其中有两条是国家一级干线，使北京与南方七省市的通信中断，部分国际线路、国家会议电视网等党政军通信线路、大型企业集团、建设银行与外界的联系中断，事故造成了严重的经济损失。据估算，仅直接经济损失就达 1400 多万元，间接经济损失不可估量，更为重要的是，它严重影响了国家政治、经济生活，甚至造成了不良的国际影响。

(2) 2002年12月3日下午，在北京市广渠门幸福大街磁器口附近，某公司在勘探土地沉降情况时违章施工，挖断北京市通信公司两条主要地下通信光缆，阻断通信5小时53分钟，造成1.3万固定电话用户的电话使用、专线上网以及相关银行提款业务全面瘫痪，另有将近四分之一的北京城区内的移动用户无法正常使用手机通讯，该事件直接经济损失达143万元，间接损失无法估量，堪称北京近年来最严重的一次通信系统瘫痪事故。

(3) 2005年4月6日，104国道温州市瑞安罗凤段拓宽工程指挥部施工人员在设立电力变压器而进行挖掘时，将国家一级电路掘断，造成了沪惠一级通信光缆通信中断半个小时，造成损失将近1000万元。

(4) 2006年5月17日，广东省佛山市南海区桂丹路一处正在施工的工地上，一台搅拌桩机不慎将地下的6条通信光缆，包括省长途干线48芯光缆、佛山本地3条108芯光缆、南海区24芯和36芯区域网全部挖断，造成佛山至省长途干线、佛山市、南海区区域网络通信业务中断7小时。

(5) 2009年12月27日中午，北京市大兴区义和庄北口一处自来水管线突然爆裂，事故造成大兴新城近10万户居民用水受影响，损失水量近万吨。大量积水导致该路段交通受阻3小时。因地质、回填以及公路拓宽等原因，在重车的长期碾压作用下造成地基下沉，加之外力施工破坏了不良地层结构的受力状态及其周围土体的稳定性，使截门管断裂，最终导致自来水管线爆裂，造成大面积用户供水受到影响。

(6) 2010年7月7日17：40左右，广州市一自称“亚运工程”的施工队顶管时违章施工，先后顶穿番禺区富市甲乙两条电缆，导致市桥全范围停电，除了造成交通信号灯“大罢工”外，不少刚刚下班回家的居民甚至被困电梯中，甚至还出现了晕厥的个案。供电部门通过转供电，在1个小时后恢复了供电。当日，供电部门完成了损毁线路的抢修。据统计数据显示，8万用户受到停电影响，是近年来影响范围最大的一次。

(7) 2010年7月28日南京市栖霞区塑料四厂拆除工地，导致了穿越南京原塑料四厂厂区管线的破裂，引起丙烯管道因为泄漏而发生爆炸，致使22人死亡，直接经济损失约4784万元。

(8) 2010年9月11日凌晨3时，哈尔滨市道外区道口五道街供水管线被一处违章建筑压断，导致哈东路以北1万多户居民家停水，4.5万人饮水受影响，4家小工厂厂房和部分民宅被淹。这是一起典型的地下管线违章占压事故。

(9) 2011年5月2日晚，哈尔滨市群力新区哈双北路排水工程施工第四标段因违规施工，挖断两根供水管线，造成周围近3000户居民以及新三中、哈轻工学校上万名师生断水，这是半个月内该工程第二次挖断供水管线造成大面积停水。

(10) 2014年6月30日，大连金州新区水平定向钻施工中，原油泄漏溢流入市政污水管网，在排污管网出口处出现明火。

据统计，2004年北京市燃气集团有限责任公司公司共处理突发事故156起。其中，施工挖断造成漏气事故占突发事故的35.3%。北京市在2004年、2005年1至6月、2006年

1至10月，因为施工造成的燃气管道泄漏事故分别为63起、23起和71起。

据不完全统计，全国每年因施工而引发的管线事故所造成的直接经济损失达50亿元，间接经济损失达400亿元。

3）外界环境引发的安全事故

（1）2009年7月28日，广州市越秀区大沙头四马路发生地面塌陷，地面裂开一个面积约30m^2、深约2m的大洞。地陷造成自来水公司地下给水管道破裂（图2-5），燃气集团50m预留管道受到损坏，地铁、自来水、煤气等相关部门进入现场抢修，并紧急疏散附近150多户居民。受此影响，海印电器总汇500多家档口关门停业，附近2000居民用水受影响，500多户居民无煤气可用。随后检查发现该处路面发生局部下沉。工作人员对地面沉降范围凿开后，发现该处混凝土路面下方存在充满水的地下不明空洞，立即对空洞区域进行混凝土、砂石填充。该事故未造成人员伤亡。

图2-5 广州市越秀区地面塌陷事故

（2）2009年12月8日10时，长春原水DN1600mm供水管线突发漏水，造成市区1/5面积停水。经勘察，这是自然环境引发的安全事故，主要是天气变化幅度较大，地质条件发生变化，管道被挤压破裂。

（3）2010年8月27日9时许，河南义马市至郑州市的煤气管道在洛阳偃师段穿越伊河处发生事故，造成管道下游巩义、荥阳、郑州等沿线煤气供应中断。事故地点位于偃师伊河特大桥上游约1000m处，煤气管道被冲断后引发大火，没有人员伤亡。据赶到现场的河南省煤气公司工作人员称，此煤气管道是深埋于伊河河床6m之下、内径400mm的钢管，初步分析原因是，近期的几次洪水将河床逐步冲深，使管道在水中悬空，不断承受水流冲击，瞬间断裂，因静电引发煤气起火燃烧。

地下管线破裂带来的直接和间接经济损失巨大，致使部分地下管线永久性损伤，使其系统无法正常使用，其社会负面影响较其构筑物的损坏还要大得多。日常生活中因为施工破坏地下管线导致停水、停电、停气或者电视信号、电话信号、网络信号中断的事故更是时有发生。而无论是哪类地下管线发生故障都与管理不到位有着直接或者间接的关系，所以为保障城市生产、生活的正常秩序，城市地下管线的管理非常重要。

4）各类安全事故比例

据地下管线网统计，2018年10月国内外地下管线相关事故40起，其中国内地下管线相关事故 38 起，包括地下管线破坏事故 30 起，占比 78.95%，路面塌陷事故 7 起，占比 18.42%，井盖缺失事故 1 起，占比 2.63%。事故共造成 8 人死亡，14 人受伤。国外地下管线相关事故 2 起，造成 30 人受伤。下面对国内地下管线相关事故进行数据分析。

按事故类型划分，泄漏事故数量最多，占事故总数的 44.74%。各类事故类型情况见图 2-6。

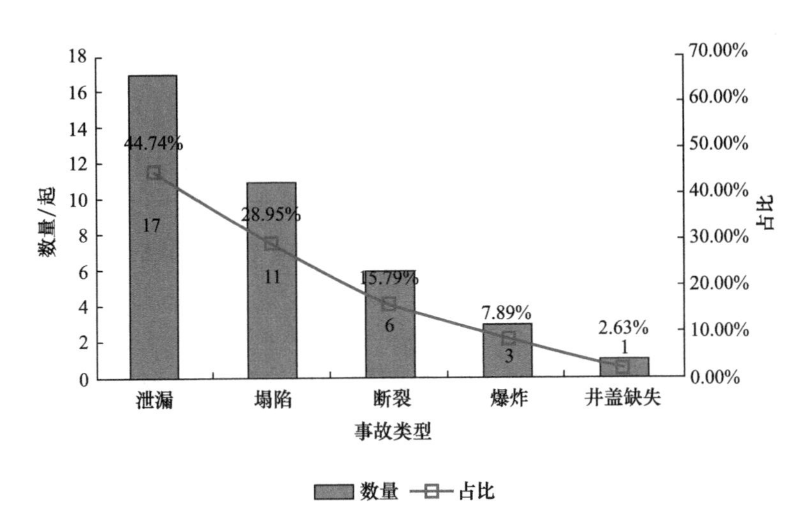

图 2-6 各类事故类型情况

各类事故中造成地下管线破坏的事故数量为 30 起，分别为供水管线事故 13 起，燃气管线事故 7 起，排水管线事故 5 起，通信管线事故 3 起，电力管线事故 1 起，供热管线事故 1 起。事故原因统计情况见图 2-7。

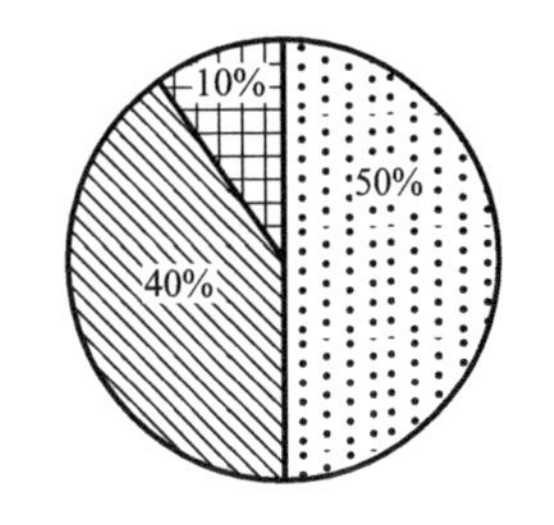

图 2-7 全国地下管线事故原因统计（2018.10）

随着城市化进程的加快，工程建设、道路改造日渐频繁，按照有关规定，在施工前应获取并采取措施核实有关地下管线档案信息资料，确保施工不破坏已有地下管线。然而，往往因工期、成本等原因而省去这些工作，或者根本没有相应的资料，或者已有的资料不真实、不准确，加上其中的审核报批不够严格，从而造成挖断、损坏地下管线事故。另外，在施工过程中，大部分无有效监管。在地下管线运行期间，没有或者不采取相应有效的检测、监测技术手段，难以及时发现和掌握管线破损、腐蚀、泄漏等而采取补救措施，从而为管线事故留下隐患。

城市发生地下管线事故，除了资源浪费、环境污染、饮用水污染、影响市容等，重者则因引发道路塌陷或者发生燃烧爆炸等事故而造成重大人员伤亡。所以，要客观地正视目前城市地下管线所面临的严峻的安全形势。

2.1.4.2 主要安全问题分析

地下管线事故分类方法有多种，包括从事故表现形式出发的分类、从事故原因出发的分类，以及根据事故影响范围和事故严重程度的分类等。具体分类情况如下：

(1) 根据事故表现形式不同，可以将地下管线事故分为火灾、爆炸、坍塌、水害、中毒或窒息、断气、断水、断电、断通讯、管道破损、水体污染等。

这种分类方法主要适用于单管线事故，对于综合管线事故（或称多管线事故）往往会同时并发以上事故中的多种事故，有时还可能伴随着地下管线领域其他事故的发生。

(2) 根据事故原因可以将事故分成系统自身结构原因、人为破坏、外界环境影响三大类。引起地下管线事故的原因有很多种，但基本可以概括为此三类，这种分类方法主要用于对综合管线管理领域。

(3) 按照地下管线事故影响范围和事故严重程度，可以将地下管线事故分成特别重大（Ⅰ级）、重大（Ⅱ级）、较大（Ⅲ级）和一般（Ⅳ级）四个级别。

地下管线安全问题，其表现形式是各种类型的管线事故，究其根源，主要体现在三方面，分别是城市地下管线系统自身结构、人为破坏和外界环境引发的安全问题。

1) 自身结构原因导致的安全问题

这类安全问题主要包括管道缺陷、管道强度不足、管道接口情况不良、管道变形位移、管道腐蚀、超期服役、施工质量差、管道内压力不均衡，管道缺管失养等方面。其中，事故发生频率较高，危害较大的是管道的腐蚀破坏和缺管失养。具体分析如下：

(1) 腐蚀破坏

地下金属管道的腐蚀主要是由于介质的杂质腐蚀、电化学腐蚀、杂散电流腐蚀、防腐层破坏和阴极保护系统失效等因素引起，其作用原理分类整理如下：

① 燃气杂质腐蚀：燃气含有焦油、萘等杂质，对管壁常年腐蚀，造成内腐蚀穿孔。

② 电化学腐蚀：管线穿越不同类型的地质，沿线土壤透气性等物理化学参数有较大变化，导致管段两端存在明显的电位差，造成电化学腐蚀。

③ 杂散电流腐蚀：地铁、地下电力、电信管道的漏电电流以管线作为回流通路，导致流出点的局部坑蚀。

④ 防腐层破坏：破坏了管道外的防腐层，防腐层起不到应有的保护作用，致使管道受外界环境的影响，造成腐蚀穿孔。

20 世纪 80 年代中期至今是我国燃气管线主体工程大规模建设期，埋地管道主要采用钢管并进行管道外防腐，但由于短期内敷设了大量管道，突击施工造成的施工不规范、管道埋设后缺乏检测保养，经多年运行，其安全可靠性无法确定，随着使用年限的增加，管道腐蚀穿孔的情况也随之增加，最终会导致燃气泄漏，管道腐蚀穿孔泄漏是影响管网安全运行的主要危害之一。

近年来，因城市燃气管道燃气泄漏事故时有发生，给人民群众的生命财产造成了巨大损失，也给社会的公共安全与稳定带来了极大的负面影响。除了第三方施工破坏地下管线外，腐蚀是造成燃气管道泄漏事故的主要“元凶”之一。

(2) 管线缺管失养

目前，我国在权属不清管线的安全管理存在灰色区域。部分无单位管理和维修的管线，仍在运行使用。部分企业自建自营管线因企业改制、灭失、迁移后，原权属管线与城市公共运营的管线没有并网和进行移交管理，致使在役管线缺乏维护和监管。

一些工业废弃管道没有进行必要的安全处置。企业迁移改造后，埋设在原生产区域地下的工业管道，没有进行有效的安全处置，成为潜伏在城市地下的“定时炸弹”，随时可能爆炸。例如，濮阳地下废弃天然气管线爆炸事故，南京7.28地下化工管道爆炸事故等，造成人员伤亡和经济损失惨重。

2）人为破坏导致的安全问题

这类安全问题主要包括外部施工的破坏、管线占压、外界人员偷盗、破坏管线重型车辆碾压、以及相邻管道的不利影响等。其中比较典型的是施工破坏和管线占压。

(1) 施工破坏

施工破坏地下管线的情况有多种，从政府行政许可的角度来看，一般可分为未经许可非法施工、许可不全擅自施工、虽经许可但不规范施工和施工现场缺乏配合等几种类型。

从施工现场具体情况看，施工破坏地下管线一般由三种原因引起：无施工区域地下管线资料进行施工；虽有施工区域地下管线资料，但地下管线资料不准确或不完整；施工区域地下管线资料完整、准确，但由于思想意识认识不深或法律约束力不够，施工单位没有按照资料的指引进行施工。

统计结果表明，施工破坏地下管线是目前我国城市外力破坏地下管线事故的主要原因之一。据统计，2004年北京市燃气集团有限责任公司公司共处理突发事故156起，其中，施工挖断造成漏气事故占突发事故的35.3%。2005年1～9月份和2006年1～9月，北京电网35～220kV电力线路分别跳闸共109次和150次，其中因外力导致的线路跳闸分别为46次和47次，分别占跳闸总次数的42.2%和31.3%。2006年1～9月，北京市10kV电缆共发生外力破坏事故117起，占全部电缆事故的57.2%，电缆外力破坏事故主要由挖掘机、打桩机和人工挖掘造成。

(2) 管线占压

地下管道被占压之后会引起诸多问题。一方面，地下管道因重压之后会缩短使用寿命；另一方面，占压地下管道会带来更多的安全隐患，如果发生了天然气泄漏，因管道占压不能及时得到修检，将带来更大损失，甚至导致重大人员伤亡。

地下管道占压问题在我国各城市普遍存在。如郑州市地下天然气管道长1700km，有432处被违章建筑占压；2005年河南省燃气协会对省内9个用气城市进行了调查，这九个城市共有燃气管网5011km，违章占压燃气管道共有1550处，仅仅406处进行了整改；截至2007年底，北京市天然气管道共存在占压隐患695处。

3）外界环境因素引发的安全问题

这类安全问题主要包括地下空洞、土质疏松区、邻近水囊、地面沉降等土壤环境缺陷，植物根系破坏，以及极端天气、冻害、地震等对地下管线运行产生的不利影响。其中比较常见的或危害较大的是地面沉降和地震对地下管线造成的不利影响。

（1）地面沉降

地面沉降和地基沉降的下沉力量巨大，地下管道的塑性变形无法满足沉降的位移，从而导致地下管道被拉裂断开，出现泄漏。

地基不均匀沉陷，将引起管道纵向受拉，当纵向拉应力超过管体的纵向强度时，便使管道发生断裂，尤其对于刚性接头连接的管道，由于基础不均匀沉陷引起的弯曲应力很大，很容易引起管道断裂。

导致地面沉降的因素很多，通常情况下可归纳为以下几种原因：

① 过度抽取地下水；

② 建筑基坑工程施工；

③ 市政管线工程施工；

④ 地下工程施工；

⑤ 给排水管道渗漏或泄漏；

⑥ 上述几种因素的综合引发。

近代以来，由于过量开采地下水和进行采矿等活动，出现了一系列因人为活动所引起的地裂缝。由于城市大量工程建设，城市地面塌陷时有发生。如建筑基坑工程、市政管线工程、地铁工程等带来的机械施工震动、地下空间开挖、人工土石置换、开挖回填不实等都会导致土层结构变化和地应力发生改变，在局部地带形成空洞或土层疏松等不稳定空间。不稳定空间上部土体在雨、地表水、各类渗水和外部震动的作用下，不断坍塌，致使不稳定空间不断扩大，最终发展到地表，形成地表陷落。近年来，北京、杭州、南京等大城市，以及四川、江西、浙江、广西等地区相继出现路面塌陷和“天坑”，造成人员伤亡，引起附近居民恐慌。

（2）地震破坏

地震会引起地面位移，使地下管线产生断裂、变形。大量震害记录表明，地下管线在地震中易遭破坏，更为严重的是，地下管线一旦在地震中破坏，除自身破坏造成的直接损失外，还将引发严重的次生灾害，在很多情况下，次生灾害带来的损失远远高于地震破坏造成的直接损失。如 1994 年美国 Northridge 地震，城市供气系统出现 1500 多处的漏气现象，因地震引起的火灾 97 起，而其中由于燃气泄漏导致的火灾 54 起；1995 年日本神户地震，主干供气线路 5190 处破坏，因地震引起的火灾 205 起，而其中由于燃气泄漏导致的火灾 36 起。1976 年唐山地震，唐山市总长度 110km 的供水干管中，444 处遭到不同程度的破坏，天津市输配水管网总长度为 1676.96km（含干管、支管），被破坏总数为 1308 处。

国内外近年来一些城市地震对地下管线灾害的调查结果表明，管道接口损坏占管道破坏总数的比例在 70%左右。如唐大山地震，城市供水管网总长度为 110km（DN=75mm 以上），444 处遭到不同程度的破坏，其中接口损坏 353 处，占被破坏总数的 79.5%，而管体折断及破裂者为 91 处，占 20.4%。日本阪神地震总长 12068.5km 的管道，其中接口破坏 1768 处，占被破坏总数的 68.1%，而管件折断或破裂为 830 处，占总数的 31.9%。此外，管道材质也影响到管道的抗震性能，钢管、球墨铸铁管和柔性接口预应力钢筋混凝土管比灰口铸铁管、石棉水泥管、塑料管的抗震性能要好，如日本阪神地区大地震中塑料管（VP）被破坏率为 1.013 处/km，灰口铸铁管（CIP）为 0.44 处/km，球墨铸铁管（DIP）为 0.135 处/km，钢管（SP）为 0.084 处/km。唐山市的一条钢筋混凝土管（柔性接口）管长为 35km（*DN*500～600），在地震中未出现一处漏水。1975 年营口地区一条 *DN*600 的预应力钢筋混凝土管（柔性接口）铺设在地下水位高、土质松软的盐田地区，在 8 度地震后未发现震损。

2.1.4.3 保障安全应对策略

城市建设施工挖断、损坏地下管线，导致停水、停电、停气甚至通讯中断；由于管道敷设环境和外界因素导致其腐蚀、破损，影响输送资源和信息，造成资源浪费、污染环境和影响市容，甚至诱发道路地面塌陷、山体滑坡、触电伤人、饮用水污染及燃烧爆炸等；由于地震、山洪、泥石流以及战争等，导致地下管线损坏引发停水、停电、通讯中断或燃烧爆炸等。可以看出，除自然灾害如地震、冰冻天气、泥石流等不可抗力原因造成的事故外，多数是可以采取措施避免的事故。

1）建立城市地下管线监管机构

长期以来，“重地上、轻地下，重审批、轻监管，重建设、轻养护”的倾向在城市建设中依然突出。城市地下管线缺乏统一管理，地下管线种类繁多，产权投资分属管理、各自为政，规划建设与资金投入不同步，各部门缺乏统一协调，造成重复开挖，“拉链式马路”不断出现，影响城市活动和道路使用寿命，管道泄漏造成环境污染和资源浪费，损坏管线诱发安全事故、损害城市形象。有效监管力度不够，地下管线施工不按规划设计施工，也不进行竣工测量，或竣工测量资料不按规定及时移交城建档案管理部门，主管部门又缺乏有效监管手段和法规，造成管线信息流失、档案不全，使得建立的地下管线信息系统成为“死系统”，无法发挥管线信息应有的作用。

地下管线被称为“生命线”，是城市安全与繁荣的根基所在，因此必须高度重视地下管线的安全。打破部门条块分割，通过立法授权建立地下管线统一监管的机构，统筹城市地下空间和管线规划管理是保障城市地下管线安全运行的组织保证。目前，苏州、昆明、常州常州等已成立政府专门机构，在推进地下管线统一管理方面取得初步成效。

2）加强城市地下管线管理立法

法律法规是城市地下管线管理实施的基础，是城市地下管线安全运行的保障。纵观我国目前已发布的现有法规和部门规章，除了《城市地下管线工程档案管理办法》明确了管理的主体外，其他法规只将城市地下管线作为附属对象进行管理。现有法规只规定了地下管线的规划、设计、施工、档案管理等环节的城市政府行政主管部门，而其他环节却没有规定，针对目前城市地下管线分属众多单位建设和管理的现状，现有法规并没有规定统一监管协调的相关内容。

随着科技进步和城市发展，现有法规缺少对地下管线监管、探测、竣工测量、运行管理、信息管理与共享应用以及城市应急管理等环节的规定，目前尚找不到相关的法规内容来支撑。结合发展实际，健全关于城市地下管线管理监督的法规，提高操作性、约束性，北京、珠海、杭州等部分城市已经开始尝试立法，对减少地下管线安全事故、保障地下管线安全的作用已经显现。住建部组织起草的《城市地下管线管理条例》已完成各省市建设主管部门的征求意见，各地期盼着该法令尽快出台。

3）健全有关技术标准体系

技术标准是获取、管理和使用地下管线信息数据的重要依据。按照功能，城市地下管线分为8大类，按照输送资源不同又分为30余种子类，这些管线分属不同单位建设和管理，其档案资料分散在不同单位和部门。由于重视程度的差异、获取和存储方式不同以及其信息化建设工作程度的不均衡等原因，致使现状地下管线资料具有多源性、多样性、离散性和时空性等特点。在整合已有地下管线资料基础上，采用现代技术手段开展有针对性的地下管线普查，并建立有效的动态更新和信息共享机制，健全技术标准体系，促进发挥地下管线信息资源的最大化效益，为保障地下管线运行安全提供技术支撑。但是现有的技术标准不够健全，致使数据交换、信息共享难以落实，要根据行业发展实际，制定相应的新技术标准。

目前，部分城市已经制定或开始着手制定相关技术标准。《城市地下管线探测工程监理技术导则》《城镇供水管网漏水探测技术规程》和《地下管线数据共享与交换》即将发布实施。

4）推进行业科技进步

大力开展技术创新，推进行业科技进步，不断提高专业技术水平和城市地下管线安全保障服务能力。

（1）要加快实现城市地下管线管理数字化信息化。科学利用城市地下空间，从地下管线的规划、设计、施工到运行管理，广泛开展技术交流与合作，大力开展新技术、新材料、新工艺的引进消化与创新，加快创新成果的转化，推进科学规划城市布局，提升综合管理能力。

（2）要大力推进城市地下管线探测、在线检测自动化智能化，不断提高城市地下管线数据信息获取与更新的自动化水平。

（3）要加快城市地下管线信息化建设进程，整合现有数据信息资源，建立城市地下管线信息公共服务平台，完善地下管线电子档案，借助物联网、传感器等先进技术，建立城市地下管网远程监测体系。

（4）要加快研究城市地下管线安全风险评价技术体系，构建城市地下管线预警应急系统，建立完善城市地下管线安全预警与应急机制。

2.1.5 探测方法与技术发展

19世纪末期人们就提出了利用地球物理方法研究地下管线，到20世纪30年代末期，由于第二次世界大战爆发，地下管线探测研究逐渐被遗忘。二战后期，地球物理学家们才将视野再次转向管线探测。目前，地下管线探测技术在国外已应用多年，发展研究了电法、磁法、电磁法、地质雷达法、人工地震法、红外法等多种物探方法。我国地下管线探测技术起步较晚，开始于20世纪80年代中期，但发展较快，在80年代末期就已经较成熟，在90年代初形成一股热潮。但是我国的管线探测技术仍处于起步阶段，很多技术方法还不够成熟，不少技术难点有待于今后进一步研究和解决。

2.1.5.1 探测方法

国内仪器起步较晚，种类较少，市面上的产品主要有西安华傲公司的GXY-2000/3000型地下管线探测仪、南京华卓电子实业有限公司生产的系列定位仪、江苏晟利探测仪器有限公司的SL系列管线定位仪。另外多个研究所、高等院校等教学科研单位也研制了一些探测仪器，但这些仪器或者发射频率单一，或者接收模式固定，或者抗干扰能力差，或者人机界面不友好，适用条件有限，使用不够灵活。总之，国内地下管线探测仪的整体性能仍不高，虽有部分可以达到世界先进水平，但行业的整体发展仍落后于国外同行。然而国外仪器巨大的购置金额和维护代价也给使用单位带来了沉重的经济负担。在这种背景下，我们一方面要使用并学习国外高水平、高性能仪器的优点，另一方面要开始研制具有自主知识产权的高性能地下金属管线探测仪，同时规范良好的管线定位市场秩序，出台相关政策扶持国产仪器的可持续开发和生产，以期解决此类仪器的性价矛盾，形成良好的国内外仪器高水平竞争的良好市场氛围。

地下管线探测是地下管线信息获取的重要基础工作。到目前，随着我国城市地下管线管理事业的不断发展，地下管线探测技术已由早期的开井调查发展到以物探技术为基础的“内外业一体化”探测技术，并且地下管线检测技术已开始推广，为地下管线管理与运行维护提供了丰富的信息依据，取得了良好的经济和社会效益。

1）早期的开井调查方式

20世纪90年代以前，由于行业管理手段落后，需求不强，专业探测队伍不多，工程物探仍处起步阶段，针对性技术研究与应用基本没有，加上探测仪器发展水平的限制，为了获取地下管线资料，掌握地下管线现状，一般采用对已有管线的整测和新建管线的竣工测量等手段。已有地下管线整测时先向地下管线权属单位收集整理已有管线资料，而后采用开井或开挖少量样洞的方法，到实地对照核实调查，采用传统测绘方法测定管线点三维坐标，室内人工编制管线图。对于新建地下管线，实际采用竣工测量的较少，主要以设计资料为主反映地下管线。

开井调查阶段的地下管线整测主要由城市勘测单位实施。北京、上海、天津、济南、沈阳、南京等城市曾通过整测的方式进行过城市地下管线普查，其中北京市在市政府领导下，由北京市测绘设计研究院牵头，在各权属单位共同配合下，分别于1964年、1976年和1986年进行过3次集中性普查会战，完成了不同阶段的地下管线整测工作。但是由于地下管线具有隐蔽性和敷设条件复杂等特点，这时期获取的地下管线资料准确性较差，城建档案管理部门掌握的资料也不全。

2）物探技术的发展与应用

20世纪80年代末，随着我国工程物探的发展和城市地下管线管理需求的提高，物探技术逐渐引入到地下管线探测中，成为已有地下管线资料获取的重要技术手段之一。之后电磁感应法、探地雷达法、浅层地震法、高密度电阻率法、高精度磁法、地面测温法相继取得地下管线探测应用成果。由于我国幅员辽阔，地质条件复杂且差异较大，以及地下管线敷设方式不同、埋深不一、材质种类多样，广大探测技术人员进行了大量试验研究，提出了各种针对性探测解决方案。随着探测技术的不断完善和仪器设备水平的提高，以利用地下管线定位仪为代表的电磁感应法成为地下金属管线探测最经济、最简便而且探测精度较高的物探方法。实现了从应用初期的只定位到既定位又测深的突破。地下管线定位仪也由初期的单水平线圈结构，经过双水平线圈结构已发展成差动水平线圈、多水平线圈结构。发射功率实现了可调，智能化程度、抗干扰能力和探测精度显著改善。

探地雷达法因作业施工简便、探测精度较高，不仅成为地下金属管线探测的辅助手段，而且在解决地下非金属管线探测中具有显著优势，并取得较好应用效果。物探技术的应用，对于提高地下管线资料获取速度和精度发挥了重要作用，特别是对于复杂条件下的地下管线探测，物探技术弥补了仅靠开井调查而导致资料不准的不足。在此期间，随着仪器技术水平的不断提高，为多种物探方法用于不同条件下的地下管线探测提供了选择空间，在实际工作中，利用高精度磁梯度法、红外测温法、高密度电阻率法以及面波法，在一定条件下取得了大量地下管线探测的成功案例，为利用综合物探方法探测地下管线积累了丰富的技术经验。这时，以国家冶金系统的探测队伍为主成为推广应用物探技术方法应用的主要力量。

利用物探技术探测地下管线，在获取已有地下管线相对位置和埋藏深度后，配合以实地调查获取地下管线的相关属性信息，同时采用解析法测绘地下管线点的空间位置，获得完整的地下管线信息资料，室内采用机助制图方式编绘地下管线图，编制地下管线成果表，为城市地下管线管理提供翔实的现状资料。1994 年原冶金部组织制订的《地下管线电磁法探测规程》YB/T 9027—94 和 1995 年颁布实施的行业标准《城市地下管线探测技术规程》CJJ 61—94，推动了城市地下管线探测技术开始走向规范化，标志着以物探技术为基础的城市地下管线探测技术开始走向标准化和应用推广阶段。1996 年成立的原建设部科技委地下管线管理技术专业委员会，为地下管线探测技术的发展与应用做了大量工作。厦门、温州、无锡、克拉玛依、福州、广州、莱芜、南京、芜湖、滁州、威海、中山、湛江等，成为推广应用物探技术进行城市地下管线普查应用的代表城市。

围绕降低城市供水漏损和城市地下管线运行维护工作的需要，物探技术在地下管线检测评估方面发挥了积极作用。以声波特性为探测基础的听音法、相关法成为各地水司在地下供水管道漏水检测中应用最多、最普遍的方法，并且可以在已有管道资料的前提下，较为准确地确定地下供水管道泄漏点的位置，探地雷达法也有探测地下供水管道漏水点的成功案例，为有效减少漏损提供了大量依据资料。利用管道闭路电视（CCTV）内窥法和声纳法，已在上海、广州、济南以及西安等地进行地下排水管道健康状况评估，使得管道维护有的放矢，为保护城市环境和减少因地下排水管道泄漏导致的地面塌陷事故提供有益资料。此外，多频管中电流法（PCM）、C 扫描法（C-Scan）以及瞬变电磁法在检测地下钢质金属管道腐蚀状况方面效果较为明显，已先后在各地的燃气行业应用推广，如天津燃气、重庆燃气、太原燃气、西安燃气、大连燃气等。目前，行业技术标准《城镇供水管道漏水探测技术规程》正在制定中。

(1) 管线探测技术萌芽阶段

探测技术萌芽阶段指的是20世纪90年代之前，因探测技术、管理水平等的限制，城市地下管线探测以开井检查为主，未采用工程物探技术，不仅不能准确获取地下管线的空间分布，而且工作量极大，降低了社会经济效益。

(2) 管线探测技术发展阶段

自20世纪80年代末期，我国城市建设加快，促进了城市地下管线测量及管理技术的飞速发展。同时，我国的工程物探技术也日益成熟，逐渐应用于城市地下管线探测，为我国城市地下管线信息采集及数字化城市建设做出了贡献。

随着地球物理方法的快速发展及探测技术的日新月异，浅层地表地震法、地表测温法、高精确度磁场法等技术应运而生。与传统的开井检查方法相比，该技术方法不仅可以更准确地获得地下管线的数据信息，而且节省了人力物力，提高了社会经济效益。

此外，我国疆土东西跨度大，南北迥异，地质条件复杂多变，且不同的地质构造单元中地壳物质组成差异较大，导致不同的城市地下管线铺设方法差异较大，铺设深度和管线材质选用方面，都使得在探测过程中应该根据管线材质及用途来选择。因此，在不同的城市探测地下管线时，应结合当地地下管线的材质的探测技术，才能取得较好的探测结果。

(3) 管线探测技术成熟阶段

随着数字化、信息化城市建设的进程，催生了内外业一体化的探测技术，该方法结合了地球物理探测技术和数字信息测绘技术，推动了城市地下管网的快速发展，主要表现在以下三个方面：一是推动了地下管网探测技术的创新发展和探测仪器的改进，提高了探测精度；二是结合数字信息化测绘技术，不仅提高了探测效率，降低了探测投入，而且推动了城市智能化、信息化建设进程；三是3S技术的配套使用越来越深入，促进了城市地理空间信息的建设工作，为建设信息化、智能化、三维空间城市提供了可能。

与国内地下管线探测与管理水平不同，国外的管线探测技术发展较早，管理较为成熟。国外地下管线探测技术发展近200年，在城市地下管线探测与地下管线信息化管理方面积累了宝贵的经验。

3) “内外业一体化”的探测技术

20世纪90年代后期，随着城市信息化建设要求的提出和城市地下管线管理的发展，特别是“数字地球”概念提出以后，数字城市建设加快，城市规划提出建立信息系统实现地下管线信息化管理的需求。1996年开始的广州市地下管线普查，率先提出了提高作业效率和地下管线探测、数据处理和建库、地下管线自动成图一体化的工作思路和要求，并在该工程中首先推行采用“内外业一体化”作业模式和探测技术。“内外业一体化”中，物探技术是地下管线探测的基础手段，数字测绘技术是地下管线空间信息获取的重要方法，核心是借助“地下管线数据处理系统”，实现外业探测数据进入该系统实现编辑、处理与建库，之后根据需要可以灵活实现地下管线图编绘自动化和成果表输出。进入21世纪以来，随着探查技术、数字化测绘技术以及3S技术的发展与应用，“内外业一体化”探测技术得到了较快发展和应用推广。

（1）地下管线探查的物探方法和仪器日臻完善，技术水平也不断提高。

（2）数字化测绘程度越来越高，作业效率以及自动化和智能化水平明显提高。

（3）GPS（RTK）、GIS应用越来越普遍，地理空间信息获取速度和表现能力越来越强。

（4）修订的行业标准《城市地下管线探测技术规程》CJJ 61，系统总结了“内外业一体化”技术经验和成果，为规范和统一技术的应用推广起到重要作用。

全国各地针对本地实际制定地方标准，使“内外业一体化”探测技术得以扎实推广。地下管线数据处理系统在原有基础上不断扩充功能，不仅推进实现了数据处理、建库与智能成图一体化，而且在实现数据采集与传输方面取得了较好的应用成效。这期间，国家的地质、测绘等行业的探测单位已开始加入到地下管线探测队伍中。

随着“内外业一体化”探测技术的发展，地下管线探测已由原来的内外业分离脱节、人工操作繁多、基本过渡到实现了数据采集、处理的数字化和自动化，获取的管线数据日趋标准化和规范化，实现了数据管理的信息化和可视化，初步形成了地下管线数据采集、处理与数据建库到建立信息系统的“一条龙”作业流程（图2-8），成为地下管线信息化建设的主要技术手段和工作模式，也为后期信息系统运行中的信息更新提供了有力技术支撑。为保证地下管线数据成果质量，从广州市地下管线普查开始，探索在地下管线普查中引入并实行监理制取得较好效果，广大地下管线探测、档案管理科技人员，结合工程实践不断总结经验和成果，在中国城市规划协会地下管线专业委员会的组织下，起草提出《城市地下管线普查工程监理导则》并在实际中试用，为规范地下管线普查监理工作，保证普查成果质量起到积极作用并取得普遍认可。广州、深圳、武汉、乌鲁木齐、沈阳、石家庄、杭州、莱芜、威海、菏泽、成都、宁波、厦门、临汾、苏州、泉州、常州、齐齐哈尔、昆明、鄂尔多斯、松原、日照、周口、芜湖等城市均采用“内外业一体化”探测技术组织进行了地下管线普查。据不完全统计，2000～2008年间，我国采用“内外业一体化”探测技术开展地下管线普查的城市190多个，占已开展普查城市总数量的85%以上。到目前，采用“内外业一体化”探测技术完成普查和正在普查的城市约占城市总数量近30%，采用“内外业一体化”探测技术完成地下管线普查的直辖市和省会城市已接近2/3，并且采用该技术的城市数量呈逐年递增态势。

实践证明，“内外业一体化”探测技术已成为城市地下管线普查探测的有效解决方案，并成为地下管线数据动态更新的主要技术手段。“内外业一体化”探测技术的作业技术流程可用图2-8表示，可以看出其中原始记录、探（测）草图以及属性录入等工作需要大量的人工干预，不仅劳动强度大，由此还增加了过程数据出错的几率。目前，“基于PDA的地下管线采集处理与更新系统”已开始投入应用，主要实现地下管线属性信息现场记录、草图绘制的自动化，然后通过通讯软件导入“地下管线数据处理与智能成图系统”完成数据处理、编辑、建库和成果图编绘。应用PDA后的“内外业一体化”探测技术的作业技术流程可用图2-9表示，它不仅因为改变原有的地下管线探测作业模式，进一步促进了前端数据采集的自动化，使得“内外业一体化”水平进一步提高，而且由于减少人工干预可大大提高地下管线普查探测作业效率、降低劳动强度，对保证探测成果质量具有重要现实意义，并且还将为有效推进地下管线信息动态更新产生重要的积极影响。

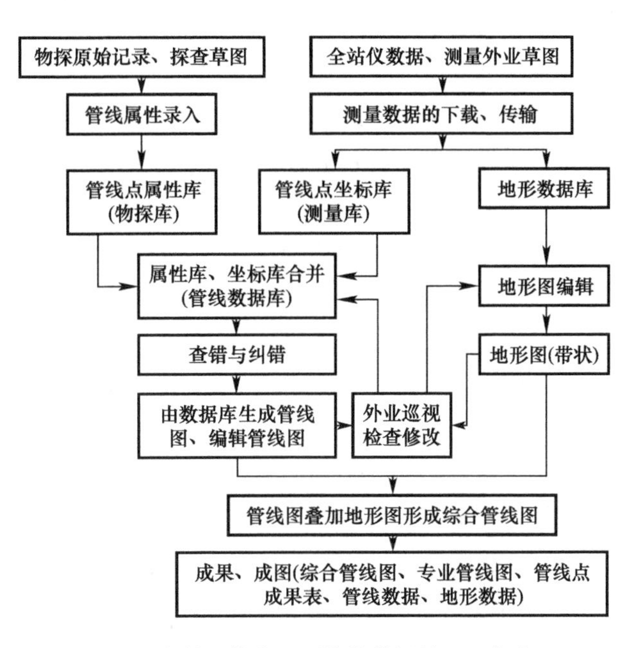

图 2-8　内外一体化地下管线数据处理工作流程

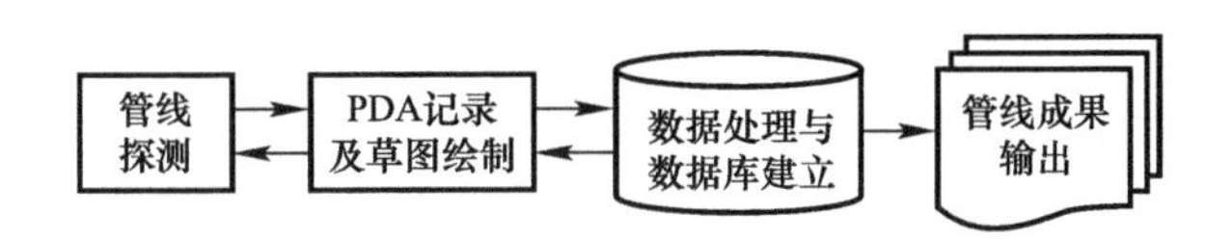

图 2-9　基于 PDA 的地下管线数据处理工作流程示意图

2.1.5.2　探测技术

用地球物理方法探测地下管线，是在 19 世纪末提出的。这项技术发展于第二次世界大战之后。在战争期间，地下遗留许多未引爆的地雷、炸弹，为消除隐患，需准确探测其位置，于是就出现了金属探测器，后来用这种探测器探测地下金属管线。

从 20 世纪 50 年代起，为满足国家对一些原有企业的技术改造，开始了地下管线的测绘工作。当时，国内外生产厂家、科研单位研制的地下金属管线探测仪器，由于受电子元器件等条件所限制，用电子管组装的探管仪，体积大而笨重，技术性能较差，没有深度测量功能，操作也不方便。我国在 20 世纪 60 年代，曾用常规的地球物理勘探方法（电阻率法、充电法和磁法勘探等）在小范围内探测地下金属管线。20 世纪 70 年代以前，我国地下管线的测绘方法基本上需要进行全面开挖，而管线探测只起到确定开挖点的作用。

由于电子技术的迅速发展，经过多年的反复试制和生产，在 20 世纪 80 年代初，美、英等国研究并生产了电磁法地下管线探测仪。英国理查德·奇科奈博士研制的雷达地下探测器，既可探测金属管线，又可探测塑料和陶瓷管道。中国的西安交通大学、四川大学等也分别研制了探地雷达系统。日本的三家煤气公司研制了煤气管道无损检测系统，可在送气情况下对管道的腐蚀情况进行检测。新型仪器的出现，推动了方法的发展，拓宽了应用领域，提高了探测效率和精度。如美国的 810、850 型，英国的 RD400、RD600 型，“兵勘”研制的 BK-C 型等探测仪器。这些仪器都具有体积小、重量轻、技术性能先进和稳定，能对地下管线进行跟踪、准确定位、深度测量等功能。其中 RD400、RD600 有两个以上发射和接收频率，可以适应各种复杂环境。这些探测仪器的生产和应用，使地下管线的探测技术有了较快发展。用探测方法代替开挖是探管技术中的一次突破性发展，既减少了开挖经费，加快了地下管线的测绘速度和周期，又保护了城市和工厂的地面环境。经过多年的生产实践，作业人员应用先进的科学技术和电子计算机技术，在探测过程中不断总结经验和教训，提出了各种不同类型探管仪的探测方法和意见，也促进了探测仪器的发展和更新。

地下管线探测技术在我国起步较晚，开始于 20 世纪 60 年代中期，但发展很快，在 80 年代末期就已经较成熟，90 年代初形成一股热潮。国内的市政工程规划、设计部门、测绘部门、物探部门和建设施工单位，以及大型骨干企业都购买相关仪器，开发地下管道探测业务，国内一些学者、工程界及仪器经销商每年举办 1～2 次学术或技术交流活动，一些专职或兼职的职业探测公司相继成立，政府及各省市区有关部门还以行政手段推广这项技术。1990 年，广州黄沙区地铁口工程的勘察过程中进行了地下管线探测工作；1996 年，江苏工程物理勘察院完成了镇海炼油厂地下管线的探测；2005 年，中铁十六局完成了首都国际机场扩建工程中机场西区改造工程 L 滑行道箱涵顶进工程、首都机场 T3 航站楼楼前交通工程、首都机场专机楼和公务机楼工程、首都机场扩建工程航站区综合管网工程。地下管道技术在市政管理及单项工程建设中的应用不仅考验了一批仪器，而且培养了一批技术业务骨干，开辟了大面积推广这项技术的路子。

国内地下管线的探测方法一直是管线业内人士以及一些研究管线探测专家学者着重研究的对象，他们通过数字模拟或者物理模拟以及实际工作中的方法实践等，研究出很多有价值的实用方法及难能可贵的经验。

总的来说，尽管我国城市地下管线普查工作开展已久，但城市地下管线探测所采用的技术方法仍然很局限。针对目前城市地下管线埋设的现状，现有的管线探测技术对部分管线探测仍存在一定的难度，主要表现在以下几点：

(1) 城市建设步伐的加速，导致城市地下空间进一步开发利用，埋设于城市地下的管线数量和种类都不停地上涨，这与城市有限的地下空间资源之间的矛盾变得更加突显，地下管线埋设密集，上下重叠、纵横交错现象普遍。当给地下施加一个物理场时，由于地下管线敷设太过密集，各种管线之间产生的异常信号相互干扰重叠，导致无法准确分辨。即使能分辨，其异常形态与理想物理模型相去甚远，定位定深精度无法保证。

(2) 受地下空间资源限制的影响及非开挖技术在地下管线埋设领域的快速发展，管线埋设向深部发展已成为一种趋势。目前，我国常用的管线探测仪探测深度较浅，对于深埋管线用常规的管线探测仪无法准确测定。

(3) 近年来，给水、燃气专业塑料管道的占有量逐年增加，此类管线探测主要采用地质雷达方法。但是，由于敷设管线的回填土土质不均匀，杂质多，地质雷达本身分辨率及探测深度等问题，对此类小规格、大埋深的非金属管线，采用地质雷达探测很难获取有效的目标管线异常信息。

1) 金属管线

1904年，电磁波法被应用于深地层中的金属目标探测。

1974年，美国劳雷公司生产了第一台商业地质雷达仪器，1977年，Sir系列诞生，其产品性能一直是国际上的领头羊，并得到了广泛的应用。目前该公司新研发了最新的Sir-4000主机，产品性能在国际上遥遥领先，在多个应用领域上都具有出色的探测效果，已被多个国家引进。

英国RADIODETECTION公司推出的RD4000地下金属管线探测仪，曾成为行业地下管线探测的标准仪器。目前该公司研制的最新一代金属管线仪RD8000具有响应速度快、准确性高、可靠性强等优点，已广泛应用于工程实践中。

从地下金属管线探测仪器的发展来看：国外仪器起步早、水平高，种类较多，已有较成熟的产品，适用于不同的测量领域。知名品牌有美国3M公司的Dynatel系列(2200/2200M)、英国RADIODETECTION公司的雷迪系列(RD400/4000)、美国CHARLES-MACHINE公司的Subsite系列(Subsite250/950/970)、美国Metrotech公司的系列(Metrotech800/9800)、德国竖威系列等。

在目前的管线工程项目中，地下管线普查工作主要为明显管线的现场调查与隐蔽管线的探测。地下管线的探测技术主要是针对隐蔽管线进行的研究。隐蔽管线主要使用电磁法，电磁法对金属管线探测常用的有三种信号施加方式。对金属管线，在条件允许的状态下，最好选择直接法施加信号探测；对不具备使用直接法的管线，采用感应法探测；电力和电信电缆类的管线主要采用夹钳法，辅以感应法。

探查金属管道和电缆应根据管线的类型、材质、管径、埋深、出露情况、接地条件及干扰等因素综合选择探查方法：

(1) 金属管线探查多采用电磁场感应法，当有暴露点特别是存在相邻管线干扰时，优先采用直接法。对接头为高阻或导电性稍差的管线则采用较高频率，如RD400机可用33kHz，75R/T机可用29kHz。当并排管线较多而且要求探测距离较远时，则采用较低的频率，一般用8kHz。

(2) 电力电缆一般采用管沟或直理方式，对沟(槽)方式埋设的电缆，一般直接量取沟槽的中心位置，开盖量取其深度。电信电缆和照明电缆由于其自身带有电磁信号，采用感应法效果较好，有条件时可施加断续发射信号。电力电缆宜先采用被动源工频法，辅以主动源法，当电缆有出露端时，宜采用夹钳法，采用该法探测，信号强，定位、定深精度高，且不宜受邻近管线的干扰，方法简便，是最常用的探测方法之一。

(3) 燃气管线为了安全，一般可用磁感应法探查，对于有防暴装置的探测仪，采用直接法效果更好。

(4) 埋深较深的金属管线和很远距离才有暴露点的混凝土管线，则需采用探地雷达进行横断面扫描，最终通过对扫描图像分析、识别来确定管线点位和埋深。在进行雷达扫描前，应尽可能详细地调查管线的大致走向，有针对性地选择雷达扫描断面。

2) 非金属管线

随着新型材料不断涌现，城市地下管线的材质也不断发生着改变。由于非金属管线具有抗污染性强、不易结垢、造价低、安装方便、不易腐蚀、易于埋设和维修等优点，地下管线由过去大量使用金属类材质逐步向非金属材质过渡，并表现出取而代之的趋势。但是由于非金属管线不具有导电性和导磁性，这使得非金属管线的探测成为一个技术难题。

(1) 在地下管线探查中，对于电磁法类管线仪难以探测的非金属管道，常采用探地雷达法探测，如地下人防巷道、水泥管道、PE 管道、PVC 管道、UPVC 管道等。对于大口径（>200mm）非金属管线的探测可选用探地雷达探测。基于探地雷达的特性，易受管线周围介质物理特性的影响，同时探地雷达对管径小于 200mm 的或埋深大于 2m 的非金属管线的探测效果不佳。

(2) 用管线探测仪对管径大于 200mm 埋深小于 2m 非金属管线采用示踪线法、电磁感应法确定管线走向、平面位置以及埋深，使用探地雷达回波图像法进行验证，如混凝土管、工程塑料、复合塑料、玻璃钢等材质的给水、排水管线。

(3) 用管线探测仪对管径小于 200mm、埋深大于 2m 非金属管线，使用示踪线法、电磁感应法及开挖、钎探等方式确定管线走向、平面位置以及埋深。开挖、钎探验证位置及埋深，声波传导法验证其走向，如：电力、电信、共同类管沟、燃气。

(4) 有出入口的非金属管线和人防工程宜将示踪法与其他方法相结合。示踪法是将能发射电磁信号的示踪探头或导线送入非金属管道（沟）内，在地面用接收机接收探头或导线发生的电磁信号，从而确定地下管线的走向和埋深。混凝土管、混凝土管沟、石（砖）砌带混凝土盖板的管沟、工程塑料或复合塑料的管线，可穿插示踪线采用示踪法、电磁法、夹钳法等确定其平面位置和埋深。

针对不同种类的地下管线和管线所处位置的地球物理条件差异，分别采用不同的探测方法和选用不同的工作频率，将地下管线特征点的位置和埋深探查清楚，在地面标示好地下管线特征点的位置，现场画好相关管线点连接草图。

地下管线探测是一门应用科学，涉及的学科多，实际工作中遇到的问题有时十分复杂，需要不断深入研究出现的各种问题。

2.2 存在的问题

面对城市建设的飞速发展，地下管线的重要性日益显现。地下管线是城市经济发展的保障，是维系城市地上地下空间、保证城市整体运行的基础设施。因此，规划、建设和管理好地下管线是未来充分利用地下空间的重要基础工作，是现代化城市可持续发展和有效应对突发灾害的保证。掌握和摸清城市地下管线的现状，科学地管好地下管线各种信息资料，不仅是城市自身经济社会发展的需要，同时也是城市规划建设的需要，而且是实现城市可持续发展的基础保障。经过近 30 年的实践，我国城市地下管线探测与管理技术取得快速发展，在推进城市地下管线信息化建设中发挥了显著作用。

但是，由于我国幅员辽阔，各地基础条件不一致，经济发展水平不平衡，地下管线信息化建设仍任重道远，暴露和存在的一些突出问题应加快研究解决。

1）地下管线管理问题

虽然说我国城市地下管线探测技术与管理技术比较成熟，但仍存在不少问题，主要表现在地下管线数据信息材料不全面、不准确、较为散乱，信息汇总格式差异较大，尚未形成统一的汇交格式，从而阻碍了信息资料的共享与管理。且因早期探测精度不高，导致在后期建设过程中常发生破坏地下管线等情况。因此，如何完善城市地下管线信息成果与探测质量等保障制度是当前亟待解决的问题之一，只有健全监管制度，能使得探测成果更为准确，才能更好地服务社会。

由于地下管线档案资料不准、不全、不完整，离散、格式多样，数据标准不统一，导致信息利用困难、共享程度低，甚至导致工程事故现象时有发生，如何完善地下管线信息成果、质量监控保障机制是需要尽快解决的突出问题之一。新建地下管线的竣工测量机制尚不完善；已有地下管线普查探测中，由于地质条件复杂、环境差异较大、非金属管材的大量使用和非开挖大埋深管线逐渐增多等因素，对现有探测技术提出更高要求。多年来，许多城市地下管线应用与服务单位，积极探索和实践，总结了城市地下管线信息质量保证的经验，不断健全质量保证体系。但是受技术装备和人员技术水平以及企业管理能力等影响，地下管线信息成果质量差异较大。由于管线探测工程的特殊性，目前尚未建立相应的监理技术标准和资质认定制度，缺少统一的技术标准，监理机构还不完善，监理队伍素质参差不齐，加上监理资格管理机制尚未健全，导致即便实施监理有时也难以起到应有的作用。

（1）多头管理，信息整合困难。在我国城市地下管线建设和管理涉及多个单位或部门，管线资料分散在各单位或部门。各地下管线权属单位对管线基础数据的重视程度存在差异，各单位获取和存储地下管线信息的方式不同，管线信息化建设工作程度的不均衡等原因，致使现在地下管线资料具有多源性、多样性、离散性和时空性等特点。地下管线信息的离散性，决定了各建设单位利用地下管线信息时，需要到多个管线权属单位或管理部门查询检索。而地下管线信息的其他 3 个特性，又会导致不同方式获取的资料，其完整性、准确性及现势性都存在问题，致使现状地下管线资料利用困难，导致管线信息化建设时信息数据获取和整合困难。因此，地下管线普查首先要解决的难点问题就是如何在诸多单位的管线数据中选取准确、有效、现势的数据为数据库建设服务。所以我们应当尽快通过建立统一的地下管线信息化标准，消除地方标准之间的差异，消除地方标准与行业标准间的差异。

（2）地下管线信息资源产权部门化，信息共享程度低。一些政府部门将地下管线信息资源产权部门化，有意或无意地设置信息利用的壁垒，结果一方面阻碍了地下管线信息资源的广泛利用，同时也影响了地下管线相关单位之间的信息共享，这也是各部门重复采集信息和重复开展地下管线信息系统建设的重要原因之一。因此，打破信息孤岛，建立成熟的信息共享机制是推动地下管线普查工作的重要手段。

（3）权属单位参与程度不高。各地地下管线普查领导小组或下设的办公室对各管线权属单位在管线普查中的职责提出了明确的要求，也对其使用管线普查数据的权利给出了明确的说明。但从目前已开展管线普查的城市看，相当一部分管线权属单位参与的积极性及参与程度并不是很高，主要原因有三方面：

① 他们认为本单位资料已经齐全，或者已经建立了相应的管线管理系统，能够满足本单位的日常使用及管理需求，管线普查成果对本单位意义不大；

② 参与管线普查要投入一定的资源、影响正常的工作；

③ 有些地方政府要求权属单位按比例分摊普查费用。

2）地下管线规划问题

随着社会基础建设的完善和经济的快速发展，人们认识到“空间资源”也是限制城市平稳发展的主要因素之一。在城市建设初期，由于建设技术以及认识的不足，仅重视地上空间资源的利用率，而忽视了地下空间资源和空中资源的综合利用，并在建设过程中存在重视建设、忽视后期维护的现象，导致早期城市建设过程中地下管线的铺设不合理，造成了后期探测及整改的难度。为了弥补这一缺陷，应该加强城市地下管线科学规划并制定出科学的整改举措，加强后期维护整改的防范意识。

在我国城市建设中，长期以来的“重地上、轻地下、重审批、轻监管、重建设、轻养护”倾向一直未得到彻底扭转，对于隐蔽工程的地下管线更加突出，地下管线规划、建设、管理的相关法规欠缺。第一，科学规划意识淡薄。在地下管线规划建设实施过程中，仍然有管线“打架”、临时变更设计、新老管线叠加，造成诸多潜在事故隐患。第二，缺乏统一管理。管线种类繁多，产权投资分属管理，规划建设与资金投入不同步，各部门缺乏统一协调，造成重复开挖，“马路拉链”不断出现，影响道路使用寿命，同时严重影响城市交通和广大市民的日常生活，也损害了城市形象。第三，有效监管力度不够。地下管线施工建设不按规定进行竣工测量，或竣工测量的图纸资料不按规定报交档案管理部门；主管部门又缺乏有效手段要求各施工单位按规定移交相关资料，形成不了统一的城市地下管线信息的档案。各管线专业部门为方便工作，各自建立独立的信息系统，各系统的数据格式、数据标准、信息平台等各行其是，信息共享困难，加上地下管线信息的动态更新程度低，缺乏长效机制保障，难以保证地下管线信息档案的现势性，无法通过城市综合地下管线信息系统，为城市规划、建设和管理提供有效的地下空间信息保障。

3）地下管线信息化管理方面

虽然我国城市地下管线管理技术处于成熟阶段，但城市地下管线管理的专业化水平亟待提高，如我国城市地下管线管理处于信息化、自动化、大数据融合发展的初级阶段，尚未形成统一的管理制度和质量控制制度，未能在已有的成果上形成有针对性的专业城市地下管线数据信息的集成。

由于我国城镇化建设已经进入多样化、现代化发展阶段，对地下管线数据信息的需求也呈多样化。因此，为了顺应城市建设发展的步伐，仍需大力推行城市地下管线信息化管理工作。

专业地下管线信息是在地下管线基础信息的基础上增加了针对性的内容，特别是地下管线运行状态信息，并且专业管线管理的覆盖范围也比综合管线管理大。但是，“重建设、轻养护”问题依然突出，地下管线埋设竣工后万事大吉，长年无人过问、无人养护，导致专业地下管线因维护管理不到位而发生事故，加上专业地下管线检测工作还没有引起足够的重视，技术力量相对薄弱，推进专业地下管线检测工作任务艰巨。

地下管线信息动态更新程度低，缺乏长效机制保证。目前，在我国 32 个直辖市和省会城市中，已经或正在建设城市综合地下管线信息管理系统的城市有 16 个，占总数的 50%；在我国 15 个副省级城市中，已经或正在建设城市综合地下管线信息管理系统的城市有 12 个，占总数的 80%。地下管线数据是城市地下管线信息管理系统的基础和核心，具有很强的现势性。因此，建立城市地下管线数据的动态更新机制，及时更新和维护城市地下管线数据库，是保证已建系统生命活力和管理有效性的唯一途径。然而，由于缺乏相关的技术标准和法规的支撑，以及动态管理机制保障，在地下管线普查、建立信息管理系统之后，真正做到对地下管线信息进行动态更新管理的城市很少，导致几年后随着城市建设的不断发展，原先建立的系统不能发挥其应有的效能，造成财政投资的浪费。因此，地下管线信息化建设能够有效发挥作用、避免重复建设和资源浪费，需要解决另一个难点问题就是要实现数据的动态更新，更好地为城市管理服务。

到目前为止地下管线运行监测与检测信息不仅尚未纳入城市地下管线信息系统，在已经建立的专业地下管线信息系统中也未正式涵盖，难以满足城市突发地下管线事故应急响应需要，也不利于防灾减灾、灾害预警体系的完善。地下管线在线巡检、定量评价在内的管线运行监管信息快速、智能化获取技术方法研究尚属起步阶段，建立管线基本信息数据库和管线专业信息数据库的技术水平不高，城市地下管线“信息链”和管线信息技术标准体系不够完善，使得地下管线信息难以发挥更大的效益。

4）地下管线普查问题

改革开放以来，随着城市建设的飞速发展，各地领导都意识到良好的投资环境是加速经济发展和加速现代化进程的保障，一些城市采取积极的措施开展地下管线普查和加强地下管线资料的档案管理工作。但是由于组织不力、部门配合不畅，资金投入不足等原因，地下管线普查工作举步艰难，速度缓慢。在已经进行过地下管线普查的城市中，有近半的城市由于没有建立一套有效的动态监管制度，使现势性的地下管线又变成非现势性，需重新进行普查有的城市地下管线信息系统的技术标准、数据格式、软件平台等不标准、不统一，信息无法共享，无法发挥积极作用，效果欠佳，家底不清，工程事故不断根据有关权威部门的调研资料表明，全国城市地下管线家底不清的现状普遍存在，对原有城市地下管线没有及时普查、建档，而城市发展飞速，新增管线未能及时上图入库。全国绝大多数城市地下管线没有一个全面、准确的管线综合图或数据库，与我国城市经济高速发展形成巨大反差。城市规划管理部门在审批地下管线位置时，经常出现管线“打架”的情况，在建设施工中经常发生管线被挖断的事件，引起停水、停气、停热、停电和通讯中断等事故，已造成了严重的经济损失和不良的社会影响。

（1）我国幅员辽阔，地质条件差异较大，环境条件复杂程度不一。近年来非开挖技术的采用，较大埋设深度管线增多；非金属管线特别是小口径非金属管线的大量使用等等，这些都对探测技术提出了更高要求。尤其是地下管线属隐蔽工程，并且部分管线如燃气管线、电力管线属高危管线，可能导致发生重大安全事故，有效的探测技术方法是保证地下管线信息数据质量的关键。

（2）由于缺少管线数据标准，包括探测数据标准、元数据标准以及交换服务标准，导致数据建库与成图软件缺少标准依据，而且现在不同单位又涉及多个系统，影响了数据入库更新与信息沟通。此外，管线信息系统因数据标准不统一，对管线信息的数据交换和资源共享构成了人为障碍。

（3）专业地下管线运行监测与检测信息尚未纳入城市地下管线信息系统，地下管线在线巡检、定量评价，管线运行监管信息快速、智能化获取技术方法尚未达到普及应用程度，建立管线基本信息数据库和管线专业信息数据库的技术水平尚需进一步提高。

（4）地下管线普查范围不全面。在具体的普查过程中由于受财政经费投入和普查技术标准的影响，在实际普查过程中会出现少查和漏查的情况。目前我国的普查工作集中在主干道、6m以上干道的普查，而城市中的小街巷，特别是在老城区，一般会忽略，从而影响普查的全面性，并且我国对什么是干管或者管径超过多少应当进行探测没有明确说明，可能会有部分小口径干管被遗漏，因此政府出台相关的地下管线普查标准就显得尤为关键了。

（5）普查招标价格设置不合理。20世纪90年代，地下管线普查的价格约为4000元/km，10多年来，物价不停上涨，测绘单位的生产成本不断增加，而管线普查的单价降到了现在的限价2000元/km（实际中标平均价1700元/km左右），有些地方甚至于把限价设定到了1500元/km（实际中标平均价1300元/km左右）。有些地方的地下管线普查工作分期实施、分期招标，而在后期的招标文件中，将上期的中标平均价作为当期的最高限价。以上的限价、特别是超低限价的设定，造成了许多综合实力较强的单位不再去投标。因此，招标文件编制时，价格分值占总分值的比重及价格分值计算方式设置应合理，不应一味地追求低价。为确保质量与周期，应让那些有信誉、管理规范、综合实力强的生产单位参与到普查工作中来。

（6）在实际探测与研究中，城市或工厂内有各种干扰信号，如振动干扰、电磁场干扰、温度干扰等，加上各类管道纵横交错，有金属管、水泥管、塑料管和电缆等形成复杂的地下网络，给管线探测工作造成了困难，产生了较大的误差。

① 受仪器本身的精度影响；

② 作业人员操作误差；

③ 传导介质因素而产生的影响。

由于发射机发出的电磁信号要通过土壤、空气的传导后才能使接收机接到，土壤及空气传导性条件的好与差将直接影响到探测精度。微湿的原状土对探测的误差影响较小：而干燥的土壤、砂石、风化岩及杂填土对探测的误差影响较大。虽然知道了上述规律，但在实际探测过程中由于受条件限制，很难确切知道地下土壤成分的性质，因此土壤条件因素而产生的误差值大小具有随机性。而空气相对于土壤来说影响相对要小得多。

（7）埋深与管径：管线的埋深是影响探测误差的主要因素，除此之外，当管线的埋深与管径比值过小时，即使管线埋深较浅，同样也会产生较大影响，这一点在给水管线尤为突出；反之虽然管线埋得较深，但管径较大，会有利于管线探测定位。至于埋深与管径的比值在何区间为最佳，要视各地区的地下土壤条件等因素综合来确定。

（8）待测管线附近有其他的金属管线、电缆线或较大金属物（包括地上、地下）及具有强烈电磁信号接收、发射装置的干扰。由于探测仪是采用电磁波原理来达到探测定位目的，但城市中各种地下管线纵横交错，高压线路比比皆是，且相互间有的距离较近，此外随着通信事业的发展，固定电话及移动通信的发射塔密度愈来愈大，这样管线探测时发射机产生的磁场就会受到其他磁场的影响而产生变形，导致探测产生误差。一般来说，管线距其他干扰物越近，产生的偏移越大，反之越小。

（9）受仪器的信号强度的影响：对发射机来说，发出的信号强弱主要由仪器本身所具有的发射功率来决定的。发射功率越大，发出的信号越强，对探测就越有利。对接收机而言，接收的信号强弱与其本身所具有的电量多少、发射机距接收机的远近及管线的埋深等因素有关。当接收机接收的信号强度过大时，很有可能是接收机距发射机距离过近，这样信号会受到空气藕合的影响；若接收的信号过弱，主要是发射机电量不足、发射机距接收机过远、管线埋得过深影响。因此，要想减少上述影响，必须通过大量的试验，来确定接收机所接收的信号强度。

（10）专业队伍薄弱，满足不了市场需求

目前在我国从事地下管线普查、漏水检测、防腐检测等的单位和人员很有限，大部分是地质、冶金部门过去从事物探、测绘的队伍转化而来。近几年来，部分国家测绘系统和城市勘测系统的队伍也逐步参与到城市地下管线普查中来。但是，各探测单位之间技术装备、人员技术水平、企业管理能力等参差不齐，使最终工程的成果产品质量差异较大。

此外，漏水检测和防腐检测工作还没有引起足够的重视，这是一项经常性、大量的任务，从事此方面的作业队伍更加薄弱。

5）地下管线养护问题

20 世纪 80 年代以前我国城市地下管线的管理严重滞后于城市发展和国际同行业水平，具体体现在以下几个方面：

（1）地下管线情况不详的现象十分普遍。全国除少数几个城区进行过地下管线的普查和建档工作外，绝大多数城市对其地下管线的分布状况还不十分清楚，这与城市的快速发展形成了强烈的对比，并形成了限制城市高速发展的瓶颈。

（2）管线事故时有发生、损失严重，由于地下管线分布与状况不明，因城建施工遭到破坏的现象时有发生，造成停水、停电、停气、通讯中断，甚至发生火灾和爆炸等严重事故。

(3) 地下管线情况不清，构成城市安全隐患。由于城市各类地下管线的经费来源和所属单位不同，没有形成统一的管理体制；再加之埋设的时间不同，造成很多城市地下管线的管径、管材、走向、埋深等情况不清的局面，成为城市建设和生活的安全隐患。重建设、轻养护是我国城市建设中长期存在的问题之一，地下管线埋设竣工后万事大吉，长年无人过问，无人养护。由于管道腐蚀、损坏等原因，漏水和漏气现象普遍存在，造成浪费严重。

据有关部门估计我国的燃气和热力管道的腐蚀率达30%，不仅造成了漏气损失，而且还存在严重的安全隐患。

总的来说，城市地下管线探测任重道远，在管线平面定位、管线的定深、管线的空间立体效果的表达、高分辨率多参数探测仪器的研发等方面需进一步研究和发展。

6) 行业指导与市场监管问题

当前城市建设正确处理好“建设与管理、地上建设与地下建设、建筑工程与基础设施建设”等关系，着力改变“重建轻管、重地上轻地下”等观念，地下管线管理问题将会逐步得到有效的解决。

地下管线普查是一个跨行业、跨部门、多学科的新兴产业，又是一个涉及部门多、工作面广、技术复杂的系统工程，这个新兴行业当前还处于发展阶段。由于缺乏有效的行业指导，市场监管不力，市场准入不规范、无序竞争等现象，目前城市地下管线普查还处于无资质和无市场参考价格的境地，工程建设单位甲方在制定工程预算时无标准价参考，依据不足，在确定招标底价时，总是价格越低越好。工程承担单位乙方为了中标，也互相压价，中标后又进行讨价还价等现象也不断出现，这种无序竞争，恶性循环的发展，将严重制约行业技术的发展和产品质量的提高。

地下管线信息系统建设市场，软件平台无序竞争以及受行政干预也很严重，放着现成、成熟的软件不用，又要重新开发，费时、费钱和误事。

2003年以来，时任国务院副总理曾培炎同志两次对城市地下管线管理工作做出重要批示，要求建设部牵头对城市地下管线统一规划和地下管线档案信息共享问题进行调研，研究学习国内外的先进经验，抓紧制定《城市地下管线管理条例》和组织各城市进行地下管线普查，表明了国务院领导对城市地下管线的高度重视。住房和城乡建设部抓紧草拟《城市地下管线管理条例》的同时，又以第136号令发布了《城市地下管线工程档案管理办法》，明确地下管线管理的行政主体、地下管线规划、建设与管理的程序，规范了各责任主体的建设行为和管理行为，并对违法行为进行处罚。住房和城乡建设部还组织修编《城市地下管线探测技术规程》，编制《城市供水管网漏损控制及评定标准》。此外，为加强地下管线的行业管理，住房和城乡建设部将原建设部科技委地下管线管理专业委员会转制成立中国城市规划协会地下管线专业委员会，并报民政部批准为二级协会，对地下管线实施行业管理。有些城市也制定了“地方性政策”法规文件，强化地下管线管理力度，并积极开展地下管线普查工作，表明城市地下管线事业发展将进入一个新阶段。

2.3 发展展望

经过近30年的发展与应用，以“地下管线数据处理与智能成图系统”为核心的地下管线探测“内外业一体化”技术、基于GIS的管线信息系统构建与计算机网络技术等，已搭建了城市地下管线信息化建设的技术体系，初步构成了城市地下管线信息化的完整方案。随着城市地下管线信息化的不断推进，地下管线探测与管理技术将会进一步完善和提高。

（1）地下管线探测技术发展展望

地下管线探测尤其是复杂地下管线探测，继续发挥物探方法的优势，除研究开发高精度、高智能和抗干扰能力强的仪器设备外，应针对城市特点、不同地质条件、不同埋设条件、不同材质进行探查方法技术研究，克服单一物探方法的局限性和探测结果的多解性，采取综合物探方法提高地下管线探测结果的可靠性。GPS、RTK技术以及“内外一体化”作业方法将进一步提高城市地下管线测量与管线竣工测量的作业效率，监理机制的完善将对保证地下管线信息成果质量起到关键作用。加强管线智能检测与定量评价技术应用研究，将进一步丰富地下管线信息，完善地下管线“信息链”。基于PDA的前端采集与成图软件系统以及数据传输技术的开发使用，将会进一步提高普查探测作业自动化程度，更加便于后期的地下管线信息共享、交换与管理。

（2）地下管线信息系统的发展展望

城市地下管线信息是城市信息的重要组成部分，地下管线隐蔽、复杂、动态及其信息海量等特点突出。如何利用GIS技术、数据库技术和网络技术，有效地实现海量数据采集、处理、管理、分发和应用，并加强管线专业管线信息数据库建设，实现与城市基础地理空间信息的融合，促进实现地下管线的主动管理，将成为城市地下管线信息系统建设关注的核心。利用管线数据资源，开发决策模型，为城市管理者提供改善环境、应急处理、安全管理的决策支持，将成为地下管线信息系统建设的发展趋势。此外，技术标准是城市地下管线信息化有效推进的前提，城市地下管线信息化需要构建完善的法规与标准体系，统一技术标准是城市地下管线信息化的基本条件。除健全城市地下管线管理法规和管线信息动态更新、应用服务机制外，加快制定和完善包括检测评价、监理、质量、数据技术标准以及信息交换服务标准在内的城市地下管线信息化技术标准体系，将成为有效推进城市地下管线信息化的重要组成部分，并将对进一步推进普查探测技术的规范化、标准化起到重要作用。

（3）健全城市地下管线管理法规和标准体系

如何利用城市地下管线档案信息资料，需要有相对健全的管理机制和法规制度作保障。进入21世纪以来，各级政府结合实际先后建立有关法规制度，使得已有的地下管线信息资源得以有效、科学利用和共享。同时，建立完善相应技术标准，为地下管线信息资源的共享奠定了良好的基础。资源共享和应用机制的不断完善，不仅有助于减少重复投资，实现资源互补，还将利于消除权属多头之间的信息“孤岛”和规范建设施工行为。法规和技术标准对城市地下管线安全运行起到推动和保障作用。

（4）推广应用新技术和先进经验

新技术的推广应用为及时快速获取地下管线现状信息起到积极作用，对保证其安全运行具有重要意义。物探技术、现代数字测绘技术以及地理信息系统（GIS）技术，为数据采集、管理与应用提供了技术手段；继地下钢质燃气管道漏气点定位、外防腐层破损检测和管体腐蚀检测技术方法得到推广后，阴极保护效果评价、腐蚀环境评价技术也已经开始发挥作用；地下排水管道破损检测、健康状况评估、污染物调查技术，地下给水管道泄漏检测技术、地下电力、通讯管线故障巡检技术已成为重要检测手段。部分城市的市政、燃气等管线权属单位，通过检测技术手段以及监控、管理系统的推广应用，为地下管线的运行维护决策和风险评价提供科学依据，保证其安全运行取得了实效。

20 世纪 90 年代以来，地下管线探测单位积极开展对外技术经验交流，引进消化有效的技术与装备，学习先进的管理经验，不仅促进了理念的更新，而且对提高城市地下管线安全运行保障技术水平起到积极作用。

引进国外地下管线定位仪器、漏水检测仪器、防腐检测仪器以及地下管道内窥设备、地下管线标识器，以及 GNSS、RTK 等仪器设备，已经成为城市地下管线定位和运行状况信息获取的主要技术手段，漏水监控、排水管道健康评价和管道腐蚀评估技术，以及地下管道清洗、内衬等在线修复与维护技术方法先后得到应用推广，地下综合管廊（共同沟）建设模式减少“拉链马路”、提高维护效率的作用已经显现。

此外，采用“一呼通”模式对城市地下管线突发事件应急联动响应，有效的统一监管机制是城市地下管线安全运行的基本保证，这些实践经验对于如何做好城市地下管线安全管理具有较高借鉴价值。

通过多年的实践，国内一批专业技术队伍成长壮大起来，在城市地下管线探测、检测以及信息化建设中，形成了较强的技术实力，成为城市地下管线安全运行的重要服务保障力量。与此同时，通过加强行业管理，对进一步提高对地下管线在城市安全中重要地位的认识起到重要作用。

随着地下管线事业的发展，地下管线普查、地下管线信息系统建设、漏水检测、防腐检测以及非开挖等新技术、新方法、新设备的应用有较快的发展，但普及性不够，发展不平衡，还不能适应实际需要。为进一步推动新技术的应用，地下管线专业委员会应组织有关专家对不同技术方法进行评估与推荐，如一体化探测技术中内、外业一体化数字测绘软件、地下管线信息系统软件、数据检查软件等进行评估和推荐，对地下管线探测、漏水检测、防腐检测等新技术设备要积极宣传和推广应用，鼓励国产仪器走向市场，并帮助其不断完善和提高，向国际先进水平迈进。对地下管线普查成果进行优秀工程评审，积极推广先进的地下管线普查工作模式、动态管理经验，以加强城市地下管线普查的步伐，为实现城市规划、建设和管理的科学化、信息化、现代化提供地下基础信息保障。

（5）加强技术指导，搞好城市地下管线普查工作

在全国范围内推动地下管线普查与地下管线信息系统建设工作，是落实国务院领导的批示精神。当前全国有部分城市已开展或正在开展地下管线普查工作，但情况各不相同，质量与效果参差不齐，直接影响到地下管线普查的效果。地下管线普查工作开展不顺利的主要原因是缺乏强有力的组织领导、缺少统一协调以及有效的技术指导。成功的经验表明，地下管线普查搞得好的城市，是建立了以主管市长为首的组织领导机构、主管部门与专业管线部门的密切配合和协调关系，专家的指导和完善的技术规章制度。但是，在开展地下管线普查的某些城市，对如何开展地下管线普查探测工作的组织准备、技术准备都不是很清楚，对实施过程和技术质量等更不了解，直接影响地下管线普查工程的进程和质量。近年来，地下管线专家委员会成立后，组建并集合了地下管线各方面的专家，在贯彻实施《城市地下管线探测技术规程》中，选择不同特点地区的城市进行试点，并派出专家进行技术指导，实现了探测、建库和动态更新一体化的良好效果。由于有效的技术指导、全面的科学协调，工作目标、技术指标明确，计划性强，矛盾与扯皮少，普查效果好，受到普查主办单位和承担单位的赞誉。正是这些专家积极参与地下管线的各项技术活动，并对地下管线各项技术工作的开展给予指导，进而推动了地下管线事业的发展与进步。

参考文献

[1] 洪立波．城市地下管线面临的挑战与机遇［J］，城市运行管理，2009，2.

[2] 李学军等．城市地下管线探测与管理技术的发展及应用［J］，城市勘测，2010，8.

[3] 李学军．我国城市地下管线信息化发展与展望［J］．城市勘测，2009（1）.

[4] 洪立波．城市地下管线面临的挑战与机遇［J］．地下管线管理．2005（4）.

[5] 李红慧．城市地下管线探测与管理技术研究进展［J］．资源信息与工程，第33卷（6），2018.

[6] CJJ/T 8—2011 城市测量规范．北京：中国建筑工业出版社，2011.

[7] CJJ 61—2017 城市地下管线探测技术规程．北京：中国建筑工业出版社，2017.

[8] 周凤林，洪立波．《城市地下管线探测技术手册》，中国建筑工业出版社，1998.

[9] 李学军，洪立波．城市地下管线的安全形势与对策［J］．城市勘测，2011（5）.

[10] 江贻芳．我国地级市地下管线普查开展情况调查分析［J］．大趋势，2015（2）.

3 地下管线探查方法与技术

《城市地下管线探测技术规程》CJJ 61—2017 的 2.0.1 条中规定：确定地下管线属性、空间位置的全过程，统称为地下管线探测。地下管线探测包括地下管线探查和地下管线测绘两个基本内容。地下管线探查是通过现场调查和不同的探测方法探寻各种管线的埋设位置和深度，并在地面设立测点—管线点。地下管线测绘是对已查明的地下管线位置即管线点的平面位置和高程进行测量，并编绘地下管线图。

“规程”4.1.1 条中规定：地下管线探查应在现场查明各种地下管线的敷设状况，即管线在地面上的投影位置和埋深，同时应查明管线类别、材质、规格、载体特征、电缆根数、孔数及附属设施等，绘制探查草图并在地面上设置管线点标志。

城市地下管线探查通常采用的物探方法主要有电法、磁法、地震波法、地质雷达法等，在探查过程中，管线的材质、用途及施工方式的不同决定了所采用的物探方法也不一样，所以在进行管线探查的前期，对所要探查的对象属性进行大致的区分，对后期的工作可以起到事半功倍的效果。

3.1 管线探查概述

地下管线探测是集多种学科的应用技术学科，它是一门中间学科，涉及物理学、地球物理学、电磁测量技术、工程测量、计算技术，以及有关市政、规划、各类工程系统、工艺设计等学科。从它研究的领域看，属于地球物理学。准确地讲，是地球物理学的测量（地）学的特种工程测量。也可以把它归于应用地球物理学中的土木工程应用，或俗称为工程或环境地球物理探测。探测地下管线主要涉及以下三个专业领域：

（1）地球物理专业，其作用是查明地下管线的空间赋存状态，查明地下管线的平面位置、走向、埋深（或高程）、规格、性质、材质等；

（2）测绘专业，是将探测结果用地理坐标网以及高程联系起来，绘制成相应图件；

（3）计算机应用专业，是将上述成果用地理信息系统（GIS）管理起来，制成随时可调用的“数字地图”，使我们对下管线的管理工作数字化、科学化、现代化、信息化。

3.1.1 基本原则

（1）从已知到未知；

（2）从简单到复杂；

（3）优先采用轻便、有效、快速、成本低的方法；

（4）复杂条件下采用多种激发方式或方法，宜采用多种探测方法以提高精度；

（5）当管线长度超过 300m 无特征点时，应在其直线段上测直线点，原则上同管线上相邻两管线点之间距离不超过 150m；

（6）管线弯曲时，至少在圆弧起止点和中点上增设管线点，当圆弧较大时，适当增加管线点，以保证其弯曲特征；

（7）管线点宜布设在管线的特征点上，如交叉点、分支点、转折点、变材点、变坡点、上杆、下杆、弧度点、起止点、裸露点、管线附属设施中心点等。

（8）对于明显管线点（包括接线箱、人孔井、手孔井、阀门井、各种表井等附属设施）应进行实地调查。查明其各种属性（如井宽、井深等），做好记录。再在其中心位置用红油漆作上标记，注明其编号。

（9）对于隐蔽点的探测，应根据地下管线的类型和所处地理环境的不同，选择不同的探测方法。但是在日常管线探测工作中由于考虑到实际使用的便捷、高效、操作难度等因素，方法选择上主要还是以金属管线探测仪为主的直接法、夹钳法、感应法。

采用这些常规的探测方法面对着错综复杂的管线分布情况，仍需结合实际工作经验，下面总结几个应用原则。

3.1.1.1 先查后探、先判后验

在对一条管线或一段道路的综合管线进行探测时，首先要搜集、调查、分析能够反映地下管线分布、走向的信息点，从而关联和预判管线的大致走向和拓扑关系。信息点主要包括：

（1）管线出露点即明显点，涵盖了所有能够看到管线的地方；

（2）管线在埋设或维修中由于地面沉降、局部恢复路面等人为留下的明显痕迹；

（3）由不同种类管线自身的属性特点，造成地表的干湿不同或地表植被的高矮不同等明显印记；主要体现在冬天下雪后的热力管线上方地表面（图 3-1），夏天供水管线、工业管线、管沟上方的植被等。

所有的探测方法在使用时，都是建立在对地下管线的分布、走向已有初步的掌握或判断的前提下。例如直接法和夹钳法都需要可以施加信号的明显出露点，并且还要对管线的走向有一个初步的预判。从理论上讲可以以施加信号点为圆心，以合理的收发距离为半径画圆搜索。但获得的信号异常并不是一个，而是好多个，这也是物探方法的多解性。并且信号异常当中，变化最强的并不一定是目标管线。

如图 3-2 所示采用夹钳法，以上杆为圆心搜索通讯管线（绿颜色）走向时，电力管线（红颜色）信号异常就要更强烈一些。感应法更是如此，在不了解地下管线种类和走向时，只能判断此区域有异常信号，进一步探测就更需要调查工作的配合。

3.1.1.2 参考地形、遵循设计

地下管线探测中设立隐蔽管线点的原因主要包括两方面：

（1）地下管线和专用管线探测，按照比例尺设置管线点，在地形图上管线点的间距不应大于 15cm；

图 3-1 热力管线地表面

图 3-2 管线示意图

(2) 在管线走向或埋深出现较大变化时需要定点。在开展实际地下管线探测工作时，两个明显点之间的隐蔽管段部分应该采用连续追踪探测的方式，寻找管线的特征变化点。但是由于受到管线材质导电性和管线明显点分布距离的限制，往往很难达到理想状态。例如图 3-3 中标绘的两个位置，如何尽量避免漏测、错测管线的特征变化点，也是管线探测工作者注意和思考的问题。

图 3-3 热力管线的 U 形弯

管线探测工作人员要充分了解市政综合管线设计与敷设的原则：

(1) 不能影响建（构）筑物的安全；

(2) 根据不同特性和要求综合布置；

(3) 应该沿道路或与主体建筑平行布置地下管线的走向，并尽量保证线型顺直、短截和适当集中，减少转弯，并减少管线与管线、管线与道路之间的交叉；

(4) 在车道下尽量不设置与道路平行的管线，无法避免时应在车道下布置埋深较大、翻修较少的管线。因此隐蔽管线点设定时，在仪器信号异常的指引下，还要结合地形地貌的变化及管线敷设的规律。

管线探测工作人员需要注意几点：

(1) 在地表或地上设有电杆、建筑物、井盖等明显地物时应注意探测管线走向设立管线点（图 3-4）；

(2) 在道路的交叉口或道路明显弯曲的路段，应增加探测验证工作，并随地形变化设立管线点（图 3-5）；

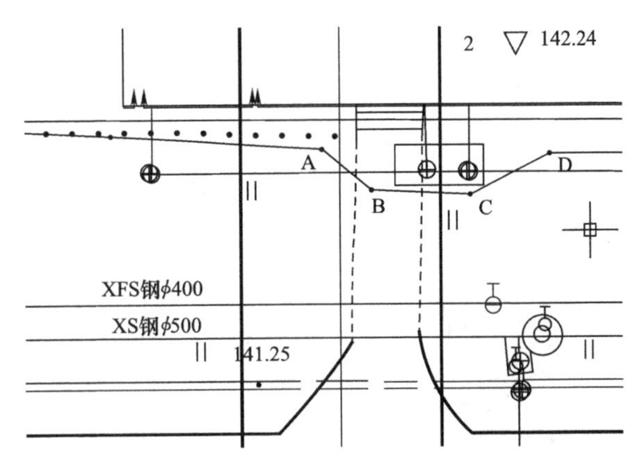

图 3-4 管线二维图

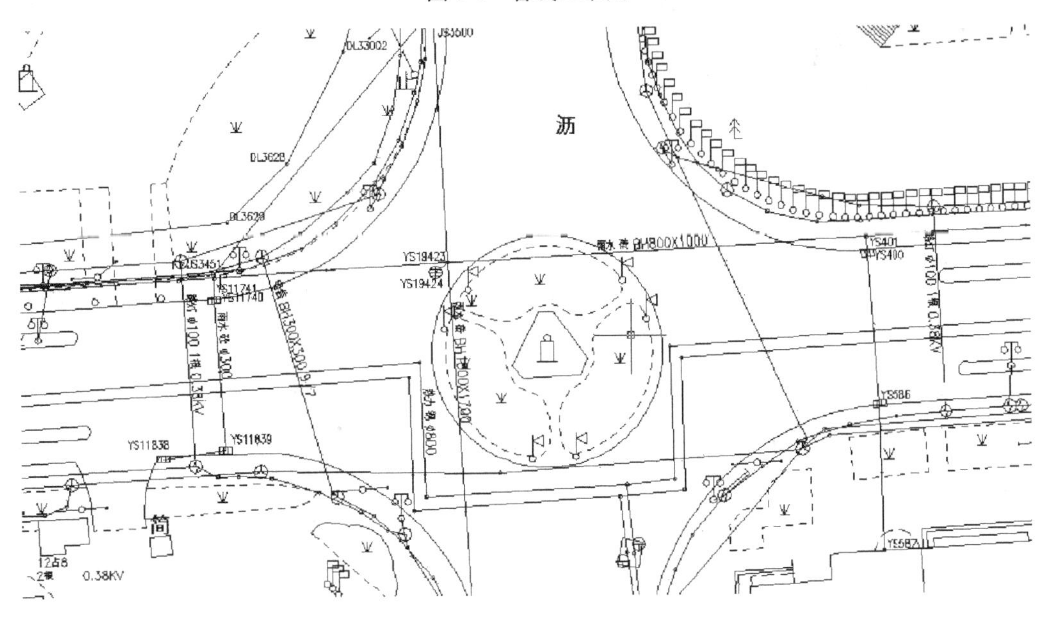

图 3-5 管线密集的道路交叉口

（3）在管线穿越较宽的道路时，应连续追踪探测，建议应在道路两边和道路中心均设立管线点；

（4）隐蔽管线点的设定应考虑管线配件的结构和管线的敷设规律（图 3-6、图 3-7）。

图 3-6 不符合规律

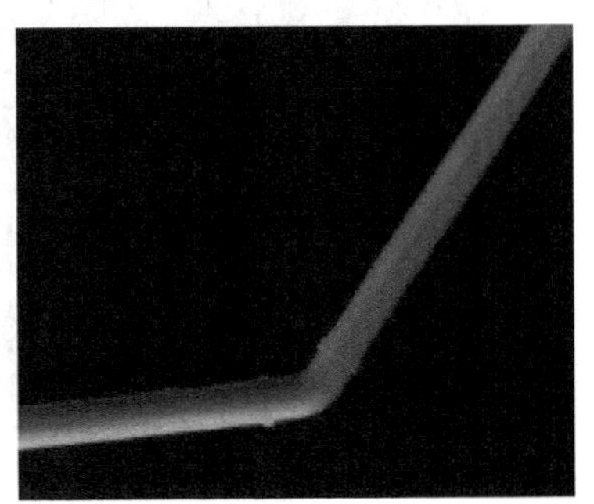

图 3-7 符合规律

3.1.1.3 先次后主、由支到干

管线探测的基本原则是由已知到未知，由简单到复杂。应用到实际探测工作当中就是由明显点探查隐蔽点，先探测支管线或次干道路后探测主管线或主干道路。

先次后主的探测原则是论述在管线分布较为复杂的区域，例如近距离平行管线较多或交叉管线较多的路段，应采取的一种探测思路。

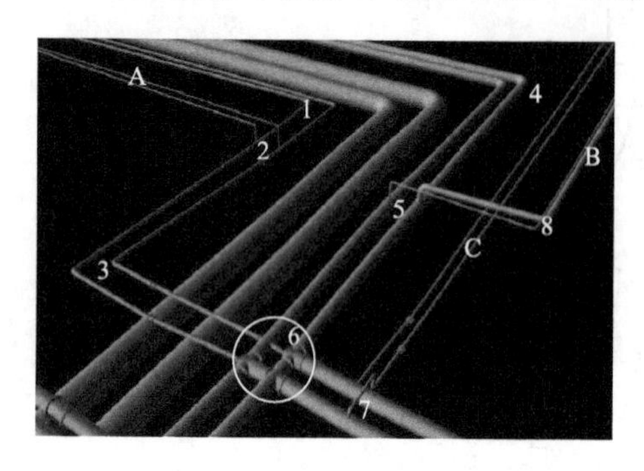

图 3-8 热力管线三维图

如图 3-8 所示的管线分布情况，为准确测定 6 号区域内管线之间的关系及位置，应首先将发射机置于支管线 A 处，测定 1、2、3 号位置的管线走向，其次将发射机置于支管线 B 处，测定 4、5、8 号位置的管线走向，最后将发射机置于支管线 C 处，测定 7 号位置的管线走向，进而通过三个方向的管线走向交汇解决 6 号区域的管线位置。由此可见先次后主，由支线到主线的探测原则可以一步到位解决复杂区域的管线问题。

3.1.1.4 抑制激发、避让干扰

（1）抑制干扰管线的磁场激发原则是指管线探测仪发射机激发点的选择和设置方式的一个总体原则。如图 3-9 所示的近距离平行管线，在选择探测方法时可以选择垂直压线法、水平压线法、倾斜压线法、平行偏移法等不同的探测方法。但无论采用何种方法都是以抑制干扰管线的磁场激发，突出目标管线的信号异常为最终目的。在实际管线探测工作中，通过改变发射机的使用方式而衍生出的方法很多，但万变不离其宗，都是最大限度降低干扰管线的影响程度，突出目标管线。

图 3-9 近距离平行管线

（2）避让干扰源的探测原则是指在使用管线探测仪的接收机测定管线点时，应尽量选择在干扰源少，目标管线信号异常明显的位置定位、定深，确保信息获取的准确性。如图 3-10 所示，在测定 1 号区域的管线特征点时，首先要

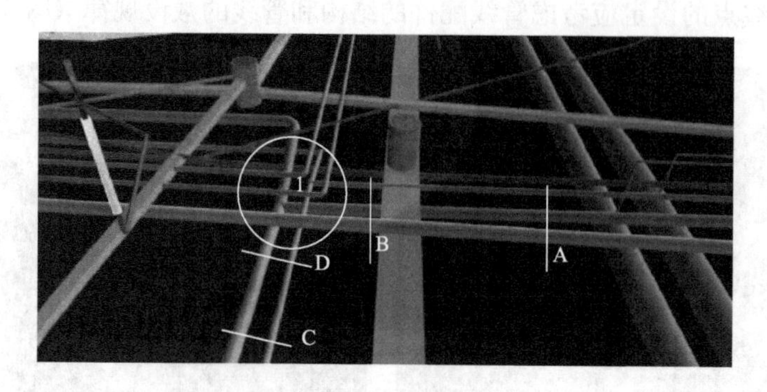

图 3-10 多种管线交叉

探查清楚埋深浅，信号较强的通讯、电力管线的位置走向，然后分别在干扰源较少的 A、B、C、D 四个区域探测管线点，进而交汇定出 1 号区域的管线特征点，埋深可以通过 D、B 两点推算获得。

3.1.2 面临的环境

在城市高速发展的今天，城市的规模不断扩大，建设与发展突飞猛进，地下设施越来越密集，各种管线密如蛛网，交叉并行。管线探测工作面临严峻的挑战，管线探测环境也越来越苛刻。在某些复杂的区域，管线探测干扰极为严重，可超过野外干扰的 10000 倍以上。因此，在高压电缆附近的区域应尽量避免使用电磁感应法进行探测，由于高压交变电流产生类似发射机的电磁辐射作用，形成干扰源，会对利用感应法（对管线二次电磁场的感应）探测造成较大的影响。管线探测时面临的环境：

（1）在城市管线探测过程中常见的干扰信号有：

① 天然电磁场干扰：频谱宽、随机性大。

② 动力电源的电场及磁场。

③ 交通工具，如电车、汽车、电气化火车和摩托车的脉冲型电磁场。

④ 各类电器负载变化及交通信号控制系统引起的电磁场起伏。

⑤ 各类通讯电路辐射的电磁场。

⑥ 各种交通工具引起的振动干扰。

⑦ 各类机械运行引起的振动干扰。

（2）城市地下管线探测时干扰体相当多：

① 地面上铁栅栏、铁花栏围墙、钢筋混凝土（桩）、铁柱（桩）及铁磁性路障等铁磁性物体。

② 各种近地表的架空电缆、变压器、信号箱及其他金属构建物。

③ 地下各种非探测目标体的存在。

（3）地下管线拥挤且分支多，加之埋设的年代不同，施工工艺不同，情况更加复杂。在某些地域，探测场地过于狭窄，地面交通繁忙，路面条件不能改善，交通不能中断。

3.1.3 常用探查方法

对地下管线的探测一般采用物探法，按其定位原理可分为电磁法、直流电法、磁法、地震波法和红外辐射法等，见表 3-1。当被探测的管线与周围介质存在明显的物性差异，管线的相对埋深具有一定规模，能产生足够的可从干扰的背景中分辨出来的异常时，采用相应的物探方法一般会取得满意的效果。

地下管线探查的方法有两种：一是现场调查法，即开井调查与开挖样洞或触探相结合，并查阅施工资料；另一种是用地下管线探测仪的物探方法，这是目前应用最为广泛的方法。物探方法又分电探测法、磁探测法和弹性波法等。在各种物探方法中，就其应用效果和适用范围来看，依次为频率域电磁法、磁法、地震波法、直流电法和红外辐射法等。

探测地下管线的物探方法 **表 3-1**

探测方法			基本原理	特点	适用范围	示意图
电磁法	被动源法	工频法	利用载流电缆或工业游散电流在金属管线中感应的电流所产生的电磁场	方法简便、成本低、工作效率高	在干扰小的场地用采探测动力电缆或金属管线	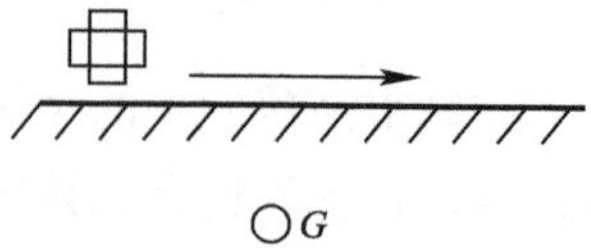
		甚低频法	利用甚低频无线电发射台所发射的无线电信号在金属管线中感应的电流所产生的电磁场	方法简便、成本低、工作效率高，但精度低，干扰大，其信号强度与无线电台和管线的相对方位有关	在一定的条件下，可用来搜索电缆或金属管线	
	主动源法	直接法	利用直接加到被测金属管线上的电磁信号	信号强，定位，定深精度高，且不易受邻近管线的干扰，但必须有管线出露点	用来精确定位、定深或追踪各种金属管线	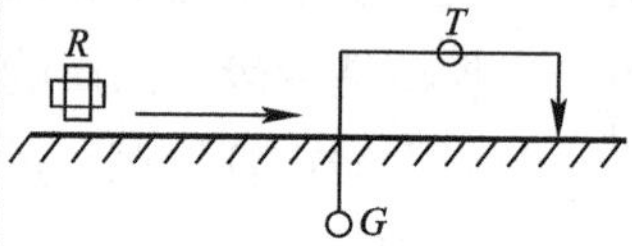
		夹钳法	利用专用管线仪配备的夹钳，套在金属管线上，通过夹钳上感应线圈把信号直接加到金属管线上	信号强，定位、定深精度高，且不易受邻近管线的干扰，但必须有管线出露点，且被测管线的直径受夹钳大小的限制	金属管线直径大小且有出露点时，可作精确定位、定深或追踪	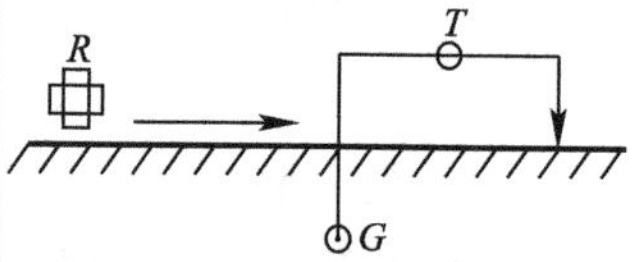
		电偶极感应法	利用发射机两端接地产生的一次电磁场对金属管线产生的二次电磁场	信号强，不需管线出露点，但必须有良好的接地条件	可用来搜索和追踪金属管线	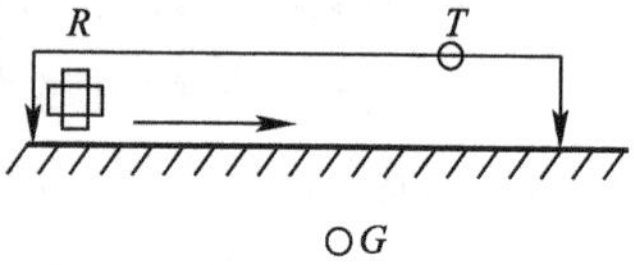
		磁偶极感应法	利用发射线圈产生的电磁场，使金属管线产生感应电流形成电磁异常	发射，接收均不需接地，操作灵活、方便、效率高，效果好	可用于搜索，也可用于定位、定深或追踪	固定源感应法：环形；非同步；同步 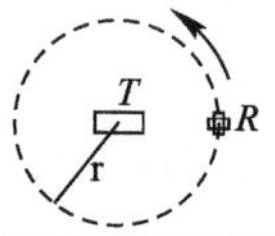 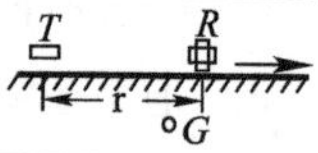 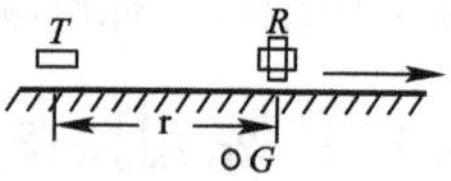
		示踪电磁法	将能发射电磁信号的示踪探头或电缆送入非金属管线内，在地面上用仪器追踪信号	能用探测金属管线的仪器探测非金属管线，但必须有放置示踪器的出入口	用于探测有出入口的非金属管线	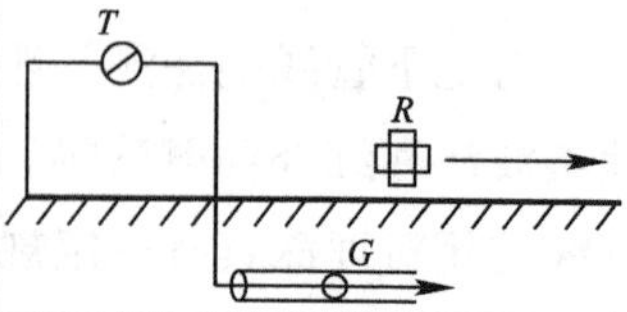
地质雷达法			利用脉冲雷达系统，连续地向地下发射脉冲宽度为几微秒视频脉冲，接收反射回来的电磁波脉冲信号	既可标测金属管线，又可探测非金属管线，但仪器价格昂贵	在常规方法无法探测时，可用来探测各种金属管线和非金属管线	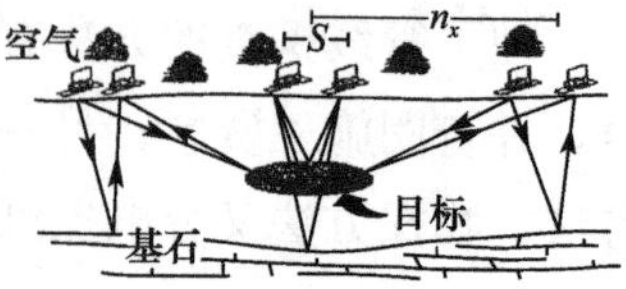 空气 目标 基石

续表

探测方法		基本原理	特点	适用范围	示意图
直流电法	电阻率法	采用高密度或中间梯度装置在金属或非金属管线上产生低阻异常或高阻异常	可利用常规直流电法仪器探测地下管线，探测深度大，但供电和探测均需接地	在接地条件好的场地探测直径较大的金属或非金属管线	
	充电法	直流电源的一端接到被测的金属管线，另一端接地利用金属管线被充电后在其周围产生的电场	追踪地下金属管线精度高，探测深度大，但供电时金属管线必须有出露点，测量时必须接地	用于追踪具备接地条件和出露点的金属管线	
磁法	磁强FDFE法	利用金属管线与周围介质之间的磁性差异，测量磁场的垂直分量	可用常规磁法勘探仪器探测铁磁性管线，探测深度大，但易受附近磁性体的干扰	在磁性干扰小的场地探测埋深较大的铁磁性管线	
	磁梯度法	测量单位距离内地磁场强度的变化	对铁磁性管线或井盖的灵敏度高，但受磁性体的干扰大	用于探测掩埋的井盖浅层	
地震波法	地震法	利用地下管线与其周围介质之间的波阻抗差异用反射波法作浅层地震时间剖面	探测深度大，时间剖面反映管线位置直观，但探测成本高	在其他探测方法无效时，用于探测直径较大的金属或非金属管线	
	面波法	利用地下管线与其周围介质之间的面波波速差异测量不同频率激振所引起的面波波速	较浅层地震法简便，可探测金属和非金属管线。目前还处于研究阶段	用于探测直径较大的非金属管线	
红外线辐射法		利用管线或其充填物与周围土层之间温度的差异	探测方法简便，但必须具备温差这一前提	用于探测暖气管线或水管漏水点	

3.1.4 管线属性分析

探测区域管线一般敷设于水泥路面、沥青路面、水泥砖路面或绿化带下方，管材介质由金属管线、非金属或混合型，金属管线具有良好的导电性，且与周围介质存在明显的电性差异，为管线探查提供了较好的地球物理条件。非金属管线与周围介质也存在物性差异，对高频（雷达）波产生强烈的反射，具有良好的地球物理条件。一些金属管线因接头部位充填水泥、胶垫导致其导电性较差，异常反映较弱。局部地段地电环境复杂，地形变化大，管线分支、交叉较多且无序，异常较难区分，给管线探查工作带来一定困难。

由于野外作业条件千变万化，管线材质和管线周围介质的不同，可能带来各种复杂的地球物理条件，作业时要进行认真的分析，找出其规律，并制定有效的解决方案。

不论选用何种探查方法，必须具备：①被探查的地下管线与其周围介质之间有明显的物性差异；②被探查的地下管线所产生的异常场有足够的强度，能在地面上用仪器观测到；③能从干扰背景中清楚地分辨出被查管线所产生的异常；④能满足规定的探查精度。

3.1.4.1 管线探测的物性及特点

金属材料制成的管线一般具有中等以上强度的磁性（K 值一般在 $100\sim1000\times10^{-6}\times4\pi\times$SI），其电阻率一般为 $0.23\sim0.89\times10^{-4}\Omega\cdot m$，具有较好的导电性，导磁性，而管线周围的土层一般无磁性，其电阻率在 $n\sim n\times10\Omega\cdot m$，地下管线与其周围介质存在着明显的物性差异。在这类管线的探查过程中，通常所用的方法效果都比较明显，但在经济、快捷、方便上，采用电磁感应法或充电法来探查比较有效、合理。

常见物性参数表见表 3-2，不同管线探测方法特点与条件见表 3-3。

常见物性参数表 **表 3-2**

介质	导电率 $\sigma_m(S/n)$	相对介电常数 ε_r	弹性波速度 V_p(m/s)	电磁波速度 V_R(m/ns)	磁性
空气	0	1	340	0.3	无
淡水	0.5	80	1480	0.033	无
海水	30000	80	1520	0.01	无
黏土	2～1000	5～40		0.06	弱
干砂	0.01	3～5		0.15	弱
饱和砂	0.1～1.0	20～30		0.06	弱
粉砂	1～100	5～30		0.07	弱
混凝土		4～10		0.12	弱
沥青					弱

不同管线探测方法特点与条件 **表 3-3**

探测方法		探测物性	特点	条件	可测管线
地质雷达		介电常数	非破坏性、不接地，应用范围广，方便快捷	对于圆形管线，其管径大于 200mm	金属及非金属管线
电磁波法	直接法	导电性及导磁性	非破坏、接地；信号强，定位，定深精度高	必须有管线出露点，金属管线	金属管线
	夹钳法		非破坏，接地；信号强，定位，定深精度高，且不易受邻近管线的干扰	管径较细的管线且有出露点时	金属管线
	电偶极感应法		非破坏，接地；信号强	不需管线出露点，但必须有良好的接地条件	金属管线

续表

探测方法		探测物性	特点	条件	可测管线
电磁波法	磁偶极感应法	导电性及导磁性	非破坏，发射，接收均不需接地；操作灵活、方便、效率高，效果好	对土壤的地质条件有一定要求	金属管线
	示踪法		非破坏，接地；简单实用，易于查找	必须有放置示踪器的出入口，不适用于已埋设管线，要与管线同时埋设	非金属管线
瞬变电磁雷达		电阻率	非破坏性、不接地，应用范围广，方便快捷	对于圆形管线，其管径大于200mm以上	金属管线
红外线辐射法		温差	探测方法简便	必须具备温差这一前提	暖气管线

3.1.4.2 探测技术的选择

1）有出露点的管线

（1）金属管线：对于管径较细的管线，采用夹钳法，管径较大的采用直接法；

（2）非金属管线：已放置了示踪器的非金属管线，采用示踪法，未放置示踪器的非金属管线，应采取其他探测方法。

2）无出露点的管线（盲探）

选择标准：方便、实用、可推广，满足地下管线探测精度的要求。对于埋深浅可采用管线仪、地质雷达，对于埋深大可采用瞬变电磁雷达、高密度电阻率法等。

3）探测方案

（1）先做地质勘探，根据场地土壤情况，得到土壤的相对介电常数，选择合理参数以及测试模式，利用地质雷达探测，可测得管线的埋深与位置，结合查得的管线相关信息，如埋深年代以及地质雷达图像，初步判断管线用途。

（2）利用瞬变电磁雷达，得到管线的电磁场图像，作进一步的分析与判断，验证第一步。

（3）获得进一步的管线资料，验证管线探测的可靠性。可结合其他方法，如夹钳法、直接法、红外线辐射法等，验证前面结论是否正确，从而得到管线探测的可靠性。

针对不同种类的地下管线和管线所处位置的地球物理条件的差异，选择合理的参数及工作频率，实际工作中遇到的问题有时十分复杂，需要不断深入研究，并累积丰富的实践经验。

根据管线应用范围的不同，其埋设方式和管线结构具有一定的差异。在另外一个方面，各类城市地下管线在地面上下也有相应的附属设施，所以根据管线信息也可以将其分为属性信息和空间信息等两种类型，其中的属性信息主要指管线的属性，见表3-4。主要包括管线的权属单位、铺设时间、应用范围、断面尺寸和所传输的介质，而空间信息主要指管线的具体走向、深度和具体埋设位置等。

管线属性分析一览表 **表 3-4**

材质	载体	规格（cm）	埋深	物性（相对介电常数、电阻率、纵波波速）			埋设年代	用途
				载体	管材	土壤		
混凝土	水	圆形 50～600	0.6～6m	相对介电常数：81 电阻率 σ：$<10\Omega\cdot m$ 波速 v：$0.01m\cdot ns^{-1}$	介电常数：6.4 电阻率 σ：∞波速 v：$0.12m\cdot ns^{-1}$	(1) 介电常数 黏土：7.0～43 土壤（平均）：1.6 (2) 电阻率 黏土（干）：10～100 黏土（湿）：1～1000 土壤（平均）：20～1000 (3) 纵波波速： 黏土：0.06 土壤（平均）：0.095～0.13	根据施工资料	排水
	光缆电缆	矩形 600×360×140；600×250×250 等	0.4～5m	玻璃的相对介电常数：4.1 电阻率：0.1～0.14Ω·m 波速 v：$0.000007m\cdot ns^{-1}$				通信
铸铁钢	水	圆形 75～1000	0.6～6m	相对介电常数：81 电阻率 σ：$<10\Omega\cdot m$ 波速 v：$0.01m\cdot ns^{-1}$	电阻率 σ：$9.7\times10^{-6}\Omega\cdot m$ 波速 v：$7\times10^{-6}m\cdot ns^{-1}$			给水
	燃气	圆形	0.6～5m	相对介电常数：1.0 电阻率 σ：∞ 波速 v：0.3m/s				燃气
	光缆电缆	圆 100、125	0.4～5m	玻璃的相对介电常数：4.1 电阻率：0.1～0.14Ω·m 波速 v：$0.000007m\cdot ns^{-1}$				通信
	热水蒸汽	圆形 15～450	0.2～5m	相对介电常数：1.00785 电阻率 σ：∞ 波速 v：0.3m/s				热力
塑料	水	圆形 75～1100	0.6～6m	相对介电常数：81 电阻率 σ：$<10\Omega\cdot m$ 波速 v：$0.01m\cdot ns^{-1}$	相对介电常数：1.5～2.0 电导率 σ：$<10^{-8}ms\cdot m^{-1}$ 波速 v：$1.7\times10^{-6}m\cdot ns^{-1}$			给排水
	燃气	圆形 5～16	0.6～5m	相对介电常数：1.0 电阻率 σ：∞ 波速 v：0.3m/s				燃气
	光缆电缆	圆形 28～60	0.4～5m	玻璃的相对介电常数：4.1 电阻率 σ：0.1～0.14Ω·m 波速 v：$0.000007m\cdot ns^{-1}$				通信
电缆光缆	电缆光缆	不定	0.7～1.5m	玻璃的相对介电常数：4.1 电阻率 σ：0.1～0.14Ω·m 波速 v：$0.000007m\cdot ns^{-1}$				通信
其他（玻璃钢、石棉水泥、复合材料等）	水	不定	0.6～6m	相对介电常数：81 电阻率 σ：$<10\Omega\cdot m$ 波速 v：$0.01m\cdot ns^{-1}$	不定			给排水
	光缆电缆		0.4～5m	玻璃的相对介电常数：4.1 电阻率：0.1～0.14Ω·m 波速 v：$0.000007m\cdot ns^{-1}$				通信

根据以上描述可知，在目前城市化进程不断加快的情况下，为了满足城市发展的实际需求，各类城市地下管线的数量和种类正在不断更新和增多，在为人们带来便利的同时，也为城市建设带来一定程度的不便，比如说在进行施工开挖的过程中，这些管线的位置就会对此工程施工造成一定程度的限制作用，所以说在对城市管线进行测绘的过程中，不仅要确定管线的具体位置，还需要根据管线的实际特征和类型来对其进行分类，还要对地下管线的属性信息和空间信息进行统一处理，属性信息一般可以采用数字、文字和符号进行代替，空间信息可以采用坐标系中的 x、y、z 来表示，这样就能在最大程度上对管线的具体信息进行确认。

3.1.5 常用探测设备

地下管线探测仪器的发展经历了从高频到低频，从单频、双频到多频，功率从小于1W到几瓦、几十瓦的历程。1915 年至 1920 年，美国、英国和德国先后生产了探测地下管线的专用仪器，这些仪器和技术源于寻找地雷和未引爆的炸弹等金属探测器。第二次世界大战后，随着电磁理论和电子技术的发展，研制出了应用电磁感应原理的地下金属管线探测仪。20 世纪 80 年代后，由于采用了新型磁敏元件、各种滤波技术及天线技术，使仪器的信噪比、精度和分辨率大为提高，并更加轻便和易于操作，实现了地下管线的高精度和高效率的探测。

20 世纪 80 年代中后期，地质雷达的开发应用，进一步拓宽了地下管线的探测范围。它不仅可以探测金属管线，也可以探测其他材质的管线。

英国雷迪公司的 RD4000 地下管线探测仪是探测煤气、电力、电信、自来水、排水和有线电视等各类地下管线的有效仪器。MALA 公司推出了易捷管线探测仪 EASYLOCATOR 和 MALA X3M 型雷达既可以探测金属管线，也可以探测各种材质的非金属管线，可以对金属和非金属管线定位（平面位置及埋深）；美国 RYCOM 公司的地下管线探测仪 8850/8875/8878/8831 采用多频率工作模式，可以准确地确定地下电缆、管线位置并进行深度测试，其中 8831 型管线探测仪能够长距离地跟踪，在跟踪距离较长时，可较少使用发射器，使得与定位有关的时间缩短，成本得以降低；美国 Subsite70/300/950R/T 型地下管线探测仪，能快速地探出埋设于地下的电话线、电力线、有线电视线以及煤气、污水和自来水管线；德国竖威管线探测仪中的地质雷达 Pulse EKKO1000 型和探管仪 EIJ/GI，能够精确定位地下管线，可应用于城市燃气、供水及市政管网维护与普查；加拿大 Sensors&Soft-ware 公司生产的 EKKO100 及 EKKO1000 型新一代数字式地质雷达，也可广泛应用于地下管线及其他埋设物的探查；日本富士地探株式会社推出的金属管线及电缆测位器 PL-1000 是专业管线和漏水探查设备，用于探测供水、煤气、通讯、电力等各种金属管线的埋设位置、方向及深度。

国内地下管线仪器的生产起步较晚，技术水平较低，发射频率单一、发射功率较小，稳定性、分辨率较差，因此生产的产品在实际工作中应用不广泛。西安华傲通讯技术有限责任公司的 GXY 系列地下管线检测仪适用于各种复杂的地下管线探测、定位及故障查找，不但能准确测出埋地金属管线的位置，而且能准确地对破损点进行定位。上海雷迪公司的推出的 DP-LD6000 全频管线探测仪采用电磁法探测地下管线的位置、埋深、走向和信号电流强度，适用于探测大埋深管线，并可选配多种功能扩展附件，实现管线外护套接地故障定位、密集电缆识别、非金属管线定位功能。

已有的管线探测仪较多，管线探测选用仪器除考虑现场试验外，还应满足如下要求：

(1) 有较高的分辨率，较强的抗干扰能力，能获得被测地下管线的明显异常信号，并能分辨管线产生的信号与干扰信号；

(2) 满足精度要求，并对相邻管线有较强的分辨能力；

(3) 有足够大的发射功率，发射功率具有可选性，能满足测区探查深度要求；

(4) 轻便，性能稳定，重复性好，操作简便，有良好的显示功能；

(5) 有快速定位、定深的功能；

(6) 结构坚固、耐用、有良好的密封性能，在温差较大（−15℃至 35℃）的天气也能正常工作。

3.1.6 探测方法试验

1）探测方法有效性试验

运用物探方法的前提是地下管线与周围介质之间存在较明显的物性差异，如导电性、介电性、磁性、回填物的密度等。一般情况下，地下管线与周围介质之间有明显的物性差异，但物探方法是否有效，还和管线的规格、埋设深度、地形及周围的电磁、机械波干扰等因素有关。因此，在探查工作开始前，应首先进行方法试验。其目的是确定探查方法技术和所选仪器的有效性、精度和有关参数。通过方法试验确定有关参数，具体方法如下：

(1) 最小收发距在地下无管线、无干扰正常地电条件下，固定发射机位置，将发射机置于正常工作状态，接收机沿发射机一定走向，观测发射机场源效应的范围、距离。然后改变发射机功率，确定不同发射功率的场源效应范围、距离。当正常探查管线时，收发距应大于该距离，即最小收发距。

(2) 最佳收发距将发射机放置在无干扰的已知单根管线上，接收机沿管线走向方向上进行观测，对比在走向延长线上的读数，以模拟指针峰值完整，读数明显点为准，确定出最佳收发距。不同的发射功率要选择不同的最佳收发距。

(3) 最佳发射频率固定最佳收发距及发射机功率，接收机在最佳收发距的定位点上，改变发射机不同频率进行观测，视接收机模拟指针偏转读数及灵敏度来确定最佳发射效率。

(4) 合适发射功率固定最佳收发距及发射频率，接收机在最佳收发距的定位点上改变发射机不同功率视接收机读数满偏度及灵敏度来确定最合适的发射功率。

其他类探测方法试验类同。

2）仪器一致性校验

地下管线探查工作开展之前，必须进行一致性校验来消除由于仪器缺陷而造成的系统误差，使投入探查工作的仪器设备处于相同精度的工作状态。需要进行仪器一致性校验的仪器设备包括长期放置后、长途运输后及经过检修或调节后又用于探测任务。

所有仪器的一致性校验公式：

$$W=\pm\sqrt{\frac{\sum_{i=1}^{m}\sum_{j=1}^{n}V_{ij}^{2}}{(m-1)n}} \tag{3-1}$$

单台（第 i 台）仪器的一致性计算公式为：

$$W_i=\pm\sqrt{\frac{\sum_{j=1}^{n}V_{ij}^{2}}{n}} \tag{3-2}$$

上式中：m 是仪器台数，$n(n\geqslant 30)$ 是管线点数，V_{ij} 在第 j 点上第 i 台仪器的探查值与所有仪器探查平均值的差。要求 W、W_i 均应不大于 1/3 的仪器探查中误差。不合格的仪器设备不得投入探查工作。

3.2 实地调查法

管线实地调查是根据管线现况调绘资料，实地核实和调查管线的位置和走向，确定仪器探查的方案。对明显管线点进行开井调查，量取有关数据，同时查明管线种类、连接关系、材质、特征点、管径、埋深、载体特征、套管孔径、套管材质、总孔数、未用孔数、电缆条数、附属物名称、权属单位、埋设方式、埋设日期、道路名称等属性信息，记录并填写“明显管线点调查表”，数据记录要仔细、真实、准确。

实地调查应邀请管线权属单位熟悉管线敷设历史情况人员和相关技术人员参加，以提高工作效率和调查质量，对复杂和不易辨认的管线要汇集各有关人员，进行认真分析研究，准确查明每条管线的性质和类型，同时要注意正确量取管线埋深的部位。

3.2.1 调查项目

按照《城市地下管线探测技术规程》规定，管线普查需要实地调查的项目按表 3-5 的有关规定执行。地下管线探测时，应查明地下管线的类别、位置、埋深、权属单位以及管线的附属建（构）筑物等，属性信息宜查明地下管线的电缆根孔数、压力、电压等，编绘地下管线图，并宜建立或更新管线数据库。

地下管线探查实地调查项目　　表 3-5

管线类别		埋深		规格		电缆条（孔）数	材质	附属物	偏距	载体特征			埋设年代	权属单位
		内底	外顶	管径	宽高					压力	流向	电压		
给水			▲	▲			▲	▲	▲				▲	▲
排水	管道	▲		▲			▲	▲	▲		▲		▲	▲
	沟道	▲			▲		▲	▲	▲		▲		▲	▲

续表

管线类别		埋深		规格		电缆条（孔）数	材质	附属物	偏距	载体特征			埋设年代	权属单位
		内底	外顶	管径	宽高					压力	流向	电压		
燃气			▲	▲			▲	▲	▲	□			▲	▲
工业	压力		▲	▲			▲	▲	▲				▲	▲
	自流	▲		▲			▲	▲	▲		▲		▲	▲
	沟道	▲			▲		▲	▲	▲		▲		▲	▲
热力	管道		▲	▲			▲	▲	▲				▲	▲
	沟道	▲			▲		▲	▲	▲				▲	▲
电力	管块		▲		▲	□	▲	▲	▲			□	▲	▲
	管沟	▲			▲	□		▲	▲			□	▲	▲
	直埋		▲			□		▲	▲			□	▲	▲
电信	管块		▲		▲	□	▲	▲	▲				▲	▲
	管沟	▲			▲	□		▲	▲				▲	▲
	直埋		▲			□		▲	▲				▲	▲
综合管廊（沟）		▲			▲			▲	▲				▲	▲
不明管线		▲												

注 1. ▲表示应查明的项目，□表示宜查明的项目。
2. 不明管线的埋深指的是管线中心埋深。

3.2.2 调查方法

地下管线调查是针对明显管线点进行的，根据现场具体情况采用下井或不下井调查。下井调查应注意安全，不下井采用皮尺或量杆准确量取比高。管线调查时对各类拟测管线进行预编号。

3.2.2.1 开井量测法

（1）直接测量法：采用钢卷尺、卡尺、刻度棒等工具直接调查管线的埋深、管径、断面尺寸、孔径等属性数据。

（2）开盖调查法：使用铁钩、撬棍、井盖起吊仪，打开窨井盖，调查管线的埋深、管径、断面尺寸、孔径等属性数据。

（3）杆丈量法：排水管线由于检修井较多，大部分可以进行实地调查，针对其埋设较深的特点，采用调查的方式就是利用“L”尺直接量测，直接读出其管径、埋深等数据。

（4）断面尺寸：含供电、通讯的块埋与管埋组合的外包络尺寸（指宽×高）。有压管线材质为塑料管时，埋深为管顶或示踪线埋深。

1）电缆种类辨别

（1）追踪区分：调查时先从简单入手，从电缆分支箱或者生活区出来的电缆中区分电缆种类，再追踪调查。

（2）根据电缆标牌区分：井下部分电缆系有标牌，根据不同标牌区别电缆种类，再追踪调查。

（3）根据不同电缆外观差异及布设特点区分：

① 一般光缆弹性大，硬度中等，大多有彩色保护管套，大多出现在主干道上，敷设在管块的上排。

② 有线电视表皮鲜艳、光滑、硬度最大、直径较小。

③ 通讯电缆表皮灰暗、较软，大多直径较粗，粗大的通讯电缆敷设在管块的下排。

（4）管孔利用情况：对使用了管孔的电信电缆查清所有电缆种类，调查表用“管孔顺序号”＋“电缆种类代码”。

2）管群断面调查

（1）确定调查单元：在管线两端分别调查管线断面尺寸和管孔分布。将内部管块作为一个调查单元，以管块断面左上角为定位点并测量其断面尺寸，独立的散孔以管孔中心点为管孔定位点。管孔相对于断面点位置测量时采用如图 3-11 所示的坐标系统。

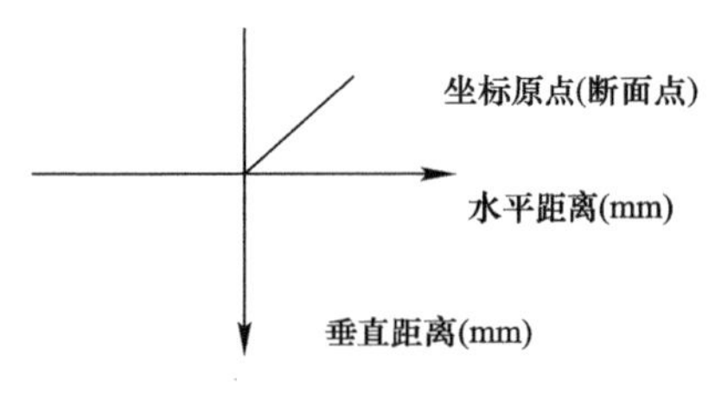

图 3-11 管孔定位坐标

（2）调查序号确定

散管孔或管块的调查顺序由管孔或管块定位点在起端断面中的位置确定，遵循从左到右、从上到下的原则。内部管块作为一个调查单元时，调查表中的备注栏内必须填写管块的排列情况：“行数×列数”。

（3）绘制管群断面草图

当管孔分布特别是散管孔的位置在起、止端面中有较大差异时，需分别绘制起止端断面及管孔分布草图，否则只绘制一个。在草图中，用实线框标示整个管群断面，用虚线框标示划分为管块的调查单元。用序号标示调查单元的调查顺序。

3）检修井异常遗留问题

（1）检修井被填埋

因道路改造铺设沥青等各种原因，检修井被覆盖填埋，导致不能直接量测、调查管径（断面尺寸）、管偏、孔数、线缆数、井室尺寸、井室边线位置，能根据周边管线探测情况结合参考资料（如有）推测而得，同时该点位定为隐蔽点，误差可能会超限，使用探测资料时请注意。这种情况在电力、通讯、排水的检修井中较常见。

（2）检修井无法开启

检修井上锁或井盖被水泥封死，无法开启井盖，导致不能直接量测、调查，只能根据周边管线探测情况结合参考资料（如有）推测，误差可能会超限，使用探测资料时需注意。

（3）检修井内有时会被建筑渣土、淤泥填塞，或者井内积水较深，或者排水井井内水流较急，导致不能直接量测、调查，只能根据周边管线探测情况结合参考资料（如有）推测，误差可能会超限，使用探测资料时应注意。

以上所说的三种检修井问题，在给水、燃气管线中也会遇到，但是因给水、燃气管线的目标单一，探测信号比较理想，可以较好地定位、定深，探测精度能达到要求，不需要做问题说明。

3.3 交流电法

电磁法可分为频率域电磁法和时间域电磁法，前者是利用多种频率的谐变电磁场，后者是利用不同形式的周期性脉冲电磁场，由于这两种方法产生异常的原理均遵循电磁感应定律，故基础理论和工作方法基本相同。电磁法是以地下管线与周围介质的导电性及导磁性差异为主要物性基础，根据电磁感应原理观测和研究电磁场空间与时间的发布规律，从而达到寻找地下金属管线或解决其他地质问题的目的。目前地下金属管线探测中主要以频率域电磁法为主。

用电磁法探测地下管线时，场源可分为被动源和主动源。被动源是指工频及空间存在的电磁波信号，主动源则是通过发射装置建立的场源。被动源法有工频法和甚低频法，主动源法有直接法、电偶极感应法、磁偶极感应法、夹钳法、示踪电磁法和电磁波法等。实际工作中最常用的是地质雷达、管线仪、瞬变电磁法。探测时，应根据探测的对象、探测条件和探测目的，选择最佳的探测方法。

3.3.1 管线探测仪

传统意义管线探测仪仅指利用电磁感应原理的管线探测仪，也是使用最多的仪器，大都是根据电磁场理论为依据，电磁感应定律为理论基础设计而成，属电磁感应法或频率域电磁法。

一般情况下，管线探测仪实际探测管线的埋深在 3m 范围内，基本不能探测埋深大于 3m 的管线。通过对电磁法探测理论和实践的进一步研究。认为采取适当的仪器和方法措施，可以探测 3～12m 深的管线。

3.3.1.1 磁感应定律

理想条件下长直导线的磁感应强度等势面是轴心在导线上的一些圆筒，垂直于导线的剖面是圆心在导线的一系列同心圆，如图 3-12 所示，根据毕奥一萨伐尔定律，在距离管线中心 r 位置的磁感应强度相等，方向为等势面的切线方向且垂直于管线方向。

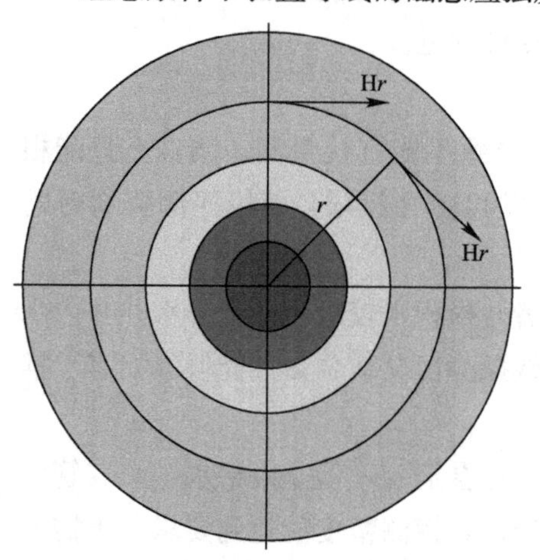

图 3-12　理想载流导线磁场分布

设水平地面下有一条良导性无限长地下管线，外表面与大地绝缘，其中心深度为 h。为了探测此管线，对其施加交流电信号，使其载有 $I=I_0\sin\omega t$ 的交流电流。地面任意点 P 的磁场，如图 3-13 所示。

为方便观测和分析，通常使用高灵敏的磁芯线圈作为接收天线，用作水平磁场测量的天线称为水平天线，用于竖直磁场测量的天线称为竖直天线，如图 3-14、图 3-15 所示，在磁芯上绕有若干匝线圈。

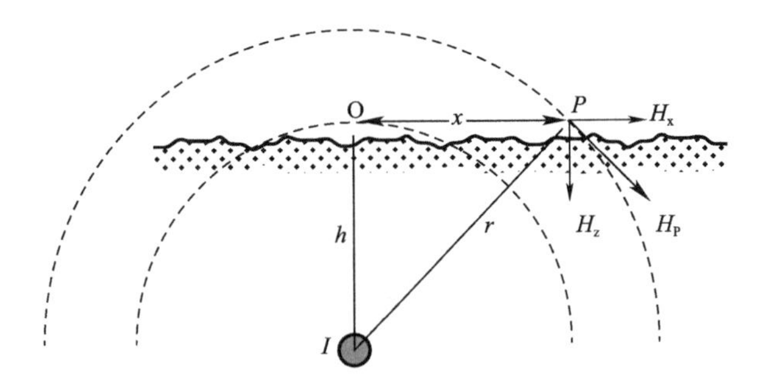

图 3-13 地面磁场分量

根据电磁感应定律，天线上产生的感应电动势 V 的表达式为

$$V = -\frac{d\varphi}{dt} \tag{3-3}$$

$$\varphi = NBS = N\mu HS \tag{3-4}$$

式中 φ——通过线圈截面的磁通量；

N——线圈匝数；

B——线圈中磁感应强度；

S——线圈面积；

μ——磁芯的相对磁导率。

设 H 为一谐变磁场 $H_0\sin\omega t$ 则

$$V = -\frac{d\varphi}{dt} = -\frac{d}{dt}N\mu HS = -N\mu SH_0\omega\cos\omega t \tag{3-5}$$

可得 V 的振幅 $V_0 = N\mu SH_0\omega$。

接收机即通过测量 V_0 的变化来探测地下金属管线。假定载流目标管线为水平长直管线，垂直于管线平面内任意点的磁场 H，都可以被水平天线和竖直天线正交分解为 H_x 和 H_z，水平方向的磁场强度记做 H_x，竖直方向的磁场强度记做 H_z，如图 3-13 所示，对天线在各向、各位置的测量数据作一定处理分析，可以对地下管线的位置和深度作一定的判断和预测。

根据毕奥一萨伐尔定律，单根载流无限长导线在地面某点 P 产生的磁场强度为

$$H_P = \frac{\mu_0 I}{2\pi r} \tag{3-6}$$

式中 μ_0——真空中介质的磁导率，$\mu_0 = 4\pi\times10^{-7}$H/m；

I——导线中的电流强度；

r——导线至 P 点的距离，如图 3-14 所示。理论推导可得水平和竖直的磁场强度 H_x、H_z 各为：

$$H_x = \frac{\mu_0 I}{2\pi}\times\frac{h}{x^2+h^2} \tag{3-7}$$

$$H_z = \frac{\mu_0 I}{2\pi} \times \frac{x}{x^2 + h^2} \tag{3-8}$$

图 3-14 是地面上 H_x、H_z 在不同位置的信号强度归一化分布图，横轴为地面位置，以导线在地面的投影点为横轴零点，左右远离导线投影位置分别为负方向和正方向，纵轴为归一化信号强度。载流导线埋深 50cm。

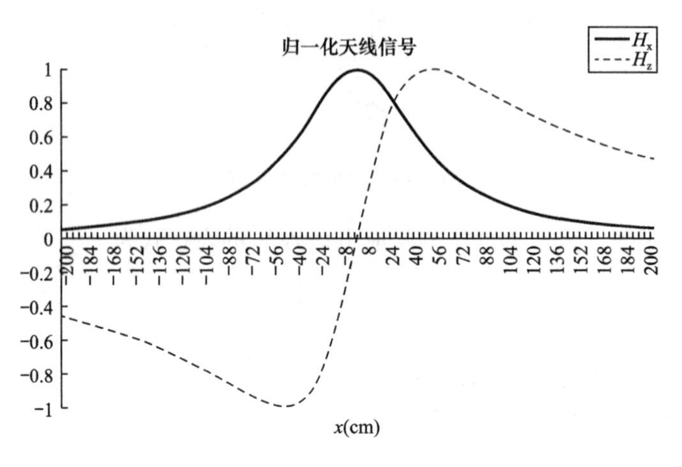

图 3-14　$H_x \cdot H_z$ 分布

如果将磁场竖直分量的正负与水平分量同一时刻的方向结合考虑，就能确认当前信号采集天线相对地下管线的位置，如图 3-15 所示，在管线左边和右边，$H_x \cdot H_z$ 的符号不同，因此通过 $H_x \cdot H_z$ 数值的正负（方向）判断就能知道地下管线在当前测试点的左方还是右方。

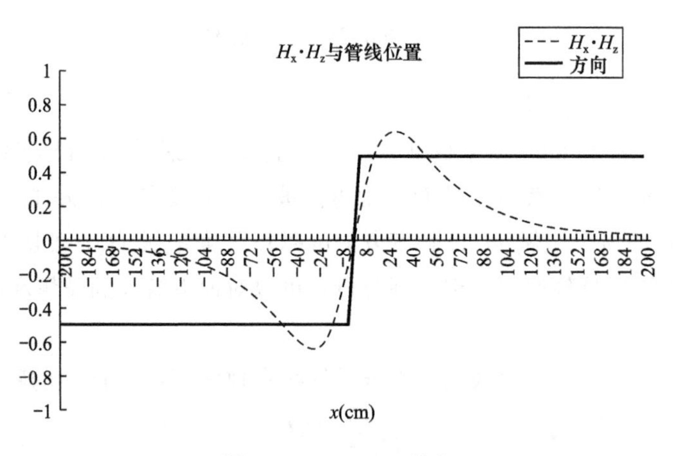

图 3-15　$H_x \cdot H_z$ 分布

只观察 H_x 数值大小来确定管线位置的方法，称为峰值法，即管线正上方的信号最强，形成峰值。同样的，只观察 H_z 数值大小来确定管线位置的方法，称为反峰值法，或空值法、哑点法，即管线正上方的信号较两边都小，并且远离一定距离后信号达到峰值，随后逐渐减弱。将 H_x 和 H_z 信号方向结合考虑的方法称为方向指示法，能快速直观地指示被测管线的位置和方向。

应用电磁法探测地下管线，通常是先使导电的地下管线带电，然后在地面上测量由此电流产生的电磁异常，达到探测地下管线的目的。其前提是：

(1) 地下管线与周围介质之间有明显的电性差异；

(2) 管线长度远大于管线埋深。

在此前提下，无论采用充电法或感应法，都会探测到地下管线所引起的异常。从原理上讲，在感应激发条件下，管线本身及导电介质均会产生涡流。对于那些直径与埋深可比拟的管线而言，在地表所引起的异常既决定于管线本身所产生的涡流，也决定于大地-管线-大地这个回路中的电流，以及管线所聚集的、存在于导电介质中的感应电流。金属管线的导电性远大于周围介质的导电性，所以管线内及其附近的电流密度就比周围介质的电流密度大。这就好像在管线处存在一条单独的线电流。对一般平直的长管线，可近似将其看成由无限长直导线产生的磁异常。

3.3.1.2 管线仪工作原理

基本原理：是发射机产生电磁波感应地下金属管线，地下金属管线在交变电流的作用下就会在管线表面产生感应电流，根据麦克斯韦定律该电流较集中地沿金属管线向远处传播，在传播过程中管线周围产生很强的电磁波信号，并向地面辐射，当接收机在地面探测时，就能检测到相同频率的电磁波信号，根据信号的大小和变化规律就可以确定地下金属管线的位置。夹钳法是利用专用管线仪配备的夹钳（耦合环），夹在金属管线上，通过夹钳感应线圈把信号加到金属管线上，其中感应法应用最为广泛，见图 3-16。

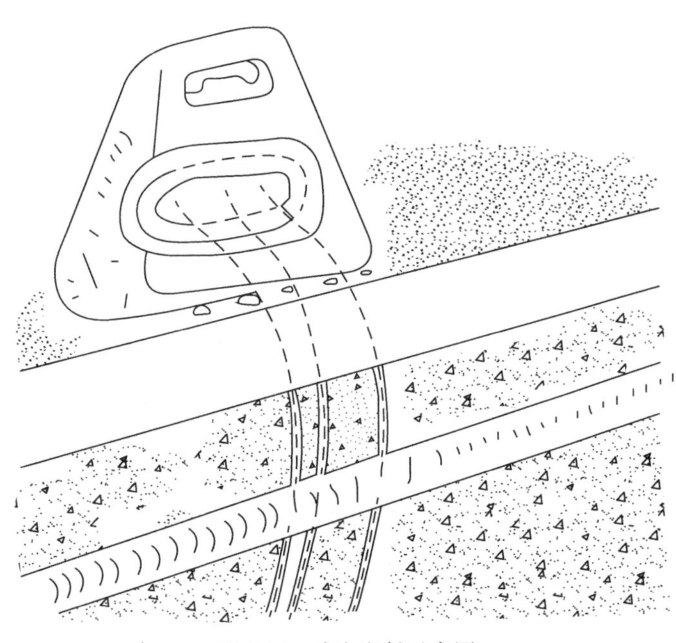

图 3-16 感应发射示意图

根据电磁感应原理，在一个交变电磁场周围空间存在交变磁场，在交变磁场内如果有一导体，就会在导体内部产生感应电动势，如果导体能够形成回路，导体内便有电流产生（图 3-17），这一交变电流的大小与发射机内磁偶极子所产生的交变磁场（一次场）的强度、导体周围介质的电性、导体的电阻率、导体与一次场源的距离有关。一次场越强，导体的电阻率越小，导体与一次场源距离越近，则导体中的电流就越大，反之则越小。对一台具有某一功率的仪器来说，其一次场的强度是相对不变的，管线中产生感应电流的大小主要取决于管线的导电性及场源（发射线圈）至管线的距离，其次还取决于周围介质的阻抗和管线仪的工作频率。

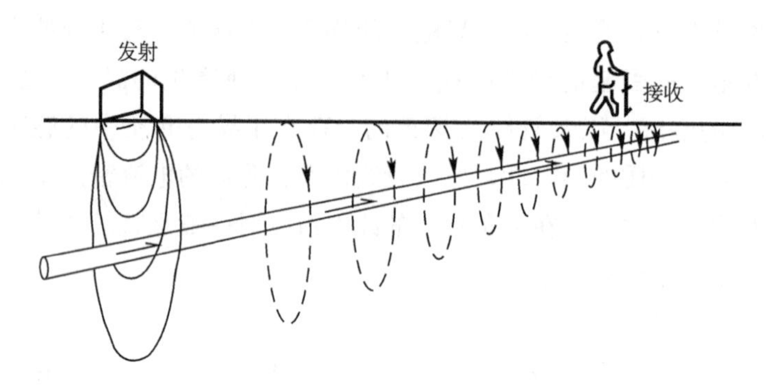

图 3-17　管线仪工作原理示意图

1）管线仪模式

采用地下管线探测仪，能够检测各类地下管线的泄漏和地下管网分布走向等，因此广泛的应用在油气、生活水、工业水和污水排放等各类地下管线的探测。下面以英国雷迪公司 RD4000 为例介绍，如图 3-18、图 3-19 所示。

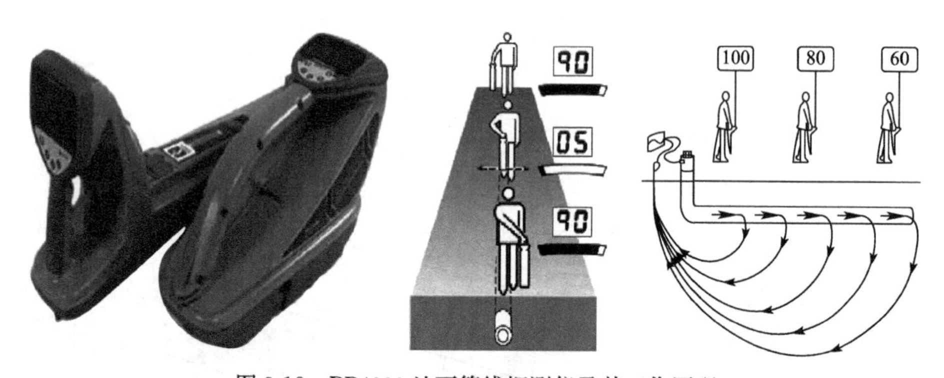

图 3-18　RD4000 地下管线探测仪及其工作原理

图 3-19　RD8000 管线仪

RD4000 具有多种响应模式：

（1）双线圈峰值模式：由于定位精度高、抗干扰能力强，该种模式用于一般地下管网的探测和精确定位；

（2）垂直线圈谷值模式：能够在液晶显示屏上以箭头来指向管线位置，该种模式主要用于快速追踪长距离地下管网；

（3）单线圈模式：该种模式灵敏度极高，主要用于埋深较大的地下管网检测。

同时 RD4000 还能显示电流方向，使用该功能可以在地下管网分布特别复杂的区域准确、快速地检测目标地下管网。

RD4000 具有的功能特点：

（1）10W 大功率输出，探测距离和深度更大。

（2）16 种可选的探测频率，应用范围更广。

（3）多种响应模式：双线圈峰值模式、垂直线圈谷值模式和单线圈模式。

（4）多深度测量方法：双线圈直读法、70％测深法；单线圈 80％、50％测深法。

RD4000 的操作步序：

（1）仪器开机短暂预热，在目标附近调整灵敏度、设置地平衡。

（2）在探测过程中保持探测圆盘与地面的距离为 5cm 左右，尽量稳定，探到金属时，仪器便发出声音，同时电表的指针向右偏转。

（3）应在进出水口、检查井等已知点处开始探测，进行“S”形扫描追踪。

（4）在信号终止处作圆周扫描，以确认管沟变向还是终止，圆周半径应大于 2 倍管直径或沟宽。

2）管线仪组成结构

目前市场销售的各种型号管线仪，其结构设计、性能、操作、外形等虽各不相同，但是它们都是由发射机和接收机两部分组成的发收系统。

（1）发射机

发射机是由发射线圈及一套电子线路组成，其作用是向管线施加某种频率的信号电流。发射机一般是多频率的，通常有 50Hz、640Hz、8kHz、33kHz、65kHz、85kHz、91kHz、100kHz 等。

发射机施加信号的方式有直连、感应、夹钳等方式。直连就是指加信号时先找出被测管线的已知点，然后将发射机输出的两根线上的一根接到被测管线，另一根通过接地钎接地。而感应法时发射机和管线是不连的，就是利用互感原理将发射信号加到地下金属管线（如煤气管线、自来水管线、电缆等）上。根据发射线圈面与地面之间所呈的状态，发射可分为水平发射和垂直发射两种：

水平发射：发射机直立，发射线圈面与地面呈垂直状态进行水平发射。当发射线圈位于管线正上方时，它与地下管线耦合最强，有极大值，管线被感应产生一系列圆柱状交变磁场（图 3-20）。

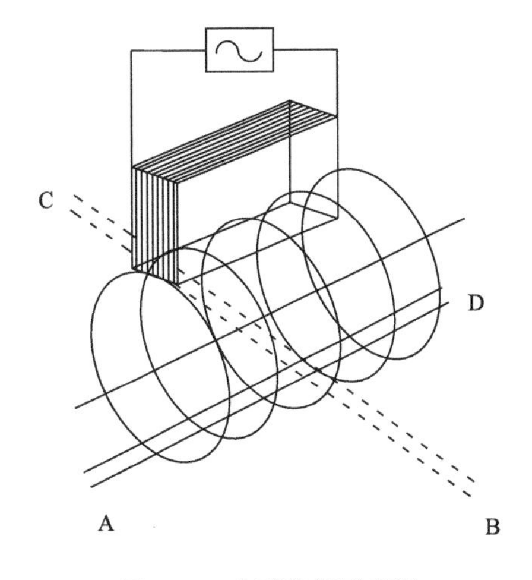

图 3-20　水平发射示意图

垂直发射：发射机平卧（图 3-21），发射线圈面与地面呈水平状态进行垂直发射。当发射线圈位于管线正上方时，它与地下管线不耦合，即不激发。当发射线圈位于离管线正上方 h（埋深）距离时，它与地下管线耦合好，出现极值（图 3-22）。

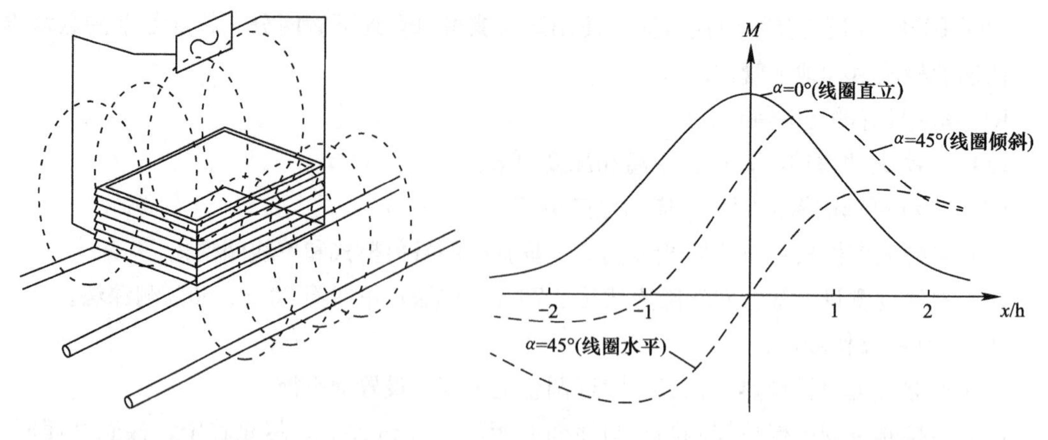

图 3-21 垂直发射示意图　　图 3-22 同发射状态耦合系数 M 曲线示意图

（2）接收机

接收机是由接收线圈及相应的电子线路和信号指示器组成（图 3-23）。其作用是在管线上方探测发射机施加到管线上的特定频率的电流信号——电磁异常。从结构上可分为：单线圈结构、双线圈结构和多线圈组合结构（图 3-24）。

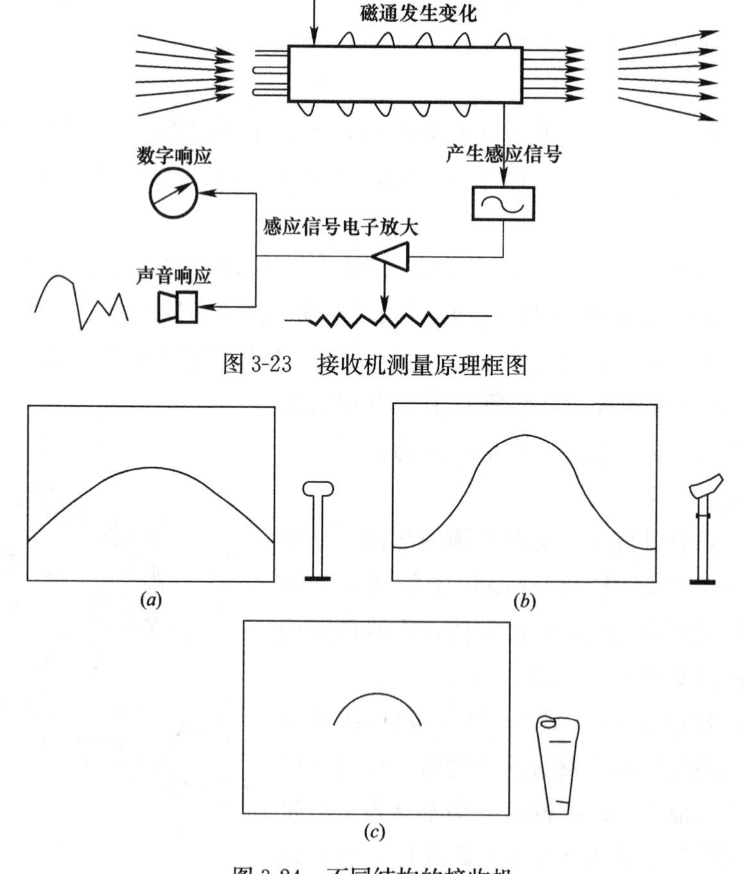

图 3-23 接收机测量原理框图

图 3-24 不同结构的接收机

（a）单线圈；（b）双线圈；（c）多线圈

3）常用的管线探测仪性能对比

目前国内几种常用的管线探测仪性能对比见表 3-6。

国内几种常用的管线探测仪性能对比 **表 3-6**

万能精密管线定位仪 RD8000	LD6000 全频管线探测仪	富士金属管线和电缆测位器 PL-1000（最新型）
英国 RADIO DETECTION	上海雷迪公司	日本富士
基本特点 • 多种定位方法和多种测深方法确保测试效果； • 多达 24 种可选的探测频率，操作者可自行设定小于 1kHZ 的频率，可使用不同种类金属管线的探测； • 具有蓝牙®无线技术，可以使用 SurveyCERT™（测绘应用平台）和 iLOC™（无线连接）功能； • 高对比度 LCD 显示屏，任何光线下都清晰可见； • 自动测深：当仪器正确置于管线垂直上方时，自动给出目标管线最精确的深度； • 电流指示功能：利用电流方向指示箭头来区分相邻平行管线； • 罗盘指示功能：指示被测管道或电缆的走向，便于管线追踪探测； • 故障查找功能：用来定位电缆外护套破损点； • 被动规避：同时使用电力和无线电探测模式快速勘测； • 自动背景光，当光线不足时，自动打开背景光。 发射机的特点 • 三种功率：1 瓦，3 瓦，10 瓦 • SK（FF）故障点查找：定位故障点，从短路到 2 兆欧 • 电流方向（CDFF）：适用远距离故障查找 • 4 对低频电流方向 • 30V 或更高电压模式下的电流（90V 电压用于高阻抗）	特点： • 兼容各种管线仪的工作频率 • 软件免费升级 • 全天候高亮度 TFT 彩色显示屏 • 内置双核高速处理器 • 管线探测更深、更远、更准确 全频接收机 预设 50 个接收频率 兼容各种品牌管线仪的发射机 用户可免费定制 50Hz～200kHz 之间的任意频率 软件升级 特殊线圈结构 自动过滤干扰信号 显著提高定位信号的抗干扰能力 超高灵敏度、超强稳定性 双核高速处理器 提高信号处理与运算速度 定位和测深更快 高度集成化电路 维修与更换简单、方便 峰值信号标识 TFT 真彩显示屏	特点： • 大屏幕液晶显示器操作过程清晰明了，使操作者在现场毫不迟疑地使用面板上的键盘选择正确的工作方式； • 可单手操作重量仅 2kg 的接收机键盘，长时间工作不会感到疲劳； • 综合国际先进技术，保持富士原有专利。 发收机技术参数 频率：83kHz，27kHz 和 8kHz 输出功率：感应方式＝0.5W 直接方式＝3.0W 发射方式：CW 等幅波（非调频） 天线：单线圈天线 使用电源：DC 12V（UM-1×8） 电池使用寿命：感应方式＝大约 20h 直接方式＝大约 10h 使用温度：－20～50℃ 重量和尺寸：2.5kg/28×241×105mm 接收机技术参数 频率：83kHz/27kHz/8kHz 无线方式：15kHz～25kHz 天线：单线圈天线 差动天线 显示：液晶显示器 深度指示：3 位数字
• 主动频率范围：200Hz—200kHz • 可选模式支持 RD7000 和 RD8000 特定型号定位仪的频率范围 • iLOC（只 Tx-3B 和 Tx-10B 两种型号有） • 自动频率微调，短路保护，万能表功能 • 配件箱：地钎，直连线，接地延长线 • 支持外接 12V 直接电源操作 • 高对比度 LCD 显示屏 • 接地电阻报警 接收机特点： • 被动探测方式：电力 50Hz 和无线电，有线电视，阴极保护电流；	大功率发射机 信号输出效率极其出色 直连法和感应法输出性能高于同类 10W 发射机 接收机技术参数 用途：探测地下管道和电缆的位置、深度、电流、路径等 定位模式：峰值模式，谷值模式，宽峰模式 128 预设接收频率 50-200kHZ 增益范围 0-140dB 定位精度 深度±2.5% 测深精度 深度的±2.5% 电流测量精度 实际电流±2.5%	当前测量值：3 位数字 使用电源：DC 9V（UM-3×6） 电池使用寿命：无信号状态：8h 使用喇叭：5h 使用背光：8h 使用温度：－20～50℃ 重量和尺寸：2.0kg/131×280×610mm 探测精度 定位精度：1.2m≤±2cm 2m≤±5cm 5m≤±25cm 深度精度：1.2m≤±5% 2m≤±5% 5m≤±10%

续表

万能精密管线定位仪 RD8000	LD6000 全频管线探测仪	富士金属管线和电缆测位器 PL-1000（最新型）
• 主动测量方式：320/640Hz，8-33-65-131-200kHz 等多种频率； • 定位方法：极大值法，极小值法，极大值/极小值法； • 测深方法：70%测深法，直读法； • 电流指示功能：在管线复杂的区域也可以快速准确地识别目标电缆，接收机屏幕上显示目标管线的电流的方向； • 配有 A 支架可定位电缆外护套故障点。 技术参数： 灵敏度：6E-15Tesla，每米 5μA（33Hz） 动态范围：140dB ms/Hz 可选性：120dB/Hz 测深精度：管线：误差±2.5% 0.1m-7m 探棒：误差±2.5% 0.1m-7m 最大可测深度：管线 6m，探棒 18m	测深范围 0-10m 显示屏 3.52 英寸液晶彩屏 附件端口 2 个 USB 端口，1 个充电端口 外壳 高强度碳纤维，高密度热塑 电源 充电电池 工作时间 ≥45h 重量 2.6kg 质量标准 欧盟 CE 认证，美国 FCC 认证 发射机技术参数 功能 对管线施加特定频率的定位信号 输出模式 感应模式，直连模式，夹钳模式。 输出方式 自动阻抗匹配 输出频率 感应模式：33k，38k，80k 直连模式：512Hz，640Hz，8k，9.5k，33k，38k	连续测探≤±10% 定位距离：差动线圈天线 感应方式−260m≤±10% 直接方式−400m≤±10% 单线圈天线 感应方式−400m≤±10%
定位精度：±2.5% 电流方向故障点查找（CDFF）频率范围：220Hz-4kHz 故障点查找 FF：用 A 型支架，诊断短路到 2M 欧姆的电缆故障 工作温度：−10～+50℃ 电池数量：接收机：2 节（LR20） 发射机：8 节（LR20） 电池寿命：接收机：30 小时间断性工作 发射机：正常 15 小时，视信号条件而定 质保：注册后 36 个月 动态过载保护：30dB（自动） 符合标准在：FCC，RSS. 310 RoOHs. WEEE 支持：CE 蓝牙 重量：发射机：=2.84kg（含电池）4.2kg（含配件） 接收机：=1.87kg（含电池） 防护等级：IP54	65k 80k 最大输出功率 10W 最大输出电流 1A RMS 电源 充电电池 工作时间≥20h 重量 3.2kg 工作环境 −20℃，−50℃，IP54，NENA 4 质量标准 欧盟 CE 认证，美国 FCC 认证	

4）管线仪优缺点

优点：探测速度快、简单直观、操作方便、精确度高，可以对钢筋混凝土盖板沟（管）进行连续追踪探测；可以排除浅部干扰；设备操作简便、高效。

缺点：探测非金属管线时，必须借助非金属探头，这种方法使用起来比较费力，需要侵入管线内部，不具备测深功能，需要与管线雷达相结合，探测深度有限。

5）管线仪性能要求

不同型号的管线仪，其性能结构不尽相同。评价地下管线探测仪的优劣应从其适用性、耐用性、轻便性和性能价格比等几个方面来评价。适用性是指仪器的功能、使用效果和适用程度，这是评价仪器优劣的基本标准。适用性好的仪器应具备功能多、工作频率合适、定位和定深精度高、探测深度和距离大、能在恶劣的环境下工作等性能。

3.3.1.3 定位方法

在盲区探测未知管线时，最先应该采取扫描搜索的方法确认管线大概位置，进而再追踪探查，准确地确定出管线的平面位置。

在盲区搜索埋设较浅的电力、信号电缆、光缆或者其他可能埋设的辐射导体时，可采用无源法进行网格状扫描搜索，具体方法为沿网格状的路线移动，移动时保持接收机平稳，天线的方向与走向一致，并且尽可能和被扫过的管线成直角，当接收机的响应明显变大，即表明可能存在管线，应立即停下来准确定位管线，并注上标记，继续追踪该管线直到出测区，然后返回测区内重新进行网格式的搜索。

在盲区搜索埋设较深的地下金属管线时，应采用感应式有源法扫描搜索。这种搜索方式也被叫作“两人搜索”，需要两个技术员各手持发射机和接收机，在开始扫描之前需要确定管线通过该区域可能的方向，并把发射机设定为感应模式，选择合适的频率发射信号。

根据测线布置，搜索方式可以选择平行搜索（图 3-25）或者圆形搜索。平行扫描搜索即将发射机与接收机之间保持适当的距离，一般不低于 20m，并保持接收机线圈与前进路线方向垂直，平行向前移动。接收机技术员在前进过程中，应前后移动接收机。当发射信号加载到地下管线时，接收机可探查到此信号，此时，应在接收机显示的极大值处所对应的地面点注上标记，即管线所在位置。将发射机放置在管线的正上方地面上，用接收机追踪该管线直到出测区。在其他可能有管线穿过的方向重复搜索，当测区所有管线的位置都搜索出来后，置换发射机和接收机的位置重新扫描看是否有遗漏管线。

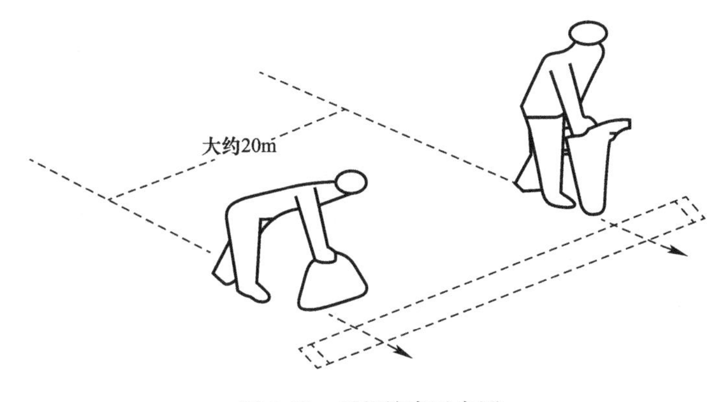

图 3-25 平行搜索示意图

利用管线仪定位地下金属类管线主要有四种模式：单天线模式、峰值模式、谷值模式、峰谷混合模式。单天线模式灵敏度高，峰值响应范围宽，只适用于快速定位。当搜索到一条简单的管线时，应该选择峰值模式进行准确定位。

在追踪管线时，使用谷值模式能大幅度加快追踪的步伐。在追踪过程中，顺着管线的方向前进，并左右缓慢平稳晃动接收机，查看管线顶部的谷值响应和管线两侧的峰值响应。谷值响应较峰值响应更加方便，但谷值响应易受干扰，无法准确定位。

用谷值模式对管线进行追踪得到管线的大概位置后，使用峰值模式对管线准确定位。在准确定位时，保持接收机平稳，天线与管线的方向垂直，穿过管线前进，找到响应最大的点，在最大点处原地转圈，在响应最大的位置停止，保持接收机与地面垂直，在前面响应最大的位置左右移动接收机，继续寻找响应最大的位置停止，把接收机靠近地面，接着原地转圈，响应最大处停止，接收机所在的位置及方向即为管线的位置和方向，如图 3-26 所示。可以继续使用谷值模式，移动接收机，找出最小响应的谷值点进行管线位置验证。如果峰值模式的最大响应处与谷值模式的最小响应处相同，即可确定管线的位置是准确的；如果两个位置存在偏差，说明管线定位不准确。根据管线仪操作经验，如果两个位置同时在管线的一个方向，则管线的真实位置更贴近峰值模式的最大响应处，管线位于最大响应的另一边，距最大响应的距离为最大响应与最小响应处距离的 1/2。

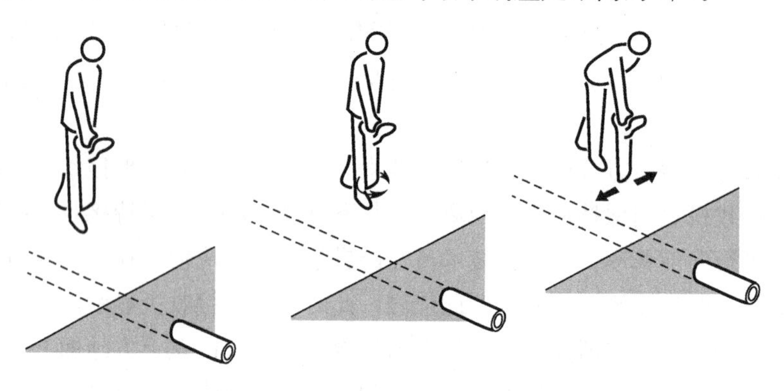

图 3-26 精确定位（RD8000 管线仪）

3.3.1.4 定深方法

在有源探测的模式下，可以利用管线仪对地下管线直接定深，采用的方法有直读法与特征值法。

1）直读法

利用接收机上、下两个垂直线圈确定管线形成的水平磁场的垂直梯度，通过比较两线圈的信号强度，计算出管线深度，并显示在接收机屏幕上，计算过程如图 3-27 所示。基本上所有的管线探测仪都有深度直读测量功能，利用探测仪内一定间距的上下两个水平天线接收载流管线磁场的水平分量，并在接收天线中产生感生电动势，经数据采样和处理，计算管线埋深，直读法只适用于干扰较小的测区。

设探测仪内上下两个水平天线相距为 D，在目标管线正上方，顶端天线产生的感生电动势为 V_t，底部天线产生的感生电动势为 V_b，得到：

$$V_t = -\frac{d\varphi_t}{dt} = -N_t\mu_t S_t \frac{\mu_0 I_0}{2\pi(h+D)}\omega\cos\omega t \tag{3-9}$$

$$V_b = -\frac{d\varphi_b}{dt} = -N_b\mu_b S_b \frac{\mu_0 I_0}{2\pi h}\omega\cos\omega t \tag{3-10}$$

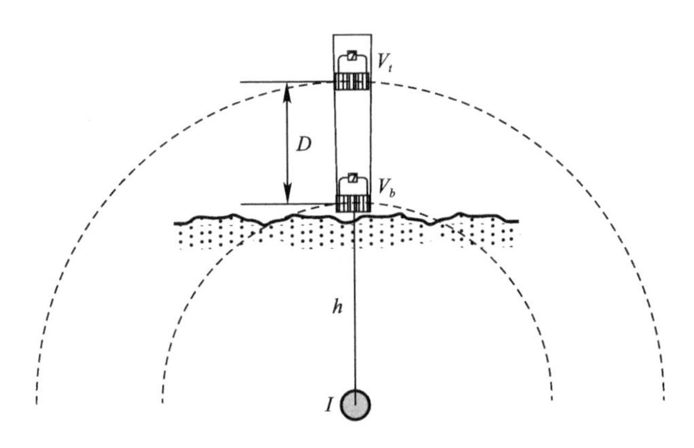

图 3-27 直读法定深（双天线法测深）示意图

为数据处理方便，设探测仪内上下两个水平天线完全相同，即 $N_t = N_b$，$\mu_t = \mu_b$，$S_t = S_b$，两式相除得到：

$$\frac{V_t}{V_b} = \frac{h}{h+D} \tag{3-11}$$

$$h = \frac{V_t}{V_b - V_t}D \tag{3-12}$$

通俗地说，此方法就是通过两个不同位置点的磁场强度测量来估计信号源的距离。目前城市中影响直读精度的因素较多，直读法“定深”应进行如下检查验证：

(1) 把接收机提升 0.2m 至 0.5m 再次采用直读法定深，如果测得的深度增加与接收机提升的深度一样，则前一次的测深值是准确的。

(2) 探查测深点两边管线的走向在 5m 范围内应该是直的，没有分支或弯曲。

(3) 探查在一定的范围内接收机信号是否比较平稳，在出露点两边测试深度。

(4) 探查目标管线附近是否存在其他信号的干扰管线。

(5) 偏离管线几厘米的位置重复测试深度，最小的是最精确的深度值。

2) 特征点法

根据接收机测得的上下两垂直线圈的水平分量之差 ΔH_x 与管线埋深之间的关系，利用 ΔH_x 最大响应值附近特定百分比处的直线距离与管线埋设深度之间的特殊关系，来计算出管线的埋深。根据野外经验，该方法的百分比值一般选用“70%”，该方法定深较为准确，能满足管线探测精度要求。野外具体操作方法是先使用峰值法确定管线位置与走向，记录下此处峰值大小，计算出其峰值的 70%值，顺着垂直管线方向分别向两侧移动，直到降为峰值的 70%时，分别在对应地面上做好标识，用卷尺测得该两点之间的直线距离即为地下管线的中心埋深，如图 3-28 所示。

(1) 极大值法

如上分析，载流导线的地面 H_z 在偏离中心位置一个管线埋深距离的位置获得最大值。

$$H_{z\max} = \frac{\mu_0 I_0}{2\pi} \times \frac{1}{2h} = \frac{1}{2} H_{x\max} \tag{3-13}$$

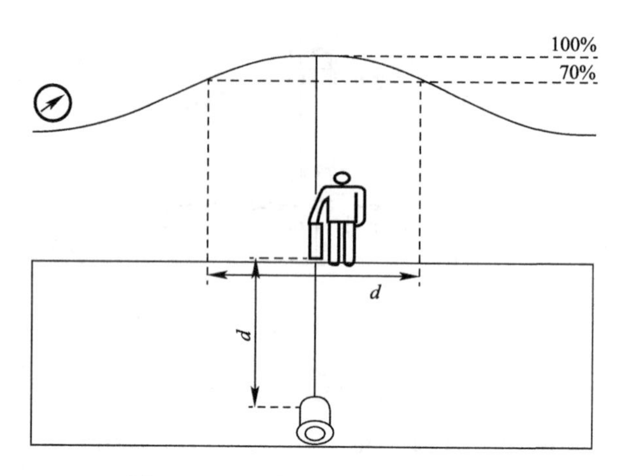

图 3-28 “70%”特征值定深示意图

通过竖直天线得到的最大信号值的位置与地下管线在地面投影的距离就是管线深度，管线在地面的投影位置即管线位置可通过水平天线的峰值法或竖直天线的谷值法获得，但此方法由于受灵敏度过高的影响，通常会产生较大误差，故较少使用。

(2) 半极值点法

如上分析，H_x 在 $x=0$ 处得到最大值，在 $x/h=\pm1$，即 $x=\pm h$ 时，

$$H_{xh} = \frac{\mu_0 I_0}{2\pi h} \times \frac{1}{2} = \frac{1}{2} H_{x\max} \tag{3-14}$$

也就是当测试点偏离管线位置一个管线深度的距离时，H_x在 $x=\pm h$ 的测得值是 H_x 最大值的一半，称为半极值点，左右两个半极值点的间距等于 2 倍深度，因此，$H_x=H_{x\max}/2$ 的位置点可以作为管线定深的特征点。

(3) 80%极值点法

此方法和半极值点法非常类似，取峰值响应的 80%信号值为参考，在峰值左右各找一个点与其数值相符，测量这两个点的间距即管线深度。在此方法中，管线定深的特征点即 $H_x=80\%H_{x\max}$。

3) 其他深度测试法

除以上常用测深方法外，还有其他一些方法，如：提升半值点法、45 度法等，由于其实用性差、偏差大，很少实际使用，在这里不作详细说明。

以上分析都基于理想条件的管线信号分布。实际情况很难达到理想条件，被测管线的信号往往被其他因素干扰，如旁线干扰、管线弯曲、金属干扰、噪声干扰和其他地表和浅层电磁干扰等。这些都会影响到天线对有用信号的接收，另外，测试仪器的灵敏度和分辨率也有一定的限制，导致在现场勘测过程中形成误差。

3.3.1.5 直接法

地下金属管线一般都有出露在地表的部分，如消防栓、管线阀门、水龙头、通信交接

箱、电力变电箱等，以及由于施工开挖而暴露出的管线。直接连接法是将发射机交流信号的一端接到这些金属连接点上，另一端连接离开管线较远的大地，或接在同一管线的另一个连接点上，如图 3-29 所示。此时被连接的地下管线作为传导信号的低电阻导体，沿金属管线便有传导电流通过，在其周围将产生交变电磁场。直接连接法就是观测目标管线的电磁场来达到探测地下管线的目的。发射机作为一个信号源应串联在管线探测的回路中一端接到被测金属管线上，另一端接地，此方法信号强，定位准确，深度测试精度高，在测区满足直接法条件时，该方法应作为首选工作方法。

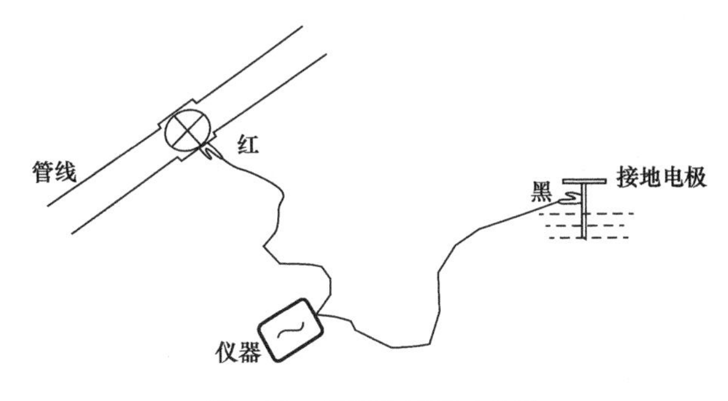

图 3-29　直接法工作示意图

在直接法用导线连接发射端和地面时，导线最好与目标管线成一定夹角，90°为最佳，以减少管线自身所产生的干扰。运用直连法可有效地对地下金属管线进行地位、定深和追踪等。探测时一般选择 33kHz、65kHz，50%输出功率进行工作，直接法工作示意图如图 3-30 所示。直接法对有暴露点的金属管线十分有效。

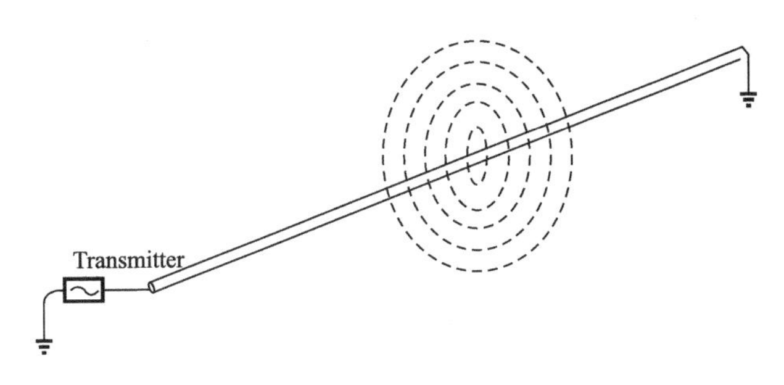

图 3-30　直接连接法

探测时将探测仪发射机专用电缆线一端与待查的目标管线的暴露点相连，保持良好的电性接触，电缆线另一端接地。若接地极性不好可在接地线插钎周围倒上一定量的水以润湿土地。打开发射机，选定一频率（一般为 33kHz），操作员手持探测仪接收机，保持与发射机相同的频率，沿管线前进方向左右搜索，根据接收机上显示的目标管线产生的磁场信号强度对目标管线进行追踪和定位，并对需要测深的地方测出其深度。精确定位后，在地面上用红油漆作好标记并注明其标号。若无法直接在地上做记号的地方（如松软的泥地）应在管线点在地面的投影处插一根木桩。木桩上部涂上红油漆以便于被发现，并在附近明显地方标注其点号，同时在手簿上作好记录。

根据连接的方式可以分为单端充电法和双端充电法：

（1）单端充电法

如图 3-31 所示，当被探测的目标管线 CD 上有一个已知出露点 A 时，我们可以把发射机的一端用导线连接到 A 点上，把发送机的另一端用导线连接到供电电极（也称接地电极）。当单端充电时，发射机发出的电流 i_1，流经 A 点后，会顺着导管线分成 i_{11} 和 i_{12} 流向相反的两个方向 C 和 D，在量值上有：$i_1=i_{11}+i_{12}$。

在 i_{11} 或 i_{12} 流经 A 点分别向 C 点和 D 方向传导过程中，因为管线与大地之间的分布参数，会随着远离 A 点而逐渐衰减，分散到地中去，而分散到地中的电流又将全部流到接地电极，经导线到达发射机的另一个输出端。

（2）双端充电法

如图 3-32 所示，当被探测的目标管线上，有两个已知的露点 A、B 时，我们可将发射机的两个输出端直接连接到这两个点上去。在 A、B 两端，均有单端充电时存在的特点，下面的关系式均成立：

$$i_1=i_{11}+i_{12}=i_{13}+i_{14}，\ i_1\neq i_{11}，\ i_1\neq i_{13}，\ i_{12}\neq i_{14}，\ i_{12}\neq 0，\ i_{14}\neq 0$$

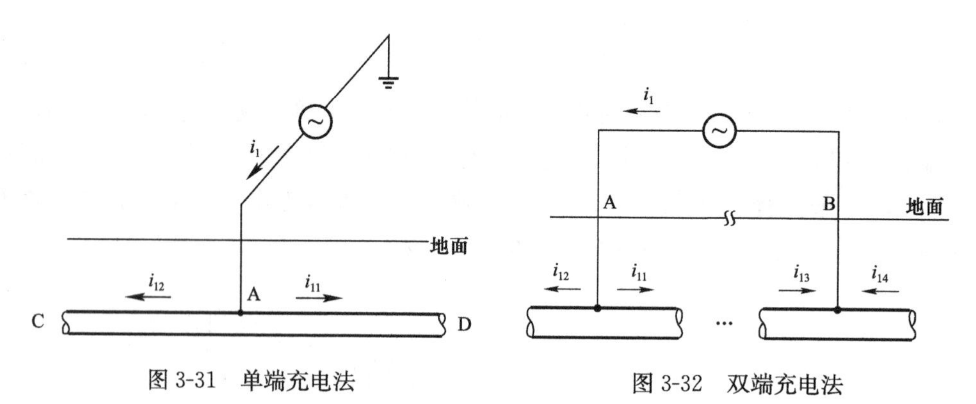

图 3-31　单端充电法　　　　图 3-32　双端充电法

在双端充电过程中，管线本身与传输导线形成闭合回路，管线中传导的谐变电流，产生感应电磁场，最后由接收机接受其信号。值得注意的是当目标管线节与节间的连接电阻较大时，如果相邻管线的阻抗又较小，那么旁侧的非目标管线上的电流很可能超过目标管线上的电流，表现出“反客为主”的现象。

通常条件下，充电法因管线上所载电流大，使工作范围较大，可追踪到更远处或更大范围内的目标管线，因此充电法在探测地下管线中是一种常用的方法。

3.3.1.6　夹钳法

夹钳法是利用夹钳内的环形磁芯，把管线夹在中间，信号发生器输出的交流信号电流通过磁芯的初级绕组在磁环上形成环绕管线的磁场，这个由交流信号产生的变化磁场在管线方向上产生感生电动势，根据管线的导电性及综合阻抗，产生相应的感生电流，如图 3-33 所示。环形磁芯通常做成开口钳形，方便对被测管线环夹，此方法适用于电缆以及直径较小的金属管线，常用于无法直接连接的场合，如不允许中断运行的电力电缆或通讯电缆。

利用管线仪配置的夹钳将其夹在金属类管线上，通过夹钳给目标管线加载有效信号帮助探测目标管线。夹钳法也具有信号强，定位、定深精度高的优点，并且不易受邻近管线的影响，但被测管线的直径受夹钳大小限制。在现场金属管线管径具备夹钳条件时，如电力、通信管线应首选该方法。

当发射器发出交流信号时，其通过夹钳内的磁环形成的磁场耦合到管线上，以探测到目标管线。此方法对近间距并行管线的探查效果较好，探测时一般选用 33kHz、50%输出功率进行工作。如：探测电讯电缆、电力电缆等，夹钳法示意如图 3-34 所示。

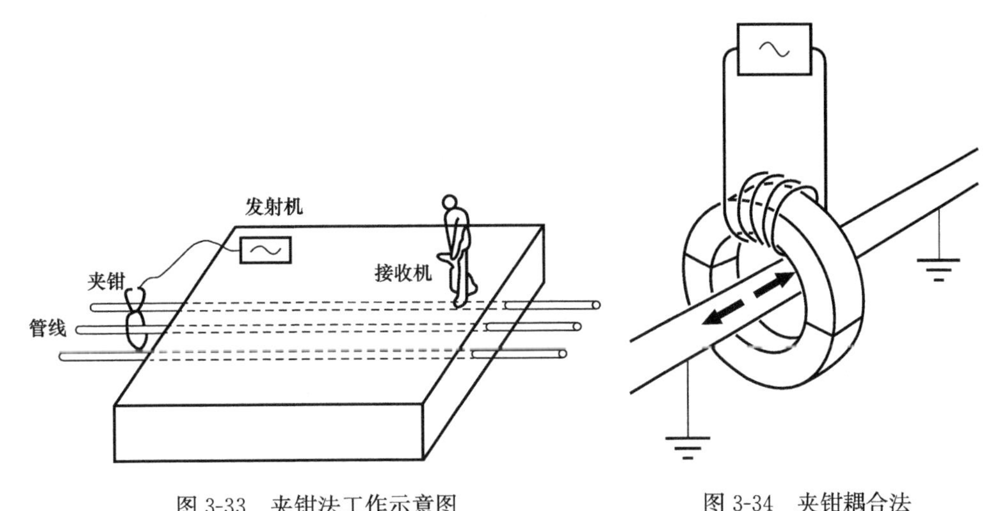

图 3-33　夹钳法工作示意图　　　　图 3-34　夹钳耦合法

信号夹钳法适用于探测小口径金属管线和电缆。探测时无需中断服务，这样可以减小感应到非目标管线的信号，但是被探测的管线和电缆必须有出露点。工作时，将发射机信号施加于感应钳上，再直接夹于被测金属管线或电缆上。为了使信号能在管线上传输，管线与大地必须形成回路，所以目标管线的两端应接地。在管线密集区探测时，夹钳法是一种影响小的有效方法。

夹钳法对多条电缆进行逐条分辨时有明显的优点，但通常使用时不允许中断运行。要注意的是为取得最好的探测效果，对每个工区都应通过试验后按频率选择原则选取最佳的工作频率。

1kHz 以下：有利于长距离追踪及对大直径管线的探测。由于频率低，故不可以采用感应法工作，有时较易受到工频率干扰。

10kHz：这是目前国内外各类仪器采用较多的频率。应用感应法时，在小直径管线上较难产生大的信号电流。

30kHZ：比较容易将信号感应到大部分管线上，是一种较常用的频率。但追踪距离较采用低频时小，对地下水位较高的地区，其探测深度也较小。

80kH 以上：比较容易感应耦合到邻近平行管线，探测距离小，在管线复杂的地区应用受到限制。在干燥地区可应用感应法探测小直径电缆及短距离的电缆，同样在地下水较高的低阻地区，其应用少，效果较差。

3.3.1.7　感应法

金属管线没有露头或者不具备夹钳条件时，一般选用感应法工作。在场地管线单一或相邻管线间距适当时，应使用该方法，它的工作效率较高。在管线复杂或相邻管线间距较小时，该方法仅作为参考选用。

其原理是将发射机两端均接地，调整发射机与接收机产生频率使之在探测区域内形成交变磁场，目标管线因磁场作用而产生感应电流，通过接收机感应此电流以达到确定目标管线位置和分布情况的目的。此方法对于大管径且缺乏暴露点的金属管线探测效果明显。如探测公路下的金属管线。在探测供热管线时优选 8kHz，此频率易感应且受干扰程度小。对于通信线、供电线等探测时一般选用 33kHz，如图 3-35 所示。感应法包括电偶极感应法和磁偶极感应法。

感应法用磁偶极源在地面上建立一个交变电磁场，如图 3-36 所示。地下金属管线在一次场的作用下，便会产生感应电流，管线中的电流产生二次磁场。在地面上探测二次电磁异常，便可确定地下管线的空间分布和深度。

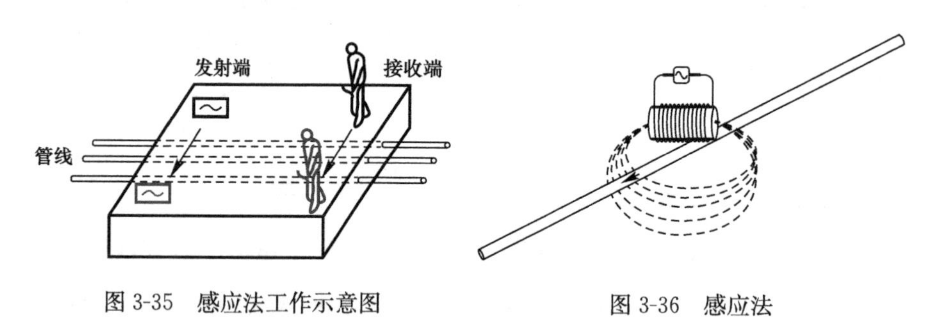

图 3-35　感应法工作示意图　　　　图 3-36　感应法

(1) 电偶极感应法

利用发射机两端接地产生一次电磁场对金属管线感应产生的二次场来对地下金属管线进行探测。该法一般采用水平电偶极方式发射，如图 3-37 所示。

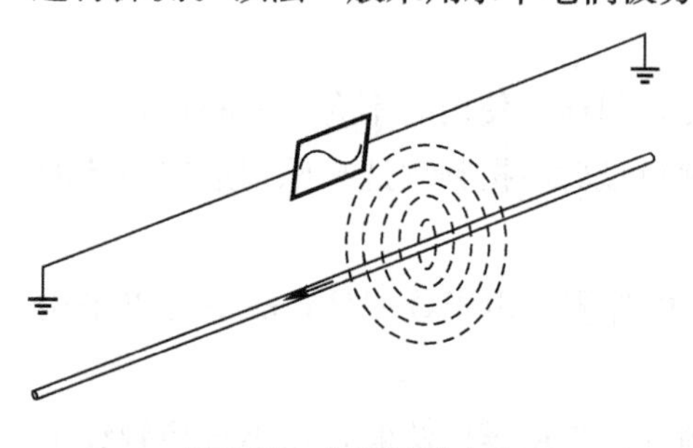

图 3-37　电偶极感应法

该方法不需直接连接管线，但被测管线和发射机必须有良好的接地条件。在具备接地条件的地区，可用来搜索追踪金属管线。工作时用长导线连接发射机两端，分别接地，且保证接地良好。使发射机、长导线、大地形成回路，在地下管线上建立地下电流回路，激励金属管线在其周围形成电磁场。连接用长导线应尽量远离金属管线，以防导线电磁信号对接收信号产生影响。

本法因受场地条件及方法本身特点限制，无法长距离使用，实际工作中较少采用，通常都会采用磁偶极感应法。

(2) 磁偶极感应法

通常所说的感应法都是磁偶极感应法，利用发射线圈产生的一次电磁场，使金属管线产生感应电流，形成二次电磁场，通过仪器接收管线电磁异常信号而对地下金属管线进行探测。该方法发射机、接收机均不需接地，操作灵活、方便，效率高。用于搜索地下金属管线、电缆，可定位、定深和追踪管线走向，但当地下管线复杂，需谨慎使用此方法。

利用感应法探测地下金属管线时，根据需求，可通过调整发射机感应线圈与目标管线的方位来对目标管线进行施加信号或抑制信号。当发射机感应线圈产生的磁偶极子与地面平行，并垂直于地下管线方向，此时能最大程度感应信号，但同时也会感应到目标管线的相邻管线。根据压制干扰管线的方式不同，有垂直压线法、水平压线法和倾斜压线法。

① 垂直压线法（水平偶极子）

发射机中有一线圈回路，其回路电流产生的磁场分布呈现磁偶子场的特征。当发射机直立放置在地面时，回路面是直立的，产生的磁偶极磁场呈现水平磁偶极场特征。采用垂直压线法可突出目标管线的异常，但是当两管线的间距较近时效果不好。

② 水平压线法（垂直偶极子）

将发射机平卧在地面上，回路面与地面平行，产生的磁偶极场呈垂直磁偶极场特征。将发射机呈平卧状态，置于目标管线临近平行管线的正上方，可压制临近地下管线对目标管线的干扰，是区分平行管线的有效手段。

③ 倾斜压线法（倾斜偶极子）

当相邻管线间距较小时，不宜采用垂直压线法，而采用水平压线法探测效果也不一定理想时，采用倾斜压线法能取得较好的效果，即发射机线圈倾斜使其与干扰管线不耦合，可以达到既能抑制干扰管线的信号，又能增强目标管线的异常。

感应法通常都使用较高频率，所建立的电磁场也衰减较快，但其工作方法简便，效率高，广泛用于不便于接近的地下管线。由于磁偶极感应法不受管线有无连接点的限制，也无需接地，对管线种类和地面条件的要求也不那么苛刻，适用范围较广，成为管线定位工作中最为常用的探测方法之一。

3.3.1.8 示踪法

由于非金属管线主要是由塑料、陶瓷、混凝土等非金属材质制作而成，这些材质普遍具有较好的绝缘性，对电磁信号也基本没有反应。在非金属管线的铺设施工时，同时铺设一种特殊的示踪导线或记标（一种管线标识设备），在今后的地下管线探测中，都可以使用金属管线探测仪对示踪导线或标识进行探测，从而对非金属管线完成定位。示踪法按照示踪装置分为示踪线法、示踪标识法和示踪探头法。

（1）示踪线法

示踪线的全称是非金属管线示踪线。它是富士公司专为查找和定位地下非金属管线而设计的产品，可有效地解决非金属管线不能用金属管线探测仪探查的问题（图 3-38）。示踪导线实际是一种特制的导线，可以在铺设非金属管线的同时，将其布设在管线上同时铺设，以后在查找管线时就可用金属管线探测仪及电缆测位器探测出其位置、方向和埋设深度。

示踪线不仅要有导电性能，还要有一定的抗拉强度和耐久性。目前示踪线的线芯一般采用单股或多股铜芯线，外面包裹着塑料绝缘层，绝缘层也可以用导电橡胶代替，这样即使线芯折断也不会影响探测。示踪线埋设时应紧贴非金属管线呈直线状，并位于管线的正上面为好；为了使探测示踪线时信号强，施工时示踪线末端应尽量减小接地电阻；探测时最好采用直接向示踪线施加信号法，这样干扰少、信号强，探测效果比较理想。

（2）示踪标识法

记标标识法，记标是一种管线标识设备，由记标和记标探知器两部分组成，其工作原理（图 3-39）：记标探知器向地下发射特定频率的电磁波信号，当接近预先埋置于地下管线上方的记标时，记标会在电磁波激发下产生同频二次磁场，记标探知器发现并接收到该磁场，从而确定了记标的位置。在铺设地下管线的同时，将记标埋设于管线的关键部位，如弯头、接头、分支点、维修点以及今后需要查找的部件等部位的上方，在日后查找管线时使用记标探知器查找到记标，即确定了管线的埋设位置。

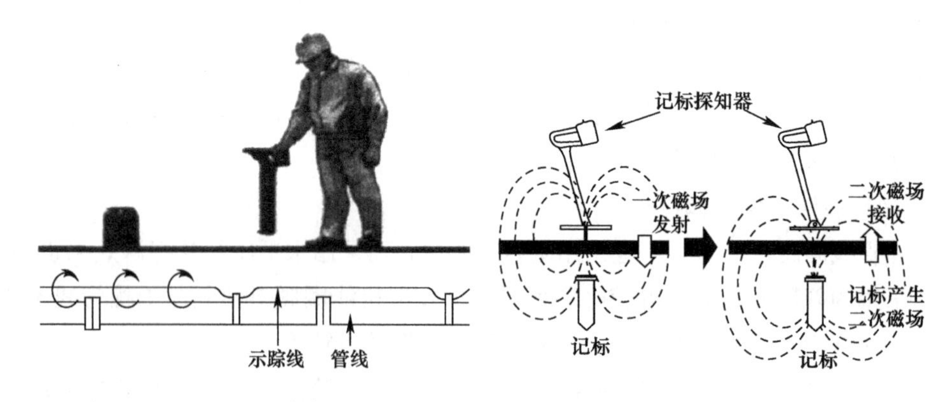

图 3-38 示踪线法

图 3-39 记标标识法工作原理

记标的使用寿命很长，不会因埋设时间久而发生锈蚀或物理特性发生改变；记标的埋设非常简单，既可随新管线埋放，也可以在已铺设的管线需设置标记处将记标埋入地下；使用记标探知器查找地下管线不易受外界环境的干扰，可在埋设繁杂、拥挤的管线中识别出目标管线，同时可根据记标的不同频率辨明管线的种类及属性。

（3）示踪探头法

对于一些有出入口，或者方便开口的地下非金属管线，还可以采用示踪电磁法进行探测。示踪电磁法是借助示踪装置，使其沿非金属管线发射电磁信号，然后利用管线探测仪寻找追踪信号，从而探测非金属管线的地面投影位置以及埋深。利用发射探头发射与接收机一致的工作频率，并将探头放进非金属管线中，在地面接收到发射探头发出的信号，从而追踪和定位该地下非金属管线的走向和埋深。示踪探头法工作原理如图 3-40 所示。

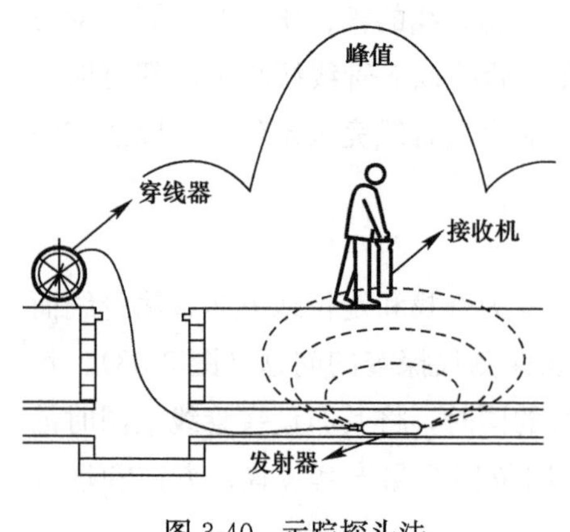

图 3-40 示踪探头法

常用的示踪装置有两种，一种是商用示踪探头，通过非金属管线在地面的出入口置于管线内。另一种是将一根有绝缘层的示踪导线送入非金属管线内，示踪导线端部剥开 1m 左右，裸露金属线，使它与管线内的水汽相接触，以给信号提供回路。将发射机的一端接到示踪导线上，另一端接地，这样在整个导线上产生交变电流，在其周围产生二次电磁场。然后利用一般地下管线仪追踪电磁信号，从而探测到非金属管线。

示踪探头信号不同于载流管线的信号，如图 3-41 所示，沿着管线方向，在管线探头前后出现了多次信号起伏，与管线探头发射天线同向的地面接收天线会在管线探头上方获得信号峰值，根据管线埋深不同，在距离峰值位置前后一定距离的地方各会得到一个谷值，继续远离，则信号会有一定的反弹，到达一个相对较小的峰值。

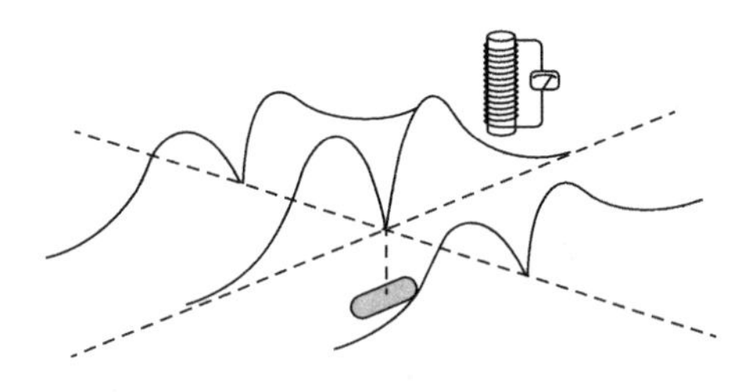

图 3-41 竖直天线定位管线示踪探头

通常管线探头的发射线圈是水平指向的，即形成水平磁偶极子。采用水平天线接收，可以在示踪探头上方得到一个峰值点。如果采用竖直天线观测管线探头的信号分布，则会在管线探头的上方找到一条垂直于管线探头方向的谷值线。因此，竖直天线不适合于管线探头的探测使用，如图 3-41 所示。

适用范围：开放式管线，有开口端的电力或电信管线套管、重力流管线（排水管线）、带有检修井或是窨井的有开口其他管线。

使用仪器：管线探测仪（SUBSITE950、RD4000、LD500、PL960 等），硬质推杆、金属导线等。

3.3.2 地质雷达法

地质雷达（Ground Penetrating Radar，简称 GPR）的发展和成熟既伴随着各种各样的探测应用，同时又得到高新技术发展的推动，是利用超高频电磁波探测地下介质分布的一种物探仪器。目前应用的地质雷达大多使用脉冲调幅电磁波，发射、接收装置采用半波偶极天线，雷达脉冲波的中心频率为 10～20000MHz 的宽频脉冲电磁波。雷达天线由接收和发射两部分组成，发射天线向被测物体发射电磁波，接收天线接收经介质内部界面的反射波。主要利用介质间的介电性、导电性、导磁性差异进行探测。

地质雷达发射天线与接收天线之间距离很小，甚至合二为一。当地层倾角不大时，反射波的全部路径几乎是垂直地面的，根据反射波的旅行时间、幅度和波形资料，推断工程介质的结构和分布。因此，探测不同位置上法线反射时间的变化就反映了地下地层的构造形态。该法可以探测地下的金属和非金属管线，常用于探测电磁法类管线探测仪难以奏效的、口径较大、管线壁有钢筋网的非金属管线，如地下人防巷道、排水管线等。

地质雷达探测非金属管线具有快速、高效、非破坏性等特点，是目前 PVC、PE、混凝土等非金属管线探测的首选工具。但是它也有局限性，它的探测深度与分辨率是相互制约的，频率越高，探测深度越浅，分辨率越高；反之频率越低，探测深度越深，分辨率也相应下降。它的探测效果与地质条件也密切相关，当管线周围介质对电磁波的耗散性弱并且管线的电磁特性与其环境相比反差大时，探测效果好，而且数据处理相对简单。反之则表现不出较好的性能，甚至完全不适用。同时，该法对环境要求较高，测深能力较差（难查埋深较深的管线），对操作者素质和经验要求高。另外地质雷达回波信号包含各种杂波噪声，对回波信号进行滤波去噪，有助于提高探测精度，在雷达回波信号处理时可以应用神经网络、复信号分析技术、小波变换等方法来压制噪声，提高图像质量。

地质雷达工作频率高，在地质介质中以位移电流为主。因此，高频宽频带电磁波传播，实质上很少频散，速度基本上由介质的介电性能决定。因此，电磁波传播理论与弹性波传播理论有许多类似地方。两者遵循同一形式的波动方程，只是波动方程中变量代表的物理意义不同。雷达波与地震波在运动学上的相似性，可以在资料处理中加以利用，当地质雷达记录与地震记录采用相同的测量装置时，在地震资料处理中已经广泛使用的许多技术，可直接应用于地质雷达资料处理，只需简单改变输入参数以及重新确定比例尺。因此目前在地质雷达资料正反演处理时，经常采用地震反射方法的成果。

3.3.2.1 地质雷达的发展

地质雷达的发展大致可以分为三个阶段，即发明阶段（1904—1930）、发展阶段（1930—1980）和成熟阶段（1980至今）。早在1910年，德国人Letmbach和Löwy就在一份德国专利中阐明了地质雷达的基本概念。Hdlsenbeck（1926）第一个提出应用电磁脉冲技术探测地下目标物，他指出介电常数变化界面会产生电磁波反射。最早利用脉冲电磁波技术重复获得地下介质的探测结果出现在1961年美国空军的报告中。由于地下介质比空气具有更强的电磁能量衰减特性，加之地质情况的复杂性，电磁波在地下的传播要比空气中的传播复杂得多。因此，地质雷达应用初期，仅限于对电磁波吸收很弱的冰层、岩盐等介质的探测。登月和对月球探测的需要，使得人们开始重视使用脉冲电磁波来探测地下介质这一研究课题，主要原因在于地质雷达在这一领域的应用具有明显的优越性，即能利用发射的电磁波对介质内部进行遥测。20世纪70年代以后，随着电子技术的发展及先进数据处理技术的应用，地质雷达的应用从冰层、盐矿等弱耗介质逐渐扩展到土层、煤层及岩层等有耗介质。地质雷达的实际应用范围迅速扩大，现已覆盖考古、矿产资源勘探、灾害地质勘查、岩土工程调查、工程质量检测、工程建筑物结构调查和军事探测等众多领域，并开发了地面、钻孔与航空卫星上应用的地质雷达系统。同时，很多专家出版了关于地质雷达的专著，如L. B. Conyers于1997年撰写的Ground Penetrating Radar for Archaeology；D. Daniels于2007年撰写的Ground Penetrating Radar；HarryM. Jol于2009年撰写的Ground Penetrating Radar Theoryand Applications等，这些地质雷达书籍为广泛推广地质雷达技术作出了重要贡献。

我国在20世纪60年代开始研究地质雷达仪器与方法，鉴于当时的器件与工艺水平，进展缓慢。20世纪80年代末至90年代初，随着国内地质雷达仪器研制水平的提高与国外先进仪器的引进，该技术已在工程地质勘查、基础工程质量检测、灾害地质调查与考古调查等众多领域中获得越来越多的应用，并已取得显著的社会效益与经济效益。1990～1993

年，中国地质大学（武汉）在国家自然科学基金资助下，开展了大量的理论研究和工程实践，取得了不少成果。地质雷达主要应用领域有隧道、水利工程设施、混凝土基桩、煤矿、公路、岩溶、工程地质、钻孔雷达等。在城市地下管线普查中，与其他探测设备相比，地质雷达不仅能够探测金属管线，而且成为探查PE、PVC、混凝土等非金属管线的主要仪器。

目前我国许多勘探单位都购置了地质雷达，大部分均为进口，主要有加拿大EKKO系列、美国产的SIR系列及MK系列，瑞典产的RAMAC系统、日本产的GORADAR系列等。国内从20世纪60年代中期开始陆续有许多研究机构、大学、专业厂家研制地质雷达。由于各种因素，到目前为止，还没有一台深受用户欢迎的品牌产品。

3.3.2.2 基本原理

地质雷达是利用高频电磁波以宽频带短脉冲形式由地面通过发射天线送入地下，由于周围介质与管线存在明显的物性差异（主要是电导率和介电常数差异），脉冲在界面上产生反射和绕射回波，接收天线收到这种回波后，通过光缆将信号传输到控制台，经计算机处理后，将雷达图像显示出来，如图3-42所示。

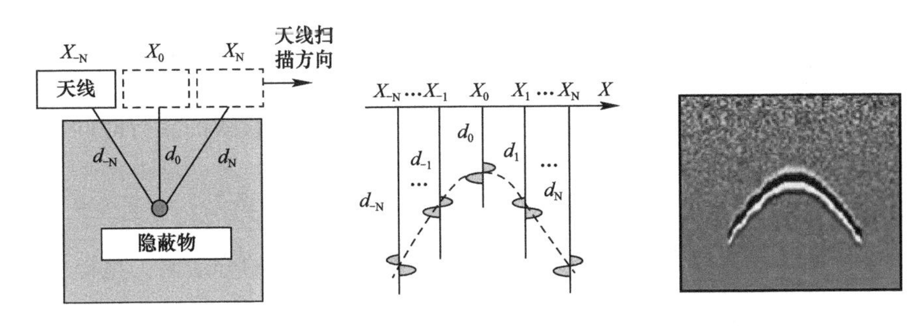

图3-42 地质雷达原理

雷达波在地下介质中的传播遵循波动方程理论，反射回地面的电磁波脉冲，其传播路径、电磁场强度与波形将随所通过介质的电性质及几何形态而变化，因此，从接收到的雷达反射回波走时（亦称双程走时）、幅度及波形资料，可以推断出地下管线的位置。地质雷达工作原理如图3-43所示。

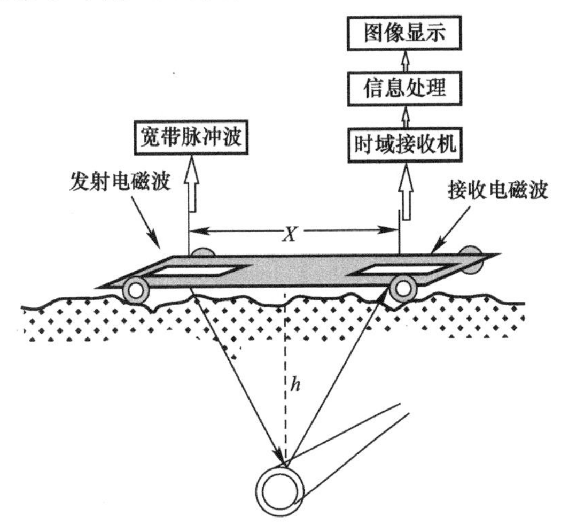

图3-43 雷达图像实现框架

1）电磁波旅行时

地质雷达的原始观察记录是通过接收机接收到达目标体的雷达反射双程旅行时间 t 以及电磁波波形，根据电磁波的探测原理可得双程旅行时间 t：

$$t=\frac{\sqrt{4h^2+x^2}}{V} \qquad (3\text{-}15)$$

其中 h 为反射目标体界面深度（m），x 为发射天线与接收天线的距离，由于一体化天线间距特别小，x 可以忽略，t 为电磁波传播双程时间（ns），V 为电磁波在介质中的传播速度（m/ns）。

2）电磁波在介质中的传播速度

由电磁波传播理论可知，介质中电磁波的传播速度 V：

$$V=\frac{c}{\sqrt{\varepsilon_r\mu_r}} \tag{3-16}$$

ε_r为介质的相对介电常数，μ_r为介质的相对磁导率，一般默认相对磁导率为 1，c 为电磁波在空气中的传播速度（c=0.3m/ns）。当收发天线间距 $x<h$ 时，目标体的埋深可有 $h=V*t/2$ 计算得到。

3）地质雷达记录时间和勘探深度的关系（时深转换）

将电磁波波速公式（3-16）代入双程旅行时间公式（3-15）中，就可以得到只与介质介电常数有关的时深转换公式（3-17）：

$$\left.\begin{aligned}h&=V*\frac{t}{2}\\V&=\frac{c}{\sqrt{\varepsilon_r}}\end{aligned}\right\}\Rightarrow h=\left(\frac{c*t}{2*\sqrt{\varepsilon_r}}\right) \tag{3-17}$$

根据转换公式（3-17），若已知某管线的具体深度和电磁波在地下介质中的旅行时间，即可推测该点附近地下介质的相对介电常数，然后再根据目标管线的旅行时间，可以得到目标体的粗略埋深。

4）电磁波的反射系数

电磁波在介质传播过程中，当遇到相对介电常数变化明显的介质时，电磁波将产生反射和透射，其反射和透射能量的分配主要与异常变化界面的电磁波反射系数有关：

$$r=\frac{\sqrt{\varepsilon_1}-\sqrt{\varepsilon_2}}{\sqrt{\varepsilon_1}+\sqrt{\varepsilon_2}} \tag{3-18}$$

式中，r 为界面电磁波反射系数；ε_1 为第一层介质的相对介电常数；ε_2 为第二层介质的相对介电常数。

5）雷达波能量衰减

雷达波在地层传播过程中发生几何衰减，则雷达接收到的目标体反射波的能量与发射波的反射能量之比：

$$\frac{P_r}{P_t}=\frac{G_tA_r\sigma}{(4\pi)^2R^4} \tag{3-19}$$

式中：P_r为接收功率；P_t为发射功率；G_t为系统增益系数；A_r为反射面面积；σ 为雷达接收截面；R 为目标体埋深。

由式（3-19）可知，随着探测距离 R 的增加，目标体反射回来的能量急剧衰减，探测结果对管线的反映变弱。因此，上述结果图中，反射弧形的能量随着埋深的增大而变小，反射弧形变得不明显，反射弧形整体的信噪比降低。

此外，由于土体为非均质材料，土体对雷达波有吸收作用和散射作用。雷达波在土体传播的过程中能量衰减得更快，同时也会接收到更多的噪声波，干扰有效信号。

6）分辨率

（1）横向分辨率

地质雷达的分辨率分为横向分辨率和纵向分辨率。横向分辨率是指在水平方向上所能分辨最小异常体的尺寸。通常用第一菲涅尔带衡量，当目标埋深 h，收发天线的距离远远小于 h 时，第一菲涅尔带半径可按式（3-20）计算：

$$r_f=\sqrt{\lambda h/2+\lambda^2/16}\approx\sqrt{\lambda h/2} \tag{3-20}$$

式中，h 为目标埋深；λ 为雷达子波波长。

当目标体为单个异常体时，地质雷达的横向分辨率要远小于第一菲涅尔带半径；当目标体为两个同等埋深的水平相邻目标体时，只有当两个目标体的最小水平距离大于第一菲涅尔带半径时，地质雷达才能将两个目标体区分开。

此外，地质雷达的横向分辨率还与地下介质的衰减常数、目标体埋深、天线中心频率及天线运动速度有关。

（2）纵向分辨率

地质雷达剖面中可以区分一个以上反射界面的能力称为纵向分辨率。一般把地层厚度 $b=\lambda/4$ 作为纵向分辨率的下限，也就是说，想要测量出层厚电磁波的波长 λ 必须是层厚的 4 倍。当地层厚度 b 小于 $\lambda/4$ 时，不能从时间剖面确定地层厚度。

地质雷达纵向分辨率的理论值是 $\lambda/4$，但实际中地质雷达很难达到。在野外估算时，通常采用探测深度的十分之一或波长的一倍。而横向分辨率通常采用式（3-20）来计算。

7）探测深度

表 3-7 列出了目前几类商用雷达系统（EKKO 为加拿大 EKKO 地质雷达，GSSI 为美国 SIR 地质雷达，RAMAC 为瑞典 RAMAC 地质雷达）的系统参数，利用这些参数计算其最大探测深度并做出比较。计算时，地下介质的相对介电常数取 $\varepsilon_r=9$，分别计算出水平反射界面、粗糙反射面条件下的最大探距，结果如表 3-8、表 3-9 所示。

不同类型雷达系统的参数表 **表 3-7**

雷达系统	Q(dB)	ξ_{TX}(dB)	ξ_{RX}(dB)	G_{TX}(dB)	G_{RX}(dB)	f(MHz)
EKKO	−135	−3	−3	11	11	450
EKKO	−135	−3	−3	5	5	100
GSSI	−110	−13	−13	2	2	500
GSSI	−110	−13	−13	2	2	100
RAMAC	−150	−3	−3	12	12	250
RAMAC	−150	−3	−3	9	9	100

对应上表不同雷达系统在光滑的水平反射面条件下的雷达最大测距列表 **表 3-8**

雷达系统	衰减（dB/m）						f(MHz)
	0.1	1	10	20	50	100	
EKKO	270	36	4.5	3.3	1.5	0.8	450
EKKO	376	47	5.5	3.8	1.6	0.86	100

续表

雷达系统	衰减 (dB/m)						f(MHz)
	0.1	1	10	20	50	100	
GSSI	66	14	3.2	2.3	1.1	0.6	500
GSSI	112	19	3.7	3.0	1.4	0.75	100
RAMAC	290	38	4.7	4.0	1.8	0.96	250
RAMAC	300	39	4.8	4.2	2.0	1.0	100

对应不同雷达系统在粗糙反射面条件下的雷达最大测距列表 **表 3-9**

雷达系统	衰减 (dB/m)						f(MHz)
	0.1	1	10	20	50	100	
EKKO	168	28	4.1	3.3	1.5	0.8	450
EKKO	247	37	5.1	3.8	1.6	0.86	100
GSSI	86	22.7	4.1	2.3	1.1	0.6	500
GSSI	178	35.6	5.5	3.1	1.4	0.75	100
RAMAC	186	30	7.5	4.1	1.8	0.9	250
RAMAC	209	33	8.5	4.6	2.0	1.1	100

从表 3-8、表 3-9 可以知道，在低耗介质中（0.11～1dB/m），雷达系统参数（D2）将决定其最大探测深度。以 100MHz 频率天线为例，在光滑水平反射界面条件下，地下介质的衰减为 0.11dB/m 时，EKKO 型雷达的最大探测深度为 376m，GSSI 型雷达为 112m，RAMAC 型雷达为 300m；在粗糙反射界面条件下，EKKO 型雷达的最大探测深度为 247m，GSSI 型雷达为 178m，RAMAC 型雷达为 209m，不同类型的雷达系统各自的最大测深存在较大差异。而在高耗介质（10～100dB/m），雷达系统参数对最大探测深度影响不明显，而主要取决于地下介质的电性属性。无论是在光滑水平反射界面，还是在粗糙反射界面条件下，在地下介质衰减为 10～100dB/m 时，不同类型雷达系统最大测深相差不大。

一般来说，当地下介质的衰减系数大于 10dB/m，相同频率、相同地下介质条件下，RAMAC 探测最深，EKKO 次之，GSSI 相对较小；同一类型的雷达在北方干旱地区（低衰减）探测深度明显高于软土地区（地下土层含水量高，属强衰减介质）。

地质雷达的探测深度是指地质雷达所能探测到的最远距离，通常由系统的增益和介质的电性质控制。地质雷达系统的增益定义为最小可探测到的信号电压或功率与最大的发射电压或功率的比值，单位为 dB。如果以 Q_S 表示系统的增益，W_{min} 为最小可探测的信号功率，W_T 为最大发射的功率，则

$$Q_S = 10\lg\left[\frac{W_r}{W_{min}}\right] \tag{3-21}$$

地质雷达应用时，雷达波在传播过程中的损耗是重要的能量损失，是影响探测深度的另一个重要因素。随介质的电性质决定，也是地质雷达进行探测的重要物理基础。电磁波在介质中的传播波数可以表示为：

$$k = \alpha + i\beta \tag{3-22}$$

因而，在介质中沿 r 方向传播的电磁波振幅变化可以表示为：

$$E = E_0 e^{-\alpha r} \tag{3-23}$$

式中

$$\alpha = \omega\left\{\frac{\mu\varepsilon}{2}\left[\left(1+\frac{\sigma^2}{\omega^2\varepsilon^2}\right)^{\frac{1}{2}}-1\right]\right\}^{\frac{1}{2}}$$

3.3.2.3 常见介质的电性特征

地质雷达应用的物性前提是目标管线必须与周围介质的介电常数和电磁波波速存在明显差异。各种相关介质的介电常数如表 3-10 所示。

常见介质的介电常数表 **表 3-10**

介质	相对介电常数 ε_r	电磁波速度 v(m/ns)
空气	1	0.3
淡水	81	0.033
海水	80	0.01
黏土	5～40	0.06
土壤（含水 20%）	10	0.095
土壤（干）	3～5	0.13～0.18
干砂	3～5	0.15
湿沙	15～20	0.067～0.077
饱和砂	20～30	0.06
粉砂	5～30	0.07
杂填土、沙质土	7.0～18.0	0.07～0.11
淤泥	5～30	
混凝土	4～10	0.12
沥青	3～5	0.13～0.18
塑料粒	1.5～2.0	0.17～0.224
PE 颗粒	1.5	0.224
PP 颗粒	1.5～1.8	0.224～0.244
PVC 粉末	1.4	0.254
大理石	6.2	0.12
花岗岩	8.3	0.10
石灰岩	4～8	
玄武岩（湿）	8	
砂岩（湿）	6	
页岩	5～15	
金属	300	0

从表中可以看到，金属管线中电磁波波速为零，管线与周围介质存在显著的电磁性差异，电磁波在金属管壁产生全部反射；非金属管线除管线本身材质与周围介质存在一定差异外，其周围的介质也有不同的电性差异，如混凝土介电常数为 6.4，传播速度为 0.12m/ns，而湿土介电常数为 10～15，波速为 0.07～0.10m/ns。可见，非金属管线的异常将具有多样性。

反射系数和波速是两个重要的参数，其大小一般由介电常数决定，设反射系数 R，波

速为 v，周围介质介电常数 ε_1、管线或管线内介质介电常数 ε_2，则它们有如下关系：

$$R=\frac{\sqrt{\varepsilon_1}-\sqrt{\varepsilon_2}}{\sqrt{\varepsilon_1}+\sqrt{\varepsilon_2}} \quad v=\frac{c}{\sqrt{\varepsilon}}$$

如果地面下存在管线或其他目标物，并存在一定的电性差异，这时雷达系统接收到的回波幅度会明显变强，其剖面图像上将出现双曲线异常。目标管线反射系数 $R \geqslant 0.1$ 是满足地质雷达探测的必要物性前提条件。

由于介质的相对介电常数 ε 不同，导致反射系数的不同。反射系数越大（相对介电常数差异越大），反射波能量越强；反射系数为 0（相对介电常数无差异）时，则不发生反射。由表 3-10 可以看出，气体、液体的相对介电常数与土壤、岩石有较大差异，因此，地下管线与周围介质存在的明显介电常数差异能够形成较好的反射波。

3.3.2.4 参数选择

地质雷达探测参数的设置会影响探测效果。不合适的探测参数会漏测地下目标管线的信息，甚至出现误判。地质雷达的探测参数包括天线中心频率、时窗、天线间距和测点间距等。为了获得最佳性能，首先是选择合适频率的天线，正确地设置采集时窗、扫描点数、波速、点距以及合适的增益都很重要。

（1）一般选取探测深度 h 为目标深度的 1.3 倍。

设最大探测深度 d_{max} 和波速 v，则采样时窗 W（单位 ns）：

$$W=1.3\times 2\times d_{max}/v \tag{3-24}$$

（2）对于不同天线频率 F(MHz)、采样时窗 W，选择采样率 S 应满足下列关系：

$$S \geqslant 1000/6/F \tag{3-25}$$

（3）评估可分辨两相邻管线的间距。能否分辨取决于两管线间距是否大于第一 Fresnel 带直径的 1/4，即 $d_f=\sqrt{\frac{vh}{2f}}$ 的四分之一，其中 v 为波速，f 为天线中心频率，h 为埋深。

（4）增益方式宜选择自动，当地面或者地下介质有明显变化时，要及时重新获取自动增益曲线，然后再继续探测。

雷达波速的给定值将直接影响到目标物的探测埋深，宜采用由已知深度的管线标定波速 v 的方式确定。

1）天线中心频率

在电磁波的传播过程中，存在一定的损耗和衰减。电磁波的穿透深度 H 与电导率、频率成反比。故地质雷达天线频率越低，探测深度越大。天线中心频率 f_c 不仅与相对介电常数 ε_r 和空间分辨率 x（单位：m）有关，而且与地下目标管线周围的杂质所引起的干扰信号相关。天线的中心频率可以由式（3-26）得出。

$$f_c=150/(x\sqrt{\varepsilon_r}) \tag{3-26}$$

天线中心频率影响地下目标体的空间分辨率和探测深度，空间分辨率和探测深度又是相互矛盾的。所以在保证地下目标体足够的探测深度前提下，尽量提高天线频率，目标体的空间分辨率增大，使目标管线在地下各种干扰信号中凸显出来。表 3-11 是通过经验总结出来的天线中心频率与分辨率、探测深度的关系。

天线中心频率与分辨率/探测深度的关系　　表 3-11

天线频率/MHz	探测目标尺寸/m	探测深度范围/m	最大探测深度/m
25	≥1.0	5～30	35～60
50	≥0.5	5～20	20～30
100	0.1～1.0	2～15	15～25
200	0.05～0.5	1～10	5～15
250	0.05～0.5	1～10	5～15
400	≈0.05	1～5	3～10
500	≥0.05	1～5	3～10
800	≥0.03	0.4～2	1～6
1000	≥0.025	0.05～2	0.5～4

地质雷达的有效应用环境为相对高阻环境。在良导体上（如潮湿环境、盐碱地等）进行地质雷达探测，一般探测深度较浅。

2）时窗

时窗的选择主要受电磁波速 v 和最大探测深度 h_{max}（单位为 m）两个因素的影响。时窗 W 可以由式（3-27）得出。

$$W = 1.3\frac{2h_{max}}{v} \tag{3-27}$$

一般地来说，通过计算得到的时窗 W 应增加 30%，以便为地下目标管线深度的变化留有余地。

3）天线间距

在使用分离式天线的地质雷达对地下管线进行探测时，合适的天线间距可以增强目标管线的回波信号。天线间距增大，不仅会给实地探测带来不便，而且会使得电磁波的传播路程变长，从而引起电磁波衰减幅度变大，因此天线间距不能太大。天线间距过小，收发天线之间会产生干扰，所以天线间距既不能过大，也不能过小。实际探测经验认为天线间距应大约为地下目标体深度的 20%。

4）测点间距

天线的中心频率和地下介质的介电性质决定了测点间距。为了使地下介质的回波在空间上不重叠，测点间距应满足尼奎斯特采样定律。尼奎斯特采样间隔 n_x（单位：m）应为围岩中波长的 1/4，从式（3-28）可以确定。

$$n_x = 75/(f_c\sqrt{\varepsilon_r}) \tag{3-28}$$

测点间距过大会漏测目标管线的信号，测点间距过小会造成雷达图像数据冗杂，受目标管线周围干扰信号的影响，测点间距的选取应考虑地下目标体的最小空间尺寸。对于大多数管线而言，测点间距应小于所要探测的最小目标管线水平方向延伸长度的 1/3。

3.3.2.5 数值模拟

城市地下管线所处环境复杂，管线的材质、大小、深度、敷设方式、路面覆盖层等都会对电磁波的剖面成像造成影响，因此对不同情况下的管线正演模拟可以指导地质雷达反演解释。

1）不同中心频率天线的影响模拟

为研究电磁波的分辨率，设计了管径 $DN=200$mm，中心埋深 $h=0.7$m 的铸铁管线模型（图 3-44）。天线的中心频率分别为 100MHz、270MHz、400MHz 以及 900MHz，其中电流 $I=1$A，从正演模拟剖面中（图 3-45、图 3-46）可以看出，900MHz 天线的分辨率最好，400MHz 天线的分辨率次之，100MHz 的分辨率最差。

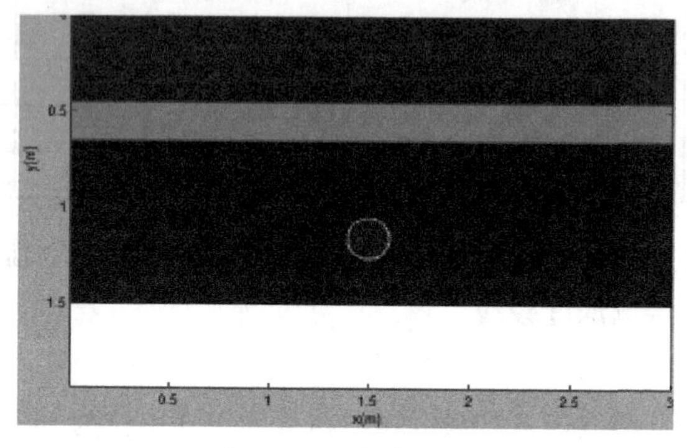

图 3-44 铁管模型

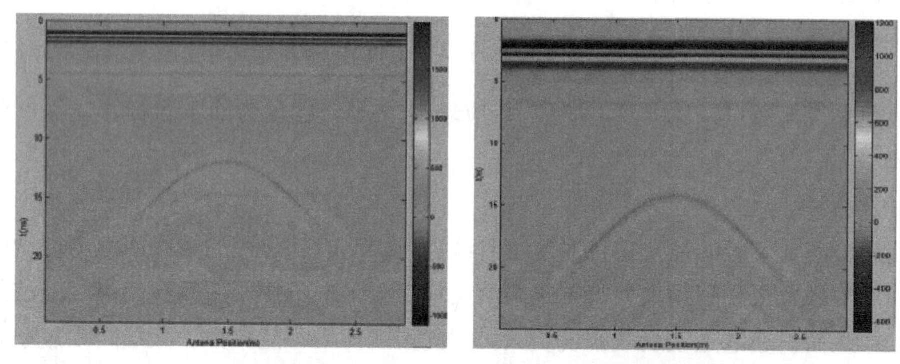

图 3-45 900MHz（左）与 400MHz（右）正演模拟图

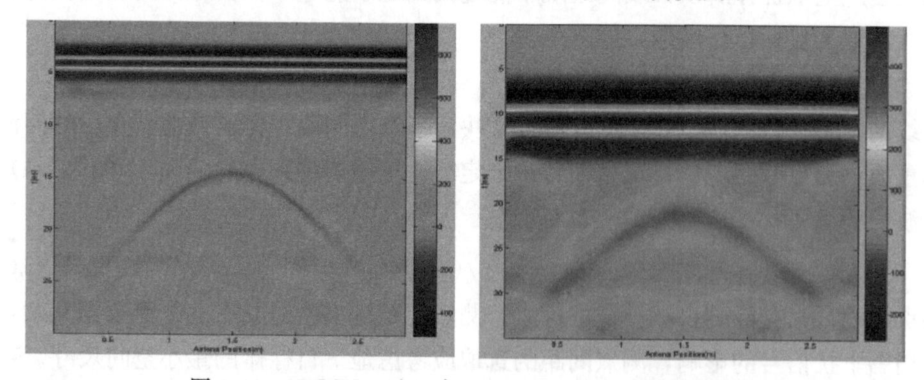

图 3-46 270MHz（左）与 100MHz（右）正演模拟图

900MHz 的天线虽然分辨率最好，但是剖面反射双曲线能量很弱，400MHz 的天线分辨率和反射能量都比较均衡，因此，400MHz 中心频率在此项模拟中最适应。

2）不同管径正演模拟

管径大小是管线探测工作中需要查明的一个属性项目，而且会直接影响塑料管或者混凝土管的探测效果。为研究管径对管线探测效果的影响，选择了 400MHz 的天线来探测埋设在同一管线上顶深度 $H=0.4$m 处管径分别为 $DN_1=200$mm 和 $DN_2=400$mm 的充水塑料管以及塑料空管（图 3-47）。从正演成像剖面（图 3-48）中可以看出，充水管线的多次波间距成比例增大，利用电磁波在水中传播时出现多次波的旅行时间间隔（管径 $DN=200$mm）代入时深转换公式中得：

$$h_1=\left(\frac{ct}{2\sqrt{\varepsilon_r}}\right)=\left(\frac{0.3(22-10)}{2\sqrt{81}}\right)=0.2\text{m}=200\text{mm}$$

该深度值为充水管线上顶与下底界面的深度值，即管径大小。同理，对于管径 $DN=400$mm 的充水管线（图 3-48 右）：

$$h_2=\left(\frac{ct}{2\sqrt{\varepsilon_r}}\right)=\left(\frac{0.3(32-8)}{2\sqrt{81}}\right)=0.4\text{m}=400\text{mm}$$

从正演成像剖面（图 3-49）中可以看出，塑料空管随着管径的加大，成像剖面能量加强，反射信号更加明显，而且伴随着微弱的多次波，双曲线曲率变大。

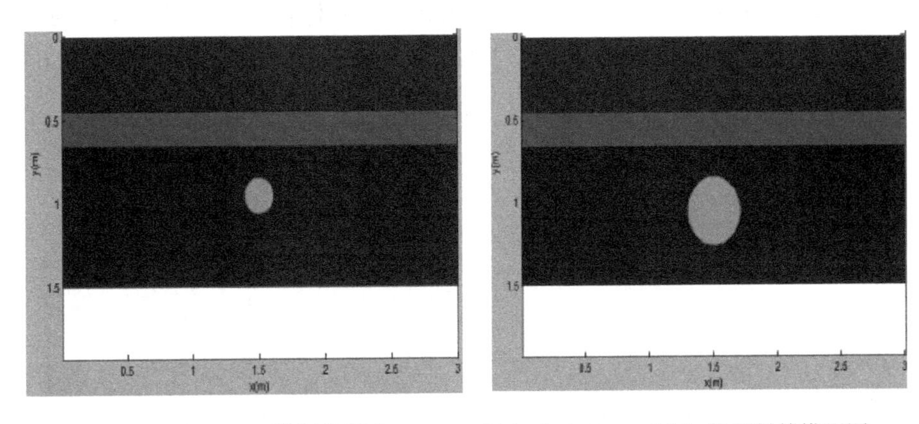

图 3-47　顶深 0.4m 管径分别为 200mm（左）与 400mm（右）的塑料管模型图

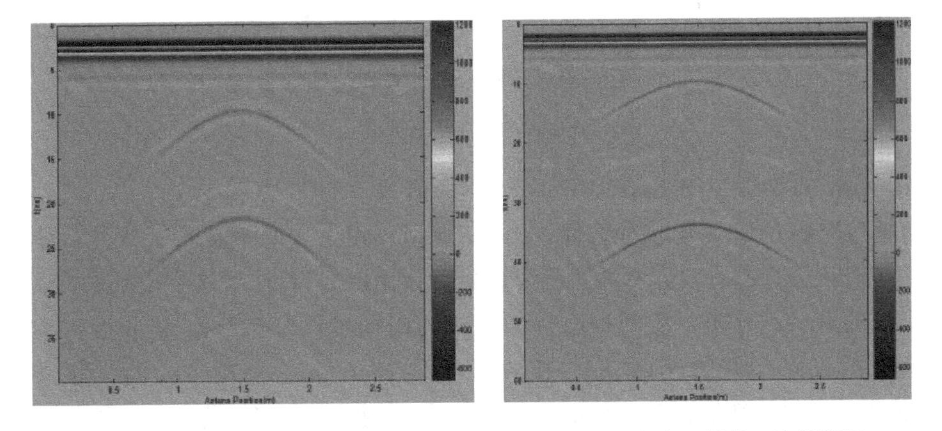

图 3-48　管径分别为 200mm（左）与 400mm（右）的充水塑料管正演模拟图

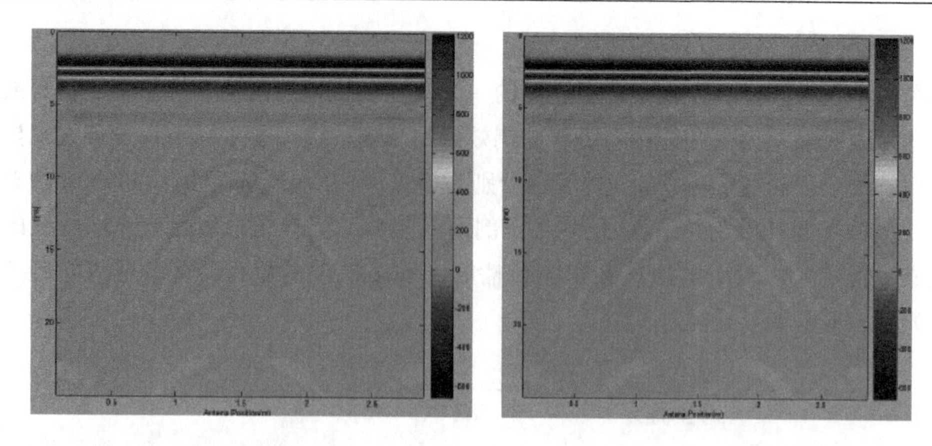

图 3-49 管径分别为 200mm（左）与 400mm（右）的空塑料管正演模拟图

3）管线不同的埋深与间距模拟

雷达波在地下传播过程中，对地下目标物体的反射及绕射受许多因素的影响，其中地下介质的特性参数、雷达的发射频率、介质的含水性都影响雷达的探测效果。为了提高管线的雷达探测精度，下面应用 FDTD 算法开展管线埋深、间距，管线内不同物质的电磁散射特性及雷达波形特征的正演，为工程实测雷达图像解译提供理论支持。

图 3-50（*a*）为间距不同、埋深不同的金属管状异常体在同一背景介质中的模型。模拟区域长与宽为 2.5m×2.0m，背景介质的电导率为 0.01s/m，相对介电常数为 6.0。

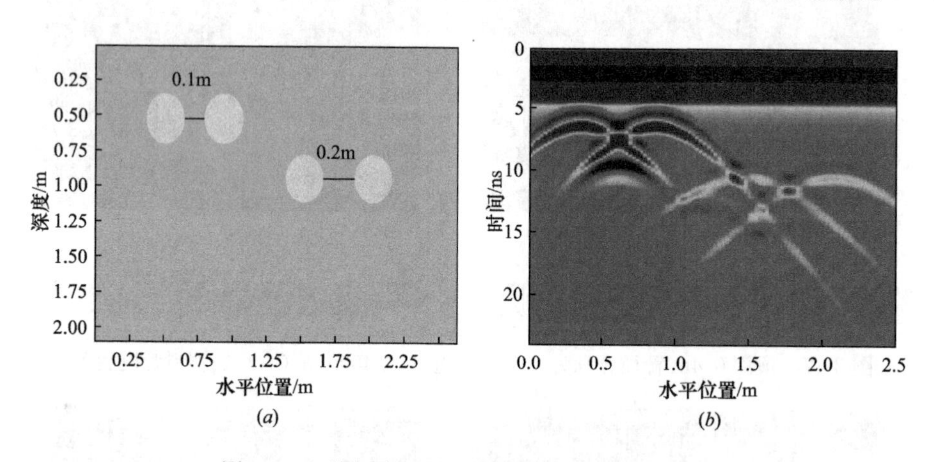

图 3-50 不同埋深、不同间距圆状异常地电模型

（*a*）模型图；（*b*）正演图

在（0.4m，0.5m）、（0.8m，0.5m）、（1.5m，0.75m）、（2.0m，0.75m）位置处各有一个半径 0.15m 的金属管状异常体，图 3-51（*a*）左上方两个金属管状异常体间距为 0.1m，右下方两个金属管状异常体间距为 0.2m。采用 FDTD 法对这个模型进行正演，源为 400MHz 的 Ricker 子波，空间步长为 0.005m，时间步长为 0.1ns，窗长度为 24ns，第一道雷达数据发射天线位于 0.0m，接收天线位于 0.0m，收发天线同步移动，每隔 0.025m 采集一道雷达数据，总共采集了 100 道雷达数据，UPML 设为 8 个网格。

图 3-50（b）可见，管状球体的上界面能够清楚地被分辨出来，埋深浅一点的两个金属管异常正演图中电磁波能量强一些，图像更加清晰，虽然他们间距较小，但是雷达波谱依然可以清晰分辨出两个管线的位置，埋深较深的两个金属管异常体电磁波能量稍弱，但是仍可辨认出两个异常体的位置。

4）上下交错敷设的管线模拟

随着管线密度加大，各种管线之间的间距也越来越小，并且出现了上下交错敷设的管线，这明显地加大了管线探测的难度。

对于上下重叠的管线，电磁法是无法探测到深部管线的，为研究电磁波的垂直分辨能力，设计了两个上下重叠管径 $DN=200$，埋深分别为 $H_1=0.5$，$H_2=0.8$ 的铁管模型（图 3-51）。从正演成像剖面中（图 3-52 左）可以看出，上下完全重叠的管线，对于深部的管线，电磁波法是无法识别的；当重叠管线之间有足够大的左右位移时（图 3-53），下部管线才能被识别出来，比并行管线需要的距离更大，识别难度更大。

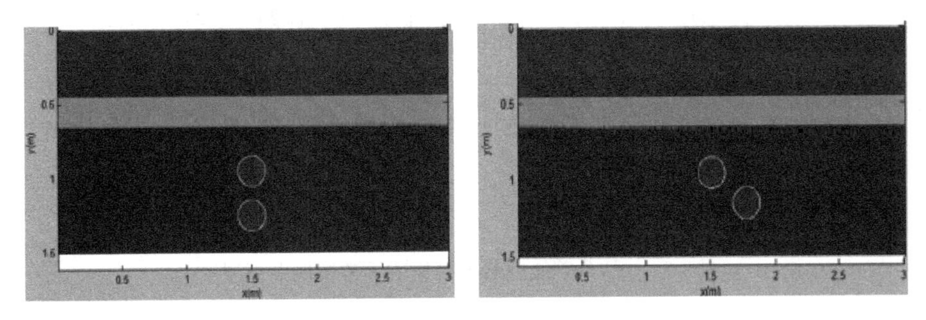

图 3-51　上下重叠（左）与斜交 0.1m（右）管线模型

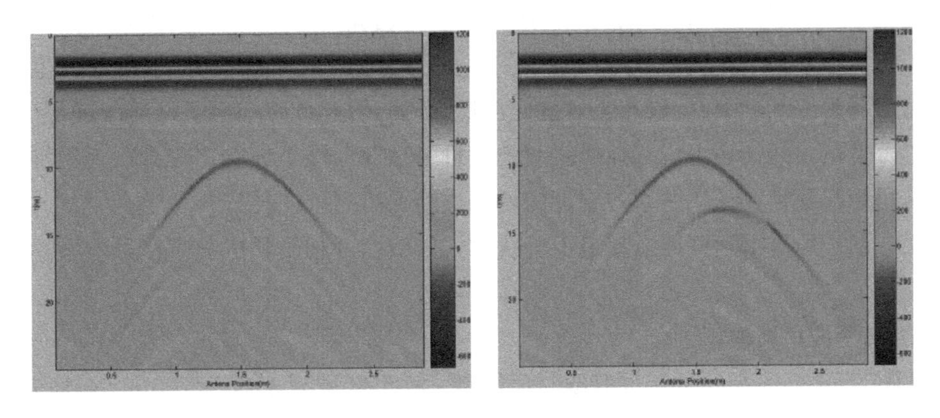

图 3-52　上下重叠（左）与斜交 0.1m（右）管线正演模拟图

5）管线内不同载体模拟

图 3-54（a）为两个 PVC 管内部装有不同物质在同一背景介质中的模型。模拟区域长与宽为 1.5m×1.5m，背景介质的电导率为 0.01s/m，相对介电常数为 6.0。在（0.60m，075m）、（1.05m，0.75m）位置处各有半径为 0.15m 的 PVC 管，管壁厚度为 0.025m，左边 PVC 管内部充满水，右边 PVC 管内部无物质，只有空气。其他参数同上例，每隔 0.005m 采集一道数据，总共采集了 300 道雷达数据。

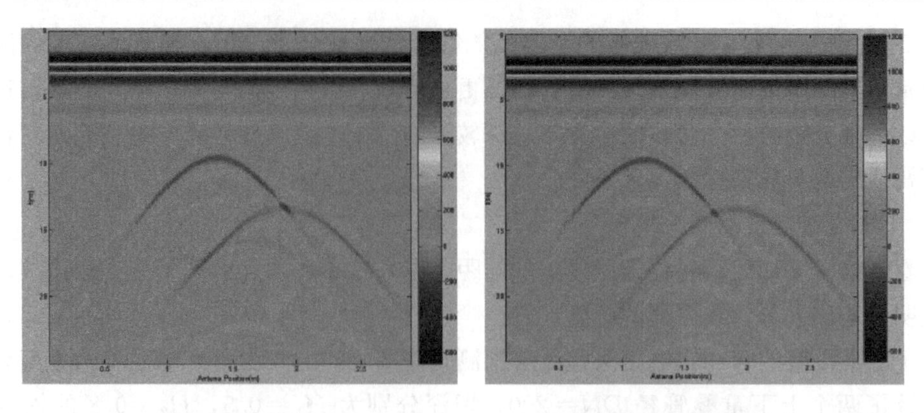

图 3-53 斜交 0.3m（左）与 0.5m（右）管线正演模拟图

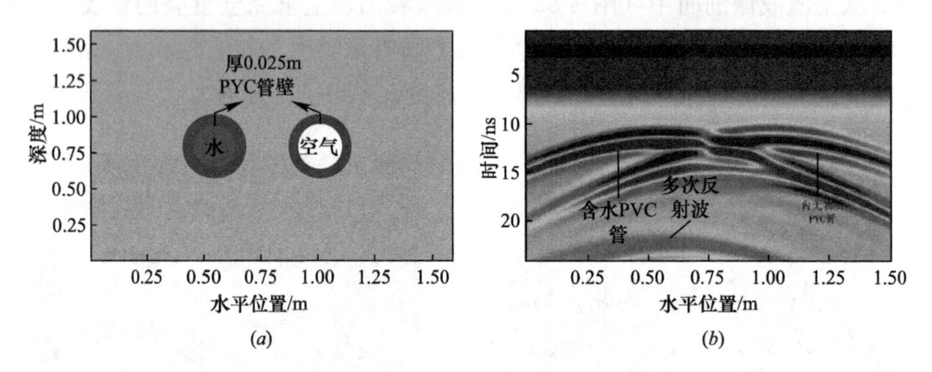

图 3-54 PVC 管线内部不同物质异常体地电模型

（*a*）模型图；（*b*）正演图

图 3-54（*b*）中可见，含水的 PVC 管波峰与雷达波的相反，PVC 管的上界面可以被检测到，由于水的相对介电常数较高，导致电磁波在探测含水的 PVC 管线时发生强烈的反射；而内部为空气的 PVC 管与雷达波的波峰相同，雷达波传播至 PVC 管时，由于 PVC 管线为空，雷达波同样会出现双曲线绕射波，且弧形双曲线下还会出现多次反射波，多次反射波的间距与管径成正比关系，它能较好地推断 PVC 管的管径。

由此可见：地质雷达探测城市地下管线时，管线内部物质的成分直接影响雷达的探测波形。

6）管线不同材质模拟

建立图 3-55（*a*）所示的不同管线材质模型，模型区域为 4.0m×2.0m，网格为 800×400，模拟区域的背景相对介电常数为 6.0，电导率为 0.01s/m，在位于（0.75m，1.00m）、（1.50m，1.00m）、（2.25m，1.00m）、（3.00m，1.00m）位置处分别是含水空洞、空洞、PVC 管线、金属管线截面圆心。

它们的半径均为 0.25m，介质的相对介电常数分别为 81.0、1.0、1.4、50.0，电导率依次为 0.001、0、0.005、5，FDTD 法模拟参数设置同上。

通过图 3-55（*b*）中不同材质管线与空洞雷达正演剖面图可以发现：在含水空洞、空洞、PVC 管、金属管都在同一埋深的条件下，含水空洞和金属管的电磁波相位与空洞和

PVC管电磁波相位相反，这是由于含水空洞和金属管的相对介电常数与电导率都高于空洞和PVC管，金属管弧形曲线反射最明显，能量最强，这是由于金属管的介电常数与背景的介电常数相差较大，形成了强电磁波反射面；空洞异常体双曲线弧形亦较明显，弧形双曲线的顶部为空洞的上顶面；而PVC管的双曲线弧形反射在雷达剖面中也较明显，但它的反射最弱，正常情况下PVC管弧形双曲线下还会出现多次反射波，多次反射波的间距与管径成正比关系，通过它能推断PVC管的管径。

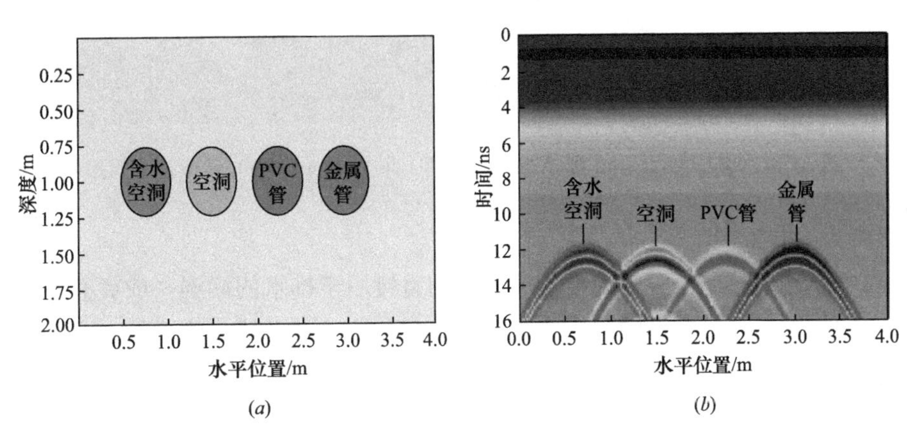

图3-55 不同材料模型的地电模型

(*a*) 模型图；(*b*) 正演图

7) 钢筋混凝土下的管线正演模拟

为了研究钢筋对地质雷达探测的影响，设计了管线埋在钢筋混凝土下的模型（图3-56），钢筋间距0.2m与0.3m下的管径分别为200mm与400mm的铁管，从正演成像剖面中（图3-57、图3-58），可以看出钢筋的反射特别强烈，当钢筋网格比较小时，钢筋网下腹的反射信号完全被遮盖。当钢筋间距变大时，有部分能量能穿透，到达管线反射界面，并返回信号被接收机接收到，随着管径的加大，管线的反射剖面能量增强，更加有助于管线的识别。

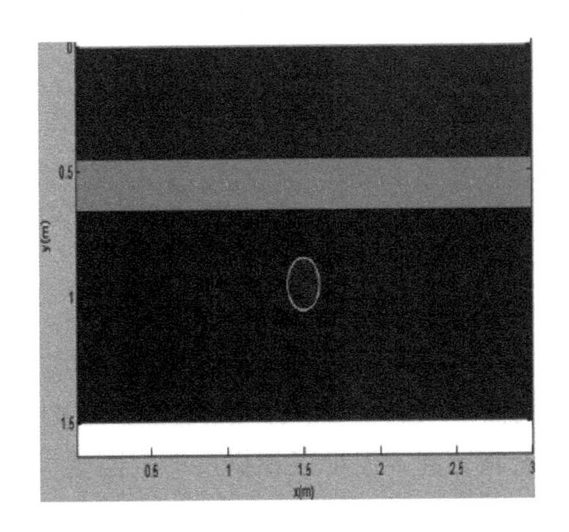

图3-56 钢筋混凝土下的管线模型

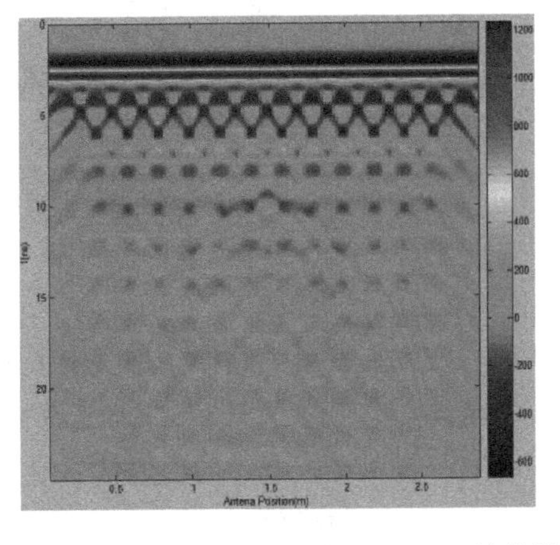

图3-57 钢筋间距0.2管径200mm正演模拟

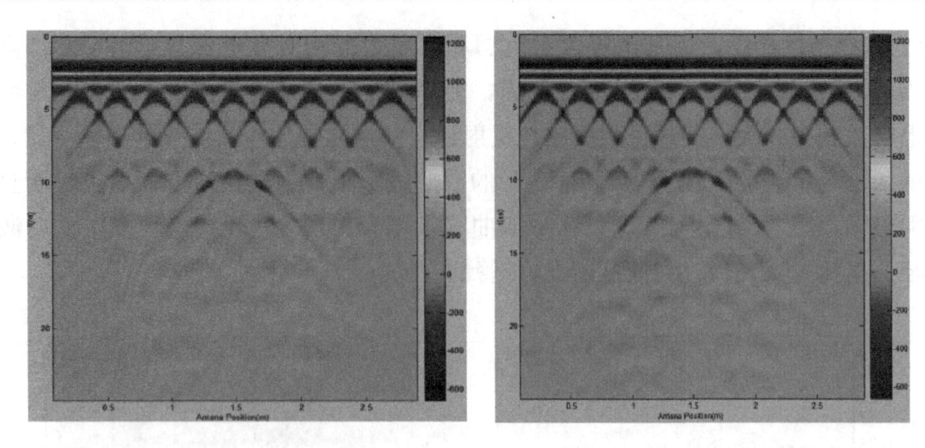

图 3-58 钢筋间距 0.3m 管径 200mm（左）与 400mm（右）铁线正演模拟

8）混凝土涵洞模拟

在实际中会遇到其他很多的地下设施，比如直接用于排水的涵洞，或者其他埋设方式下的管线，比如采用管块敷设的通信电缆，这些都是比较常见的一些情况。

分别建立涵洞以及管块埋设方式下的电缆来研究涵洞的成像，以及地下管块的成像剖面和特征，指导地质雷达资料的解释。

图 3-59（左）为混凝土路面下的一个超深矩形涵洞，涵洞大小为 0.6m×1m，四周加筑 0.2m 的混凝土块，涵洞顶深 0.4m。从正演成像剖面中（图 3-59 右）发现明显分界面为涵洞中混凝土与空气的接触面，在涵洞两侧顶端出现了明显的绕射波，绕射波之间的距离为涵洞的宽。

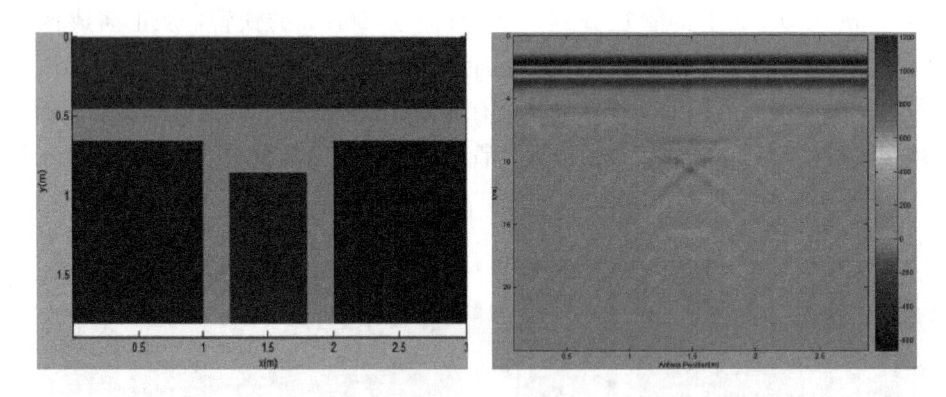

图 3-59 水泥混凝土涵洞模型（左）与正演模拟（右）

9）混凝土电信管块模拟

图 3-60（左）为混凝土路面下的单排混凝土电信管块，大小为 80mm×30mm，里面敷设了铜芯电缆，电缆埋深 0.5m。从正演成像剖面中（图 3-60 右）发现电缆反射明显，但是每根电缆分辨困难，电缆的反射信号全部重合在一起，但可以根据反射剖面信号得到电缆大概位置，即双曲线顶。

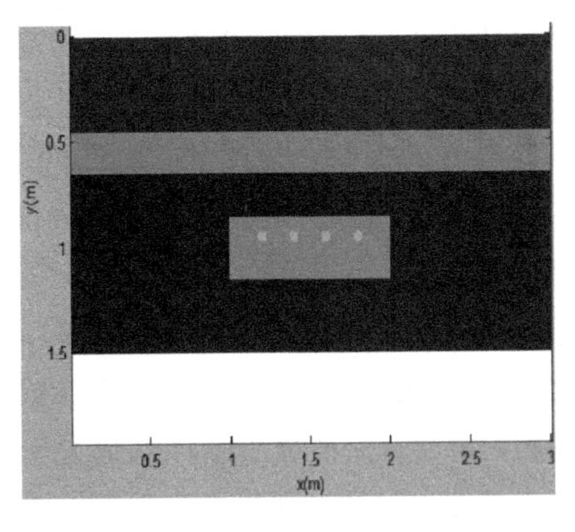

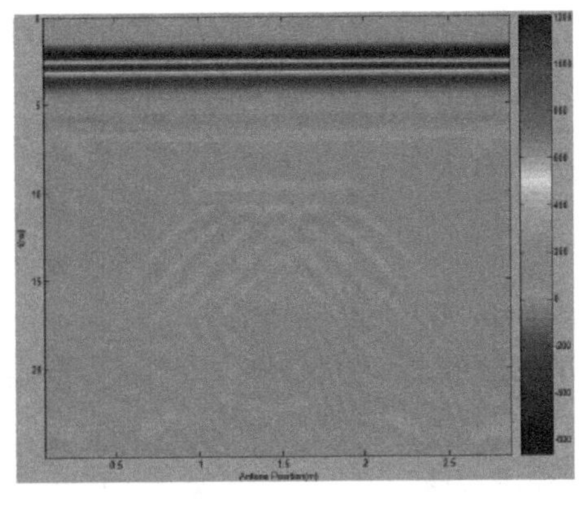

图 3-60 单排水泥电信管块模型（左）与正演模拟（右）

10）数值模拟小结

通过以上大量管线的二维正演模拟可以得出以下基本结论：

（1）在地下环境越单一的情况下，成像剖面解释的准确度越高；地下环境越复杂，管线成像剖面越难以解释，准确度越低。

（2）探测中心频率与成像分辨率成正比，但与探测深度（电磁波能量衰减速度）成反比，因此应根据管线测区实际概况选择合适的探测频率。在绝大多数情况下，对于埋深不超过 1.5m 的管线，选择 400MHz 的探测频率是合适的。

（3）不同材质的管线，具有特定的成像剖面，铁管反射最强，混凝土反射很弱，充水的塑料管存在着明显的多次波。

（4）管线管径的大小与成像分辨能力有关，管径越大，管线被识别出来的可能性越大。除了充满水的塑料管线管径可以根据多次波来计算，其他管线管径的确定需要更加深入的研究。

（5）相邻管线除了要受到以上因素的影响外，还要受到管线相互之间的干扰，加大了成像剖面解释难度。

（6）从各种模拟结果来看，一般情况下，管线的地质雷达剖面能定性反映地下管线的情况。在条件适合时，可以进行部分定量计算。

3.3.2.6 物理模拟

地质雷达能够很好地探测金属管线，在探测埋深浅的非金属管线时同样具有好的效果。在进行地下管线探测时，首先要了解管线的类型、走向和大致埋深，合理选择天线频率，设置最佳时窗和选择滤波参数。地下管线埋置较浅时，时窗设置不宜过大，以有效突出管线反射信号；管线直径较小时，探测天线的移动速度不能太快，否则在图像上很难出现双曲线特征，会在垂直方向出现线状强反射信号。测线布置应尽量垂直于地下管线的走向。

1）不同填土深度的管线探测模拟

（1）试验设计

① 模型制作：试验在土槽中进行，为了消除土槽墙体反射波对探测结果的影响，土

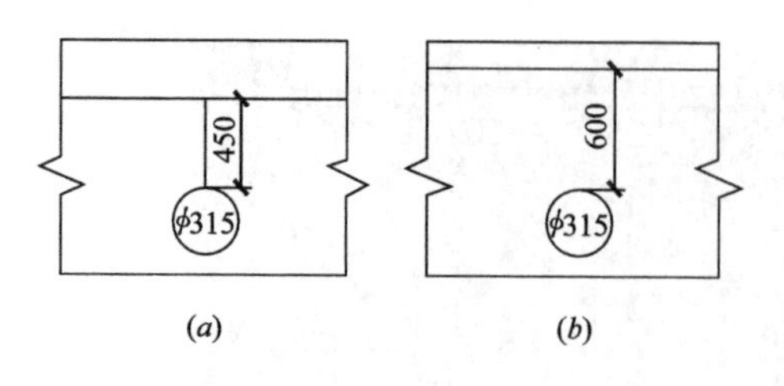

图 3-61 填土介质不同埋深的管线探测模型（单位：m）

（a）450mm 埋深；（b）600mm 埋深

槽设计尺寸为 3m×1.3m×1.2m（长×宽×高）。试验只在土槽中部 1m 范围内进行，以避免来自土槽壁反射波的影响。使用 ϕ315mm 的 PVC 管模拟管线，管线埋深为 450mm 和 600mm，模型设计见图 3-61。

② 参数设置：首先选择天线频率，根据探测深度选择适当的时窗；然后对采样点数进行设置，一般为 512，保证最小采样点数大于垂向分辨率；其次进行增益设置，一般为人工增益，分为整体增益和分段增益；然后输入介电常数，最后选定测量方式。

试验采用连续探测方法。在试验过程中，为了保证图像的分辨率，扫描天线匀速前进，同时保证测线与扫描天线中心重合。

③ 测线布置：测线间距为 200mm，测线布设 5 条，这样在数据处理时方便进行对比分析。在对扫描图像进行分析时，选择较为清晰的一条或两条，根据实际经验，中间测线效果较好。

（2）检测结果及分析

图 3-62 为测线 3 经过滤波和增益处理后的扫描图像，不仅可以清晰地看到双曲线形式的管线，而且可以分辨出管线底部的反射图像。电磁波到达管线上表面时（填土进入管线），由介电常数较大的介质进入介电常数较小的介质，反射系数为正，反射波振幅与入射波振幅方向相同；当电磁波到达管线下表面时（管线进入填土），由介电常数较小的介质进入介电常数较大的介质，反射系数为负，反射波振幅与入射波振幅方向相反，因此通过同相轴颜色的变化来辨别管线的位置。

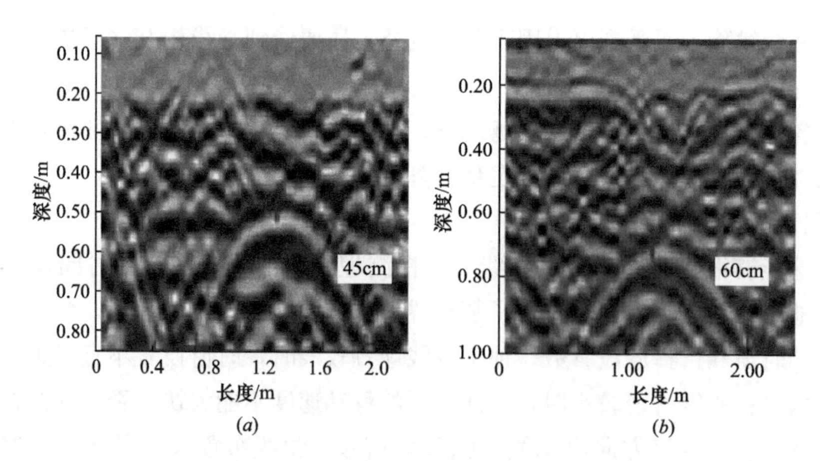

图 3-62 填土介质作用下 600MHz 雷达扫描图

（a）450mm 埋深；（b）600mm 埋深

通过对比可以看出，随着深度的增加对图像的清晰度影响较小。从图像标尺可以读出两图管线两侧翼缘间距和双曲线高度数据，具体见表 3-12。图形形状随着深度的增加变得逐渐平缓，这是反射弧叠加引起的，也是深层探测中两个管线相距太近不易辨别的原因。

填土介质管线基本参数　　表 3-12

埋深（mm）	频率（MHz）	翼缘间距（mm）	高度（mm）
600	600	1500	350
450	400	1400	400
450	600	1200	500
450	900	1000	250

图 3-63 为测线 3 使用 400MHz 天线、900MHz 天线所得的图像和单道波形图，通过对比可看出，管线图像基本一致，但底部反射图像与顶部相比衰减严重，图形发生畸变。从图像标尺读出的管线两侧间距和双曲线高度数据见表 3-12。对比分析 400MHz、600MHz、900MHz 天线检测数据，管线埋深 450mm 时，随天线频率增大，管线雷达图像翼缘越短、图像越平缓。综合分析，低频天线穿透能力强、探测深度大。

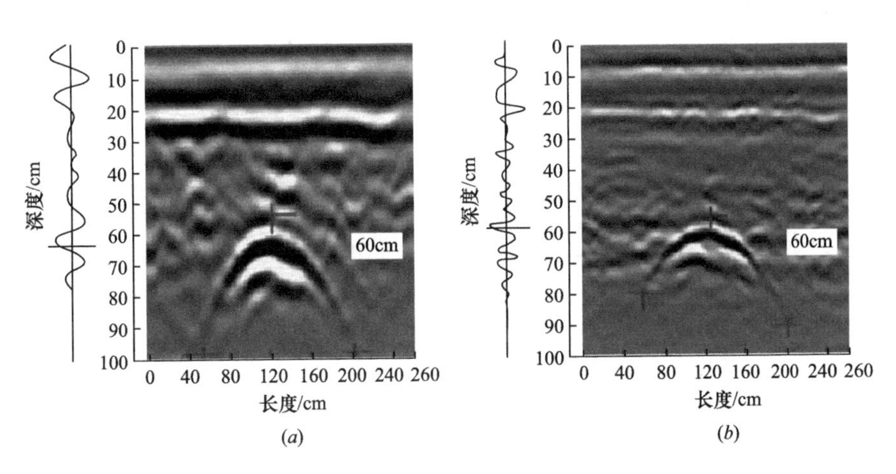

图 3-63　填土介质作用下 450mm 埋深雷达扫描图及单道波形图

（*a*）400mm 埋深；（*b*）900mm 埋深

在填土介质中，地质雷达可以清晰地探测出填土中的管线，并能够区分管线的顶、底面，从读出的双程用时，可以估算管线的大小。

2）钢筋混凝土介质管线探测模拟

（1）模型设计：使用 ϕ315mm 的 PVC 管模拟管线，管线埋深为 450mm。混凝土铺设层采用 150mm 厚的试块模拟，如图 3-64（*a*）所示；ϕ22mm 的钢筋铺设在两块试块的底部中间，间距为 150mm，如图 3-64（*b*）所示。

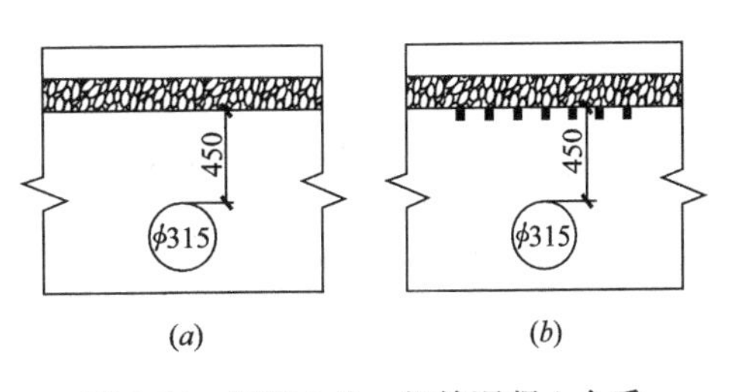

图 3-64　混凝土块、钢筋混凝土介质作用下的管线探测模型（单位：mm）

（*a*）混凝土块；（*b*）钢筋+混凝土块

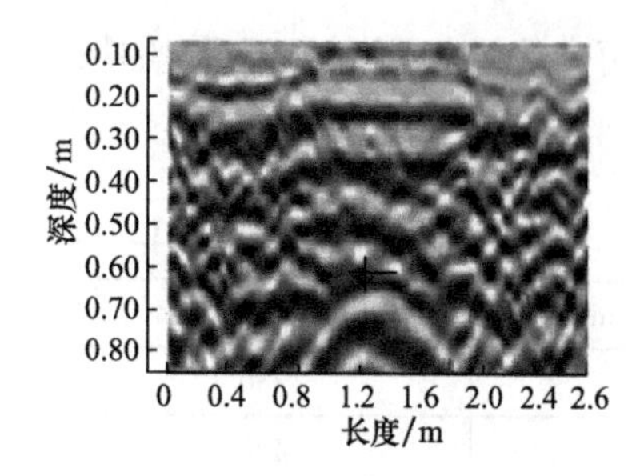

图 3-65 混凝土块介质作用下 600MHz 雷达扫描图

(2) 混凝土介质作用下的管线探测分析

图 3-65 为测线 3 经过滤波和增益处理后的图像。在扫描图中 200mm 位置处同向轴发生错断，可以判断为混凝土铺设层。检测数据见表 3-13，与填土介质相比，混凝土块介质使图像变窄。经过多次增益处理，可以清晰地分辨出管线和管线底部的反射波形图，图像仍为典型的双曲线形式，但管线底部图像发生畸变。与填土介质相比，虽然有一定的影响，但影响较小。

混凝土块介质管线的基本参数 表 3-13

埋深（mm）	频率（MHz）	翼缘间距（mm）	高度（mm）
450	400	1600	400
450	600	1000	400
450	900	1000	300

图 3-66 为测线 3 分别使用 400MHz 天线和 900MHz 天线所得的扫描图像和单道波形图。400MHz 天线仍能清晰地辨别出管线和管线底部的反射，但管线底部图像略有变形。900MHz 天线与填土介质相比，管线图像虽保持双曲线形式，但反射较弱。通过单道波形图可以看到在 450mm 处振幅减小 3～5 倍，由此可以判断此处存在缺陷。

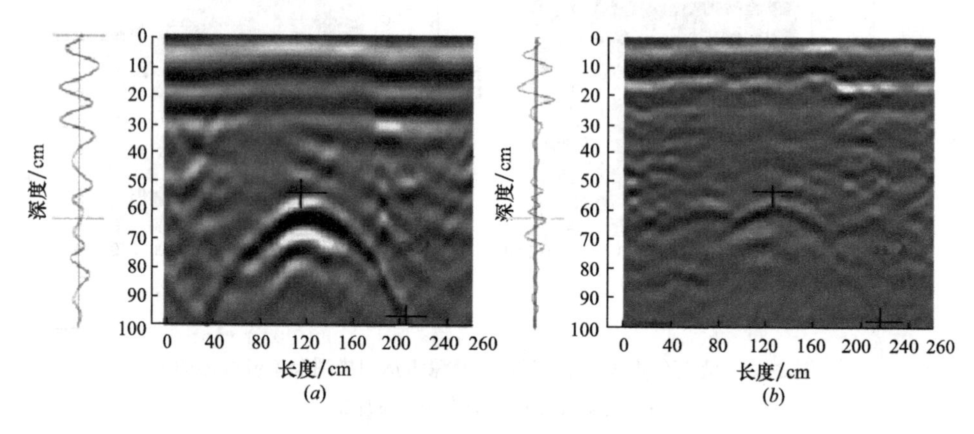

图 3-66 混凝土块介质雷达波谱及单道波形图

(*a*) 400mm 埋深；(*b*) 900mm 埋深

在混凝土介质作用下，900MHz 天线受到的屏蔽较 400MHz 天线大，因此在混凝土介质作用下的深层探测应选择低频天线。在混凝土介质，通过图中的标尺可以读出不同频率下管线翼缘间距和高度，如表 3-13 所示。

可见，随天线频率增大，管线图像翼缘越短，高度越低，图像越平缓，受到混凝土屏蔽作用越大。与填土介质相比，随着频率的增加，管线图像受到的影响越来越大。

(3) 钢筋混凝土介质管线探测分析

图 3-67 (*a*) 为测线 3 采用零线归位和背景去除处理后的扫描图像，根据反射波可以

清晰地分辨出每根钢筋。由于钢筋间距较小，钢筋间相互干扰，反射弧叠加严重。未经增益处理的扫描图像 400mm 以下无反射波形。

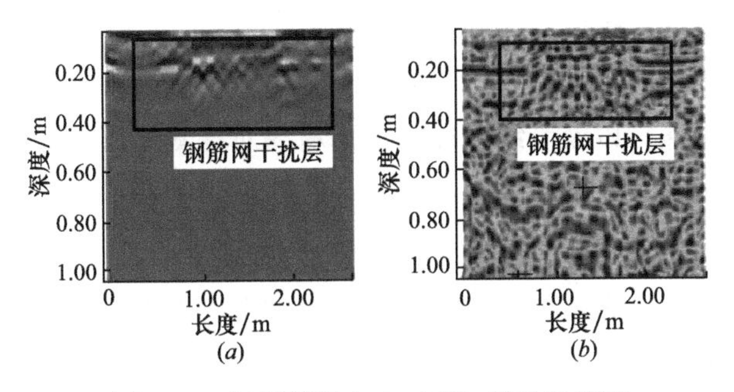

图 3-67 钢筋混凝土 600MHz 雷达扫描图

(*a*) 零线归位和背景去除处理；(*b*) 滤波和增益处理

图 3-67 (*b*) 为测线 3 经过滤波和增益处理后的扫描图像，浅层钢筋反射波叠加呈不规则锯齿状，钢筋网反射图像集中在深度 150～450mm，可见钢筋网干扰范围为 300mm。经过线性增益和平滑增益处理后，可以分辨出管线下部的反射波形，波形完整、对称。

由图像标尺可知管线两侧翼缘间距 1600mm、双曲线高为 400mm，与混凝土介质中的图像形状特征未发生改变。这是由于管线离铺设钢筋相距 450mm，大于钢筋干扰范围，钢筋对管线探测影响较小，只是影响了电磁波的强度，而钢筋反射弧并未因重叠而影响下部管线的图像。

图 3-68 (*a*)、(*b*) 分别为使用 400MHz 天线、900MHz 天线对 3 号测线扫描后所得管线图像和单道波形图。从图像垂向尺度可读出钢筋干扰范围：400MHz 天线为 350mm，较 600MHz 增加 50mm，900MHz 天线为 250mm，较 600MHz 降低 50mm。在钢筋混凝土介质，管线及管线底部反射图像仍可以清晰分辨，与混凝土介质图像相比清晰度略有降低。钢筋网对雷达探测深度的影响随天线频率的增大而减小。

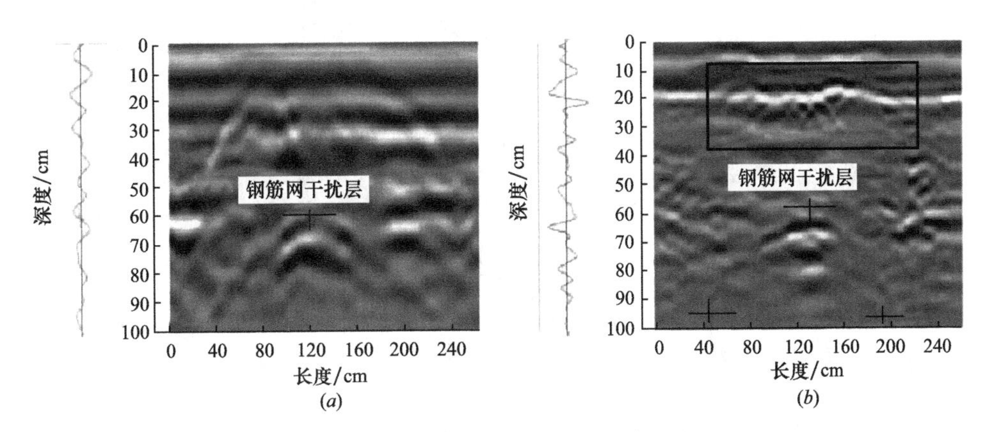

图 3-68 钢筋混凝土雷达波谱图及单道波形图

(*a*) 400MHz；(*b*) 900MHz

3) 非金属管线探测实验

模型试验以小口径非金属管线（直径 *DN*50～*DN*150）探测研究为主，试验的管线选

用 *DN*63、*DN*90、*DN*110 的 PE 管线。考虑到模型内的介质应均匀并与实际情况接近，故选择自然状态的河沙作为管线周围的介质，模型沙堆采取梯形结构，保持顶面尺寸为 200cm×150cm（长×宽），高度为 120cm。

模型试验的地质雷达天线频率以 900MHz 为主，200MHz、600MHz 天线的试验为辅。探讨不同管径、埋深，以及管线载体、地面材料对探测结果的影响。

（1）单一管线模型的探测试验

试验模型的背景介质采用中粒度沙，选择单一小口径 PE 管线（管径为 *DN*63）为探测对象，将管线水平夯入到预定深度位置，然后进行模型探测试验。

试验结果表明较高频率的天线在一定埋深（50cm 以内）范围内可探测单一的中空小口径塑料管线，并有较明显的双曲线异常特征。*DN*63 管线空气载体模型的 900MHz 天线探测试验结果如图 3-69 所示。

（2）并行管线模型的探测试验

为了解 900MHz 天线对并行管线的分辨率情况，开展了并行非金属管线探测的模型实验，选择管径为 *DN*63 和 *DN*90，间隔为 30～50cm。模型探测试验结果如图 3-70 所示，结果表明，在管顶埋深小于 50cm 时，该雷达天线可区分间距大于 30cm 的并行小口径塑料管。图 3-70 左侧图像是 2 根 PE 管存在时的雷达图像，中间是将模型右边的 *DN*63 管抽掉后保留孔穴时的雷达图像，结果表明，前后的两个雷达图像差异不大。右侧图是将 *DN*63 空孔充填后的雷达图像，这时右边的管线异常已经消失了。这组试验结果说明了塑料管本身的介电常数与空气的差别确实不明显（其理论比值在 1.4～1.8），也说明了采用雷达探测小口径塑料管线确实存在较大的难度。

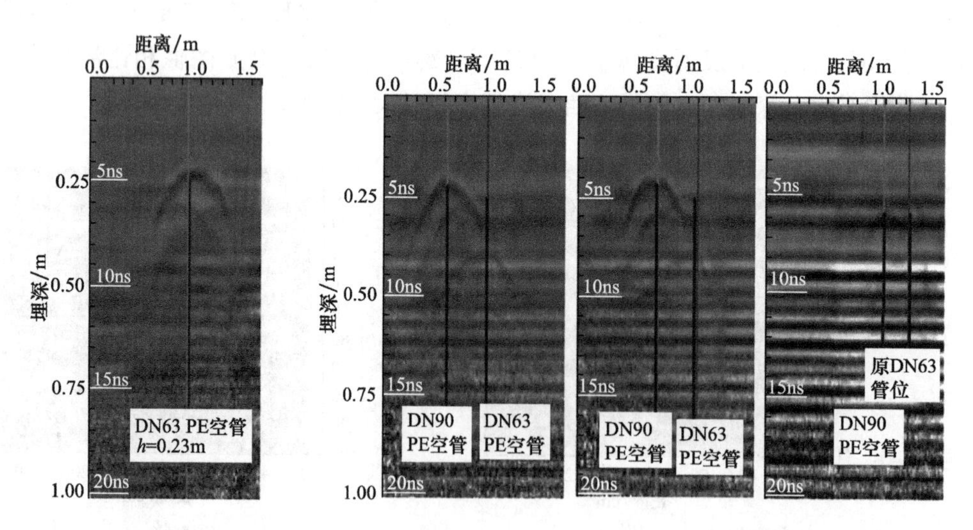

图 3-69 单一非金属管线模型的雷达图像

图 3-70 并行双非金属管线模型的雷达图像

（3）不同管径非金属管线模型的探测试验

为确定 900MHz 天线的探测分辨能力，建立了 *DN*40、*DN*63、*DN*90 3 条不同管径的物理模型，管线的水平间隔为 30cm，呈“品”字形分布，$DN40$ 在上方（埋深 20cm），$DN90$ 在左下方（埋深 35cm），$DN63$ 在右下方（埋深 33cm）。模型探测试验结果如图 3-71 所示，其结果表明，$DN40$ 位置处基本没有管线异常特征，表明 900MHz 天线无法探测到 $DN40$ 及以下的空塑料管线。

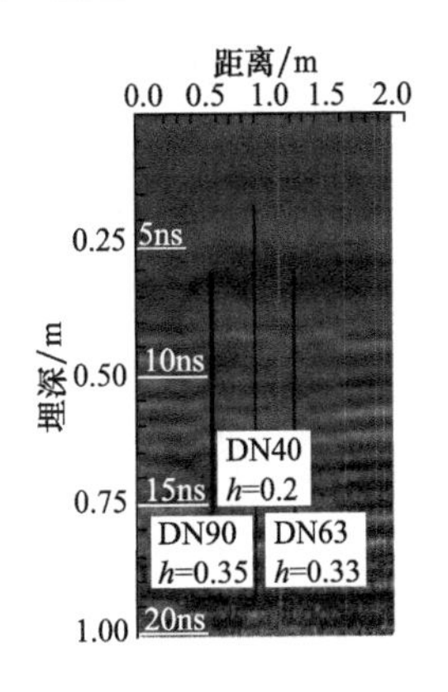

图 3-71 不同管径非金属管线模型的雷达图像

（4）不同管线载体的模型试验

根据以往的理论研究和雷达探测的应用情况，非金属管线内不同的载体会改变管线的物理性质，对雷达的探测结果产生较大的影响。因此，开展了管线载体的模型试验工作，在不改变其他条件的情况下，分别将管线内注满水（模拟给水管）或排空后（模拟煤气管）进行探测试验。

模型探测试验结果如图 3-72 所示，其结果表明，当将左侧的 $DN63$ 塑料管线内注满水后，载水管线的雷达图像具有明显的双曲线异常特征，幅值比空管时强很多，并且有多次波，如图 3-72 左图所示；将右侧的 $DN90$ 塑料管线内注满水后，左边管线排空，则 $DN90$ 管线的雷达图像具有明显的双曲线异常特征，幅值比左边的空管强很多，并且有多次波，如图 3-72 右图所示。该试验表明，由于管线内水的介电常数（81）比空气或煤气以及塑料管线本身的介电常数（均小于 6）大很多，在水与管壁之间形成了一个强电磁波反射面，故塑料水管会有明显的雷达异常。这从试验角度证明了为什么在实际探测中会常遇到同样管径的非金属煤气管的地质雷达异常要比水管的弱很多的现象。

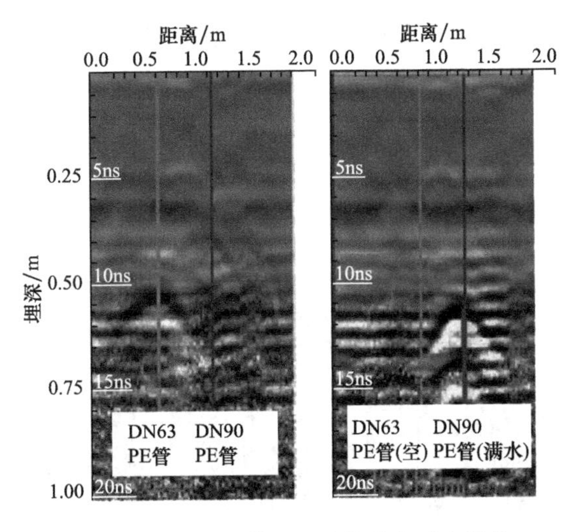

图 3-72 不同载体非金属管线的雷达图像

（5）不同地面材料的模型试验

在雷达的实际探测工作中，地面材料对探测结果也会产生一定的影响。为探讨其作用程度，通过在沙堆模型的顶面铺盖地砖的方式，模拟不同地面材料下的非金属管线探测试验。模型试验的管径为 $DN90$、$DN110$，管顶埋深分别为 0.32m、0.34m。模型探测试验结果如图 3-73 所示，其结果表明当地面铺有地砖、岩石或其他材料时，地砖与沙土之间界面的强反射以及其缝隙间和边缘的绕射波效应会产生干扰波，影响管线异常的识别。在实际的探测应用中，除上述的影响外，地面材质的变化有时还会削弱、弱化管线的雷达异常信号，甚至会形成浅部介质界面的全反射现象，使电磁波根本穿透不下去，导致无法探测到下部的目标管线。这一点在实际探测中应加以注意。

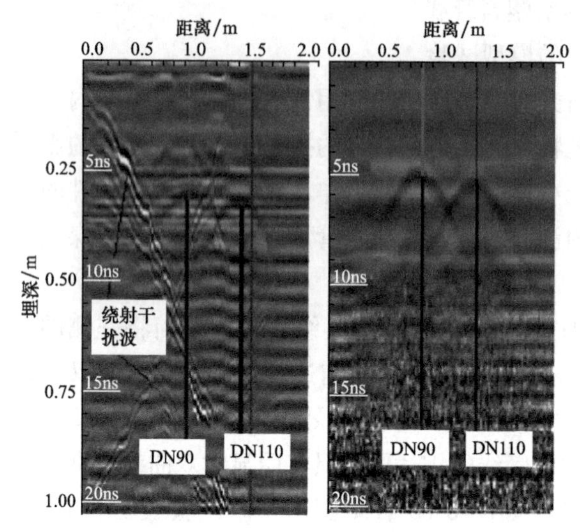

图 3-73 有（左）、无（右）地砖模型的雷达图像对比

（6）不同频率天线的模型试验

对于同一个模型体，通过 200MHz、600MHz 和 900MHz 等 3 种不同频率天线的探测对比试验，了解管线异常随频率改变的变化特征。该模型的布置（从左到右）为：一根满水 PE 管（*DN*110），埋深 0.5m，一根空心 PE 管（*DN*90），埋深 0.5m，一根 *DN*50 的钢管，埋深 0.39m。其间距分别为 0.45m、0.35m，管线周围介质为自然堆积状态的河沙。模型试验的探测结果如图 3-74 所示，从其结果可见，900MHz 天线可清晰地分辨出 3 条不

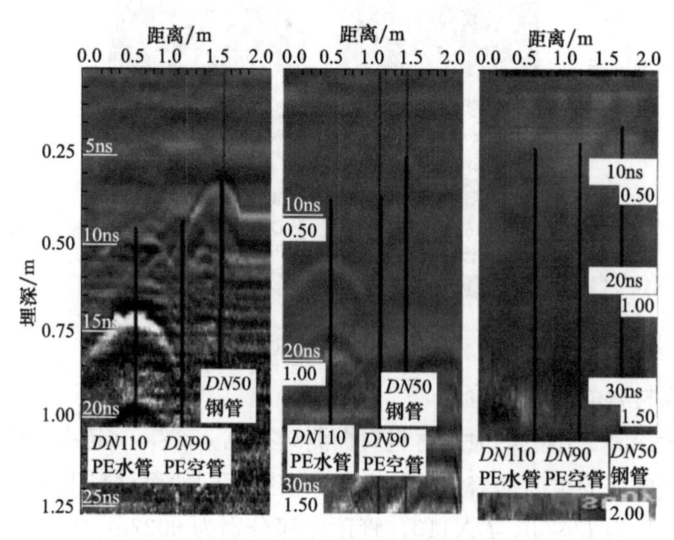

图 3-74 不同频率（900M，600M，200M）天线的模型试验结果对比

同的管线异常，且异常特征较明显；600MHz 天线可勉强分辨出左右两条管线的异常，但无法辨认中间 PE 空管的异常；而 200MHz 天线则基本无法分辨这 3 条管线的反射波。由此可见，高频天线具有较高的分辨率，有利于浅部、细小管线的探测。

（7）多次反射波的应用

地质雷达通常可探测地下管线的位置与埋深，对于管线的管径，要利用已知资料或开挖验证。也有利用雷达波的宽度对管径进行估算，但这样的计算结果误差会很大，技术也不成熟。在模型试验和实际探测过程发现，非金属给水管线的地质雷达反射图像中，往往存在着管线的多次反射波信号，其中就包含有管径的信息，处理这些信息，可获取管径相关数据。

在不同管径的非金属给水管线雷达图像中的多次反射波，管径与其多次反射波的间距成正比，其管径可按公式 $D=V_{c水}\times\sum(T_{i}+1-T_{i})/2(n-1)$ 计算。

其中：$V_{c水}$是水的电磁波速度，$V_{c水}=0.033\text{m/ns}$。

T_{i+1}、T_{i} 是相邻上下反射波的走时，单位为 ns，n 为可截取的雷达反射波的总个数。

表 3-14 是模型试验时 3 种管径的计算结果，其偏差均小 10%；表 3-15 是给水管线探测实例中不同管径的计算结果，其偏差均小 7%。说明利用多次反射波可获得相关管径的信息。

模型实验的多次波间距与其管径的对照表 **表 3-14**

序号	管材	首波与二次波的走时差（ns）	计算管径（m）	实际管径 d（m）	偏差（m）
1	PE	6.3	0.104	0.110	0.006
2	PE	4.9	0.081	0.090	0.009
3	PE	3.6	0.059	0.063	0.004

现场探测的多次波间距与其管径的对照表 **表 3-15**

序号	管材	首波与二次波的走时差（ns）	计算管径（m）	实际管径 d（m）	偏差（m）
1	玻璃钢	34.6	0.571	0.600	0.029
2	PVC	12.2	0.201	0.200	0.001
3	PVC	8.5	0.140	0.150	0.010
4	PVC	6.3	0.104	0.100	0.004
5	PVC	3.9	0.064	0.063	0.001

4）双层多管线探测结果

为了提高地质雷达对填土中双层多管线探测结果的准确性，分别采用不同介质、不同管线组合方式探测双层多管线。

（1）试验设计

试验在土槽中进行，土槽的设计尺寸为 3m×1.5m×1.5m（长×宽×高）。为了避免土槽壁反射波的影响，试验只限于土槽中部 1m 范围内。

不同介质双层多管线探测模型如图 3-75 所示，使用不同管径的 PVC 管，管线的直径和埋深如图 3-75 所示。

图 3-75（*a*）为填土介质下双层多管线探测模型，管线的水平间距为 200mm；图 3-75（*b*）为填土介质双层并列管线探测模型，上层管线为双管线，下层管线为三角形布置；图 3-75（*c*）为填土介质斜向管线探测模型，上层 1 号、2 号、3 号管线为斜向管线，间距为 1 倍管线直径，

距下层管线的距离 150mm；图 3-76（*d*）为钢筋网（Φ8@150）介质下双层多管线探测模型；图 3-75（*e*）为钢筋网（Φ20@200）介质双层多管线探测模型。

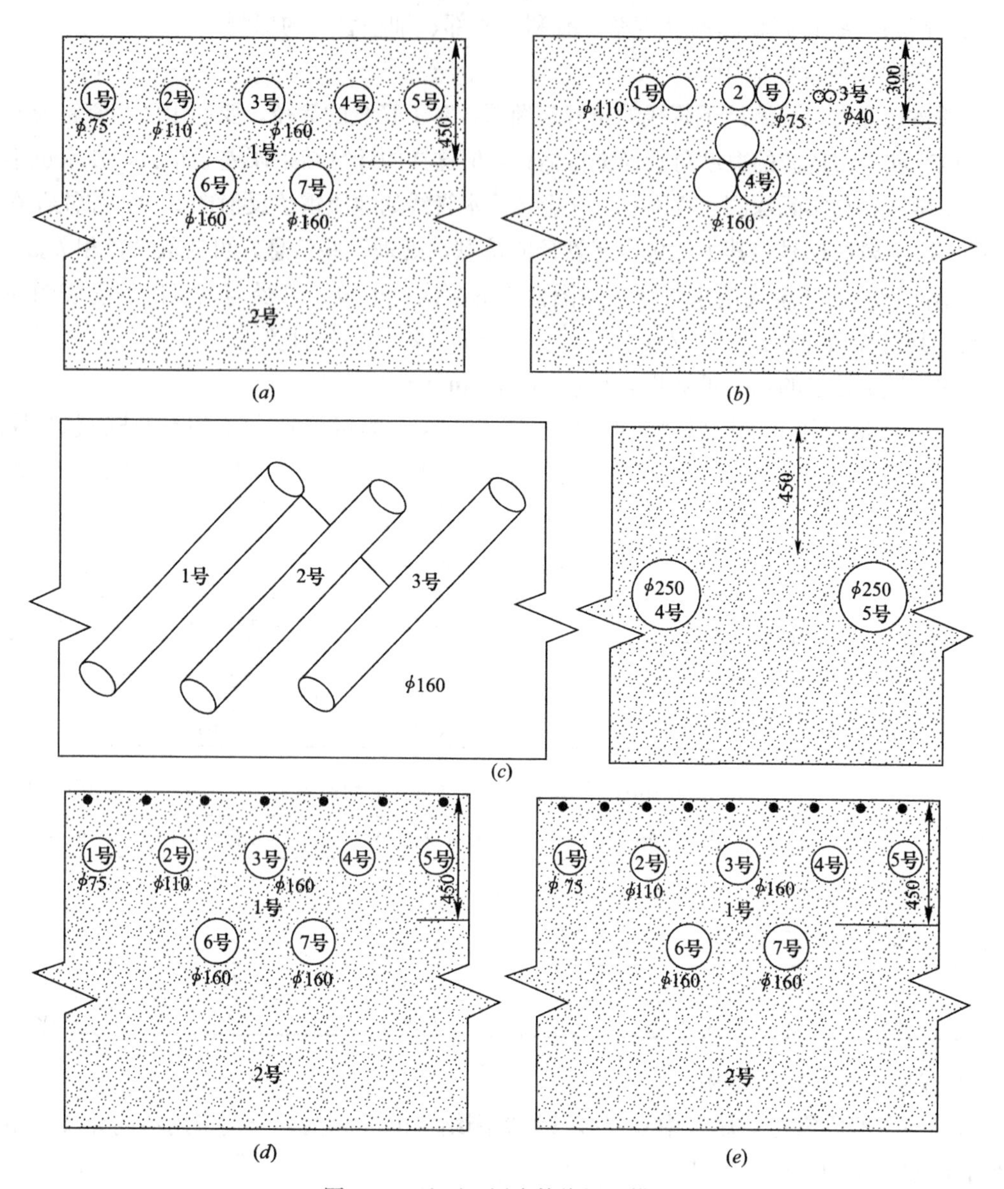

图 3-75 地下双层多管线探测模型

（2）检测结果及分析

① 填土介质双层多管线探测模型

图 3-76 为测线 3 使用 400MHz 和 900MHz 天线所得的空洞图像及单道波形图。从图 3-76（*a*）可知，上层 1 号、2 号管线相互重叠，4 号、5 号管线相互重叠，3 号管线图像未受到两侧管线的干扰，图像为典型双曲线形式。下层 6 号、7 号管线图像叠加成一个反射波，反射波在顶部发生错段，这是由于下层管线距离上层管线仅有 150mm，受上层管线的干扰较大。此时，应结合单道波形图对管线的数量进行判断，否则极易判断为一根大管线。

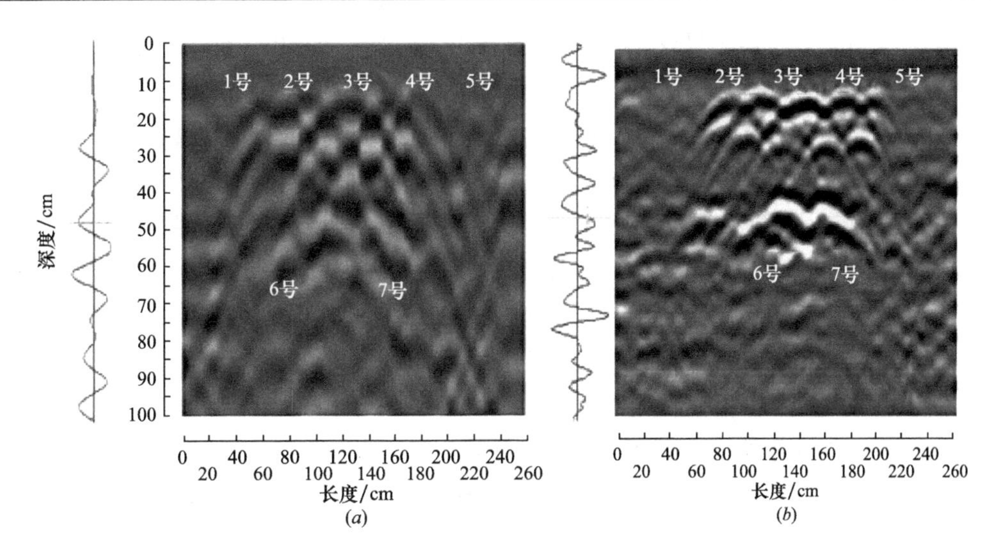

图 3-76 填土介质双层多管线雷达扫描图像

(*a*) 400MHz；(*b*) 900MHz

从图 3-76（*b*）可知，上层 1 号、2 号、3 号、4 号、5 号管线反射波无相互重叠。下层 6 号、7 号管线虽然有部分重叠，但仍然可以分辨出来。上层管线 1 号、5 号的直径仅为 75mm，下层 6 号、7 号管线的埋深为 450mm，这些管线都可以被清晰辨别，说明在探测深度较小时，900MHz 天线具有较好的识别能力。

通过右侧标尺可以看到，上层管线的影响深度主要集中在 150～250mm，影响深度约为 100mm。

② 填土介质下双层并列管线探测模型

图 3-77 为测线 3 使用 400MHz 和 900MHz 天线所得的空洞图像及单道波形图。

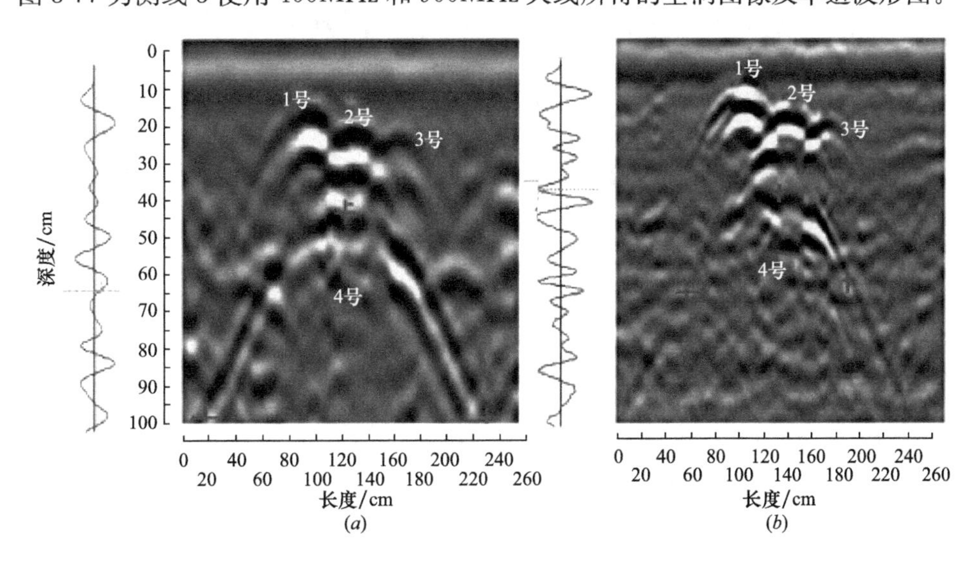

图 3-77 填土介质双层并列管线雷达扫描图像

(*a*) 400MHz；(*b*) 900MHz

从图 3-77 可知，上层 1 号双管线、2 号双管线、3 号双管线单根管线反射图相互重叠成一条双曲线，这是由于单根双管线的直径小于 160mm，地质雷达不能辨别出单根管线所致。下层 4 号三管线为三角形布置，反射图像虽然呈典型的双曲线形式，但在翼缘发生错断。

通过模型图可知，双曲线的顶点应在 350mm 处，但在反射图像上很容易判断 450mm 处为双曲线的顶点（十字标），此时应通过双曲线翼缘反向延伸来确定管线的位置。

上层左侧 1 号双管线的直径为 110mm，右侧 3 号双管线的直径为 40mm，下层 4 号三管线右侧翼缘比左侧翼缘清晰，受到的干扰小。相比图 3-77（*a*），图 3-77（*b*）的清晰度明显较高。由于下层 4 号三管线距离上层双管线仅仅 100mm，处于干扰范围内，所以 4 号管线顶部受干扰严重。

③ 填土介质斜向管线探测模型

图 3-78 为测线 3 使用 400MHz 和 900MHz 天线所得的空洞图像及单道波形图。探测时，斜向管线与测线呈 45°夹角。

从图 3-78 可知，上层 1 号、2 号、3 号管线反射图相互独立无叠加，下层 4 号管线呈双曲线形式，5 号管线只能分辨出右侧翼缘。与上下层管线平行放置相比，双曲线的顶部未出现错段现象。从波形图中也可以看出，在下层 4 号与 5 号管线位置，雷达波振幅突然增强，相比图 3-78（*a*），图 3-78（*b*）清晰且两侧翼缘较短，只保留了双曲线的顶部，能够准确地判断出管线的位置。

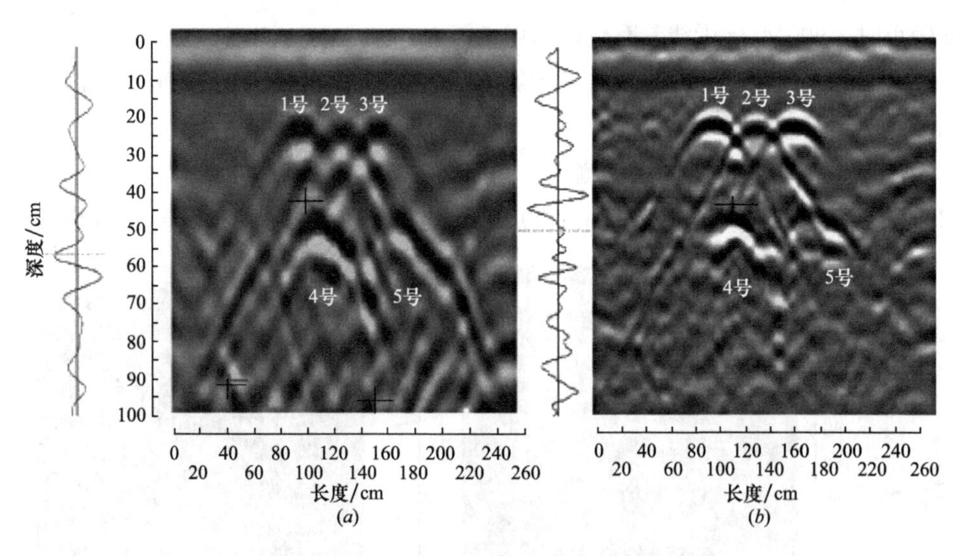

图 3-78 填土介质斜向管线雷达扫描图像

(*a*) 400MHz；(*b*) 900MHz

④ 钢筋网（Φ8@150）介质双层多管线探测模型图 3-79 为测线 3 使用 400MHz 和 900MHz 天线所得的空洞图像及单道波形图。

从图 3-79 可知，在钢筋网介质的干扰下，上层 1 号、2 号、3 号、4 号、5 号管线反射图像为锯齿状波形图，形成杂乱的反射波（类似于双曲线多反射波形），因此只能通过反射波的顶部判断出管线个数。

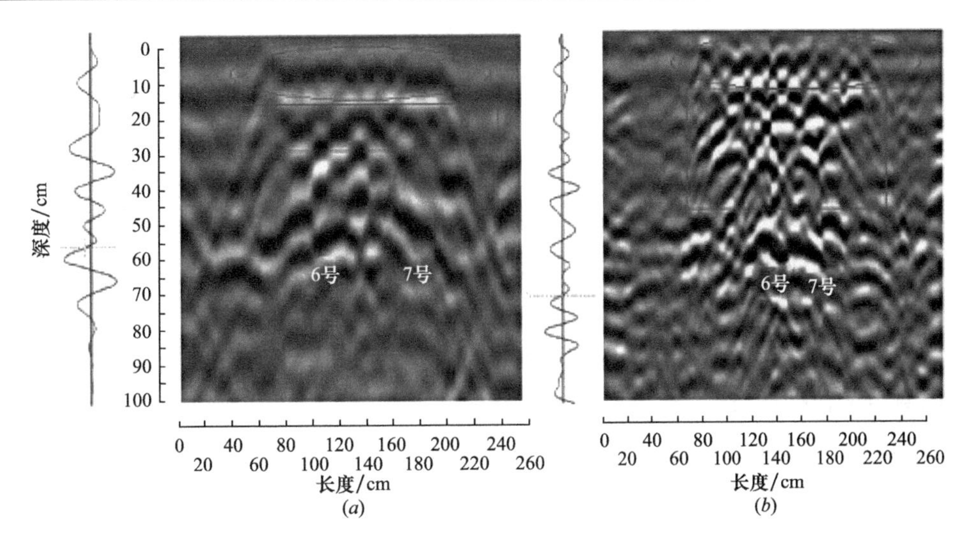

图 3-79 钢筋网（Φ8@150）介质双层多管线雷达扫描图像

(a) 400MHz；(b) 900MHz

下层 6 号、7 号管线反射图像相互叠加形成一条新的双曲线，但此双曲线同向轴发生错断，仍能分辨出 6 号、7 号管线。通过左侧标尺可以看到，下层 6 号、7 号管线位于 550mm 处，与模型图相比，其位置降低 100mm，出现较大误差。

在填土介质，雷达波速为 0.105m/ns，通过换算在钢筋网介质波速为 0.085m/ns，可见钢筋网介质作用下雷达波传播速度降低。

⑤ 钢筋网（Φ20@200）介质下双层多管线探测模型

图 3-80 为测线 3 使用 400MHz 和 900MHz 天线所得的空洞图像及单道波形图。

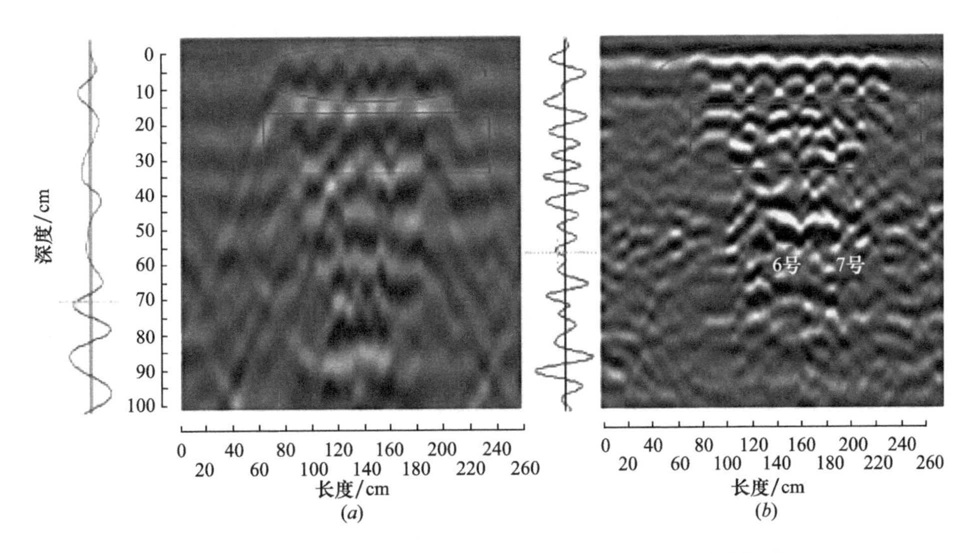

图 3-80 钢筋网（Φ20@200）介质双层多管线雷达扫描图像

(a) 400MHz；(b) 900MHz

从图 3-80 可知，在钢筋网介质，随着钢筋直径的增加，尽管间距增大为 200mm，上层管线反射波形图为锯齿状，较难分辨出单根管线，但仍能看出此处存在缺陷。下层6号、7号管线相邻的翼缘虽然相互叠加，但可以分辨出6号、7号管线的双曲线顶部，可以确定6号、7号管线位置。

该模型雷达波速度设置为0.085m/ns，下层管线位置与模型图基本相同。

3.3.2.7　盲测实例

利用地质雷达法探查地下管线，应根据现场的地质、地球物理特点及探测任务，对有关的各种资料做充分研究，对目标体特征与所处环境进行分析，必要时辅以适量的试验工作，以确定地质雷达完成项目任务的可能性，并选定最佳的测量参数、合适的观测方式得到完整的有用的数据记录。

1）不同材质管线探测

对某一测量区域内的地下管线进行“盲探”时，首先应在现场确定好坐标。坐标原点最好选在永久性标识点上，以备日后复查校验。测线最好布置成网格状，如图3-81所示。

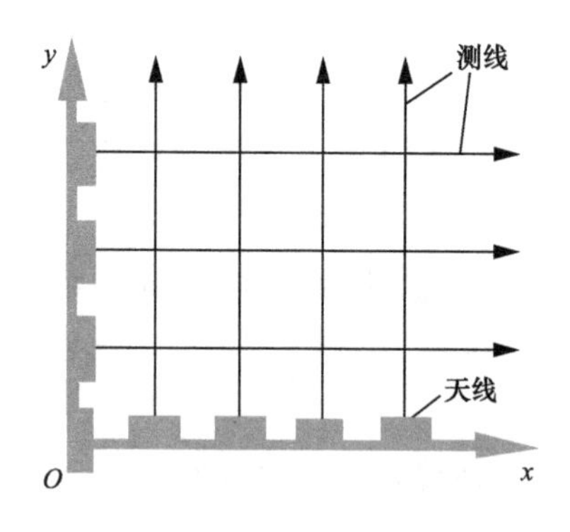

图3-81　测线布置示意图

测线间距应视测量场地大小和测量精度的要求而定，一般可选为天线宽度的1～2倍，这样能够准确探测到横向和竖向的管线。通常在雷达剖面图上看到的抛物线是与测线相垂直管线的波形，如果在几条平行测线的雷达剖面图上，在相近的位置和深度都能发现或绝大多数有类似波形，一般就可以判定是一条连续的管线。之所以要采取网格状或几个不同位置的平行雷达剖面图来判读管线，这是因为有些测量区域的地下介质电性差异变化很大，有时将雷达剖面图位置稍微移动，雷达波形就会有很大的变化。另外，地下情况非常复杂，我们不能只从一个雷达剖面图上的波形反应就能得出是否是一条连续的管线，因为地下的混凝土块、箱形物体等都会出现与管线类似的反应。

（1）金属管线探查

金属管线与周围土壤的导电性、介电性都有极大的差别，铁磁性管线与周围介质还有导磁率的差异。因此，地下金属管线与土壤的界面对雷达波的反射能力很强，雷达剖面图像上将出现振幅很强的反射波组。对于金属管线探查，地质雷达效果是比较明显的，即使是在沥青路面、交通繁忙的条件下，也能取得较好的效果。

（2）非金属管线探查

地下非金属管线的反射波组形态特征与金属管线有些相似，但由于非金属管线与周围介质的电性差异比起金属管线来要小很多，电磁反射系数也小得多。与金属管线的反射波组相比，充水非金属管线的反射波振幅较小，双曲线形反射波的两叶较短，很少出现多次反射波。当非金属管线内不充水时（充满空气），反射波振幅则明显变大，波组两叶有所增长，当埋深很浅时，还可能出现多次反射波。

（3）对于噪声和杂波的处理

由于雷达波在地下的传播过程十分复杂，各种噪声和杂波的干扰非常严重，正确识别各种杂波与噪声、提取其有用信息是地质雷达记录解释的重要的环节，其关键技术是对地质雷达记录进行各种数据处理。

（4）地质雷达图像分析

雷达图像常以脉冲反射波的形式记录。图像左侧纵坐标为电磁波的双程走时，右侧为根据地下介质中地电磁波速（V）计算出的深度（Z），波形的正负峰分别以黑白色表示或者以灰阶或彩色表示，这样同相轴或等灰线、等色线即可形象地表征出地下反射面或目的体。图 3-82～图 3-89 为一些非金属管线、金属管线、空洞、电缆等地质雷达图像。

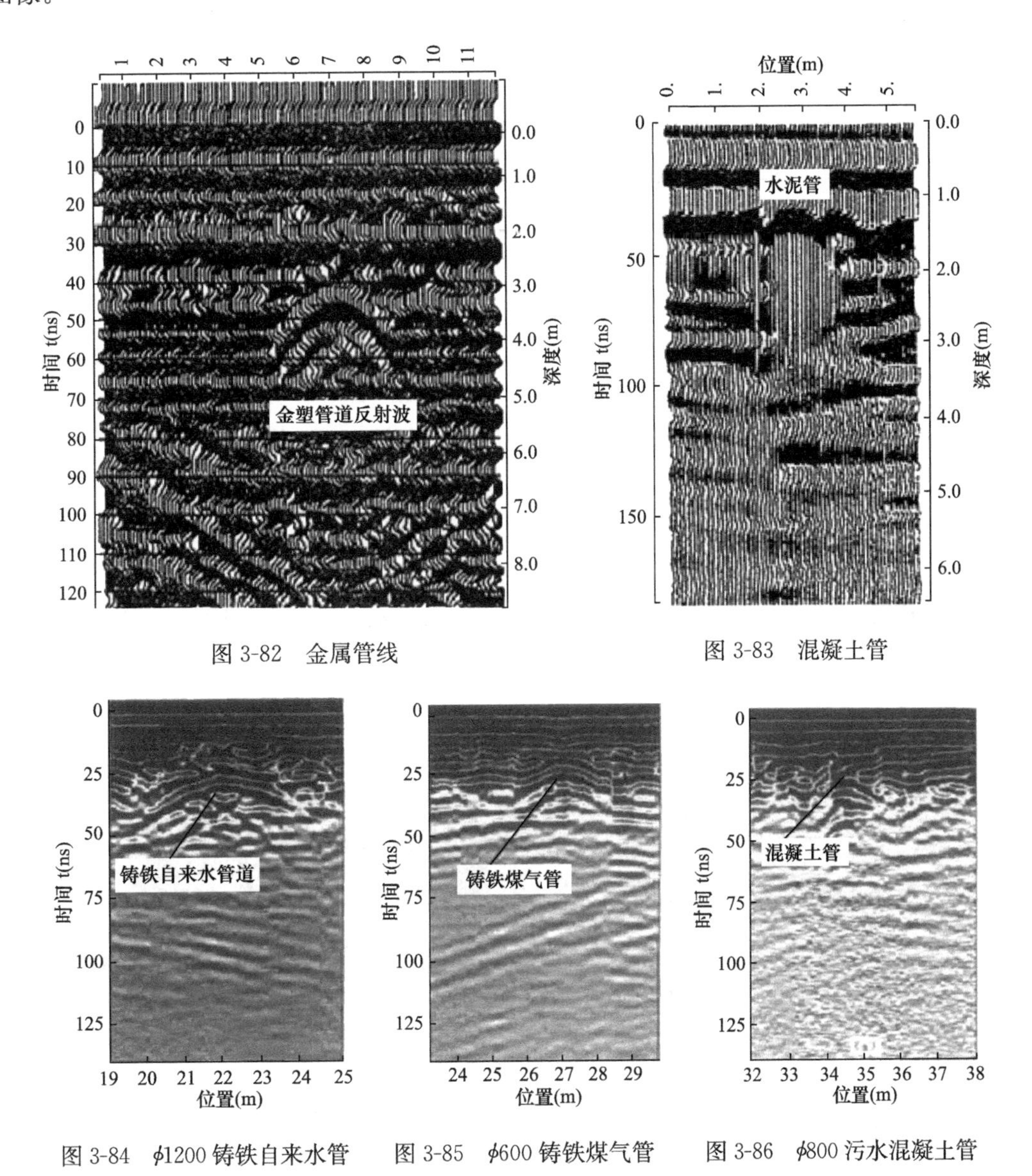

图 3-82 金属管线

图 3-83 混凝土管

图 3-84 ϕ1200 铸铁自来水管

图 3-85 ϕ600 铸铁煤气管

图 3-86 ϕ800 污水混凝土管

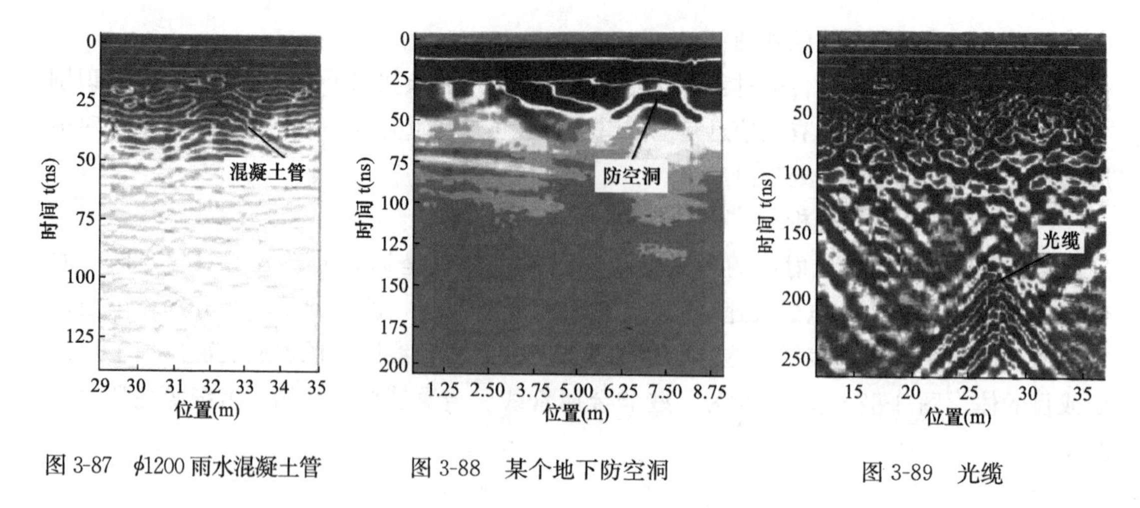

图 3-87 ϕ1200 雨水混凝土管　　图 3-88 某个地下防空洞　　图 3-89 光缆

2）同埋深不同管径的非金属管线探测

为了准确定位测线，要先建好探测区域的坐标系再进行测线布置。

（1）如果已知管线走向，测线应垂直管线长轴；如果走向未知，应布置方格网，先找出管线的走向，或者根据探测需要沿与勘探线一致的方向布置。

（2）当目标体体积有限时，先用大网格小比例尺初查以确定目标体的范围，然后用小网格大比例尺布线进行详查。

（3）二维体目标调查时，测线应垂直二维体的走向，线路取决于目标体沿走向方向的变化程度。

（4）在探查地下介质详细构造时，采用网格式扫描，可以较全面地了解地下内部结构和介质属性。

图 3-90 为同样地层下，非金属管径分别为 25、16、11、8、5cm 的管线探测结果。各 PVC 管的实际埋深都为 50cm（PVC 管顶点至地表）。对比可以看出：随着管径变小，反射弧形的宽度越来越小，反射波的反射强度越来越弱，管线底部的反射弧能量衰减得更快，反射弧的形状越来越不清晰。

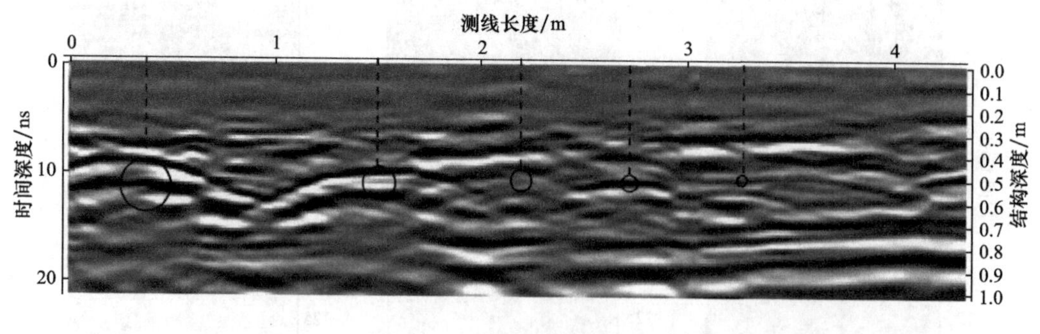

图 3-90 不同管径反射波对比

由以上可知，管线直径越小，其探测结果越不理想，有时难以辨别管线的存在和位置。仅就面积因素而言，雷达接受反射波功率与管线的直径成正比，反射能量强度随着管线的减小而减小；当小直径管线反射能量与背景噪声反射能量相当时，雷达检测结果中对管线的反应不明显。

3）路基下埋管线探测

武广高铁浏阳河隧道位于湖南省长沙市东部，自北向南贯穿整个长沙市，隧道全长10.1km，浏阳河隧道施工完后，需要在路基中间增加导水沟，需要切割已建好的水泥路基，但由于路基下0.5m深埋有地下管线和电缆，需要查明管线的具体位置。

工程中采用美国GSSI公司的SIR-3000型地质雷达仪、900MHz天线，时长设置为18ns，探测深度为1m左右。测线与路基平行，由于线路不长，故采用点测方法进行，点距为0.05m，即每米20个点。

如图3-91中虚框中所示，在测线6m范围内共有6根通讯电缆管线，其地下管线异常形状为向下开口的双曲线弧形，反射波能量较强，并且有多次波存在，但双曲线的弧顶指示出了管线顶部的位置，尽管双曲线弧形两翼跨度较大，较管线的实际大小要大得多，但双曲线弧形还是指示了6根管线的具体位置与顶部埋深，可为工程施工提供依据。

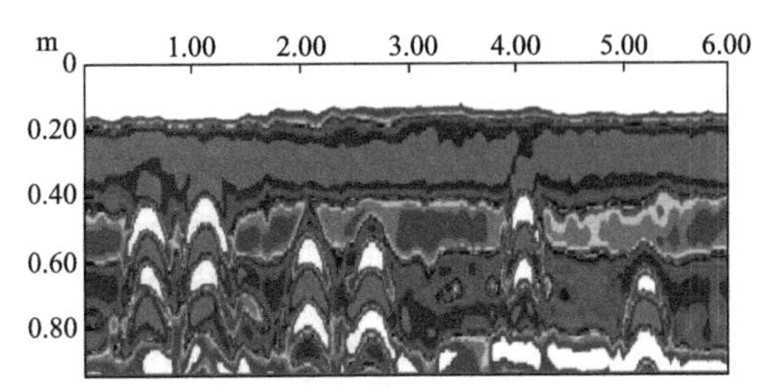

图3-91 浏阳河隧道中某段雷达探测成果图

4）某路段地质雷达综合探测

（1）采用地质雷达在石家庄市建设大街对某一路段进行剖面探测，采用GNSS-RTK技术对管线位置进行测量，在该剖面探测结束后，通过调整起始深度来确定管线的埋深。

剖面探测图像如图3-92所示，通过外业调绘和管线探测仪数据采集，得到的CAD图像如图3-93所示，两者进行比较，平面位置和深度误差信息列于表3-16。

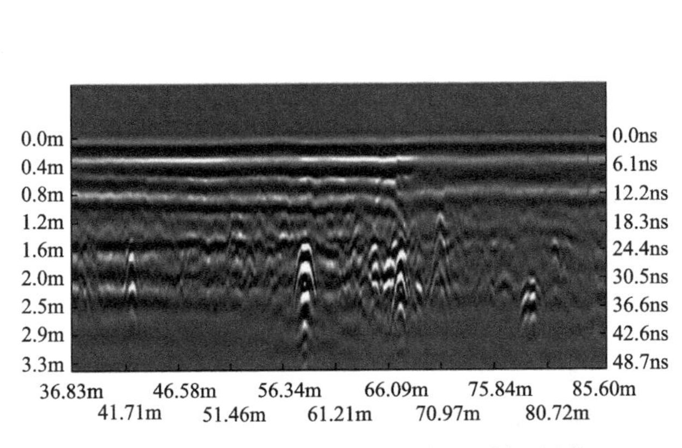

图3-92 建设大街某路段地质雷达剖面图像

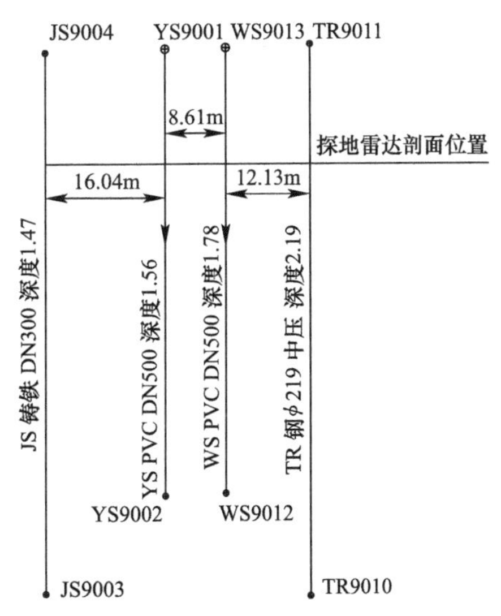

图3-93 建设大街某路段CAD管线图

平面位置和深度较差 表 3-16

管类	CAD平面位置（m）	CAD深度信息（m）	剖面图像平面位置（m）	剖面图像深度信息（m）	平面位置误差（m）	深度误差（m）	平面位置限差（m）	深度限差（m）
给水	2.50	1.47	2.41	1.32	0.09	0.15	±0.15	±0.22
雨水	18.54	1.56	18.52	1.44	0.02	0.12	±0.16	±0.23
污水	27.15	1.78	27.28	1.60	−0.13	0.18	±0.18	±0.27
天然气	39.28	2.19	39.14	2.04	0.14	0.15	±0.22	±0.33

（2）用地质雷达在石家庄市高新区一电缆厂门口对某规划道路进行探测，得到的剖面探测图像如图 3-94 所示，通过外业调绘和管线探测仪数据采集，得到的 CAD 图像如图 3-95 所示，两者进行比较，平面位置和深度误差信息列于表 3-17。

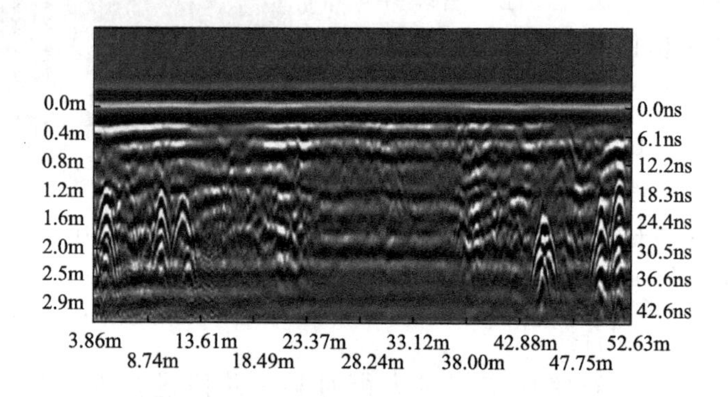

图 3-94 某规划道路地质雷达剖面图像

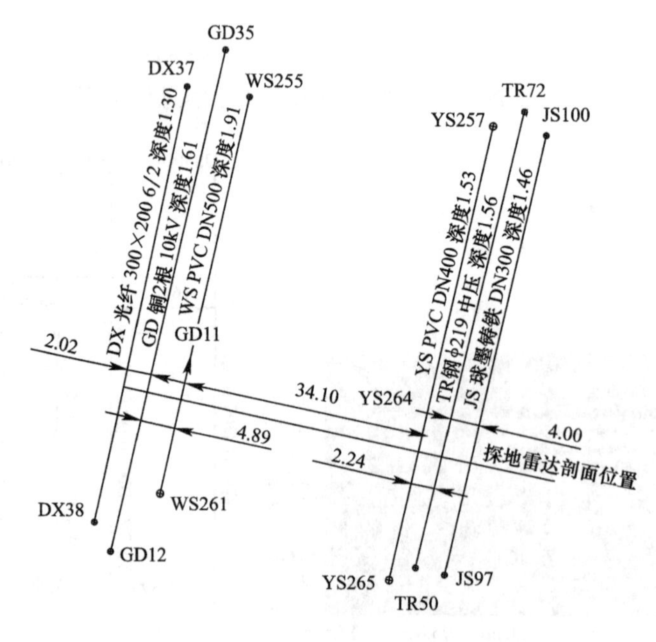

图 3-95 某规划道路地质雷达剖面图像

平面位置和深度误差　　表 3-17

管类	CAD 平面位置（m）	CAD 深度信息（m）	剖面图像平面位置（m）	剖面图像深度信息（m）	平面位置误差（m）	深度误差（m）	平面位置限差（m）	深度限差（m）
给水	5.07	1.46	5.00	1.32	0.07	0.14	±0.15	±0.22
天然气	9.07	1.56	9.09	1.39	−0.02	0.17	±0.16	±0.23
雨水	11.31	1.53	11.24	1.45	0.07	0.08	±0.15	±0.23
污水	45.41	1.91	45.31	1.73	0.10	0.18	±0.19	±0.29
供电	50.30	1.61	50.34	1.47	−0.04	0.14	±0.16	±0.24
电信	52.32	1.30	52.02	1.19	0.30	0.11	±0.13	±0.20

通过图 3-92 和图 3-93 可以看出，地质雷达所探测到的四类管线和 CAD 管线图比较，平面位置和深度差值均在规范限差之内，表明地质雷达对管线探测满足精度要求；通过图 3-94 和图 3-95 可以看出，地质雷达所探测到的六类管线深度误差满足规范限差要求，在平面位置误差中，电信类管线超出限差要求，其余五类管线满足规范限差要求，说明类似于电信这样管径小的管线较难出现清晰的弧形异常反应，容易发生大的定位偏差。

3.3.3 瞬变电磁雷达法

在国外，最早提出利用电流脉冲激发供电电偶极形成时域电磁场的是美国科学家 L. W. Blan（1933 年），当时利用不同电导率地层界面电磁波的反射与地震发射波信号的相似性，进行了大量的试验和比较；1951 年由 J. R. Wait 提出来利用瞬变电磁场法寻找导电矿体的概念；1958 年加拿大 Barringer 公司开始研制应用于航空的 INPUT 系统，于 1962 年投入使用。在同时期内（1950～1960 年），苏联科学家成功地完成了瞬变电磁法的一维正、反演，建立了瞬变电磁法的解释理论和野外工作方法。同时应用时域电磁法测深即建（立）场（测深）法，此法主要用于地震探测油田效果不理想的地区。20 世纪 60 年代中期到 70 年代末，“短偏移”、“晚期”、“近区”这类方法迅速发展起来。美国等西方国家在 20 世纪 70～80 年代，短偏移法一直处于实验和研究阶段，未被广泛应用，而长偏移法得到了应用，特别是在地热调查和地壳结构调查中。20 世纪 80 年代以后随着计算机技术的发展，在二三维正演模拟技术方面，G. W. Hohmem，A. P. Raiche，B. R. Spies，M. N. Nabighian 等学者，发表了大量论文。

在国内，瞬变电磁法起步于 20 世纪 70 年代，先后从加拿大引进磁源 EM37、47、67 及 PEM 系统；从澳大利亚引进源 SIROTEMII、TerraTEM；油气田勘探部门引入西方电性源的瞬变电磁法（LOTEM）及俄罗斯的建场测深电法仪（ЦЭС-3 型），成为深部构造及含油气目标探测的有效方法；此外，很多单位也开展了理论基础及方法技术研究，朴化荣（1990）《电磁测深法原理》、牛之琏（1992）《时间域电磁法》、蒋邦远（1998）《实用近区磁源瞬变电磁法勘探》，以及 1997 年由牛之琏等编写的《瞬变电磁法技术规程》等专著产生了较大影响。笔者较早（1987 年在华北有色地勘局第一物探大队）参与了 PEM 瞬变电磁系统的研究和野外找矿工作。

以前，瞬变电磁法只局限于金属矿勘探，1992 年以后随着仪器的智能化与数字化，瞬变电磁法开始步入工程、环境、灾害地质调查中，如探测地下采空区、陷落柱等煤田灾害，划分地下断层、寻找地下水，金属矿产勘探、石油、煤炭等非金属矿产调查、工程场地地质勘查、隧道超前地质预报等领域。目前，瞬变电磁法已经几乎涉足了勘探地球物理的所有领域，取得了良好的效果。

瞬变电磁法与常规电法相比具有如下优势：

(1) 在低阻围岩条件下，常规电法易受浅层低阻屏蔽，而瞬变电磁法能穿透较厚的低阻覆盖层，其地形影响也容易判别；在高阻围岩的条件下，瞬变电磁法穿透能力强，几乎不受地形影响；

(2) 理论上瞬变电磁法比直流电法分辨率高 1/3 次方；

(3) 瞬变电磁法采用密集采样方式，采样数据为千个至数百万个深度数据，大大提高了对勘查目的物空间位置及形态的控制能力；

(4) 瞬变电磁法观测纯二次场，消除了频域方法的主要噪声源（装置耦合噪声），TEM 噪声主要来自天然电磁场及人类文化设施的噪声（简称人文噪声）干扰，受地形起伏、一次场不稳定及发射接收点位误差影响小。可以进行近区观测，减少旁侧影响，增强电性分辨能力；

(5) 可用加大发射功率的方法增强二次场，随机干扰影响小；通过多次脉冲激发和场的重复测量叠加，可提高信噪比和观测精度，也可增大勘探深度；

(6) 可通过选择不同的时间窗口进行观测，有效地压制地质噪声，可获得不同勘探深度覆盖等一系列优点，使剖面与测深工作于一体，提供了更多有用信息，减少了多解性；

(7) 对线圈形状、方位和点位等要求可以放宽；由于测量磁场，受静态位移的影响小，测量工作简单，工作效率高；

(8) 可以使用同点装置（如重叠回线或中心回线），与探测的地质体达到最佳的耦合，得到的异常幅度大、形态简单、横向分辨率高；

(9) 由于测量装置采用的是不接地回线，故不受接地电阻等问题的影响，特别是在直流电法无法应用的区域，例如冻土地带、水泥路面、沙漠区域、基岩出露地区、海水表面等，利用瞬变电磁法均可方便地进行探测，彰显了其独特的优越性。

3.3.3.1 基本原理

1) 瞬变电磁法原理

瞬变电磁法是利用不接地回线（或电偶源）向地下发送一次脉冲磁场（或电场），即在发射回线上供一个电流脉冲方波，方波后沿下降的瞬间，将产生一个向地下传播的一次瞬变磁场，在该磁场的激励下在地质体内产生涡流，其大小取决于该地质体的导电能力，导电能力强则感应涡流强。在一次场消失后，涡流不能立即消失，它将有一个过渡过程（衰减过程），该过渡过程又产生一个衰减的二次场向地下传播。在地表用接收线圈接收二次磁场，该二次磁场的变化，将反映地下介质的电性情况，在接收机中按不同的延迟时间测量二次感应电动势，得到二次场随时间衰减的特性，如图 3-96 所示。

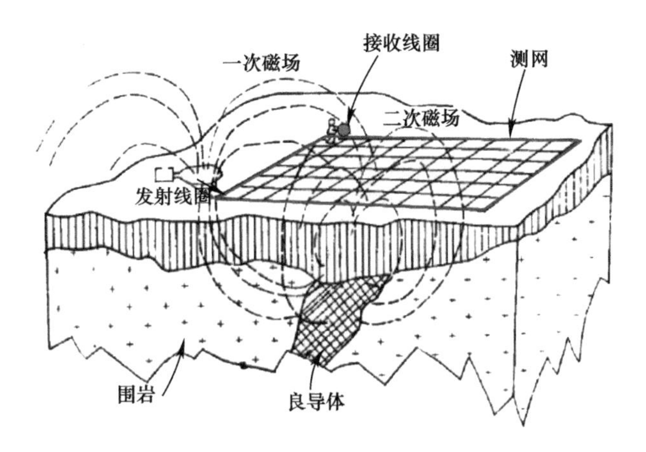

图 3-96 瞬变电磁法工作原理

根据法拉第（Faraday）电磁感应定律，在随时间变化的磁场 $B(t)$ 中，匝数为 N，则截面积为 S 的圆柱形螺线管线圈中将会产生感应电动势 $V(t)$，即：

$$V(t)=-N\frac{d\phi(t)}{dt}=-q\frac{dB(t)}{dt}=-NS\cdot\frac{d\mu_0 nI(t)}{dt}=-\frac{N^2S}{l}\cdot\mu_0\cdot\frac{dI(t)}{dt} \quad (3\text{-}29)$$

$$B(t)=\int_t^{\infty}(V(t)/q)dt \quad (3\text{-}30)$$

可见，采集信号 $V(t)$ 与 $d(B(t))/dt$ 成正比。其中 $\phi(t)$ 为通过线圈的磁通量。μ_0 为真空导磁系数，n 为线圈密度，l 为螺线管长度，$I(t)$ 为产生的感应电流。

浅层瞬变电磁法是基于常规 TEM 发展起来的，由于 TEM 的探测深度是由观测时间的早晚决定，早期的 TEM 仪器受工艺与电子器件技术的限制，关断时间和最早采样时间普遍比较长，使得探测深度存在数十米的盲区，这就限制了常规瞬变电磁仪的探测能力，不能满足环境与工程探测的需要。

2）浅层瞬变电磁法

20 世纪 80 年代国外开始针对浅层探测研制瞬变电磁仪器，如图 3-97 所示，其中性能最好的浅层瞬变电磁仪器代表有加拿大 TEM-47 系统，常用的发射线圈为 40m×40m，发射电流 3A，关断时间 2.5μs，最早采样时间为 6.8μs（关断后），由“趋肤深度”计算公式 $\delta_t=[2\rho T/\mu]^{1/2}$，若对电阻率 50Ωm 的均匀大地，浅部探测盲区约 18m；俄罗斯的 TEM-FAST 系统，最早采样时间 2～10μs（关断后），最常用发射线圈 20m×20m，均匀大地电阻率为 10Ω·m 时，探测盲区为 7m，均匀大地电阻率为 30Ω·m 时，探测盲区为 13m，显然探测中的盲区对隧道掌子面地质预报来说影响很大。

对于时间域电磁方法来说，探测深度是由观测时间的早晚决定的。理论上，瞬变电磁方法是可以实现近地表的探测，但是国内外研制的测量系统都不能达到零时间关断（$t_1=0$）；而且在实际工作中，由于发射电流的关断时间不为零，接收装置所测量的瞬变电磁信号在相当长的一段时间内受到严重影响而发生畸变，如果用于解释将产生错误的结果。因此，目前时间域瞬变电磁法仪器记录的几乎全部是晚期信号，或者在数据处理时仅采用了晚期信号，这种情况将产生两种后果：第一，它损失了 TEM 方法探测浅部结构的能力，因为浅部结构的信息主要由早期信号携带；第二，它降低了 TEM 方法的分辨能力，因为关断电流的影响将使瞬变响应发生畸变。所以，在隧道掌子面前方 20m 左右也是瞬变电磁法探测的弱视区（或半盲区）。

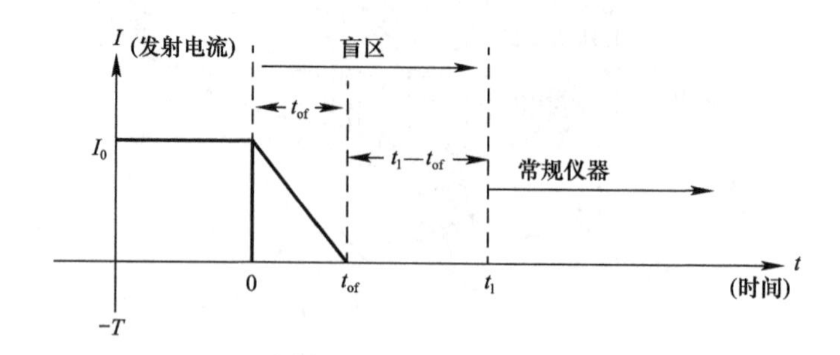

图 3-97 常规瞬变电磁仪工作盲区

3）影响浅层瞬变电磁探测的因素

影响半盲区范围的因素有很多，主要有以下几种：

（1）采样率不够高。瞬变电磁前期信号的特点是幅值大、变化剧烈，低采样率所带来的误差会直接影响到浅层地质的反演精度。

（2）线圈的暂态过程。由于接收线圈自身电感的存在，使得接收线圈存在一个暂态响应过程。如果暂态过程很长，那么在测量的信号实际上是纯净的二次场信号与线圈暂态响应信号的叠加。

（3）抗干扰能力、噪声的影响。由于晚期信号很微弱，很容易就被外界电磁噪声所淹没。

（4）发射机关断时间的影响。在关断时间之内和关断时间之后的相当一段时间内，瞬变场严重受到关断电流的影响而表现出非常复杂的性质。

（5）接收机的采样速率，噪声水平。高采样速率和低噪声可有效提高采集数据的可靠性。

（6）电流关断后早期一次场与二次场的叠加。

（7）回线尺寸、发射电流、线圈的自感与互感。

（8）地电断面的性质。最小探测深度受到地层电阻率大小的影响，电阻率越大，最小探测深度越大，盲区范围越大。

（9）功率-灵敏度。功率-灵敏度是衡量仪器系统探测能力的一个重要指标。

（10）地质噪声。

（11）地质体的电性、埋深及几何参数。

3.3.3.2 瞬变电磁雷达技术

瞬变电磁雷达系统（Transient Electromagnetic Radar，简称 TER）使用调制的瞬变电磁波形和定向天线向地下空间中的特定空域发射电磁波以搜索目标。搜索域内的物体（目标）把能量的一部分反射回雷达接收机处理这些回波，从中提取距离、速度、角度位置和其他目标识别特征等目标信息。

TER瞬变电磁雷达由北京市市政工程研究院研制，系统包括电磁发射系统、电磁采集系统和计算机，如图3-98所示。

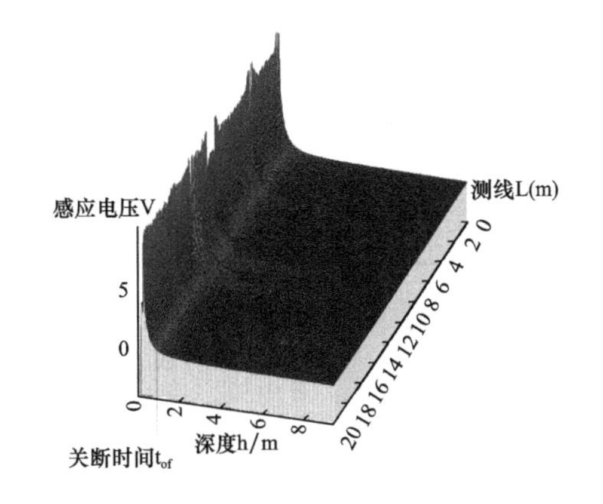

图3-98　TER瞬变电磁雷达

图3-99　TER瞬变电磁雷达实测感应电压曲线

为了能采集早期信号，减少过渡过程的影响，TER系统采用上升沿触发、过零取样、全时域密集采样等技术实现了瞬变场早期纯二次场信号的直接测量。具体技术指标见表3-18。

TER瞬变电磁雷达技术指标　　表3-18

发射机		接收机	
发射频率	0.0625～222Hz	采样频率	4.096kHz～52.734kHz
断电时间	<100μs	A/D分辨率	24Bit高精度
供电电流	0～16A	动态范围	175dB
触发方式	上升沿	同步方式	电缆
发射方式	连续/测量轮	延时窗口	1000
电流波形	双极性方波，占空比可调	叠加次数	1～9999
通讯接口		WiFi	
工作电源		6～12.6V（锂电内置）	

瞬变电磁雷达实测感应电压曲线如图3-99所示，关断时间较小，引起的过渡过程短，这就大大降低了瞬变电磁法探测的盲区，进而增强了瞬变电磁法在地下管线的探测能力。

3.3.3.3　工作方法

TER装置包括TEM的各种装置，TER系统的发射机和接收机连体组合形式，同步方式采用有线电缆同步。两台整机也可联合，一个仅用发射机，另一个仅用接收机，同时移动仍采用有线电缆同步，不同时移动则采用GPS同步。同时也设计有发射线圈和接收线圈同体的重叠回线方式，对于重叠回线装置的TER就是一整体机。下面主要介绍适合地下管线探测的中心回线、重叠回线和大定回线源装置。

1）中心回线

地下管线探测使用中心回线、分离回线装置，如图3-100、图3-101所示，发射线框较大，接收线框在中心位置，一起按测线方向逐点移动；分离回线也是偶极装置，接收线圈在框外，一起按测线方向逐点移动；这两种装置与探测目标也能够达到最佳耦合，分辨率高，受旁侧地质体影响小。

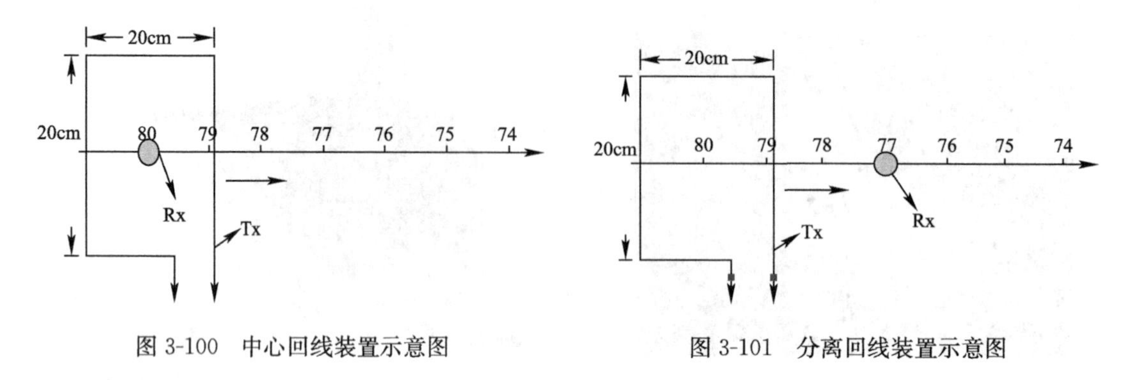

图 3-100　中心回线装置示意图

图 3-101　分离回线装置示意图

2）重叠回线

重叠回线组合顾名思义，就是将两条线圈（一条用作接收，一条用作发射）铺在同一位置。重叠回线装置是瞬变电磁雷达最常用的探测装置之一，由于其耦合效果好、简单、便携等特点，该装置可被组装为一体机，即发射-接收仪器与发射-接收线框于一体，方便用户探测时扫描式移动，这种装置适合探测一定深度范围内的目标体，如图 3-102 所示。TER 可以将发射机和接收机与天线集成一体机。

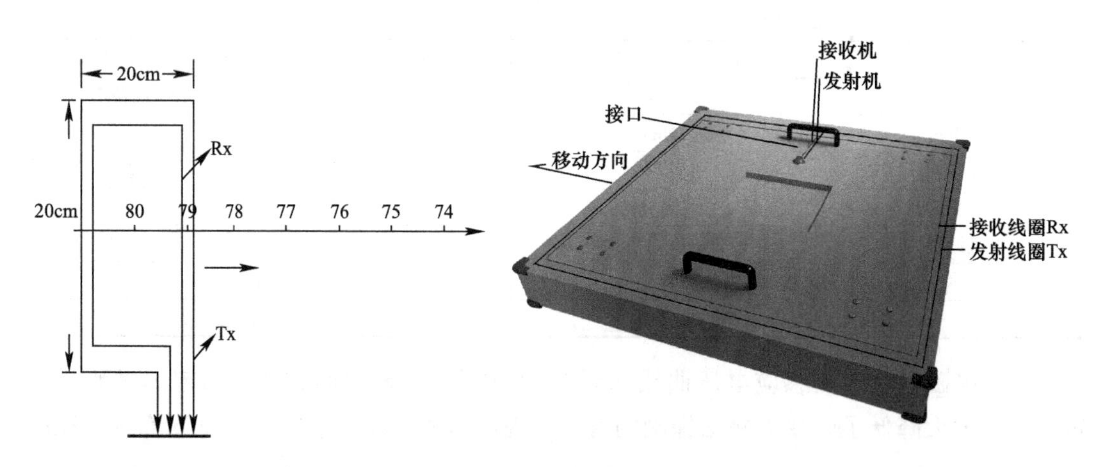

图 3-102　重叠回线装置天线示意图

3）大定回线源

TER 大定回线源装置如图 3-103 所示，分框外法和框内法两种。采用 GPS/无线电同步，发射机与大定回线不动，接收机与接收线圈一体同步移动，以雷达扫描的方式进行连续数据采集。主要探测深部地下管线，其测试速度快，随时发现异常，也便于异常跟踪。其接收线圈有两种形式，一种是常规的接收回线；另一种采用接收探头，这种探头在中心回线装置也可使用。图 3-104 是采用接收磁探头方式进行深部管线探测的现场，通常视目标体深度布置相应的大线框，可探测几十米深度的管线。

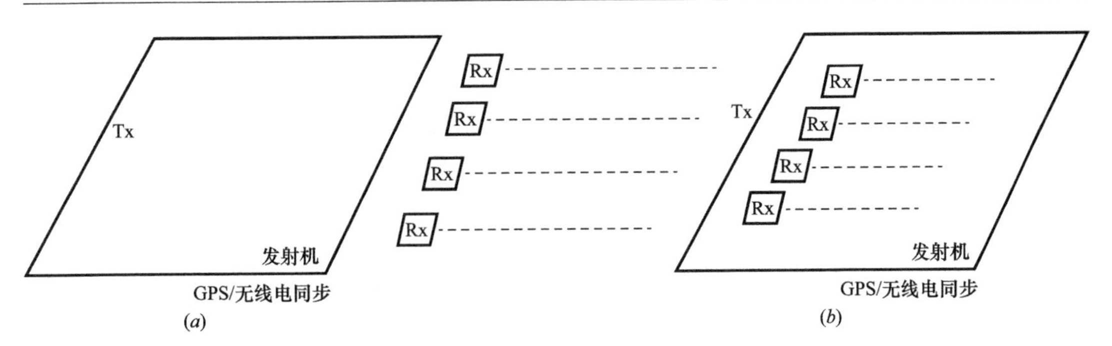

图 3-103 TER 大定回线源法扫描装置示意图

(a) 框外法 TER 接收机扫描式移动；(b) 框内法 TER 接收机扫描式移动

图 3-104 TER 大定回线源法现场实测

3.3.3.4 参数计算

瞬变电磁阶跃激励普遍采用双极性脉冲电流作一次场源。实际的发射机电路，存在关断延时、开关噪声、受负载变化影响等问题。

1) 视电阻率

在瞬变电磁法中，视电阻率等于相同瞬变电磁系统和测量装置下，在同一时刻产生与测量值相同瞬变场响应的均匀导电半空间的电阻率。其计算的方法主要有两种：第一种是由早晚期渐进式分别计算出的视电阻率拟合成一组近似的全程视电阻率；第二种是用负阶跃响应等式迭代计算出全程视电阻率。用第一种方法拟合的全程视电阻率在瞬变的中期无定义或误差较大。

(1) 早晚期视电阻率计算渐近式

① 重叠回线。早期感应电压响应$\left(U_c=\dfrac{I\mu_0 a}{2t}\right)$与电阻率无关，因此无法计算早期视电阻率；晚期（$\tau_0>3$）渐近式，$\rho=\left(\dfrac{\sqrt{\pi}I}{20U_c}\right)^{2/3}\cdot\left(\dfrac{\mu_0}{t}\right)^{5/3}\cdot a^{8/3}$。

② 中心回线。早期（$\tau_0<0.01$）渐进式，$\rho_E'=\dfrac{a^3}{3I}\dfrac{\partial B_z}{\partial t}$（用磁场变化率计算），$\rho_E=\dfrac{a^2\mu_0}{6t}\left(1-\dfrac{2a}{I\mu_0}B_z\right)$（用磁场计算）；晚期（$\tau_0>3$）渐近式，$\rho_E'=\dfrac{\mu_0}{4\pi t}\left[\dfrac{(2\pi a^2\mu_0 I)}{\left(5t\dfrac{\partial B_z}{\partial t}\right)}\right]^{\frac{2}{3}}$（用磁场变化率

计算）$\rho_L=\frac{\mu_0}{\pi t}\left[\frac{(\pi a^2\mu_0 I)}{(30B_z)}\right]^{\frac{2}{3}}$（用磁场计算）。

③ 分离回线。早期$\left(\frac{D}{d_{TR}}\leqslant 2\right)$渐进式，$\rho_E=-\frac{2\pi d_{TR}^5 U_z}{9m_T A_R}$；晚期$\left(\frac{D}{d_{TR}}\geqslant 16\right)$渐进式，$\rho_L=\frac{1}{\pi}\cdot\left(\frac{m_T A_R}{20U_z}\right)^{2/3}\cdot\left(\frac{\mu_0}{t}\right)^{5/3}$或$\rho_L=\left(-\frac{\mu_0{}^3 m_T A_R}{64\pi U_x t^3}\right)^{1/2}$。

其中 a 为发射回线半径，m_T 为分离回线装置的发射磁矩（$m_T=I\cdot A_T$），A_R 为接收线框有效面积，d_{TR} 为发射框与接收框中心距，U 为感应电压，下标 x 和 z 分别表示测量数据的 x 分量和 z 分量，下标 E 和 L 分别表示瞬变过程的早晚期。

④ 大定源回线。目前还没有计算大定源回线视电阻率的早晚期渐近式，接收线框在发射回线外足够远（发射接收中心距至少大于发射回线半径的 5 倍）时，可以看作分离回线，可以使用分离回线早晚期渐进式计算视电阻率。

由以上早晚期渐近计算式可知，当瞬变过程处于 $0.01<\tau_0<3$ 或 $2<\frac{D}{r}<16$ 的中期时，没有相应的视电阻率渐近计算式，也就无法计算这一过程中的视电阻率，从而丧失该时段的地质信息。对于重叠回线，早期和中期的视电阻率都无法计算。

通过拟合的方法得到的中期视电阻率无意义，所有渐近式都是以理想场源激发的均匀半空间响应为基础，当激发场源非理想时，都需要校正。

全程视电阻率是利用数值方法求取均匀半空间瞬变响应的反函数，不同测量装置的实测数据可以通过数值逼近或反演迭代求解。

（2）全程视电阻率计算

① 中心回线和分离回线，在理想场源激发下，均匀大地（均匀半空间）地表处的感应电压或磁场响应分别为

$$U_i(t)=\frac{I\rho}{a^3}\left[3erf(u)-\frac{2}{\sqrt{\pi}}u(3+2u^2)e^{-u^2}\right] \tag{3-31}$$

$$B_z^i=\frac{I\mu_0}{2a}\left[\frac{3}{\sqrt{\pi}u}e^{-u^2}+\left(1-\frac{3}{2u^2}\right)erf(u)\right] \tag{3-32}$$

$$U_d(t)=\frac{m_T\rho}{2\pi d_{TR}^5}\left[9erf(u)-\frac{2u}{\sqrt{\pi}}(9+6u^2+4u^4)e^{-u^2}\right] \tag{3-33}$$

其中 a 为发射回线半径，ρ 为均匀半空间电导率，t 发射电流关断后的延迟时间，$U_i(t)$ 为中心回线感应电动势，$U_d(t)$ 为分离回线感应电动势，m_T 发射回线磁矩，d_{TR} 接收线框与发射线框的中心距。误差函数 $erf(u)=\frac{2}{\sqrt{\pi}}\int_0^u e^{-t^2}dt$，$u$ 为与电阻率和测量装置相关的参数。

中心回线：
$$u=\sqrt{\frac{\mu_0 a^2}{4\rho t}} \tag{3-34}$$

分离回线：
$$u=\sqrt{\frac{\mu_0 d_{TR}^2}{4\rho t}} \tag{3-35}$$

记 $$f(u)=g(t)-g_m(t)=0 \tag{3-36}$$

其中 $g(t)$ 为（3-31）（3-32）（3-33）三式中的感应电压或磁场，$g_m(t)$ 为工程测量数据，i 表示中心回线，d 表示分离回线。由（3-34）式反演迭代计算出 u，再由式（3-33）即可计算出中心回线和分离回线在任意延时时刻的视电阻率值，$\rho_i(t)=\frac{\mu_0 a^2}{4tu^2}$，$\rho_d(t)=\frac{\mu_0 d_{TR}{}^2}{4tu^2}$。激发场源为斜阶跃场源时，将分离回线的视电阻率带入式（3-31）进行迭代计算并校正。

② 重叠回线

理想场源激励下，重叠回线的均匀半空间响应 $\frac{U_c(t)}{I}=\frac{2a\mu_0\sqrt{\pi}}{t}S_0$，则 $S_0=\frac{t}{2a\mu_0\sqrt{\pi}}\frac{U_c(t)}{I}$。

记中间参数 $y=S_0{}^{2/3}$，带入下式求 X：

$X=y(a_0+a_1y+a_2y^2+\Lambda+a_9y^9)^2$，

$a_0=1.70997$，$a_1=2.38095$，$a_2=6.49229$，$a_3=20.8835$，$a_4=71.8975$

$a_5=255.846$，$a_6=955.902$，$a_7=3378.09$，$a_8=12368.9$，$a_9=110000$

若 $X<1.4$，$X=X$；

若 $1.4<X<2.8$，$X_1=X$，$X=X_1+0.001635X_1^{4.892}$；

若 $2.8<X<5.69$，$X_2=X$，$X=X_2+0.004018X_2^{4.01364}$；

将 X 值带入下式求解视电阻率，$\rho_c(t)=\frac{\mu_0 a^2}{4tX}$。激发场源为斜阶跃场源时，将此视电阻率带入式（3-31）进行迭代计算并校正。

③ 大定源回线

设大定源回线装置发射线框中心为坐标原点，回线宽为 L_x，长为 L_y。接收线框可在发射回线内或外，其中心坐标为（x_R，y_R）。理想场源激发下，在电阻率为 ρ 的均匀大地表面，接收感应电压响应。

$$\begin{aligned}U(t)=\frac{IA_R\rho}{2\pi}[&F(y_1,x_1)-F(y_1,x_2)+F(x_2,y_2)-F(x_2,y_1)\\&+F(y_2,x_2)-F(y_2,x_1)+F(x_1,y_1)-F(x_1,y_2)\end{aligned} \tag{3-37}$$

$$F(x,y)=\frac{4u_y\exp(-u_\rho^2)}{\sqrt{\pi}x^3}\sum_{n=0}^{\infty}\frac{2n}{(2n+3)!!}[2(u_\rho^2+u_x^2)u_\rho^{2n}-2u_y^{2n+2}-(2n+3)u_x^2u_y^{2n}],$$

$x_1=x_R+L_x/2$，$x_2=x_R+L_x/2$，$y_1=y_R+L_y/2$，$y_2=y_R+L_y/2$，

$u_\rho=\sqrt{\frac{\mu_0 d_{xy}^2}{4\rho t}}$，$u_x=\sqrt{\frac{\mu_0 x^2}{4\rho t}}$，$u_y=\sqrt{\frac{\mu_0 y^2}{4\rho t}}$，$d_{xy}=\sqrt{x^2+y^2}$。

记 $f(u)=g(t)-g_m(t)=0$，其中 $g(t)$ 为（3-37）中的感应电压 $e(t)$，$g_m(t)$ 为工程

测量数据，由 $u=\sqrt{\frac{\mu_0 l^2}{4\rho t}}$，$l=\sqrt{L_x L_y}$ 可得视电阻率 $\rho(t)=\frac{\mu_0 l^2}{4tu^2}$。

以上给出的各种装置下的全程视电阻率的求解方法，都是将场源视为理想场源。当场源非理想时，需要校正。白登海对中心回线以及 A. P. Raiche 对重叠回线和分离回线全程视电阻率的校正，这两种方法都涉及级数求和，求和项数多，结果才能精确，但降低了计算速度。

瞬变电磁法中计算视电阻率，是依据均匀半空间上的瞬变电场的表达式推导出的转换公式。使用早、晚期定义的视电阻率计算方法比较简单，但是在不满足极限条件下曲线并不收敛于均匀大地的电阻率，并且曲线也较复杂，因此，应采用适用于全期的视电阻率计算方法，绘制拟断面图，平面等值线图来分析地电结构。利用全期视电阻率绘制的图件结合各测道二次感应电压曲线，对分析判别煤矿采空区的影响范围、形态都是比较成功的。

（3）全区视电阻率成像的局限性

① $\rho_\tau(t)$ 曲线与回线尺寸是非线性关系，使用不同尺寸回线观测数据所计算出的 ρ_τ 值必然会不同，并且随着回线边长缩小，ρ_τ 值也跟着减小。因此，即使是同一测区内，由于地形的限制导致的线框大小变化会影响观测数据，从而可能引起解释误差。

② 由于晚期道观测的精度差，尤其是在导电层覆盖区使用重叠回线装置时（它与地表处于强耦合状态，地表岩石的激发极化效应及磁性效应的干扰比起其它装置要大），后支 $\rho_\tau(t)$ 曲线会出现畸变，造成无法利用。

③ $\rho_\tau(t)$ 曲线对野外观测的 $V(t)$ 值利用较差，在 $\rho_\tau(t)$ 起始发生变化时，并表现不出电性层差异，需要达到某个特征值才能表现出电性层差异，因此，对应于时间上的变化不灵敏，在垂向上的分辨率不是很好。

2）视时间常数 τ_s

有限规模的导体响应 $\varepsilon(t)$，在晚期按简单的指数规律衰减：

$$\varepsilon(t)=\frac{K}{\tau}e^{-t/\tau} \tag{3-38}$$

式中 K 为与时间无关的系数；τ 为导体的时间常数。从（3-38）式可推算出 τ 值。τ 与异常体电性和几何形体有关，大都为未知，所以反推的时间常数称为视时间常数，以 τ_s 表示。这里介绍一种常用的 τ_s 计算方法。

$$\tau_s=\frac{t_j-t_i}{\ln(\varepsilon_i/\varepsilon_j)} \tag{3-39}$$

式中 $t_j>t_i$ 都是晚期延时的采样时间，ε_i、ε_j 为相应的响应值，t、τ_s 单位为 ms。

一般 τ_s 越大，异常体的导电性和体积的乘积越大，从平面图等资料估计异常体的规模，也就得知异常体的大致电性，结合物性资料判断异常体的性质。

3）视纵向电导 S_τ

纵向电导，即当电流水平地通过顶面为 1m^2、高度为 h(m)、电阻率为 ρ 的方柱体侧面时，S 称为该柱体的电导。它表示电流平行流过层面时，上覆层对电流的传导能力，表

示为 $S=h/\rho$。俄罗斯著名电法专家 B·A·西道诺夫给出总纵向电导 S 与各层纵向电导的关系式如下：

$$S(h)=\int_0^h \sigma(h)dh=S_1+S_2+S_3+\cdots \tag{3-40}$$

瞬变电磁观测数据求解时是把不同时刻的地电构造响应当成不同纵向电导薄板来处理，因而求出的 S 与 h 被称作视纵向电导与视深度。为区别起见，将视纵向电导与视深度分别记为 S_τ 和 h_τ。

对于水平层状地电断面，可用等效导电平面法求得瞬变场的近似解。等效导电平面随时间增大而“下沉”的速度分别与各层介质的电导率有关。

设在均匀大地表面上有半径为 a 的圆形回线，其中通以阶跃电流

$$I(t)=\begin{cases}I, t<0\\0, t\geqslant 0\end{cases} \tag{3-41}$$

$t=0$ 时刻断开电源，则在 $t>0$ 时，地层中产生涡旋电流，在地表任一点便可观测到由此涡流产生的电磁场。根据电磁理论，可用一导电平面来代替地下均匀介质，然后用镜像法可以方便地求出空间任一点的瞬变电磁响应

$$\frac{\partial B_Z(t)}{\partial t}=\frac{-6I}{Sa^2}F(\bar{m}) \tag{3-42}$$

$$m=h+t/\mu_0 S,\quad \bar{m}=m/r \tag{3-43}$$

$$F(\bar{m})=m/\ (1+4\bar{m})^{5/2} \tag{3-44}$$

其中 r 为距离磁偶源中心点的水平距离。

由（3-42）式引入视纵向电导 S_τ

$$S_\tau(t)=\frac{-6I/a^2}{\partial B_Z(t)/\partial t}\frac{\bar{m}}{(1+4\,\bar{m}^2)^{5/2}} \tag{3-45}$$

利用 h_τ 计算公式

$$h_\tau(t)=(m-t/\mu_0 S_\tau)^{1/3}\ (9/8m-t/(\mu_0 S_\tau))^{2/3} \tag{3-46}$$

以 S_τ 为纵坐标，h_τ 为横坐标，绘制 $S_\tau(h_\tau)$ 曲线。

在直流电测深方法中，为了简化对于多层断面的解释方法，引入了“代替层”的概念。在瞬变电磁测深方法中，引入了等效导电薄层，其目的同样是为了简化对于多层断面的解释方法。

已阐明，层状大地中的感应涡流环可等效简化为随时间向下、向外扩散衰变。因此，对于某个时间 t_i 有相对应的探测深度 h_i，在该深度范围内岩层的总纵向电导为 S_i。那么，对于这样的断面，可以用位于深度为 $h_{\tau i}$，并且纵向电导值 $S_{\tau i}=S_i$ 的导电薄层加以等效。显然，S_τ、h_τ 值是时间 t 的函数，其计算 S_τ 公式可以利用已列出的确定水平导电薄板的 S_τ 公式，求 h_τ 用公式（3-47）计算。

$$h_\tau=28\sqrt{t\cdot\rho_\tau} \tag{3-47}$$

ρ_τ 用全期的 ρ_τ 计算方法计算。

4）探测深度计算

瞬变电磁的探测深度与发送磁矩、覆盖层电阻率及最小可分辨电压有关。瞬变电磁场在大地中主要以扩散形式传播，在这一过程中，电磁能量直接在导电介质中由于传播而消耗。由于趋肤效应，高频部分主要集中在地表附近，较低频部分传播到深处。

传播深度：
$$d=\frac{4}{\sqrt{\pi}}\sqrt{t/\sigma\mu_0} \tag{3-48}$$

传播速度：
$$V_z=\frac{\partial d}{\partial t}=\frac{2}{\sqrt{\pi\rho\mu_0 t}} \tag{3-49}$$

式中 t——传播时间；

σ——介质电导率；

μ_0——真空中的磁导率。

由（3-48）式得：
$$t=2\pi\times10^{-7}h^2/\rho \tag{3-50}$$

在中心回线下，时间与表层电阻率之间的关系可写为：
$$t=\mu_0\left[\frac{(M/\eta)^2}{400\,(\pi\rho_1)^3}\right]^{\frac{1}{5}} \tag{3-51}$$

式中 M——发送磁矩；

ρ_1——电阻率；

η——最小可分辨电压，它的大小与目标层几何参数和物理参数，还与观测时间段有关。

联立式（3-49）、式（3-50）可得：
$$H=0.55\left(\frac{M\rho_1}{\eta}\right)^{\frac{1}{5}} \tag{3-52}$$

式（3-52）为野外工程中常用来计算探测深度公式。

总之，TEM法的探测深度与回线大小、供电电流、地层电阻率和噪声电平有关，增大供电电流或回线面积可以增大对目标体的探测深度。但是，实践表明：在一定的发送电流条件下，增大发送电流，场源系统将变得十分笨重，但对观测数据质量（信噪比）的提高方面，效果并不甚明显，因此，盲目地靠提高供电电流来达到增大勘探深度的办法是不明智的。同时，该公式避开了目标体参数对探测深度的影响，只能是做粗略地估计之用。

3.3.3.5 探测实例

瞬变电磁雷达能在方法上弥补地质雷达在探测深度上的不足，结合地质雷达与瞬变电磁仪二者优点，克服地面瞬变电磁探测定点测量效率低的问题，采用正反向方波采集叠加的方法，实现快速移动扫描式探测，同时弥补地质雷达探测深度有限及干扰严重等技术问题，最终实现地表至较大深度内地质体的快捷、便利及无损探测。

瞬变电磁雷达在求取视电阻率后，通过对数据二维成像处理，通过不断抽取密度图的显示范围，使得显示处理结果尽可能和实际一致。这时的断面图就是实际的地电断面。如计算的是视电阻率，那么断面图中对应的地电阻率就对应地下的探查目标体（管线、含水体、构筑物等）。地电断面（材质、埋深判定）：

（1）纵向异常越强（异常深度方向长），材质电阻率越低，材质为钢材；纵向异常越弱（异常深度方向短），材质电阻率低，材质为混凝土材，含钢量少。

（2）异常在浅部出现且陡立，目标体埋深浅。相反，异常只在深部出现，异常缓，目标体一般埋深大。

（3）现场如有已知异常，可通过调整电磁波传播速度校正地电断面埋深。

下面围绕瞬变电磁雷达的几种主要装置说明其应用效果。

1）城市地下管线普查

2017 年 5 月在“一带一路高峰论坛”前，对国家大剧院周边地下管线进行地下管线安全普查。

由于地质雷达探测深度的局限性，采用 TER 瞬变电磁雷达进行异常复核及验证。现场共做了 6 条测线探测，由于瞬变电磁雷达异常解释简单、易判读，并对地质雷达的异常区进行验证，并与实际地下管线竣工图进行对比，满足了对地下管线安全普查精度的要求。图 3-105 为现场实际采集图，图 3-106～图 3-108 为各条测线的实际解释图。

图 3-105 国家大剧院周边现场数据采集

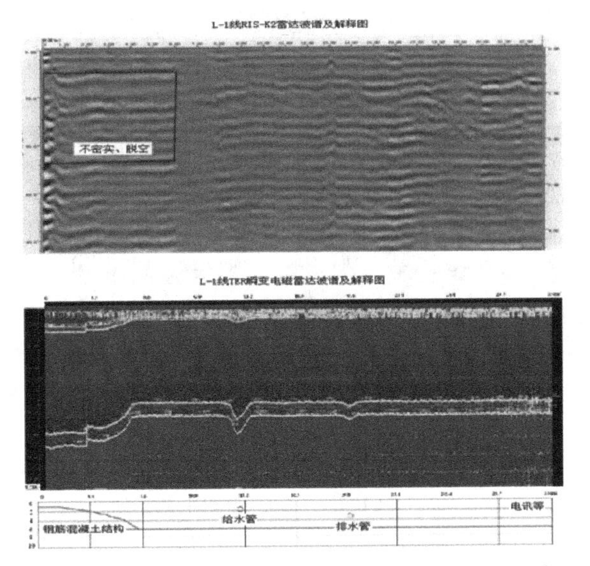

图 3-106 国家大剧院（L-1）RIS-K2 雷达与 TER 雷达波谱及解释图

2）厂区地下管线探测

（1）市政工程研究院院内探测试验

试验用箱型天线（发射 1.2m×0.6m，50 匝；接收 1.2m×0.6m，30 匝），仪器发射频率为 6.25Hz，发射时间 8ms，占空比 0.1，采样点数 330，采样率 26kHz。对市政工程研究院院内的管线进行探测，图 3-109（*a*）混凝土管埋深为 750mm，管径为 200mm，图 3-109（*b*）铸铁管（热力管）的埋深为 110cm，管径为 15cm，图 3-110 为 TER 不同采样率的视电阻率成像图谱与实际管线位置示意图。从探测结果图看，瞬变电磁雷达对铸铁管、混凝土管异常曲线特征明显，横向定位准确度较高。

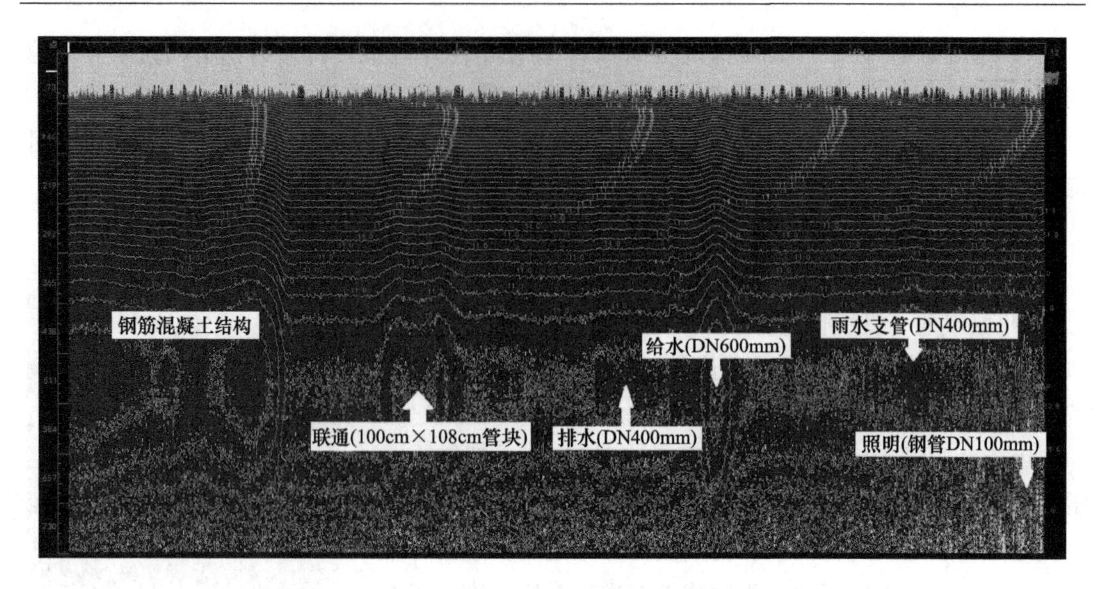

图 3-107 TER 雷达 L-5 视电阻率断面图

图 3-108 TER 雷达 L-6 视电阻率断面图

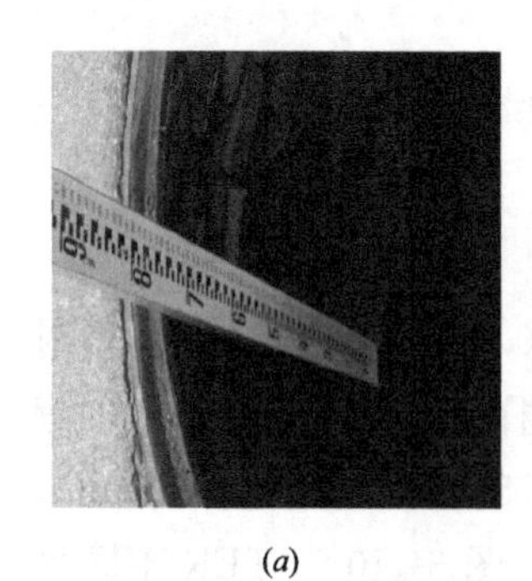

(*a*) (*b*) (*c*)

图 3-109 开井及现场测试照片

(*a*) 混凝土管；(*b*) 铸铁管；(*c*) 现场测试

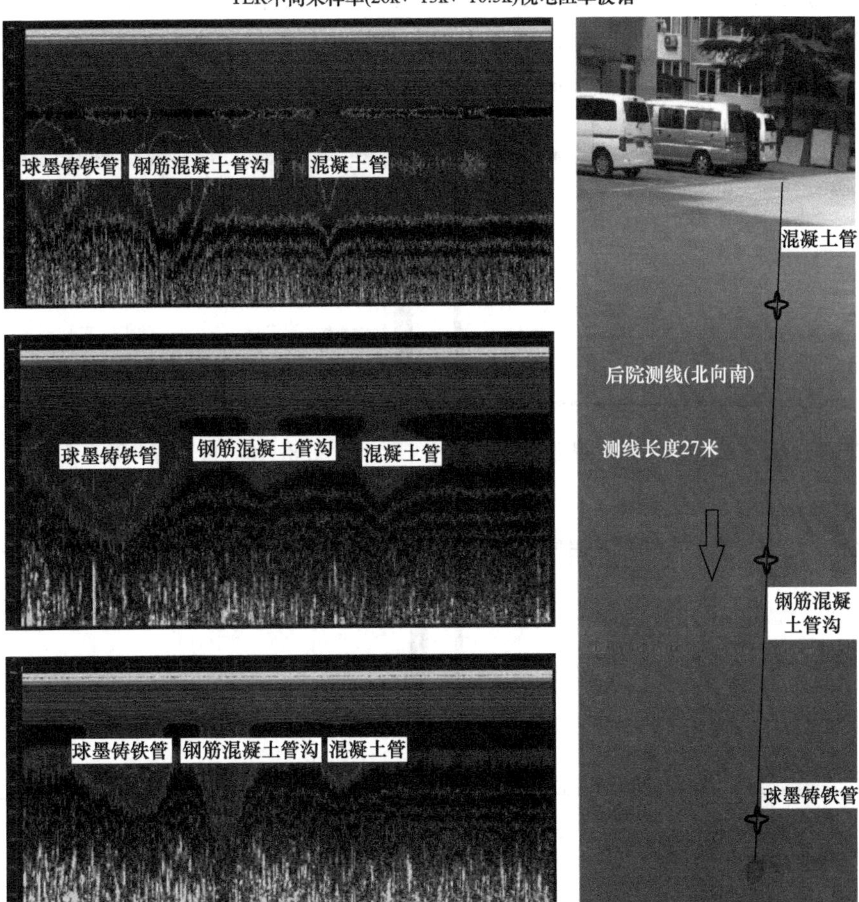

图 3-110 实际铸铁管的探测图谱与现场

(2) 顺义果粒橙厂区排水盲沟探查

2017 年 7 月在顺义果粒橙厂区测试，寻找排水暗沟，果粒橙厂区现场如图 3-111 所

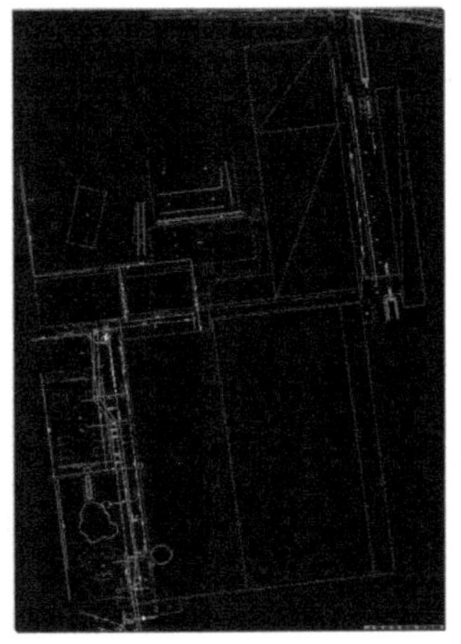

图 3-111 顺义果粒橙厂区实际材料图

示，主要目的是寻找早期深埋的排水暗沟，以便新厂区在雨季有效利用。图 3-112～图 3-118 是各段测线在寻找暗沟的异常反应，主要是找低阻体、断面形状特点符合的低阻异常体。最终通过多条测线追踪，确定了排水暗沟的厂区分布图。

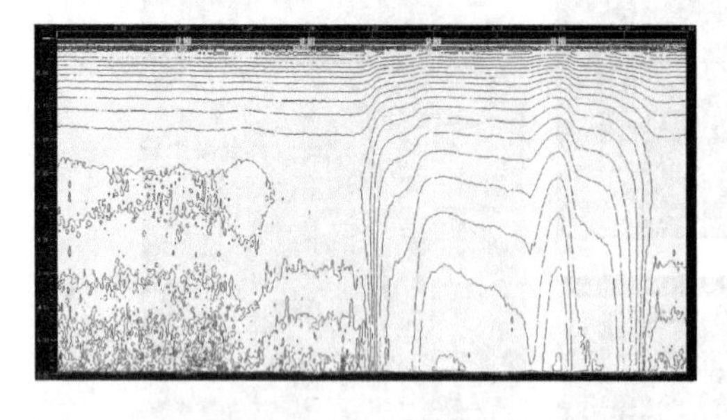

图 3-112　典型排水盲沟（出露）视电阻率断面

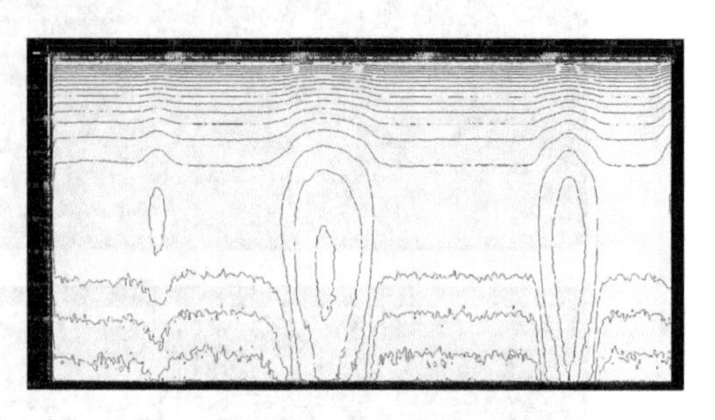

图 3-113　盲管盲沟探测-L0 线

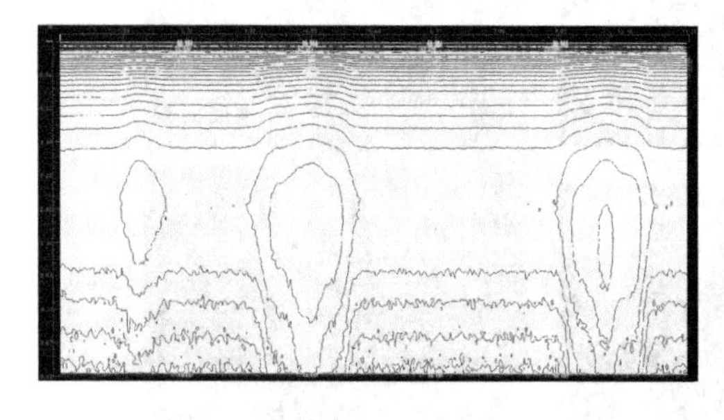

图 3-114　盲管盲沟探测-L1 线

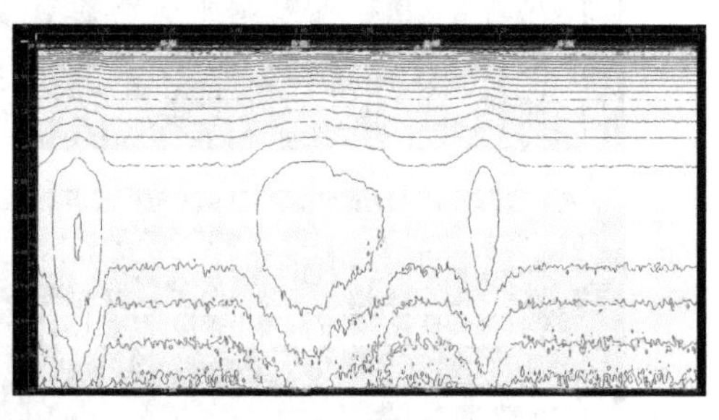

图 3-115　盲管盲沟探测-L2 线

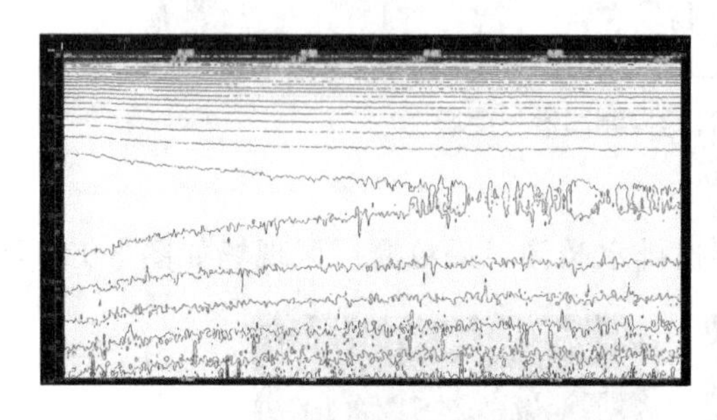

图 3-116　盲管盲沟探测-Z2（后 8 米）

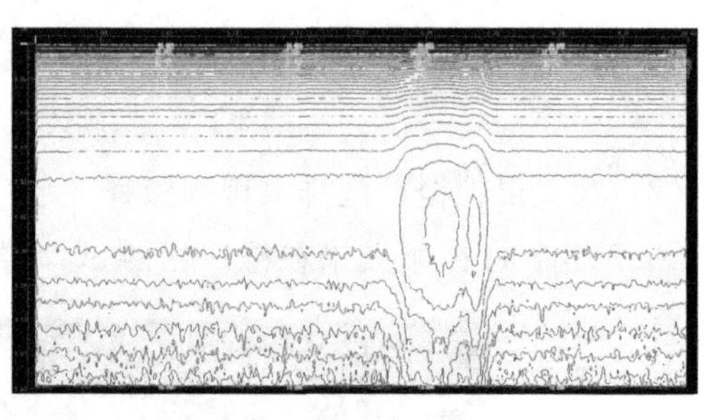

图 3-117　盲管盲沟探测-L4

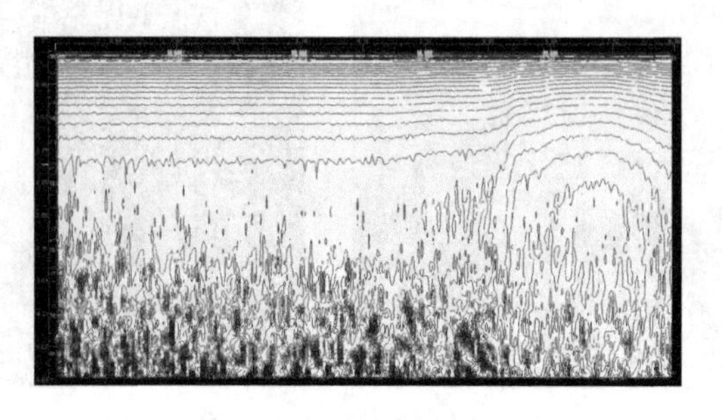

图 3-118　盲管盲沟探测-L9

(3) 北京首钢厂区地下管线探查

2018 年 3 月在北京首钢老厂区测试，探查地下管线分布，首钢老厂区现场复杂，有百年历史，由于地下管线资料不全，需对厂区所有管线进行盘查摸底，以便于老厂改造针对性处置。如图 3-119 为首钢老厂区现状全貌，图 3-120 为厂区测试现场。图 3-121～图 3-123 是几个典型测线的探查结果，断面中的低阻体主要是各种管线。

图 3-119 首钢老厂区现状全貌

图 3-120 首钢老厂区测试现场

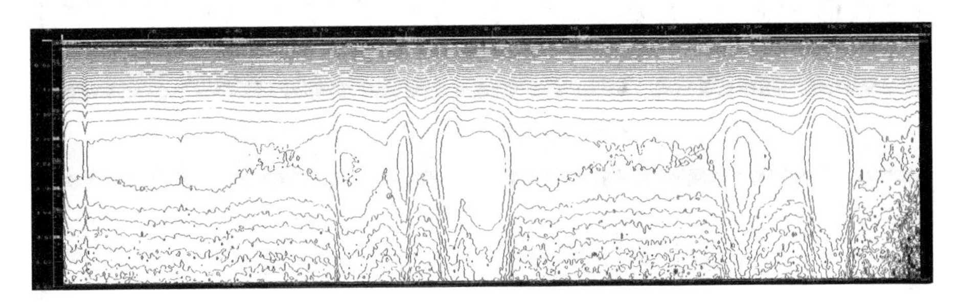

图 3-121 首钢厂区 3 测区 L5 线视电阻率图谱

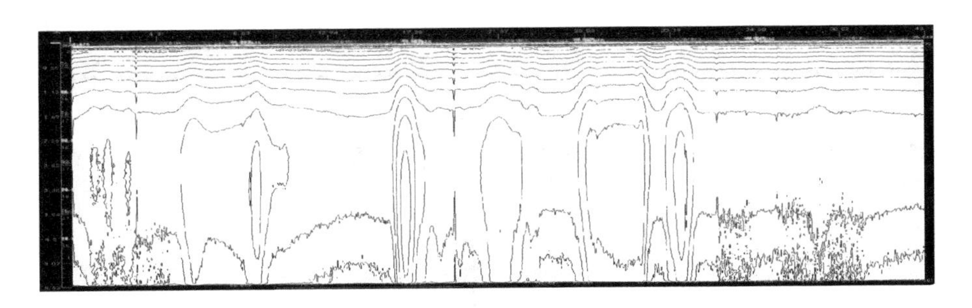

图 3-122 首钢厂区 7 测区 L1 线视电阻率图谱

3) 施工场地管线探测

(1) 北京平安里地铁车站开挖管线排查

2017 年 9 月在平安里地铁站盘查地下管线分布，由于车站开挖前要进行注浆加固，由于地下管线密布（图 3-124)，为了降低施工风险，对已有分布管线进行准确详查，测线布置了 20 多条，下面列几条主要测线以示说明。

图 3-125～图 3-127 为几条测线的电阻率断面图，异常主要为管线、暗涵等。

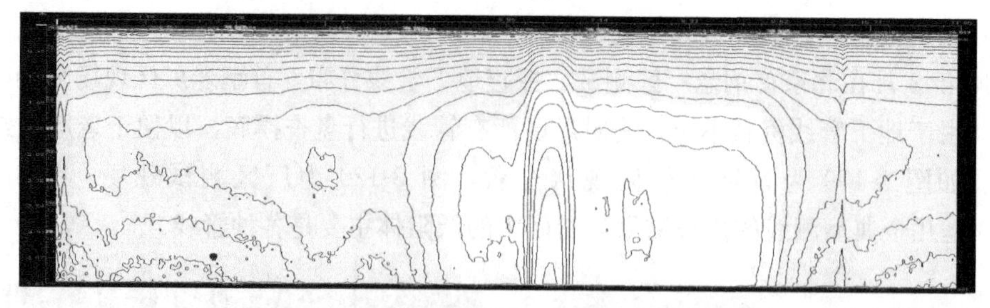

图 3-123　首钢厂区 5 测区 L3 线视电阻率图谱

图 3-124　平安里地铁车站地下管线排查规划资料

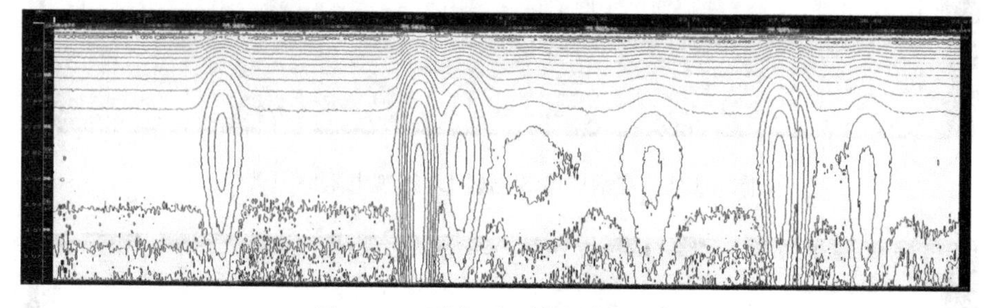

图 3-125　平安里地铁车站 3-4 线

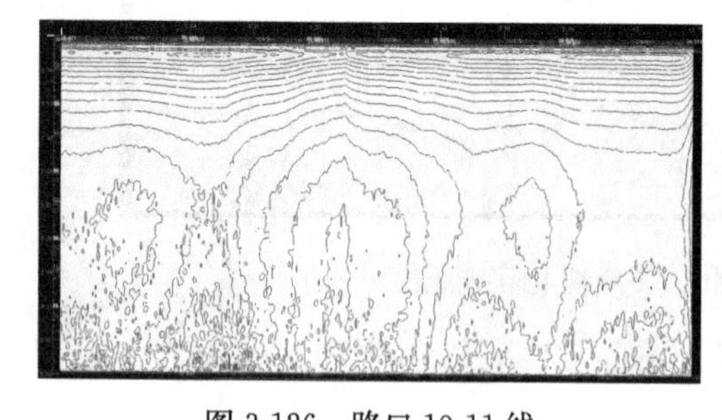

图 3-126　路口 10-11 线

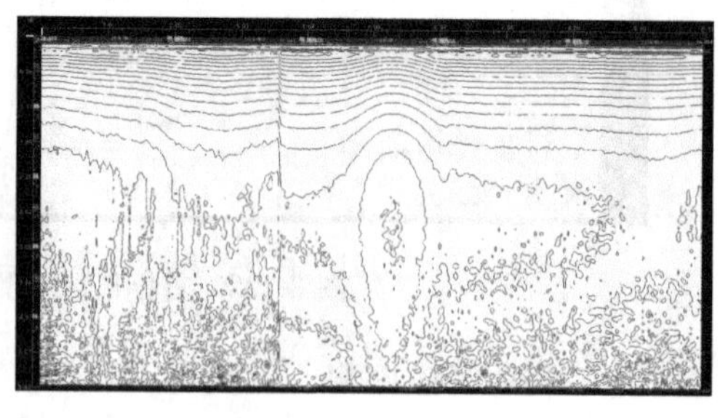

图 3-127　路口 20-21 线

(2) 天津东兴路道路塌陷探查

天津东兴路道路塌陷如图 3-128，现场由于管线破损导致道路塌陷，2017 年 7 月 20 日天津华勘公司对现场塌陷进行详细探测，测线布置见图 3-128。整个测试工作分为塌陷处治前和处治后分别测试，并进行对比，说明处理效果。因此，在 2017 年 8 月 2 日在天津东兴路塌陷处治后又进行了同位置的测试工作。详细结果如图 3-129～图 3-132。

图 3-128 天津东兴路塌陷现场

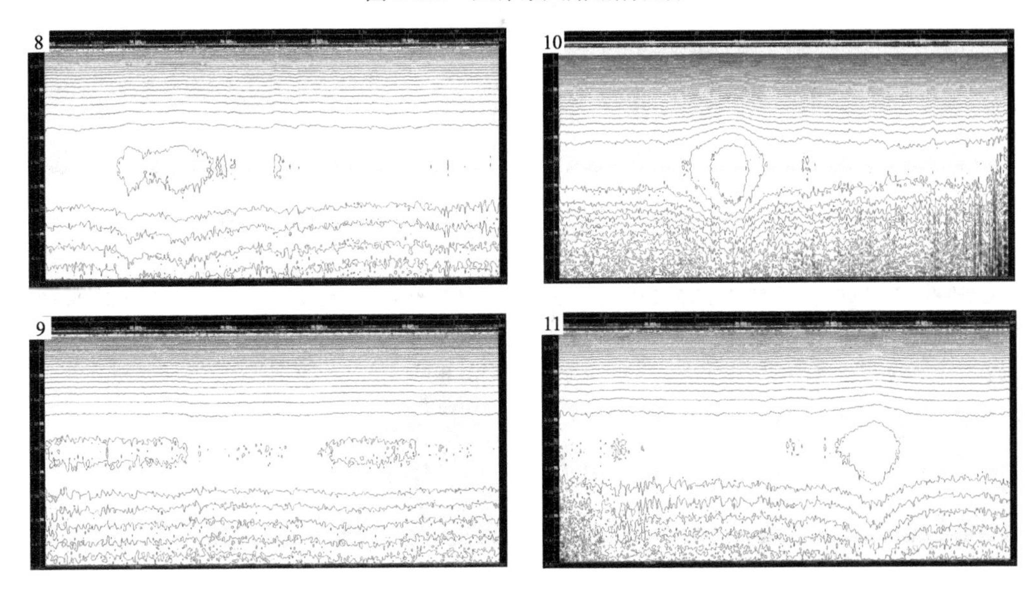

图 3-129 天津东兴路塌陷 8、9、10、11 线处理前视电阻率断面

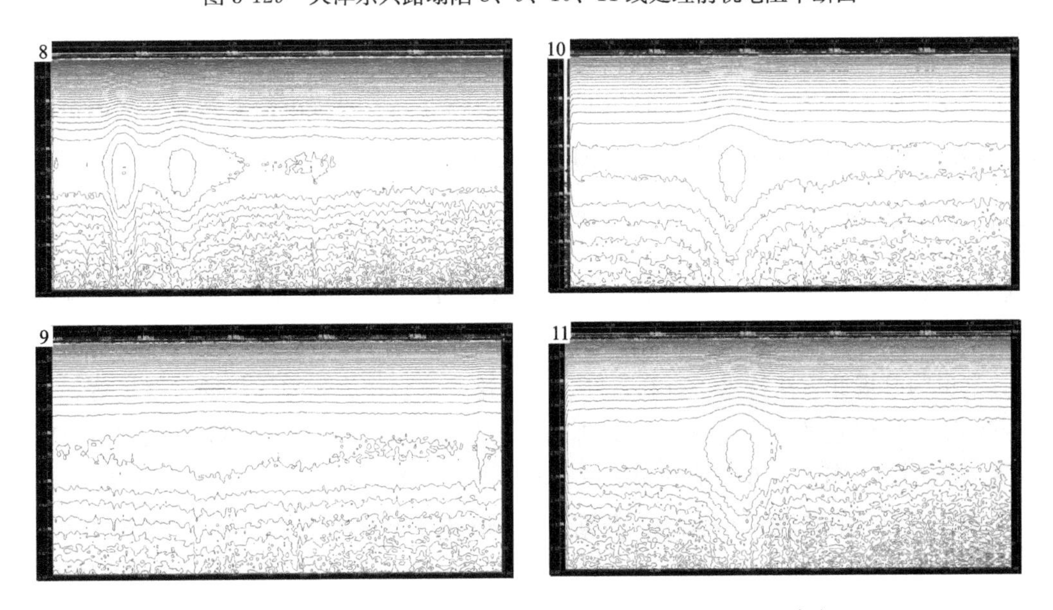

图 3-130 天津东兴路塌陷 8、9、10、11 线处理后视电阻率断面

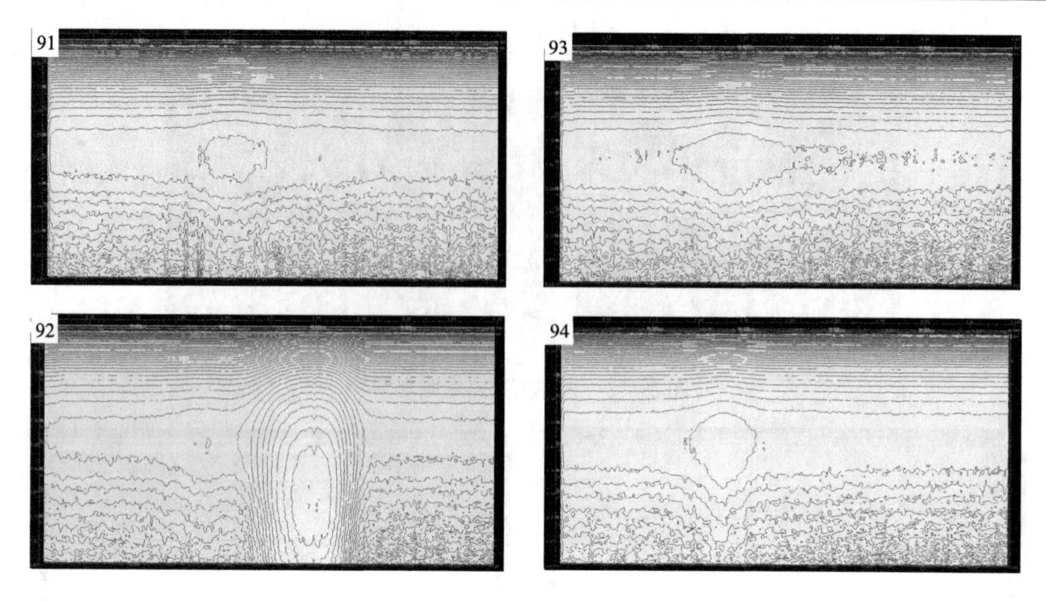

图 3-131 天津东兴路塌陷处 91、92、93、94 的视电阻率断面

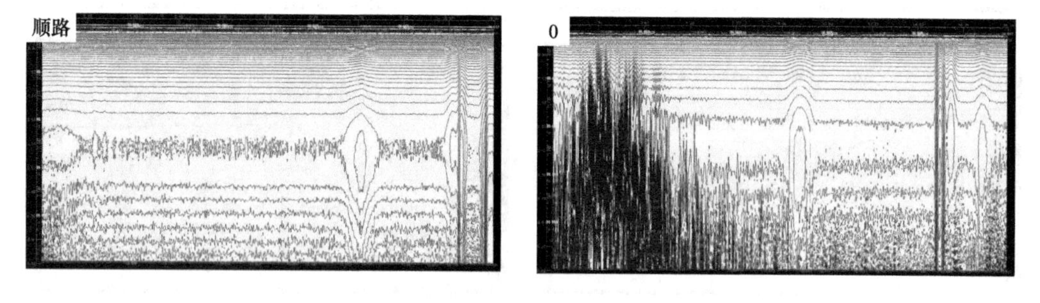

图 3-132 天津东兴路塌陷纵向 0 线视电阻率断面

其中，图 3-128 为通过塌陷处 91、92、93、94 四条线的视电阻率断面，可以看出处治后上层视电阻率较均匀。图 3-129 为沿东兴路塌陷纵向 0 线视电阻率断面，图中可看出处治后塌陷处较均匀，在测线前段地下电阻率较高。

3.3.4 甚低频法

世界上许多国家为军事、商船通讯及导航目的设立强功率的长波电台，发射频率为 1525kHz，信号非常稳定，在地球上任何一点都至少能收到一个甚低频电台所发射的电磁信号，这也为开展此方法提供了有利条件。采用这种电台作为物探工作的发射场源，达到找矿或解决其他问题的一类电磁法，通称为甚低频电磁法，简称甚低频法（VLF，Very Low Frequency）。目前，我国能利用的电台有：日本 NDT 电台，频率为 17.4kHz；澳大利亚 NWC 电台，频率为 22.3kHz；莫斯科 UMS 电台，频率为 17.1kH；美国 NAA 电台，频率为 17.8kHz。这些电台功率一般为 500～1000kW，发射功率大，电磁波传播远，即使在 320～4800km 处亦可将这些电台作为找矿和解决其他问题的发射场源。

甚低频法工作时，先将接收机校准到所选电台的频率，甚低频无线电发射的电磁场使金属管线感应，产生二次电磁场，分析二次电磁场来定位目标管线。它具有场强均匀、噪声低、电台工作时间长等特点。该方法简便、成本低、工作频率高，但精度低、干扰大。其信号强度与无线电台与管线的方位有关，可用于搜索电缆或金属管线。

甚低频电台发射的电磁波，在远离电台的地区可视为典型的平面波。由于发射天线垂直，故其磁场分量水平，且垂直于波的前进方向。当地下金属管线走向与电磁波前进方向一致时，由于一次场垂直于管线走向，管线将产生感应电流及相应的二次场，如图 3-133 所示；当地下金属管线走向与电磁波前进方向垂直时，电磁波不能激励管线，则不能形成二次场。很少有地下管线完全与甚低频电磁波方向垂直，该法感应二次场的强度与电台和管线的方位有关，因此长距离地下管线一般都有此信号。方法简便、成本低，但精度不高、干扰大，可用于搜索电缆或金属管线。

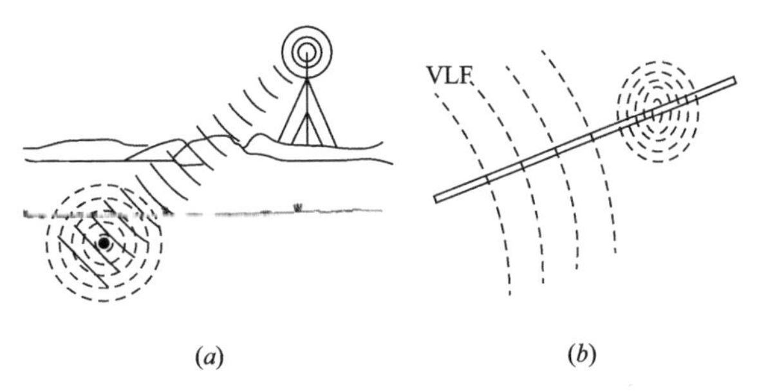

图 3-133 甚低频（VLF）长波信号感应原理

(*a*) 甚低频电台发射；(*b*) 管线感应二次场

3.4 直流电法

直流电法（Directcurrent Electric Method）是电法勘探的一大类方法，该法探测地下管线是以地下管线与周围介质的电性差异为基础，通过测量、研究人工或自然电场的分布规律与特征来解决管线的分布等特征。虽然直流电法是传统的老方法之一，但在某些特定的环境条件下，却是解决各类疑难管线问题的有效方法。

此方法是用 2 个供电电极向地下供直流电，电流从正极供入地下再回到负极，在地下形成一个电场；当存在金属管线时，由于金属管线的导电性良好，它们对电流有“吸引”作用，使电流密度的分布产生异常；若地下存在水泥或塑料管线，它们的导电性极差，于是对电流则有“排斥”作用，同样也使电流密度的分布产生异常。通过在地面布置 2 个测量电极便可观测到这种异常，从而可以发现金属管线或非金属管线的位置。

对于特殊环境下的地下管线探测，在条件许可的情况下，采用直流电法，如小极距中间梯度法、联合剖面法、充电法、自然电场法等。直流电法对于有一定直径的水泥管、污水管、铸铁管、自来水管（自来水漏水点）均有较好的显示。对于接地困难、干扰较大的厂区，可采用低压充电来观测电场变化，或在电缆的外壳和三相四线缆的地线充以直流低频或高频电流观测由此产生的磁场分量，以判断电缆所在的部位。

金属管线依靠金属中的自由电子导电，电阻率的大小取决于金属颗粒的成分、含量及结构。周围土壤依靠颗粒孔隙中水溶液的离子导电，电阻率的大小取决于土壤的孔隙度、湿度以及含水的矿化度，另外，工业区回填土所含金属管线的电阻率值（ρ）较低，周围介质的电阻率较高，见表 3-19。金属管线相对周围土壤的电阻率差异是用直流电法探测地下管线的物性前提。

常见介质的电阻率值 **表 3-19**

介质	电阻率 $\rho(\Omega\cdot m)$
覆土层	10～103
河水	10～102
金属	＜10
黏土	10^{-1}～10
潜水	＜100

实际中，主要采用电阻率剖面法探查地下管线。在电剖面工作中，受大地介质的不均匀影响，测得的往往不是介质的真电阻率 ρ，而是地下电性不均匀和地形的一种综合反映，用 ρ_s 表示，称为视电阻率。利用 ρ_s 的变化规律可以去发现和了解地下电性的不均匀性，以达到探查地下管线和解决其他地质问题的目的。

地下管线相当于一个水平圆柱体，在两个点电源供电的情况下，对于主剖面，可用水平均匀场中的水平圆柱体的电场来对实际情况加以近似。

3.4.1 高密度电阻率法

1）基本原理

高密度电法（Electrical Imaging Surveys）是 20 世纪 80 年代在常规电法基础上发展起来的一种新型阵列勘探方法，它是基于静电场理论，以探测岩土介质的导电性差异为前提，通过观测和研究人工稳定电流场的分布规律来解释地下地质问题。用供电电极（A、B）向地下供直流（或超低频流）电流，同时在测量电极（M、N）间观测电位差（ΔU_{mn}），并计算出视电阻率（ρ_s），各电极沿选定的测线按规定的电极距间隔移动。高密度电法进行二维地电断面测量，兼具剖面法与测深法的功能。能有效地进行多种电极排列方式的扫描测量，因而可以获得较丰富的关于地电断面结构特征的地质信息。高密度设置了较高的测点密度，仪器利用多路电极转换装置，自动实现多种电极排列和多参数测量，一次可完成纵、横二维的勘探过程，既能反映某一深度上沿水平方向岩性变化，又能反映其在垂直方向不同深度上的岩性变化规律，获取的地质信息丰富，探测精度高。因此在工程地质勘探中得到了越来越多的应用。

高密度电阻率法与常规电阻率法的探测原理相同，都是以目标管线与周围介质之间导电性差异为基础的一种物探方法。利用高密度电阻率法探测时，将数十根电极一次性布设完毕，利用转换器选择不同的电极排列方式和移动方式，快速采集现场数据。根据电极排列形式和移动方式的不同，将电阻率法分为电测深法、电剖面法和高密度电阻率法。高密度电阻率法实际上集中了电剖面法和电测深法的双重特点，可实现现场数据的快速采集，采集信息量大，并在现场进行数据实时处理，提高了工作效率。

2）工作流程

高密度电法数据采集系统由主机、多路电极转换器、电极系三部分组成。多路电极转换器通过电缆控制电极系各电极的供电与测量状态；主机通过通讯电缆、供电电缆向多路电极转换器发出工作指令，向电极供电并接收、存贮测量数据。其具体工作流程如图 3-134 所示。

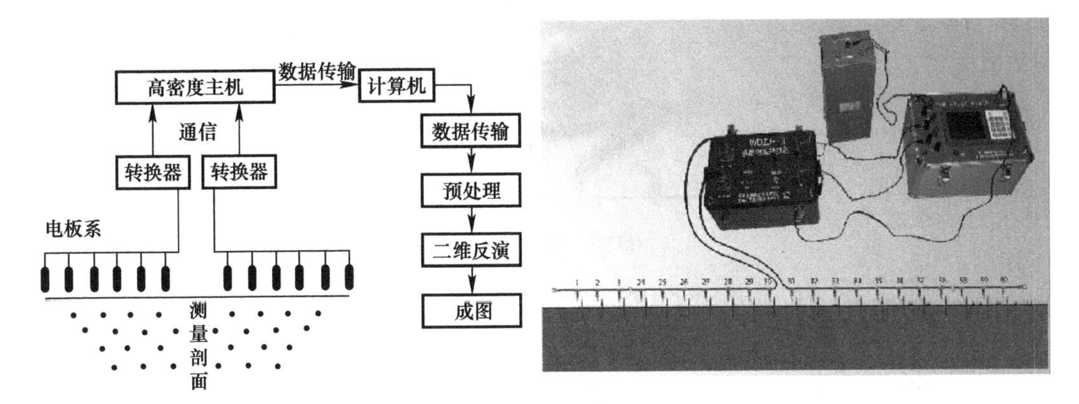

图 3-134 电阻率法装置示意图

在实际工作中，通过多次试验发现，温纳装置在进行水域工程物探工作中效果最佳，此采用温纳装置 α 排列。其测点的视电阻率值通过下式求得：

$$\rho_s = K\frac{\Delta V}{I} \tag{3-53}$$

式中，ΔV 为测量电位差，I 为供电电流，K 为装置系数，满足以下关系式：

$$K = \frac{2\pi}{\frac{1}{C_1P_1} - \frac{1}{C_1P_2} - \frac{1}{C_2P_1} + \frac{1}{C_2P_2}} \tag{3-54}$$

式中：C_1、C_2 为供电电极；P_1、P_2 为测量电极。

高密度电阻率法工作时，其供电电极与测量电极是一次性布设完成的。通常情况下，经由仪器的电极转换开关控制，排列中的某两根电极既作为供电电极 AB，在下一组组合测量时又要作为测量电极 MN。在工作时，我们总希望探测深度要深（即 AB 要大），又不会漏掉小的异常体（即 MN 要小）。但通常要提高横向分辨率，就会牺牲探测深度，反之亦然。所以在设计极距时，既要充分考虑探测深度，又要兼顾横向分辨率。图 3-135 为高密度电法仪工作示意图。

尽管常规直流电法可以探测地下管线，但是由于该方法在敷设一次导线后只能够完成一个记录点的数据观测，而目前在管线探测中常遇到目标体埋深不大或规模较小等情况，高密度电法是一种体积探测方法，与常规直流电法相比分辨力高且效率可观。但是，如果目标体的埋深过大，或是管线的直径太小，都会影响其探测效果，甚至探测不出来。为了取得较好的探测效果，需要注意选择电极间距和阵列长度，比如在大中城市利用高密度电法探测地下管线，不可避免地会遇到地下杂散电流、接地条件恶劣和极化电位差突变等影响，严重时难以得到客观的观测结果。相比之下，直流电法装置排列中的温纳排列，其测量电极间距与供电电极间距之比恒定为 1/3，受外界干扰较小，是城市高密度电法探测中首选的排列形式。高密度电法作为今后城市地下管线探测的一种手段，可以与其他物探方法配合来解决金属管线探测仪无法探测地下非金属管线的难题。

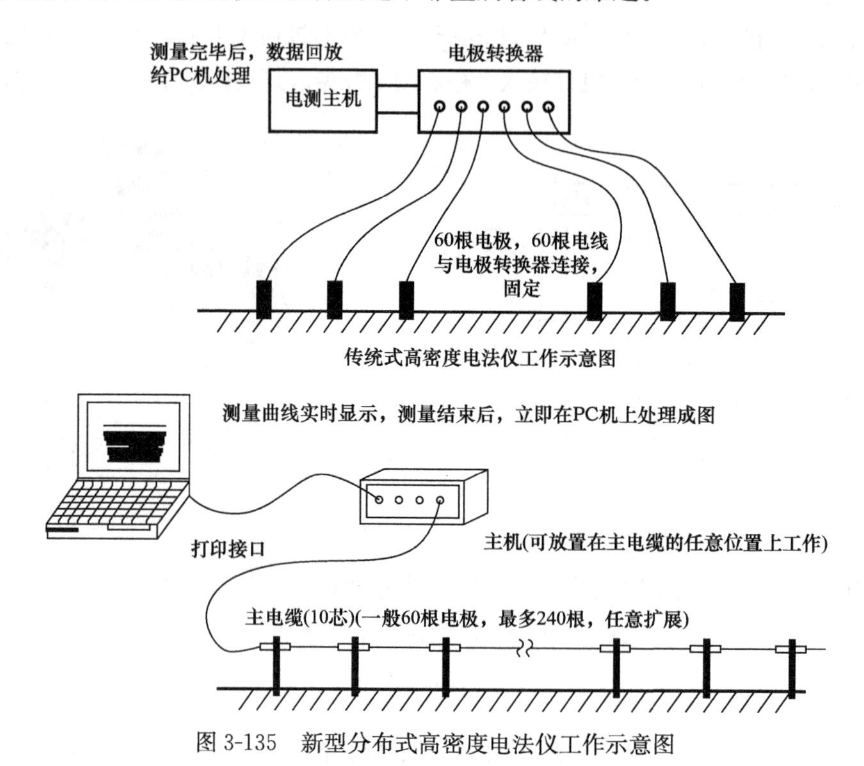

图 3-135　新型分布式高密度电法仪工作示意图

该方法主要针对内部含水的地下非金属管线，如给水、排水、中水管线。由于液体的电阻率明显低于周围地下介质，故使用高密度电法仪垂直于管线走向采用小电极距进行布线，通过程控电极转换装置和微机电测仪进行数据的快速和自动接收拾取。将测量结果导入微机后，通过数据处理显示剖面形态，给出关于地电断面分布的图示结果。图 3-136 为某地排水管线地电断面图，由图可知共有三处蓝色呈圈闭型低阻异常，可确定为排水地下管线。对于排水管线的流向，可以通过计算管底高程或投放漂浮物等方法来判断。

使用高密度电阻率法能够实现多种电极排列观测系统的扫描测量，可以获得相当丰富的关于地电断面结构特征的地球物理信息。随着地球物理反演方法的发展，高密度电阻率法的电阻率反演成像技术也逐步从一维、二维向三维方向发展，极大地提高了地电资料解释的精度。

3）资料处理

高密度电法的数据处理主要包括两大部分，即数据预处理和数据反演处理。数据预处理主要包括：编辑视电阻率值，对突变点和噪声引起的畸变数据进行剔除；对由多个测量断面组成的剖面进行拼接，把各电极所对应的平面坐标添加到数据文件中。对于地形起伏较大的剖面，把高程坐标添加数据文件中，以备反演处理时进行地形校正处理；反演处理主要包括：根据地质调查资料建立初始的二维地电模型，选择反演参数等，然后采用最小二乘法进行反演计算，查看反演结果，最后进行地形校正，获得最终的地下地电断面，用于地质解释。

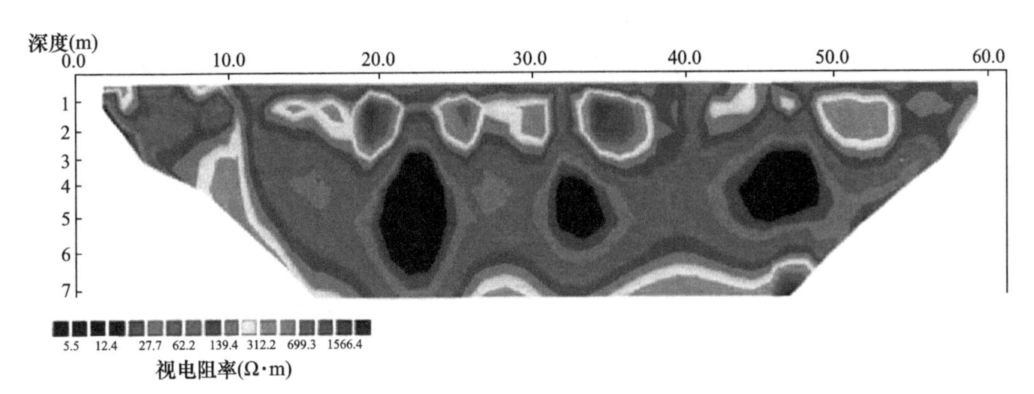

图 3-136　地电断面图

利用反演软件对所测原始数据进行数据处理后，绘制出每条剖面的视充电率平面等值线图及视电阻率平面等值线图，结合两者圈定管线平面位置和埋深，如图 3-137 所示。

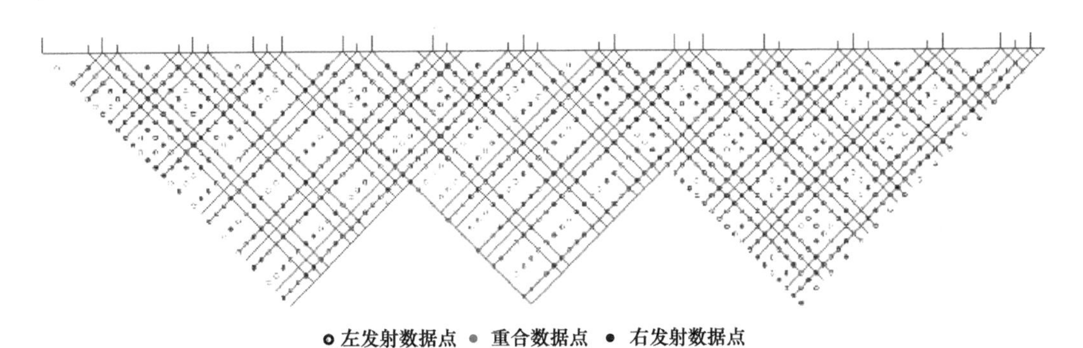

图 3-137　单极—偶极激电测深双边测量装置示意图

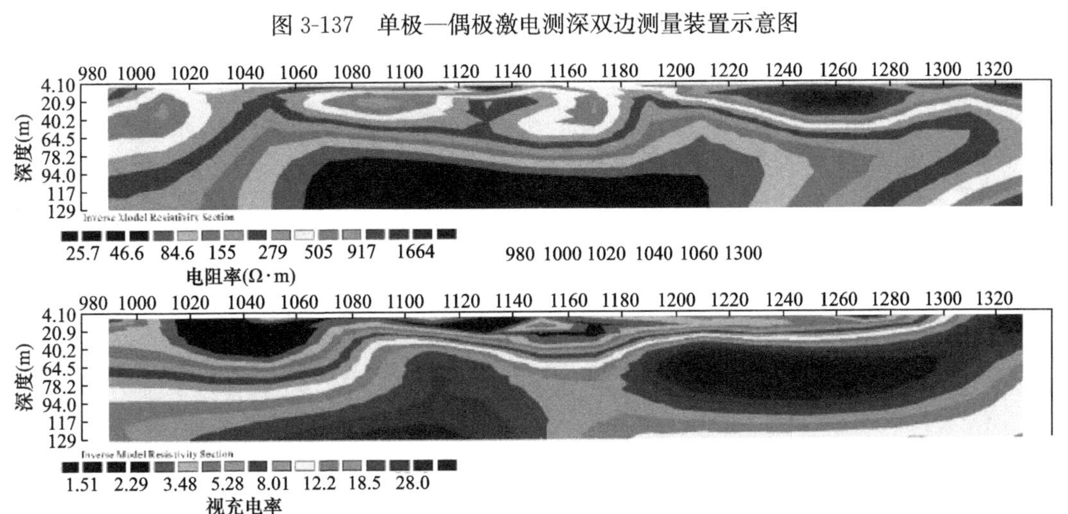

图 3-138　视充电率平面等值线图及视电阻率平面等值线图

3.4.2 充电法

如图 3-139 所示，充电法需要有管线的露点或其他可直接充电的位置，还包括无穷远极的布置。充电法是将直流电源正极一端接金属管线，负极一端接无穷远大地，测量金属管线产生的电场。可追踪金属管线，确定其分布状况。应用常规电法仪器，特点是精度高，探测深度大，但要求管线必须有出露点，地面上有接收条件。此法通常用于矿藏矿体的勘探。

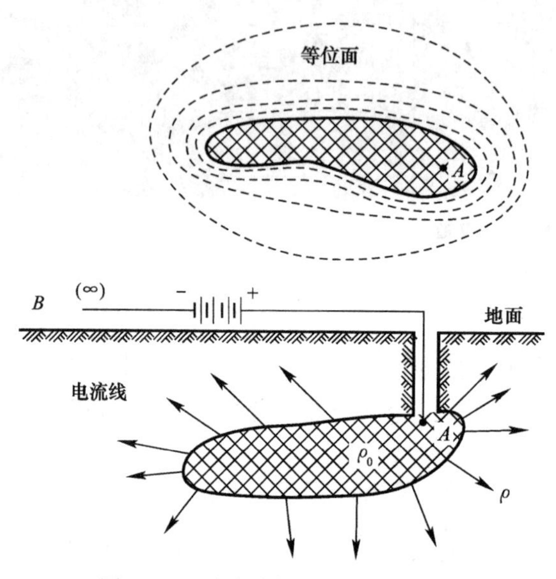

图 3-139 充电法探测地下管线原理

具体做法：布置充电点，以充电点为中心，布设夹角为 45°的辐射状测线，距充电点由近及远分别以一定间隔追踪等位线。固定电极 N 放在某一测线的一定位置上，在相邻测线上移动 M 极寻找以 N 极点的等位点（$U_{MN}=0$），记录该点位置，将各等位点连接成等位线。测量结果用等位线平面分布图表示，确定地下金属管线的位置和走向，如图 3-140 所示。

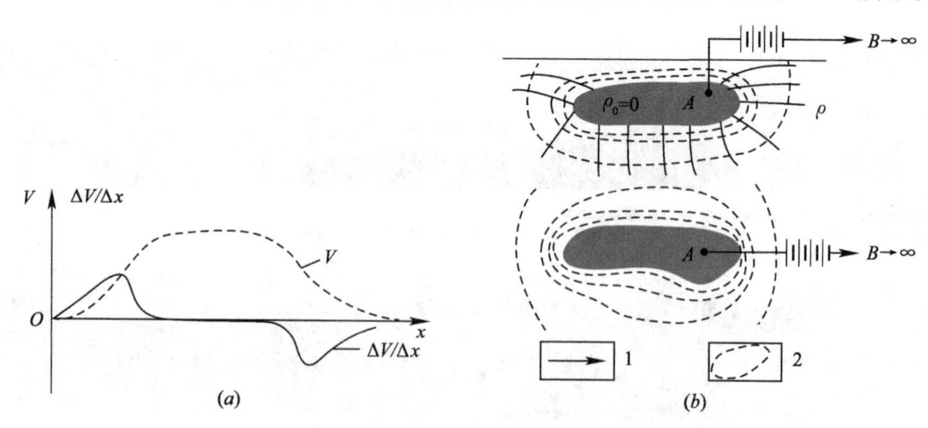

图 3-140 充电导体附近电流线和等电位线分布

(a) 剖面图；(b) 平面图

1—电流线；2—等电位线

3.4.3 自然电场法

观测地下金属管线与周围介质之间因氧化还原作用产生的自然电场。仅适用于探测旧的、已被腐蚀的金属管线。工作中不必向地下供电，比较经济，可应用常规电法仪器，但对防腐性能好的管线无效，测量电极需要接地，受工业电流和大地游散电流干扰较强。在无专用管线仪、具备接地条件、外界干扰小的情况下，可探测已经被腐蚀的金属管线。

为简化电法探测流程，提高工作效率，特利用管线上的感生电流产生电位场，对其进行测定，利用电位分布状态进行管线定位。

具体方法：测线垂直于管线走向分布，测线间距一般为 20m，必要时可适当增减，测点间距为 2m，每条测线布设 10 个测点。采集每个测点的电位，绘制电位图，利用切线法可求得管线的平面位置及埋深，如图 3-141 所示。

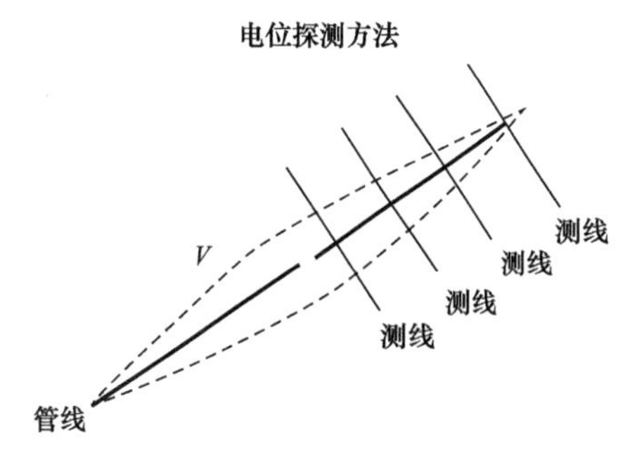

图 3-141 管线的平面位置

3.5 磁法

磁法的原理是利用金属的导磁性。对于铁磁性的水泥钢筋网体、铸铁管等管线，均可以利用其磁性特点进行磁梯度等的测试，从而推断该铁磁性导体的中心位置。常用仪器有一般的磁力仪或高精度的 MP-4 微机质子磁力仪、CCT-1 型磁探仪等。

磁法探测也是属于地球物理探测方法的一种，而且是物探方法中最古老的一种。17 世纪中叶瑞典人利用磁罗盘直接找磁铁矿。1879 年塔伦（R. Thaln）制造了简单的磁力仪，磁法才正式用于生产。1915 年，施密特（A. Schmidt）发明了石英刃口磁力仪，大大提高了精度，磁法开始大规模用于找矿，以及在小面积上研究地质构造。第二次世界大战后，航空磁法推广使用，人们可以快速而经济地测出大面积的磁场分布。在 20 世纪 50 年代末和 60 年代初，苏联和美国又相继把质子旋进式磁力仪移到船上，开展了海洋磁测。我国的磁法测量从 20 世纪 30 年代在云南开始，随着磁法的不断推广与技术的不断完善，它也可以用在管线的探测中。我国于 1936 年在攀枝花、易门、水城等地开始了试验性的磁法勘探，1950 年后才大规模开展起来，直到现在，地面磁测、航空磁测、井中磁测和海洋磁测均已大量开展。

3.5.1 基本原理

由于铁质管线在地球磁场的作用下被磁化，管线磁化后的磁性强弱与管线的铁磁性材料有关，钢、铁管的磁性较强，铸铁管的磁性较弱，非铁质管则无磁性。磁化的铁质管线就成了一根磁性管线，而且因为钢铁的磁化率最强而形成它自身的磁场，与周围物质的磁性差异很明显。通过地面观测铁质管线磁场的分布，便可以发现铁质管线并推算出管线的埋深，这就是磁法探测管线的原理。

1）地下管线的磁场

地下铺设的钢管或铸铁等金属管线，一般具有较强的磁性。地下管线在走向上，埋深变化不大，因此地下铁磁性金属管线形成的磁场近似于无限长水平圆柱体的磁场。半径为 r，截面积为 S，磁化强度为 j 的管线，在垂直管线走向的地表剖面上，磁场的垂直分量 Z，水平分量 H 可表示为：

$$Z = \frac{2M}{(h^2 + x^2)}[(h^2 - x^2)\sin i - 2hx\cos i] \tag{3-55}$$

$$H = \frac{-2M}{(h^2 + x^2)}[(h^2 - x^2)\cos i + 2hx\sin i]$$

式中，$M=j \cdot S$ 为有效磁矩，i 为有效磁化倾角，有效磁化强度 j 是磁化强度 J 在观测剖面内的投影。

设管线走向与磁化强度在地面投影之间的夹角为 A，磁化倾角为 I，有效磁化强度 j 和有效磁化倾角 i 的表达式为：

$$j = J\sqrt{\cos^2 I \sin^2 A + \sin^2 I} \tag{3-56}$$

$$\tan i = \tan I \csc A \geqslant \tan I$$

总磁场异常

$$\Delta T = -\frac{2M}{(h^2 + x^2)^2}\frac{\sin I}{\sin i}[(h^2 - x^2)\cos 2i + 2hx\sin 2i] \tag{3-57}$$

当有效磁化强度倾角 $i=90°$，即当管线为南北走向时，各磁场分量的表达式可简化为

$$Z = 2M\frac{h^2 - x^2}{(h^2 + x^2)^2} \tag{3-58}$$

$$H = -2M\frac{2hx}{(h^2 + x^2)^2}$$

$$\Delta T = 2M\sin I\frac{h^2 - x^2}{(h^2 + x^2)^2}$$

这时，ΔT 与 Z 的曲线形态相同，只有 $\sin I$ 的系数差。当管线垂直磁化（$i=90$）时，$\Delta T=Z$，无限长水平圆柱体的 Z、H、ΔT 曲线如图 3-142 所示。

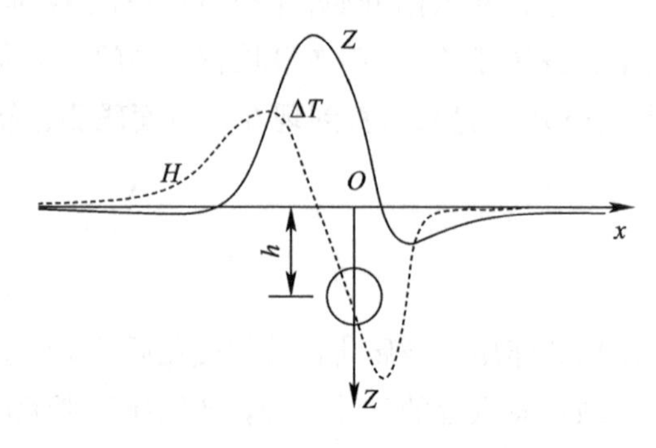

图 3-142　无限长水平圆柱体的 Z、H、ΔT 曲线

在实际中，地下管线不是无限长的，往往还有分支和转折。理论计算表明，当一段管线的长度 L 远远大于埋深 h 时，管线中心剖面上磁场特征点坐标、极值与无限水平圆柱体的特征点坐标、极值很接近，磁场极值的比值见表 3-20，特征点位置差见表 3-21。

有限长管线与无限长水平圆柱体中心剖面特征点位磁场比值　　表 3-20

L/h	1.0	1.5	2.0	3.0	4.0	6.0	8.0	10.0
Z_L/Z_∞	0.402	0.984	1.061	1.088	1.073	1.044	1.027	1.018

有限长管线与无限长水平圆柱体中心剖面特征点位置差　　表 3-21

L/h	1.0	1.5	2.0	4.0	6.0	8.0	12.0	20.0
Δ%	38.64	35.44	31.11	17.14	9.37	2.68	2.66	1.98

由表 3-21 可知，当 $L>6h$ 时，特征点的位置差 Δ%<10%；当 $L>20$，特征点的位置差 Δ%<2。在实际工作中，把有限长的地下管线用无限长水平圆柱体来近似是可行的。

2）地下管线的磁场梯度

电磁梯度是磁场在空间的变化率，地下管线的垂直磁场梯度 Z 和水平梯度 H 很容易导出，即水平磁场的垂向梯度等于垂直磁场的水平梯度，水平磁场的水平梯度等于垂直磁场的负垂向梯度。

根据磁场总量的垂向梯度 Z_a 和水平梯度 H_a 的表达式可以发现，磁场梯度比磁场强度的分辨率高。

$$\frac{\partial H}{\partial R}=\frac{\partial Z}{\partial x},\quad \frac{\partial H}{\partial x}=\frac{\partial Z}{\partial R} \tag{3-59}$$

$$Z_a=\frac{4M}{(R^2+x^2)^3}\frac{\sin I}{\sin i}[R(3x^2-R^2)\cos 2i-x(3R^2-x^2)\sin 2i]$$

$$H_a=\frac{-4M}{(R^2+x^2)^3}\frac{\sin I}{\sin i}[x(x^2-3R^2)\cos 2i+x(R^2-3x^2)\sin 2i]$$

图 3-143 为模型正演曲线，可以看出磁场梯度法对于埋深 R 较大（超过 10m）时的目标反映不明显。

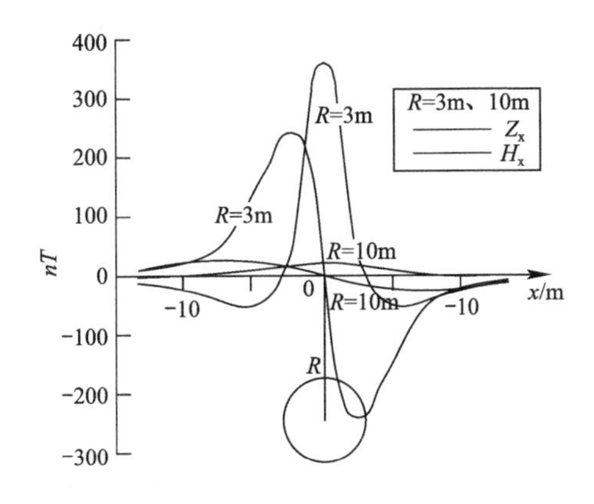

图 3-143　埋深为 3m、10m 的水平金属管线在地面上的 Z_a、H_a 值理论曲线

3.5.2 磁法的仪器设备

磁法使用的仪器一般统称为磁力仪。按照磁力仪的发展历史，以及应用的物理原理，可分为：

第一代磁力仪：根据永久磁铁与地磁场之间相互力矩作用原理，或利用感应线圈以及辅助机械装置制作的，如机械式磁力仪、感应式航空磁力仪等。

第二代磁力仪：根据核磁共振特征，利用高磁导率软磁合金，以及复杂的电子线路制作的，如质子磁力仪、光泵磁力仪及磁通门磁力仪等。

第三代磁力仪：根据低温量子效应原理制作的，如超导磁力仪。

磁力仪按其内部结构及工作原理，大体上可分为：

（1）机械式磁力仪，如悬丝式磁秤、刃口式磁秤等；

（2）电子式磁力仪，如质子磁力仪、光泵磁力仪、磁通门磁力仪等。

磁力仪按其测量的地磁场参数及其量值，可分为：

（1）相对测量仪器，如悬丝式垂直磁力仪等，用于测量地磁场垂直分量 Z 的相对差值；

（2）绝对测量仪器，如质子磁力仪等，用于测量地磁场总强度 T 的绝对值，也可用于测量相对值或梯度值。若从磁力仪使用的领域来看，它们可分为：地面磁力仪、航空磁力仪、海洋磁力仪以及井中磁力仪。

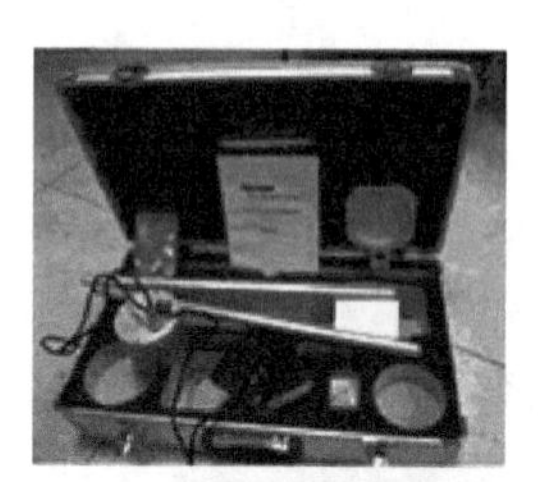

ZC-206便携式智能磁力仪

G858便携式铯光泵磁力仪

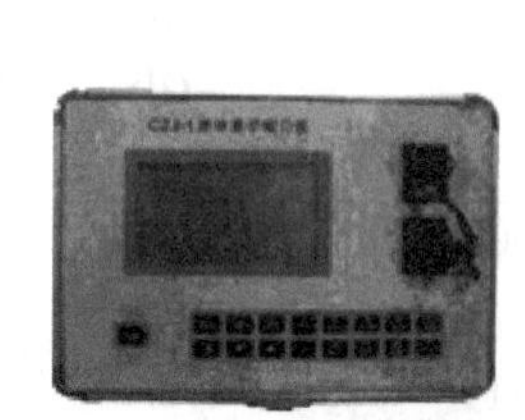

CZJ-1型井中质子磁力仪

袖珍磁力仪

ENVI质子磁力仪

G856AF(F)便携式质子磁力仪CSX1-70型

图 3-144 磁力仪产品

目前，使用较多的是质子磁力仪，质子磁力仪于 20 世纪 50 年代中期问世，它具有灵敏度、准确度高的特点，可测量地磁场总强度 T 的绝对值（或相对值）、梯度值。

质子磁力仪使用的工作物质（探头中）有蒸馏水、酒精、煤油、苯等富含氢的液体。水（H_2O）宏观看它是逆磁性物质，但是，其各个组成部分的磁性不同。水分子中的氧原子核不具磁性，它的 10 个电子，其自旋磁矩都成对地互相抵消了，而电子的运动轨道又由于水分子间的相互作用被“封固”。当外界磁场作用时，因电磁感应作用，各轨道电子的速度略有改变，因而显示出水的逆磁性。此处，水分子中的氢原子核（质子），由自旋产生的磁矩，将在外加磁场的影响下，逐渐地转到外磁场方向，这就是逆磁性介质中的“核子顺磁性”。

当没有外界磁场作用于含氢液体时，其中质子磁矩无规则地任意指向，不显现宏观磁矩。若在垂直地磁场 T 的方向，加一个强人工磁场 H_0，则样品中的质子磁矩，将按 H_0 方向排列起来，如图 3-145 所示，此过程称为极化。然后，切断磁场 H_0，则地磁场对质子有 $\mu_p \times T$ 的力矩作用，试图将质子拉回到地磁场方向，由于质子自旋，因而在力矩作用下，质子磁矩 μ_p 将绕着地磁场 T 的方向作旋进运动（叫做拉莫尔旋进）。它好像是地面上倾斜旋转着的陀螺，在重力作用下并不立刻倒下，而绕着铅垂方向作旋进运动的情景一样。

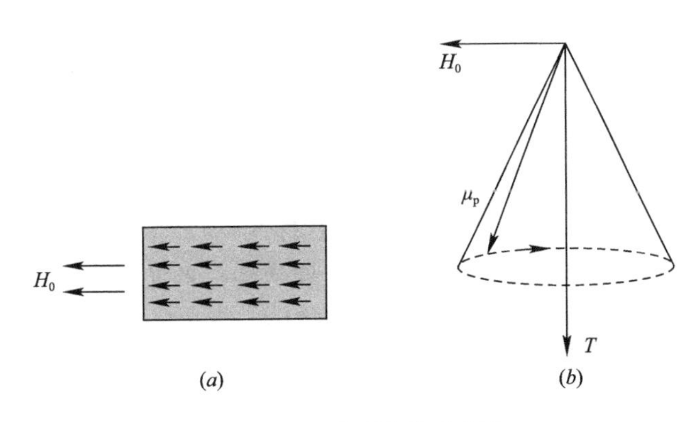

图 3-145　质子旋进示意图

理论物理分析研究表明，氢质子旋进的角速度 ω 与在磁场 T 的大小成正比，其关系为：

$$\omega = \gamma_p \cdot T \tag{3-60}$$

式中：γ_p 为质子的自旋磁矩与角动量之比，叫做质子磁旋比（或回旋磁化率），它是一个常数。根据我国国家标准局 1982 年颁布的质子磁旋比数值是：

$$\gamma_p = (2.6751987 \pm 0.0000075) \times 10^8 T^{-1} S^{-1}$$

又因 $\omega = 2\pi f$，则有：

$$T = \frac{2\pi}{\gamma_p} \cdot f = 23.4874 f \tag{3-61}$$

式中：T 以纳特（nT）为单位。由式可见，只要能准确测量出质子旋进频率 f，乘以常数，就是地磁场 T 的值。

质子磁力仪的性能指标一般应达到：

（1）总场工作范围：20000～100000nT；

（2）梯度容限：±5000nT/m；

（3）总场绝对精度：5000nT 时±10nT；

（4）全测程及温度范围内±2nT；

（5）分辨率：0.1nT；

（6）调谐：键盘选择手动或全自动调谐；

（7）读数时间：2s；

（8）连续循环时间：以1s递增，2～999s键盘选择；

（9）工作温度范围：−20℃～±50℃；

（10）数字显示：32字符，两行液晶显示器；标准存储器和数字化输出RS-232C串行接口。

3.5.3 地面磁测

在地下管线探查中，为了提高效率、保证探查效果，一般采用剖面测量方式，沿剖面布置测线，测线可长可短，间距、方向都可灵活安排。

① 方向要与管线延长方向垂直。在多条互不平行的地下管线存在的情况下，测线应尽量垂直于主要探测对象的延长方向。必要时，针对不同的管线，布设各自对应的测线。

② 地下管线埋深和方向的变化等因素综合考虑。线距一般在几米到几十米之间，对管线比较平直的地段，如输油干线，线距可放宽到100m以上。

③ 点距的大小要根据管径大小、预计埋深和探测精度综合考虑。埋深浅，点距要适当减小；埋深大，点距可适当放大。一般在几十厘米到一米之间选择。一条剖面上的点距也可以不等，在管线上方附近，点距可加密，两侧的点距可放宽，既保持曲线的完整性，也保证精度，提高效率。

1）磁测精度

磁测精度是野外观测质量的评价指标，也是影响管线点定位精度的主要因素。在地下管线探测中，一般要求高精度磁测，均方误差不超过±10nT。在磁测异常值很大，磁测曲线梯度很大时，可以用百分相对误差来衡量磁测精度，地下管线探查时要求不大于5%。

2）外业观测

（1）选择基点。除小规模零星剖面性工作外，地面磁测工作一般应选择建立磁测基点，作为磁测异常的起算点及仪器性能检查点。基点应选择在地势平坦、开阔、地磁场平稳、远离建筑物和工业设施干扰小的地方，要建立固定标志，供日常使用。

（2）磁场观测。开工前，提前到基点上进行观测，记录时间和测量值，然后到测线逐点进行记录。每次收工后，回到基点，做观测并记录，以便室内进行基点改正。操作员在磁测全过程中，不能随身携带有磁性的物品，作业服上不能有铁磁性物品，以免影响观测值。

（3）质量检查。检查观测点要在测区中大致均匀分布。既要在正常场内检查，也要在异常区检查。检查观测一般符合“一同三不同”的原则，即同一点位由不同的操作员、用不同的仪器、在不同的时间进行。在大面积作业时，检查量应不小于观测总量的5%。在零星小规模工作中，检查量应扩大到10%左右为宜。

3）异常解释

在现场获得磁测资料后，要对磁异常进行分析，确定场源的分布形式，这就是对磁测结果的推断解释。推断解释的目的，就是根据测区内磁异常的特征，结合已知的地质资料、物性资料，消除干扰，确定地下管线的空间位置，包括在地表的投影位置、埋深、延长方向，有条件时还可估算管径大小。

磁异常的推断解释一般分为定性解释、定量解释和定量计算。定性解释的任务是要在错综复杂的实测资料中，排除干扰，发现规律，从干扰背景磁场中，正确识别出由地下管线引起的磁异常，并大致确定地下管线的走向和埋深；定量解释的任务是选择正确的计算方法，定量计算出地下管线在地表投影的确切位置和埋深。

对于埋深较浅的地下铁磁材料设施，可使用的磁性探测仪进行查找，通过对磁异常的定性探测，即可找到目标物的边缘。对于埋深较深的管线，则需要采用高精度的磁力仪对磁异常进行数值分析，通过比值圆交会法等分析方法，测量磁异常数据，并计算管线中心位置及深度。适合实际环境操作的高精度磁力仪精度已达 0.01nT，可确定特深管线的位置和深度测量。

尽管在管线探测的工作中磁法也有一定的效果，但是因为磁法需要仪器的精度较高，而且易受附近磁性体干扰。在实际工作中磁性物体的磁化率大小、剩余磁场的强弱和方向、磁性物体的规模和埋深及磁性体所处的地理位置，都是影响其产生的磁场分布特征及磁场强度的主要因素。

在地表铁磁体干扰较少的地段，可优先选用磁测法来查寻地下铁质管线或带有铁磁物屏蔽的电缆。磁测法的优点是不需要人工场源，仪器轻便、探测速度快，是探测铁质管线的一种有效方法。但磁测法精度不高，且易受铁磁体干扰，因此不能成为一种通用的探测方法。

4）应用实例

探测对象为上海某地非开挖信息管线，采用磁棒穿入管线，用磁法仪进行磁场强度探测，共布置 10 条测试剖面，测线布置如图 3-146 所示，图 3-147、图 3-148 分别为区域 1 和区域 2 磁法测试等值线图。

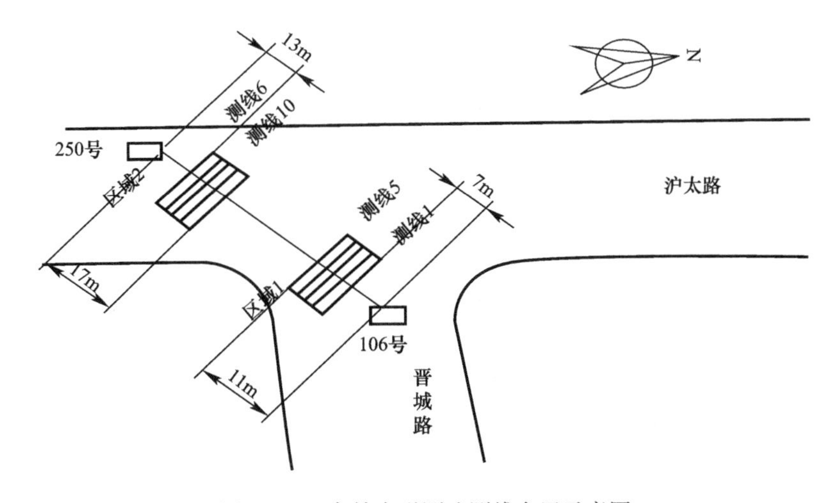

图 3-146　高精度磁测法测线布置示意图

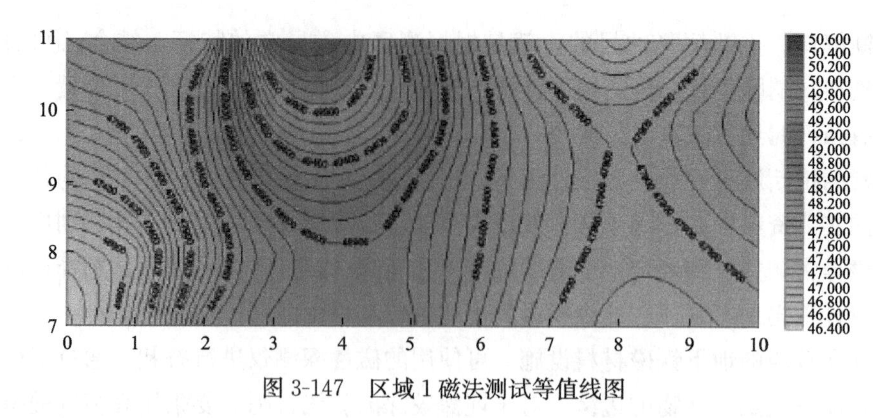

图 3-147　区域 1 磁法测试等值线图

探测结果中测线 1～5 磁异常曲线表现为峰值异常，峰值对应于图 3-147 中磁场强度高值区域。测线 6～10 磁异常曲线表现为谷值异常，谷值对应于图 3-148 中磁场强度低值区域。峰值位置与谷值位置均为磁棒位置，这是因为在两个区域中管线内磁棒方向相反。试验结果表明通过将磁棒导入被测管线，用高精度磁测能够测出明显的磁场异常区域，从而确定出地下管线平面位置。

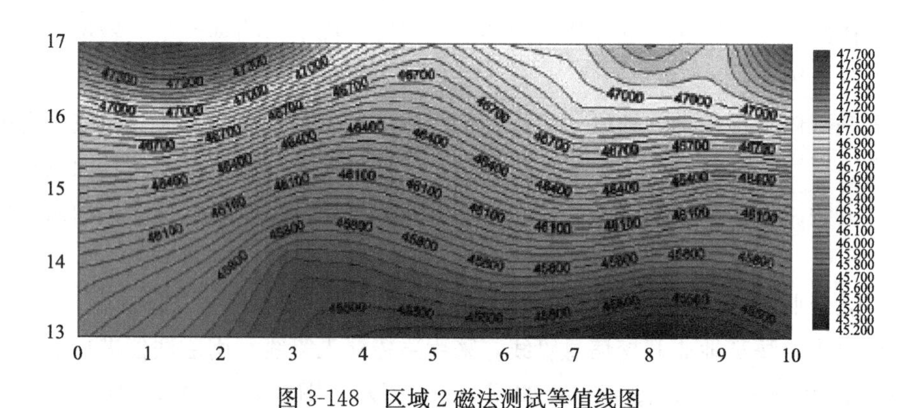

图 3-148　区域 2 磁法测试等值线图

高精度磁测法测试结果表明，将磁棒导入非开挖非金属管线，利用高精度磁力仪测试地表上方一定区域内的磁场异常，能够有效地判断出管线位置。但是该方法受环境的影响较大，当有车辆通过时，磁场值会出现明显的变化，因此，当采用该方法在道路附近测试时宜在夜间车辆较少时进行，以排除干扰。同时，此方法受其他并行管线的干扰较小，为近间距并行管线探测的一种新的思路。

3.5.4　井中磁梯度法

地下铺设的金属管线，一般具有较强的磁性。井中磁梯度法就是利用金属管线与周围介质之间的磁性差异，通过测量磁场的垂直分布强度，判别出由地下管线引起的磁异常，从而探测出地下管线的走向，再定量计算，得到地下管线在地表投影的确切位置和埋深。

根据对地球磁场的研究，可以认为地球磁场是一个位于地球中心并与地球自转轴斜交的磁偶极子，因此在整个地球表面，都有地磁场的分布，而且磁场强度随时间与空间的不同而有所变化。但在工程领域，我们所研究的地区范围相当狭小，地磁场在该区域内基本是稳定分布的。

在无铁磁性物质干扰的空间内，其磁场强度就是地球磁场，俗称背景场。当其中有铁磁性物质存在时，由于受大地磁场的磁化作用，将会在其周围产生次生磁场，从而产生磁异常。

根据磁场总量的垂向梯度 Z_{α} 和水平梯度 H_{α} 的表达式可以发现，磁场梯度比磁场强度的分辨率高。

通过在管线的周边钻孔，将磁梯度仪碳棒放置于钻孔内，测量金属管线垂直方向上的 Za 曲线变化，效果比较明显。图 3-149 为水平金属管线相同一侧不同水平距离垂直剖面上的 Za 值的理论变化曲线图。

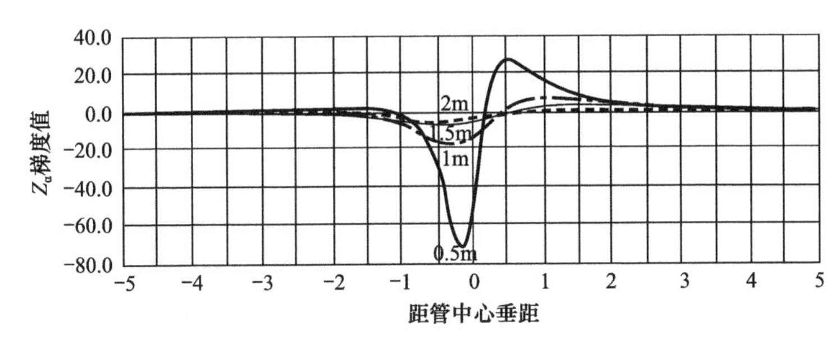

图 3-149 无限长金属圆柱体在垂直剖面上的 Z_{α} 梯度值理论曲线

假设水平金属管线中心位置投影到地面上的零点，管中心上下各 5m，距离管线中心水平距离分别为 0.5m、1m、1.5m、2m 所建立模型后得到的垂直磁梯度正演理论曲线。

1）精确钻孔技术

如图 3-150 所示，地下铺设一大口径管线，通过打样洞并精确量测管线埋深可以确定管线上某点的平面位置及高程，进而可以拟合出该圆形管线并确定其管顶平面位置及高程。

利用粗略探测定位的成果重新确定该管线的位置及走向后，通过精细定位确定出钻孔的平面位置，并对钻杆垂直度进行校正后开始钻孔，直到钻杆接触到待测管线为止。

在钻孔过程中下一孔钻探深度根据上一孔的深度随时调整，按同样的方法依次完成其他钻孔并逐个测定钻孔的平面位置及深度。

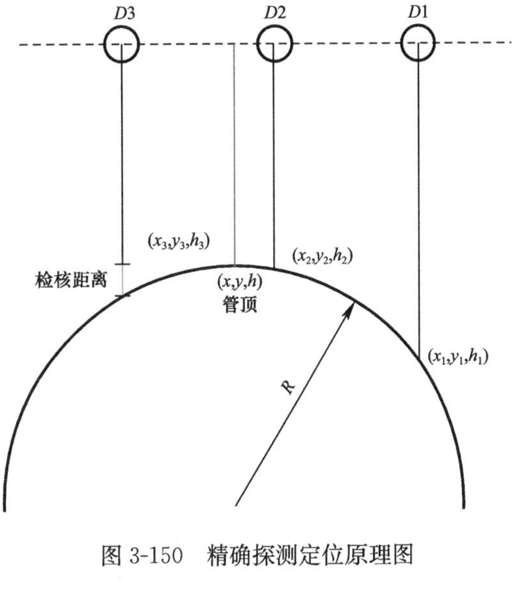

图 3-150 精确探测定位原理图

精确钻孔定位技术工作流程如下：

（1）布设精确钻孔断面；

（2）钻孔定位：对设计钻孔位置进行精确放样定位；

（3）竖直度校正：钻孔的垂直度是精确探测地下管线的关键之一，在开始钻孔前，使用 2 台全站仪以钻杆为中心成 90°角，对钻杆垂直度进行校正，并在钻孔过程中对钻杆竖直度进行实时校正；

(4) 钻孔：钻孔采用水冲法成孔，重力引导钻杆下探，采用挤压法压迫钻头向下直到完全接触到管线；

(5) 孔位平面位置及管接触点高程测量；

(6) 按上述方法再探测管右侧钻孔的平面位置和管接触点高程，并根据和前一个钻孔管接触点高程的差值调整下个钻孔位置。

2) 误差控制

精确钻孔误差主要来自以下几个方面：

(1) 仪器误差

采用的钻孔设备为普通勘探用钻机，使用时需对拟采用的钻杆、钻孔导向管、钻杆拼接进行严格的校验。

钻孔长度采用钢尺量测，读数保留至毫米位，单根钻杆弯曲度应控制在1‰以内，钻杆拼接后累计弯曲度2‰以内。

(2) 竖直度偏差

在开始钻孔前，使用2台全站仪以钻杆为中心成90°角，对钻杆竖直度进行校正，并在钻孔过程中对钻杆垂直度进行实时校正。

钻孔前竖直度偏差应控制在1.5‰以内，精确钻孔过程全程实时校正，当竖直度偏差超过2‰时即可将所有钻杆拉起，重新调整钻机，使之平衡。

(3) 未知障碍物干扰

在钻孔时为防止地下硬物干扰，导致精确钻孔竖直度偏离，一般宜采用高压水冲成孔。在高压水冲无效时，可选用金刚石钻头直接钻孔，然后重新调整钻机平衡。对管线附近的未知障碍物，通过磁梯度手段判定。

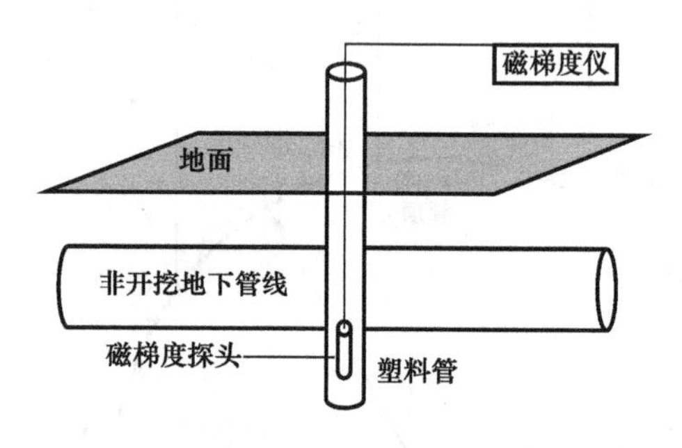

图3-151 井中磁法探测装置

在管线密集且埋深较大时，可使用井中磁法进行探测。可在管线的一侧布置钻孔，将磁力仪的传感器放入钻孔内，观测钻孔内磁异常垂直分量Z的梯度分布状态，绘制成磁异常剖面曲线，计算管线的平面位置和埋深（图3-151）。

3) 水平金属管线磁场的正演模型

在正演模型研究中，可以将局部区域内的水平金属管线简化为一个无限长水平圆柱体，在三维空间内，无限长水平圆柱体又相当于二度体，磁性体沿Y轴方向无限延长，磁位沿Y轴方向无变化（图3-152）。因此无限长水平圆柱体在空间内各磁场分量（垂直分量Z_a、水平分量H_a、磁场强度ΔT）的表达式分别为：

$$Z_a = \frac{2M_s}{[(Z-R)^2+x^2]^2} \times \{[(Z-R)^2-x^2]\sin i_s + 2(Z-R)x\cos i_s\} \quad (3\text{-}62)$$

$$H_a = \frac{-2M_s}{[(Z-R)^2+x^2]^2} \times \{[(Z-R)^2-x^2]\cos i_s - 2(Z-R)x\sin i_s\}$$

$$\Delta T = Z_a \cdot \sin i_s + H_a \cdot \cos i_s \cdot \cos A$$

式中：M_s 为有效磁矩，$M_s=J_sS$；J_s 为有效磁化强度；S 为水平圆柱体的截面积；R 为水平圆柱体的中心埋深；i_s 为有效磁化倾角；A 为磁偏角。

根据上述公式，可以得到埋深分别为 $R=3\text{m}$ 和 $R=10\text{m}$ 的水平金属管线（直径为 300mm）在地面上的 Z_a、H_a 理论曲线（图 3-153）。

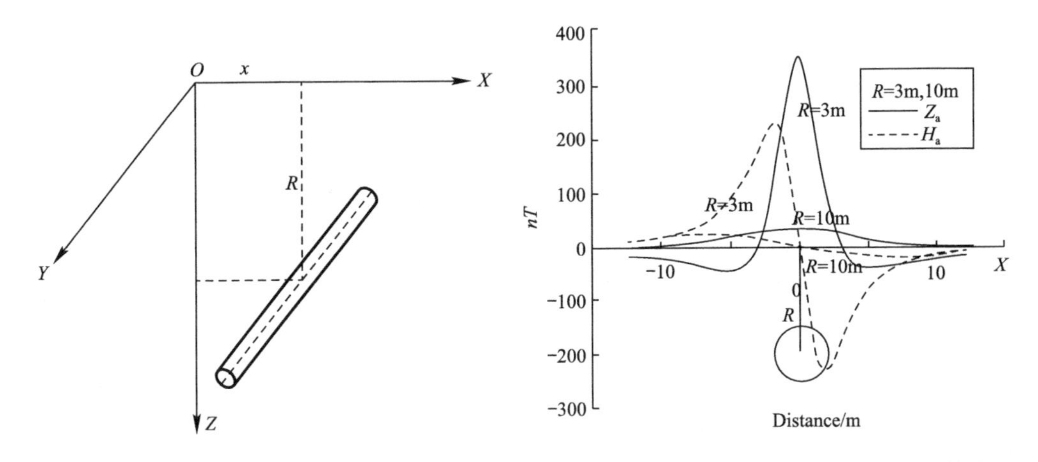

图 3-152　水平金属管线正演模型

图 3-153　埋深为 3m、10m 的水平金属管线在地面上的 Z_a、H_a 值理论曲线

对比图 3-153 中不同埋深的 Z_a 和 H_a 理论曲线，可以看出当水平金属管线埋深较浅时，Z_a、H_a 曲线幅值变化明显，Z_a 曲线的峰值点或 H_a 曲线的零值点即对应金属管线的中心位置，在获取现场探测数据后，可通过数值反演得到管线的中心埋深。而当管线埋深较深时，Z_a、H_a 曲线幅值变化非常平缓，基本无法识别 Z_a 曲线的峰值点或 H_a 曲线的零值点。

而通过钻孔的手段将磁力梯度仪下到钻孔内，由上而下测量水平金属管线在垂直方向上 Z_a 曲线变化，将会得到较理想的效果。在实际工程应用中，通常用梯度值来突出反映曲线的变化情况，图 3-154 为水平圆柱体在两侧等间距垂直剖面上 Z_a 梯度值的理论变化曲线。

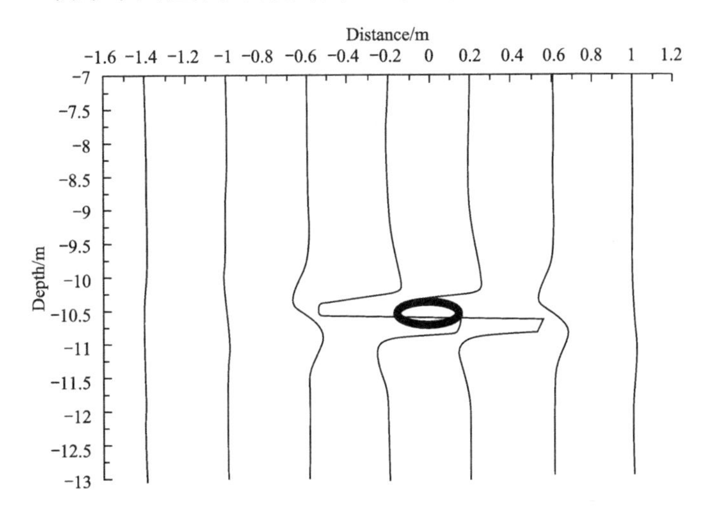

图 3-154　水平圆柱体在垂直剖面上的 Z_a 梯度值理论曲线

图 3-154 为假设水平金属管线中心位置投影到地面上的零点，管中心埋深为地下 10.5m 所建立模型后得到的垂直磁梯度正演理论曲线。相邻两个钻孔的横向间距为 0.4m。从图 3-154 可以看出，在接近金属管线的钻孔内，Z_a 梯度值随深度的变化非常明显，在上、下两部分，梯度值几乎无任何变化，而在接近金属管线的深度位置，梯度值变化强烈，犹如一个"S"形。在稍微远离管线的钻孔内，梯度值的变化幅度相应减小，当水平间距大于 1.0m 时，几乎无任何变化了。

因此，在实际工程中，可以在疑似水平金属管线的上方位置按一定的间距垂直管线走向布置若干个钻孔，钻孔的深度应大于预估管线深度的 3～5m。由于是金属管线，所以一般的钻机钻头不会对金属管线产生破坏，如果钻头正好钻到管线上方，那是再好不过了，既确定了管线的平面位置，又得到了管线的垂直埋深。只是这种概率非常低，因为管线的埋深大、直径小，钻头容易从管壁滑过，而且钻机又受倾斜度的影响，很难保证每根钻杆的垂直度。

将磁力梯度仪放到钻好的钻孔内，由下而上以 0.20m 的间隔逐点向上测量每个深度的磁梯度值，并将各钻孔内的磁梯度数据绘制成曲线，加以识别。

4）探测输油管线实例

上海某污水治理工程全线采用顶管施工，顶管管径为 ϕ3500mm，顶管沿横向道路东、西方向延伸，并穿越纵向道路。资料显示在纵向道路东侧分别有一根 ϕ1200mm 污水管和一根 ϕ324mm 航空输油管穿越横向道路，走向与污水顶管轴线相交（图 3-155）。经过测量，ϕ1200mm 污水管的外底标高为－1.20m。根据航油管施工总包单位提供的施工数据成

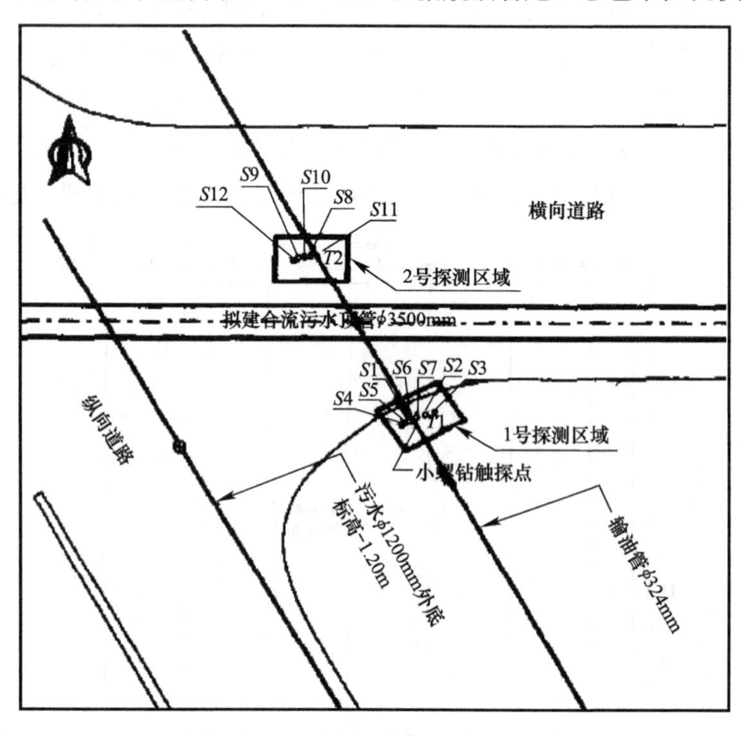

图 3-155 磁梯度探测孔布置示意图

果，航油管穿越横向道路采用的是定向钻施工工艺，在合流污水轴线经过区域段的管顶标高为−6.50m，换算为埋深约10.50m，但该数据只能作为参考，是否准确尚有待验证。初步设计合流污水顶管从ϕ1200mm污水管和ϕ324mm航油管的中间穿越，假定航油管的管顶标高值正确，则留给上、下两根管线的安全距离一共才只有1.10m（合流污水管径ϕ3500mm，加上壁厚350mm，则外径为4.20m，安全距离为6.50−1.20−4.20=1.10m），这对施工来说，留有的安全距离太小了，万一航油管的管顶标高有偏差，合流污水在顶管过程中，必然会对航油管产生影响，顶坏了油管，后果将不堪设想，因此必须对航油管的标高进行精确的探测，并使探测精度控制在±0.20m以内，才能使探测工作具有实际意义。

为了满足本工程的特殊要求，舍弃了传统的地下管线探测方法（如地下管线探测仪、地质雷达等），而采用了磁梯度探测的方法对航油管进行准确探测。

本次磁梯度探测采用北京地质仪器厂生产的CCT-1型磁梯度仪，通过测量钻孔内由下而上各点垂直磁梯度值的变化，达到识别水平金属管位的目的。当设置仪器量程为0.00nT时，其精度为±1nT/m，当量程设置为200nT时，精度可达±0.1nT/m。

在1号、2号探测区域内按一定的间隔各布置了7个和5个钻孔（图3-155），成孔后将PVC管下至孔中，随即将磁力梯度仪的探头放到PVC管内，从孔底开始以0.20m的间隔依次往上测量各点的磁梯度值。

根据磁梯度值分别绘制了1号、2号探测区域的磁梯度实测曲线（图3-156、图3-157）。图3-156中，5个钻孔（S4、S5、S1、S6、S7）的水平位置分别为0.0m、0.4m、0.8m、1.2m、1.7m；图3-156中，5个钻孔（S11、S8、S10、S9、S12）的水平位置分别为−2.3m，−1.7m，−1.2m，−0.5m，0.0m。

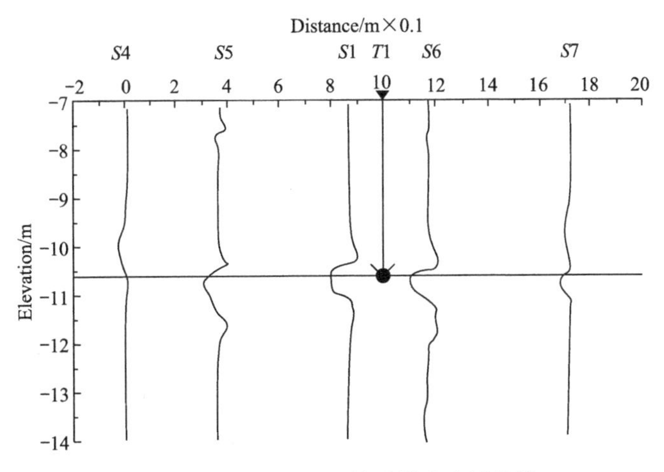

图3-156 1号探测区域磁梯度实测曲线

由图3-156中的磁梯度曲线可以看出，S1孔和S6孔在10.6m的深度上存在明显的磁异常，而在两侧的S4、S5、S7孔的磁异常不明显，因此可以判断，输油管的平面位置应在S1孔和S6孔之间。明确了输油管的大致位置后，在S1孔和S6孔间布置了若干小螺钻触探孔进行直接钎探，结果在T1点处探到了输油管，管顶埋深为10.6m，换算为绝对标高为−6.3m。

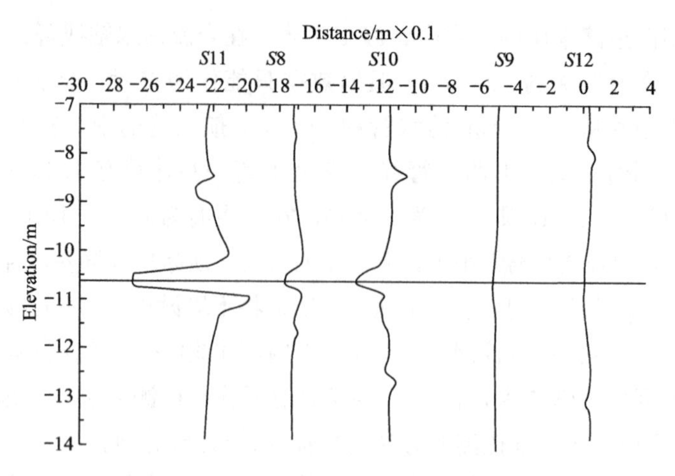

图 3-157 2 号探测区域磁梯度实测曲线

在探测过程中，既采用了间接的物探（磁梯度探测）方法，也采用了直接的钎探方法，结果证明两者的结论一致，直接的钎探结果验证了间接的物探成果。

由图 3-157 中的磁梯度曲线可以看出，S10 孔和 S8 孔在 10.6m 的深度上已有明显的磁异常，而在 S11 孔处磁异常的反映更加强烈，幅度明显增强，因此可以判断，输油管的平面位置应在 S11 孔附近，稍微偏向 S8 孔一侧。由于已有了 1 号钻探区域的成功经验，对比 1 号探测区域的实测数据，可以断定航油管的管顶埋深为 10.6m，换算为绝对标高为－6.4m。

通过 1 号、2 号区域的探测结果，基本确定了合流污水顶管经过区域内航油管的平面走向及管顶标高，为设计、施工提供了准确的参考数据。考虑钻孔倾斜、测量误差等因素，磁梯度探测的深度误差可控制在±0.20m 以内。

5）探测天然气、污水管线实例

现场采用的探测仪器是北京地质仪器厂生产的 CCT-3 型磁探仪，是一种磁通门磁梯度测量仪，探测工作具体步骤如下：

（1）确定位置：根据已收集到的管线资料来确定其大致的走向及平面位置，现场进行标记。

（2）布置探测断面：根据已收集到的管线资料，垂直管线走向布设探测断面。

（3）钻孔：每个断面以待探测天然气管线的推测位置为中心，按一定规则垂直其走向布置钻孔，钻孔深度大于最大估计管线埋深 5m 左右。

（4）下套管：钻孔钻好后，将空心 PVC 管下至孔中，PVC 管的管径应大于 75mm（使磁梯度仪探棒顺利进出），接头处应用无磁性螺丝固定，避免探查时产生干扰。

（5）磁梯度探测：下完套管后将磁力梯度仪的探头放到 PVC 管内，从孔底开始以 0.10m 的间隔依次往上测量各点的磁梯度值，并将各钻孔内的磁梯度数据绘制成曲线，根据磁梯度值的变化及曲线形态判断管线埋深及平面位置。

（6）孔位及孔口标高测量：所有测试工作完成后，对断面所有钻孔进行孔位以及孔口标高的测量，完成该断面的探查工作。

（7）以此类推，完成所有断面的探测。

本次探测共布置了 15 个断面：垂直于 ϕ813 天然气管线和 ϕ500 燃气管线大致走向均

布置了 7 个断面，分别为断面 1～7 和断面 8～14；由于污水管线探测区域内分布有大量浅层地下管线，可供展开的工作面积小，因此垂直于 ϕ1200 污水管线大致走向只能布置 1 个断面，为断面 15。其中断面 1～14 每个断面布置了 5 个钻孔，断面 15 布置了 2 个钻孔。详细断面布设如图 3-158 所示。

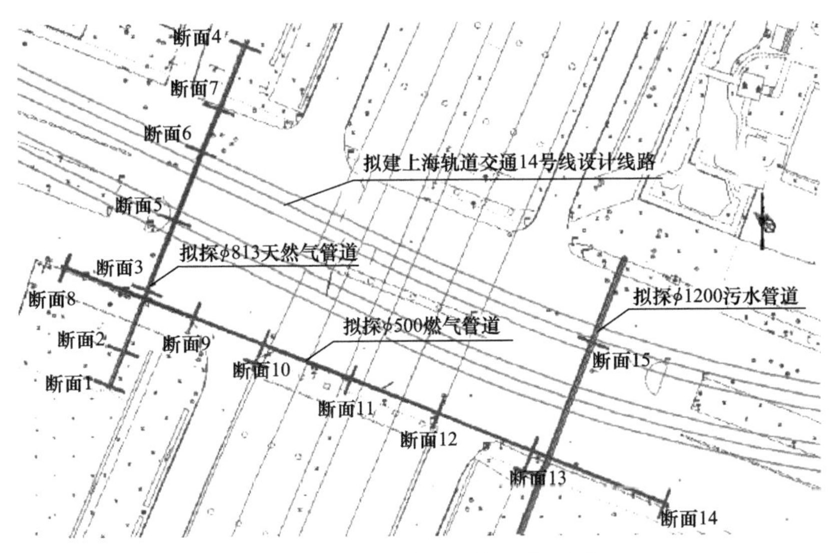

图 3-158　磁梯度探测断面布置图

根据探测断面各钻孔的探测结果，绘制了各断面的磁梯度探查曲线，结合正演模型研究，分析实测曲线形态，判定了上述 3 根管线所在断面处的平面位置及标高。分别选取 ϕ813 天然气管线的探测断面 7、ϕ500 燃气管线的探测断面 12 和 ϕ1200 污水管线的探测断面 15 的探测结果进行分析，断面探测成果如图 3-159～图 3-161 所示。

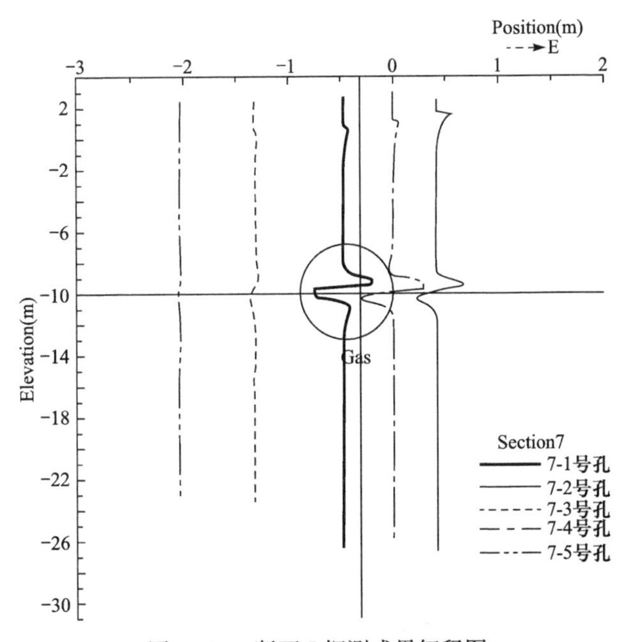

图 3-159　断面 7 探测成果解释图

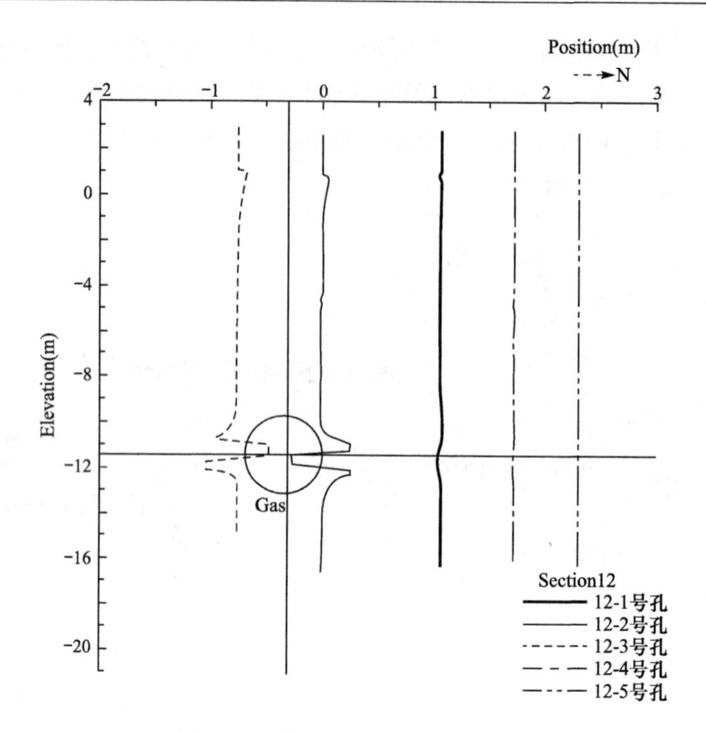

图 3-160 断面 12 探测成果解释图

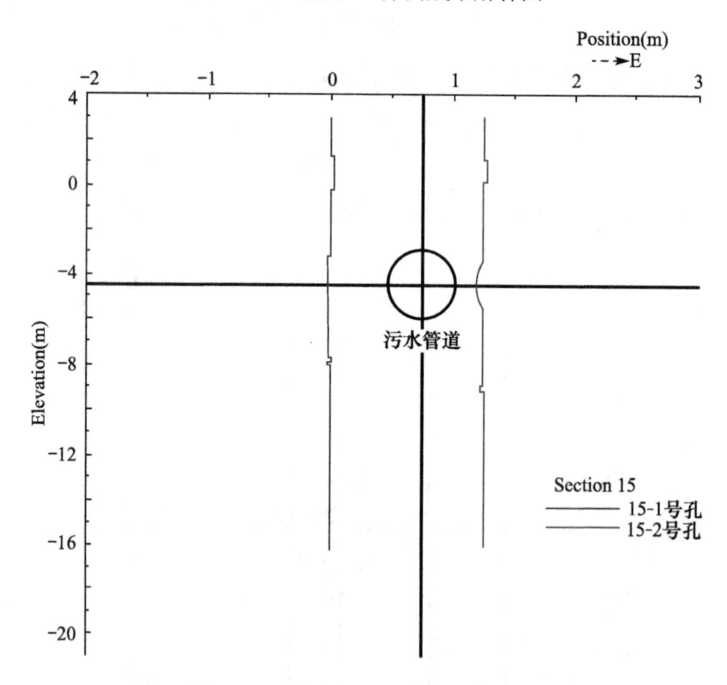

图 3-161 断面 15 探测成果解释图

(1) 断面 7（图 3-159）：由图中的磁梯度曲线可以看出，孔 7-1 号、7-4 号在标高 −10.0m 处有强烈磁异常反应，且为极值反应，孔 7-2 号在该深度也有明显磁异常反应，但其磁异常强度小于孔 7-4 号，据此可以判断 ϕ813 天然气管线位于孔 7-1 号和孔 7-4 号之间，管中心标高为−10.0m。

(2) 断面 12 (图 3-160)：由图 5 中的磁梯度曲线可以看出，孔 12-2 号、12-3 号在标高－11.5m 处有强烈磁异常反应，且为极值反应，孔 12-1 号在该深度也有明显磁异常反应，其磁异常强度小于孔 12-2 号，据此可以判断 ϕ500 燃气管线位于孔 12-2 号和孔 12-3 号之间，管中心标高为－11.5m。

(3) 断面 15 (图 3-161)：由图中的磁梯度曲线可以看出，孔 15-1 号在标高－4.5m 处有明显磁异常反应，孔 15-2 号在该深度也有磁异常反应，但其磁异常强度小于孔 15-2 号，据此可以判断 ϕ1200 污水管线位于孔 15-1 号和孔 15-2 号之间，并偏向孔 15-2 号一边，管中心标高为－4.5m。

最后，综合所有磁梯度断面的探测成果分析可知，探测范围内 ϕ813 天然气管线的管顶标高约为－8.5～－14.7m，ϕ500 燃气管线的管顶标高约为－8～－11.5m，ϕ1200 污水管线的管顶标高约为－4.5m，为地铁线路设计、施工提供了准确的参考数据。

3.6 地震波法

地震波法是以地下各种介质的弹性差异为基础，研究由人工震源产生地震波的传播规律，用来解决地下介质分布状况的一类物探方法。根据利用的地震波的不同，地震波法又具体分为直达波法、折射波法、反射波法和瑞雷波（面波）法等。在地下管线探查中比较常用的是反射波法和瑞雷波法。

20 世纪 50 年代，在工程勘察中，浅层地震勘探以折射波法为主，曾研究开发了多种数据采集技术和推断解释方法，这些方法技术迄今仍在广泛应用。20 世纪 60 年代至 70 年代，一些发达国家开展了浅层反射波法的研究，到了 80 年代，浅层反射波法已迈入实用阶段。

3.6.1 反射波法

反射波法主要利用反射波相位的时空特性来推断解释地下构造。反射波法不仅能较直观地反映地层界面的起伏变化，而且还能探测地下隐伏断层、空洞以及异常物体。但是，由于反射波相位出现在续至区内，使反射波法的数据采集和数据处理都较折射法复杂，对数据收录系统性能的要求也较高。特别是从地表起到地下 100m 左右的浅层，各种干扰波十分发育，这就使浅层反射波法的研究难度更大。

1) 理论基础

地震波从震源向周围和地下介质中传播时，一部分能量沿地面直接到达接收点（直达波），向地下传播的地震波遇到波阻抗不同的界面时，波的一部分能量进入下一介质内，另一部分能量在界面上反射回来，形成反射波，见图 3-162。产生反射波的条件是分界面上下介质的波阻抗不同，界面两侧的波阻抗差越大，产生的反射波能量相对越强。通常用反射波振幅和入射波振幅的比来衡量界面反射能力的强弱（垂直入射情况下）。

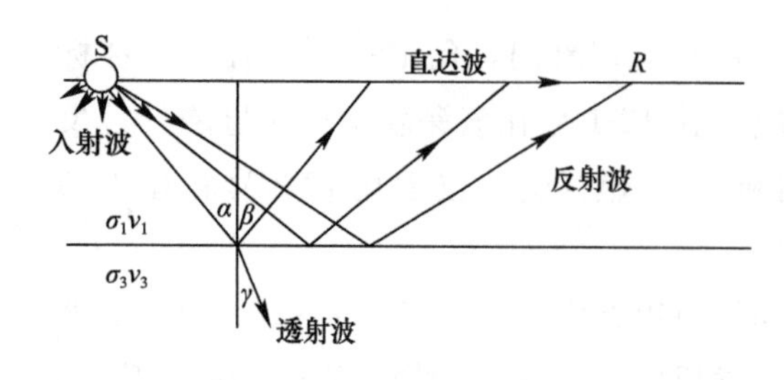

图 3-162 两层介质中的反射波

物体在外力的作用下，其内部质点的相对位置会发生变化，使物体的形状和大小发生变化，这称为形变。当外力引起的这种形变未超过一定的限度时，随着外力的移去，变形将消失，这种特征称为弹性，这种形变称为弹性变形。相反，当外力引起的这种形变超过一定限度后，即使移去外力，变形也不完全消失，这种特性叫做塑性，相应的形变称为塑性变形。当外力很小且作用时间很短时，自然界中大部分物体（包括地下管线以及周围土壤介质）都可视为弹性体。

浅层地震勘探使用的震源是人工震源（机械敲击、可控震源、电火花、空气枪等），这些脉冲震源的作用时间短，接收点离震源都有一定距离，接收点附近地下管线与周围土壤介质受到的作用力很小，可视为弹性介质。在地面某点进行激震时，激震点附近岩土产生胀缩交替变化，即所谓的“弹性振动”，弹性振动在地下岩土层中的传播形成弹性波（通常称为地震波）。在地下传播的地震波遇到不同弹性介质的分界面时（如地下金属或非金属管线与周围土壤的分界面），将产生反射、折射和透射。根据波的传播方式，地震波又分为纵波（P 波）、横波（S 波）、瑞雷面波（R 波）等，不同类型的波具有不同特征。

浅层地震方法的效果在很大程度上取决于界面两侧弹性波的速度（v）差或波阻抗（密度 ρ 与速度 v 之积）差，一般来说，密度大的弹性介质，其波速大、波阻抗也大。良好的弹性界面能决定地震勘探的效果，但对于深部地震勘探，近地表疏松层低速带往往使深部反射波产生“偏移”和时间上的“滞后”。浅层地震勘探中，非均匀介质将影响地震波的能量和到达时间，这些干扰给数据处理和资料解释带来了很多困难。然而，地下金属或非金属管线埋深浅，几乎接近地表，且材质构成的密度相对周围土壤介质要大几十倍，弹性性质稳定，界面平滑，这一良好的弹性界面和周围介质存在的弹性差，给浅层地震波法提供了良好的地球物理条件。

反射波法的特点：精度高，探测深度大；工作方法成熟、应用广，适合于解决复杂地质问题；野外工作和室内资料处理较为复杂、成本高。

2）工作方法

（1）剖面方向：一般情况下应尽量与探测对象（地下管线）的走向垂直。

（2）震源：主要采用锤击法，锤击时要果断，以获得较大的能量和较高的频率成分。

（3）观测系统：观测系统的排列方式很多，一般常用的有连续观测系统和间隔连续观测系统。

① 连续观测系统：在每一接收段的两端分别激发接收，互相连接，从而探测到整个地下界面。如果根据最佳时窗原理，选择合适的偏移距，每次只记录一道，震源点和接收点逐点同步向前移动，观测整个剖面，则又被称为单道共偏移距观测系统。

② 间隔连续观测系统：这种观测体系与上述连续观测系统类似，不同之处是震源与接收段之间相隔一个排列的距离。

(4) 道间距的选择：道间距的大小是影响记录水平分辨率的主要因素之一，在地下管线、空洞的探查中，因探测对象尺度较小，要采用很小的道间距，一般在 0.2～1.0m 之间甚至更小。

(5) 采样率的选择：为了保证不畸变地记录有效信号，在信号波的最短周期内，至少要有 4 个采样值，在地下管线和空穴探查中，采样率可在 10μs～500ms 之间选择。

(6) 多次叠加：多次叠加可以有效地抑制干扰波，常用的叠加方式是简单叠加和共反射点叠加。

① 简单叠加：整个装置排列不动，在同一震源上多次激发，重复接收，达到增强规则波能量的目的，这种叠加又叫垂直叠加或信息增强。

② 共反射点叠加：在不同的激发点，不同接收点上接收来自同一反射点的反射波，得到多个记录，然后对同一反射点的记录道进行叠加。

3) 资料解释

(1) 利用直达波求表层土波速。

(2) 用反射法求第一层介质的平均速度。主要有 x^2-t^2 法、t-Δt 法等。

(3) 地下管线的探查资料解释。在地下管线探测中，探测对象的几何尺寸很小，除了一般意义上的反射波外，主要表现出绕射的特征。因此，在地震记录中注意识别绕射波，绕射波的最高点就是管线的中心部位，结合前面对波速的讨论，就可以确定管线的地面投影位置和埋深。

3.6.2 瑞雷波法

瑞雷波勘探是近年来发展起来的一种新兴岩土工程勘探方法。与常规的物探方法相比较，瑞雷波勘探具有分辨率高、应用范围广、受场地影响小、检测设备简单、检测速度快等优点，因此广泛应用于岩土工程界。与之相对应国内外关于瑞雷波勘探的研究也取得了很大进展。与已有的浅层折射波法和反射波法相比，瑞雷波的独特之处是它不受地层速度差异的影响，折射波法和反射波法对于波阻抗差异较小的地质体界面反映较弱，不易分辨，尤其是折射波法要求下伏层速度大于上覆层速度，否则为其勘探中的盲层，瑞雷波法则不存在这类问题。但瑞雷波法的勘探深度受方法本身的限制，明显不如前两者，而纵横向分辨率又高于前两者。

1) 研究背景

1887 年，Raylei 首先发现了瑞雷波的存在并揭示了瑞雷波在弹性半空门介质中的传播特性。20 世纪 50 年代初人们又发现了瑞雷波的频散特性，随之开始了利用天然地震记录中的瑞雷波探测地球内部结构研究。

1960 年，美国密西西比陆军工程队水路试验所开始研究面波的工程勘探方法，但是由于当时的技术条件限制未能获得成功。真正将瑞雷波的频散特性用来解决工程问题始于 20 世纪 70 年代。1973 年，美国 F. K. Chang 和 R. F. Ballard 等人利用瞬态瑞雷波来研究浅部地质问题，引起许多地球物理学者的注意，开始了对瑞雷波勘探理论及方法的深入研究。20 世纪 80 年代初，面波工程勘探方法有了突破性进展。1982 年，日本 VIC 株式会社研制出了稳态法 GR-810 型佐藤全自动勘察机，用以解决工程地质勘查问题。1983 年，Stoke Ⅱ and Nazarian 等提出了所谓的面波频谱分析方法（SASW），通过分析面波的频散曲线建立近地表的 S 波速度剖面。随后，SASW 方法不断改进并在许多工程中得到应用，目前，SASW 方法已经应用到水下。

我国瑞雷面波法工程勘探的研究始于 20 世纪 80 年代中期。1987 年，铁路系统首先引进 GR-810 型面波勘探仪用以解决铁路和公路路基的勘探问题。1991 年，铁道部第四勘测设汁院利用 GR-810 型仪器展开了地基勘察、地基加固效果评价、人工洞穴以及岩溶洞穴探测的工作。1993 年，北京水电物探所利用自制的多道地震数据采集处理系统把瞬态面波的深度由 10m 提高到 30m。后期国内多位学者撰文对瑞雷波技术的发展和应用情况进行了研究。

2）基本理论

瑞雷波勘探方法与以往地震勘探方法差别在于：它应用的不是纵波和横波，而是以前视为干扰的面波。众所周知，面波具有频散特性，即其传播的相速度随频率改变而改变，这个频散特性可以反映地下构造的一些特性。瞬态瑞雷波法是用锤击使地面产生一个包含所需频率范围的瞬态激励，作用于半无限空间表面的点震源能产生丰富的瑞雷波，因此在地表面设置垂直传感器可以记录到瑞雷波的垂直分量。通过振幅谱分析和相位谱分析，把记录中不同频率的瑞雷波分离出来，从而得到 VR-f 曲线或 VR-λr 曲线。瑞雷波的 VR-f 曲线或 VR-λr 曲线反映的是层状地层基阶模态的频散曲线，它表示瑞雷波相速度随频率降低即波长增大，延深度方向的变化规律。对瑞雷波基阶模态的频散曲线通过计算机软件进行反演计算，可获得瑞雷波分层速度。

当介质中存在分界面时，在一定的条件下体波（P 波或 S 波，或二者兼有）会形成相长干涉并叠加产生出一类频率较低、能量较强的次生波。这类地震波与界面有关，且主要沿着介质的分界面传播，其能量随着与界面距离的增加迅速衰减，因而被称为面波。在岩土工程中，分界面常指岩土介质各层之间的界面，地表面是一层较为特殊的分界面，其上的介质为空气（密度很小的流体），有时又把它称为自由表面，把自由表面上形成的面波称作表面波。

面波主要有两种类型：瑞雷面波和拉夫面波。瑞雷面波沿界面传播时，在垂直于界面的入射面内各介质质点在其平衡位置附近的运动即有平行于波传播方向的分量，也有垂直于界面的分量，因而质点合成运动的轨迹呈逆椭圆。

瑞雷波法勘探实质上是根据瑞雷面波传播的频散特性，利用人工震源激发产生多种频率成分的瑞雷面波，寻找出波速随频率的变化关系，从而最终确定出地表岩土的瑞雷波速度随场点坐标（x，z）的变化关系，以解决浅层工程地质和地基岩土的地震工程等问题。

理论计算表明，瑞雷波的能量主要集中在介质的自由表明附近，其深度约为一个波长的范围，所测瑞雷波的平均速度，近似于 1/2 波长深度处介质的平均速度。根据波长与频率的关系可知，瑞雷波的频率越高，波长越短，探查深度越小，反之亦然。通过研究瑞雷波频率的变化，就可以探查出从地表到地下一定深度内瑞雷波速度的变化，实现由浅到深的探查。

瑞雷波沿地面表层传播，表层的厚度约为一个波长，因此，同一波长瑞雷波的传播特性反映了地质条件在水平方向的变化情况，不同波长瑞雷波的传播特性反映着不同深度的地质情况。在地面上沿波的传播方向，以一定道间距 Δx 设置 $N+1$ 个检波器，就可以检测到瑞雷波在 $N\Delta x$ 长度范围内的波场，设瑞雷波的频率为 f_i，相邻检波器记录的瑞雷波的时间差为 Δt 或相位差为 $\Delta\phi$，在满足空间采样定理的条件下，测量范围 $N\Delta x$ 内瑞雷波的平均传播速度：

$$\left.\begin{aligned} V_{Ri} &= \frac{\Delta x}{\Delta t_i} \\ \text{或}\ V_{Ri} &= \frac{2\pi f_i \Delta x}{\Delta\phi_i} \end{aligned}\right\} \tag{3-63}$$

$$\Delta t = \frac{T\Delta\phi}{2\pi} \tag{3-64}$$

$$\left.\begin{aligned} V_R &= \frac{N\Delta x}{\sum\limits_{i=1}^{N}\Delta t_i} \\ \text{或}\ V_R &= \frac{2\pi f_i N\Delta x}{\sum\limits_{i=1}^{N}\Delta\phi_i} \end{aligned}\right\} \tag{3-65}$$

在同一测点测量出一系列频率 f_i 的 V_{Ri}值，就可以得到一条 V_R-f 曲线，即所谓的频散曲线或转换为 V_R-λ_R 曲线，λ_R 为波长：$\lambda_R=V_R/f$。V_R-f 曲线或 V_R-λ_R 曲线的变化规律与地下介质条件存在着内在联系，通过对频散曲线进行反演解释，可得到地下某一深度范围内的地质构造情况和不同深度的瑞雷波传播速度 V_R 值。另一方面，V_R 值的大小与介质的物理特性有关，据此可以对岩土的物理性质作出评价。

3）方法与技术

瑞雷波法一般可分为稳态法和瞬态法两种。

（1）稳态法：基本原理如图 3-163 所示，振动器可以激发出 2～9900Hz 的控频瑞雷波，频率精度随选用频率的数量级而异，最高可精确到 0.001Hz，这种频率高精确的稳定振动是探测准确的重要保证，故名稳态振动法。

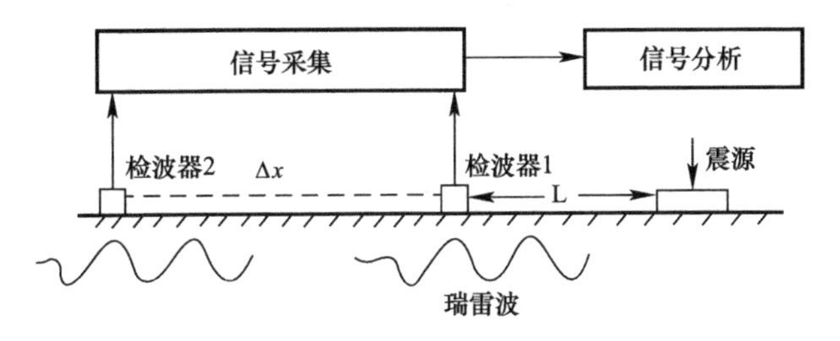

图 3-163　稳态法的基本原理

稳态法的主要优点是可以降至 2～3Hz 的较低频率，从而达到较大的勘探深度，并且可以从各频点资料中，总结出一套地层地质解释的经验。缺点是仪器体积大、施工慢、效率低且价格昂贵，应用受到一定的限制。

(2) 瞬态法：针对稳态法施工效率低的缺点，瞬态法用锤击方式取代了激振器，一次激发出各种频率成分，同时检波器也接收到富含各种频率成分的信号（图 3-164），稳态法中靠仪器硬件逐个频点的变更及相应的运算工作，在瞬态法中，主要靠软件来完成。

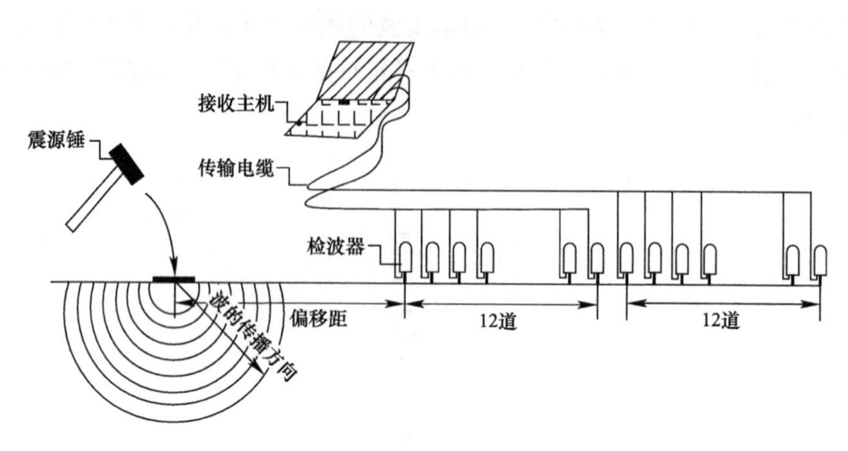

图 3-164　瞬态瑞雷波法地震勘探工作布置图

瞬态法的优点是仪器轻便，施工快速，且能解决仪器的防爆问题，资料也利于进行下一步的各种处理。主要问题是如何激发出频率较低的信号，进一步增大它的勘探深度。

无论是稳态法还是瞬态法，方法核心都是利用了瑞雷波在层状介质中传播时的频散特性，通过实测的频散曲线来进行地质解释。

4）应用实例

某场地现场狭窄，考虑介质体（淤质土）和天然气管间瑞雷波传播速度上的明显差异，选用了瞬态瑞雷波法进行探测。工作总道数为 24，道间距为 1.0m，偏移距 4.0m。

图 3-165 为该场地某测线的瑞雷波测试成果。图 3-165（*a*）为 6.5m 点和 9.5m 点处的频散曲线对比图，在埋深 8m 左右，9.5m 点表现为明显的高速异常，其他深度处两个

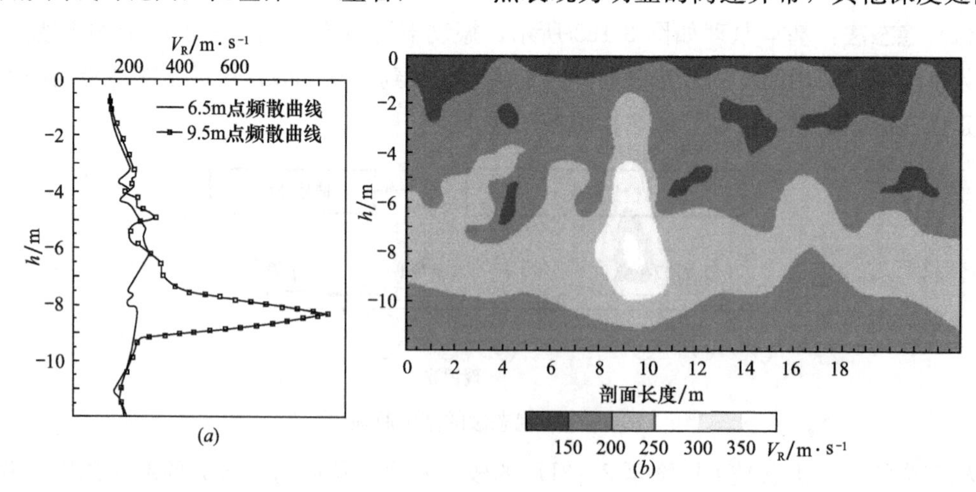

图 3-165　瑞雷波测试成果

（*a*）频散曲线；（*b*）速度等值图

测点的瑞雷波速度基本一致；图 3-165（*b*）为该测线瑞雷波速度等值图，可明显看出在测线的 9.5m 处、埋深 5.0～9.0m 间有一高速异常体。推测高速异常体为已敷设好的天然气管线，该管线中心平面位置位于测线 9.5m 处、中心埋深在 8.3m 左右。

在该场地共开展了 4 条瞬态瑞雷波法测线，查明了已敷设好的天然气管线平面位置，推测勘探场地内该天然气管线中心埋深为 8.2～8.7m。后根据测试成果，结合实际工程情况，将预敷设的电力管线中心埋深调整为 3.5m，确保电力管线地在该区域顺利穿越。

3.6.3 地震波映像法

地震波映像法（又称高密度地震勘探和地震多波勘探）是近年来才出现的新方法（图 3-166）。地震映像是基于反射波法中最佳偏移距发展起来的。这种方法可以利用多种地震波作为有效波来进行勘探，也可以根据探测目的的要求仅采用一种特定的地震波作为有效波。地震映像法由于每个记录都采用了相同的偏移距，地震记录上的时间变化主要为地下地质体的反映，给资料解释带来极大的方便，可直接对资料进行数字解释，如频谱分析、相关分析等。在地震映像测量过程中，激发后在接收点用单个检波器接收，仪器记录后，激发点和接收点同时向前移动一定的距离（或称为点距），重复上述过程可获得一条剖面上的地震映像时间剖面。记录点的位置是激发和接收距离的中点，实际上此记录反映了此偏移距范围内地下岩层、岩性的变化，采用不同的有效波时，地震记录上这种波反映的介质情况及位置应有不同的意义。

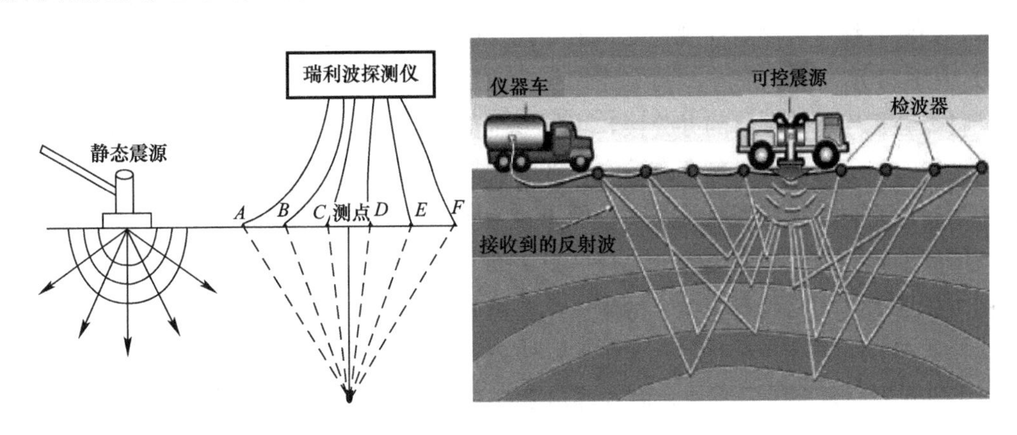

图 3-166 地震波映像法原理

适于探测的管线：用于探查管径大于 1m、埋深大于 3m 的金属和非金属管线、综合管沟、排水箱涵、人防巷道等。

这种方法受环境和地下介质的影响较大，要求具体操作人员具有较强的理论水平及实践经验。

1）工作方法

（1）垂直于管线走向布置测线，沿测线等间距布置多个检波器来接收地震波信号。

(2) 常规的观测是沿直线测线进行，所得数据反映测线下方二维平面内的地震信息。

(3) 设计震源与接收点位置，需要使中点分布于目标管线附件范围之内，如图 3-167 所示。

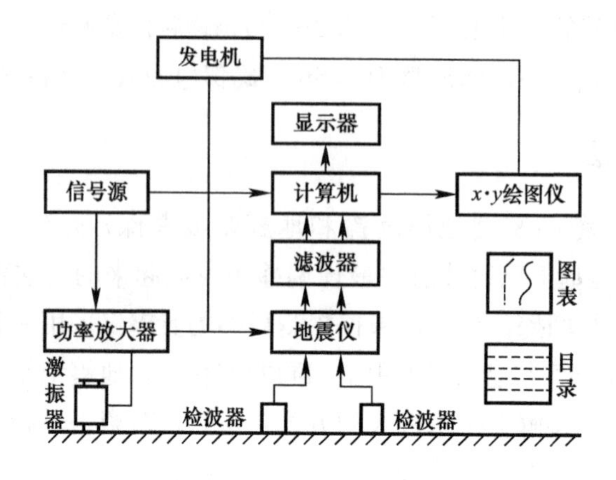

图 3-167 地震波法装置

(4) 把数据下载到室内计算机上，处理生成地震实测剖面图。

(5) 优缺点。①优点：相对地质雷达受介质电性影响较小；适用于较大口径深埋金属、非金属管线；浅部干扰管线影响不大。②缺点：平面定位精度、埋深精度不能达到规范要求，塑料管线难以测定深度；受车辆振动、噪声等影响大。

2) 应用实例

某村委会拟建造一幢新的办公楼，当地基全部填好矿渣准备施工预应力管桩时，才了解该场地内有一给水管线通过，该给水管线直径为 1000mm、材质为混凝土。由于场地内进行了全面填土，无法找到原管线埋设标志，为防止桩基础施工损坏到给水管线，需查明该场地内的给水管线的平面位置。

由于场地上部均为碎石填土，地质雷达的电磁波信号在该层散射和多次反射，深部信号能量极其微弱，很难辨别管线位置；另外表部填土为高阻、且场地面积仅为 14m×31m，无法开展高密度电阻率法；而表部填土为高阻层且速度不均，瞬态瑞雷波法的应用效果也极差。后根据现场对比试验，选用了地震映像法进行探测，点距 0.3m、偏移距为 1.5m。图 3-168 为某测线地震映像探测成果，由图可看出整条测线在 14ms 处有一明显同相轴反射层，推测为填土下界面，估算其深度在 3.0m 左右，与施工记录基本一致；测线的 2.4m 处、7ms 附近有一反射异常体（图中异常 1），深度在 1.3m 左右，后开挖发现是由一大的块石引起；另外在测线 9.9～11.1m 段、25ms 附近有一反射异常体（图中异常 2），估算其上顶埋深在 5.5m 左右，与给水管线的施工资料较为吻合，另外异常宽度与管径也基本一致，因此推测该异常是给水管线引起。

在该场地共开展了 6 条地震映像法测线，查明了给水管线的平面位置，后通过设计单位调整了工程桩位置，保证了所有工程桩的安全施工。

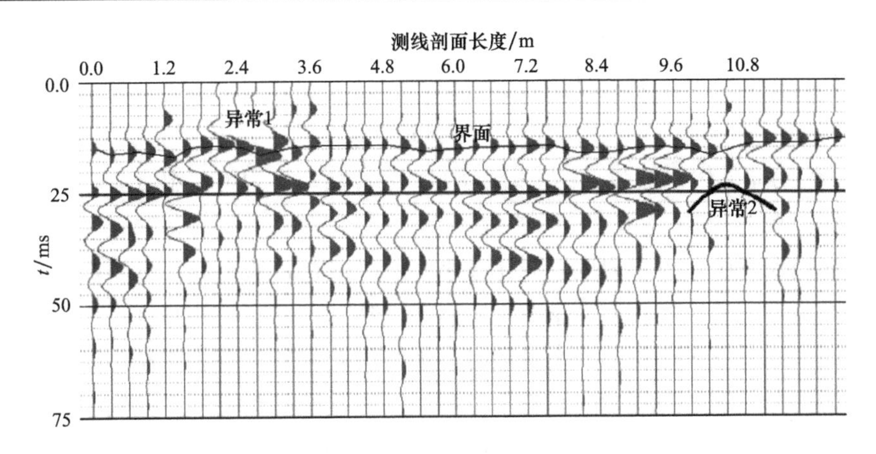

图 3-168　地震映像法测试成果

3.7　其他方法

除了常规的探测方法，在管线探查中，还应充分结合管线其他特殊性质，如载体温度、声学等性质，采用相应的技术，往往能取得事半功倍的效果。

3.7.1　红外线法

红外辐射探测法的理论基础是斯蒂定律，即黑体单位面积在单位时间内向半球空间辐射的总能量与黑体绝对温度的四次方成正比。地表面的温度微小变化会引起辐射能量的较大差别，如污水管、热水热气管、地下自来水管等本身与其环境有一定的温度差异。通过测量地面在热波段的辐射总能量，就可以求得地物表面的温度微小差异，从而找到热源所在。用于红外辐射探测的仪器有 HD 红外低温温测仪、点温度辐射计等。该法探测方法简便，但必须具备温差这一前提，可用于探测暖气管线或水管漏水点。

（1）基本理论

温度是描述物体冷热程度的一个物理量。当物体内部或物体之间温度不一致时，就会出现热交换。温度高于绝对零度的物体，会从表面向外放出电磁辐射，物体温度越高，辐射出的能量越多。辐射热的光谱主要位于红外波段，少量位于可见光波段，因此这种以电磁波辐射形式进行的热传导，又称为红外辐射。地下管线热辐射见图 3-169。

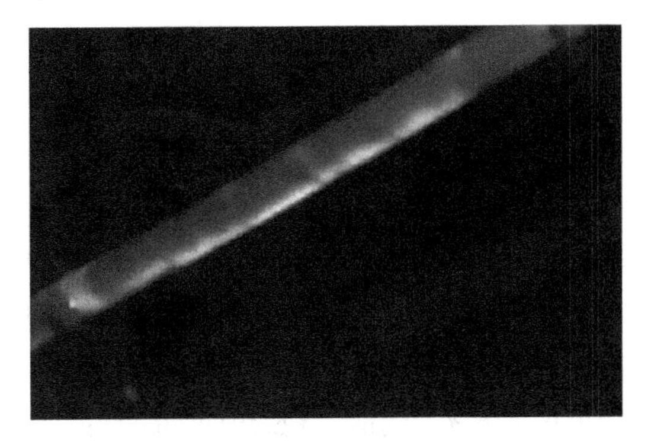

图 3-169　地下管线热辐射

在一般情况下，地下管线，尤其是供水管线中水温相对周围泥土偏低，由于热交换作用，管线周围泥土及地面的温度会略低于管线两侧的。这就是用热红外辐射差异探查地下管线的基本依据。

红外线辐射探测的理论基础是斯蒂芬定律：

$$I = \varepsilon k T^4 \tag{3-66}$$

式中：I 为物体的辐射通量；ε 为发射率；k 为常数；T 为绝对温度。

(2) 工作方法

在地下管线探查中，由于温度差异比较小，所以探查时的天气、日照等气象环境都会对测量结果产生较大的影响。寒冷季节，阴雨天气都不宜进行红外测量；一般情况下有日照时，地表与大地呈反向热交换；无日照时，地表与大气呈正向热交换。因此，要根据具体情况，试验选择不同的观测时间，突出差异，以便取得预期效果。探测中，可沿剖面逐点测量，点距的大小约等于探查管线管径的 1/2～1/3 为宜。

在资料解释时，把大气背景的影响作为恒定状态，那么在一天内所观测不同时间、不同部位的温度差异可认为是地下不同介质（水管）热特性差异所造成的。

(3) 现场试验

图 3-170 为用红外管线探测仪在油田现场所拍摄的埋地管线红外图像以及自动检测标识结果。这是一根埋深为 85cm、外径为 27.3cm 的管线，油温为 40℃～45℃，测量时间为 11 月初晨 7：30，环境温度为 7℃，风力为 3～4 级。该管线在地下向右折行。每张红外图像右边都带一个色标，用来表示温度与颜色的对应关系。色标从下到上的颜色渐变，表示温度由低到高的渐变过程。

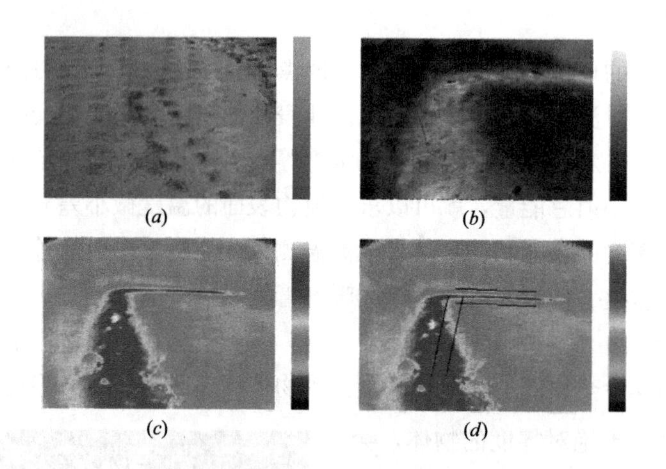

图 3-170 油田现场试验结果

(a) 可见光图像；(b) 红外灰度图像；(c) 红外伪彩图像；(d) 自动检测标记结果

从图 3-170 中可以明显看出，红外管线探测仪可清晰地探测到肉眼无法看到的埋地石油管线的位置及走向，并且其自动标识结果与实际情况完全相符。

作为一种新的管线检测技术，红外热成像法也有其局限性和适用范围。此方法适用于探测被加热的埋地管线，而且外界的气温及地表环境等因素对探测结果有一定影响。例如夏天正午阳光直射时，地表温度可能高于埋地管线的载体温度，此时热传导的方向将发生变化，会导致方法失效。

3.7.2 声波法

声波是指质点或物体在弹性媒质中振动，产生机械波并向四周传播。声波以横波和纵波两种形态在地下管线中传播，并且纵波的传播速度大于横波。声波在地下管线中的传播速度受管线材质和探测环境影响。通常声波的传播速度在钢管、铸铁管、混凝土管、PE管和PVC管中依次递减。此外，声波在地下管线中传播能量随着传播距离的增加而衰减，尤其在塑料管材中声音信号的衰减更快。影响声波能量衰减的因素有扩散、吸收和散射等，声学探测地下管线的原理就是在用金属锤敲击管线，使管线发出的声波在管线中震动并传播，在另一条管线上用听诊器去探听管线中的声音，从而确定管线之间的连通性。这种方法适用于从多根并排热力管线中寻找出目标管线。由于声音信号在塑料材质的管线中衰减很快，所以这种方法适合金属管线探测，比如铸铁材质的热力管线和给水管线。

3.7.2.1 声波反射法

1）基本原理

目前，声波探测法在地下管线定位领域中属于新的应用。声波探测法主要是利用信号传播距离不同、遇到不同介质因而反射强度的不同而引起的时延来进行目标管线的定位。主要做法是发射端与接收端同时布置两个声波传感器，发射端发射编码信号后，接收端传感器同步接收到经过目标及目标周围介质反射后的回波信号，并加以处理后，根据回波延时测算目标管线的位置。声波探测技术原理如下：

一般情况下，声压波可用时间与位置的关系来表示：

$$\frac{\partial^2 p}{\partial x^2} = p_0 \mu \frac{\partial^2 p}{\partial t^2} \tag{3-67}$$

式（3-67）中，t 表示时间，p_0 代表介质的平均密度，μ 表示压缩常数，单位是 kg/m^3，x 表示位置，p 表示声压。其中，p 表现为连续平面波的形式：

$$p(x,t) = P_\alpha \cos(2\pi f t + kd) \tag{3-68}$$

式（3-68）中，c 表示声波的传播速度，单位 m/s，d 表示声波的传播距离，k 表示波数，f 指声波的频率，P_α 表示平面波的振动幅度。

如图3-172所示，在用声波探测法定位地下管线时，发射器垂直地面的方向周期性发射声波信号，声波信号在传播过程中，遇到不连续或者阻抗不匹配的界面发生反射，接收器将收到两个回波，一个是发射信号直接经过土壤表面传给接收端的表面波；另一个是经过目标管线反射后带有一定时延的管线反射波，如图3-172所示。研究表明，声波频率越大，系统横向分辨率越高，能分辨的管线直径与周围杂质的能力也越强。但是信号频率增加也会使得声波在土壤的衰减速度增大。资料表明，声波在土壤中的衰减取决于土壤类型（黄土、黑土等）、含水量和杂质含量，一般在0.1～0.9dB/(kHz·cm)范围内，具体的衰减根据所处土壤环境的不同会有较大差异。

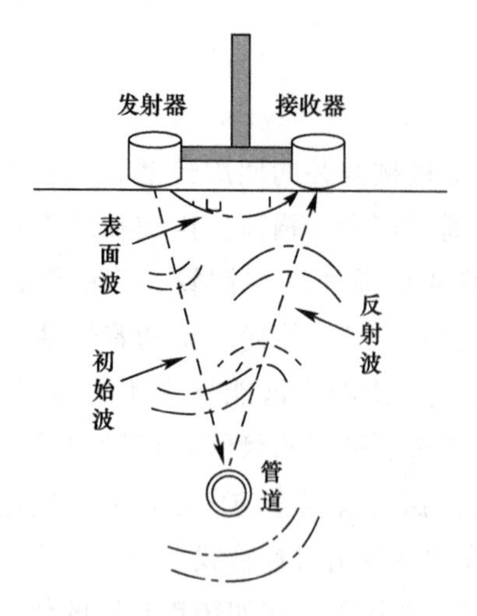

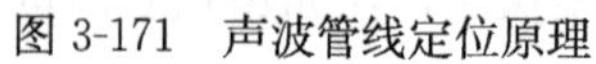
图 3-171 声波管线定位原理

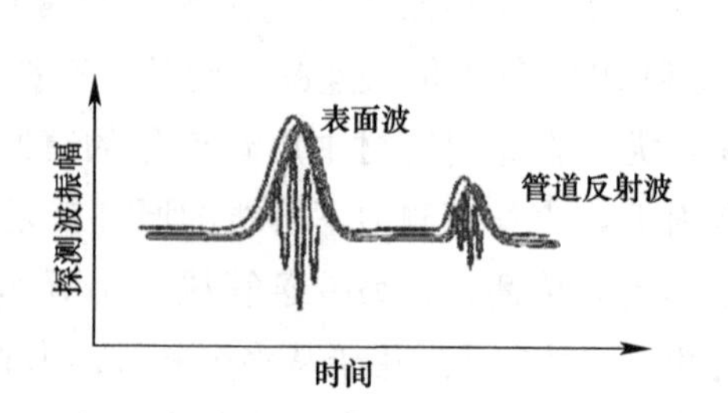

图 3-172 声波管线定位回波

2）管线定位的测试

在得到土壤声速后，便可进行正式的地下管线定位。图 3-174 声波管线探测所示实验环境中埋线管线图，以图视角为中心，左、前、右三个方向土壤下面均埋有不同距离、不同材质的管线。其中，左边土壤 0.5m 下埋有钢管和 PE 管，正前方和右边土壤下 1.5m、3m 分别埋有钢管和 PE 管，径均为 6cm。在实际测试过程中，将发射传感器与接收传感器间隔约 20cm 距离，以减小二者同时工作时的相互干扰。在信号发射的过程中，接收端除了接收到表面波外，还会接收到目标管线反射回来的一次回波，读出一次回波相对于表面波峰值位置的延时点 ΔN，根据公式

$$x=\frac{1}{2}\cdot\frac{\Delta N}{fs}\cdot\bar{c} \tag{3-69}$$

便可计算出地下管线的距离。为了提高测算准确度，将两个探头适当来回挪动位置（但相对距离始终不变），以找到与地下管线的垂直位置使得回波峰值达到最高。

如图 3-173 所示为探测 3m 深 PE 管的回波信号，明显看出回波信号比 1.5m 深 PE 管微弱，信号电压为 100mV。

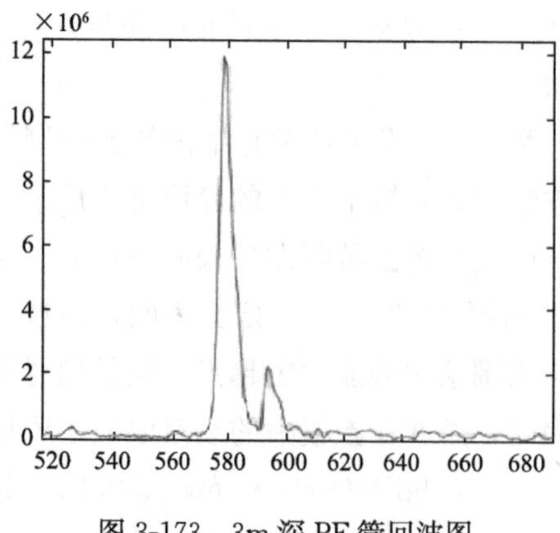

图 3-173 3m 深 PE 管回波图

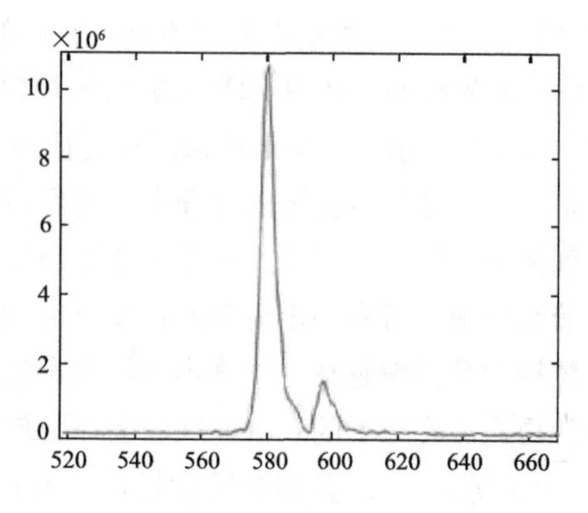

图 3-174 3m 深钢管回波图

图 3-174 所示为经过信号处理后的 3m 深 PE 管回波示意图。多次测量记录得到：始波位置 $N_1=580$，一次回波位置 $N_2=596$，则延时 $\Delta N=16$。代入采样率 $f_s=600\text{Hz}$，土壤声速 $\bar{c}=192\text{m/s}$，根据距离计算公式（3-69），计算得到 PE 管所在位置 $x_p=2.56\text{m}$，实际位置 $x_0=3\text{m}$，测量准确度达 85%以上，性能较好。

3.7.2.2 声波透射法

声波透射法主要由震荡器（发射机）、接收机、探头、放大器、耳机等部分组成，一般适用于内部流体为液态，带压力的非金属管线。其工作原理（图 3-175）是利用声音在管线及其内部液体的传播特性来探测管线位置，由震荡器（发射机）发出一定频率的声波信号，该信号通过与管线相连接的震动器传输到管线上，并沿埋于地下的管线向远端传递，同时该声波信号也能传送至地面。探头在地面上捕捉该声波信号并通过接收机将信号放大后输出到显示仪表和耳机，从而确定地下管线的位置。

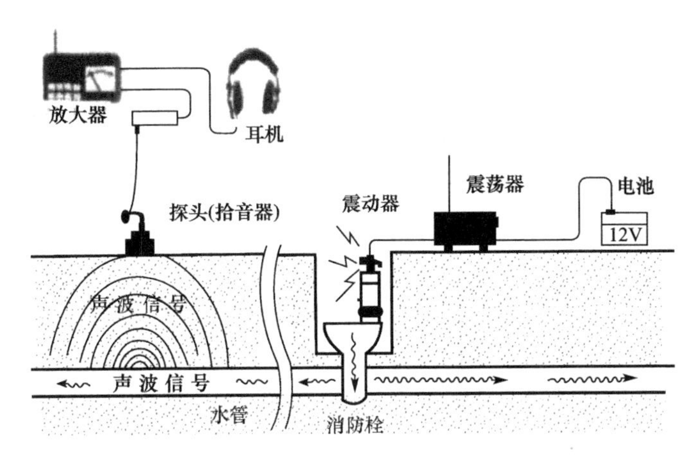

图 3-175 声波透射法工作原理

由于震荡器的发射机要与管线直接相连，所以非金属管线探测仪使用场所必须有管线设施的暴露点，像供水、排水、燃气管线，震荡器可以与水表、消防栓、阀门等管件连接。由于声波的衰减特性，仪器最适用于小口径管线的探测；另外对于埋设太深的管线探测难度较大。采用这种方法对非金属管线只能定位，不能定深。

目前采用该原理的探测仪有日本富士非金属管线探测仪，其最新型号为 NPL-100 型，美国杰恩公司 APL 声学管线定位仪等，这类仪器对供水、消防等管线的探查均达到了良好的效果。

3.7.2.3 声波法漏水检测

声波法漏水检测技术是以声学原理为基础，借助电子学和频谱分析理论，对漏点的声波信息进行处理、分析，以发现漏水区域进而准确定位漏点的技术。

1）漏水声波的特点

漏水一旦发生，在一段时间内通常不会发生大的变化，只要未被发现，漏水始终存在，因此漏水声具有连续性和稳定性两个主要特点。在实际检测过程中，这两个特点是判断所检测到的声音是否为漏水声的重要依据。噪声自动记录法就是利用漏水声的这两个特点，在夜间 2：00～4：00 记录管道上的噪声，根据记录声音的特点判断管道是否存在漏水。如图 3-176 所示，漏水又分为有声漏水与无声漏水。

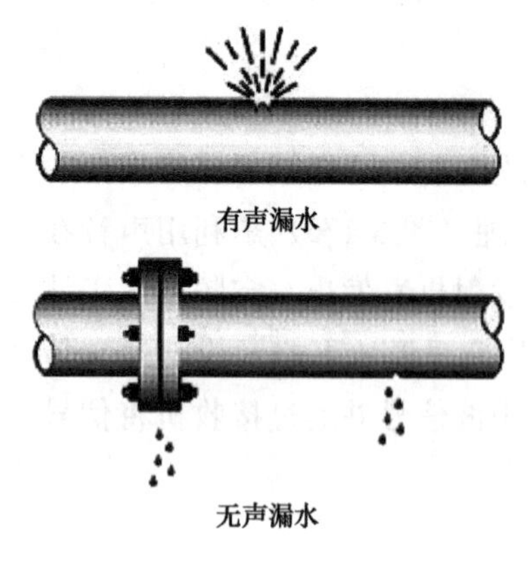

图 3-176　有声漏水与无声漏水

就某一处漏点而言，漏水量与压力成正比。供水管道发生泄漏时，水在一定的压力下从漏点喷出时，会与管壁和周围介质发生摩擦、撞击，从而发出连续但不规则的噪声，这些噪声会在管道和周围介质中传播。音听法正是利用音听设备对地面漏声或管道漏声进行采集处理从而发现隐蔽漏点的一种检漏方法。

用音听设备检漏前应掌握被检查管道的有关资料。常见的音听设备主要是听音杆和电子听漏仪。听音杆是最常用的音听设备，虽然功能有限，但是因为其造价低廉，操作简单，仍然受到广大检漏人员的喜爱。听音杆分为机械式听音杆和电子听音杆两种（图 3-177、图 3-178）。机械式听音杆又有木质结构和金属结构两种。听音杆的原理是直接在管道暴露部位拾取泄漏噪声，其作用是缩小可疑范围，直到把漏水点确定在某两个暴露部件之间，精确定位还需要依靠电子听漏仪、相关仪等设备。

图 3-177　机械听音杆

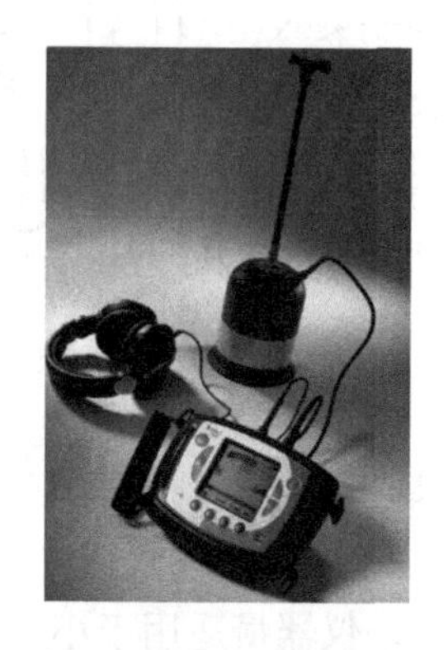

图 3-178　电子听音杆

目前应用的给排水管道泄漏探测技术方法主要是音听检漏法，它分为阀栓听音和地面听音两种。前者用于查找漏水的线索和范围，简称漏点预定位；后者用于确定漏水点位置，简称漏点精确定位。

2）阀栓听音

使用听音棒或听漏仪，对区域内的所有阀栓进行听音，以听取漏水点传播至阀栓上的漏水声波，从而确定漏水异常区域。对所有管路暴露点和阀门进行听音调查，对有异常音响的阀门进行记录，以便对异常管段进行路面听音。阀栓听音率 100%，并仔细记录阀栓明漏，对有异常的管道构建物作好标记。

音听法的优点是设备简单、投资较少、操作简便灵活。音听法的缺点是有时受环境噪声的干扰，需要一定的实践经验，易受一些假象的影响，依赖于水压等条件。

3）地面听音

地面电子听漏仪，主要由拾音器、信号处理器和耳机三部分组成。其工作原理是利用地面拾音器收集漏声引起的震动信号，并把震动信号转变为电信号转送到信号处理器，进行放大、过滤等处理；最后把音频信号送到耳机，把图形、波形或数字等视频信号显示在显示屏上，帮助确定漏水点。电子听漏仪主要用于漏水点的精确定位，在已知泄漏管段的情况下，用电子听漏仪沿管线作“S”形逐步探测，最终根据泄漏噪声信号的强、弱确定漏水点位置。

人们在路面上检测地下管道漏水，随着埋层介质的不同，深度不同，距离不同，传至检测点的振动声也不同（图 3-179）。

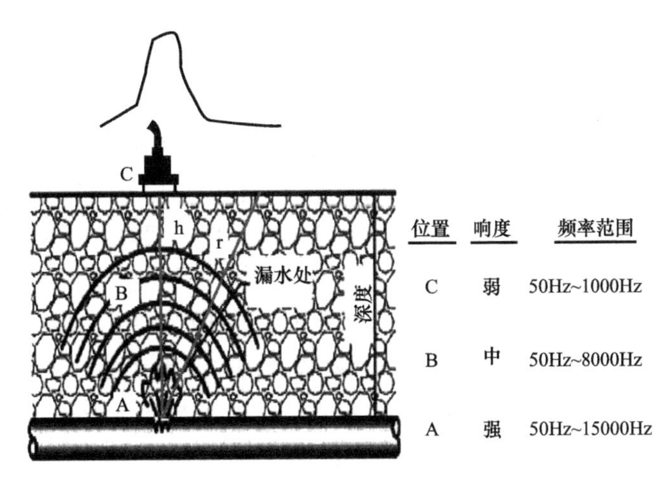

图 3-179 不同深度漏水振动频率不同

如果测点在管道壁和附属物上，声音主要沿管道传来，会随管的材质、口径，漏点与测点间距离等因素有所差别。不同口径的管道振动响度沿管道的传播距离不同，水管口径越小声音传播越远（图 3-180）。人们用不同工具、仪器检测，由于检测设备本身的灵敏度，频率特性等因素也会使人耳听到的声音不同。

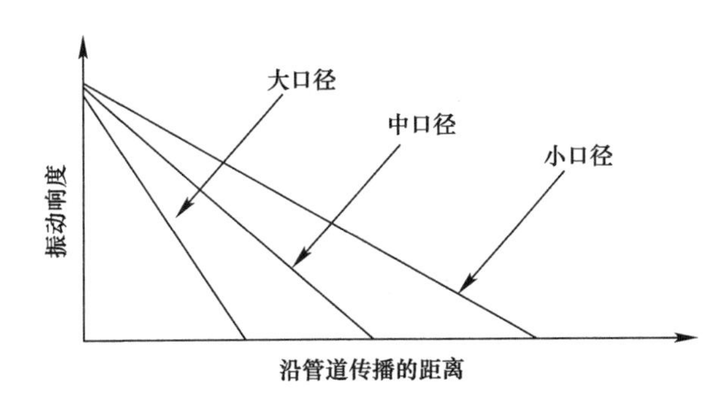

图 3-180 不同口径的管道漏水声传播距离不同

总之，由于漏水情况不同，引发振动的因素不同、埋层介质等传播条件不同、检测仪器的性能各异、检测者在不同条件下测听到的漏水声是不同的。检测者应了解这些基本道理，才会对漏水声的多变性做到心中有数，也有利于判断漏点的情况和距离。

3.7.3 钎探法

机械式（扎探）探测器是最原始的探测方法，最初是用硬木条做成丫形叉（图 3-181），后来改用金属杆进行实地探测，操作简单，可取得一定的探测效果。但此法适用范围有限、速度慢、安全性差，甚至可能导致被探管线受损，因此未能得到进一步推广，但并不排除在某些特定条件下有它独特的使用价值。

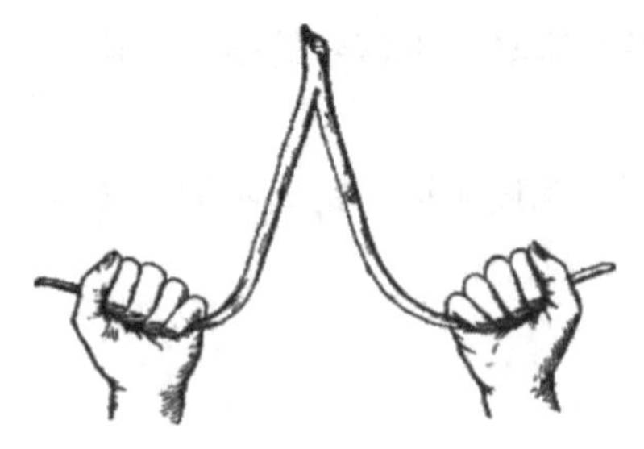

图 3-181　扎探的丫形叉

在通过其他参考资料或者辅助技术手段对管线位置粗略探测后即可采用触探方式将其精确定位。

沿垂直管线走向截取该管线可能存在空间的横断面，在该横断面位置以某一间距依次钻孔至接触被测物体表面来探测被测物体的平面位置和埋深信息。当对被测物定位精度要求很高时，用多个触探定位点拟合被测物体几何形状能取得很好的效果。然而随着管线埋深的加大，触探难度也随之急剧增加。

对于埋设较深的管线，首先其平面位置本身有着很大的不确定性；其次管壁两侧边缘处切线斜率很大，即使接触到管线也可能沿着管壁滑下，造成管线不在此处的“假象”；即使明确知道管线位置，也很难保证钻孔的垂直度，钻孔平面位置常会产生钻孔深度 10％甚至更大的偏差，从而导致触探点点位数据和管线几何形态无法拟合。

为实现精确钻孔并接触管线表面，可采取以下措施：

（1）保证钻孔时钻杆的垂直度，在钻孔前用全站仪对拟采用的各个钻杆进行校验，钻孔时用两台或多台全站仪在钻孔前及钻孔时对钻杆进行多方位实时校正。实践证明此方法能将钻杆平面位置的偏移控制在钻杆长度的 1％以内。

（2）分析管线可探测区间，充分考虑管线两侧可能出现侧滑的区间及钻孔的最大倾斜度，结合待探测管线的管径，在假设管线位置为已知的情况下，精确计算出管线对应地面可探测区域范围。

（3）合理布设断面，根据（2）中推算的管线和探测范围，结合勘探现场实地情况，设置一定的重叠度布设断面，即可实现几乎各种管径管线的精确触探。

3.7.4 开挖法

通过全面开挖（图 3-182）或部分开挖来测绘、了解地下管线的分布情况和各几何要素，此法不仅速度慢、安全性差、准确度不高，而且对周围环境影响大，但在确无探测手段时仍要使用。

图 3-182　人工或机械开挖

3.8　探查工作质量评价

《城市地下管线探测技术规程》(CJJ 61—2017) 对地下管线探测精度、地下管线点的测量精度和地下管线图测绘精度要求如下：

1) 地下管线探测精度

地下管线埋设越深其探测难度越大，为了保证不同埋设深度管线的探测精度，根据不同埋设深度给予相应的探查精度。管线探查精度按表 3-22 执行。

管线探查精度表　　表 3-22

地下管线中心埋深 (m)	水平位置限差 (cm)	埋深限差 (cm)
$h \leqslant 1$	±10	±15
$1 < h \leqslant 2$	±13	±18
$h > 2$	±17	±22

对地下管线探测的精度要求隐蔽管线点的探查精度：平面位置限差 δ_{ts} 应为 $0.10h$；埋深限差 δ_{th} 应为 $0.15h$ (h 为地下管线的中心埋深，单位 cm，当 $h<100$cm 时，则以 100cm 代入计算)。

2) 地下管线点的测量精度

平面位置测量中误差 (指管线点相对于邻近平面控制点) m_s 不得大于±5cm (相对于邻近控制点)，高程测量中误差 (指管线点相对邻近高程控制点) m_h 不得大于±3cm (相对于邻近控制点)。

3) 地下管线图测绘精度

地下管线与邻近建筑物、相邻管线及规划道路中心线的间距中误差 m_c 不得大于图上±0.5mm。

(1) 在探查窨井上的明显管线点时，应该在井盖的中心放置管线点。当发现地下管线中心线的地面投影偏离管线点距离不小于或等于 0.2m 时，管线点设置在管线地面的投影位置，而窨井被当作偏心井处理。

（2）地下管线及埋设电缆的管沟需要量测其断面尺寸。其中，测量圆形断面的内径；测量矩形断面内壁的宽和高，单位均用 mm 表示。

选择合理的方式对已有数据进行精度评定是利用已有数据的关键。然而，已有管线数据隐蔽管线点地面标志的大量缺失，导致现有管线探测相关技术规范给出的管线探测精度评定方法难以直接运用。

3.8.1 常用管线探测精度评定方法

管线探测完成后需要进行管线探测精度评定，在进行管线探测质量评定时一般需要按一定比例进行明显点埋深重复量测、隐蔽点平面位置和埋深重复探查及管线点重复测量工作，并计算各类探测中的误差。

1）明显点量测埋深精度评定

明显点不易缺失，可直接重复量测，明显管线点重复量测的埋深中误差限差：

$$M_{td} = \pm\sqrt{\sum_{i=1}^{n} \Delta td_i^2 / 2n} \tag{3-70}$$

抽取一定比例明显点，直接开井量测管线埋深，并与原数据对比，按下式计算埋深中误差：

$$m_d = \pm\sqrt{\frac{\sum \Delta d_i^2}{2n}}$$

明显管线点的量测埋深中误差：

$$|M_{td}| \leqslant 2.5\text{cm}$$

水平位置中误差限差：

$$|M_{qs}| \leqslant 0.5(10n_1/n + 13n_2/n + 17n_3/n)\text{cm}$$

埋深中误差限差：

$$|M_{qh}| \leqslant 0.5(15n_1/n + 18n_2/n + 22n_3/n)\text{cm}$$

式中，Δt_{di}为重复量测差值；Δd_i 为明显管线点的埋深偏差；单位为 cm；n_1、n_2、n_3 分别为 $h \leqslant 1$m、$1 < h \leqslant 2$m 及 $h > 2$m 的检查点数；n 为明显管线点检查点数。

2）隐蔽管线点探查精度评定

（1）隐蔽管线点平面位置中误差计算公式：

$$M_{ts} = \pm\sqrt{\sum_{i=1}^{n} \Delta ts_i^2 / 2n} \tag{3-71}$$

（2）隐蔽管线点平面位置中误差计算公式：

$$M_{th} = \pm\sqrt{\sum_{i=1}^{n} \Delta th_i^2 / 2n} \tag{3-72}$$

（3）检查点高程测量中误差：

$$M_h = \pm\sqrt{\sum_{i=1}^{n} \Delta h_i^2 / 2n} \tag{3-73}$$

(4) 检查点平面位置测量中误差：

$$M_d = \pm\sqrt{(\sum_{i=1}^{n}\Delta X_i^2 + \sum_{i=1}^{n}\Delta Y_i^2)/2n} \tag{3-74}$$

式中：n 为总检查点数；Δt_{si} 为平面位置偏差，Δth_i 为埋深差值，Δh_i 为高程较差，ΔX_i、ΔY_i 为纵横坐标较差。

隐蔽管线点若为拐点、三通、四通等特征点时，应在管点标志附近使用管线探测仪重新探测管点特征位置，量测两次定位点的水平距离，并重新探查管线埋深；若为直线点，应邻近管点标志使用管线探测仪重复探查管线位置，量测两次管线位置在垂直于管线走向方向的水平偏距，并重新探查管线埋深。

3.8.2 常用管线点测量精度评定

管线点标志保存齐全或明显管线点数量满足精度评定需要的数量和测区分布的，可按常用管线点测量精度评定方法执行；对于明显管线点数量少，隐蔽管线点数量较多且地面标志丢失严重的，只需进行隐蔽管线点探测精度评定。

分别随机抽取某个测区的隐蔽管线点和明显管线点，同时保证相应测区的隐蔽管线点和明显管线点总数的5%且不少于40点进行同精度复查。抽取的样本应该符合如下几个原则：

(1) 采样点应该在测区内分布均匀、在各种管线探测时分布应该具有代表性。

(2) 作业单位的探查质量检查方法可分为小组自检、互检、技术负责人或项目负责人抽检，也可以成立专门的质量小组进行检查。

(3) 作业单位在精度检查时应严格按照《技术规程》探查工作质量检验的规定执行。

(4) 城市地下管线检验时，所有的地下管线都不得有遗漏。

(5) 城市地下管线之间的连接关系应该保证100%的正确。

(6) 明显城市管线点的属性调查结果正确率应该达到100%。

(7) 隐蔽管线点属性调查结果正确率应达到100%。

采用等精度方式重复测量管点地面标志的坐标和高程，与原数据比对。管点平面位置中误差和高程测量中误差计算公式如下：

$$M_{cs} = \pm\sqrt{(\sum_{i=1}^{n}\Delta x_i^2 + \sum_{i=1}^{n}\Delta y_i^2)/2n} \tag{3-75}$$

$$M_{ch} = \pm\sqrt{\sum_{i=1}^{n}\Delta h_i^2/2n} \tag{3-76}$$

式中，Δx_i 为纵坐标较差；Δy_i 为横坐标较差；Δh_i 为高程较差；n 为检查点数。

管点平面位置中误差 $M_{cs} \leqslant 5$cm（相对于邻近控制点），高程测量中误差 $M_{ch} \leqslant 3$cm（相对于邻近控制点）。

3.8.3 影响地下管线探测精度的原因

(1) 作业人员的影响

人是地下管线探查工作的主体，探测质量受到所有参加工程项目作业人员共同影响，这是探查质量好坏的关键因素。地下管线探测要求作业人员有较强的责任心，具备高度的质量意识，对工作流程清楚明了，如果意识不到位，或者对工作流程不明白，业务水平不精，缺乏应对各种复杂情况的经验，都有可能对探测工作带来影响。

（2）管线探测仪本身的影响

管线探测仪有出厂时的标称精度（平面定位精度、埋深探测精度），仪器型号的不同其标称精度也不尽相同。作业前要按照设计书中或委托单位对管线点的探测精度选择不同型号的仪器。另外标称精度是在理想状态下（如单一管线、无干扰、周围介质均匀）得到的理想数据，测区条件千变万化，不能轻易相信仪器的直读数据。要选用不同仪器，不同工作方式及不同物理条件的有代表性地段进行方法试验及仪器试验，通过与已有管线数据比较或进行开挖验证，来确定该方法及仪器的有效性和精度，从而选择最佳的工作方法、合适的频率、最佳收发距，并确定该方法和仪器测深的修正系数及修正方法。

（3）周围介质的影响

由于发射机发射电磁信号要通过土壤、空气的传导后才能使接收机收到信号，土壤及空气传导条件的好与差将直接影响到探测深度。微湿的原状土对探测的误差影响较小，而干燥的土壤、砂石、风化岩及杂填土对探测误差影响较大。因此，土壤条件因素而产生的误差值具有随机性，而空气相对土壤来说影响程度要小得多。

（4）探测方法选择不当的影响

由于地下管线种类不同、材质不同，其本身所具有的地球物理特征也不尽相同。因此，探测时采用的方法和选用的频率也有所不同。针对不同探管仪的性能，分别采用电磁感应法、工频法、直接法、夹钳法等多种物探方法和手段来进行探测。在管线密集地区宜采用两种或两种以上的方法进行验证，以及在不同的地点采用不同的信号加载方式进行验证，并结合工作环境采用多种物探方法和手段进行反复探测。

参考文献

[1] 邹延延．地下管线探测技术综述 [J]．勘探地球物理进展．第 29 卷第 1 期．2006，2.

[2] CJJ/T 8—2011 城市测量规范．北京：中国建筑工业出版社，2011.

[3] CJJ 61—2017 城市地下管线探测技术规程．北京：中国建筑工业出版社，2017.

[4] 梁小强，杨道学，张可能，吴奇．FDTD 数值模拟在 GPR 管线探测中的应用 [J]，地球物理学进展，2017，32（4）：1803-1807.

[5] 赵得杰，张永涛，闫文科．不同介质条件下地下管线雷达探测试验研究 [J]．国防交通工程与技术，2015（4）.

[6] 王水强，黄永进等．磁梯度法探测非开挖金属管线的研究 [J]．工程地球物理学报，2005（5）：353-357.

[7] 何亚敏．磁梯度法在上海轨道交通 14 号线深埋管线探测中的应用研究 [J]．工程勘察，2017 增刊（2）.

[8] 徐长虹，何文峰，韦者良．磁梯度与精确钻孔管线探测技术在轨道交通建设中的研究与应用 [J]．测绘通报，2015 增刊.

[9] 李大心．地质雷达原理与应用 [M]．北京：地质出版社，1994.

[10] 袁明德．地质雷达探测地下管线的能力 [J]．物探与化探，2002，26（2）：152-155+162.
[11] 曹震峰，丘广新，葛如冰．地下非金属管线地质雷达图像特征的研究及应用 [J]，城市勘测，2010（2）.
[12] 刘春明．高阻抗管线探测的方法概述 [J]．测绘通报，2016（S1）：67-72.
[13] 徐长虹，朱宏斌，朱能发．示踪导线法在非金属管线探测中的应用 [J]，城市勘测，2011（1）：1672-8262.
[14] 雷勤梅．市政管线的电磁探测方法研究与应用 [D]．成都理工大学硕士论文，2016，6.
[15] 杨峰，彭苏萍．地质雷达探测原理与方法研究 [M]．北京：科学出版社，2010.
[16] 巫克霖等．地质雷达对不同埋深和管径非金属管线的探测分析 [J]．路基工程，2014（1）.
[17] 张鹏杰，王璨，李通等．地质雷达在地下管线普查中的应用 [J]．北京测绘，2017（5）：143-146.
[18] 赵得杰，张永涛．地下双层多管线雷达探测实验研究 [J]．成都大学学报（自然科学版），2017，36（4）.
[19] 丁华，朱谷兰，汪大鹏．深埋管线探测方法技术分析探讨 [J]．工程地球物理学报，2010，7（3）：1672-7940.
[20] 王勇，王永．综合物探方法在非开挖工艺敷设地下管线探测中的应用 [J]．2011，4.
[21] 叶英．浅层瞬变电磁雷达 [M]．北京：地质出版社，2016，12.
[22] 叶英，侯伟清，许鹏．一种瞬变电磁雷达探测系统及探测方法 [P]．专利号：201410054703．2.
[23] 周鹏，王明时，陈书旺，等．用红外成像法探测埋地输油管道 [J]．石油学报，2006，27（5）.
[24] 戴晶晶．声学地下管线探测技术的研究 [D]，南京航空航天大学硕士学位论文，2017，12.
[25] 王朝祥．地下金属管线埋深探测技术的讨论 [J]．勘察科学技术，1992（1）.
[26] 高连周．地下水管的漏水检测 [J]．盐业与化工，2016，45（12）.

4 地下管线探测任务

城市发展导致各类管线在社会生产生活中的需求日益增加，频发的城市内涝、路面塌陷、危险气体（特指天然气、石油、热力等）管泄漏事故，不断考验着市政地下管线，引起了全社会的广泛关注。

地下管网探测既是一门科学，又是一门技术，它涉及物理学、地球物理学、电磁测量技术、工程测量、计算机技术及有关的市政、规划、各类工业工程系统、工艺设计等多个学科，是集多学科于一体的应用技术科学。地下管网探测的内容就是把地下管线空间分布"投影"到地面，并使用常规的测地技术，对这些"投影"的坐标赋值，同时将各种地下管线的坐标、高程、用途、几何尺寸、材质等参数输入计算机成图系统或数据库，以满足各类用户的使用需求。

城市地下管网具有埋设时间长、隐蔽性强、种类复杂、危险性大等特点，在地下管网探测时，应选择合理的技术，进行科学的探测，切实保证探测的效果。

地下管线按探测任务可分为城市地下管线普查、厂区或住宅区地下管线探测、施工场地管线探测和专业管线探测四类。

（1）探测管线目的

探测管线目的按 4 种任务类型对比见表 4-1。

探测管线目的对比 **表 4-1**

地下管线探测分类	探测目的
城市地下管线普查	为城市规划、建设和管理提供可靠信息
专业地下管线探测	为某一专业管线的规划设计、施工和运营的需要提供现况资料
厂区或住宅区地下管线探测	为厂区或住宅区规划、建设和管理提供可靠信息
施工场地管线探测	保护地下管线，防止施工开挖破坏地下管线

（2）测定范围

测定范围按 4 种任务类型对比见表 4-2。

测定范围对比 **表 4-2**

地下管线探测分类	测定范围
城市地下管线普查	道路、广场等主干管线通过的区域
专业地下管线探测	专业管线工程敷设的区域
厂区或住宅区地下管线探测	除探测厂区或住宅区的地下管线，还要注意地下管线普查与厂区或住宅小区管线探测范围之间的衔接，避免漏测和重复探测
施工场地管线探测	包括需要开挖的区域和可能受开挖影响威胁地下管线安全的区域。此外，为了查明测区地下管线的分布有时还需要再扩大范围

(3) 管线点的间距要求

管线点的间距要求按 4 种任务类型对比见表 4-3。

管线点的间距要求对比 **表 4-3**

地下管线探测分类	管线点间距	备注
城市地下管线普查	地形图上的间距≤15cm	按 1∶500 图实地间距为 75m
专业地下管线探测	地形图上的间距≤15cm	按 1∶500 图实地间距为 75m
厂区或住宅区地下管线探测	地形图上的间距≤10cm	按 1∶500 图实地间距为 50m
施工场地管线探测	实地间距≤10m	

4.1 城市地下管线普查

近年来，随着城市快速发展，地下管线建设规模不足、管理水平不高等问题凸显出来，导致部分城市相继发生大雨内涝、管线泄漏爆炸、路面塌陷等事件，严重影响了人民群众生命财产安全和城市运行秩序。

地下管线探测按照其类型及其探测范围可分为：一类是普查工程类，主要服务于城市规划、建设和管理的城市地下管线普查探测工程，定义为地下管线普查；地下管线普查是指：城市建成区（或城市规划区）内的地下管线现状普查、地下管线修补测，厂区或住宅小区地下管线普查，专业管线的地下管线普查，即通过上述范围的地下管线进行全面、系统的探测，提供满足需要的探测成果。其探测范围也与工程内容有关，依照工程可包括：城市道路、广场等主干管线通过的区域，需要进行地下管线修补测、厂区或住宅小区等区域，专业地下管线敷设路线或相关的区域。

地下管线详查是指对专项工程建设区域、施工场地区域或委托方指定区域的地下管线详细探测，如在城市内修建或改扩建道路、桥梁（含立交桥）、轨道交通、大型建筑物时，在设计之前进行的地下管线详细探测，其探测成果主要用于指导设计及管线改迁等工作。

目前管线资料普遍存在缺、错、漏严重，管线信息不能共享等缺点，因此，城市地下管线普查迫在眉睫。为摸清城市地下管线现状，掌握地下管线基础信息，建立综合管理信息系统，实现管线资源共享，2014 年 6 月 14 日国务院办公厅下发了《国务院办公厅关于加强城市地下管线建设管理的指导意见》（国办发〔2014〕27 号），意见中明确要求：2015 年底前，完成城市地下管线普查，建立综合管理信息系统。城市地下管线普查工作包括地下管线基础信息普查和隐患排查。基础信息普查应按照相关技术规程进行探测、补测，重点掌握地下管线的规模大小、位置关系、功能属性、产权归属、运行年限等基本情况；普查成果要按规定集中统一管理。各城市要在普查的基础上，建立地下管线综合管理信息系统，满足城市规划、建设、运行和应急等工作需要。综合管理信息系统和专业管线信息系统应按照统一的数据标准，实现信息的即时交换、共建共享、动态更新。推进综合管理信息系统与数字化城市管理系统、智慧城市融合。充分利用信息资源，做好工程规划、施工建设、运营维护、应急防灾、公共服务等工作，建设工程规划和施工许可管理必须以综合管理信息系统为依据。涉及国家秘密的地下管线信息，要严格按照有关保密法律法规和标准进行管理。

2014年12月1日，住房城乡建设部、中华人民共和国工业和信息化部、中华人民共和国国家新闻出版广电总局、国家安全生产监督管理总局、国家能源局等五部门联合下发了《住房城乡建设部等部门关于开展城市地下管线普查工作的通知》（建城［2014］179号）。通知要求：2015年3月底前将普查工作方案报送住房城乡建设部。在2015年底前完成城市地下管线普查，建立完善城市地下管线综合管理信息系统和专业管线信息系统。各省（市、区）住房城乡建设部门要会同通信、广播电视、安全监管、能源主管部门于2016年3月前将所辖范围内普查工作完成情况和综合管理信息系统建设情况上报住房城乡建设部、工业和信息化部、新闻出版广电总局、安全监管总局、能源局。

城市安全、高效地运行离不开重要基础设施的保障。近年来，按照国家战略方针的要求以及人民对生活质量要求越来越高的原因，导致了城市发展速度过快，规模不断变大；然而，随之带来城市地下基础设施的规划滞后和建设不足、城市管理以及行业管理水平不高等问题，致使城市基础设施不能满足地区抗洪排涝、防灾减灾、交通疏解的要求，问题严重的城市甚至发生过车毁人亡、群死群伤等严重伤害人民群众生命和财产安全、城市安全稳定运行的重大事件。北京市也多次发生地下管线安全事故，2012年7月21日，北京城遭遇特大暴雨，造成12.4万人受灾，37人死亡，7人失踪，4.3万人紧急转移安置，全市受灾人口190万人，全市经济损失近百亿元；2012年4月，西城区发生行人落入热水坑被烫伤死亡事故；2014年11月19日8时，通州区新华大街吉祥园路口发生天然气管线泄漏起火，造成两名群众轻度灼伤。

2013年5月31日，中央电视台财经频道《经济半小时》播出针对北京市地下管线情况的专题节目“北京：迷乱的城市管网”，节目指出“即便在北京，这个市中心房价超过了10万元/m^{2}的寸土寸金之地，这个已经和许多国外大城市接轨的超级城市，也找不到一张完整的地下管网图纸。”节目最后还提出“管网不清，城何以宁”，一个信息不明、利益纠缠的管理乱局，谁来为我们坚守北京的城市“良心”。

北京市历来重视管线资料的管理。从1953年起，即开始进行地下管线竣工测量，并在1964年、1976年、1986年组织了三次地下管线基础信息普查。第一次普查是1964年，历经两年完成了北京市规划道路内综合地下管网的整测；第二次普查是1976年，完成了规划道路外综合地下管网的整测；第三次普查是1986年，完成了远郊区综合地下管网的整测；三次普查共测管线5088公里。截至2014年，北京市地下管线竣工测量资料总长度已经达到4.2万公里，其中城六区3.2万公里。2006年，按照市政府的要求，北京市市政市容管理委员会开展《北京市级地下管线综合管理信息系统》建设，并开展地下管线数据汇交建库工作。

北京市地下管线基础信息普查工作的开展必须要符合统一的数据成果要求，这也是建立综合管线管理信息系统的必要条件，目的是为了提高地下管线管理的整体效率，实现地下管线数据即时交换、信息共享、动态更新，这些基础数据的获取是为了推进数字城市和智慧城市建设，实现城市的安全、高效运行，为百姓的健康生活提供最基础的数据保障。

4.1.1 普查工作内容及步骤

城市地下管线是指城市规划区内埋设于地下的各种管道和电缆，包括电力（供电、交通信号灯、路灯、电车）、通信（电信、移动、网通、联通、铁通、监控、军用、有线电视、网络、电力通讯、保密等）、给水（饮用水、配水、循环水、专用消防水、绿化水等）、排水（污水、雨水、雨污合流）、燃气（煤气、液化气、天然气）、工业（氢气、乙炔、石油）、热力（蒸汽、热水）、不明管线、综合管道等。

地下管线普查的目的是查明地下管线的平面位置、高程、埋深、走向、管线性质、权属单位及管线附属构筑物信息，并编绘以地形图为载体的地下管线图，建立统一的数据库和信息管理系统，便于日后管线的管理与利用，流程如图 4-1 所示。

地下管线普查步骤：①资料收集与整理；②地下管线探查；③地下管线测量；④地下管线图编绘与入库。

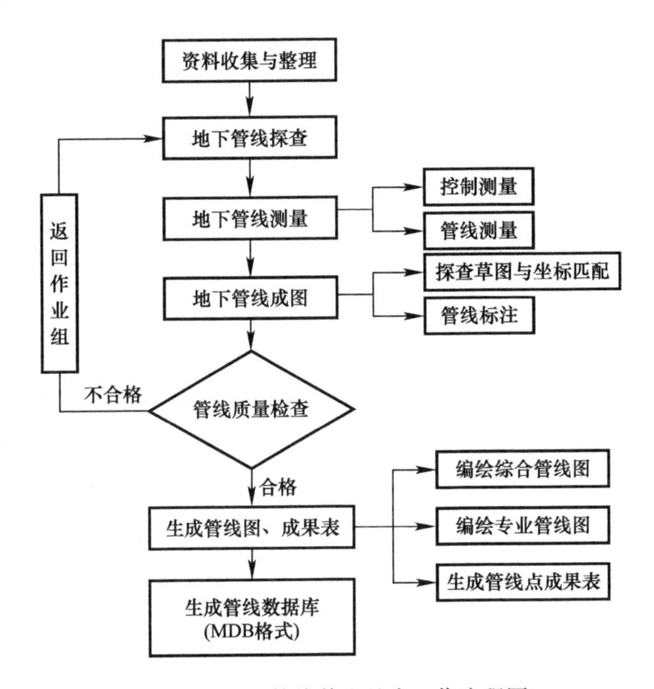

图 4-1 地下管线普查基本工作流程图

1）资料收集与整理

对已有管线资料的收集与整理是地下管线普查的重要环节，资料主要来源于各管线权属单位已有的各种管线设计图、施工图、竣工图、技术说明及测区范围内 1∶500 地形图、控制点坐标和高程等资料，并结合现场调查情况编制管线现况调绘图，以此作为普查工作底图。

地下管线的普查应在规定要求的工程范围内进行，现有地下管线资料调绘应包括搜集已有地下管线资料、分类、整理所搜集的已有地下管线资料、编绘地下管线现状调绘图。

搜集的已有地下管线资料应包括地下管线设计图、施工图、竣工图、栓点图、示意图、竣工测量成果或普查成果、技术说明资料及成果表、道路规划红线图、现有基本比例尺地形图。其中地下管线现状调绘图编绘应符合管线竣工图、竣工测量成果或外业探测成果编制的要求，无竣工图、竣工测量成果或外业探测成果时，可根据施工图及有关资料，按管线与邻近的建（构）筑物、明显地物点、现有路边线的相互关系编制。地下管线现状调绘图上应注明管线资料来源。对所搜集的资料应进行整理、分类，将管线位置、连接关系、管线构筑物或附属物、规格（管径或断面宽高）、材质、传输物体特征（压力、流向、电压）、建设年代等管线属性数据转绘到基本比例尺地形图上，编制地下管线现状调绘图。资料收集工作完成后应对测区进行现场勘查，包括地下管线现状调绘图中明显点与实地的一致性、测区内测量控制点的位置和保存情况、测区地物、地貌、交通、地球物理条件及各种可能存在的干扰因素。在现场勘查中要及时做好相应记录，记录应包括地下管线明显点与实地不一致的地方应在地下管线现状调绘图上标明，测区测量控制点的变化情况应做详细记录、初步拟定现场可采用的探测方法、技术和探测方法试验的最佳场地。其实是在勘查中使用仪器的校验，地下管线探测设备在投入使用前应进行校验，仪器校验包括仪器的稳定性校验和探测精度校验。探测仪器的稳定性是在探测参数、探测环境不变的条件下，对同一位置多次重复探测时，管线定位和管线定深结果是否基本一致。探测仪器的探测精度是在已知管线材质、管径和埋深条件下，探测位置、探测埋深结果和管线实际位置、管线实际埋深之间的误差。

2）地下管线探查

地下管线探查包括明显管线点和隐蔽管线点探查的内容和方法。

（1）明显管线点

明显管线点是指地下管线投影位置在实地明显可见，能直接定位的点。对于明显管线点（主要有检修井、窨井、三通管、四通管、入孔井、阀门等附属设施及建筑物）的探查，根据工作底图的井位和管线位置对道路内及两侧的窨井逐一打开调查，用经过检校的钢卷尺、“L”形专用测量工具量取管径、埋深、井底深度等（读数至厘米），查明管线材质和管线走向，并用红色油漆在管线点中心位置标记“⊕”号，在管线点附近明显且能长期保留的建（构）筑物、明显地物上，用红色油漆标注管线点号（管线点号由 9 位数字组成，如：“YS0100010”，其中“YS”表示管类，“01”表示测区号，“00010”表示物探的点流水号，物探点号要保证全测区唯一），以便实地测量和检查验收。以排水管为例，根据城市地下管线普查技术规程探查时需要填写管线点号、连接点号、特征、附属物名称、材质、管径（断面尺寸）、流向、探查方法、埋深、埋设方式、埋设年代、权属单位、所属道路等。

（2）隐蔽管线点

隐蔽管线点是指地下管线在实地不可见，需采用仪器探查或开挖量测的管线点。通常采用专用管线探测仪对埋设于地下的隐蔽管线段进行搜索、追踪、定位和定深，测量地下管线中心线在地面的投影位置。在项目实施中，主要采用金属管线探测仪对燃气、电力、通信、给水等金属管线进行探测；对排水、管块、管沟、PE、PVC 材质的非金属管线则采用地质雷达进行探测。在管线点水平投影位置用刻有“+”的钢钉或木桩打入地面至平，在管线点附近明显且能长期保留的建（构）筑物、明显地物上，用红色油漆标注管线点号，以便实地测量和检查验收。

3）管线测量

管线测量主要包括两部分：

（1）控制测量，建立测区内地下管线测量控制网，为地下管线点测量和与地下管线相关的地面建（构）筑物及带状地形测量、横断面测量提供坐标起算数据；

（2）管线点测量，测定地下管线点平面位置和高程。

4）地下管线编绘与入库

地下管线编绘与入库主要包括：调查表格录入、草图匹配、测量数据编辑、图形（属性）数据质检、管线扯旗标注、绘制断面图、编制综合（专业）管线图、生成地下管线数据库。

（1）每天收工后各作业组都对当天调查、测量的数据进行检查，经检查无误后，将调查的管线属性数据根据规范录入 Excel 表格制成管线点属性表。管线坐标数据则以管线处理软件为平台，展绘管线图。

（2）然后将制成的管线点属性表导入软件与管线图匹配实现自动赋予管线点号、特征、材质、埋深等属性。

（3）人工对野外调查（测量）数据进行 100%检查后，再通过管线软件处理模块的数据检查功能对管线数据进行全面检查，检查内容有孤点、孤线、重点、走向等，若发现问题则返回作业组查看原始调查（测量）数据，必要时则到现场重新调查（测量），直至问题解决。

（4）管线数据检查无误后加注管线图上点号、标注排水流向箭头、扯旗、绘制断面图等。最后插入地形，对生成的图形进行再次编辑，最终生成*.dxf 格式的管线图（1∶500 综合管线图，1∶2000 专业管线图）和成果表。编辑过程中文字、数字注记不压盖地下管线及附属设施；管线图上文字、数字注记应平行于管线走向，字头应朝向图的上方；跨图幅的文字、数字注记应分别注记在 2 幅图内。

（5）最后生成地下管线数据库，导出数据库（MDB 格式）。

4.1.2 总体技术路线

以市规划国土委员会现有地下管线竣工资料为主要数据源，叠加管线权属单位等汇交的各种地下管线资料和区、县、街、乡镇自有管线资料，以最新的 1∶500、1∶2000 基本比例尺地形图为基础底图，制作成地下管线基础信息普查工作底图；经过现场调查测绘、普查成果数据建库方法，即采用“内业梳理—外业测绘—内业整合”的作业方式，开展城市地下管线基础信息普查与建库工作。搭建城市地下管线基础信息普查数据管理、应用和共享专用平台，实现地下管线基础信息普查成果的数据管理、更新、应用和信息共享。对地下管线普查进行全过程监理，保证普查工程质量、工程进度、施工安全与成果归档。地下管线基础信息普查总体技术流程如图 4-2。

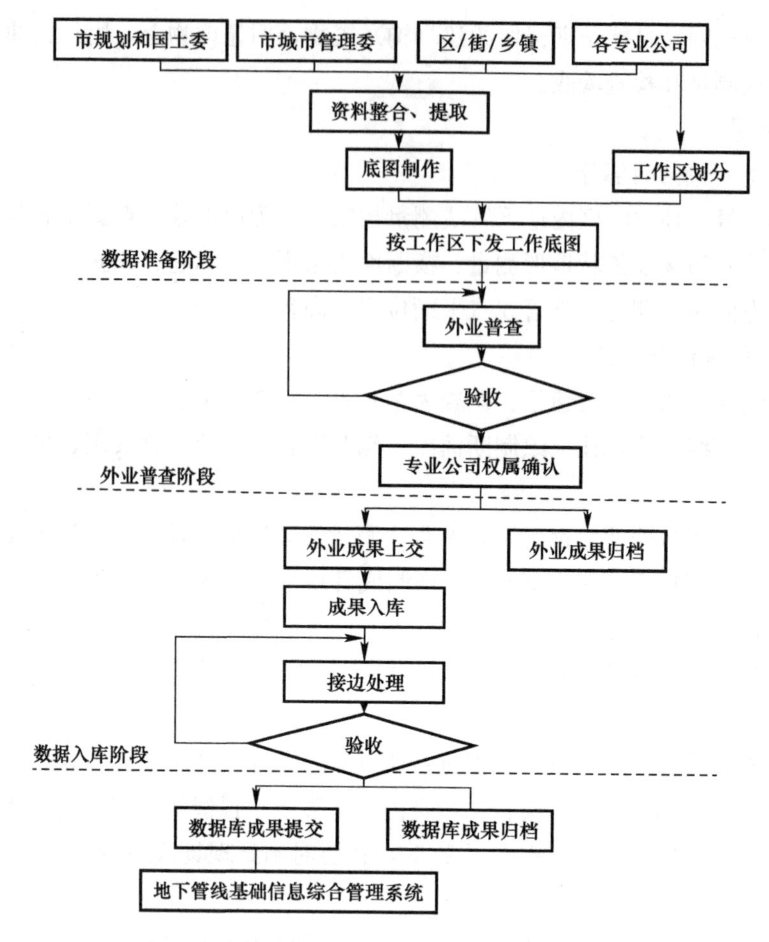

图 4-2 地下管线基础信息普查总体技术流程图

地下管线基础普查总体技术路线，如图 4-3 所示，包括以下几个主要步骤。

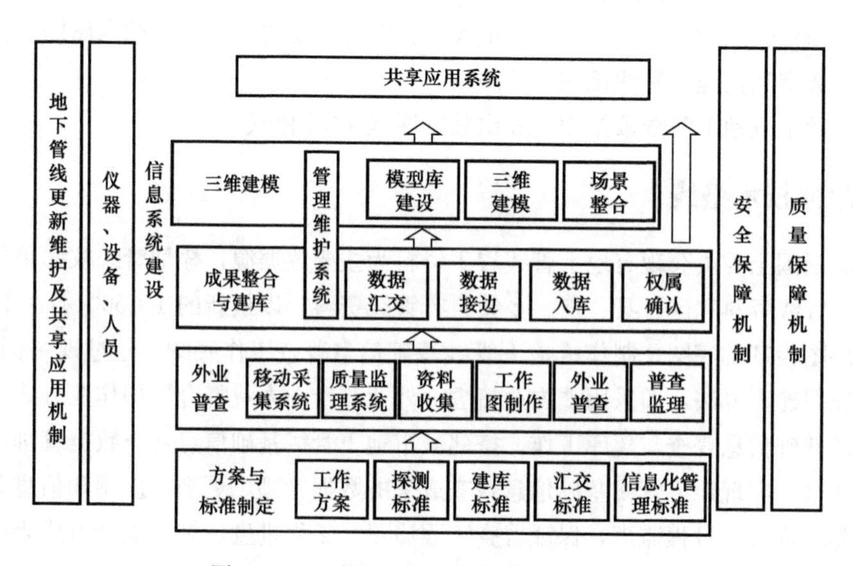

图 4-3 地下管线基础普查总体技术路线图

（1）数据准备阶段：技术方案和标准编制；数据资料收集，资料甄别、整合；管线信息采集（汇交资料空间信息提取、元数据采集）；工作区划分；普查工作底图制作。

（2）外业普查阶段：外业调查、测绘、监理；测量成果录入、成图；测绘成果检查与验收。

（3）数据入库阶段：普查成果接边、建库；管线权属单位、属性完善、成果确认。

（4）成果应用、工作总结阶段：地下管线基础信息综合管理系统建设；编写普查报告、提交普查成果；编制普查统计分析图册。

4.1.3 外业普查

通过现场实地调查测量和核查方法，按照相关技术规程，重点查清地下管线的规模大小、位置关系、功能属性等信息。普查管线种类包括供水、排水、电力、燃气、热力、通信、广播电视、工业及其附属设施、各类综合管廊。普查方法见图 4-4，包括没有竣工成果的管线调查测量、已有管线竣工资料的核查及长输管线调查测量。

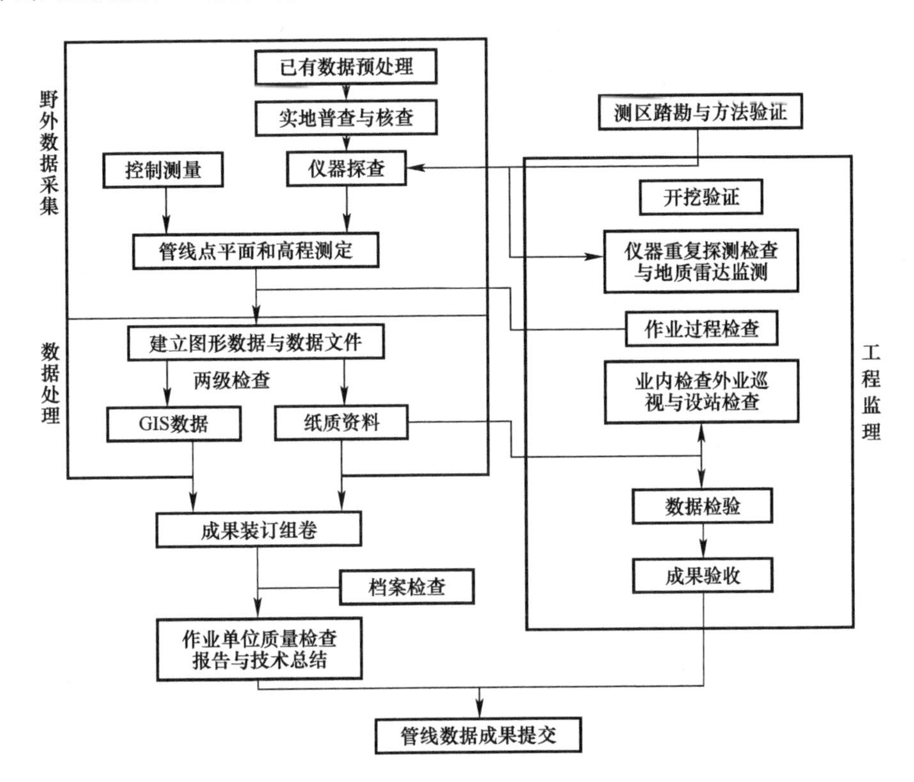

图 4-4 外业普查流程

1）软硬件准备

（1）作业人员进场正式作业前，项目负责人召开技术质量培训会，对作业人员进行技术交底。

（2）根据项目工作量和工期要求，首先要配置先进的全站仪、GNSS 接收机、管线探测仪、电子水准仪、L 尺、管线数据处理软件包等硬件和软件设备，所投入使用的仪器均在仪器鉴定有效期内。

（3）仪器一致性检验，参加项目各台仪器配件齐全、完好、使用正常。通过试验确定仪器一致性对比良好、性能稳定，校验结果均满足并达到《规程》要求，可投入测区施工生产。

（4）探测方法试验，在测区内对给水、燃气、电信、电力管线进行了探测方法试验。通过对不同管类、不同埋深、不同工作频率、不同激发方式及收发间距的试验，确定测区有效的探测方法。

2）管线调查和探查

（1）明显管线调查

各类地下管线的专用窨井，出露地表的点（段）及与管线相连的附属物、建（构）筑物等为明显管线。明显管线点调查的内容为：管线的埋深与管线的断面规格（管径）。排水管道、方沟等，均量测管底、沟道底至地面垂直距离；电缆沟量测沟道底至地面垂直距离；其他管线埋深均量测管（块）顶至地面垂直距离。

埋深量测全部采用经检验合格的钢卷尺和量杆量测，读数至厘米。对地下管线的断面尺寸（宽×高）量测时，遇有不规则的电力、电信管块，断面尺寸按最大断面进行量取，断面包括所有的管孔。

（2）隐蔽管线点探查

地下管线探测遵循的原则为：从已知到未知，从简单到复杂，方法有效、快速、轻便，复杂条件下采用综合方法。由于各类地下管线的材质不同，其所具有的地球物理特征各有差异。对各类地下管线探测时，根据不同地电条件要选择不同的工作方法和工作参数。

① 金属管道的探测，在有条件且安全的情况下尽量采用了直接法，对不具备直接法的管段采用了感应法探测。

② 非金属管道的探测，根据现场条件、管径的大小及被探测管线与周围介质的差异等特性，综合采用示踪电磁法、钎探、开挖验证、已知资料分析等方法。

③ 线缆探测，对电力和电信线缆类管线探测时，以夹钳法为主。探测时，分别施加信号于管块左右两侧电缆，然后分别定位、定深，并根据两端线缆所处位置进行定位、定深修正，取修正后的中间位置为定位点，取埋深中值为埋深值。对分支直埋线缆采用夹钳法分别追踪探测。在管线弧线弯曲段，均保证能反映出管线的弯曲特征、线形基本圆滑，根据实际情况可加测管线点。

（3）复杂管线探测

对于地下管线较密集，又相互叠加干扰的地段，探测时从易到难，从已知到未知，采用多种方法进行综合探测。普查管线种类以电信、电力、燃气、给水等为序。普查某种管线时留心观察与其他管线的相对位置和可利用信息。探测时尽量采用了受外界干扰小的直接法、夹钳法。当存在干扰时，查明干扰原因及影响幅度后，均进行了修正。各种管线确定后从正反方向及分支线上多处变换位置进行了发射和接收探测，确定探测成果的可靠性和精度，有条件的地段可进行开挖验证。

3）主要技术特点

（1）充分利用现有资料数据。收集地下管线竣工档案数据、管线权属单位自建数据、区管线普查数据等现有管线资料数据，根据数据资料空间精度、属性精度的不同加以利用，提高作业效率。

（2）总体策划，分步实施。

（3）技术标准统一，数据格式统一。由于地下管线基础数据的来源不统一，造成了地下管线数据现势性、准确性、可利用性都不一定能满足普查的要求，为解决此类问题，普查将所有地下管线的成果数据按照规范的要求统一，丰富管线信息内容，满足城市规划、行业应用管理、市政建设、管网运行管理等多方面的要求。

（4）采用多种数据减少普查工作量。充分利用现有管线数据，汇集各管线权属单位现有管线资料信息，减轻普查工作量。

（5）统一制作工作底图，减少收集基础资料的困难。

（6）标准规范先行。结合采用调研、征求意见等方式编制各类技术规定，统一和规范城市地下管线基础信息普查内容、数据格式、成果格式以及质量检查等标准规范，确保地下管线基础信息普查成果质量。

（7）建设地下管线基础信息综合管理系统，实现普查成果数据管理应用、数据维护、动态更新和数据共享。

4.2 厂区或住宅区地下管线探测

近年来，多地小区地下管线因管道老化、资料缺失、产权不明等原因造成的安全事故屡有发生。为满足设计、施工和管理部门的工作需求，掌握地下管线完整信息、排查安全隐患、降低安全事故的发生率已成为各级职能部门的当务之急。开展小区地下管线普查工作则是行之有效的管理手段。

4.2.1 地下管线种类与特点

小区管线包括居民小区、机关、一般企事业单位、院校等开放、半开放或封闭区域，其管线特征是与市政管线种类一致。考虑到工业企业、科研院所以及部队等保密单位地下管线种类繁多、用途广泛等特点，该部分区域不宜纳入小区地下管线普查的范畴，宜单独组织实施。小区地下管线普查一般是相对封闭的单元，其内部应探查至建筑物外墙，小区外部应与市政管线相衔接。

1）城市小区管线的种类

城市小区地下管线不仅数量大，而且其种类也很繁杂，因此，对小区地下管线进行明确分类和探测是进行小区综合地下管线管理的前提。小区地下管线分类按其用途和性能以及敷设方式的不同有所差异。

按用途和性能分类，可分为：

(1) 排水管线：包括小区内正在使用的和废弃的雨水管线、污水管线和雨污合流管线。其中建设年代久远的排水管线多为陶瓷和混凝土材质，新建或改建过程中排水管线多为PVC (Poly Vinyl Chloride) 等塑料材质。

(2) 给水管线：包括生活供水、消防供水以及工业供水等管线。给水管线多为铸铁和钢等金属材质，新铺设的给水管线以塑料非金属材质为主。

(3) 燃气管线：城市小区的燃气管线主要为天然气管线。燃气管线的材质主要是铸铁和钢材。

(4) 热力管线：包括蒸汽和热水管线。热力管线的材质多为铸铁材质。

(5) 电力管线：包括高压电线、生活用电管线、路灯管线等。电力管线多为铜和铝金属材质。

(6) 弱电管线：包括有线电视、广播、市话、长途电话、宽带以及视频监控通讯线等管线。弱电管线的材质主要是铜和铝。

小区地下管线按敷设方式分类可以分为架空管线和地埋管线。架空管线是指依靠地面支撑在空中架设的管线；而地埋管线是指埋设在地面以下一定深度的管线，地埋管线又可以分为直埋管线和管沟埋设管线。年代比较久远的小区中弱电管线、电力管线和路灯线多采用架空敷设。直埋管线以给水管线、热力管线、排水管线、燃气管线为主。随着地下综合管廊的发展，新建小区多以综合管沟的形式将各种管线放到管沟中，从而便于管理和维护。

2) 城市小区管线的特点

(1) 管线自身特点

小区地下管线埋设随意性较大，老旧小区尤其严重，管线埋设密集，管线附属物、特征点密度大。相对于市政管线，其每公里管线点个数是市政管线的2～3倍。

(2) 管线走向的多样性和复杂性

居民小区、机关企事业单位、院校等地下管线产权复杂，小区内部管线多由小区物业、基建后勤部门管理，因此资料收集难度相对较大。个别开放式小区、个人私宅等管线与市政公用管线直接相连，无明显分界线，管理比较混乱。

城市小区地下管线建设时虽然有时有设计规划图纸，但其在施工中经常受到各种实际条件，如坡度、井的限制，使得小区管线建设者对敷设管线的具体位置具有相当大的自主权，导致管线的实际位置、深度与图纸中的标称位置和深度并不一致。与市政管线相比，城市小区地下管线敷设的走向和深度灵活性较大，走向具有多样性的特征，这种现象在老旧小区中尤为如此，由于不同种类管线并不是同时建设，进一步增加了管线之间复杂性。管线走向的多样性导致了小区管线的分布位置、埋深、空间交叉具有很大的不确定性，管线之间的组合更加复杂，大大增加了探测的难度。

小区管线的复杂性具体表现在管线分布密集、平行并列、纵横交错和上下重叠、多弯头等。由于小区空间有限，为了充分利用地下空间资源，往往同一个井槽中有多类管线共存，比如电信管线和电力管线、给水管线和热力管线，各种管线有的平行排列，有的相互交叉。在有的热力管线检修井中出现上中下三层排列的13根热力管线，复杂程度非常大。

(3) 管线权属单位分散

城市小区的地下管线权属单位非常复杂。有的居民小区地下管线是由物业部门或者是后勤服务部门负责，居民区的地下管线与市政公用管线直接相连，小区管线也由市政部门直接管理。所以会出现同一个城市小区内，给水管线、热力管线和污水管线由后勤部门负责，雨水管线由物业部门管理，天然气管线由燃气公司管理等现象。

(4) 探测环境复杂

特殊的探测区域，使得小区地下管线探测环境比市政探测环境更为复杂，主要体现在以下方面：

① 停放车辆占压管线位置，导致无法正常作业；

② 老旧住宅小区违章建筑占压井室和管线位置；

③ 个别井室常年未经开启，或密封或锈蚀，开启难度大，作业中、作业后留有安全隐患；

④ 井内淤积严重、填埋较多，调查困难；

⑤ 小区通视条件差，管线追踪、管线测量工作开展困难；

⑥ 小区内行人较多，尤其老人、儿童较多，作业安全隐患多，影响实际工作效率。

3) 小区管线特征对探测的影响

(1) 管线可靠资料缺乏

目前，城市小区管线资料十分缺乏甚至空白，尤其一些老旧小区建设年代久远，管线档案资料如果管理不善，就会遗失。再加上城市小区在改建和扩建后，管线数据资料未及时补充和更新，就会使原有的管线资料不实。这些因素都会导致在城市小区建设施工中因管线资料不详或不实挖断管线，出现停水停电、触电身亡等事故。

(2) 管线管理部门多，沟通复杂

城市小区地下管线管理分属不同部门，每个部门在管线敷设方式和管理方法上各有不同，且各管理部门之间缺乏沟通和统一管理，就会造成城市小区地下管线管理混乱。在管线建设中，各管理部门"见缝插针"，随意敷设管线，使得管线纵横交错，这都会给小区建设施工留下安全隐患。

4.2.2 探测技术及工作方法

1) 明显点的探查

城市小区地下管线的材质变化较复杂，排水管线有的是混凝土，有的是PVC，特别是弱电类，像电信、电视、监控等一段是PVC管，一段是钢管，这就要求外业探测人员打开所有井的井盖，仔细地辨认管材，核实实地情况和量测各个井的管顶或管底埋深、管径，并在实地标识相应的点号。

小区管线环境特点和自身特点决定了小区地下管线普查不能照搬市政地下管线普查技术要求。技术要求制定宜根据其作业特点，有针对性地进行修改与完善。在考虑与市政管线技术标准相协调的前提下，对个别影响较大的技术环节进行技术标准的探讨。

(1)“化繁为简”原则

① 小区内排水管道因单元较多，其井内往往并行多根管线（图 4-5），且其空间距离不能在 1∶500 管线图（规程规定的标准比例尺）中完整显示。因此，特殊形式的排水管道断面尺寸处理方式如下：

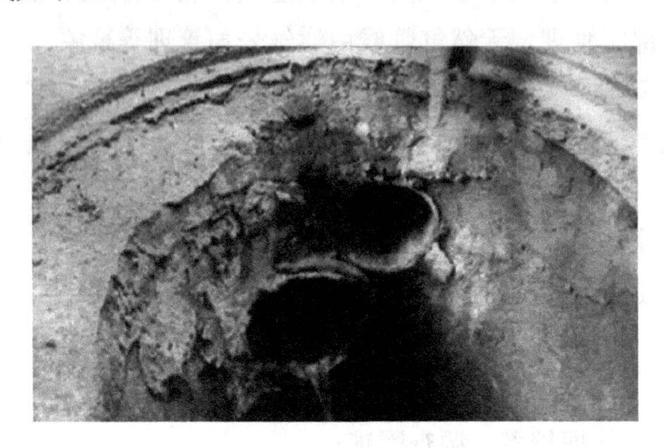

图 4-5 小区并行排水管

a. 水平并列排列：多根管线水平排列，管距在 50cm 以内，流向相同，宜按管组设置管线点，管线点设置在中心位置。管径相同时按管径＋Z＋管根数表示；管径不同时按管径 1＋管径 2＋……＋Z 表示，“＋”需保留。

b. 垂向叠压排列：多根管线垂直排列，埋深差在 50cm 以内，按管组设置管线点，埋深按最深管线量测。管径相同时按：管径＋Y＋管根数表示；管径不同时按：管径 1＋管径 2＋……＋Y 表示，“＋”需保留。

c. 管线材质：管线材质相同时按常规记录，管线材质不同时按管径由大至小记录：材质 1＋材质 2＋……表示。走向、流向相同的并行排水管线，可设置一定规则，如按管组调查设置管线点，建库成图。

② 住宅小区单元阀门后设置有分户阀门箱或分户表箱（图 4-6），分户阀门箱或分户表箱表井内设置有多个分户阀门或用户水表，按阀门组（箱）、表箱（组）记录，注明（阀门）水表数量。阀门（表组）后管线需要探测时，如为同一路由埋设，则按管组探测设置管线点，同时记录管线根数。为真实反映管道实际，可拍摄照片，系统内链接照片进行可视化处理。

③ 建筑物外挂架空管线（图 4-7），小于 20cm 的转折宜适当进行取舍，合理设置管线点。为控制管线走向，必要时可虚拟设置管线点。取舍原则、虚拟管线点设置原则以控制主干管线实际位置、走向，管线间相对关系正确为原则。为真实反映管道实际情况可拍摄照片，系统内链接照片进行可视化处理。

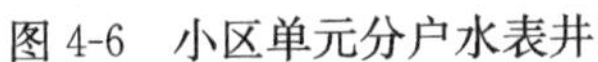
图 4-6 小区单元分户水表井

图 4-7 外挂管线

④ 各类管道检查井内附属设施（图 4-8）复杂，管道监测装置种类丰富多样，反映管道真实情况不能完全靠设置“管线点”实现，建议以主要附属设施设置管线点，其他设施以管道属性字段说明、照片等方式表现，特征点以控制管线走向与连接管线为原则适当取舍。

图 4-8 管道检查井

（2）合理设置精度指标

小区管线普查、三维井室调查没有明确的国家标准、行业标准，需要结合实际的制定精度指标。

① 因小区管线淤积严重，三维井室调查如井底深度、井脖高度调查限差应适当放宽，井底深度宜按 20cm 为限差，井脖高度宜按 10cm 为限差。

② 小区管线由于通视条件差，图面解析点较多，精度中误差宜按 25cm 为限差（相对于邻近地下点或管线测量点），并允许根据地形图或管线测量点进行交汇。

2）对于隐蔽点的探查

初步完成明显点的探查后，从总体上把握管线的连接关系。但有些弱电类的管线，像电信、电视、监控类，除了过街顶管是钢管外，其主管线几乎都是 PVC 材质，这就具备了敷设管线可以弯曲的特点，当管线直线敷设遇到排水井，或者电力井的时候，就可以弯曲避让，从它的旁边绕道而行，而这个弯曲点的位置就需要探测仪器来进行探测，还有给水管线和燃气管线这些隐蔽点也需要探测仪器来进行定位和定深。

并行管线的探查方法：大型住宅区的地下管线非常密集，多达十几种管线，其隐蔽点的探查主要受相邻管线的影响。大型住宅小区中并行管线通常是给水管线，它有生活用水和消防用水两条。有时只能判断出大致两条管线，但无法有效地确定其位置和埋深，但是并行管线通常管径大小不同，根据这个特点，探测平行管线最有效的方法是采用直接法和夹钳法，通过分别直接对各条管线施加信号来加以区分，但是这需要管线有接点及良好的接地条件，它能有效地减少相邻管线的干扰。如果没有接点及良好的接地条件，通常采用电磁感应法，宜通过改变发射装置的位置和状态以及发射的频率和磁矩，分析信号异常的强度和宽度等变化特征加以区分。

对于多条弱电类管线的探查：时常采用夹钳法、感应法对多条弱电类管线探查，因为多条弱电类管线会同沟铺设，造成信号异常叠加，使得探测的深度与实际深度存在较大误差。所以只有尽可能地寻找相同频率的信号，才能保证整条线隐蔽点的探测质量。

上下重叠管道的探查方法：在大型住宅区地下管线探测中，经常会有管线在布设上上下重叠。对于金属管道的重叠，宜采用电磁法探测，由于重叠管线间的相互干扰，而在定深上误差较大，但是重叠管线不可能总是重叠，可在其分叉处分别定深，推算出重叠处的管线的深度。

4.2.3　疑难问题及解决方法

（1）管底高程比较接近排水管流向的确定

在接受大型住宅区管线竣工测量任务时，通常会要求委托方提供各种管线的设计或施工资料，如果委托方未能提供这方面的资料，则会要求委托方安排管线施工人员协助进行管线探查，但有时管线施工人员不能给我们准确指认时，这时就需要我们采用一些其他方法。例如排水井探测时候，发现有一段雨水管或污水管的流向不能被准确确定，据现场施工人员指认该段雨水管或污水管中一个井接入市政排水管，具体在哪一处接入并不确定。为了确定此处的流向问题，采用了一个土办法。把几个井盖打开，把这几个井分别编号为A、B、C、D、E，其A井和E井内放入一个红色标志的小浮标，通过几个井位观察得知浮标从E号井经过D号井到达C号井内时左右摇摆，从A号井注水后浮标也是在B号井内左右摆动，可以确定该段管的排水流向由东西方向汇流至B号井后流入市政排水管。

（2）材质的变化及相邻平行线的分辨

住宅区内有两段埋设在地表的生活给水管，均为铸铁管。据现场施工人员介绍，入地后的水管为碳素钢管，其中又有镀锌支管。这时就要先探查其主管，在管线方向未发生变化且无分支管的情况下，管线的磁场突变可能是由于埋深或材质变化引起的。在突变点两侧的埋深若一致时，说明管线的材质发生变化。

4.2.4　北京某住宅区地下管线探测

（1）工程概况

该工程为北京某住宅区供热管道改造工程，位于西城区附近，区域内包括13栋住宅楼，建筑年代约为20世纪80年代初，该小区地处繁华闹市区，四周紧邻街道，过往车辆较多，地质条件比较复杂。因住宅楼建筑年代久远，竣工资料无法获得，据居民反映，区域内地下埋设有各种管线、线路，错综复杂，埋深不等，管径大小不一，有许多不明管线可能与土作面相交，这将直接影响到整个供热管道改造工程能否顺利进行。因此，需探明该施工区地下既有管线、线路的敷设情况，为供热管道改造设计提供依据。

（2）探测设备与参数

① 探测设备

探测采用瑞典MALA公司生产的RAMAC/GPR探地雷达进行数据采集，主机为

CUⅡ型，数据传输采用光纤传输，数据存储及现场图像雷达显示采用雷达专用 XV11 监视器。

② 探地雷达参数确定

采用 RAMAC 系列 500MHz 高频屏蔽灭线，其分辨率约为 150mm，探测深度约为 3m，采样频率设置为天线频率的 15 倍，采样点数为 500 时窗范围为 100ns；距离采样率为 0.02m/道；纵向（道内）采样率为 0.013ns/点。

（3）探查工作布置

根据探测要求及施工场地条件，为了准确探测到地厂横向和竖向的管线，在需要进行供热管道改造的住宅楼周边呈网状共布置了 80 条测线，测试方向统一为由北向南，由东向西。

（4）探测结果分析

由于现场条件的影响，探地雷达在采集地下管线的有效反射信息时，还会接收到各种规则的或随机的干扰信息。此次探测受到的干扰主要有探地雷达测线附近地面的孤立物体，如金属井盖、架空电线、临近高耸建筑物等，在探测过程中，地面不平整产生的颠簸，以及车辆经过产生的震动等干扰。

根据地质雷达波的探测原理，当两个介质的介电常数相差较大时，雷达波会发生明显的反射、绕射等现象，如图 4-9 的 28 号测线剖面，在水平位置约 91.5～92.0m，深度方向约 1.0～1.5m 区域内可以看到明显的绕射波、多次反射波，在该深度区域内所圈定的异常范围，其反射波振幅明显强于周围介质反射波的振幅，同向轴呈开口向下的抛物线形，反射弧度较大，抛物线两叶相对短小，并与相邻道之间发生相位错位，故可判断图中①处为地下污水管线，管径约为 1.5m。在图 4-10 所示的 41 号测线剖面中，图中③处区域反射波呈明显的双曲线特征，产生了两组绕射波，反射弧度较小，抛物线两叶相对较长，故可推断为金属管线，管径约 20cm；图中②处区域出现两个距离很近的反射弧相互叠加，其图像特征明显不同于③处，且叠加后的反射弧两叶较单个反射弧增长，推断为两根平行的金属管线，管径约 20cm；图中④处区域的管线与③处管线情况类似。图 4-11 所示的 56 号测线 1 剖面中⑤处区域反射波与图 4-9 中①处特征相似，可判断为地下污水管道，管径约

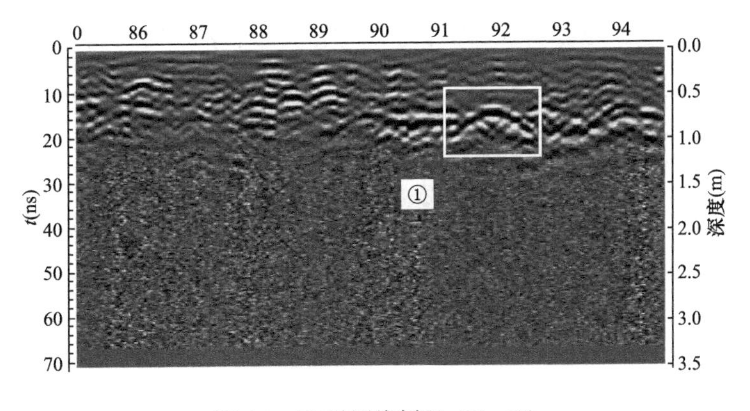

图 4-9　28 号测线剖面（E→W）

1.5m。图 4-12 所示的 56 号测线 2 剖面中⑥处区域有 3 处紧邻的反射弧，也出现两两相互叠加的特征，与②处区域类似，为平行的金属管，管径约为 10cm；图中⑦处区域的管线特征与④处区域类似。以上探测的管线，后经施工开挖验证与实际吻合。可见，经过后期处理分析的雷达图像，能准确地反映出地下管线的特征，易于识别。

由探测结果分析可知，该区域地下管线敷设复杂，主要为地下污水管道和供水管道，具体探测结果见表 4-4。

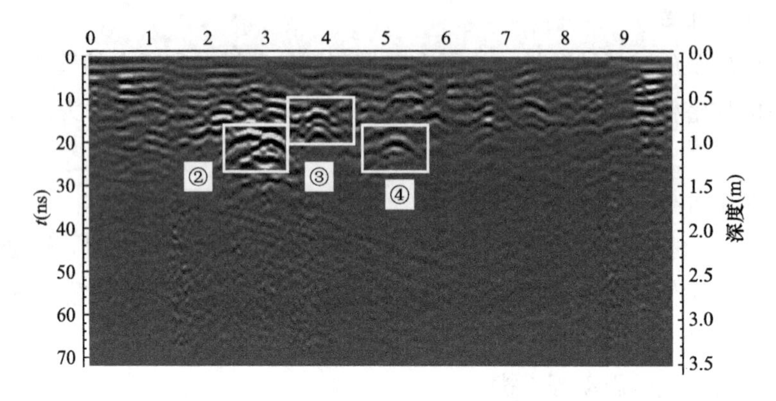

图 4-10　41 号测线 1 剖面（S→N）

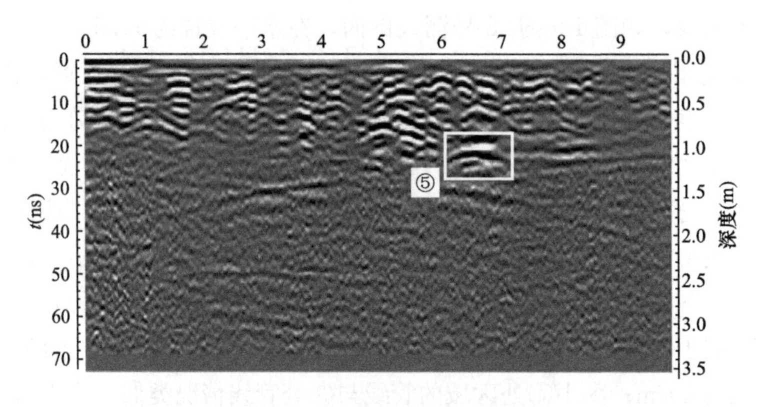

图 4-11　56 号测线 1 剖面（E→W）

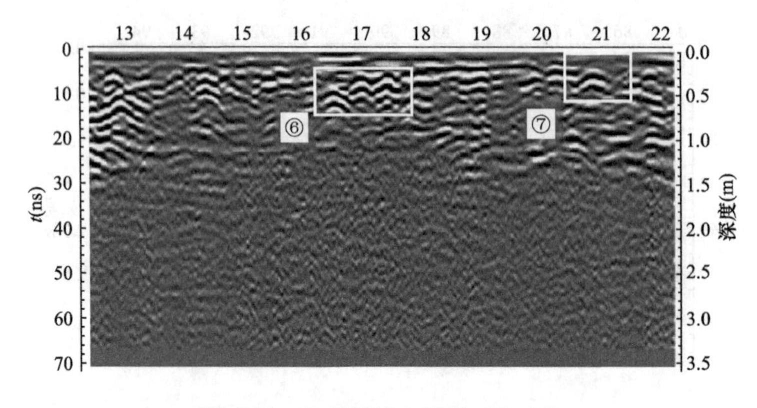

图 4-12　56 号测线 2 剖面（E→W）

探测结果分析　　表 4-4

项目	探测到的地下管线物编号						
	①	②	③	④	⑤	⑥	⑦
管线水平位置（m）	91.5～92.0	22～32	3.5～4.0	5.0～5.5	6.0～7.0	16.5～17.5	20.5～21.0
管线埋深（m）	0.5～1.0	1.0	0.5～1.0	1.0	1.0～1.5	0.2～0.5	0.2～0.5
管径（cm）	150	20	20	20	150	10	20
管线类型	混凝土	铸铁	铸铁	铸铁	混凝土	铸铁	铸铁

4.3 施工场地管线探测

施工场地管线探测的基本特点：工期短、测区易扩大、管线分类简单、调查管线齐全、定点密度大、精度要求高。

4.3.1 地下管线种类与特点

1）管线种类

管线分类按一、二级分类，施工场地管线探测与另三类管线探测任务类型对比见表 4-5。从表中可见施工场地管线探测的管线分类更简单。

管线分类对比　　表 4-5

一级分类	二级分类	
	施工场地管线探测	另三类管线探测
给水	给水	生活用水、生产用水和消防用水
排水	污水、雨水	污水、雨水、雨污合流
燃气	燃气	煤气、液化气或低、中、高压
工业	工业	氢、氧、乙炔或无压、低压、中压和高压
热力	热力	热水和蒸汽
电力	供电、路灯、电车	供电、路灯、电车或低压、高压和超高压
电信	电信（有条件时可分为电信和有线电视）	电话、有线电视和其他专用电信电缆
不明管线	不明管线	

2）管线取舍

施工场地管线探测与城市地下管线普查对比见表 4-6，可见施工场地管线探测中需要探测区域内的所有管线。

管线取舍分类对比　　表 4-6

管线分类	施工场地管线探测	城市地下管线普查
给水	全测	管径≥50mm 或≥100mm 或根据专业要求取舍
排水	全测	管径≥200mm 或方沟≥400mm×400mm 或根据专业要求取舍
燃气	全测	管径≥50mm 或≥75mm 或根据专业要求取舍

续表

管线分类	施工场地管线探测	城市地下管线普查
工业	全测	全测
热力	全测	全测
电力	全测	全测
电信	全测	全测
不明管线	全测	

在施工场地管线探测中因探测范围小，容易出现不明管线。判定不明管线可分两种情况：

（1）在实地不可见也没有相关资料，只能通过仪器探测其平面、走向和中心埋深；

（2）可见，但无法确定类别。

3）注意的问题

（1）当管线穿越对场地设计、施工有重大影响的区域时应加密定点；

（2）当管线弯曲时，管线点的设置应以能反映管线弯曲特征为原则。施工场地管线探测与另三类相比要求更真实地反映管线弯曲特征。对于关键位置有可能每隔 2～3m 就设置一个管线点，甚至间距更小。

（3）因开挖而影响地下管线安全时，必须为保护管线而扩大探测区域。这需要有一定的相关知识和经验。以非开挖为例，由于开挖基坑可能引起周围地面沉降，过大的沉降会导致地下管线破裂，这样的沉降区也应该包括在探测范围内。

（4）因探测面积小而测区内缺少足够的明显管线点时，为增加明显管线点而扩大探查范围。扩大的探测面积并不是详查的区域，目的是用已知管线为起点，用探测仪器追踪管线至测区内。在扩大查找明显管线点范围时，参考管线井位设计间距（表 4-7）将会得到一些有益的帮助。

管线井位设计间距 **表 4-7**

管线种类	管径（mm）	最大井间距（mm）	备注
给水	<700 700～1400	200 400	
燃气		8000	主管段，井位多见于路口
热力		200	通行管沟设安装孔
电力		200	
电信		100	人孔间的距离
	150	20	
雨水	400	40	
	≥500	50	
	200～400	30	雨水（合流）管道为 40m
	500～700	50	雨水（合流）管道为 60m
污水	800～1000	70	雨水（合流）管道为 80m
	1100～1500	90	雨水（合流）管道为 100m
	>1500，且≤2000	100	雨水（合流）管道为 120m
工业		100	

4.3.2 探测技术及工作方法

从施工场地管线探测的特点可以看出：完成这项任务不仅要有良好的工作态度和责任心，还要有一定的探测经验。探测的顺序和应注意问题如下：

1）探测前的准备工作

（1）认真收集已有管线资料并对其进行分析，从中找出可供参考的图和相关的数据；

（2）向管线埋设的知情人了解管线埋设情况，其中包括场地附近居民和企事业单位的有关人员；

（3）观察路面痕迹，新补上的条状水泥（或沥青）带很可能就是新铺设管线的挖掘位置；

（4）观察地面痕迹，有规律的条状裂缝及塌陷位置下面可能有管线或沟道铺设；

（5）注意寻找地面上的管线标志，如电缆桩、管线标示牌等。根据这些情况了解管线的走向；

（6）查找地面上的窨井、管线的出（入）地点、管线的附属物、与管线有关的建（构）筑物和管道的出（入）水口。

2）明显管线点调查

该方法的特点是不使用仪器，人工直接通过寻找地表井盖，并直接进入井中调查管线走向、量测管线埋深等。应注意的是，在地下隧道或顶管施工场地的地下管线调查中，埋深应量测其外底埋深。

明显管线点调查是一种方法简单、经济适用、效果可靠的方法，但不能作为唯一的探测方法，因为有些管线没有设置地面井孔或设置很少，从而导致漏掉一些管线，为将来施工埋下事故隐患。完成了对探测范围内的管线粗查，明显管线点调查工作结束后，应明确如下问题：

（1）金属管线：确定下一步需要探测的隐蔽管线；

（2）非金属管线：由于非金属管线不能导电，需要用其他方法定位。此时，应将调查管线的埋深、管径、材质及走向记录清楚，为下一步工作打下良好的基础。

3）隐蔽管线探测

（1）以明显管线点为起点追踪金属管线，可根据实际情况选择直接法、夹钳法和电磁感应法对金属管线进行追踪探测。

（2）对金属管线进行盲探

以明显管线点为起点追踪金属管线后进行盲探，目的是避免漏测金属管线。一般采用主动源感应法和被动源进行搜索。用被动源进行搜索发现异常后，应再用主动源法进行追踪、精确定位、定深。盲探工作应按以下步骤进行：

① 主动源感应法搜索

该方法需要发射机和接收机两名操作员。可采用格网法搜索和全圆法搜索。

用格网法搜索全测区：发射机与接收机间保持最佳收发距，两者对准成一条直线，同时同向移动，确定异常后精确定位、定深。搜索的线路最终应形成网格状，并且方向应接近常规管线埋设方向。

用全圆法搜索测区内重要区域：一般在格网法搜索的基础上，再在重要区域内使用全圆法搜索管线。如非开挖施工中的基坑探测是工程中的重要区域之一。以基坑探测为例，一般 2m 间距布点，逐点放置发射机，且接收机以发射机为圆心、最佳收发距为半径作圆周扫描搜索。在扫描的同时发射机原地随接收机转动，以确保接收机与发射机方向下方管线耦合最强。确定异常后精确定位、定深。

② 无源扫描搜索

Power 模式搜索：先将接收机灵敏度调至最高，遇到信号响应时调低灵敏度，使响应保持在正常数值范围内。沿格网状的路线走动且与接收机天线的方向保持一致。当接收机的响应增大有管线存在时，应停下来进行定位并做标记。继续追踪，直至测区外。

Radio 模式搜索：方法同 Power 模式搜索。一般用 P 或 R 模式扫描搜索到异常后，应用主动源感应法来对管线精确定位、定深。否则，定位、定深的误差较大，特别是定深的误差更大。

（3）对非金属管线定位的方法

① 测量法：对大型电力方沟及其能通行人的沟道，可用测量的方法到沟内测量方沟的坐标和高程。方沟测量时应有专业人员协助，保证作业人员的安全；

② 开挖法：对测区中的难点、重点，有开挖条件时应进行开挖验证；

③ 钎探法；

④ 磁偶极感应法：对钢筋混凝土管道，探测时应加大发射功率，注意收发距离；

⑤ 示踪电磁法：适用于有出入口的非金属管道；

⑥ 声波法（非金属探测仪）：适用于有暴露点，内部流体为液体，带压力的小口径非金属管道；

⑦ 电磁波法：在地质雷达解释前，收集有用目标管线资料，现场了解周围环境状况及管线的埋设情况；在探测过程中通过大量的方法试验，掌握目标异常的基本特征及干扰异常点，尽可能避开干扰或在干扰小的地点布置剖面，对识别有效异常排除干扰起着重要作用。

对非金属管线探测，可以采用多种探测设备，多种探测方法进行，把无法探测的地下管线数量减到最少。

（4）图上注记无法探查地下管线的情况，工程中有无法探查的地下管线时，应在图上进行简要的文字注记。

① 雨污水井内填满垃圾等无法调查管道走向、埋深、管径和材质时，图上应根据实地情况注“垃圾满”、“污水满”等；

② 电力、电信等井被锁无法打开，图上应注“锁”；

③ 窨井盖因多年未开而生锈无法打开时，图上应注“锈”；

④ 金属管线：实地有暴露管线，因各种原因无法追踪探测时应注“无法探测”；

⑤ 非金属管线：实地有暴露管线，用各种手段都无法获取隐蔽管线信息时，应根据实地情况在图上注明“无法探测 PE 管”、“无法探测 PVC 管”、“无法探测光缆”等；

⑥ 实地有管线标志，用仪器探测不到管线时，应测绘管线标志并根据管线标志点在图上连线，图上应注明“根据管线标志连线”；

⑦ 电信、电力等井内只有空管块、管沟无管线时，图上应连线且注“空块无线”、“空沟无线”、“空沟无管”等。

4.3.3 地铁建设项目的管线探测

地铁和地下管线同处于地下空间，地下管线的空间位置对地铁建设的影响很大。因此，将地铁施工影响范围内的管线情况调查清楚，是地铁设计和施工的前提。

1）管线探测的特点及流程

（1）地铁建设项目管线探测的特点

地铁一般处于城市繁华区域，线路长，基础深，风险大，因此地铁项目对管线探测的要求也比较高。地铁建设项目的管线探测具有以下特点：

① 场地环境复杂。由于地铁线路周边建筑密集，市政设施众多，地形、地质环境复杂，有些甚至下穿桥梁、河流，对地下管线探测的影响比较大。

② 探测项目齐全。目前地铁建设集中在大城市，通过几十年甚至上百年的发展，作为城市生命线的地下管线，其建设规模大，种类齐全，分布密集。

③ 探测空间较大，纵向较深。地铁建设开挖基础较深，一般在 15～20m，有的甚至超过 20m。因此，要求管线探测的纵向范围较深，明显深于一般工程的探测深度。

④ 地铁线路为狭长的带状区域，横向长度较短。因此，容易漏测横穿测区、在测区范围附近无出露点或明显附属设施的管线。

⑤ 要求探测的成果质量高，风险大。管线探测的成果直接用于地铁设计和施工，探测的精度、成果的准确性和可靠性直接影响地铁建设工程质量。数据精度低、可靠性差的成果资料在使用过程中不仅不能发挥其应有的作用，还可能造成重大事故。

（2）地铁建设项目管线探测的流程

地铁建设项目的管线探测程序见图 4-13。

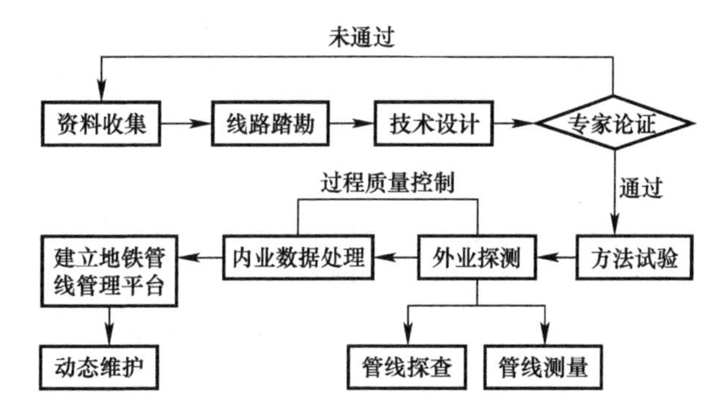

图 4-13 地铁建设项目管线探测流程图

在地铁项目的管线探测中，采取何种技术方法和手段获取准确、可靠的管线数据，以供地铁设计和施工参考利用，建设、设计、施工等要提高地下管线的工作质量。

① 避免盲目施工损坏地下管线导致停水、停电、停气、通讯中断甚至引起灾难事故。

② 遇到无法改移深大管线造成大的地铁方案变化，耽误工期。在客观上要求特殊性的情况下，仍必须要求高质量完成管线探测工作。

2）采取的技术对策

（1）做好探测前的准备工作

① 管线探测前应通过主体专业了解管线探测的目的（用于选线、设计、施工等）、范围（包括平面范围及深度范围）及精度的要求（平面位置、埋深或高程），并收集当地已有的管线资料，包括剖面图、断面图、变更通知书、便函等图纸和文字材料，以便探测单位快捷、准确地做好管线探测工作。做好与管线权属单位的协调工作，对探测单位在实际工作中发现的疑点、难点问题能到现场对埋设位置进行指认。

② 在收集资料的基础上对现场进行详细踏勘，了解场地的具体范围，核对已有资料的情况，并通过观察测区存在的明显管线和管线的明显点、管线附属设施及建（构）筑物等了解已有管线的种类、管线的分布状况及其对工程的影响程度。同时还应通过实地调查访问场地附近的居民、企事业单位了解测区范围内是否存在其他管线及其大致位置和走向。

③ 除现场了解情况外，还应通过对给水、燃气、电力、通讯等市政公用管线部门及部队、铁路、民航、海运和可能存在的其他专用管线部门咨询了解该区域是否存在直埋管道、电缆等，以便有计划、有目的地进行资料的收集，达到事半功倍的效果。

④ 根据已了解管线的种类、材质、规格、埋设方式等，在条件允许的情况下进行方法试验，已选择使用的仪器及快捷、有效的工作方法。受施工现场条件限制无法进行试验时，应在附近相邻区域进行必要的试验。

⑤ 对所使用的仪器性能应非常了解，以掌握测区内可能存在的现有探测技术无法解决的管线问题。对此类问题应尽可能地收集竣工资料，并提醒使用单位在使用成果时引起注意。

（2）采取的技术措施

① 给水、燃气 2 种管线的材质多为铸铁和钢，探测信号较好，一般采用连接法和感应法即可对管线定位、定深；通讯、电力管类少部分窨井内有积水现象，采用井内竖梯，然后下井量测，保证其探测精度；路灯由于窨井手孔很好，基本上靠仪器量测来定位、定深。受地电条件及干扰信号的影响，感应法在探测时定深有一定偏差，宜采用加大开挖量，在开挖点上使用夹钳法或直接法探测。

② 排水在调查中由于窨井太深或井中空间太大，使用常规直型探杆容易导致深度量测不准，而多数窨井积水现象严重，无法下井量测，物探专业对探测工具进行了改进，将直型探杆改成“L”型，也可利用孔内摄像头，解决量测和可能发生的毒气中毒事件。

③ 平行管线探测与定位：在一定的激发方式下，近间距并行管线上会产生感应电流，它们的电磁场相互叠加，产生趋中效应，使探测结果误差增大。因此，对近间距并行管线

的探测应根据现场埋设的特点，灵活选择最佳激发方式，使目标管线的异常最大而邻近非目标管线上的干扰异常可以忽略。

④ 干扰严重地段管线探测与定位：在信号干扰严重的地方，结合已知点数据对异常现象进行精密分析，去伪存真，消除干扰因素，同时加大钎探等开挖密度，使管线的平面位置及埋深得到有效控制。在开挖点上利用夹钳法探测，结合开挖情况对异常进行修正，使探测结果达到精度要求。

(3) 对异常管线点的探测办法

① 认真分析，摸清其分布规律然后再进行探测。

② 几种方法交替探测，从中找出较可靠的异常。

③ 积极联系权属单位参与地下管线探测工作，对探测单位在实际工作中发现的疑点、难点问题到现场给予配合，尤其是向直接参与敷设管线的人员了解管线的分布情况，对埋设位置进行指认；甚至在可能的地段进行开挖验证，最大限度地确保疑难点探测精度，否则应予以说明。

(4) 采取特殊技术手段探测管线

现有探测技术无法解决的管线问题，特别是影响线路方案（或影响造价较大）重大的管线要求准确定位、定深，应在相关地方部门或专业的协助下，根据管线属性、材质、地球物理特征、地层等综合情况确定采用特殊技术手段予以解决。特殊技术手段包括开挖、非开挖（物探）等。

(5) 内容齐全的技术报告

技术报告编写内容应齐全，并能客观地反映实际情况，结论准确。对于那些保密性强、确实无法得到具体资料的，在成果图和报告中要明确说明管线的探测调查过程、权属单位、联系电话、目前的探测程度和不确定原因，以便引起使用单位的足够重视。在成果报告和成果图的编制中，对下列 4 种情况要进行详细说明或明确标识，以便引起使用单位的足够重视。

① 受目前物探手段限制，确实无法查明的管线，比如光纤电缆、埋深大的非金属管道等。

② 能够采用综合手段查明，比如挖探、钎探、螺钻、孔内物探等，但受到现场施工条件限制，勘测期间无法实施的。

③ 保密性强、确实无法得到具体资料的，比如军用电缆。

④ 对于特殊工艺（比如倒虹吸、顶管、非开挖等）施工的地下管线。

3) 地下管线保护

在地铁建设工程中，地下管道的损坏会给人类的生产和生活带来不利的影响。同时，地下管线的损坏会导致反复的修葺工作，拖延了施工进度，导致地铁工程无法在规定的时间内完成。因此，保护地下管线在地铁工程建设中有着至关重要的作用。

(1) 地下管线被损坏原因

① 规划设计不合理或设计缺陷造成的损坏。

A. 由于缺乏准确的地下管线现状资料，易造成规划设计工作的盲目性，在施工图中没有完全或部分地标出地下管线的准确位置，进而导致建设过程对地下管线的破坏。

B. 原来规划设计的地下管线是按照当时的技术要求进行规划设计，技术标准低，安全可靠性差。

② 市政工程管线管理不完善造成的损坏。

随着城市基础设施的高速发展，各种信息资料的时效性得不到保证，这就使部分地下管线没有得到有效的管理从而在市政建设时部分管线管理被遗漏，施工时被损坏。

③ 物探不准确造成的损坏。

④ 施工引起的直接损坏。

A. 地下管线位置不明。在施工前没有调查和探测，而盲目按照施工图纸进行施工。

B. 打桩、顶管、振动压实等施工时土体挤压，导致一些临近区域内年代久、管材强度弱、接头不牢固的管线发生损坏。

C. 基坑开挖、边坡失稳或流沙现象造成较大的土体变形，当变形量超过管线的变形极限时，就会发生管线损坏。

D. 施工机械、车辆、材料等荷载过大会将下边强度不高的管线压坏。

E. 开挖裸露管线在雨季受到洪水的冲击或附近的土体流失，从而使管线发生损坏。

F. 施工时没有按要求进行施工，导致裸露的管线受到大的坚硬物体剧烈碰撞而断裂、松动等。

（2）地铁施工中对地下管线保护的原则

① 施工前要实地详细调查地下管线情况。

② 基于地铁车站主体与地下管线位置冲突，要临时迁改不得不移动的地下管线。

③ 对于电信、燃气、污水、供水等对变形要求严格、刚性较大的地下管线，尽量应用临时迁改方案；对于通讯电缆、直埋电力电缆等变形控制范围较大的地下管线，可用便桥或者工字钢来原位悬吊保护。

④ 地下管线的具体保护措施和迁改方案，必须要上报给有关部门审批后，方可实施。

⑤ 要将标志牌设置在施工现场，将迁改后管线的埋深、位置、种类向有关施工人员予以警示。

⑥ 要及时与地下管线产权单位建立联系，确认管线的产权归属，同时明确协调配合办法及双方责任。

（3）现场地下管线详细调查，可采用的方法主要有：

① 挖探沟：这是长期以来市政施工探明地下管线的主要方法，探沟采用人工开挖，开挖时应采用铁锨薄层轻挖，不宜使用羊镐、钢钎等尖锐工具。根据现场情况确定探沟的间距，通过两处以上探坑暴露的管线情况来推断该种管线的大致走向和埋深等信息。

② 采用管线探测仪探测：在对地下管线的勘测中，采用科学的手段人工开挖结合现代测绘技术、仪器，如加拿大 Noggin 公司生产的 Noggin250 系列管线成像雷达，即可有效地探测电力、电信、燃气、供热、供水、排水和有线电视等各类地下管线的准确位置和

埋设深度等数据，在旧路开挖前进行全面探测，与现有管线图纸资料对照复核，以获得地下管线的准确信息。

③ 与各管线单位专业监护人员进行交流，请他们介绍一下管线的分布情况，施工中应该注意的事项，对工程的安全、进度十分有利。

④ 根据经验，仔细观察，合理判断分支管线的埋设位置和种类。重点观察部位：大路口处四周集中穿路管线，沿线单位处支管接入情况，一般从检查井盖位置可以看出管线的大致走向；电线杆引下线、配电柜至附近电力检查井之间应小心地下敷设的电力电缆。

(4) 施工过程中采取的措施

① 机械开挖沟槽、路槽作业时，应有专人指挥，在地下管线位置安全距离外喷漆标注，线内禁止机械作业，避免因管道两侧土体受到挤压而损坏管道。管道位置采用人工薄层轻挖，管道暴露后应采取临时保护和加固措施，随时检查是否存在安全隐患。

② 对开槽中发现的没有标明的地下管线，管线的位置、走向与实际不符合时，要及时会同有关单位，制定专门的保护方案。

③ 机械操作人员必须服从现场管理人员的指挥，小心操作，挖掘动作不宜太大，防止盲目施工，施工机械行进路线应避开已标明的地下管道位置。

④ 常见的供水、电缆、燃气管道等遇到障碍物时，为了避让障碍会突然抬高，或者走向忽左忽右、很不规则的现象。因此施工人员要时刻保持警惕，不能依据某探坑处发现的管线位置、高程而想当然地认为全线如此。

⑤ 管线迁改过程中，迁改路径与其他既有管线（如通讯、电力）有交叉，钢板桩施工时要注意避开其他管线，保持一定的安全距离。沟槽开挖后对其他管线进行支撑防护等措施防止被损坏。

⑥ 场地内有悬吊保护架空线的，对于场地内的大型机械要下安全交底书，施工过程中派专人看护。

⑦ 管线迁改施工过程中，与其他已迁改完成的管线位置有交叉的，现场管理人员要告知相关施工队伍管线的位置、埋深等，施工时避开其他管线。

(5) 发生地下安全事故应采取的措施

① 电缆、光缆挖断，通讯线路故障等事故的应急预案

一旦发生电缆、光缆挖断，通讯线路故障等事故，当班施工员应在5分钟之内电话通知管线所属单位。组织人员按照管线所属单位专业工程师的要求进行抢修恢复，将损失减小到最低程度，抢修组成员应保持通讯畅通。管线修复完毕后，项目部组织人员及时对事故原因进行分析，制定整改措施，对作业人员进行教育，同时对相关责任人进行批评教育。与各管线所属单位协调，配备足够的电缆等相关配件，确保紧急情况时的物资供应到位。

② 自来水管线挖断事故的处理

如果施工现场发生自来水管挖断或涌水等事故．现场当班施工员在5分钟之内电话通知管线所属单位。联系自来水公司专业抢修队立即赶赴施工现场进行抢修恢复，将损失减

小到最低程度。抢修组成员应保持通讯畅通，现场配备足够的防水和堵漏应急物资。项目部应急小组应启动应急预案，项目部应急抢险队人员及时到现场进行抢险堵漏，确保紧急情况时能降低险情。

③ 燃气管线挖断泄漏事故的处理

一旦发生燃气管挖断、泄漏等事故，项目部应急小组应启动应急案，并在 5 分钟之内上报上级领导及燃气单位，迅速隔离事发现场，将伤者迅速送往医院救治，撤离无关人员及群众。

4.3.4 铁路地下管线探测

地下管线探测的对象包括埋设于地下的给水、排水、燃气、热力、工业等各种管道以及电力、通信、信号等地下电缆。因此，在铁路勘察设计施工期间，必须对铁路通过区和规划发展区内的地下管线现状进行全面或重点探测，它对于设计和施工顺利进行具有重大的意义。

地下管线探测项目具有时间紧、任务重、探测条件参差不一、管线分布复杂、技术要求高等特点。

1）时间短、任务重

铁路勘察线路一般较长，方案变化多，工作量巨大，管线探测受勘察周期影响，往往要求较短时间内完成。对于任何一个探测单位其质量和工期都是巨大的考验。

2）探测精度要求高

铁路工程管线探测涉及场地范围内埋设的所有地下管线，特别是影响重大的管线要求准确、定位、定深；管线点密度能准确反映场地范围内管线的走向、埋深的变化，以满足设计、施工的需要。

3）管线探测条件和分布复杂

（1）管线种类众多，埋设时间不一，权属单位多而复杂。在主城核心区域，随着旧城改造、道路拓宽、新批准管线单位的增多、用户需求不断增加，同类管线在不同年代均有埋设，造成各类管线新旧混杂，常常出现同一道路上埋设 20 多条的情况。

（2）管线探测条件复杂

铁路工程一般穿越城市主干道，所穿越的主干道地面交通繁忙，地下管线常常呈密布、交错分布、管线无固定走廊的特点，管线探测时常出现相互干扰或产生“串线”现象，探测作业难度较大。

（3）管线的材质呈多样性特点

探测范围内管线材质为钢、铸铁、水泥混凝土外，还在一些新建或改、扩建地区大量使用较大口径 PE 管（燃气）、塑料管（给水）等，后者由于电磁信号微弱，探测追踪较艰难；再如输水干管在出露地方（过河等地段）采用钢管，其他地方采用水泥混凝土管，由于无电磁信号管线探测追踪较艰难。

（4）管线埋设变化大，管线探测追踪较艰难。铁路通过地貌为台地或山区，往往管线变化较大，采用常规探测方法无法追踪。

(5) 在探测范围内，深大、非金属、保密、信号微弱等特殊地下管线成为制约地下管线探测的重要因素，仅靠单一的仪器探测，完全查明这些管线的分布具有较高的风险。

(6) 探测阶段管线没有窨井又不能采用其他方法查明的地下管线。

4) 基础地下管线资料多且先天不足

(1) 由于历史原因，我国许多行业地下管线资料残缺不全；同时改革开放以来，随着国民经济（或城市）及其管道输送建设的飞速发展，使各类地下管线不断增加，但因管理不善，未能及时进行竣工测量，使地下管线资料不全的现状日趋增长，严重制约和影响规划、建设的科学化、现代化的进程。

(2) 由于我国许多行业对地下空间的管理相对滞后，投资渠道和管理体制不同，管线的敷设分属许多部门，资料的整体性差，资料的保存各自为政，造成管线资料的收集十分困难。

(3) 所收集的地下管线资料并不能完全代表地下管线空间位置，往往存在较大的偏差，造成这种情况的原因主要有两个方面：一是过去管线建设单位敷设过程中存在较大的随意性，敷设的位置与规划批复的不一致，有时局部竣工验收流于形式，没有要求进行实际的竣工测量，竣工图与现状图存在差异，建设中经常出现按照收集的管线资料施工而挖断管线的事件。二是地下管线敷设年代早、经历时间长，实际的埋设位置没有资料记录，特别是一些污水管线和野外重要管线，有时邀请熟悉管线敷设情况的“活地图”现场指认进行补充，但是对于野外敷设又没有资料，很容易造成管线遗漏。

5) 地下管线探测的阶段性

地下管线探测是有阶段性的，但是地下管线埋设持续不断地进行，探测成果使用阶段和现状始终存在不一致，往往被误认为管线资料成果的不准，探测工作亦承担较大风险。

6) 探测区域地形与交通的特殊性

(1) 有些探测区域管线埋深变化大，探测工作十分艰苦。

(2) 有些探测区域处于闹市环境不利于探测作业。管线探测作业场地如处于交通要道或繁华闹市地带，来往穿梭的车辆、川流不息的人群，给管线探测、开井量测、标注测量、开挖验证等工作带来很大的影响。

(3) 具有艰巨性，增加了劳动强度，给作业人员带来较大的工作压力；恶劣的环境给作业人员带来较大的精神压力。

4.4 专业管线探测

地下管线是国民经济（或城市）基础设施的重要组成部分。地下管线现状资料是勘察、设计、规划、建设、管理的重要基础资料。由于历史原因，我国许多行业地下管线资料残缺不全，资料精度不高或与现状不符等问题，时常出现由于管线缺漏，盲目施工损坏地下管线导致停水、停电、停气、通讯中断甚至引起灾难事故，造成不良的社会影响。另外遇到无法改移深大管线造成建设项目大的方案变更，影响工期，带来较大经济损失的情况也时有发生。

地下管线按功能、专业分类有给水、排水、燃气、热力、电力、电信和工业管道。

4.4.1 给水管线

给水管线包括有生活用水、消防用水及工业用水等输配水管道。

4.4.1.1 管线材质、规格及探测特点

1）材质

给水管材常可以分为金属管材料、非金属管材料（塑料管材、钢筋混凝土管、石棉水泥管、玻璃钢管）和复合材料三大类。

（1）金属管材

铸铁管具有不易腐蚀、造价低及耐久性好等优点，适合于埋地敷设。缺点是质脆、重量大、长度小等。铸铁管管材的物理性能指标见表 4-8。

给水铸铁管按制造材质不同分为给水灰口铸铁管和给水球墨铸铁管两种。由于同给水灰口铸铁管比较起来给水球墨铸铁管具有强度高、韧性大、密闭性能佳、抗腐蚀能力强和安装施工方便等优点，给水球墨铸铁管已经成为给水灰口铸铁管的替代产品。给水灰口铸铁管通常称为给水铸铁管。灰口铸铁管管材的强度设计值见表 4-9。

铸铁管管材的物理性能指标 **表 4-8**

管材种类	弹性模量 E_p(N/mm^2)	重度 γ_i(kN/m^3)
灰口铸铁管	(0.2～0.4)×10^5	72
球墨铸铁管及铸态球墨铸铁管	1.6×10^5	70.5

灰口铸铁管管材的强度设计值（N/m^2） **表 4-9**

强度类别	符号	直径（mm）		
		≤300	350～700	≥800
抗弯	f_{mc}	170	140	120
抗拉	f_{tc}	70		

（2）塑料管材

塑料管是合成树脂加添加剂经熔融成型加工而成的制品。常用塑料管有：硬聚氯乙烯管（PVC-U）、高密度聚乙烯管（PE-HD）、交联聚乙烯管（PE-X）、无规共聚聚丙烯管（PP-R）、聚丁烯管（PB）、工程塑料丙烯腈-丁二烯-苯乙烯共聚物（ABS）等。

① 物理性能

化学稳定性好，不受环境因素和管道内介质组分的影响，耐腐蚀性好；导热系数小，热传导率低，绝热保温，节能效果好；水力性能好，管道内壁光滑，阻力系数小，不易积

垢，管内流通面积不随时间发生变化，管道阻塞概率小；相对于金属管材，密度小，材质轻，运输安装方便、灵活、简捷，易维修。

其主要缺点：力学性能差，抗冲击性不佳，刚性差，平直性也差，因而管卡及吊架设置密度高，热膨胀系数大，伸缩补偿必须考虑。

② 承压性能

承压性能所涉及的内容是在一定条件下塑料管材能够承受的内压力和恒压下的破坏时间，以确定与之有关的设计参数以及对管材的质量进行评价和监控。一般进行两项试验：液压试验和长期高温液压试验。

(3) 钢筋混凝土

钢筋混凝土管有普通的钢筋混凝土管（RCP）、自应力钢筋混凝土管（SPCP）、预应力钢筋混凝土管（PCP）和预应力钢筒钢筋混凝土管（PCCP）。它们共同的特点是：节省钢材，价格低廉（与金属管材相比），防腐性能好，不会减少水管的输水能力，能够承受比较高的压力（0.4～1.2MPa 不等），具有较好的抗渗性、耐久性，能就地取材，节省钢材。目前大多生产的钢筋混凝土管管径是从 100～1500mm，最大管径可达 9m，承压达 4.0MPa。但钢筋混凝土管重量大而质地较脆，装卸和搬运困难，管配件缺乏，日后维修难度大，这些都制约了该类管道的应用。

(4) 石棉水泥管

石棉水泥管的优点是：重量轻，内壁光滑，通水能力较铸铁管大，抗腐蚀性能好，容易锯断，加工方便，价格低廉等。但是质脆、抗冲击能力与抗动荷性能差，目前应用较少。

(5) 玻璃钢管

玻璃钢管按制造工艺不同分为离心浇铸型玻璃钢管和纤维缠绕型玻璃钢管。给水上常用的是属于纤维缠绕型的玻璃钢夹砂给水管。玻璃钢夹砂给水管具有管轻、强度好、耐腐蚀、水头损失小等优点，并且运输、吊装、连接方便。玻璃钢夹砂给水管规格有 $DN25$～$DN3000$ 共 30 多种，一般小于或等于 $DN400$ 的玻璃钢管道不夹砂。使用压力范围为 0.1～1MPa，而大于 0.6MPa 的产量较少。

(6) 复合材料——(钢骨架增强) 塑料复合管

钢骨架增强塑料复合管是以钢骨架为增强体，以热塑性塑料为连续基材，在自动控制生产线上将两者均匀复合在一起的新型双面防腐压力管道。它兼有金属管材强度大、刚性好和非金属管材耐腐蚀的优点。由于复合管尚属新型管材，还未有统一的设计、施工及验收规范，故我国目前应用较少。

2) 载体特征

管线载体物理性质如表 4-10 所示。

载体特征 **表 4-10**

介质	相对介电常 ε_r	电导率 σ(ms・m^{-1})	波速 v(m・ns^{-1})	衰减系数 α(dB/m)
水	81	30000	0.01	1000

3）常用圆形管线规格

常用圆形管线规格如表4-11。

常用管材的管径规格及公称内径（实外径/管壁厚） 单位：mm **表4-11**

铸铁管	75(93)	100(118)	125(143)	150(169)	200(220)	250(271)	300(322.8)	350(374)
	400(425.6)	450(476.8)	500(528.0)	600(630.8)	700(733)	800(836)	900(939)	1000(1041)
水泥管	75(30)	100(30)	150(30)	200(35)	250(40)	300(60)	350(60)	400(70)
	450(75)	500(85)	600(100)	700(120)	800(140)	900(165)	1000(195)	1100(210)

4）覆土厚度

根据《室外给水设计规范》（GB 50013—2006）及条文说明：

（1）管道的埋设深度，应根据冰冻情况、外部荷载、管材性能、抗浮要求及与其他管道交叉等因素确定。

（2）关于管道埋设深度及有关规定：管道埋设深度一般应在冰冻线以下，管道浅埋时应进行热力计算。

综上，给水管道的最小覆土深度为600mm。

4.4.1.2 探测方法

给水管线材质一般为钢、铸铁、球墨铸铁、混凝土以及塑料等。钢、铸铁材质的给水管一般有较好的导磁导电性质。在单一条件下，由于干扰采用感应法或直连法，都可以有效地激发信号，工作频率的影响不大。

感应法的收发距在18～30m以内较合适。在有旁侧干扰时，应尽可能采用直连法（正极连接管体或消防栓露头），特别是双端充电，以突出目标管线。同时应注意管线的探测点不能太靠近充电点，一般应保持至少4.0～5.0m，减少或避开充电点电流非均匀流动及充电导线形成磁场的影响。当有支管时，应采用扫描法确定管线方向和拐点位置。消防栓附近的管线由于距离较近，故探测干扰较大，但其连接一般有其固定方式，应参照竣工或设计图结合现场开挖予以确定。相对于其他管线，给水管线信号强度较弱，因此，通常应先完成其他管类的探测后，再开展给水管线的探测。当近间距管线分布密集，给水管线信号很弱，其他管线信号影响较大时，可以利用管线异常值对称的特性，采用正演拟合的方法，增大目标管线磁场强度，正演曲线拟合模型，进而分解出各管线位置和埋深。

对于球墨铸铁、混凝土以及塑料等材质的给水管线不易确定其点位，结合给排水管的探测属性特征“材质＋载体＋规格”，现场探测以地质雷达法为主，并选取重要部位或有疑点的部位采用瞬变电磁雷达，对地质雷达的探测结果进行验证复核。有条件的情况下，走访自来水公司以及管线的施工单位，在有现场资料的情况下，对照资料进行探测，提高地下管线探测的准确性。

1）给水管线探测试验

在图4-14（*a*）中，已知两根间距为0.2m的给水管线的材质为铸铁，其中一根给水管的直径为150mm，埋深为1.13m；另一根的直径为100mm，埋深为1m。材质为铸铁。

试验采用250MHz的地质雷达垂直管线分布方向进行多次探测。从图4-14（*a*）可以看出，两条给水管线图像异常反射波强烈，同相轴不连续，双曲线顶点突出，曲线异常形态明显。经过曲线定位和埋深的计算，两条管线分别分布在距离起始位置的1.735m和2m处，埋深分别为1.006m和1.139m。误差较小，符合地下管线的探测精度。

在图4-14（*b*）图中，已知两根间距为1.8m的给水管线的材质为铸铁，两条管线的管径均为200mm，埋深分别为1.63m和1.72m。试验也采用250MHz的地质雷达垂直管线分布方向进行多次探测。从图4-14（*b*）可以分辨两条给水管线的异常，同相轴不连续，双曲线同样明显。经过曲线定位和埋深的计算，两条管线分别分布在距离起始位置的5.881m和7.793m处，埋深分别为1.65m和1.742m。误差较小，符合地下管线的探测精度。

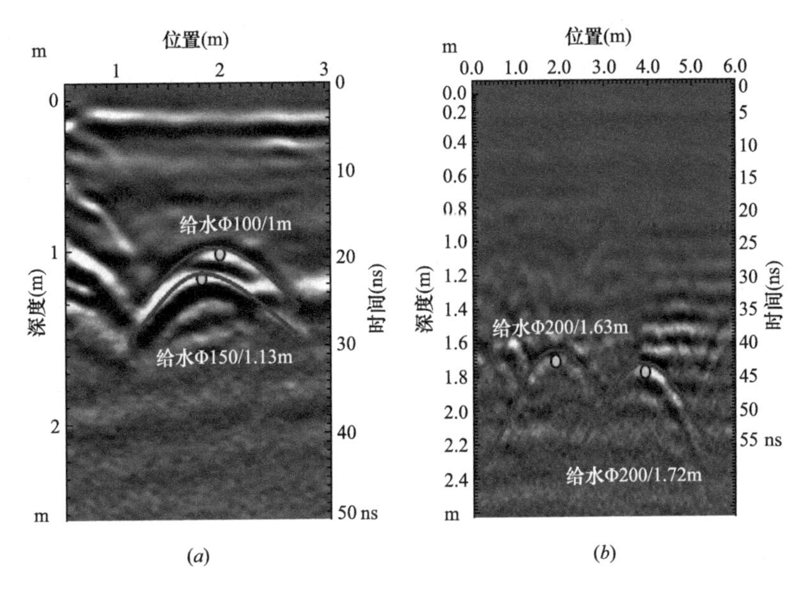

图4-14 给水管线雷达图像

对比图4-14（*a*）与图4-14（*b*），分析得到：随着埋深增加，铸铁类管线图像反射强度逐渐变弱。随着管线间距增大，双曲线的尾部越长，曲线显示更加完整。

2）给水管线探测存在的问题

因非金属管线具有造价低、易维修。且抗污性强等优点，所以在给水管线的敷设中被广泛应用。但因为非金属管线不导电也不导磁，属于绝缘体，无法用金属管线探测仪进行探测，所以目前非金属管线的探测仍是一项技术难题。再加上因之前管理不善，给水管线未能及时进行竣工测量，使管线资料不全现象日益增长。

（1）管线探测干扰因素：在采用管线探测仪探测过程中信号常常会遇到各种因素干扰，如旁边电力、通信、人行道边的隔离栏、金属护栏、广告牌的金属框架、构件、架空电缆、路灯线、信号灯线、水泥路面下的钢筋网、机动车辆等，均会对接收的信号形成干扰。

（2）管线档案资料缺失：在现实施工中，普遍存在管线未按图施工问题，在实际敷设过程中，施工单位贪图施工便利，随意更改线路走向、位置，管线覆土前又未能及时进行竣工测量，造成部分管线的竣工图纸与实际不符，对后期的管线探测工作存在误导作用。

（3）地质雷达探测的局限性：地质雷达的探测范围相对有限，通常受地理条件的限制（特别是在城市道路上）无法进行线路的连续探测，一般只能沿主管线垂直方向布置探测断面，断面的数量、距离视现场实际情况而定。如遇管线过细（200mm以下）、埋设过深（2m以上）、地下介质过于杂乱或地下水水位较浅等因素都将增大管线探测的难度。

4.4.2 排水管线

排水管道包括有雨水管道、污水管道、雨污合流管道和工业废水等各种管道。

4.4.2.1 排水管线材质、规格及探测特点

（1）根据《室外排水设计规范》（GB 50014—2006）第4.3.7条规定：管顶最小覆土深度，应根据管材强度、外部荷载、土壤冰冻深度和土壤性质等条件，结合当地埋管经验确定。管顶最小覆土深度宜为：人行道下0.6m，车行道下0.7m。第4.3.8条规定：一般情况下，排水管道宜埋设在冰冻线以下。当该地区或条件相似地区有浅埋经验或采取相应措施时，也可埋设在冰冻线以上，其浅埋数值应根据该地区经验确定，但应保证排水管道安全运行。

（2）《室外排水设计规范》（GB 50014—2006）条文说明第4.3.7条规定管顶最小覆土深度，一般情况下，宜执行最小覆土深度的规定：人行道下0.6m，车行道下0.7m。不能执行上述规定时，需对管道采取加固措施。第4.3.8条关于管道浅埋的规定，一般情况下，排水管道埋设在冰冻线以下，有利于安全运行。当有可靠依据时，也可埋设在冰冻线以上。这样，可节省投资，但增加了运行风险，应综合比较确定。

综上，给排水管道的最小覆土深度为600mm。

4.4.2.2 探测方法

1）排水管线的探查

排水管线一般是混凝土管，窨井较多，探查时主要以调查为主。

在图4-15（*a*）中，已知雨水管线和污水管线的间距为1m，两管线的材质均为PVC。雨水管的直径为100mm，埋深为1.25m；污水管的直径为200mm，埋深为1.09m。试验采用250MHz的地质雷达垂直管线分布方向进行多次探测。从图4-15（*a*）可以看出两管线的曲线异常反射波模糊，只能看清双曲线的顶点处，曲线不完整。经过曲线定位和埋深的计算，两条管线分别分布在距离起始位置的59.78m和60.8m处，埋深分别为1.10m和1.26m。误差较小，符合地下管线的探测精度。

在图4-15（*b*）中，已知雨水管线和污水管线的间距为1m，两管线的材质均为PVC。雨水管的直径为300mm，埋深为0.85m；污水管的直径为200mm，埋深为1.65m。试验采用250MHz的地质雷达垂直管线分布方向进行多次探测。从图4-15（*b*）可以看出雨水管线的曲线异常反射波清晰，同相轴不连续，双曲线明显，存在多次反射。而污水管线虽然可以看出曲线异常，但没有雨水的异常清晰，没有多次反射波出现。经过曲线定位和埋深的计算，两条管线分别分布在距离起始位置的40.82m和41.62m处，埋深分别为

0.91m 和 1.72m。误差较小，符合地下管线的探测精度。

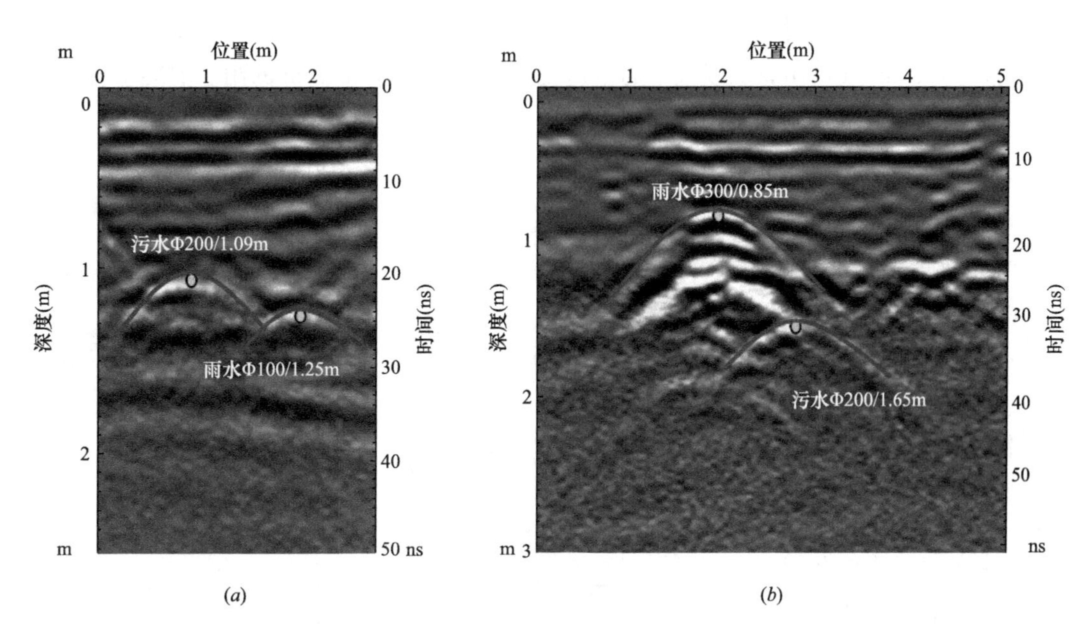

图 4-15 给水管线雷达图像

对比图 4-15（*a*）与图 4-15（*b*），分析得到：用 250MHz 的地质雷达探测 PVC 排水管线时，管线的埋深越浅，探测效果越好，埋深越深，探测效果越差；管径越大，异常曲线越完整清晰，管径越小，异常曲线越模糊。

通过以上试验得到结论：相同埋深条件下，当管线水平间距缩小到 0.2m 时，250MHz 天线频率的雷达可以探测到两条管线，并加以区分辨别；而 100MHz 天线频率的雷达只能显示一个双曲线，不能准确区分两条管线。100MHz 天线频率的雷达能有效探测的管线间距最小为 0.4m，最大埋深为 1.8m。

（1）为了研究同一天线频率下地质雷达对不同管径的混凝土管的探测能力，试验选用 100MHz 天线频率的雷达对一组已知雨水管线进行探测。这组混凝土管的埋深为 1.1m，管径分别为 150mm、300mm 和 400mm。从图 4-16 的三幅图可以看出雷达可以探测到 150mm、300mm 和 400mm 三种管径的雨水管线，而且随着雨水管线管径的增大，异常曲线的张角变大。三种不同管径的雷达图像清晰，管径为 300mm 和 400mm 的异常曲线埋深估算误差较小，而管径为 150mm 的异常曲线埋深估算误差较大，都符合地下管线探测精度要求。

（2）为了研究同一天线频率下地质雷达对不同埋深混凝土管的探测能力，试验选用 100MHz 天线频率的雷达对一组已知雨水管线进行探测。这组混凝土管的管径均为 300mm，埋深分别为 1.1m、1.5m 和 1.85m。

从图 4-17 可以看出，当雨水管线的埋深为 1.1m 时，异常曲线清晰易辨，尾部轮廓清晰，双曲线同相轴不连续明显。当雨水管线埋深为 1.5m 时，仍然可以看到雨水混凝土管的异常，异常曲线顶点处清晰，而双曲线尾部模糊不清，不易区分目标管线和周围地下介质。当雨水管线的埋深增加到 1.85m，从红色矩形框内，已无法看出目标管线的异常。对比三幅图像可以得出：当雨水管线的管径一定时，埋深值越大，目标管线的图像就越模糊。当埋深增加到 1.85m，100MHz 天线频率的雷达无法探测管径为 300mm 的雨水混凝土管。

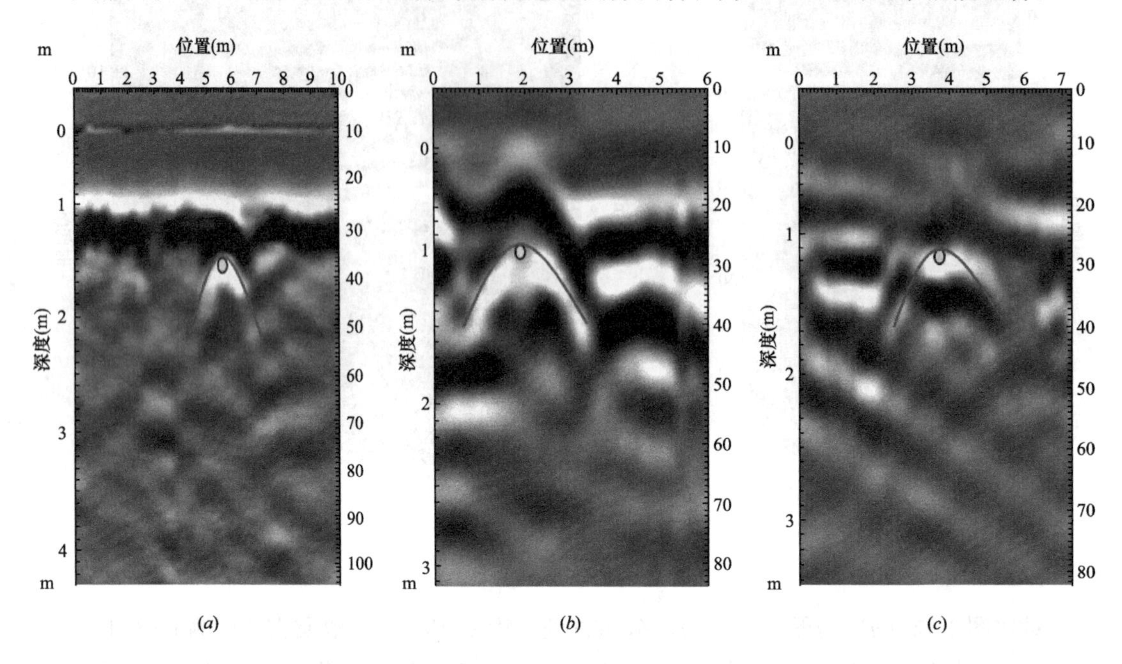

图 4-16　不同管径的混凝土管雷达图像

（a）ϕ150；（b）ϕ300；（c）ϕ400

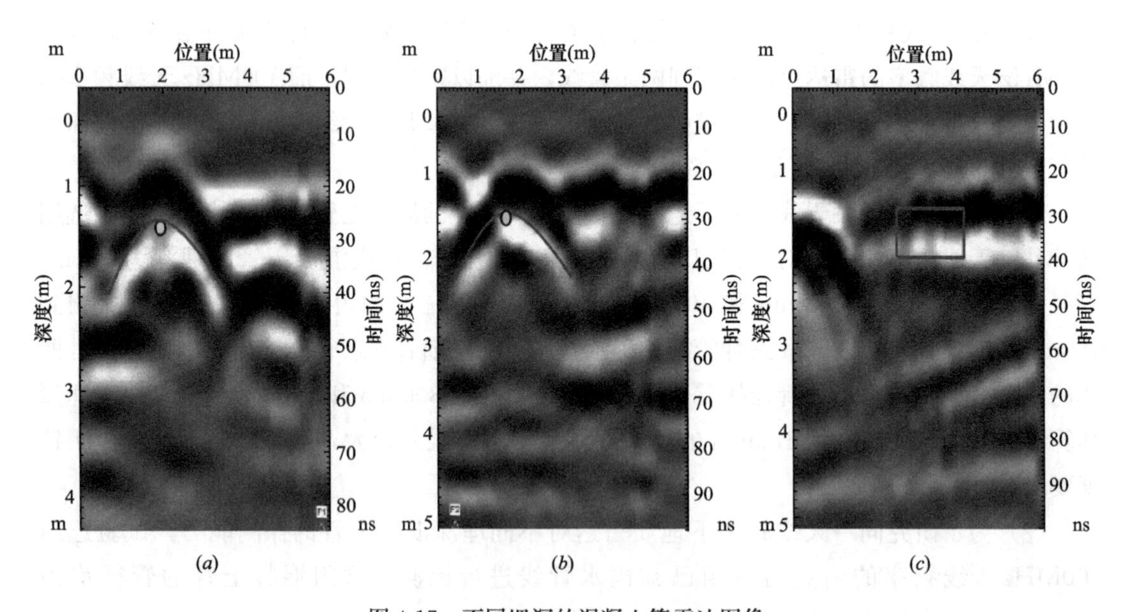

图 4-17　不同埋深的混凝土管雷达图像

（a）h=1.1m；（b）h=1.5m；（c）h=1.85m

2）隐蔽排水沟（管）涵探测

图 4-18 是广州市某道路 200MHz 的探地雷达图像。在 3.75m 处为一条非开挖施工的

*DN*300 的 PVC 给水管异常，埋深 1.95m，由于埋深较大，且地下介质的电磁波衰减大，故异常幅值弱，未见多次波特征；在 5.9m 到 7.8m 处为 1600mm×1600mm 排水箱涵的雷达异常，可见箱涵顶板两侧的绕射波，以及中间的连续同相轴板状体异常特征，其顶埋深约 1.25m。

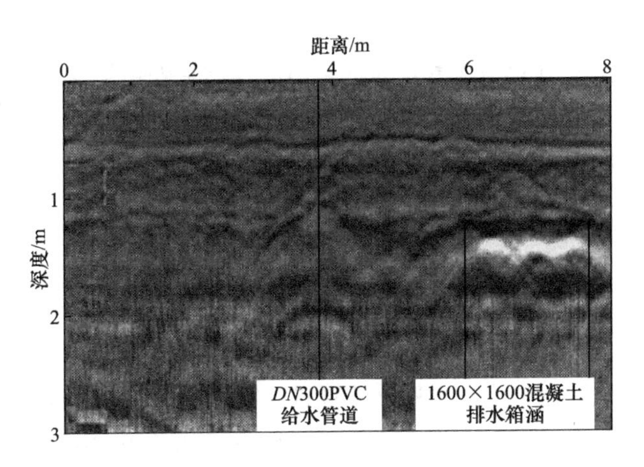

图 4-18 沟涵的异常图像

多年来，地下排水管线钢筋混凝土盖板沟的追踪探测是困扰行业内的难题，地下管线探测行业常用金属管线探测仪对连续连接的金属管线、电缆进行探测，但由于地下排水管线钢筋混凝土盖板沟（管）盖板连接不良或不连接，难以传导电磁波，金属管线探测仪不能对其进行连续追踪探测。

地质雷达在预知地下排水管线钢筋混凝土盖板沟（管）概略位置、走向的前提下垂直其走向进行横剖面探测，可以确定剖面处地下排水管线钢筋混凝土盖板沟（管）的平面位置、埋设深度，如图 4-19 所示。但是管线地质雷达不能对盖板沟进行追踪探测，对走向不明的地下排水管线钢筋混凝土盖板沟更是无能为力。

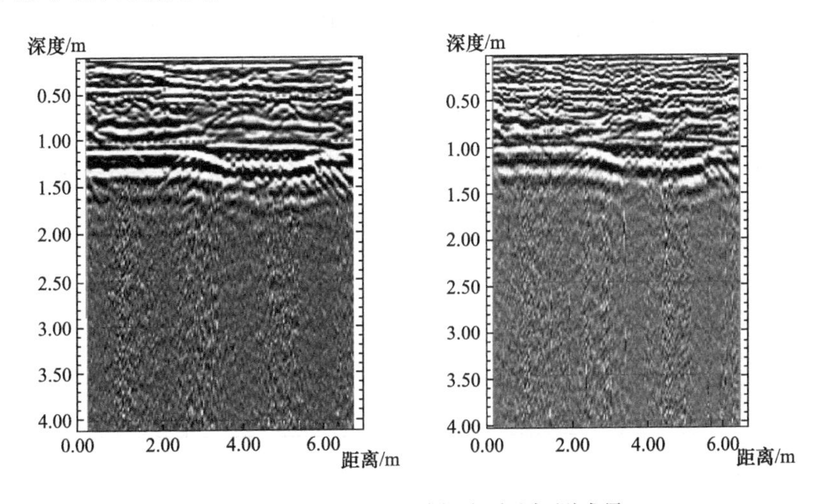

图 4-19 钢筋混凝土盖板沟雷达探测成果

4.4.3 燃气管线

城市燃气管道根据输送压力可分为高压管、中压管和低压管。根据管道口径大小，敷设的目的、用途，又可分为干管、支管、引入管、室外管、室内管、用气管等。其中干管口径较大，通常采用铸铁管与钢管；口径 75mm 以上的支管及引入管，通常也采用铸铁管；口径 75mm 以下的支管及引入管，通常采用镀锌钢管外包绝缘防腐层；室外管、室内管、用气管等口径较小（一般小于 ϕ100mm），通常采用镀铸钢管。石棉水泥管、预应力混凝土管、聚乙烯塑料管，一般用于低压地下支管。

4.4.3.1 燃气管线材质、规格及探测特点

1）材质

用于输送燃气的管材种类很多，主要有铸铁管、钢管和 PE 塑料管等三类。

（1）铸铁管

铸铁管是目前燃气管道中应用最广泛的管材，它使用年限长，生产简便，成本低，且有良好的耐腐蚀性。一般情况下，地下铸铁管的使用年限为 60 年以上，所以铸铁管是输送燃气的主要管材。

① 灰口铸铁管：灰口铸铁是目前铸铁管中最主要的管材。灰口铸铁中的碳以石墨状态存在，破断后断口呈灰色，故称灰口铸铁，灰口铸铁易于切削加工。灰口铸铁的主要组分如表 4-12 所示。

灰口铸铁的主要组分　　表 4-12

碳（C）	硅（Si）	锰（Mn）	磷（P）	硫（S）
3.0～3.8	1.5～2.2	0.5～0.9	≤0.4	≤0.12

铸铁管内外表面允许有厚度不大于 2mm 的局部粘砂，外表面上允许有高度小于 5mm 的局部凸起。承口部内外表面不允许有严重缺陷，同一部位内外表面局部缺陷深度不得大于 5mm，直管的两端应与轴线相垂直，其抗压强度不低于 200MPa，抗拉强度不低于 140MPa。铸铁管出厂试验压力见表 4-13。

铸铁管出厂试验压力　　表 4-13

管件	公称口径（mm）	承压（MPa）
低压直管	≥500	1.0
	≤450	1.5
普压直管及管件	≥500	1.5
	≤450	2.0
高压直管	≥500	2.0
	≤450	2.5

灰口铸铁管允许偏差：

a. 铸铁管体及插口的外径和承口内径允许偏差为：直管公称口径 D≤800mm 为

±1/3Emm；直管公称口径 D≥900mm 为±(1/3E+1)mm(E 为承插口标准间隙)。

b. 承口深度允许偏差：为承口的±5%。

c. 管体壁厚允许负偏差：(1.5+0.05T)mm，T 为管体壁厚。

d. 承口壁厚允许负偏差：(1.5+0.05C)mm，C 为承口壁厚。

② 球墨铸铁管：铸铁熔炼时在铁水中加入少量球化剂，使铸铁中的石墨球化，这样就得到球墨铸铁。铸铁进行球化处理的主要作用是提高铸铁的各种机械性能。

球墨铸铁不但具有灰口铸铁的优点，而且还具有很高的抗拉、抗压强度，其冲击性能为灰口铸铁管 10 倍以上，因此，国外已广泛采用球墨铸铁管来代替灰口铸铁管。

(2) 钢管

钢管是燃气工程中应用最多的管材。其主要优点是：强度高、韧性好、承载应力大，抗冲击性和严密性好，可塑性好，便于焊接和热加工，壁厚较薄，节省金属。但其耐腐蚀性较差，需要有妥善的防腐措施。

用于城市燃气管道的钢管主要有无缝钢管和焊接钢管两大类。无缝钢管的强度很高，但受生产工艺和成本的限制，一般是 DN200 以下的小口径钢管。钢管的抗拉强度、延伸率和抗冲击性能等都比较高，焊接钢管的焊缝强度接近于管材强度。所以在城市燃气管网中，钢管常敷设于交通干道、十字路口、交通繁忙的场所，穿越河流和架管桥等施工复杂的场所，以提高燃气输送的可靠性。但钢管的耐腐性差，埋设于地下的钢管估用年限约 20 年，采用绝缘防腐后的钢管，其使用年限约 30 年。

(3) 塑料管

塑料管的品种较多，有聚氯乙烯管、聚乙烯管和聚丙烯管等，根据管材性能、价格、施工工艺等多方面的比较，目前主要采用聚乙烯管。聚乙烯管是地下天然气管道常用管材。聚乙烯管的规格和技术指标见表 4-14。

常用的聚乙烯管为 ϕ100mm 的小口径管。由于聚乙烯管耐腐性好，通常用于地下管道。聚乙烯的接口形式有活接头连接、焊接及热熔连接等，活接头接口配件多、生产成本高，焊接连接工艺较复杂，故聚乙烯管目前尚未在燃气管道上广泛应用，但具有广阔的前景。

聚乙烯管的规格和技术指标 **表 4-14**

<table>
<tr><th colspan="6">规格及质量</th><th colspan="2">技术指标</th></tr>
<tr><th>外径
(mm)</th><th>壁厚
(mm)</th><th>近似质量
(kg/m)</th><th>外径
(mm)</th><th>壁厚
(mm)</th><th>近似质量
(kg/m)</th><th>项目</th><th>指标</th></tr>
<tr><td>5</td><td>0.5</td><td>0.007</td><td>20</td><td>2.0</td><td>0.104</td><td rowspan="6">常温下使用压力
(10^5Pa)
拉伸强度 (10^5Pa)
断裂伸长率 (%)
液压试验 (2 倍使
用压力)</td><td rowspan="6">4
≥8.0
≥200
保持 5min，
无破裂、
渗漏现象</td></tr>
<tr><td>6</td><td>0.5</td><td>0.008</td><td>25</td><td>2.0</td><td>0.133</td></tr>
<tr><td>8</td><td>1.0</td><td>0.020</td><td>32</td><td>2.0</td><td>0.213</td></tr>
<tr><td>10</td><td>1.0</td><td>0.026</td><td>40</td><td>3.0</td><td>0.321</td></tr>
<tr><td>12</td><td>1.5</td><td>0.046</td><td>50</td><td>4.0</td><td>0.532</td></tr>
<tr><td>16</td><td>2.0</td><td>0.081</td><td>63</td><td>5.0</td><td>0.838</td></tr>
</table>

注：管材长度不少于 4m，颜色一般为本色。

2) 载体特征

载体为天然气、副产气、生活用气，天然气介电常数为 1.0。

3）规格

无缝钢管（公称直径）：6mm、8mm、10mm、10m、15mm、20mm、25mm、32mm、40m、50mm、70mm、80mm、100mm、125mm、150mm。

焊接钢管（公称直径）：200mm、250mm、300mm、350mm、400mm、450mm、500mm、600mm、700mm、800mm、900mm、1000mm、1100mm、1200mm、1300mm、1400mm、1500mm、1600mm、1800mm。

螺旋缝焊接钢管（公称直径）：200mm、250mm、300mm、350mm、400mm、450mm、500mm、600mm、700mm。

聚乙烯管（外径）：5mm、6mm、8mm、10mm、12mm、16mm。

4）最小覆土厚度

根据《城镇燃气设计规范》GB 50028—2006，地下燃气管道埋设的最小覆土厚度路面至管顶应符合下列要求：埋设在机动车道下时不得小于 0.9m；埋设在非机动车车道含人行道下时不得小于 0.6m；埋设在机动车不可能到达的地方时不得小于 0.3m；埋设在水田下时不得小于 0.8m。可知燃气管道的最小覆土厚度为 0.3m。

4.4.3.2 探测方法

随着我国经济的快速发展，作为城市生命线的地下管道对城市经济发展影响越来越大。PE（聚乙烯）管道因具有施工方便、抗腐蚀和环保性好等优点而被广泛应用，由于此类管道为惰性材料，非金属、不导电、不导磁，埋入地下后其平面位置和埋深不易查明，经常发生施工机械挖漏、挖断燃气管道等第三方破坏现象，由此造成的燃气泄漏和爆炸事故也时有发生。

燃气管线内有危险气体，禁止采用直接法探查。燃气管道多为钢管，且多用焊接或使用螺丝对接，电连接性较好，一般采用感应法、夹钳法或被动源法进行探查。但是有些入户支管的对接处有绝缘胶带，电连接性较差，一般采用多种方式综合探查。

煤气埋设方式基本为直埋，埋深一般在 1.1～1.8m，管材一般分为钢、PE 等管，根据管材不同应使用不同的探测方法。

钢质管线探查较为容易，采用感应法通常能收到良好的信号（一般不允许采用直连法）。而对埋设有阴极保护测试桩的钢管，也可直连测试桩的导线，磁场信号通常较为强烈，尤其是对采用水平定向钻施工的管道，经过拟合反演能够准确探测出其位置和埋深。但由于煤气钢管信号较其他管线强烈，因此周边密布其他管线时应首先确定煤气管线，探测周边管线的时候要注意屏蔽其信号干扰。PE 管一般根据竣工资料结合现状予以确认，并采用开挖样洞或简易触探相结合的方法验证其主要走向和埋深。开挖时应小心仔细，认真观察覆土情况，注意指示条带，切勿破坏管线。

对于地质结构简单、土质松软、无建筑垃圾影响且埋设较浅的 PE 管道，在确保管道安全的前提下可以采用“十字钎探法”，即先在垂直于管线方向找出平面位置，再顺管线走向每半米钎数个点。较复杂地段的 PE 管应由产权单位现场指定位置，也可以采用较高频率的探地雷达探测。

为解决 PE 管探测定位难的问题，较有效的办法是在敷设过程中将一（或两）条导线（简称示踪线）与 PE 管道一起埋入地下，为间接探测 PE 管道位置提供物理前提。然而，实际工程中示踪线随管道埋设时易断裂，且老的 PE 管道并未埋设示踪线，因此，开展地下 PE 管道的探测、定位研究对管道系统更有效、安全地运营具有重要意义。

近年来，PE 管道探测成为物探、测绘等领域研究的重点。由于传统的地下管线探测理论主要针对金属管线，普通的管线探测仪难以探测 PE 材质的管道。图 4-20 为雷达天线垂直于道路得到的剖面波形，图中左边为一条中压 PE 燃气管道的图像，管径为 160mm，而右边是一根 PVC 水管的图像。从两者的比较可以发现，PE 管的雷达剖面幅值较弱，且无多次反射波，而 PVC 管有多波次的反射。这是由于雷达发射的信号穿透了 PVC 管道后，传播到管道下方的土质层，然后逐次反射形成的。图 4-20 中所示的 PE 管道与 PVC 管道，PE 管道的探测深度为 0.75m，参考点到管道正上方距离为 2.05m，实际开挖深度为 0.8m，参考点到管道正上方距离为 2.13m，平面误差为 0.08m，埋深误差为 0.05m，满足限差要求。

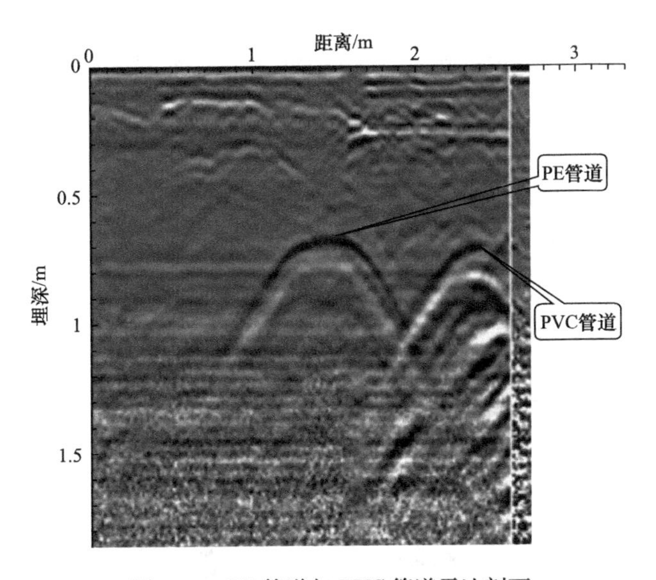

图 4-20　PE 管道与 PVC 管道雷达剖面

地下管线繁多，有时一条路上会有多个管道并排敷设，如电信管线、PE 管道、电力管线、给水管线等，如何区分这些管线成为探地雷达探测管线的一个难点。

由于雷达在地面探测后显示的图形为波形图，同材质的管线很难区分，但可以区分非金属管线与金属管线。要确定目标管线，还需要巡线人员根据经验以及设计资料进行判断。

4.4.4 热力管线

热力管道是输送蒸汽或过热水等热能介质的管道。

4.4.4.1 热力管道材质、规格及探测特点

热力管道的特点是其输送的介质温度高、压力大、流速快，在运行时会给管道带来较

大的膨胀力和冲击力，主要用于采暖、通风、空调用气及工业用气。

1）材质

蒸汽管道：钢套钢管道，工作管（内管）刷高温防锈漆，外做高温棉保温，外套管（外管）做 PE 防腐。

热水管道：钢管外做聚氨酯保温，加保护层。

2）载体特征

热力管道的介质有热水和蒸汽两种，水蒸汽的相对介电常数为 1.00785。

3）规格

钢管的公称直径：15mm、20mm、25mm、32mm、40mm、50mm、65mm、80mm、100mm、125mm、150mm、200mm、250mm、300mm、350mm、400mm、450mm。

4）覆土厚度

热力管线的最小覆土厚度为 0.5m。

4.4.4.2 探测方法

通过对热力管线的属性分析可知：热力管线与其他管线最大不同是管线或其填充物与周围土体之间存在热特性差异，可利用热力管线的这一特点采用红外辐射法对热力管线进行探测，另外这种方法也可用于高温输油管道或水管漏水点等。由于热力管线与周围介质介电常数的差异，也可以用地质雷达进行探测。

如图 4-21 所示，已知热力管线的直径均为 100mm，材质为铸铁。分别用 100MHz 的天线频率在管线间距为 0.2m 和 0.4m 进行探测。当管线间距为 0.4m 时，对埋深为 1.35m 热力管线进行探测；当管线间距为 0.2m 时，又分别对管线埋深在 0.97m、1.38m 和 1.8m 三种不同条件下的热力管线进行试验。从图 4-21（*a*）～（*c*）可以看出，当管线间距为 0.2m 时，埋深为 0.97m、1.38m 的雷达图均显示出一条弧线，弧线清晰易辨，可以确

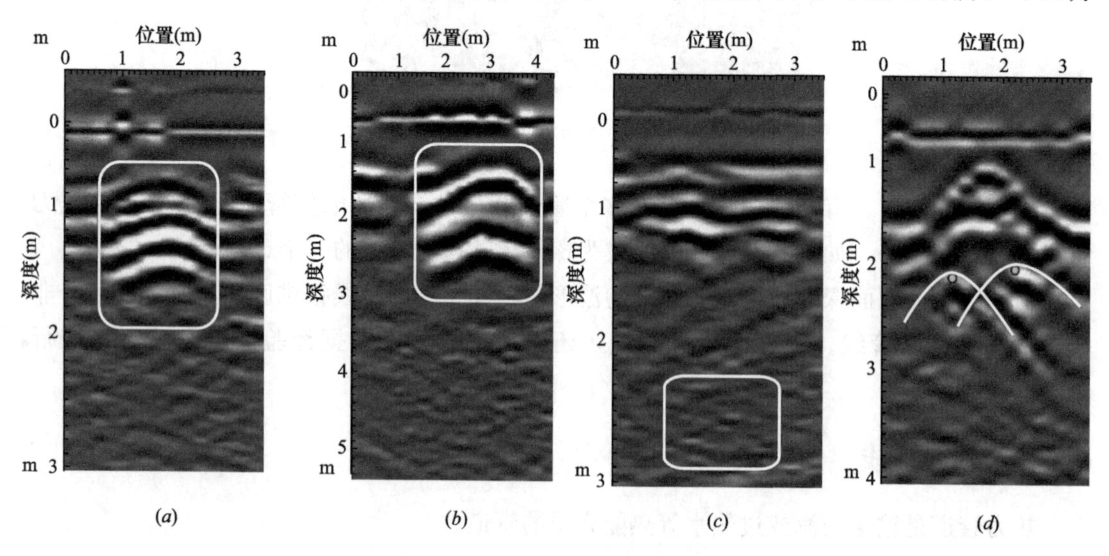

图 4-21 热力管线雷达图像

（*a*）埋深 0.97m；（*b*）埋深 1.38m；（*c*）埋深 2.8m；（*d*）管间距 0.4m

定管线的埋深，但不能区分两根管线的具体位置。在埋深为 1.8m 雷达图中，矩形框内没有发现热力管线的异常曲线。这是由于管线埋深超出了雷达的分辨能力，无法探测到热力管线。当管线间距为 0.4m 时，从图 4-21（*d*）两条弧线的顶点可以判断出两条热力管线，弧线可以确定热力管线的埋深，但管线的相对位置误差很大，原因可能是在探测过程中，收发天线的移动与数据采集没有配合好，导致同一位置的数据重复采集，但弧线整体趋势还是符合规律的。分析图 4-21（*b*）和（*d*）得到：埋深相近时，管线间距越小，越难区分相邻管线。当埋深为 1.38m 且管径为 100mm 的铸铁管线，其管间距≥0.4m 时，100MHz 雷达可以区分开两条管线。

4.4.5 电力管线

电力电缆是用于传输和分配电能的电缆，电力电缆常用于城市地下电网、发电站引出线路、工矿企业内部供电及过江海水下输电线。

在电力线路中，电缆所占比重正逐渐增加。电力电缆是在电力系统的主干线路中用以传输和分配大功率电能的电缆产品，包括 1～500kV 以及以上各种电压等级，各种绝缘的电力电缆。

4.4.5.1 电力管道材质、规格及探测特点

1）材质

电力及通信管道可分为以下几种：有机高分子材料管道、金属材料管道、复合材料类管道、水泥纤维复合材料管道等。其中，有机高分子的材料管道包含碳素波纹管和 PVC 管，金属材料管道包含涂塑钢管和镀锌钢管。在树脂基纤维复合材料管道中，最为常见的是玻璃钢管，水泥纤维复合材料管道则包括低摩擦纤维水泥管和维纶水泥管。

（1）碳素波纹管

这一类管道的主要材料是改性碳素和高密度聚乙烯，重量较轻。其物理造型较为独特，呈现螺纹状。碳素波纹管的柔曲性较好，并且能够成盘进行运输，搬运较为容易，也比较容易避开障碍物。与此同时还能够减少电力及通信工程施工工序，较为便利。其热变形的温度大概是 60～80℃，耐热温度较低。倘若工作温度较高，所能够承压的荷载就较低，这种碳素波纹管容易出现老化的情况。碳素波纹管具有的氧指数较低，不能有效进行电缆防水。在运行的过程中，因为碳素波纹管有着比较高的热阻系数，热量无法很好地进行散发，不利于提高电缆载流量。

（2）硬聚氯乙烯管

硬聚氯乙烯管也称为 U-PVC 管，U 表示没有添加塑化剂，表示 PVC 原料中氯会挥发。PVC 原料中倘若添加塑化剂，那么会使许多残余的氯无法挥发。这种管道实际上是塑料管，在接口位置使用胶粘方式进行连接。但 U-PVC 管耐热和抗冻能力不是很好，因此也不适合大量使用在工程施工中。

（3）氯化聚氯乙烯管

氯化聚氯乙烯管也被称为过氯乙烯管或者 C-PVC 管。在引发剂的作用下，特定牌号

的PVC与氯气产生取代反应，形成一种新型的高分子材料氯化聚氯乙烯。它是一种能够流动的固体粉末，呈现出白色或者微黄色。氯化聚氯乙烯具有良好的耐热性和耐化学腐蚀性，并且阻燃性和防老化性十分好，具有较高的热变形温度。这种材料有许多聚氯乙烯的优良性能，有着较好的低发烟特性，可以耐酸、盐和碱性的物质。与其他塑料比较，其耐热性能有着明显的优势；与一般的聚氯乙烯比较，其耐热温度能够提高20～40℃。氯化聚氯乙烯中，氯的含量越多，那么热变形温度也会越高，机械强度也会上升，因此使用范围十分广泛。

（4）涂塑钢管

涂塑钢管是对普通的钢管进行涂塑形成的一种新型的管材，在管道内外涂层喷涂聚乙烯，增强钢管耐腐蚀性能。涂塑钢管能够有效保持钢管机械性能，并且散热、耐热、防火性能都比较好。所以在浅土过路埋设或者超重负荷的情况下，可以使用涂塑钢管。

（5）玻璃钢管

玻璃钢管主要是使用不饱和的聚酯树脂进行制作。增强材料为不具有碱成分玻璃纤维无捻米纱或者玻璃纤维无捻粗纱布，把其缠绕在芯模的上层，根据厚度要求来叠成，固化后再脱模，得到玻璃钢管。玻璃钢管有着较高的强度，重量较轻，不容易出现变形。玻璃钢管内壁较为光滑，在穿缆的时候，不会刮伤电缆，重量是钢管的四分之一，是混凝土管的十分之一，搬运轻松，一个人就可以搬运。玻璃钢管有较好的耐腐蚀、耐老化以及耐水性，绝缘性能比较好。玻璃钢管能够在潮湿环境或者在水中敷设，不会出现类似镀锌钢管生锈的问题。

（6）PE管

PE管使用的材料是聚乙烯塑料，是最为基础的一种塑料。PE材料因为其耐高温、强度高、耐磨、抗腐蚀、无毒等特点，被广泛使用在许多领域中。与钢管比较，其施工工艺较为简单，并且具有一定的柔韧性，主要的优势是不需要作防腐处理，可以节省大量的施工工序。

（7）MPP管

MPP管又叫做MPP电力电缆保护管，MPP管用改性聚丙烯作为主要的原材料，有耐外压、抗高温的特点，适用10kV以上的高压输电线电缆的排管。MPP管用改性聚丙烯作为主要的材料，不需要大量挖土、挖泥与破坏路面，适合使用在铁路、道路、河床下等特殊位置的管道敷设施工。

2）敷设方式

（1）直埋敷设方式

管道采用直埋敷设方式有许多优点。直埋敷设方式散热效果比较好。当发生故障的时候，容易查找和排除，施工成本比较低。但是也存在一定的缺点，掩埋时会占用较大的地下空间，容易遭受外力损害；出现故障的时候，需要挖开路面修理，比较费事。按照城市道路建设有关规定，为了避免经常对市政道路进行多次的挖掘工作，在新建或者改造城市道路方面，要求地下所有和管线相关的工程，都需要在合理的搭配下一起进行，这种敷设方式逐渐不能满足大众的需求（图 4-22）。

（2）隧道（或管廊）敷设方式

隧道（或管廊）敷设方式的优点是有利于日常工作人员的检查、维修、养护等工作的进行，有效避免了外力的损害。但也存在一定的缺陷，例如在修建的时候，需要考虑到照明、排水、通风、防火、排水等实际的问题。投资成本比较大，技术要求高，因此无法大范围在市政电力及通信工程中使用这种敷设方式（图 4-23）。

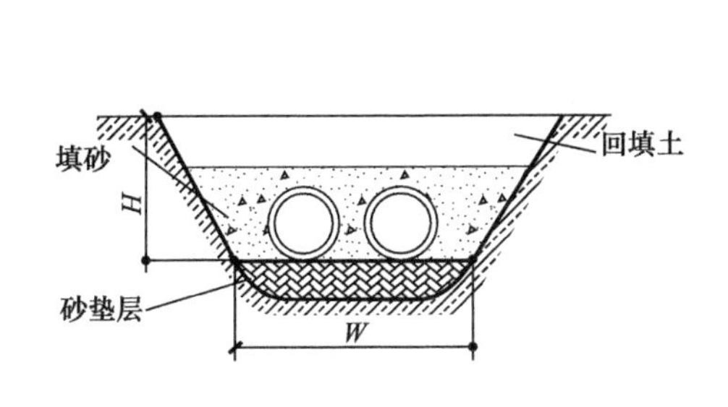

图 4-22 直埋敷设方式

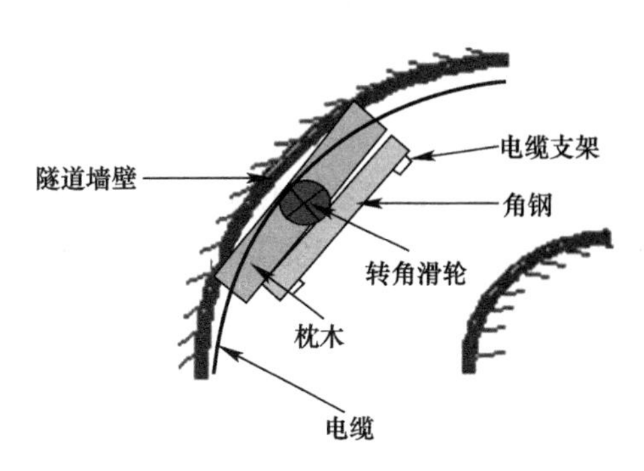

图 4-23 隧道（或管廊）敷设方式

（3）排管敷设方式

排管敷设方式（图 4-24）与其他敷设方式相比，这是使用范围更广的一种敷设方式，其优点是不会占用过多地下空间，工程造价比较低。排列线路并列的，一旦受到外力的时候，即便其中一根电缆受到损伤，也不会对其他电缆带来影响；施工难度不大，有利于配合城市的改造或者修建工作。因此适合在我国市政电力及通信建设工程施工中使用。

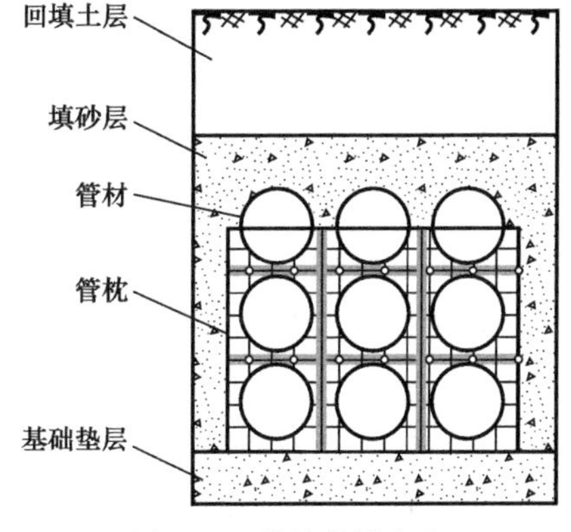

图 4-24 排管敷设方式

4.4.5.2 探测方法

电力用工频法探查较为直接，夹钳法、感应法也是探查电缆的重要技术手段。使用夹钳法探查高压电缆时，如果电缆中载有较强的电流，会使夹钳内会产生较强的感应电流，操作时候不要触碰夹钳接头处。

电力管线埋设方式多为管块，其顶部一般距地面 0.8～1.2m。因其良好的导电性，采用感应法或夹钳法均有较强的信号，多根电力电缆并行敷设时，应采用夹钳法探测，70%法测深，并根据电缆或套管排列情况进行平面位置和埋深的修正。

1）路灯管线探测

路灯埋设方式多为直埋，深度约在 0.6～1.1m，走向直观，且路两侧基本对称分布，杆距一般为 30～50m，为各类管线中探测较为简单的管线，应优先探测，并可以为草图中其他管线绘制提供相对位置参照。

路灯管线探测内容主要是采集杆位深度值（平面位置取路灯杆中心位置），路灯井管线埋深、井位，主要拐点等；路灯杆位深度值一般距灯杆两侧 1～2m 左右探测，较近易受管线串扰影响，或者电缆入杆处埋深较浅，不能正确反映路灯管线的总体埋深情况。

直线道路上的路灯探测点一般不需要加测，但在绕行检查井、行道树、港湾式停站或者道路弯曲较大时需增加隐蔽探测点。

由于路灯管线连接方式不同，或受其他管类影响，一般在探测前根据该道路施工特点，经过方法试验和开挖验证后采用较为合理的方法，定深可以利用与开挖验证的差值对直读法埋深进行修正。

（1）感应法

将发射机置于路灯线路正上方，启动发射机，沿路灯布设方向进行探测。一般感应法探测距离较近，约在 50～200m，但在周围介质差异明显，无其他管线干扰，信号较强时，也可以达到 300m 左右。

（2）夹钳法

一般有路灯井的情况下通常采用此种方法。将夹钳完全套合电缆，启动发射机，然后进行探测。该方法一般可以探测 300～400m，信号较强时也可以达到 700m。当路灯井较少或不能满足探测需要时，也可以将夹钳直接套合路灯杆中接地线，使用接地线时应与电缆夹钳数据或开挖数据进行比较，以免所测数据产生系统性误差。

（3）直连法

直连法一般用在电缆井较少或不能满足探测需要时，将夹子直接夹在路灯杆上（应去掉路灯杆表面夹钳位置的油漆，不允许直连路灯电源线），插好接地线，为路灯杆通电，以产生磁场。这种方法探测距离和效果与夹钳法基本相同。

2）高压电力电缆探测实例

（1）现场简况

通过现场情况及已有资料，目标管线为两路 220kV 的电力电缆，分两次拖拉，断面均为 600mm×600mm，各为 4 孔，各穿 3 根电力线和 1 根通信线。埋深最深处约 8m，采用常规探测方法效果很不理想。

经过现场踏勘和前期物探方法试验情况分析，采用电磁感应方法、观测磁场的水平分量（基本场）是相对简便、有效的手段。通过目标管线出露点用夹钳方式激发产生感应电磁场，加大发射功率，可增加追踪距离。

结合现场工作环境条件，垂直目标管线走向布置 2 条磁场观测剖面，其中Ⅰ号位置剖面长 20m，Ⅱ号位置剖面长 18m，磁场记录点距为 20cm，采用 RTK 测量方法准确确定剖面线的起始位置。如图 4-25 所示，黑色粗线为工作剖面。因受现场条件限制，试验只布设了 2 条观测剖面。

现场探测所使用仪器为 RD8000 地下管线定位仪，工作频率采用 8kHz，并在Ⅰ号剖面上采用 33kHz 进行了检验。为描述方便，自西向东将两已知电缆分别编号为 DL1 和 DL2（在出露点处可见），图中细虚线为直连施工井的推断位置。

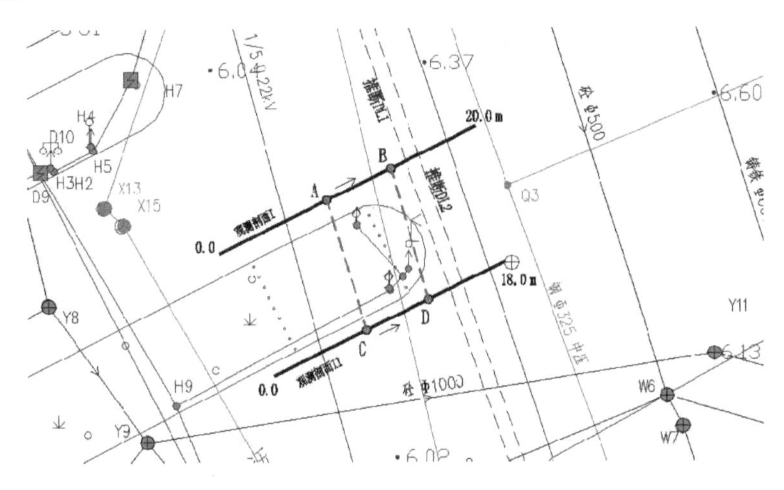

图 4-25　观测剖面位置图

(2) 工作方法

① 激发方式

频率域地下管线的探测，实际上探测的是线电流在空间形成的磁场，给目标管线加载足够的电流，是探测管线的基础。对于目标管线我们采用夹钳分别夹 DL1、DL2，增益 100%，发射机对夹钳输出的特定频率的电流，夹钳产生的磁场再对所夹管线进行耦合激发，从而使目标管线产生足够强的电流，在地面接收到信噪比较高的磁场信号。

② 工作频率的选择

并非所有频率都能收到稳定的磁场信号，现场通过多种频率探测的对比，发现低频信号对管线的耦合能力差，但信号衰减慢，传播距离远，通过对比分析 8kHz 信号稳定，效果较好。

③ 观测剖面的设置

设置磁场观测剖面并记录观测的磁场曲线，剖面尽量避开干扰地段，垂直于目标管线走向布置，长度大于管线深度的两倍，采样间距取 0.2m。由西向东逐点观测磁场的场值并记录，同一条平面数据接收机增益保持不变，数据不能溢出。

④ 磁场曲线的处理

观测的磁场水平分量数据呈现由低逐步向高、再向低的变化过程，绘制曲线图，依据曲线的对称关系判定管线的平面位置，计算特征点，推断管线的深度。

(3) 资料的分析

图 4-26 为在观测剖面Ⅰ对电力 1 线探测所记录的磁场曲线及反演曲线。曲线图中灰线为实际探测曲线，实线为拟合曲线。图 4-27 为在观测剖面Ⅰ对电力 2 线探测所记录的磁场曲线。

对比图 4-26、图 4-27，曲线异常的位置不重复，说明探测到的是不同的目标管线，依据曲线大体可以判断目标管线的位置。图 4-26 中剖面东侧有另一个干扰异常，交合处曲线变陡，是反向电流空间磁场的叠加。图 4-27 中剖面东侧亦有干扰异常。图 4-28 为在观测剖面Ⅱ对电力1线探测所记录的磁场曲线。图4-29为在观测剖面Ⅱ对电力2线探测所记录的磁场曲线。

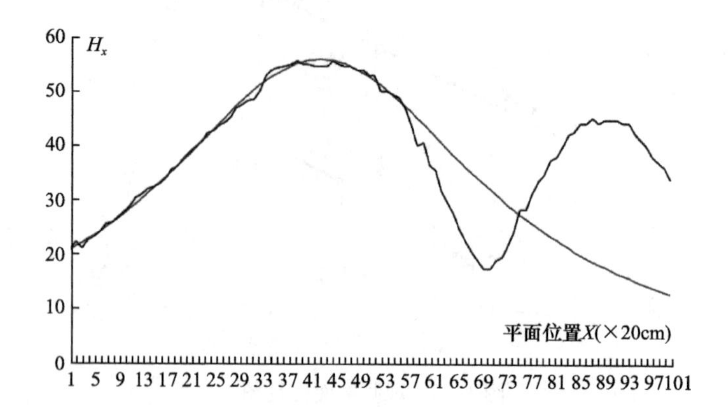

图4-26 剖面Ⅰ上DL1夹钳探测记录的磁场曲线及拟合曲线

（A点：异常极大值位置 $X=840$cm，埋深 $h=660$cm）

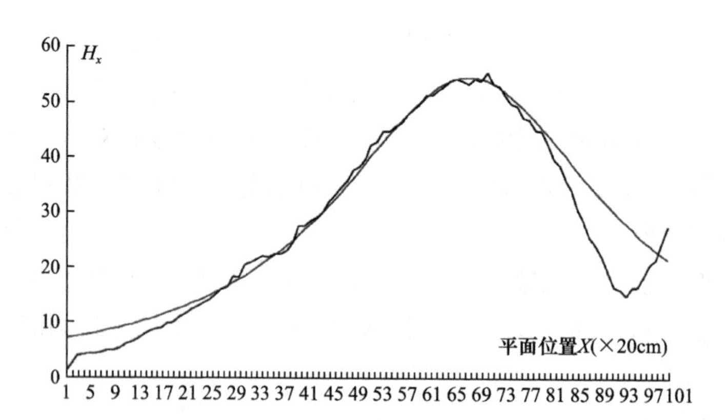

图4-27 剖面Ⅰ上DL2夹钳探测记录的磁场曲线及拟合曲线

（B点：异常极大值位置 $X=1340$cm，埋深 $h=540$cm）

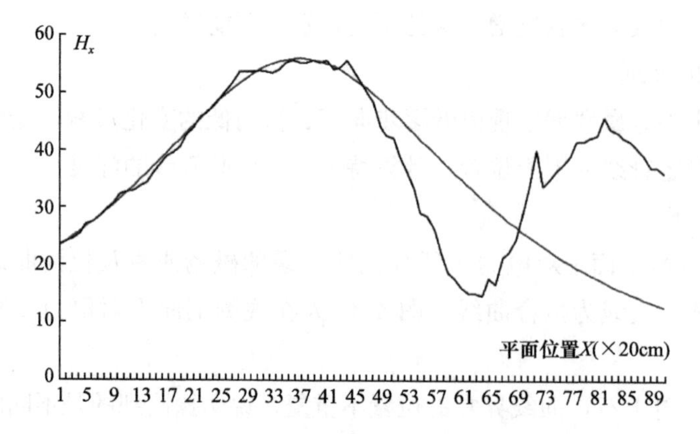

图4-28 剖面Ⅱ上DL1夹钳探测记录的磁场曲线及拟合曲线

（C点：异常极大值位置 $X=720$cm，埋深 $h=640$cm）

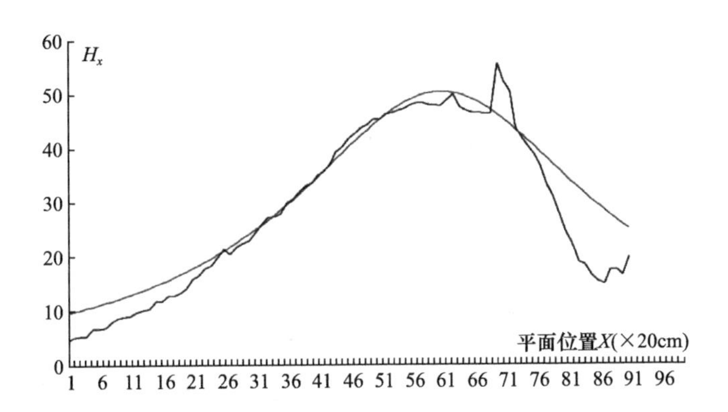

图 4-29 剖面Ⅱ上 DL2 夹钳探测记录的磁场曲线及拟合曲线

(D 点：异常极大值位置 X=1200cm，埋深 h=600cm)

剖面Ⅱ上二路电力电缆的探测效果与剖面Ⅰ类似，异常位置错开，说明是不同管线的异常，同样有来自右侧的干扰。以曲线拟合反演结果来确定管线的位置和深度，依据曲线的总体趋势判定的结果比极大值法、特征点法更加准确。

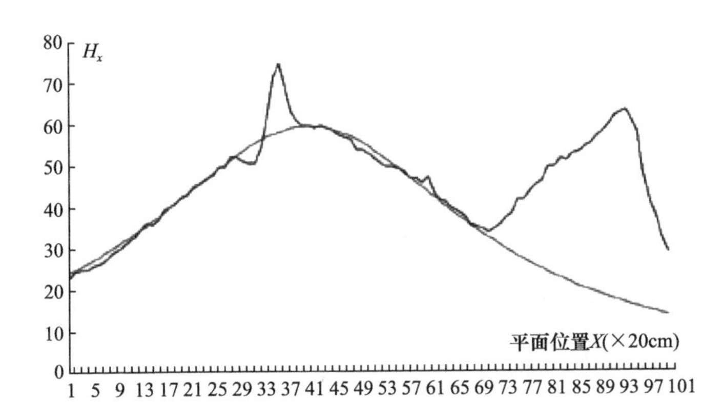

图 4-30 剖面Ⅰ上 DL1 夹钳探测记录的磁场曲线及拟合曲线（33kHz）

(异常极大值位置 X=800cm，埋深 h=660cm)

从 2 条观测剖面综合分析，A、C 点可判定为电缆 1 的位置，B、D 点可判定为电缆 2 的位置，AC 线与 BD 线基本平行，间距约为 5m，见图 4-25 中粗虚线。AC 线与原推断的电缆 1 平面距离 6.3m，BD 线与原推断的电缆 2 平面距离 2.3m，说明二路电力拖拉管线并非直线施工，而是具有一定的弧度。

在观测剖面Ⅰ上对电力 1 线也采用 33kHz 的收发频率进行了试验，记录磁场曲线如图 4-30 所示，与图 4-26（8kHz）类似，不仅右侧有干扰异常，中部也出现了其他管线的异常。

4.4.6 电信管线

通信管道是指通信专用管道和市政综合性管道中的通信专用管孔，是光缆、电缆等通信线路的一个重要载体。

4.4.6.1 通信管道材质、规格及探测特点

通信线缆包括通信光缆及通信电缆及同轴电缆等。目前常用通信管道按所用管材可分为三类（图 4-31）：

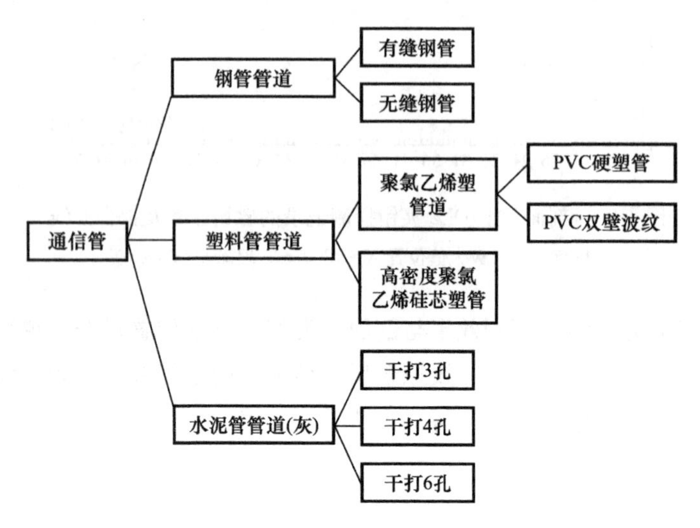

图 4-31 通信管道分类

其中 PVC-U 塑管管道用本地网通信管道，HIPE 硅芯管多用于长途通信光缆塑料管道工程，光缆采用气吹法敷设。

1）材质

通信管道工程中水泥预制品主要有水泥管块、通道盖板、手孔盖板和人孔上覆等。

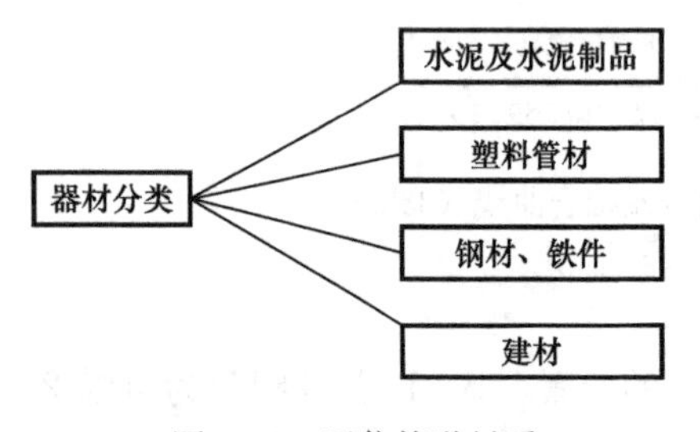

图 4-32 通信管道材质

（1）塑料管材

常用 PVC 塑管规格有 ϕ60、ϕ63、ϕ75、ϕ100、ϕ110 硬塑管以及 ϕ110 双壁波纹管。

（2）钢材与铁件

管道工程用钢管有无缝和有缝钢管两种。钢管用于桥梁或过路，人孔铁件有人孔铁盖、口圈、盖板（手孔）、拉力环、电缆托架、托板、积水罐等。人孔铁盖、口圈及手孔盖板分灰铁铸铁和球墨铸铁两种，球墨铸铁用于车行道，灰铁铸铁用于人行道或小区内。

（3）建筑材料

通信管道建材：烧结砖或混凝土砌块、砂（天然）、石料（碎石、天然砾石），通信管道一般宜采用素混凝土基础。

2）载体特征

载体为通信光缆、电缆。

（1）电缆用金属材料：铜、银、铝、金、镍、铁（钢）、锌、锡。

电缆用金属物理性质 **表 4-15**

物质	温度 t/℃	电阻率	电阻温度系数 aR/℃
铜	20	1.678	0.00393(20℃)
银	20	1.586	0.0038(20℃)
铝	20	2.6548	0.00429(20℃)
金	20	2.40	0.00324(20℃)
镍	20	6.84	0.0069(0℃～100℃)
铁（钢）	20	9.71	0.00651(20℃)
锌	20	5.196	0.00419(0℃～100℃)
锡	0	11.0	0.0047(0℃～100℃)

（2）光缆：光纤，是由玻璃或塑料制成的纤维，玻璃的相对介电常数为 4.1，塑料的相对介电常数为 1.5～2.0。

3）规格

（1）水泥管块

水泥管块规格如表 4-16 所示。

水泥管块规格 **表 4-16**

孔数×孔径（mm）	标称	外形尺寸长×宽×高（mm）	重量（kg/根）
3×90	三孔管块	600×360×140	37
4×90	四孔管块	600×250×250	45
6×90	六孔管块	600×360×250	62

（2）塑料管

以硅芯管为例，见表 4-17。

硅芯管规格 **表 4-17**

序号	规格	外径 D(mm)	壁厚（mm）	适用范围
1	60/50mm	60	5.0	光缆、配线管道
2	50/42mm	50	4.0	光缆、配线管道
3	46/38mm	46	4.0	光缆、配线管道
4	40/33mm	40	3.5	光缆、配线管道
5	34/28mm	34	3.0	光缆、子管、配线管道
6	32/26mm	32	3.0	光缆、子管、配线管道

（3）钢管管道

常用钢管规格为 ϕ100、ϕ125 钢管，每根 6m，一般用于桥挂或车辆来往过多且埋深较浅的过路。用于表示直径时，塑料管一般是指外径，钢管表示内径。

4）覆土厚度

一般管道的埋深（管顶至路面）不宜小于 0.8m，进入人孔底板面及管道顶部距人孔内上覆顶面的净距不得小于 0.3m。塑料管道其管顶覆土小于 0.8m 时，应采取保护措施，如：用砖砌沟加钢筋混凝土盖板或作钢筋混凝土包封等。各种路面至管道顶最小埋深不宜低于表 4-18 的要求。

通信管道最小埋深表　　表 4-18

管道类别	管顶距地面最小深度（m）			
	人行道	车行道	电车轨道	铁路
水泥管	0.5	0.7	1.0	1.5
钢管	0.2	0.4	0.7	1.2
塑料管	0.5	0.7	1.0	1.5

直接埋在地下的电缆埋设深度，一般不应小于0.7m，并应埋在冻土层下。

4.4.6.2 探测方法

电信以单根或电缆束状存在，外层包有胶皮，一般多采用夹钳法、感应法或被动源法进行探查。

通信管线一般为套管，较少为管块结构和直埋。管内敷有电缆，铜缆信号较强，光缆较弱，探测时尽量使用铜缆。单一直埋电缆条件下可采用夹钳法、感应法，多根电缆并行时尽量用夹钳套合孔内所有线缆。不同频率对探测结果的影响不大，直读法测深误差较大，使用70%法测深比较准确。

夹钳法只是测得被夹电缆的位置和深度，并根据它在多孔套管中的位置在实地将探测结果校正到中心和套管顶。

但由于未采用管块结构，以及施工作业不规范，各套管严格意义上并不规则排列，甚至部分地段偏差较大。当仅探测一孔管线进行修正时，套管中心位置往往会带来较大偏差，此时可选择水平两侧间距最大的两条线缆分别用夹钳法进行探测，进行水平位置修正后取两次探测的中点为管线的平面位置，两次探测修正后埋深的最小值作为管线的埋深。有些管线铺设时，在不同井中套管的位置可能不同，探测时注意开井校核。当井内有接线盒时，信号会中断，因此选择夹钳管线时应注意避开具有接线盒的缆线。当不同通信管线并排布设时，一般平行分布，但根据追踪结果显示交叉的应查找相交位置。

经过或穿越其他检查井时，应相应增设探测点。通信线过桥涵时，一般会绕到人行道或桥涵外侧牛腿支架上，埋深较浅或出露，探测时应仔细辨认，以准确控制其走向。

对于空管，一般先在空管内穿金属线，采用直连法探测其位置和埋深；对于道路弯道等容易识别的地段，可以结合竣工资料，通过观察检查井内管道走向并结合简易触探的方法确定管线位置和埋深。

4.4.7 工业管道

在工业生产中，各种工业金属管道输送的介质、使用的工况千差万别，其重要程度和危险性也各不相同。目前，在工程设计中常采用管道分类（级）的方法，对各种管道分门别类地提出不同的设计、制造和施工验收要求，以保证各类管道均能在其设计条件下安全可靠的运行，并能合理归并管道组成件品种，避免繁杂。

4.4.7.1 工业管道材质、规格及探测特点

由于管道的类（级）别在很多情况下都与管道所输送介质的危险性直接相关，下面从

管道探测有关的管道分类、载体、管道材质方面介绍。

（1）管道分类

如表 4-19 所示。

管道分类（摘自 HG 20225—95） **表 4-19**

管道类别	适用范围
A类	输送剧毒介质的管道
B类	输送可燃介质或有毒的管道
C类	输送非可燃介质、无毒介质的管道
D类	输送非可燃介质、无毒介质的设计压力 P≤1MPa，且设计温度为－29～186℃的管道

（2）管道内介质分类

如表 4-20 所示。

工业管道按管道内介质分类 **表 4-20**

分类名称	介质类别
汽水介质管道	输送冷、热水、过热或饱和蒸汽、凝结水、压缩空气、氮气等
腐蚀性介质管道	输送硫酸、硝酸、盐酸、苛性碱、氯化物等
化学危险品介质管道	输送毒性介质、可燃性介质等
易凝固、易沉淀介质管道	输送重油、沥青、硫磺、尿素溶液等
粉粒介质管道	输送固体物料、粉粒介质

4.4.7.2 探测方法

工业管道种类较多，对于载有易燃易爆物质的管道，如氧气、乙炔、油等，严禁使用直接法探查。应该采用感应法、夹钳法或被动源法进行探查。探测实例如下：

（1）现场概况

某石化股份有限公司乙烯装置区的地下排污管道材质为铸铁，管径为 6～51cm，埋深在 1.5～2.5m。地下管道运移的物质为装置的冲洗水和废液，温度为 50℃以上，主要污染物成分为石油类、CODMn、氨氮、挥发酚、苯、二氯乙烷等。对于此类无压、管内液体流速缓慢的工业污水排污管道渗漏探测，传统的听音法、管内电视法、示踪法等都不会取得良好的效果。管道发生渗漏后，管内含烃污染物会侵入地层造成地下介质的物性变化，从已经开展的研究来看，探测效果和异常特征主要受污染物成分和污染土层性质控制。项目采用电阻率法、自然电位法、探地雷达结合室内化学分析的方式，研究了探测区含砾石饱和黏土层受含油量很低的工业污水污染时，地下介质的电阻率和介电常数的变化规律及污染区在不同方法探测剖面上的异常特征，并通过对污染区分布特征的分析成功确定了渗漏点的存在。

（2）探测区选定与现场工作布置

探测研究区位于某石化有限公司烯烃厂乙烯装置区内（图 4-33）。根据钻探资料显示，除地表人为布设厚度约为 30cm 的硬层外，实验区地下 0～2m 主要为黏土层，2～5m 主要为含有砾石的粉质黏土或粉土，5m 以下为含砾石成分较多的土层。基岩为奥陶系灰岩，岩溶裂隙发育，地下水埋深约 80m。实验测线沿乙烯装置区向外排污的主管道走向在管道两侧距管道中轴线 1m 的位置布设（图 4-33）。实际测量时，电阻率法电极布设间距为 1m，100mA 恒流供电，采用 WENNER 装置进行数据采集。

探地雷达采用 500M 屏蔽天线，连续测量。根据电阻率法确定的异常特征现场布设 6 个钻孔，用于采集土样进行土层污染物含量分析。

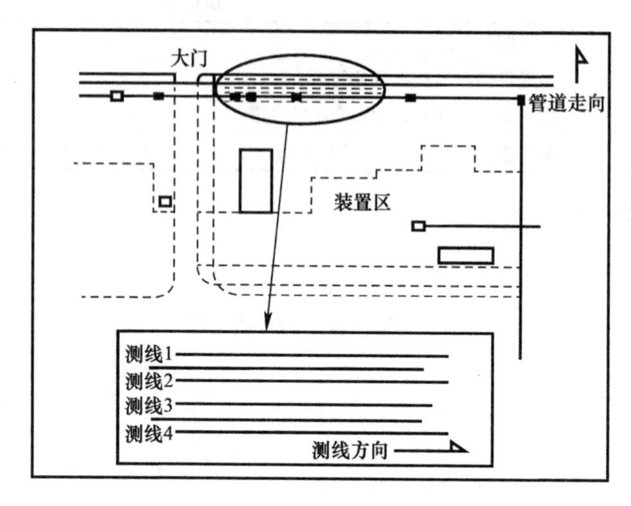

图 4-33　实验区分布位置及现场测线布置图

（3）含油污水污染区的地球物理异常特征

图 4-34 为沿测线 3 利用温纳装置探测的视电阻率剖面。从剖面图像来看沿测线在不同深度存在一些高阻异常区。从图中可以看到 1.5m 深度内不同位置土层的油含量很低且相差不大，在 1.5～5m 区间油含量突然升高，特别是 ZK2 和 ZK4 位置的含油量要高出其他位置 2～6 倍。对比图 2 和图 3 的异常特征可推断 ZK2、ZK4 位置的高阻异常区是由含油污水的侵入造成的。

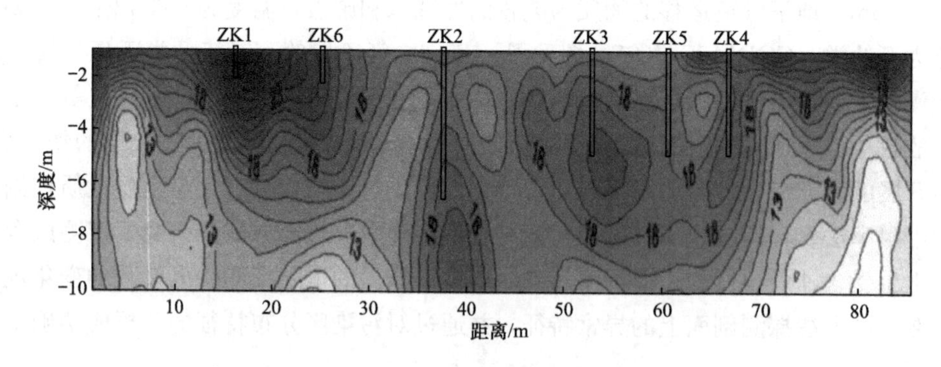

图 4-34　沿测线 3 利用 WENNER 装置视电阻率剖面图

（4）探地雷达剖面特征

探地雷达方法进行含油污染物污染区探测时，污染区的含水量、油水的结合特征，水土的结合特征、孔隙水的电导率是影响探测剖面异常特征的主要因素。图 4-35 为测线 3

部分区段的探地雷达剖面。

但沉积土层的异常特征变化较大，说明其土层性质的变化较大，土层特征存在较大差异。在ZK2孔所揭示的污染分布区，探地雷达波形表现为低频、高幅特征，波形异常区和污染分布区基本吻合。

（5）渗漏点的确定

含油工业污水通过管线存在的渗漏点侵入土层后，在土层中的扩散过程受地下土层性质和地下水的影响。第一个迁移阶段基本是在重力作用下，垂直向下进入非饱和带，毛细力会使其产生横向迁移而形成一个围绕渗漏体的“油浸带”。当入渗前峰到达潜水水位后，油向下入渗基本停止。但在下渗过程中存在渗透性差的土层，渗滤液也会发生横向迁移。总体而言，侵入污染区在地下呈羽状体分布，表现在地球物理探测剖面上也有类似特征。如钻孔ZK4所揭示污染位置的电剖面异常区就存在浅部异常条带窄、深部异常条带宽的特点，基于这种相似形，我们把渗漏点的位置确定在异常区的浅部起始位置。

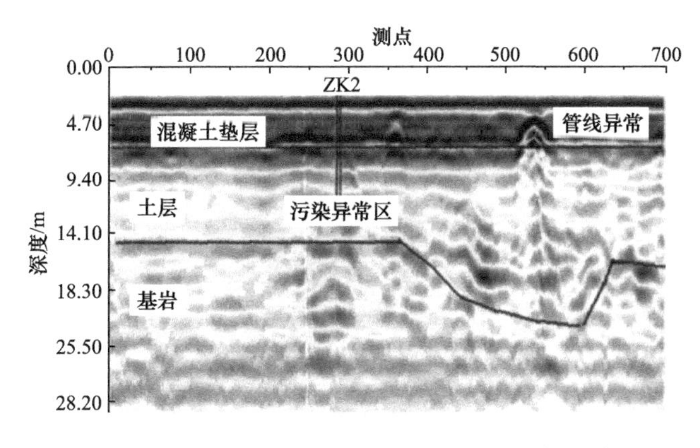

图4-35　测线3地下介质污染区的探地雷达剖面特征

参 考 文 献

[1]　陈穗生. 管线探测四大难题的探测要点［J］. 工程勘察，2007（7）.

[2]　曹俊彦. 浅谈城市地下管线常用的探测方法［J］，江西测绘，2018（3）.

[3]　刘占林，张瑞卫. 浅谈城市地下管线探测方法［J］. 现代测绘，2014，37（5）.

[4]　曹震峰，张汉春，葛如冰. 城市新型地下管线的探测方法及其应用［J］，勘察科学技术，2009（4）.

[5]　熊俊楠，孙铭，彭超等. 基于探地雷达的城镇燃气PE管道探测方法［J］. 物探与化探，2015，39（5）：1079-1084.

[6]　刘春明，邓小军，刘庆元. 金属探测仪在钢筋混凝土排水沟（管）探测中的应用［J］. 测绘通报，2016（S1）：110-112.

[7]　梁枥文. 城市小区复杂地下管线探测试验研究［J］，西北大学硕士论文，2018，6.

[8]　李志华，徐德印，王康平，张恩义. 铁路地下管线探测若干问题探索与实践［J］. 铁道工程学报，2009，125（2）.

[9] 宣兆新，任小强. 城市地下管线基础信息普查方法与实践 [J]，工程勘察，2019 (2).

[10] 唐艳梅，彭祥国，田华峰. 城市地下管线普查方法探讨 [J]，测绘与空间地理信息，2018，41 (10).

[11] 宿宁，魏东，姚爱军，董磊. 雷达探测技术在北京某住宅区地下管线探测中的应用 [J]. 市政技术，2009，27 增刊 (2).

[12] 张洪禄，张洪奎. 工场地管线探测特点及注意的问题 [J]. 勘察科学技术，2012 (1).

[13] 邹国祥，赵新. 小区地下管线普查技术探讨与实施 [J]，城市勘测，2017 (5).

[14] 郭秀军，孟庆生，王基成，等. 地球物理方法在含油工业污水管道渗漏探测中的应用 [J]，地球物理学进展，2007，22 (1)：279-282.

[15] 杨平科. 深埋电力管线的探测实践 [J]，测绘通报，2013，增刊.

5 复杂管线探测

由于城市化进程的推进，城市地下管线的布设越来越密集、多样、复杂，由于布设时间的不同，很多地段多种管线密集并行、交叉分布甚至重叠。这给城市管线的探测工作造成了极大的干扰，再加之城市交通环境、空间电磁以及工业电流和离散电流等诸多因素的影响，使得城市管线探测工作的难度进一步增大。

复杂地下管线探测宜从易到难，从已知到未知，可结合现场情况采用多种方法综合探测。普查管线种类以电信、电力、燃气、给水等为序。普查某种管线时留心观察与其他管线的相对位置和可利用信息。探测时尽量采用受外界干扰小的直接法、夹钳法。当存在干扰时，查明干扰原因及影响幅度后，均需进行修正。各种管线确定后从正反方向及分支线上多处变换位置进行发射和接收探测，以确保探测成果的可靠性和精度，有条件的地段还需开挖验证。

下面围绕近间距并行管线、非金属管线和深埋管线等探测难题展开探测方法的研究。

5.1 近间距并行管线

近间距平行地下管线的探测是管线探测的难题之一，所谓近间距并行管线是指管线埋深、走向基本一致，管线间距小于 2 倍埋深的管线。由于近间距并行管线构成形式多样且管线间距较小，电磁场相互感应和叠加产生的干扰强烈，加之城市交通环境、工业电流等诸多因素的影响，使得城市管线探测工作的难度增大，给管线的测深及平面定位造成了一定的误差甚至错误。如何在复杂条件下压制、克服干扰，准确确定目标管线的信号，提高管线探测精度成为亟待解决的问题。常用的方法有管线仪法、地质雷达法、瞬变电磁雷达等方法。

5.1.1 管线仪

对近间距并行管线的探测，常用的方法有选择激发法、压线法、直接法、夹钳法等。

1）探测方法

（1）激发法

选择激发法就是利用发射线圈面与干扰管线正交时不激发，发射线圈面与干扰管线斜交时弱激发，发射线圈远离干扰管线时无激发等特点，达到只选择目标管线激发的目的。方法应用条件：

① 要有分叉、拐弯、三通等可供选择激发之处；

② 如采用远距离激发，则要求发射线圈的有效磁矩要足够大，工作频率要低。

(2) 压线法

压线法是通过改变发射线圈与管线的相对位置，达到既能抑制干扰信号，又能增强目标信号的目的。压线法有以下几种类型：

① 水平压线法，发射端设在干扰管线的垂直上方，使得干扰管线信号强度最弱。此法在间距较大时使用效果好；水平压线法适用于间距稍大的并行管线，如果间距较小，水平压线虽可压制干扰信号，但目标信号往往亦较弱，此方法的探测深度较小。

② 倾斜压线法，选择在靠近目标管线的上方附近，通过倾斜发射线圈并使其与干扰管线不激发或激发最弱，就可以达到既能抑制干扰信号，又能增强目标信号的目的（图 5-1）。倾斜压线法适用于近间距的并行管线，往往是水平压线法效果不好时使用，该方法操作非常简单，效果也很好，但近于上下并行的管线不宜使用。

③ 垂直压线法，发射线圈垂直放在干扰管线的水平方向，此时干扰管线不激发或激发最弱，可起到抑制干扰信号的目的（图 5-2）。

垂直压线法适用于近于上下并行的管线，但必须要有可供垂直压线的条件。

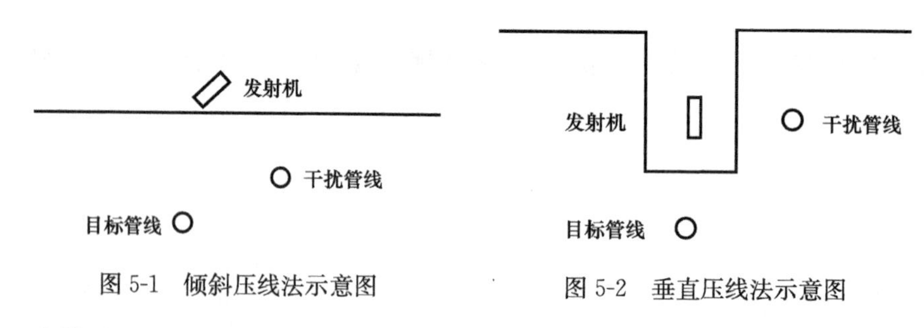

图 5-1 倾斜压线法示意图

图 5-2 垂直压线法示意图

(3) 直接法

直接法也即充电法，就是利用管线出露部分直接向管线充电，并通过改变接地或充电方式，尽量让电流沿目标管线流动。包括单端充电、双端充电等。方法应用条件：

① 要有管线的露点或其他可直接充电的条件；

② 电力、电信管线禁用，易燃易爆的管线禁用；

③ 影响探测效果的因素还有：充电电流的大小（包括电极接地电阻的大小）；充电位置的选择；无穷远极的布置。

(4) 夹钳法

夹钳法就是利用专门的感应钳，使被钳管线产生感应磁场。方法应用条件：

① 要有可供夹钳之处；

② 一般多用于电力、电信电缆的探测。

(5) 计算机正反演解释方法

计算机正反演解释方法就是利用整条观测剖面的信息，通过计算使得理论曲线和实测曲线充分拟合，达到提高复杂管线条件下的探测精度。

① 正演解释：

以人为给定地下管线的位置、埋深、电流为参数，通过理论计算求解理论场值并进行动态显示，通过动态调整管线的参数值以达到拟合观测剖面曲线，从而求解出地下管线的空间分布情况。

② 反演解释：

根据观测剖面数据和人为给定的初始参数（包括初始模型参数和各种附加条件），按最小二乘的算法迭代计算模型参数的修正量，使得理论曲线和实测曲线之间的拟合误差达到最小，从而求解出地下管线的分布参数。方法应用条件：

A. 需要高精度的原始观测数据；

B. 需要具有一定理论基础的专业人员；

C. 对所探测地段的地下管线分布应有比较可靠的了解，对组合管线的位置、相互关系及埋深有比较准确的了解，最大限度地限制多解性的问题。

2）异常特征

根据理论正演计算的结果，地下多条近间距并行管线主要异常特征如下：

（1）H_x 和 ΔH_x 异常，往往不是多峰而是单峰，因此不能简单地利用多少个峰来判断是否存在多少条管线；

（2）除个别情况外，H_x、ΔH_x 一般具有不对称性，这也是判断是否单一管线的主要依据。因此，盲测时，应在峰值的65%～85%段，要多测几个等值点，看是否对称，以此判断是否为单一管线或受干扰的程度；

（3）当管线的电流为同向时，受干扰影响的半边异常相对变宽变缓，异常峰值向干扰一侧位移，干扰异常愈强，位移愈大；

（4）当各管线的电流方向为反向时，受干扰影响的半边异常相对变窄变陡，峰值往受干扰方向的反方向位移，干扰异常愈强，位移也愈大；

（5）相邻管线电磁异常的相互影响，H_x 相对 ΔH_x 要大些，如峰值偏离管线中心位置要大些，次级异常弱些，异常的分异性也差些。

3）并行热力管线探测试验

试验对象为间距 0.3m 的两根热力管线（RL），地面有热力检修井。这两根热力管线平行排列，走向为南北方向。两根管线管径均为 75mm，材质为铸铁，埋深一致，均为 1.13m，其分布如图 5-3 所示。

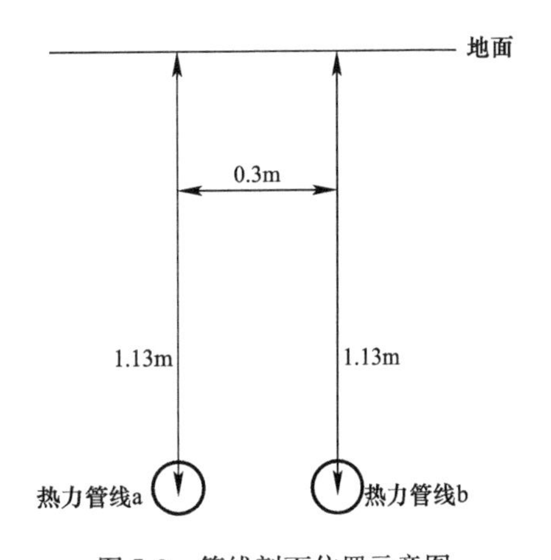

图 5-3 管线剖面位置示意图

（1）夹钳法结果分析

图 5-4 和图 5-5 是分别对 a 和 b 热力管线进行夹钳探测所得到的管线探测曲线。在探测过程中，分别用 8kHz、33kHz、65kHz 的发射频率发射信号。

当对 a 热力管线用夹钳法进行探测时，从图 5-4 可见，在三种发射频率的探测曲线中，都可以清晰判断出 a 热力管线的位置，而且三种发射频率的探测曲线峰值正下方能很好地分辨出 a 热力管线的位置，b 热力管线的异常没有反映出来。当采用 8kHz 和 65kHz 的发射频率时，可以根据探测曲线清晰地分辨出 a 热力管线的位置，65kHz 的定位精度高于 8kHz；而 33kHz 的探测曲线不能准确反映管线的实际位置。采用 70％法测定 b 管线的埋深为 1.15m，相对误差为 1.7％。

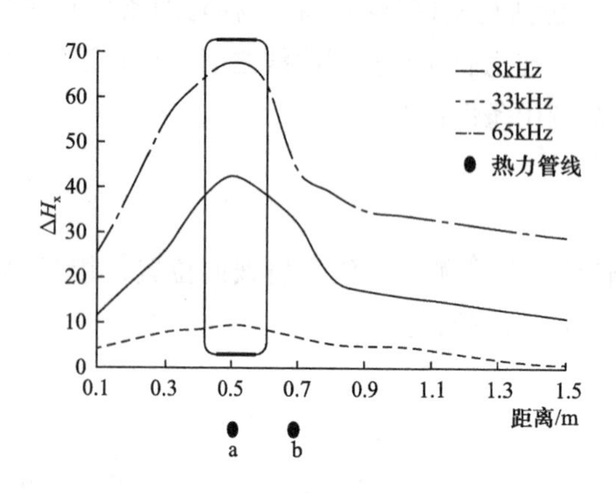

图 5-4　管线探测曲线（a 管线夹钳）

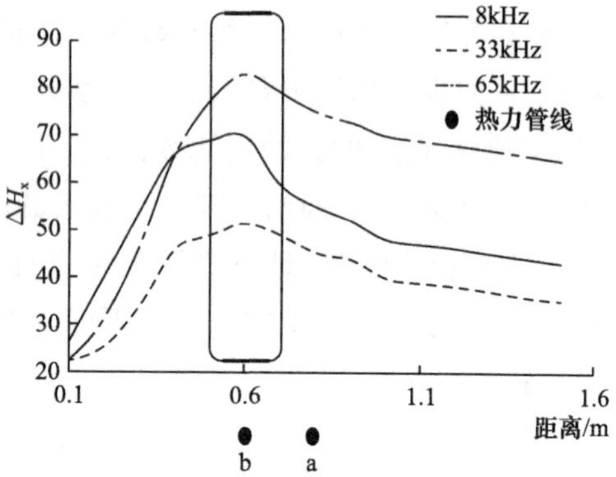

图 5-5　管线探测曲线（b 管线夹钳）

当对 b 热力管线进行夹钳探测时，从图 5-5 可见，在三种发射频率的探测曲线中，都可以清晰判断出 b 热力管线的位置，而且三种发射频率的探测曲线峰值正下方能很好地分辨出 b 热力管线的位置，a 热力管线的异常没有反映出来。当采用 65kHz 的发射频率时，b 热力管线的异常最明显。采用 70％法测定 b 管线的埋深为 1.09m，相对误差为 3.5％。

（2）直接法结果分析

图 5-6 是对 a 管线用直接法进行探测得到的管线探测曲线，发射频率为 65kHz，分别采用了 13dB、25dB、30dB、35dB、40dB 五种增益方式。从图 5-6 可以看出，五条曲线异常明显，对 a 管线探测效果较好。其中，13dB 和 25dB 增益的曲线峰值处可以分辨出 a 管线的位置，并且 25dB 增益曲线峰值最突出，管线定位最准确。13dB 增益的曲线低缓，曲线峰值不突出，增益值太低，电磁信号变化幅度较小，管线定位不准确，在探测过程中甚至会忽略目标管线信号。

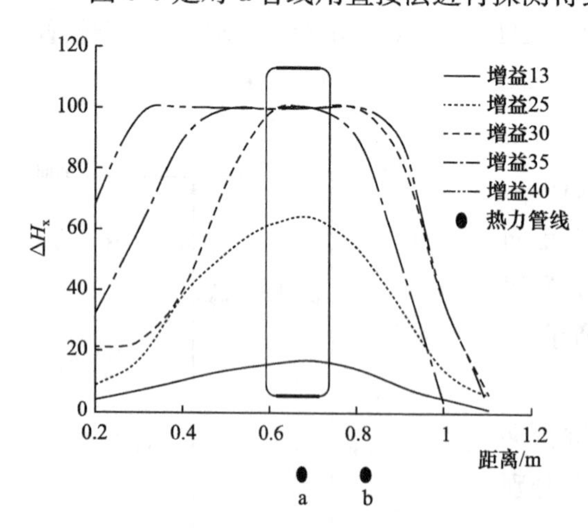

图 5-6　管线探测曲线（直接法）

30dB、35dB 和 40dB 增益的曲线高缓，曲线峰值也不突出，增益值太高，电磁信号变化幅度也较小。而且随着增益值变大，目标管线定位偏差也增大。采用 70％法测定 b 管线的埋深为 1.18m，相对误差为 4.4％。

4）并行给水管线与电信管道探测试验

（1）管线埋设的基本情况

试验地点位于上海某地，试验对象为间距为 1.4m 的并行给水管线和电信管道。其中，给水管线的管径为 300mm，材质为铸铁，埋深 1.1m；电信管道为 15 孔管块组合，规格不详，管块内穿电缆多条，埋深 0.85m，如图 5-7 所示。

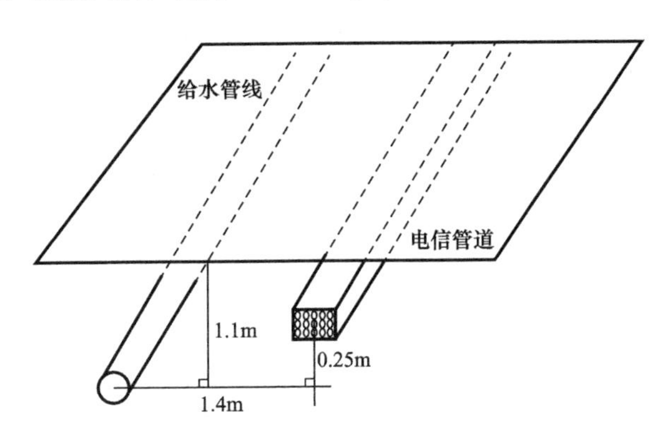

图 5-7 管线平面位置示意图

（2）压线法与夹钳法结果分析

图 5-8 和图 5-9 为水平压线法所测得的管线异常曲线，发射机分别水平放在给水管线和电信管道的正上方，分别用 80kHz、38kHz、9.5kHz 的发射频率发射信号。从图 5-8 可见，在 80kHz 发射频率的异常曲线中，可清晰地分辨出给水管线和电信管道的位置；在 38k 发射频率的异常曲线中，同样可清晰地分辨出电信管道的位置，给水管线的异常虽然有所反映，但没有电信管道的异常明显；在 9.5kHz 发射频率异常曲线中，电信管道的异常曲线很清晰，而未观察到给水管线的异常。从图 5-9 可以看出，在三种发射频率的异常曲线中，可清晰地判别出电信管道的异常位置，给水管线的异常没有反映，发射频率越低，电信管道的异常越明显。

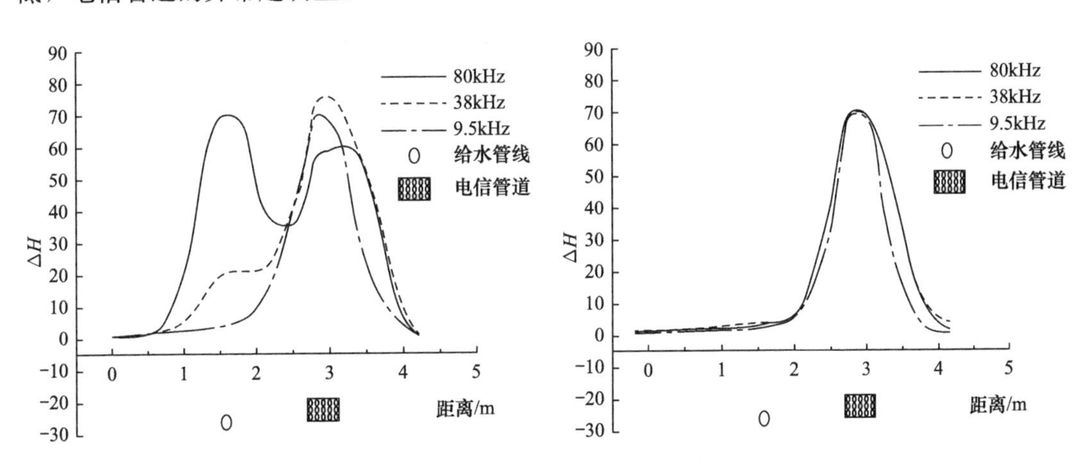

图 5-8 管线异常曲线（水平压线法）

图 5-9 管线异常曲线（水平压线法）

图 5-10 为垂直压线法所测得的管线异常曲线，发射机垂直放在给水管线的正上方，

分别用 80kHz、38kHz、9.5kHz 的发射频率施加发射信号，来压抑给水管线的激发信号。从三种发射频率的异常曲线中可见，采用垂直压线法探测时，可较好地压抑给水管线的激发信号。根据异常曲线能清晰地分辨出电信管道的异常（位置），而给水管线无异常反映。当发射频率越低，电信管道的异常越明显。

由于电信排管为管沟，采用垂直压线法位于其正上方，试验效果不佳。图 5-11 为倾斜压线法所测得的管线异常曲线，发射机放在给水管线和电信管线中间，压抑给水管线的激发信号，分别用 80kHz、38kHz、9.5kHz 的发射频率施加发射信号。从三种发射频率的异常曲线中可见，采用倾斜压线法探测时，可较好地压抑给水管线的激发信号。根据异常曲线清晰地分辨出电信管道的异常位置，而给水管线无异常反映。由于电信排管为管沟，采用倾斜压线法位于其正上方，试验效果不佳。

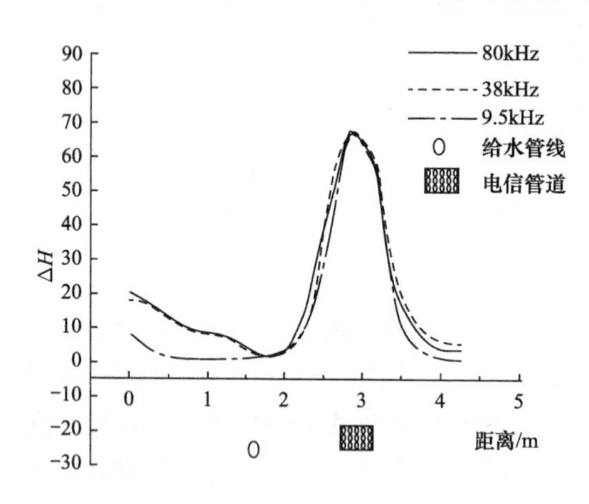

图 5-10　管线异常曲线（垂直压线法）

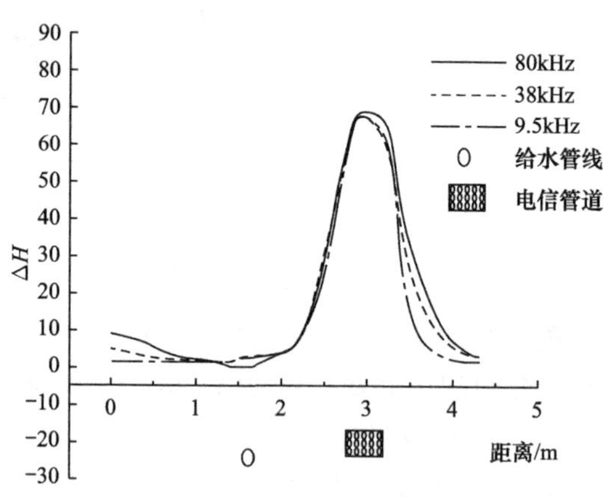

图 5-11　管线异常曲线（倾斜压线法）

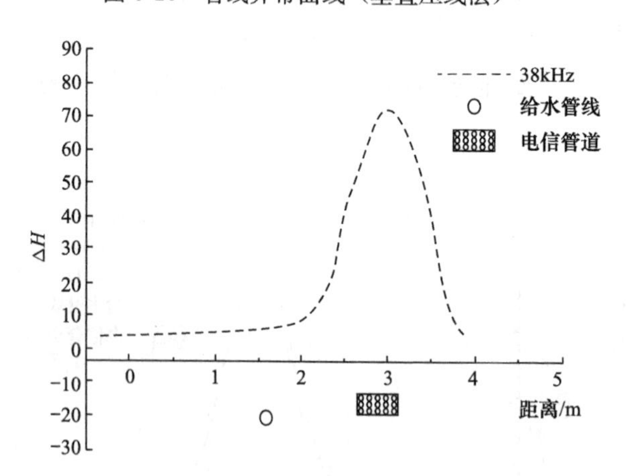

图 5-12　管线异常曲线（夹钳法）

图 5-12 为夹钳法所测得的管线异常曲线，信号夹钳夹在电信电缆上，采用 38kHz 的发射频率对电信管线进行激发。从图 5-12 可见，采用夹钳方法探测电信管道时，可有效地突出目标管线的信号，而使非目标管线的信号较弱，通过异常曲线，可清晰地分辨出电信管道的异常位置，而给水管线无异常反映。

通过管线的异常曲线分析，可以得出以下结论：

① 采用感应法探测铸铁材质的给水管线时，适宜选用较高的发射频率，且发射频率越高，其异常越明显。

② 采用感应法探测铸铁材质的给水管线时，发射机的位置应该尽量放在管线的正上方。

③ 对于内部穿有电缆的电信管道，采用感应法探测时，适宜选用较低的发射频率，且发射频率越低，其异常越明显。

④ 当铸铁材质的给水管线与内部穿有电缆的电信管道并行时，采用感应法探测给水管线时，发射机应该放在给水管线的正上方，且应该选择 65～80kHz 的工作频率进行激发。

5）并行给水管道与煤气管道探测试验

（1）管线埋设的基本情况

试验地点位于上海某地，试验对象为间距 1.3m 的并行给水管道和煤气管道。给水管道与煤气管道，管径均为 300mm，材质均为铸铁，埋深分别为 1.24m 和 1.74m，在给水管道的外侧有金属栏杆（图 5-13）。

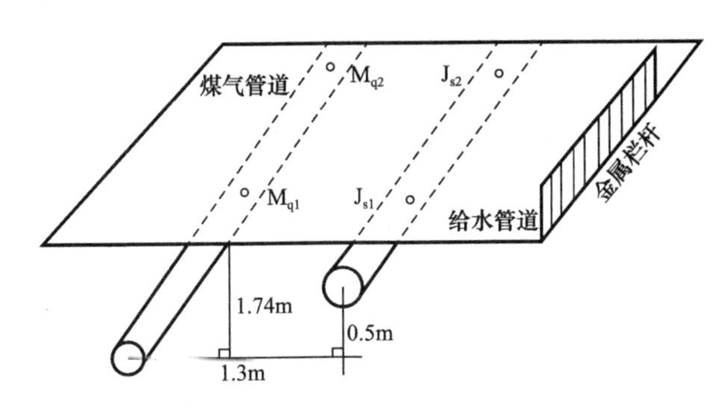

图 5-13 管线平面位置示意图

（2）压线法结果分析

图 5-14 和图 5-15 为水平压线法所测得的管线异常曲线，发射机分别水平放在煤气管道的 M_{q2} 点处和煤气管道的检查井中，分别用 65kHz、38kHz、8kHz 的发射频率施加发射信号，用感应法对煤气管线进行激发。

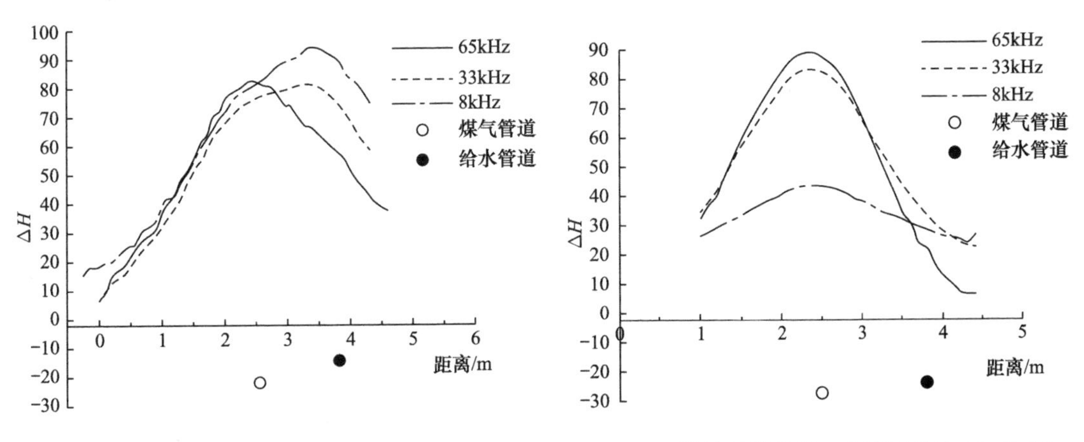

图 5-14 管线异常曲线（水平压线法 M_{q2} 处） 图 5-15 管线异常曲线（水平压线法 M_q 井中）

从图 5-14 可见，在 65kHz 发射频率的异常曲线中，可根据异常曲线清晰地分辨出煤气管线的位置，而未见给水管线的异常反映；在 33kHz 发射频率的异常曲线中，异常表现为煤气和给水管线的组合异常，但大致可以从异常曲线中分辨出两条管线的位置；在 8kHz 发射频率异常曲线中，异常表现为煤气和给水管线的组合异常，但不能通过异常曲线中分辨出两条管线。

从图 5-15 可见，当发射机水平放在煤气管道的检查井中进行信号激发时，在三种发射频率的异常曲线中，可根据异常曲线清晰地分辨出煤气管线的位置，而给水管线则无异常反映。频率越高，异常的尖峰越明显。

图 5-16 为水平压线法所测得的管线异常曲线，发射机水平放在给水管道的 J_{s2} 点处，采用了 8kHz 的发射频率施加发射信号，用感应法对给水管线进行激发。从图 5-16 可见，当发射机水平放在给水管道的 J_{s2} 点处采用 8kHz 的发射频率进行信号激发时，基本可根据异常曲线分辨出给水管线的位置。

图 5-17 和图 5-18 为垂直压线法所测得的管线异常曲线，发射机分别垂直放在给水管道的 J_{s2} 点的正上方和给水管道的检查井中，分别用 65kHz、38kHz、8kHz 的发射频率施加发射信号，采用垂直压线法压制给水管线的激发信号。

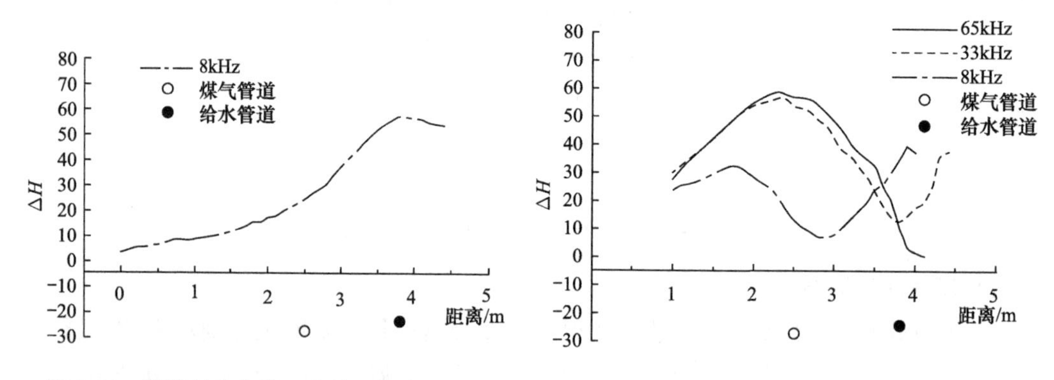

图 5-16　管线异常曲线（水平压线法 J_{s2} 处）　　图 5-17　管线异常曲线（垂直压线法 J_{s2} 处）

从图 5-17 可见，当发射机垂直放在给水管线 J_{s2} 点的正上方进行垂直激发时，在 65kHz 和 33kHz 的异常曲线中，可根据异常曲线清晰地分辨出煤气管线的位置，65kHz 的定位精度要高于 33kHz。而 8kHz 的异常曲线不能反映管线的实际位置。

从图 5-18 可见，当发射机垂直放在给水管线的检查井中进行垂直激发时，在 65kHz 的异常曲线中，可根据异常曲线清晰地分辨出煤气管线的位置，而 33kHz 和 8kHz 的异常曲线则没有规律性。

图 5-19 为垂直压线法所测得的管线异常曲线，发射机垂直放在煤气管道的 M_{q2} 点的

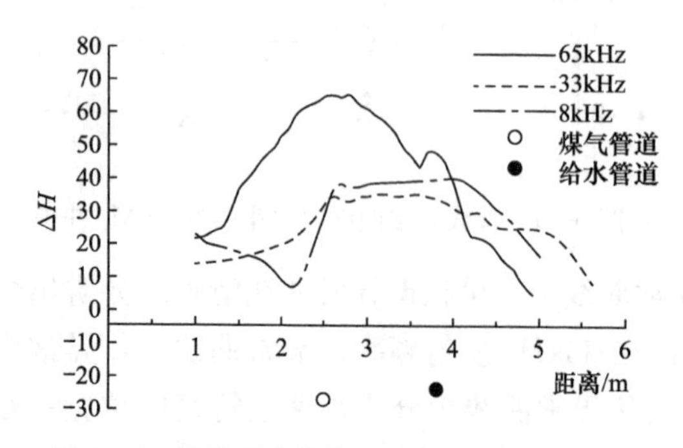

图 5-18　管线异常曲线（垂直压线法 J_s 井中）

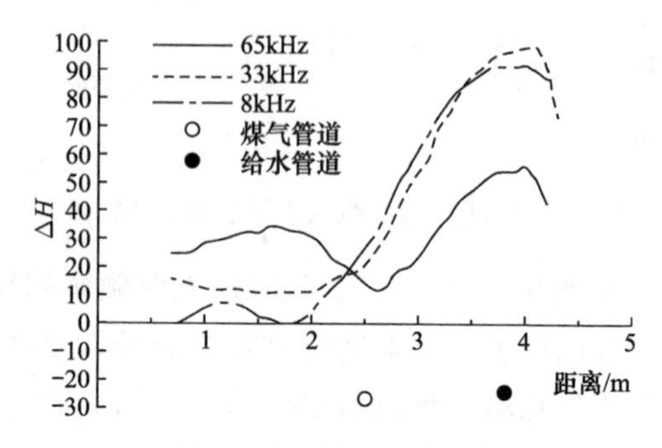

图 5-19　管线异常曲线（垂直压线法 M_{q2} 处）

正上方，分别用 65kHz、38kHz、8kHz 的发射频率施加发射信号，采用垂直压线法压制煤气管线的激发信号。从 5-19 可见，当发射机放在煤气管线 M_{q2} 点的正上方进行垂直激发时，在三种发射频率的异常曲线中，可根据异常曲线清晰地分辨出目标管线——给水管线的位置，且在 65kHz 的异常曲线，可清晰见到煤气管线上方的谷值响应。

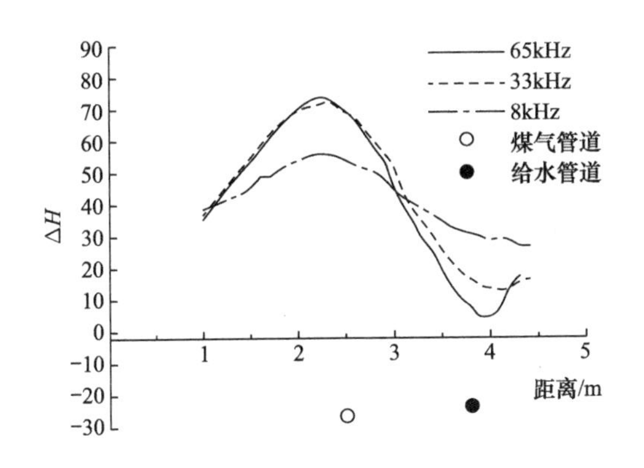

图 5-20 管线异常曲线（倾斜压线法 J_{s2} 处）

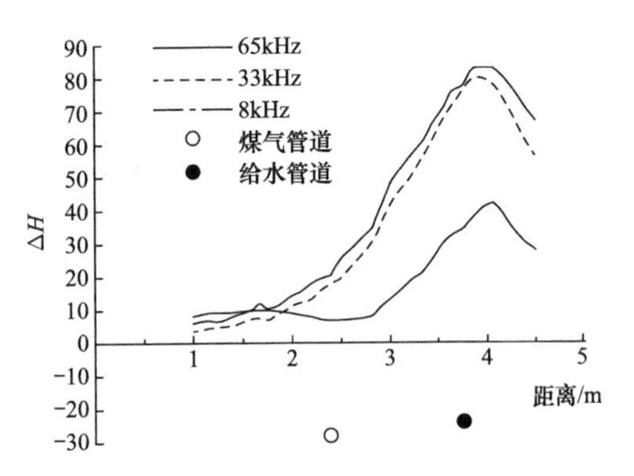

图 5-21 管线异常曲线（倾斜压线法 M_{q2} 处）

图 5-20 和图 5-21 为倾斜压线法所测得的管线异常曲线，发射机分别倾斜放在给水管道的 J_{s2} 点处和煤气管线 M_{q2} 点处，分别用 65kHz、38kHz、8kHz 的发射频率施加发射信号，采用垂直压线法有选择地压抑煤气管线或给水管线的激发信号。

从图 5-20 可见，当发射机放在给水管线 J_{s2} 点处，对煤气管线进行倾斜激发时，在三种发射频率的异常曲线中，可根据异常曲线清晰地分辨出目标管线——煤气管线的位置，频率越高，异常的峰值越尖锐。而非目标管线给水管线则无异常反映。

从图 5-21 可见，当发射机放在煤气管线 M_{q2} 点处，对给水管线进行倾斜激发时，在三种发射频率的异常曲线中，可根据异常曲线清晰地分辨出目标管线——给水管线的位置。而非目标管线——煤气管线则无异常反映。

6）多种并行管线探测对比试验

（1）管线埋设的基本情况及方法选择

试验地点为上海某地，沿线有上水、煤气、电力等管线，各种管线交叉并行，分布密集，共布置了两条测线，测线一处管线间距稍大，测线二处多种管线并行，测线布置详见图 5-22。试验采用夹钳法进行探测，采用 RD4000 型和 RL1000 型管线探测仪，通过变换频率、功率等参数进行测试，并对试验结果进行正演分析。

RD4000 管线探测仪探测结果显示，工况一至工况四较为稳定，图 5-23 和图 5-24 分别为测线 1 和测线 2 工况三和工况四的剖面实测曲线。由于测线 1 处管线分布较开，实测曲线仅仅显示单一的单峰异常，测线 2 处有多条并行管线，实测曲线表现为多峰异常。

图 5-25 和图 5-26 为 RL1000 管线探测仪探测测线 1 和测线 2 两种工况下的剖面实测曲线。RL1000 型管线仪频率为 83kHz 较频率为 27kHz、8kHz 时稳定。图 5-27 和图 5-28 为仪器 RD4000 测线 1 工况一和工况四正演曲线，实测曲线和正演曲线吻合较好，深度基本一致。图 5-29 为测线一四种工况实测曲线归一化结果和正演结果，从曲线形态上可以

看出正演曲线和实测归一化曲线拟合较好，深度基本一致，与基础资料相差不大。

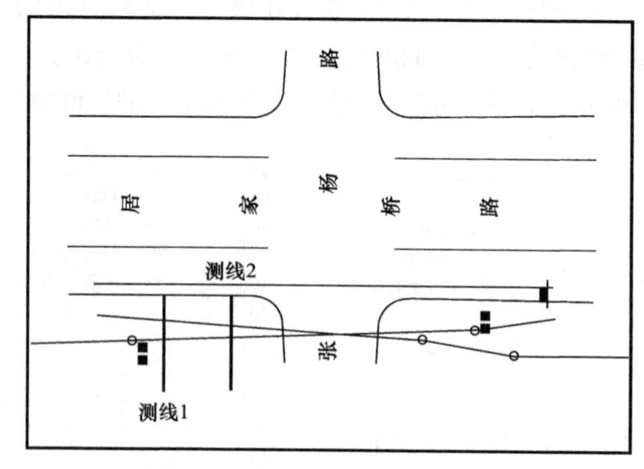

图 5-22 管线探测测线布置示意图

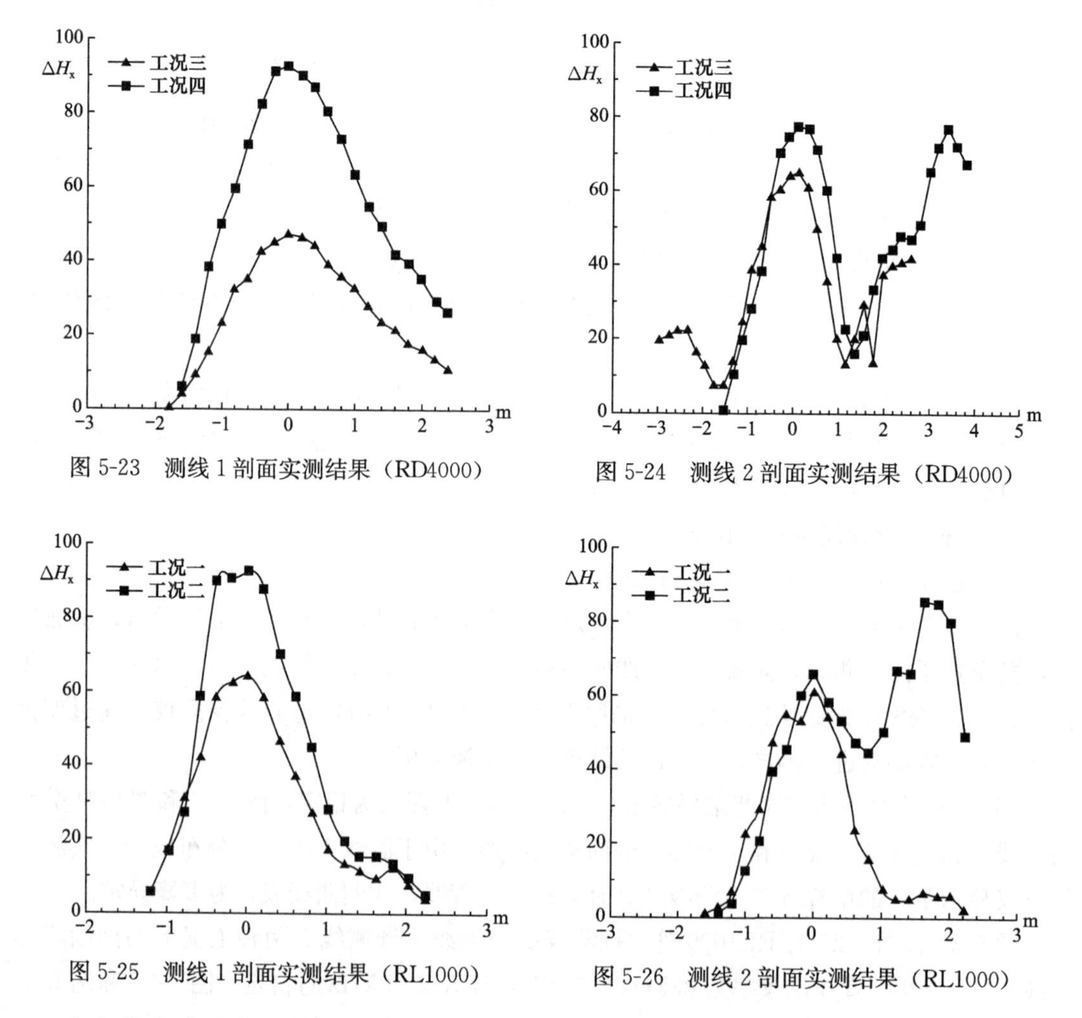

图 5-23 测线 1 剖面实测结果（RD4000）

图 5-24 测线 2 剖面实测结果（RD4000）

图 5-25 测线 1 剖面实测结果（RL1000）

图 5-26 测线 2 剖面实测结果（RL1000）

本次试验还可看出，受并行管线的影响，测线 2 处实测曲线均表现出三峰异常，经分析应为管道方向电流引起该异常，工况一和工况四两个正演模型中管线深度一样，平面位置相差一个测点（0.2m），两条管线间距离相同，只是电流值系数 K 不同，正演深度与资料基本一致。由此可以看出，对近间距并行管线，管线中电流值系数对磁场影响很大；同时，实测曲线为三峰异常，实际是由两条管线引起的，因此需通过全曲线计算才能进行准确的判断。

RL1000 型管线仪测试结果表明测线 1 处两种工况曲线特征一致，测线 2 处两种工况表现差异较为明显，83kHz 测试曲线与 RD4000 型管线仪较为相似，比较而言 RD4000 型管线仪测试信号较 RL1000 型管线仪稳定。

7）多电缆管道的探测

在地下多电缆管道的探测中，如电信管道探测，多用夹钳法，往往是根据所钳电缆的相对位置推断电信管道的埋深和位置。

当电缆条数较少时，夹钳法可作首选的探测方法。但如果电缆条数较多时，由于电缆条数和电缆排列等因素的变化，这时若仅仅根据所钳电缆的相对位置推断电信管道的埋深和位置，有时探测误差会较大。此外，电缆密集条件下的探测，还要注意反向电流的影响。

正演结果表明，当管道内紧密排列有多条电缆时，如果工作频率较低，叠加后 H_x 和 ΔH_x 的异常，可等效作单一管线，采用单一管线的探测方法定位和定深，其结果与管道内电缆大致几何中心（即等效中心）的误差不大。不过，当管道内多条电缆排列分散时，其误差会大些。多电缆管道探测实例如下。

（1）实例一：广州某地，电信 6 孔 200mm×200mm 六条电缆，顶深 83cm，被钳电缆中心埋深 88cm，等效中心埋深 93cm。

RD400-PXL 几种方法探测异常如图 5-27 所示，探测结果：

夹钳法：直读 57cm，误差 31cm；70%定深 75cm，误差 13cm。等效中心法：直读 103cm，误差 10cm70%定等效中心 92cm，误差 1cm，不用修正。被动源（P）：70%定深 102cm，误差 9cm。

（2）实例二：广州某地，电信 12 孔 400mm×300mm 十二条电缆，顶深 85cm，1 号被钳电缆中心埋深 100cm，2 号被钳电缆中心埋深 90cm。整个管道的等效中心埋深为 100cm。

RD400-PXL 几种方法探测异常如图 5-28 所示，探测结果如下：

夹钳法 1：直读 73cm，误差 27cm；70%定深 82cm，误差 18cm。

夹钳法 2：直读 84cm，误差 6cm；70%定深 82cm，误差 8cm。

等效中心法：直读 126cm，误差 26cm；70%定等效中心 109cm，误差 9cm。不用修正。

被动源（P）：70%定深 108cm，误差 8cm。

根据前面的各种试验结果，在实际工作中我们对近间距并行管线探测应遵循以下原则：

（1）优先采用夹钳法，其次是压线法，然后是直接法。

（2）先探测线缆类，然后是管类。

（3）探测线缆类时，频率尽量低。

（4）探测管类时，频率尽量高。

（5）先探测埋设浅的，然后探测埋设深的。

（6）先探测导电性、导磁性强的，然后探测导电性、导磁性弱的。

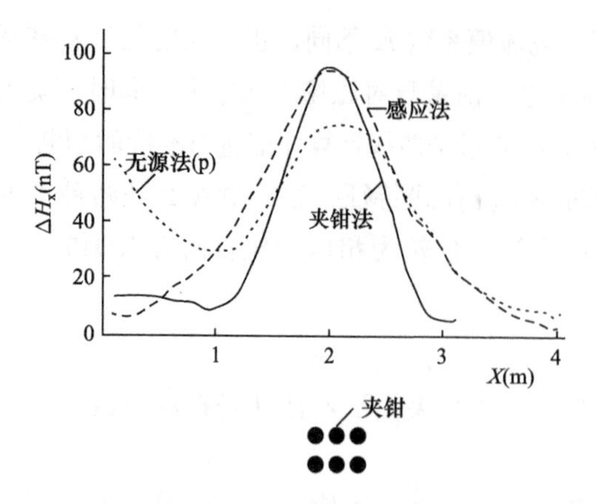

图 5-27 六缆电信管道的实测剖面

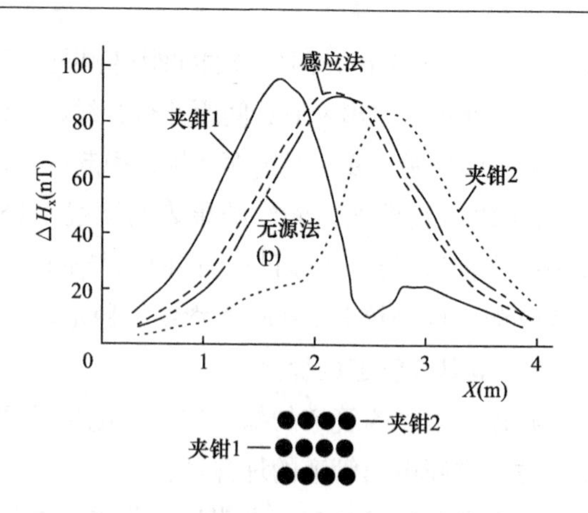

图 5-28 十二缆电信管道的实测曲线图

5.1.2 地质雷达

地质雷达是通过对地下目标体及地质现象进行高频电磁波扫描来确定其结构形态及位置的地球物理探测方法。当目标体或者掩埋物与周围介质间电磁物性差异较大时，地质雷达探测效果较好。下面介绍地质雷达探测并行近间距管线的应用。

1）并行煤气管线与电力电缆探测试验

（1）管线埋设的基本情况

试验地为上海某地，试验对象为两条预知的并行管线，管线类型分别为煤气管线和电力电缆，管线间距为 2.2m。其中，煤气管线的管径为 ϕ400，埋深为 0.8m；电力电缆 6 孔，埋深 0.6m。由于管线埋深较浅，经分析试验采用地质雷达法进行探测，两条预知管线基本呈南北走向，试验时垂直管线沿东西向等间距布置了多条雷达测线。

（2）试验结果分析

本次试验地质雷达探测效果比较明显。图 5-29 和图 5-30 分别为测线 28 和测线 29 的地质雷达图谱，其中测线 28 是由东向西探测，测线 29 是由西向东向探测。

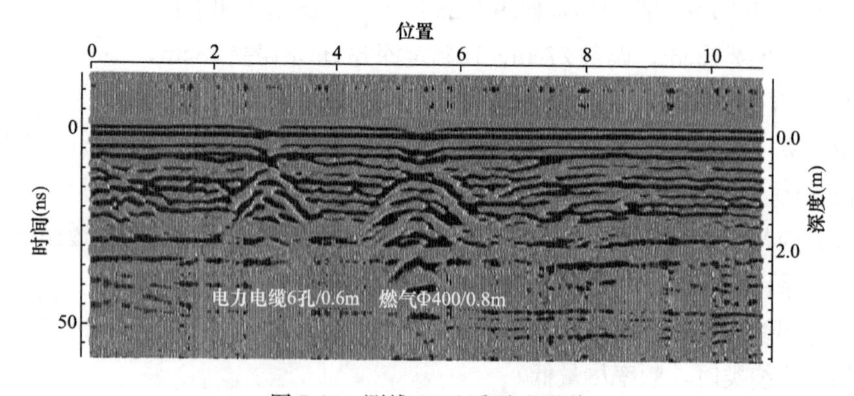

图 5-29 测线 28 地质雷达图谱

从图 5-29 和图 5-30 中可见，图谱异常处反射波较强烈，同向轴不连续，呈双曲线形态，且存在多次反射。经分析可判定为目标管线引起的异常，其中图 5-29 左侧为 6 孔电力电缆，右侧为燃气管道，从雷达图谱很容易对目标管线进行定位和定深。对比图 5-29 和 5-30 可见，由于两测线探测方向恰好相反，雷达图谱中的异常位置也恰好对应。

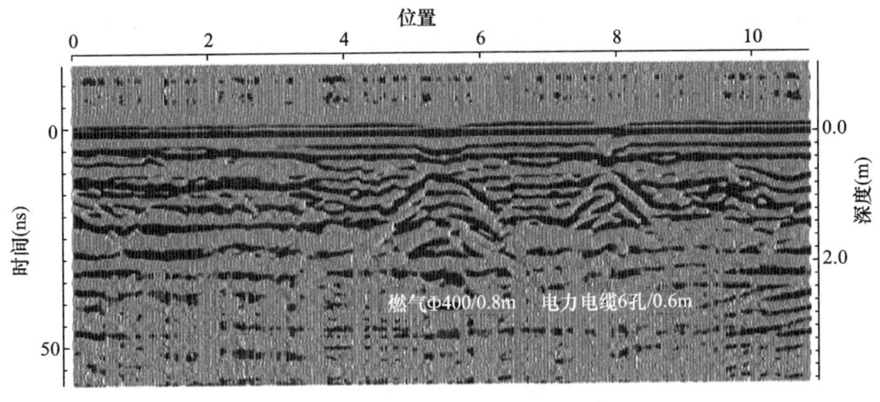

图 5-30 测线 29 地质雷达图谱

2）并行电信排管与燃气管道探测试验

（1）管线埋设的基本情况

试验地为上海某地，试验对象为多条并行的 48 孔电信排管、燃气管线和上水管线，其中，燃气管线位于电信排管和上水管线的中间，燃气管线与上水管线间距为 0.5m，电信排管埋深为 0.8m，燃气管线与上水管线管径和埋深均相同，管径为 ϕ300，埋深 1.4m。燃气管线和上水管线属于典型的近间距并行管线。本次试验采用地质雷达法进行试验，试验时沿垂直管线走向等间距布置了多条雷达测线。

（2）试验结果分析

本次试验，探测结果与实际管线位置吻合较好。图 5-31 和图 5-32 分别为测线 41 和测线 42 的地质雷达图谱。从图 5-31 图 5-32 中可见，图谱异常处反射波较强烈，同向轴不连续，呈双曲线形态，且存在多次反射。经过分析，可以判定为目标管线引起的异常，其中图 5-31 左侧反射杂乱，同向轴有双曲线形态，可以判定为 48 孔电信排管引起的异常，中间异常为燃气管线引起，右侧异常是由上水管线引起，从雷达图谱很容易对目标管线进行定位和定深。对比图 5-31 和 5-32 可见，由于两测线探测方向恰好相反，雷达图谱中的异常位置也恰好对应。

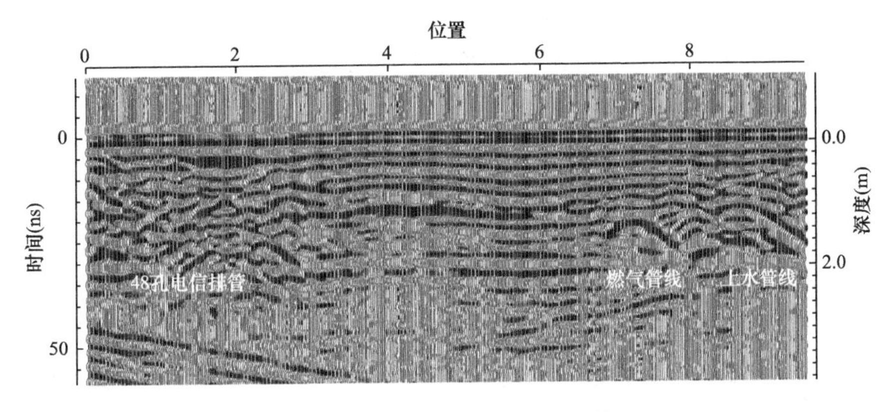

图 5-31 测线 41 地质雷达图谱

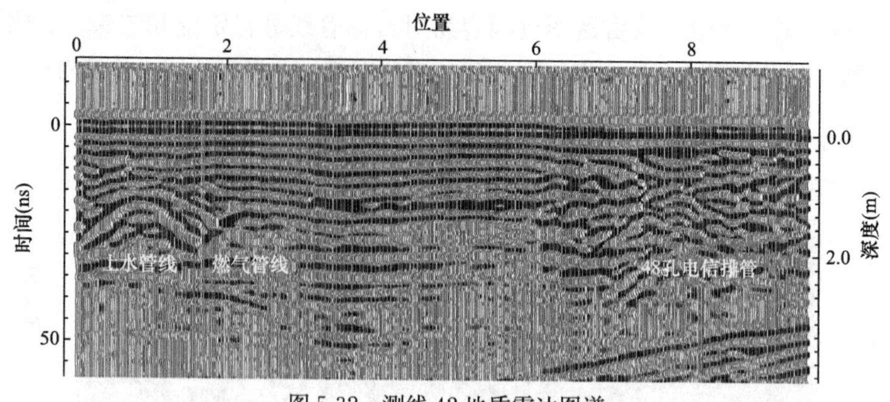

图 5-32 测线 42 地质雷达图谱

3）并行排水与给水探测

如图 5-33 所示，雷达剖面反映的是地下介质的电磁物性差异，管线的雷达异常一般为双曲线形，而结合异常特征可进行管线类型的区分与定位。图 5-33 中三个管线异常形态均为双曲线，但其异常特征却不同，依次为 *DN*600 混凝土排水管道、*DN*110 的 PVC 和 *DN*100 的铸铁给水管，顶部埋深分别为 1.25m、0.45m 和 0.55m。

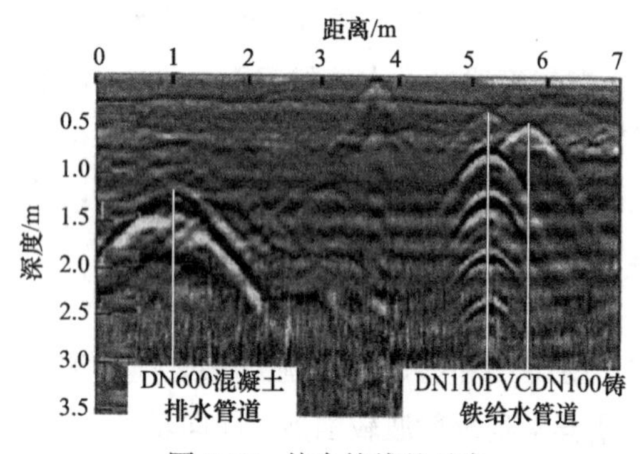

图 5-33 综合管线的异常

4）近距不同材质平行管线

图 5-34 是广州市某小区近距离平行管线的地质雷达图像。图中可清楚地确定在 1.7m、2.2m 和 3.0m 处各有一条埋深分别为 0.45m、0.75m 和 0.35m 的不同材质管线。左侧为一条 *DN*59 的钢煤气管道，其双曲线明显、完整，无多次反射波，因电导率高，电磁波衰减极大，管顶反射出现极性反转，基本无管底反射信息，为典型的金属管道异常；右侧为一对直埋电力电缆，其雷达异常亦为金属管线的特征，双曲线顶部呈多头现象；中间是一条 *DN*200 的 PVC 给水管道，其异常为典型的 PVC 给水管道雷达图像，双曲线明显、完整，有多次反射波。这三条管线为近距离平行铺设，最小间距仅 0.5m，使用常规方式将无法区分，而使用 GPR 则可将它们清晰分开。

如图 5-35 所示，在地下管线探测中，经常会有管道布设为上下重叠。对于金属管道的重叠，当用电磁法探测时，由于重叠管间的相互干扰，观测异常为上下管道的异常叠加。用电磁法可对其进行精确定位，而在定深上误差较大，但是重叠管线不可能总是重叠，可在其分叉处或遇明显点位置分别定深，推算出重叠处的管道的深度。

如图 5-36 所示，为探测过路管线成果图，可以看到地质雷达在外界干扰因素较小的情况下，对绝大多数地下管线均有比较明显的分辨，主要反映为向上隆起的波形特征。一般情况下，金属管线（钢管、铸铁管、电缆）的反射异常比非金属管（PE 管和水泥管）要强烈得多。区别到底是金属管还是非金属管道，主要是结合 RD8000 金属管线探测仪的探测成果，综合地面明显点标志来进行分析判断。

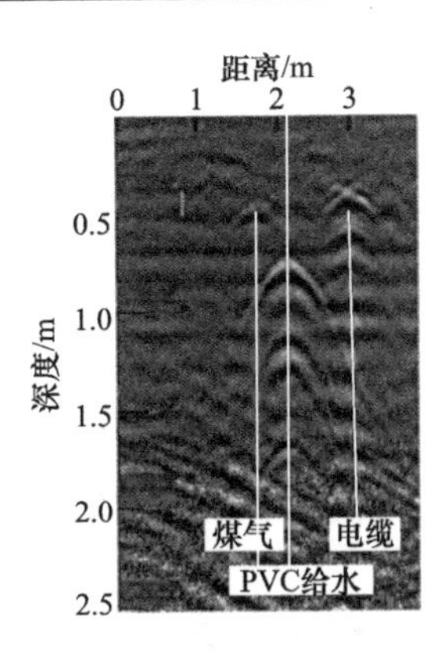

图 5-34 近距不同材质平行管线异常图像

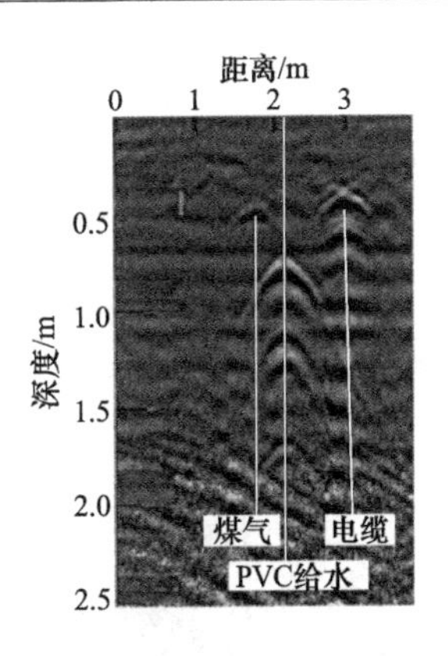

图 5-35 近距不同材质重叠管线异常图像

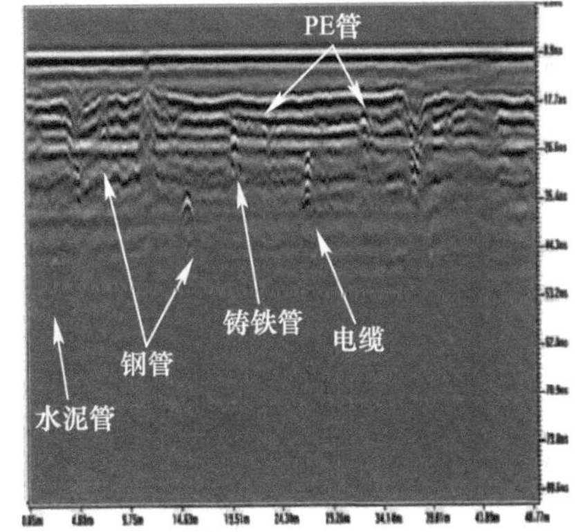

图 5-36 地质雷达探测过路不同材质管线异常图像

5）钢筋网下管线

图 5-37 为地质雷达变密度显示剖面，混凝土中的排水管道在剖面上反映为较强的“亮点”效果，与周围地层存在明显差异。

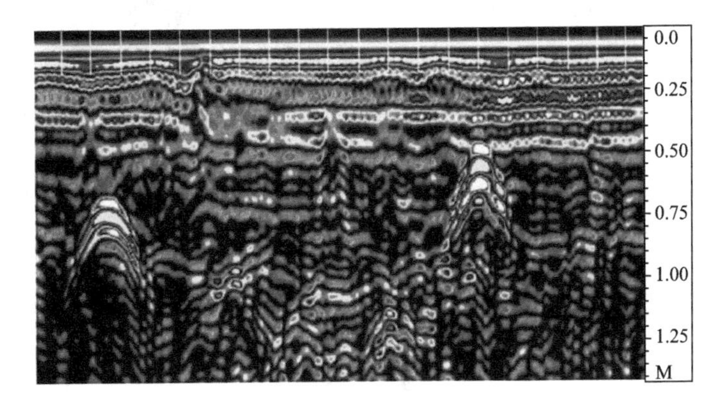

图 5-37 混凝土中的管道

5.1.3 瞬变电磁雷达

瞬变电磁雷达探测深度大，横向分辨率高，能区分管线材质，在近距平行管线探测中有独特的优势。下面介绍现场试验效果。

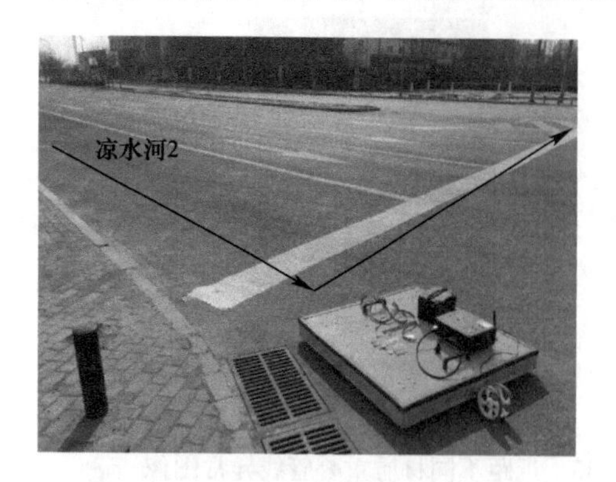

图 5-38 瞬变电磁雷达测试现场

1）北京亦庄凉水河路地下近距离管线

2019 年 2 月在北京亦庄凉水河路盘查地下管线分布，如图 5-38 为瞬变电磁雷达测试现场，试验用箱型天线（发射 1.2m×0.6m，50 匝；接收 1.2m×0.6m，30 匝），仪器发射频率为 6.25Hz，发射时间 8ms，占空比 0.1，采样点数 330，采样率 10kHz。

采集数据计算视电阻率，成果如图 5-39、图 5-40 所示，图中横切道路管线分布非常明显（低电阻率异常为管线），图中有近距并行管线，图 5-40 从左侧第四个异常为混凝土管与钢管近距离并行。

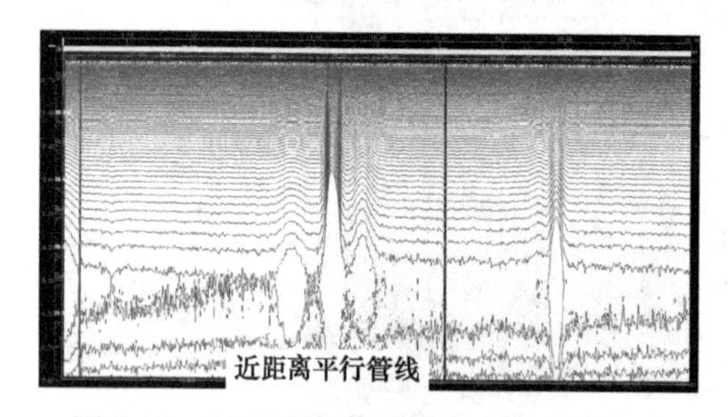

图 5-39 L2 线并行管线瞬变电磁雷达异常

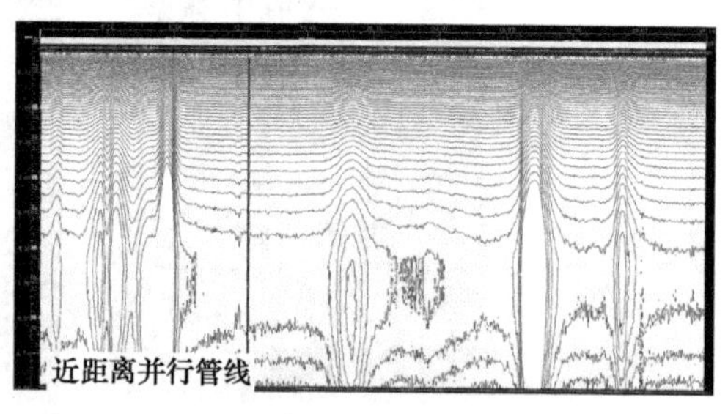

图 5-40 L11 线并行管线瞬变电磁雷达异常

2）北京右安门平房地下近距离管线

2019 年 1 月在右安门平房区盘查地下管线分布，如图 5-41 为瞬变电磁雷达测试现场，试验用箱型天线（发射 1.2m×0.6m，50 匝；接收 1.2m×0.6m，30 匝），仪器发射频率为 6.25Hz，发射时间 8ms，占空比 0.1，采样点数 330，采样率 10kHz。采集数据计算视电阻率，成果如图 5-42、图 5-43 所示，图中测区人行道路管线分布清晰明显（低电阻率异常为管线），图中的双异常为并行近距管线。

图 5-41 瞬变电磁雷达测试现场

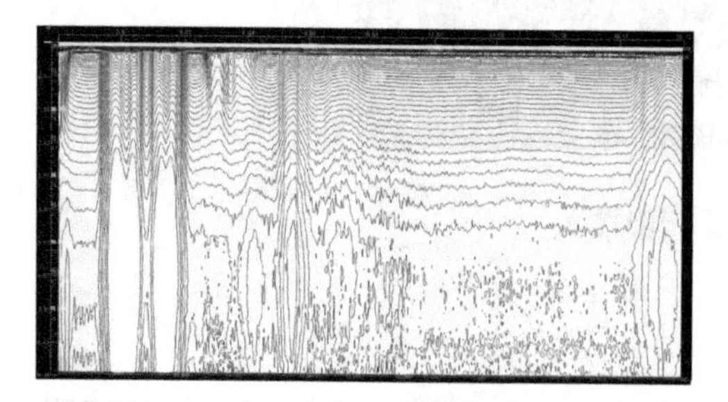

图 5-42 L1 线并行管线瞬变电磁雷达异常

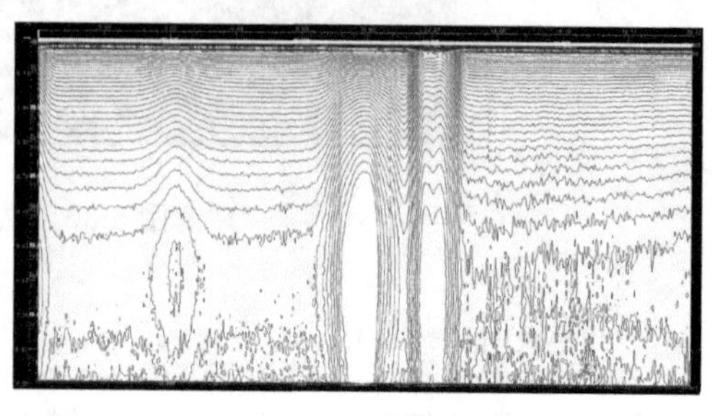

图 5-43 L2 线并行管线瞬变电磁雷达异常

5.2 非金属管线

非金属管线主要包括类似玻璃钢、工程塑料或复合塑料（PVC、PE、PPR）管等，这些管材的特点为重量轻、耐腐蚀、抗老化、使用周期长，便于施工、成本低，但导电性能差、基本绝缘。这也给后期的探测定位造成了很大的不便。也有一些非金属管线前期埋设时为了后期的定位，也同步布设有示踪线，但由于布设时施工原因，存在示踪线断开的问题，难以探测。市场上已有一些方法用来探测非金属管线，但都存在着不够准确、操作不便利、抗干扰能力差等问题。

对于一般非金属管道来说，若附属设施（检查井、跌水井、冲洗井、沉泥井）较密时，可采用直接开井量测的方法进行管道路由的控制，否则必须采用特殊的方法进行探测。目前国内外常用的方法有以下几种：地质雷达法、示踪电磁法、预埋检测带法、记标法、面波法等。

（1）有出入口的非金属管道宜采用示踪电磁法；

（2）钢筋混凝土管道可采用磁偶极感应法，但需加大发射功率，缩短收发距离；

（3）对于管径较大的非金属管道和地下人防巷道，可采用地质雷达法，也可采用瞬变电磁雷达法，当具有施工条件时，亦可采用直流电阻率法；

（4）热力管道或高温输油管道宜采用主动源电磁法和红外辐射法。

5.2.1 记标标识法

记标是一种管线标识设备，由记标和记标探知器两部分组成，其工作原理（图 5-44）是：记标探知器向地下发射特定频率的电磁波信号，当接近预先埋置于地下管线上方的记标时，记标会在电磁波激发下产生同频二次磁场，记标探知器发现并接收到该磁场，从而确定了记标的位置。在铺设地下管线的同时，将记标埋设于管线的关键部位，如弯头、接头、分支点、维修点以及今后需要查找的部件等部位的上方，在日后查找管线时使用记标探知器查找到记标，即确定了管线的埋设位置。

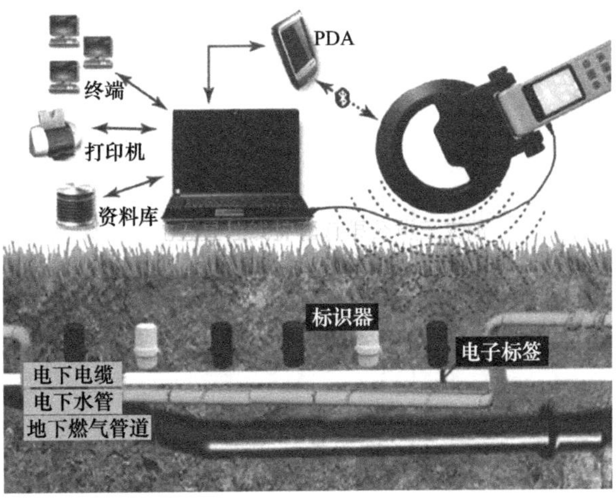

图 5-44 记标标识法工作原理

由于RFID具有无需接触、自动化程度高、耐用可靠、识别速度快、适应各种工作环境等，在非金属管线的定位、标识方面具备其他物探方法不可比拟的优势。但目前记标的成本、价格仍比较高，在国内应用处于起始阶段，现状管线埋设记标的不多。

记标的使用寿命很长，不会因埋设时间久而发生锈蚀或物理特性发生改变；记标的埋设非常简单，既可随新管线埋放，也可以在已铺设的管线需设置标记处将记标埋入地下；使用记标探知器查找地下管线不易受外界环境的干扰，可在埋设繁杂、拥挤的管线中识别出目标管线，同时可根据记标的不同频率辨明管线的种类及属性。

5.2.2 管线仪

在对非金属管线的探测过程中，主动源和被动源中都没有信号可接收，这也是非金属管线探测比较困难的主要原因。非金属管线探测包括PE、PVC、混凝土管及连通性较差的球墨铸铁管等，探测方法一般选用高频电磁法等。高频电磁法由于频率越高，磁场的穿透能力越强。示踪法是电磁感应法的一种特殊形式，包括示踪探头、示踪线等。

1）示踪探头

一种微型磁偶极子发射线圈，用于定位有出入口的非金属管线。

（1）示踪探头追踪

以探头进入管道的入口为起点，每隔一定间距，停止探头前进，进行探头的定位。

（2）示踪探头精确定位

第一步：接收机表头垂直于示踪探头轴向，沿示踪探头轴向移动，在经过探头时出现三个峰值响应。依次为次峰值—谷—峰值—谷—次峰值，主峰值点为示踪探头纵向峰值点，如图5-45所示。

第二步：定位纵向峰值点后，接收机以纵向峰值点为中心，沿垂直于示踪探头轴线的方向移动，横向峰值点位置为示踪探头平面位置，如图5-46所示。

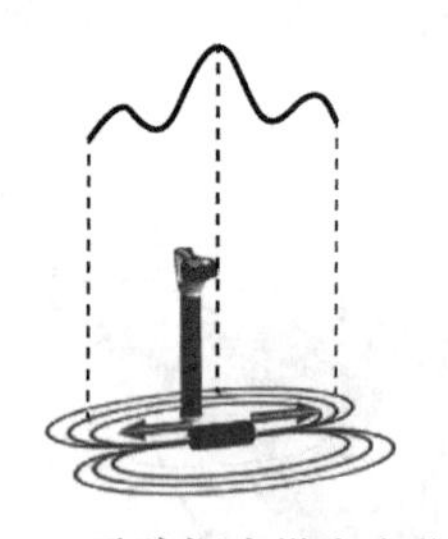

图5-45 示踪探头纵向定位原理

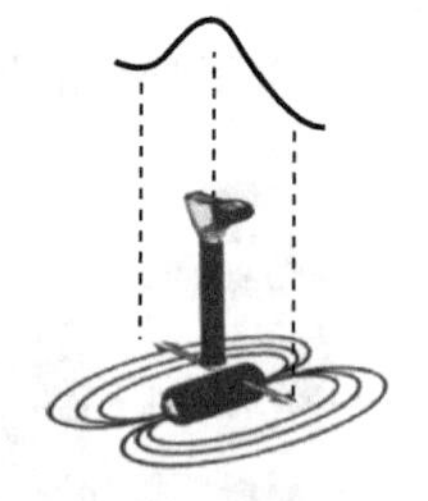

图5-46 示踪探头横向定位原理

（3）示踪探头深度测量

示踪探头纵向两个谷值点距离的70%为示踪探头准确深度，如图5-47所示。

2）示踪线

示踪线法分两种情况，一种是在非金属管线铺设过程中沿管线铺设的金属导线，如图5-48所示；二是在有出入口的非金属管线内部穿入一根金属导线，至少保证导线端部剥开1m左右，裸露出金属线，以与管道内汽水接触，提供信号回路，如图5-49所示。探测时，须使用发射机直接法对导线施加信号。

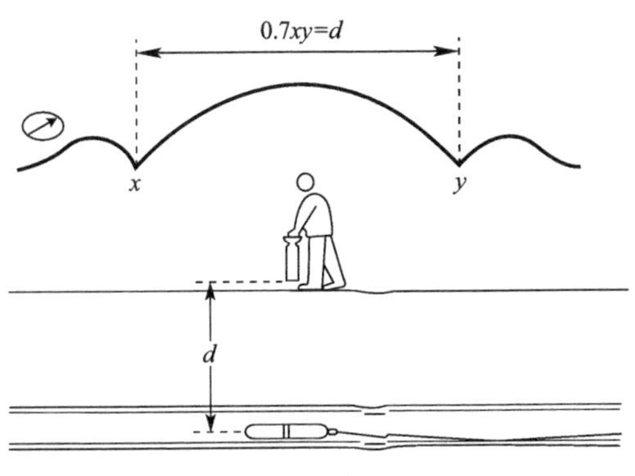

图 5-47 示踪探头测深原理

示踪线不仅要有导电性能，还要有一定的抗拉强度和耐久性。目前示踪线的线芯一般采用单股或多股铜芯线，外面包裹着塑料绝缘层，绝缘层也可以用导电橡胶代替，这样即使线心折断也不会影响探测。示踪线埋设时应紧贴非金属管线呈直线状，并位于管线的正上面为好；为了使探测示踪线时信号强，施工时示踪线末端应尽量减小接地电阻；探测时最好采用直接向示踪线施加信号法，这样干扰少、信号强，探测效果比较理想。

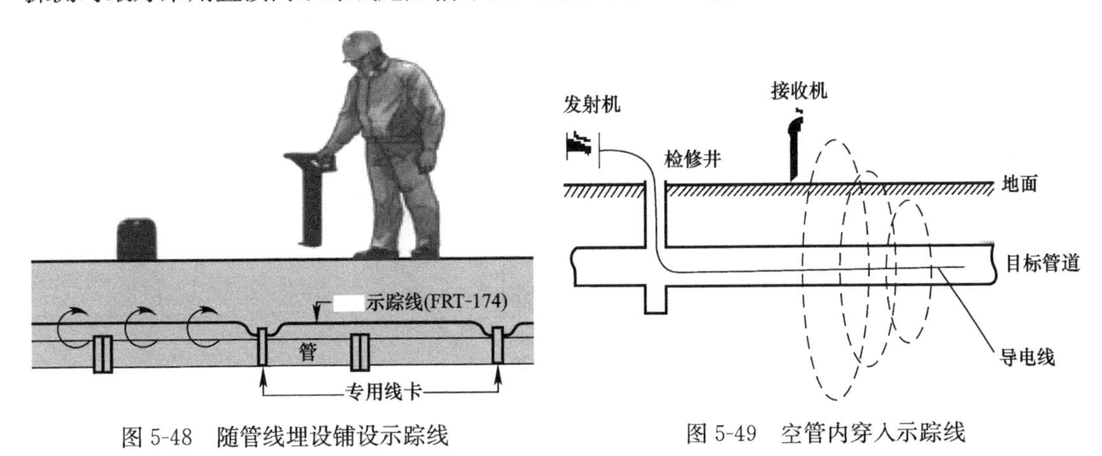

图 5-48 随管线埋设铺设示踪线　　图 5-49 空管内穿入示踪线

3）探测试验

被测管线位于上海沪太路、晋城路，为电信管线穿越沪太路，利用长导线穿越管道，采用直接法（充电法）探测。管线长 49.4m，每 10m 进行剖面探测，测线布置见图 5-50。仪器选用 RD4000 型管线仪，采用不同频率进行激发。

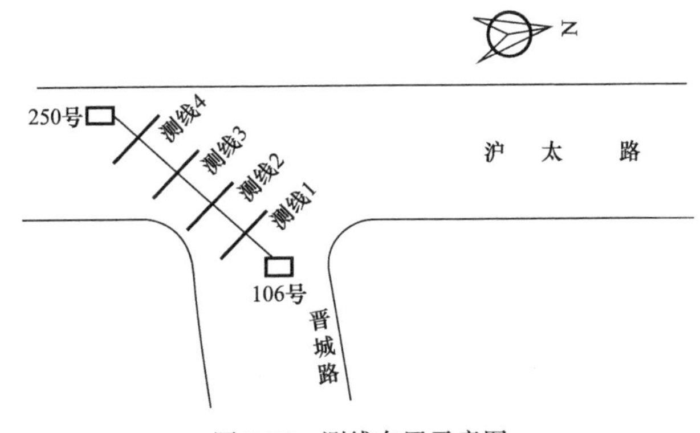

图 5-50 测线布置示意图

图 5-51～图 5-54 为测线 1～测线 4 在工况一和工况二时的实测剖面结果，表 5-1 为实测剖面结果汇总，试验中采用 70%法对管线进行定深。图 5-55～图 5-58 为测线 1～测线 4 剖面正演曲线，由图可见正演曲线与实测结果较为一致，其中测线 2 及测线 3 右侧峰值异

常点为路面钢筋产生的干扰信号。

实测剖面结果汇总表 **表 5-1**

测线号	工况	频率（kHz）	增益值	功率（mA）	测深值（m）（70%法）	正演深度（m）
测线 1	1	65.5	34	61	2.65	2.50
	2	32.8	40	61	2.62	
测线 2	1	32.8	50	61	3.20	3.15
	2	65.5	45	61	3.20	
测线 3	1	65.5	42	61	4.60	4.42
	2	32.8	49	61	4.40	
测线 4	1	32.8	39	61	2.45	2.45
	2	65.5	33	61	2.45	

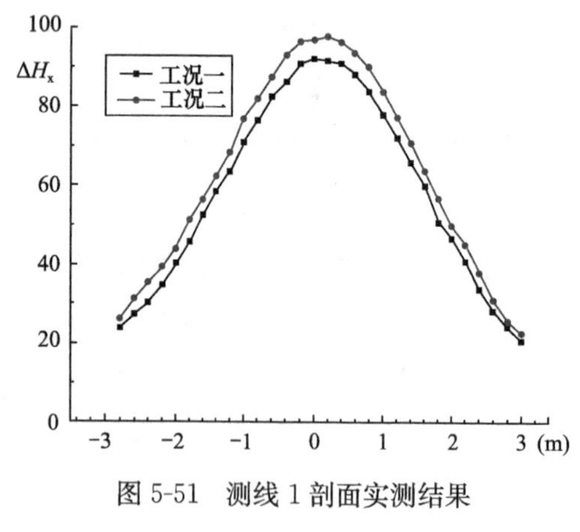

图 5-51　测线 1 剖面实测结果

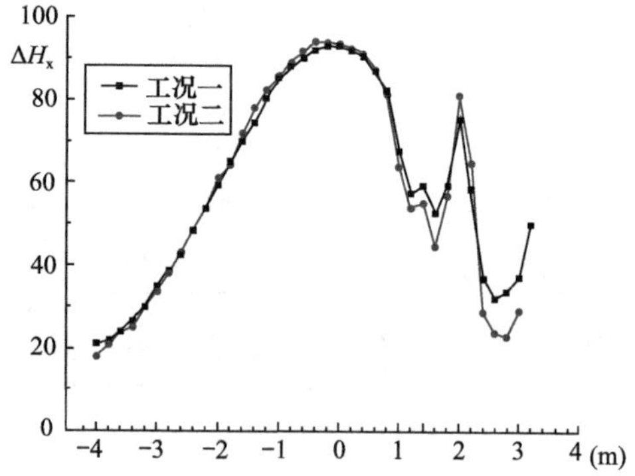

图 5-52　测线 2 剖面实测结果

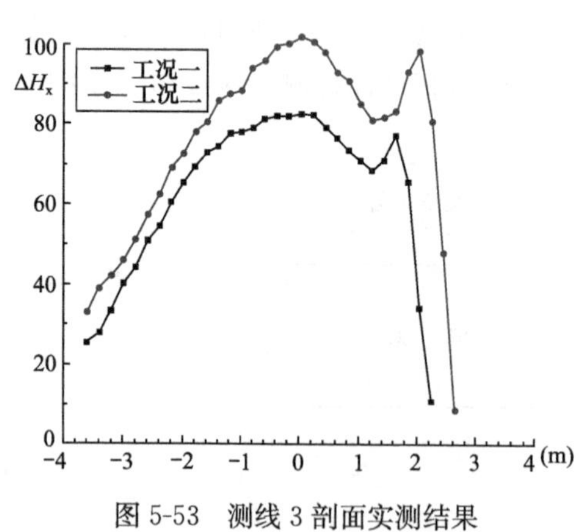

图 5-53　测线 3 剖面实测结果

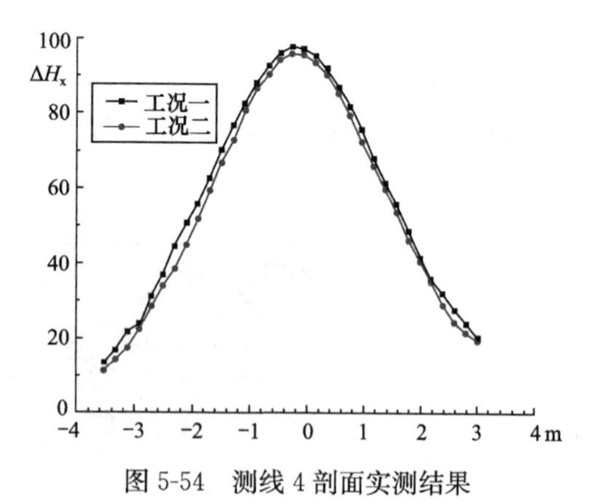

图 5-54　测线 4 剖面实测结果

通过本次试验可见：

（1）采用不同的发射频率，各剖面所测结果均较为一致；

（2）本次试验非开挖管线为塑料管，试验采用金属示踪导线穿入管道，用充电法进行探测，探测接收信号稳定；

（3）通过正演计算，测线 1 和测线 4 正演剖面曲线与实测剖面吻合。测线 2 和测线 3

剖面曲线与实测剖面吻合较好，从图中可以看出，浅部钢筋干扰只是局部影响曲线。曲线左支相对吻合较好，右支钢筋干扰处形态不一致，应为多根钢筋干扰，存在反向电流，导致曲线陡然下降，图中 h_1 和 h_2 分别表示管道埋深和钢筋埋深。

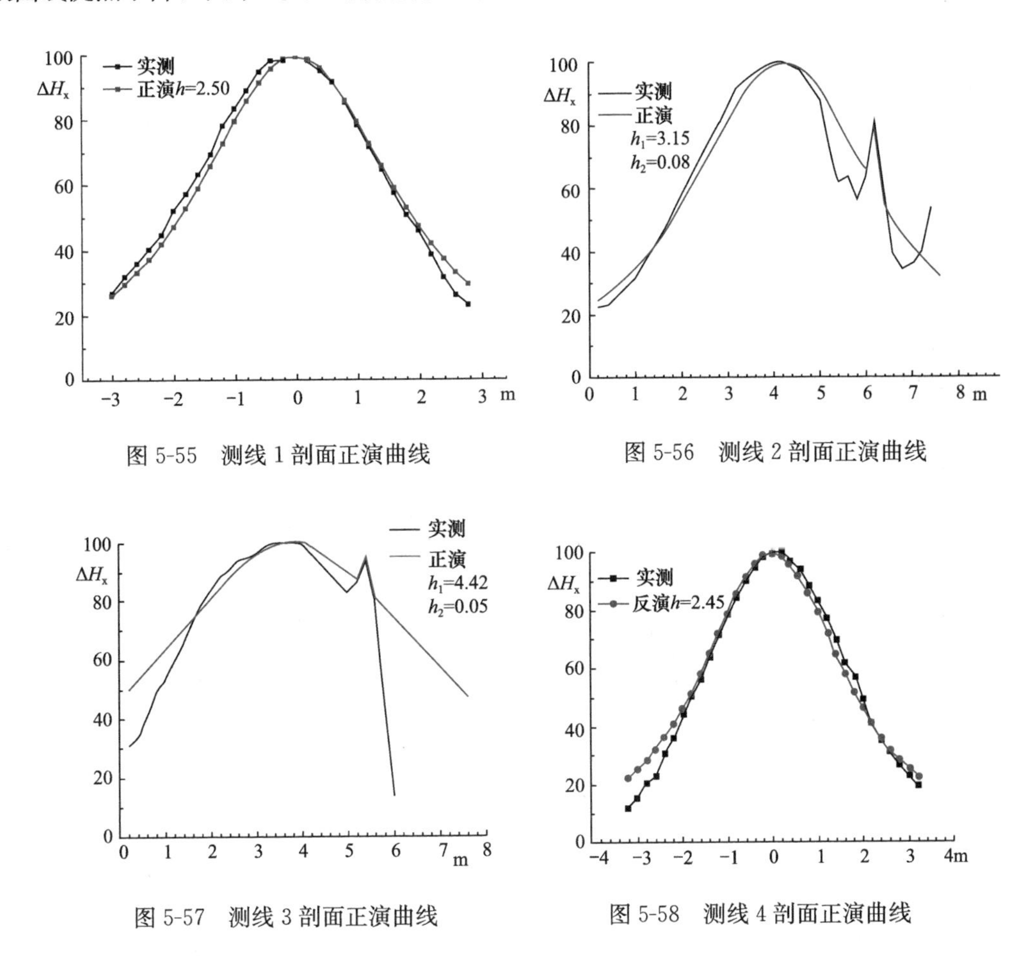

图 5-55 测线 1 剖面正演曲线

图 5-56 测线 2 剖面正演曲线

图 5-57 测线 3 剖面正演曲线

图 5-58 测线 4 剖面正演曲线

5.2.3 地质雷达法

对于大口径（>200mm）非金属管线可选用地质雷达探测。地质雷达探测非金属管线具有快速、高效、非破坏性等特点，是目前 PVC、PE、混凝土等非金属管线探测的首选工具。但是它也有局限性，它的探测深度与分辨率是相互制约的，频率越高，探测深度越浅，分辨率越高；反之频率越低，探测深度越深，分辨率也相应下降。它的探测效果与地质条件也密切相关，当管线周围介质对电磁波的耗散性弱并且管线的电磁特性与其环境相比反差大时，探测效果好而且数据处理相对简单。

1）PVC 管线探测试验

探测区域内雨水管线和污水管线的材质多为 PVC 和混凝土，非金属管线的管径主要有 ϕ65、ϕ100、ϕ150、ϕ200、ϕ300、ϕ400 等，埋深分布在 0.4～2.5m。选取地质雷达为主要的探测方法。

（1）为了研究同一天线频率下地质雷达对不同管径的地下管线的探测能力，试验选用100MHz天线频率的雷达对一组已知的污水管线进行探测。

这组PVC管线的埋深为1m，管径分别为100mm、150mm、200mm和300mm。从图5-59可以看出当污水管线的管径为100mm时，矩形框内无任何管线异常显示，说明100MHz天线频率的雷达无法探测到100mm管径的污水管线；对于150mm的污水管线，雷达可以探测到，但图像模糊不清，曲线异常不明显，容易在探测过程中被忽略；对于200mm和300mm的污水管线，曲线轮廓清晰，异常明显，与150mm的污水管线异常曲线相比，双曲线的张角变大，曲线变得平缓。

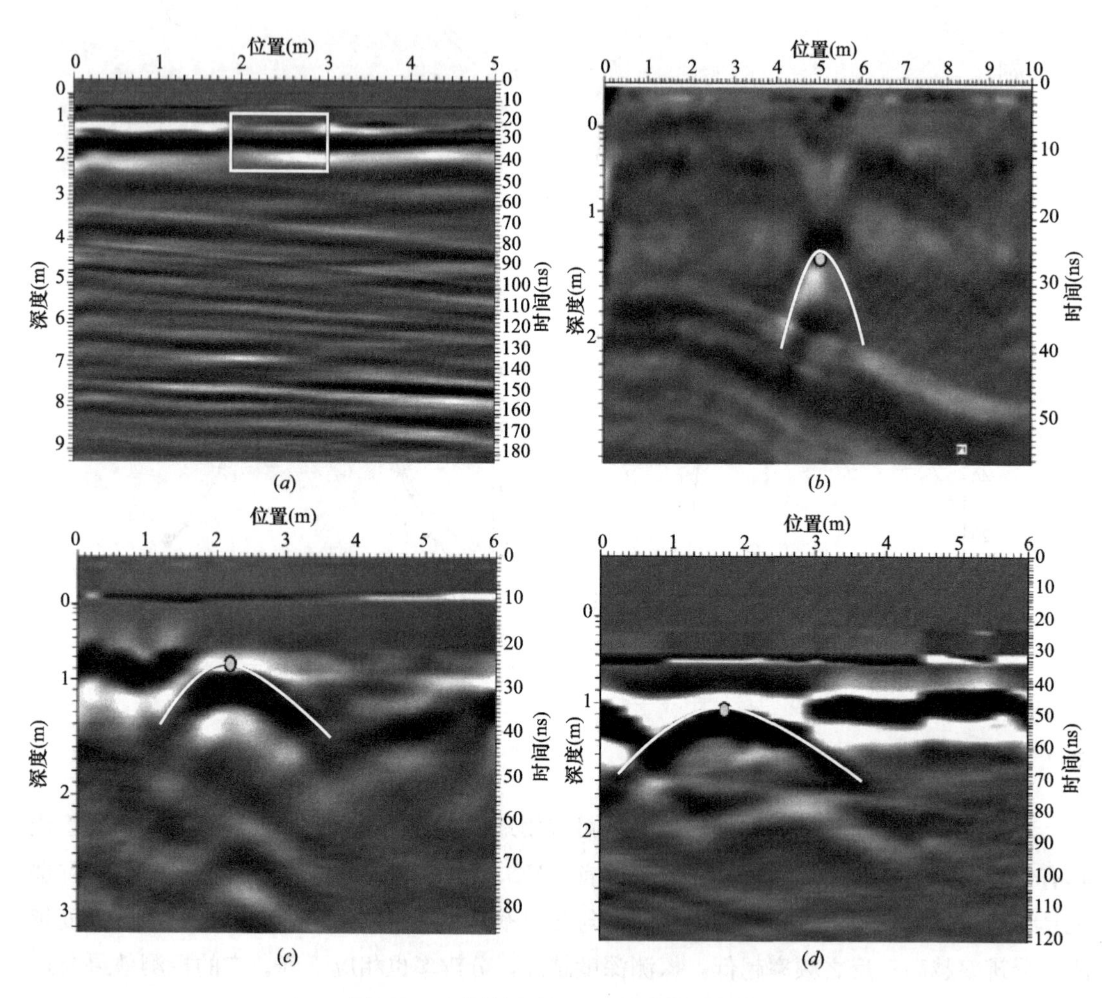

图5-59 不同管径的PVC管线雷达图像

(*a*) ϕ100；(*b*) ϕ150；(*c*) ϕ200；(*d*) ϕ300

以上可以得到：当污水管线的埋深一定时，管径越大，异常曲线张角越大，双曲线越平缓。100MHz天线频率的雷达探测埋深为1m的污水管线时，能探测到管线时的最小管径为150mm。

(2) 为了研究同一天线频率下地质雷达对不同埋深的地下管线的探测能力，试验选用100MHz天线雷达对一组已知的雨水管线进行探测。

这组PVC管线的管径均为300mm，埋深分别为0.4m、1m、1.5m和1.9m。从图5-60可以看出当雨水管线的埋深为0.4m和1m时，雷达可以探测到污水管的异常，且曲线异常比较清晰，双曲线顶点明显；当雨水管线的埋深为1.5m时，雨水管线的异常图像变得模糊不清，双曲线顶点有部分缺失；当雨水管线的埋深增加到1.9m时，地质雷达已经无法探测到雨水管线，从图5-60（*d*）矩形框可以看出无管线异常。

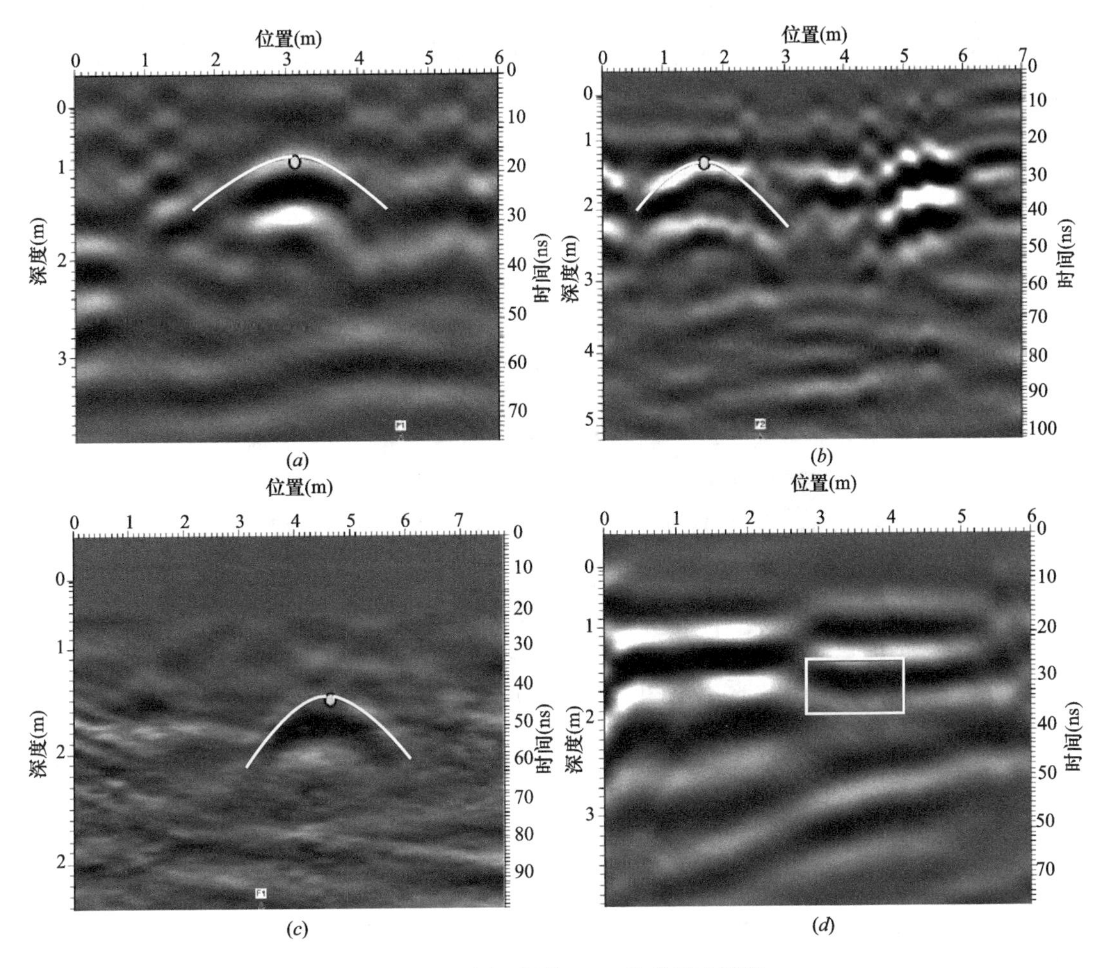

图5-60 不同埋深的PVC管线雷达图像

（*a*）h=0.4m；（*b*）h=1m；（*c*）h=1.5m；（*d*）h=1.9m

以上可以得出：当雨水管线管径一定，随着埋深的增加，目标管线的反射波衰减越严重，致使目标管线的曲线异常越来越模糊不清。当埋深达到1.9m时，已无法探测到雨水管线。

2）PE管线探测试验

(1) 实例一：广州某地用地质雷达对PE300煤气管进行试验剖面，虽然反射强度减

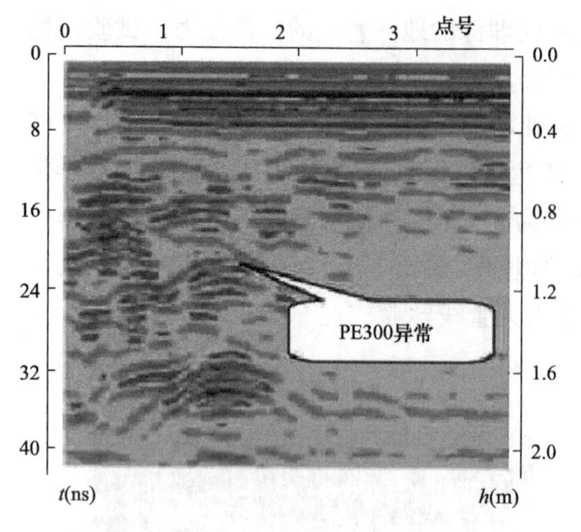

图 5-61 PE300 煤气管地质雷达剖面

弱，但双曲线异常仍然明显（图 5-61）。

（2）实例二：非金属管道内的载体不同，将会对地质雷达的异常特征产生很大的影响，这一点不但是模型试验中得到的结论，同时也得到大量实际探测工程的验证。图 5-62 为实际探测工程中的一组典型雷达图像，左侧图为两条间距是 0.55m 并行的 *DN*110 的 PVC 给水管道的异常图像，可见该异常具有幅值强、多次波明显的特征；右侧图则是一条 *DN*160 的 PE 煤气管道异常图像，其特点是幅值较弱，且无多次反射波。

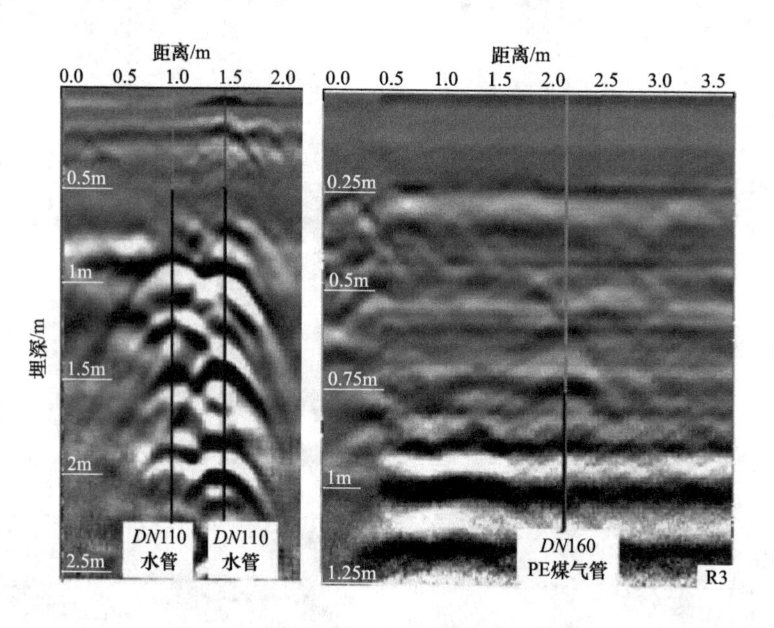

图 5-62 给水与煤气塑料管道的探测实例

（3）实例三：图 5-63 和图 5-64 是用 500MHz 频率的天线在福州市某居民小区内探测非金属管线的雷达剖面图。

图 5-63 是未加任何滤波的原始雷达数据，从图上可以看出两处明显的波形反应；图 5-64 是加上一些滤波之后的同一处雷达数据，经过处理后，使管线的波形反应更加明显。在图 5-63 的雷达原始数据中，图中①处给人的感觉是有 2 个距离很近的抛物线，容易判读为 2 个距离很近的平行管线或开挖管沟的 2 个沟沿反射造成的波形反应；从图 5-64 滤波后的雷达数据来看，发现 2 个抛物线中间部分波形反应比两侧强烈。经验证，该管线实际是 PVC 管线内嵌套了 1 根金属管线；图中②处是 1 根 PE 管，从原始数据和处理后雷达剖面图上都可以看到它的波形反应，埋深在 1m 处。

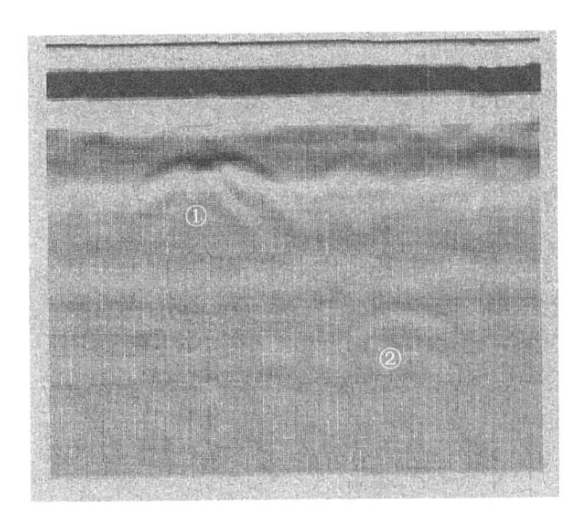

图 5-63 雷达原始数据

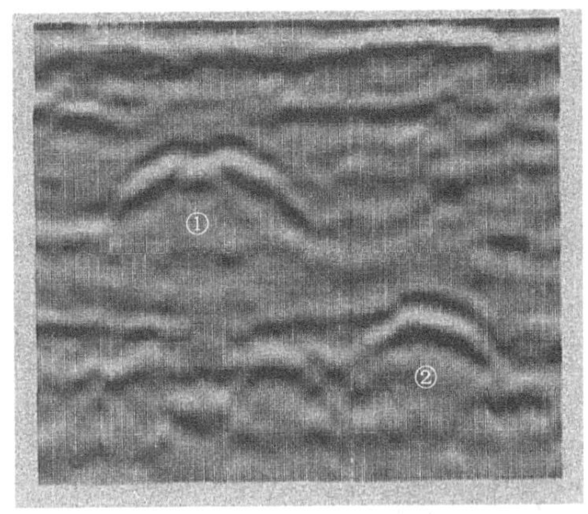

图 5-64 处理后的雷达数据

（4）实例四：图 5-65 为 PE 管道与电力管线并行时所得到的雷达剖面，二者存在区别。PE 管道是单次反射，而电力线是多次反射，虽然二者表面材质相近，但由于电缆线通电产生电磁场，导致反映在雷达中的波形差异，因此可以较好地将 PE 管道与电缆线区分开来。

（5）实例五：如图 5-66 所示，该 PE 管道敷设在十字路口与电信管线并行，PE 管道与电缆线雷达剖面的埋深大致相同，燃气管道的埋深约为 0.4m，电信管线的埋深约为 0.5m。可以看出燃气管道与电信管线水平间距约为 0.6m，但是两者的波形图不一样，一个是多次波，另一个是单次波，因此可以明确的判定出 PE 管道的位置。

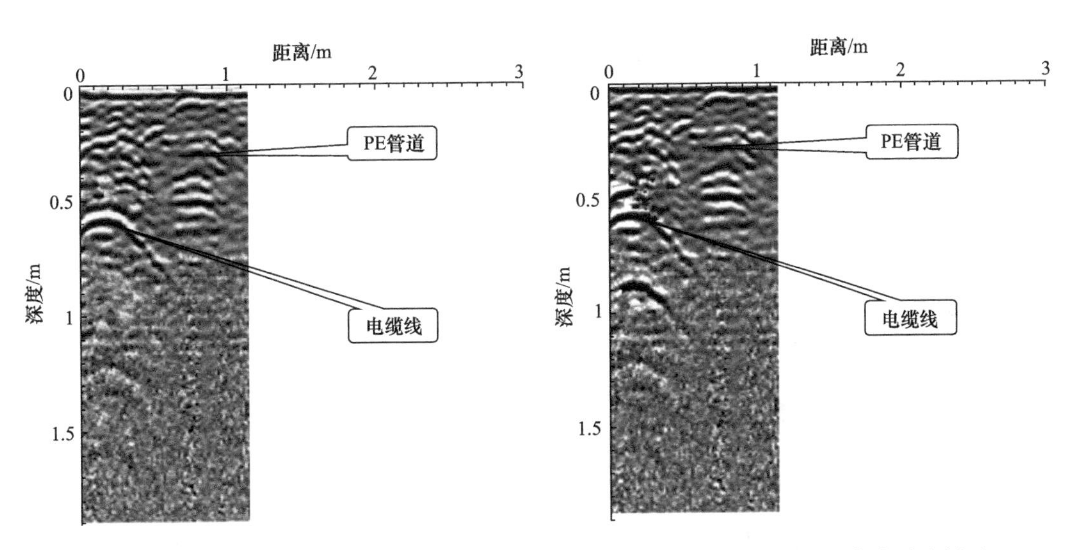

图 5-65 PE 管道与电缆线雷达剖面

图 5-66 PE 管道与电信线雷达剖面

（6）实例六：从图 5-67 中可以看出，给水管线比 PE 管道的雷达剖面图要清晰，因为给水管线内部充满了水，而水的介电常数非常大，介电常数差异就增大，因此雷达波反射就明显。与之相比 PE 管道就黯淡，根据这一特征，就可以区分出这两类管线。

通过对地质雷达在近间距并行管线探测中的分析发现，在地质雷达所能探测到的范围内还要使波形呈现不同的形状，才能区分PE管道与其他管线。这就需要两类管线的埋深不能超过所选天线探测的范围，而且该范围要以探测清晰为前提；在此基础上还要满足这两种管线的介电常数或管线内部填充物介电常数有很大的差异，这样才能使管线雷达剖面呈现出不一样的波形，从而区分两条并行管线。

（7）实例七：由于PE管抗压性较差，穿越道路时通常设计成喇叭口形，而且敷设过路管线时还要在管线的外部加一层混凝土套管，以确保管道的安全。

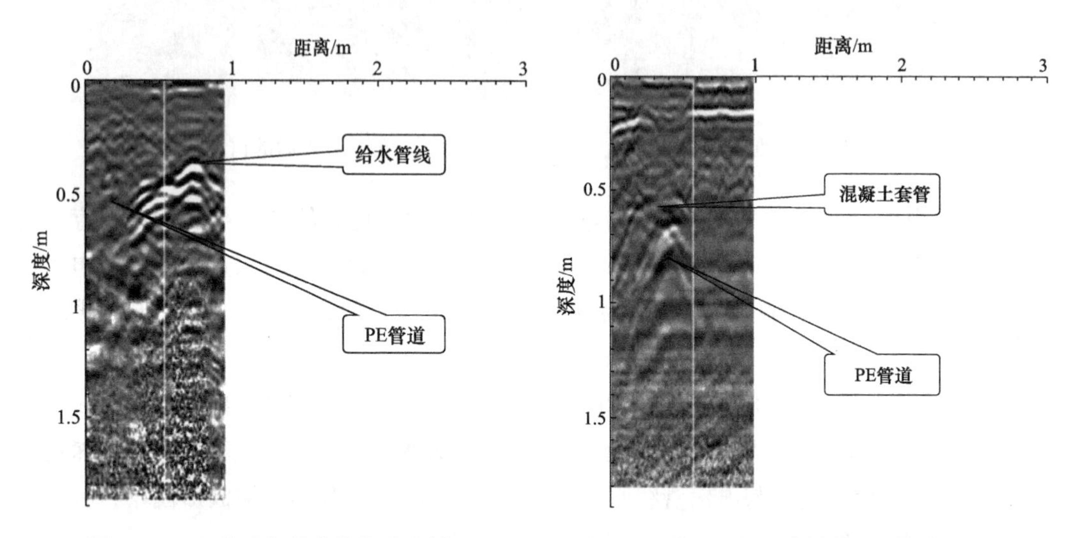

图5-67　PE管道与给水管线雷达剖面　　图5-68　带有混凝土套管的PE管道雷达剖面

这种施工方法无疑加大了管线探测的难度，除了用上述交汇法找出拐点以外，还要识别出过路时管线的波形图。探测的困难在于探测者往往不清楚相同位置穿越道路管线的数量。图5-68为试验中探测的一条外加套管的PE管道，图中可以看出过路管线的埋深约为0.75m，其波形呈现两次波，最上层波明亮清晰，下面一层波黯淡，可以判定为套管和PE管道两者具有不同介电常数所致。其水平位置$x=0.12$m，经过开挖验证管线埋深为0.81m，水平位置为0.21m。

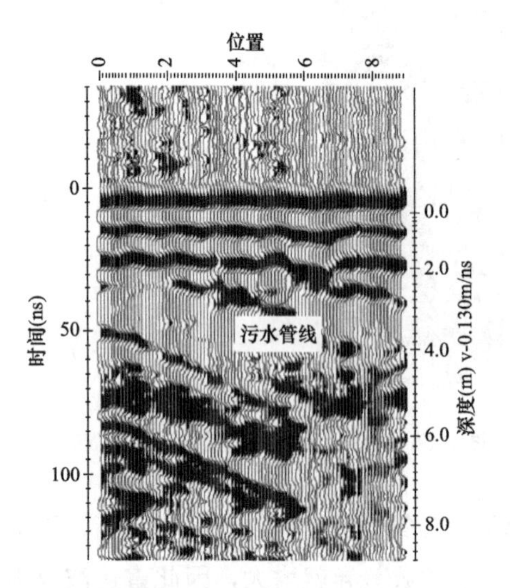

图5-69　地质雷达探测污水管线雷达图谱

3）混凝土污水管线探测试验

已知管线为污水管线，非金属材质，管径为ϕ2000mm，埋深2m。

图5-69为本次雷达探测的图谱，由于污水管线管径较大，管线与周围物性差异较大，本次探测效果明显。从图中可以确定污水管线的平面位置及深度。管线中心位置距测线起点为4.7m，实测结果为4.9m，平面误差0.2m。

4）塑料管与混凝土管线探测试验

本次试验，探测区燃气管线大多数为塑料管线，给水管线材质多为混凝土，少数为塑料管线。根据现场条件，经分析试验以地质雷达探测为主要探测方法。试验区非金属管线管径主要为ϕ110、ϕ160、ϕ200、ϕ250、ϕ500、ϕ800mm等几种，主要集中在人行道上，深度基本在0.8～3.0m，试验选用了若干个已知类型及深度的管线进行探测，总共探测断面160个。

图5-70为ϕ160塑料管线雷达图谱，从图像上很容易分辨出目标管线的平面位置及深度，探测结果为深度0.81m，平面位置X＝2.05m，实际开挖深度为0.95m，平面位置X＝2.15m，平面误差D_x＝0.10m，深度误差D_z＝0.14m，基本满足精度要求。

图5-71为ϕ800mm混凝土给水管线雷达图谱，从图上可以得出给水管线深度位置为0.85m，平面位置X＝1.21m。开挖验证结果为X＝1.25m，深度为0.9m，平面误差D_x＝0.04m，深度误差D_z＝0.05m，探测精度较高。

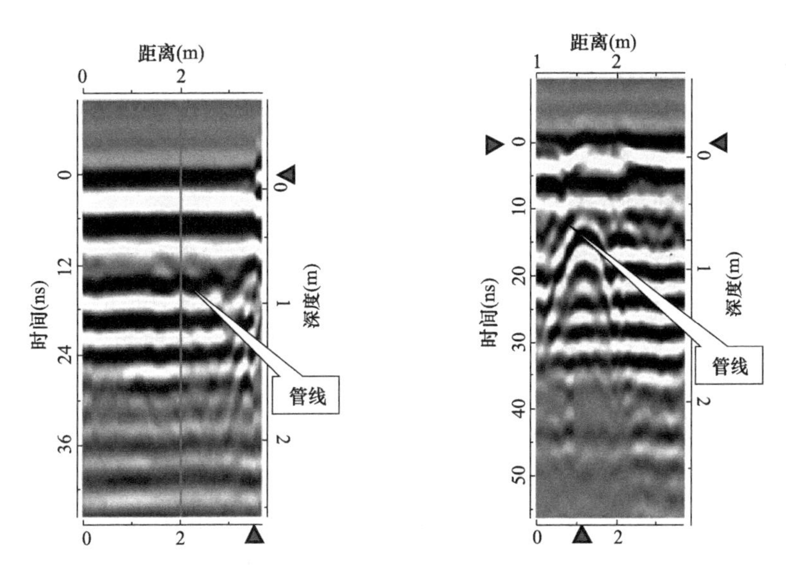

图5-70　ϕ160塑料管线雷达图谱　　　图5-71　ϕ800混凝土管线雷达图谱

对比图5-70和图5-71的探测精度，前者小于后者，这主要是由于管线管径大小的原因，一般情况下同一种管线相同埋深，管径大的探测效果比管径小的管线探测效果好，探测效果的好坏还与探测时受干扰的情况有关。

5.2.4 声波法

非金属管线探测仪主要由震荡器（发射机）、震动器、接收机、探头、放大器、耳机等部分组成，一般适用于内部流体为液态，带压力的非金属管道，其工作原理（图5-72）是声波原理。声学管线定位仪如图5-73所示。

资料表明，采用声波原理的地下非金属管线探测仪对供水、消防等管线的探查均达到了良好的效果。

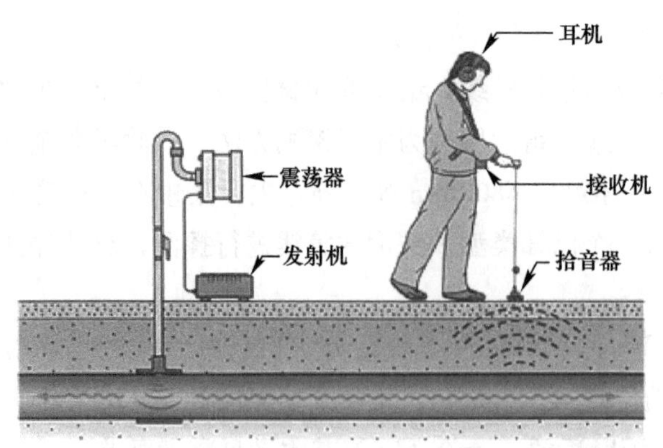

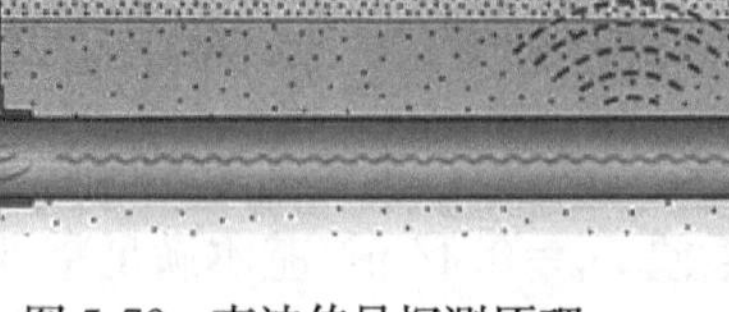

图 5-72 声波传导探测原理

图 5-73 APL 声学管线定位仪

5.2.5 地震波法

利用锤击作为激发震源，向地下垂直发射地震波，当地下介质的弹性参数存在差异时便会发生波场变化，根据收到反射波时间、幅度与波形等资料综合分析，便可求得探测目标所在平面位置。运用地震波法探测非金属管道分为已知管道露头的探测和未见管道露头的探测。

1）管道有露头的探测方法

已知管道的一个露头，要在其周围确定管道埋设位置的探测方法。由于在管道埋设时受当时施工条件的限制，管道常会有局部拐弯的现象发生，导致管道的真实走向与露头所揭露的延伸方向并不一致，为之后的查找工作增添了难度。具体探测方法如图 5-74 所示，在大致垂直管道延伸方向的 CD 线上等间距布设传感器，在管道露头点 A 用大锤直接敲击管道，根据传感器所记录震波的波幅及走向特征，就能准确确定管道的位置。

地震波法探测管道的工作原理如图 5-75 所示。假设管道为水平布置。令 M 代表布置在地面的一个传感器，A 为管道露头，h 为管道埋设深度。当用大锤敲击管道 A 时，管道可视为一根长的杆状震源，令 $V_{管道}$ 代表震波在管道中的传播速度。

杆状震源的震波传播机制：当振动从 A 点向管道端传播时，管道上的任一点均可作为新的点震源，令 S_1、S_2、…，S_n 为管道上等间距 Δx 的点，当振动从 A 传播到 S_1 所需时间为 Δt，有：

$$\Delta t = \Delta x / V_{管道} \tag{5-1}$$

假设震源 A 发出的地震波为 $f(t)$，则 S_1 点震源发出的地震波应为 $f(t-\Delta t)$，以此类推，S_k 点震源发出的震波应为 $f(t-k\Delta t)$，($k=1, 2, \cdots, n$)。由此可知，位于地面 M 处的传感器接收到的震波实际上为各点震源发出的地震波的组合波。其中 M 处传感器接收到的 A 点震源发出的地震波为 $f(t-t_0)$，其中

$$t_0 = \frac{MA}{V_{土层}} = \frac{h}{\sin\alpha_0 \cdot V_{土层}} \tag{5-2}$$

于是 M 处传感器接收到的组合波应为

$$F(t)=\sum_{k=1}^{n}f(t-k\cdot\Delta t-t_k) \tag{5-3}$$

传感器接收到的是多个点震源发出的震波的组合波，不同的点震源发出的震波对 M 处质点的振动具有不同程度的影响。考虑到地震波的球面扩散过程以及介质对地震波的吸收，地震波的能量在传播过程中会发生衰减，衰减程度为：

$$A=A_0\frac{e^{-ar}}{r} \tag{5-4}$$

式中，A_0 为初振幅，表征地震波的初始能量，a 为介质吸收系数，r 为地震波的传播距离。该公式表明：离 M 点较近的点震源发出的地震波对质点 M 的振动贡献较大，即离管道越近的传感器测得地震波的振幅越大。

地震波法探测管道基于以上原理进行。在 A 点敲击管道时，位于 CD 线上布置的各传感器记录地震信号的振幅将以管道位置为中心呈对称分布，对称中心对应的位置就可以判定为管道埋设位置。

为了更精确地测定管道的埋设位置，还可以进一步结合地震波的走时特征，从图 5-75 可知，离管道越近的传感器所对应的 a_k 值越大，其 t_k 值也越小。因此，地震记录中各地震波的初至时刻也同样具有以管道为中心呈对称分布的特征。由于地震仪的采样时间间隔很小，因此用地震波法探测管道位置有很高的探测精度。

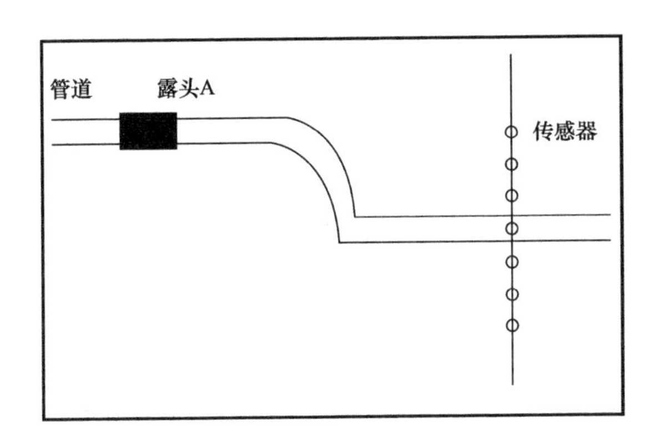

图 5-74 管道具体探测方法

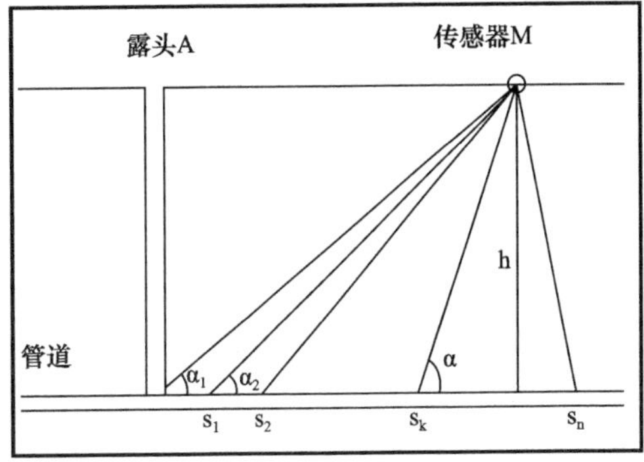

图 5-75 已知管道露头探测方法原理

地震波法适用于非金属管道的探测，该方法比管线定位仪有更大的适用范围。此外，由于传感器有高灵敏特性，地震仪有高放大特性，地面又可以施加很大的锤击能量，该方法因而可以进行埋藏深度较大的管道探测。

2）管道无露头的探测方法

该方法用于未见管道露头的情况下，直接在地面探测地下有无管道。方法原理如图 5-76 所示。

当大锤敲击地面时，激发的地震波将呈半球状传播，当地下存在管道时，其中一部分能量将沿管道向远处传播，能量的衰减与传播距离 r 与吸收系数 a 有关，其中，吸收系数 a 是一个表征介质非完全弹性和不均匀性的物理量，震波在介质中的传播速度越低，吸收系数 a 越大。一般情况下，震波在管道中的传播速度明显大于在土层中的传播速度，因此震波在土层中传播时其能量在很短的距离内就将衰减殆尽；而在管道中传播的地震波能够传播更远的距离。由于震波在管道中传播时部分能量同样会经土层扩散到地面，使得布设在地面的传感器因接收到这部分震波而获得较强的振幅，据此可以判定隐伏管道的存在。

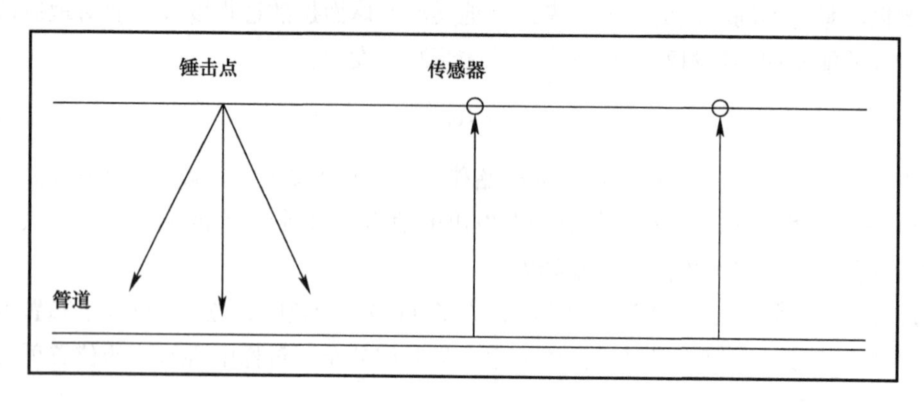

图 5-76 管道无露头探测的方法原理

在具体探测时，可将传感器以震源为中心呈环状布设，当地下没有管道隐伏时，各传感器的振幅一致；当地下埋有管道时，会出现某些方向传感器测得振幅偏高的特征，由此可以判定隐伏管道的存在及其位置。

由于地震波在土层与管道传播过程中能量损耗较大，决定了这种探测方法只适用于管径大且埋藏较浅的管道探测。在解析时，还可结合管道产生的频域特征作综合分析。

3）非金属污水管探测试验

项目概况：四川省乐山市某造纸厂工业污水治理。由于该管道埋藏多年，被农田改造、公路及城市扩建等诸多因素，反复填埋，且无完整的管线平面图。希望通过物探手段探测水泥管道系统中的平面位置及隐伏井口位置。

通过野外现场调查，发现该污水管道直径约 1m 的水泥管，管中水深为 30～40cm，水流较急。从个别裸露的井台得知，井台间距多为 60～70m，井口距管径上顶约 1～4m。井台为砖混结构。井口正对应水泥管的底部预挖 $1m^2$、深度 30～50cm，呈正方形的污水沉淀池。因此先用金属管线仪确定水泥管的平面位置，再用地震仪确定井口的具体位置。

（1）隐伏水泥管平面位置确定

考虑到金属管线仪无法直接寻找水泥管线，但对寻找金属电缆效果较好。我们利用水泥管中水流较急且水深较浅的特点，采用被污水冲击的塑料桶作动力漂浮物，在塑料桶绑上绳子、电缆线、测绳和金属三爪抓钩（外形为鱼锚状，钩抓尖朝向水流反方向），见图 5-77。

从已知井口放下塑料桶，顺水流方向缓慢地松开绳子，当测绳显示 100m 后，再用管线仪的夹钳，夹住电缆尾部进行直充电。然后在地表用管线仪来探测电缆，随即水泥管的平面位置就确定了。平面位置确定后，慢慢回收绳子，利用三爪铁钩钩管井连接处的方法，在所有铁钩所钩住的部位记录好测绳进尺并在地表对应点做好记号，通过排除法锁定 50～80m 的可疑点视为井台点。

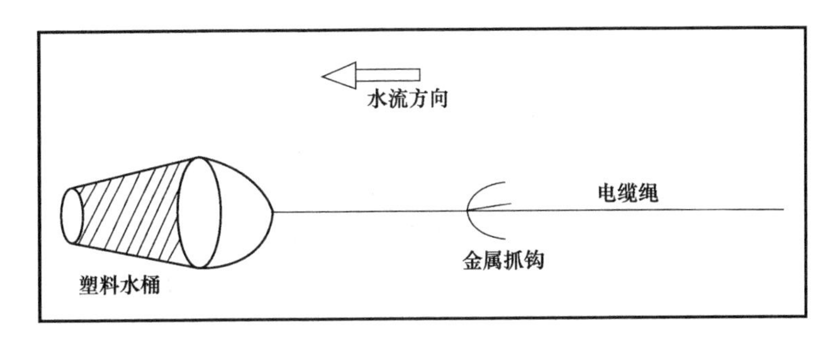

图 5-77 辅助工具示意图

（2）隐伏井口位置确定

对 50～80m 之间平面位置的几个可疑点，分别用地震仪进行甄别。观察地震波的变化，通常波头尖（埋深浅时）（图 5-78）可确定为井台的实地平面位置。

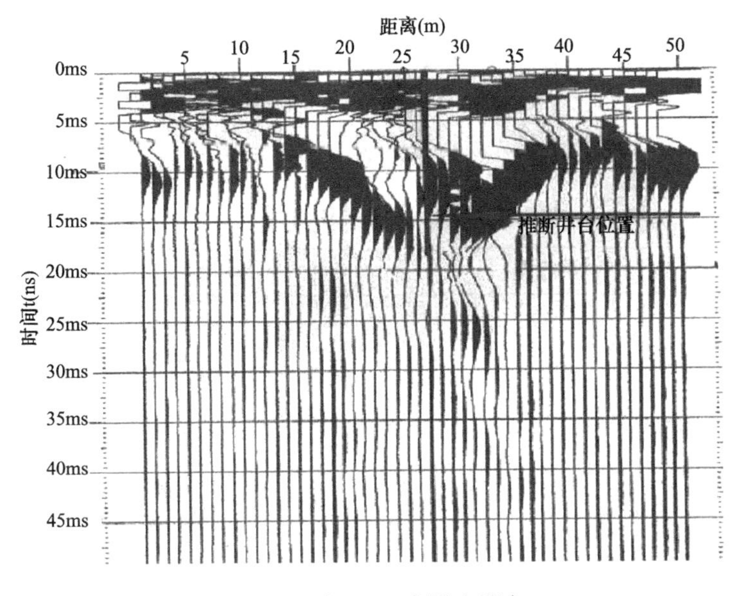

图 5-78 实测地震波

5.2.6 探测的问题与对策

对于非金属管道，由于主动源和被动源中都没有可接收的信号，因此会给管线探测工作带来一定的困难。管线探测仪对非金属管线探测效果不好。

5.2.6.1 存在的问题

（1）调绘法的不确定性

各个产权单位设计图往往在实际施工过程中有偏差。有些竣工图纸不是在管线覆土前实际施测的，且技术说明有些与施工操作不符；有些管线由于产权单位分管或生产人员调离，管线资料不曾交接，造成管线资料缺失。这就给管线点位置、埋深的确定带来不可靠性、盲目性。再者，存在很多未经规划审批的违章建设管线，调绘资料更是无从查起。

(2) 管线探测仪探测的不适应性

在非金属管块探测中如共通管线，在管线较多的情况下，由于所选探测设备功率大，信号强，灵敏度高，致使造成的干扰也强，使得所测管线埋深误差增大。有些混凝土管线即使插穿示踪线，由于埋深不一致，管径不相同，致使探测信号不稳定、不连续，使得管线点位置、埋深测定误差大。有些管线由于出入口太少，或没有出入口，无法穿插示踪线，致使管线探测仪无法探测。

(3) 地质雷达探测的局限性

基于地质雷达的特性，易受管线周围介质物理特性的影响，地质雷达对管径小于200mm或埋深大于2m的非金属管线探测效果不佳。

(4) 其他探测方法

对于有出入口的非金属管道可以采用示踪电磁法，其原理是将能发射电磁信号的示踪探头或导线送入非金属管道内，用接收机接收探头或导线发出的电磁信号，确定地下管道的位置。对于电力电信（塑料包层）管线及钢筋混凝土管道可采用电磁感应法，对于热力管道可采用红外辐射法。几种非金属管线探测方法对比见表5-2。

几种非金属管线探测方法对比 **表5-2**

探测方法	主要应用范围	优点	缺点
地质雷达	地下金属或非金属管线	应用范围广，方便快捷	常受管线周围地质条件限制，干扰信号较多
非金属管线探测仪	地下供水、排水、燃气等小口径非金属管道	对供水、排水、燃气等管道探测效果良好	适用的管线种类有限，管线在地面要有暴露点
记标标识法	地下金属或非金属管线	埋设简单，使用寿命长	不能显示埋设深度，时间长久记标容易丢失
示踪线标识法	地下非金属管线	简单实用，易于查找	不适用于已埋设管线，要与管线同时埋设

5.2.6.2 应对策略

针对上述存在的问题，应采用地质雷达、管线探测仪相结合的方法。对新建、修建、改建的管线可以通过强化规划审批程序的管理、竣工验收等方式予以解决，对已建好的管线可以采用多种探测设备、多种探测相结合的方法，多次探测，相互验证，综合评定，扬长避短，使探测结果能够达到精度要求。

(1) 严格管线工程的规划审批，加强施工管理

要严格各类地下管线的规划审批程序，要求产权单位提供翔实的管线设计图、施工图、技术说明资料等。加强管线的施工放样、验线管理及施工全过程的跟踪督导，要求权属单位强化施工过程中示踪线的埋设。加强规划区内的巡查力度，坚决杜绝无证施工的违章管线建设。

（2）加强竣工验收

竣工验收是地下管线信息系统动态管理的重要基础工作。地下管线普查工作完成后，形成的地下管线信息系统在动态管理过程中，对新建、修建、改建的管线，在覆土前通过竣工验收采集管线属性信息、空间数据，及时补充到管线信息系统，使其具有较强的现状性。

（3）地质雷达、管线探测仪相结合

用管线探测仪对管径大于200mm埋深小于2m非金属管线采用示踪线法、电磁感应法确定管线走向、平面位置以及埋深。使用地质雷达回波图像法进行验证，如混凝土管、工程塑料、复合塑料、玻璃钢等材质的给水、排水管线。

（4）管线探测仪与开挖、钎探方式相结合

用管线探测仪对管径小于200mm埋深大于2m非金属管线，使用示踪线法、电磁感应法及开挖、钎探等方式确定管线走向、平面位置以及埋深。开挖、钎探验证位置及埋深；声波传导法验证其走向，如：电力、电信、共通类管沟、燃气。

5.3 深埋管线

深埋管线，又称超深管线或特深管线，是指由非开挖敷设管道技术的采用，使得管线埋深普遍大于开挖埋管的深度，是指其管顶埋深大于3m的管线。

随着我国经济建设的发展，地下管线工程采用了大量非开挖新技术和新设备，发展速度很快。由于采用了水平定向钻等非开挖管线技术，出现了超长（＞300m）和超深（一般3～12m）的管线。虽然物探技术在工程勘察方面得到了极大的发展和进步，但非开挖超长超深管线的定位新难题值得进一步研究。

5.3.1 管线仪探测

电磁感应法是以地下管线与周围介质的导电性及导磁性差异为主要物性，根据电磁感应原理观测和研究电磁场空间与时间分布规律，从而达到寻找地下金属管线或解决其他地质问题的目的。管线探测电磁感应法不仅在近间距并行管线探测和非金属管线探测过程中发挥着巨大作用，对于深埋管线的探测，电磁感应法也具有其独特的优势。

1）深埋信息管线探测

（1）管线埋设的基本情况

试验地点位于上海某地，试验对象为非开挖工艺敷设的信息管线，目标管线沿线近距离有上话、煤气等多种类型不同埋深的管线并行，且目标管线埋深均大于其他管线。试验通过导线穿越管线，采用充电法、单端连接、水平双线圈进行探测，仪器采用RD4000管线仪。图5-79为本次试验测线布置示意图。在信息井4号和5号之间共布置了四条测线。

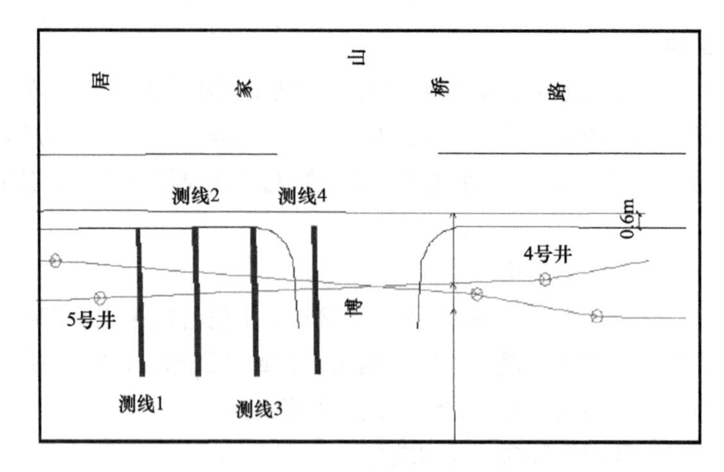

图 5-79 测线布置示意图

（2）试验结果分析

试验采用不同的测试参数如频率、增益及功率等，采用70%法测试深度对试验结果进行分析。图5-80～图5-83为四条测线的实测剖面，由图可见当非开挖深度较浅时电磁感应法探测效果明显，两种工况下深度测量及水平定位相差不大（图5-80），随着深度的增加，并行管线的干扰信号越来越强，实测剖面曲线波动较大。

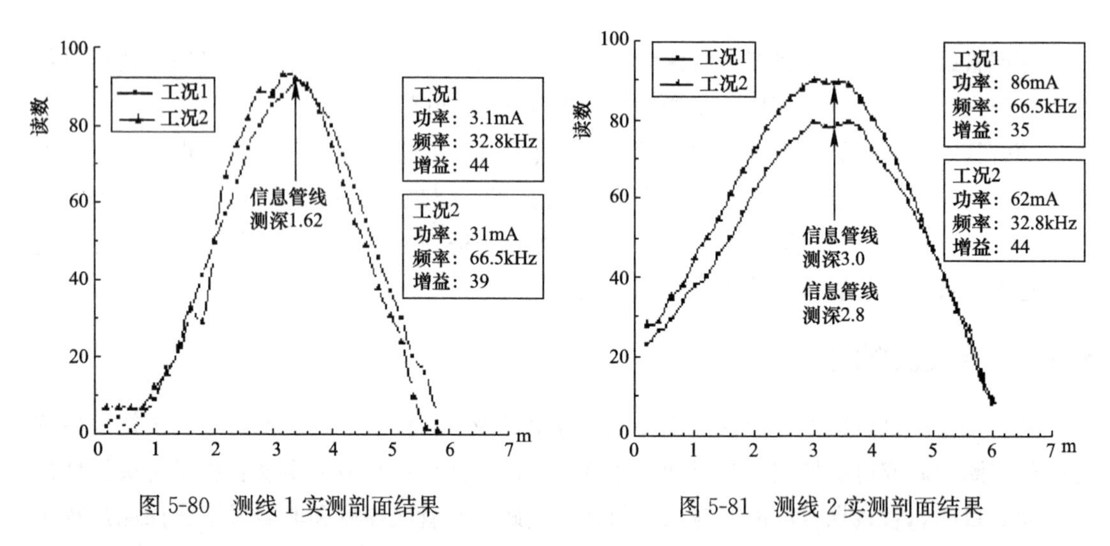

图 5-80 测线1实测剖面结果

图 5-81 测线2实测剖面结果

2）深埋电信管线探测试验

（1）管线埋设的基本情况

试验地点位于上海某地，试验对象为非开挖工艺敷设的电信管线，目标管线沿线无其他管线并行，但管线埋设较深。试验通过导线穿越管线，采用充电法、单端连接、水平双线圈进行探测，仪器采用RD4000型管线仪。图5-84为本次试验测线布置示意图，试验共布设五条测线，测线间距为10m。

（2）试验结果分析

本次试验采用了不同的频率、增益及功率等参数，利用70%法测试深度对实验结果进行正演分析。图 5-85～图 5-89 分别为五条测线的实测剖面。从试验结果可以看出，该管线无其他并行管线干扰，曲线表现为典型的单峰异常，归一化后剖面各工况测试曲线一致。

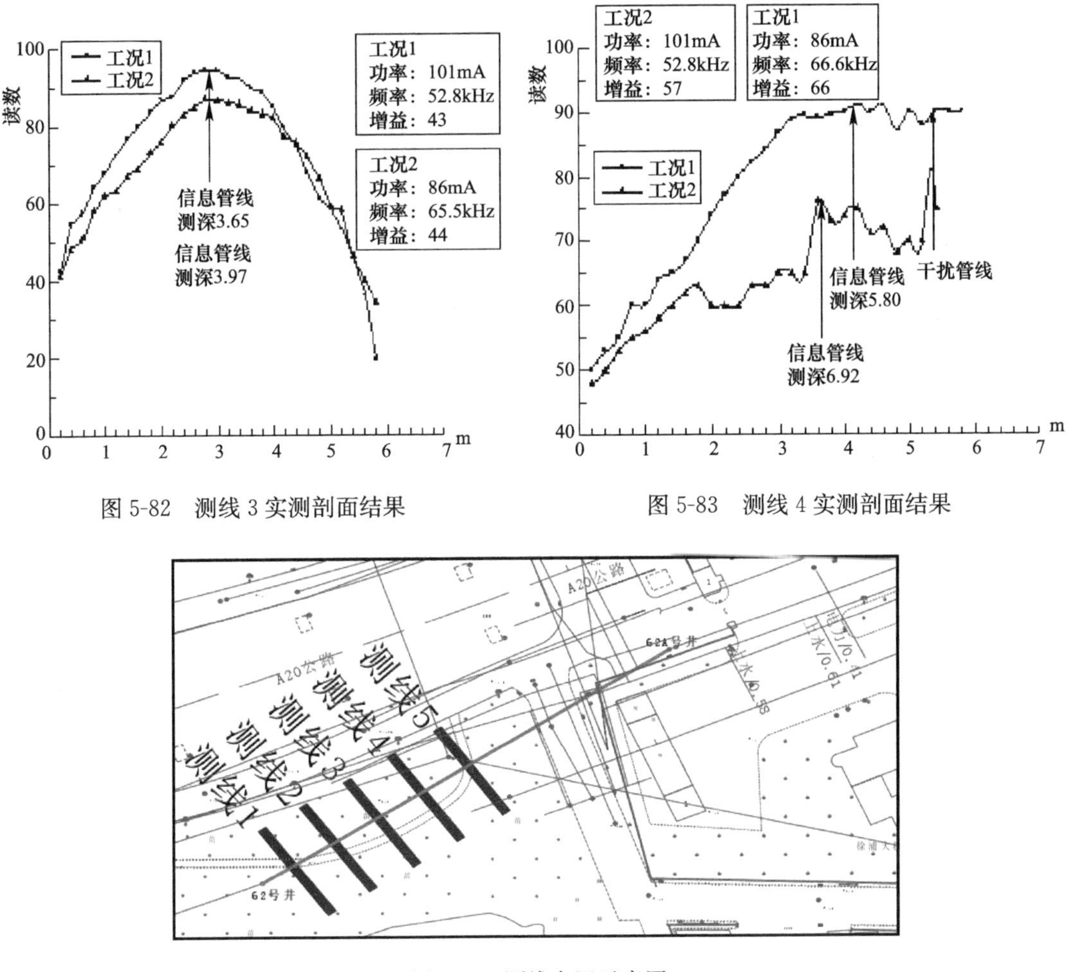

图 5-82　测线 3 实测剖面结果

图 5-83　测线 4 实测剖面结果

图 5-84　测线布置示意图

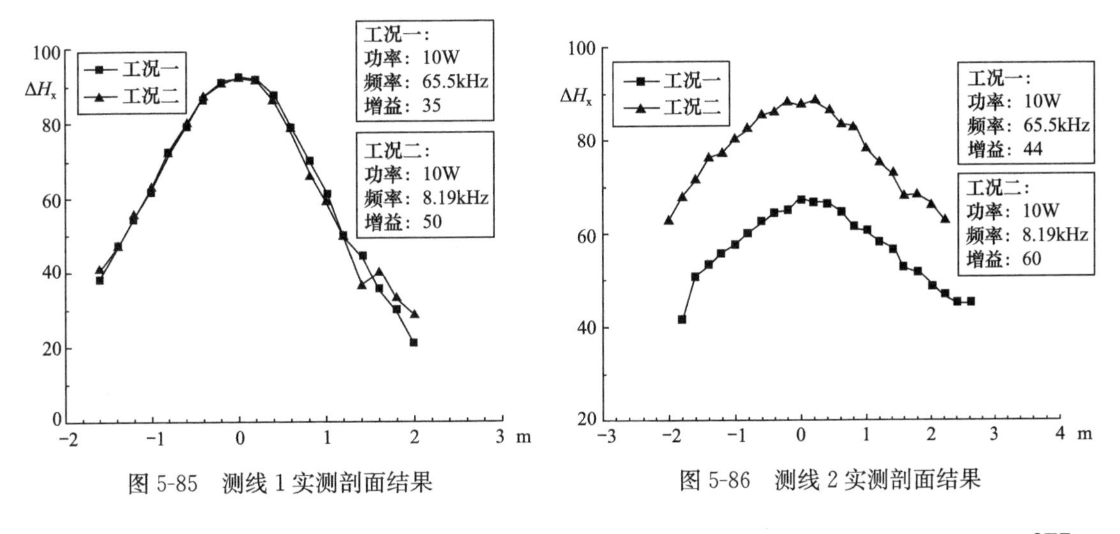

图 5-85　测线 1 实测剖面结果

图 5-86　测线 2 实测剖面结果

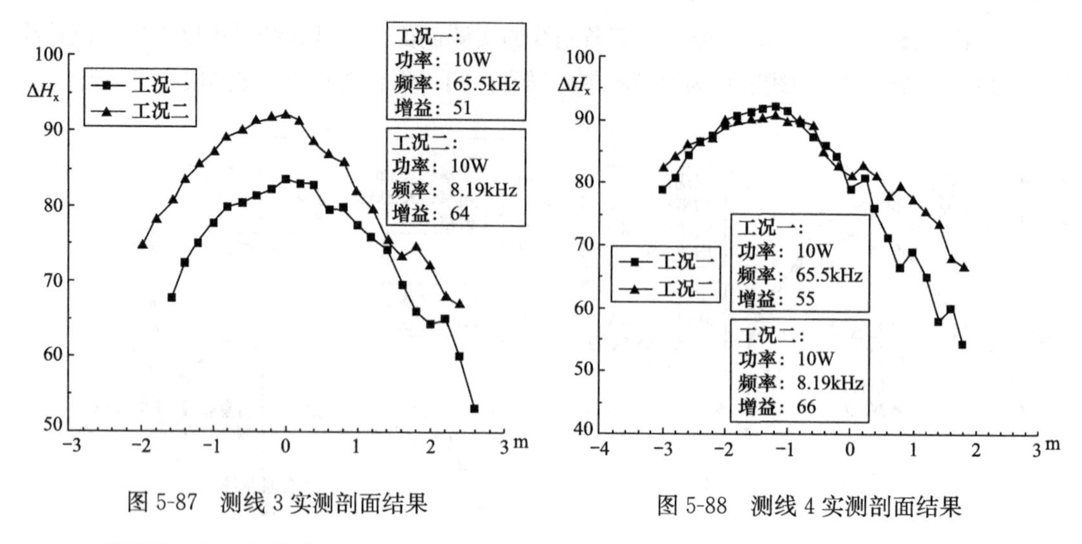

图 5-87　测线 3 实测剖面结果

图 5-88　测线 4 实测剖面结果

3）深埋钢质工业管线

广州北部，跨越 280m 河流的 ϕ273 钢质工业管线（图 5-91），水平定向钻施工，穿越深度为 12m。其中远端接地直连法如图 5-90 所示。在探测时需注意远端接地距离要超过 100m，功率尽量要大，工作频率一般小于 1kHz，接地电极入土要深，一般多于 1m。

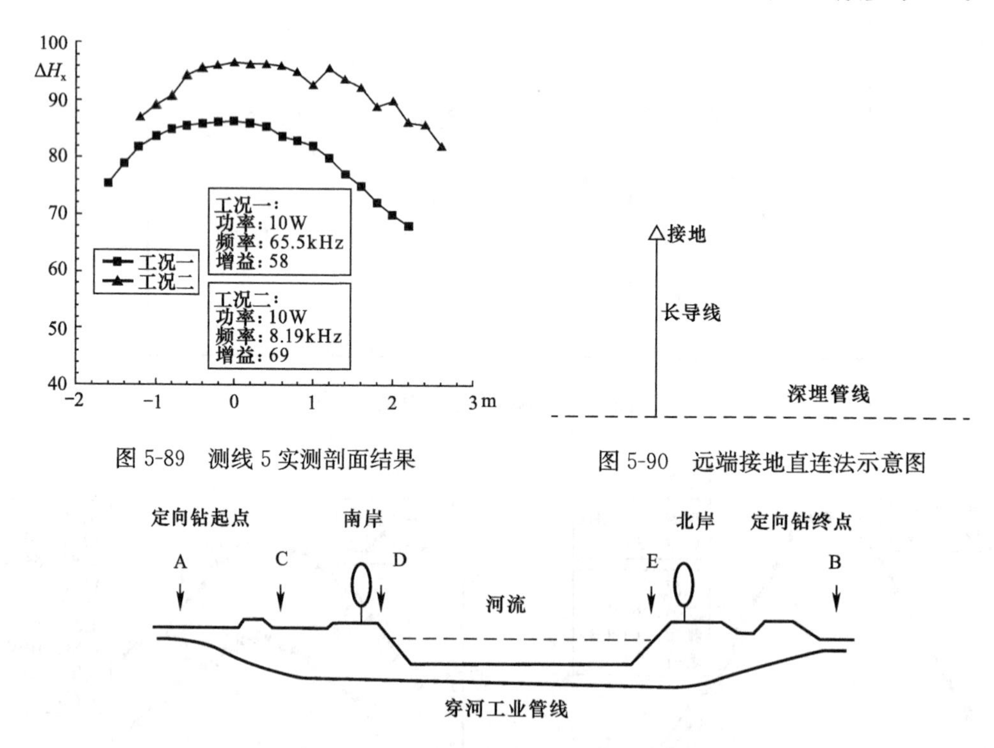

图 5-89　测线 5 实测剖面结果

图 5-90　远端接地直连法示意图

图 5-91　广州某地穿河工业钢管示意图

采用远端接地直连法，RD400PXL-2 仪器，连接靠近 A 点的开关房内阀门，垂直管线走向 200m 处接地，在 C、D、E 点均测到管线信号，虽然信号不是很强，但峰值法、零值法及抬高接收机均相互验证，测得埋深 11.7m，并可追踪到已知 B 点处，方法有效。

4）深埋管线探测的结果分析

（1）当无近间距并行管线干扰时，对于金属非开挖管道，如有露头，则采用夹钳法或充电法测试，剖面能够明显反映出峰值异常，且信号稳定，宜采用较高频率进行测试。

（2）当无近间距并行管线干扰时，对于非金属管道，如信息、电信等管线，通过非金属管道内穿入金属示踪导线，采用充电法或夹钳法测试，信号均较稳定，且充电法测试收发距较夹钳法大，能够较长距离的确定管道位置。

（3）当非开挖管线有近间距并行管线时，对于非金属管道，如信息、电信等管线等，感应法测试信号干扰强烈，剖面测试曲线表现为双峰或多峰异常，不同频率及不同仪器测试差异较大。当非开挖管线埋深较大时，受浅部并行管线干扰，采用增大电流及倾斜压线或垂直压线法，干扰信号压制效果均不甚明显。

（4）当非开挖管线由近间距并行管线为两根并行管道时，可以通过不同的压线方法先确定出直埋管道（干扰管道）的位置及埋深，以便减少正演或反演的模型参数，然后通过全曲线正演或反演计算，从而确定出非开挖管道的位置及埋深，提高探测精度。

5.3.2 地质雷达法

地质雷达法由于频率高、探测深度浅，通常很难满足深埋管线的探测要求，只有在特定条件下，才能取得一些效果。下面举例说明。

图 5-92 是采用 200MHz 天线在广州市某道路上探测一条 $DN400$ 给水混凝土管的雷达图像。埋深为 2.45m，异常的双曲线特征较明显，但是幅值偏弱，可能是南方地下水位较高，土壤潮湿，对电磁波的衰减率大。所以，探测较深的管线时应采用低频天线，但探测更深的管线，地质雷达很难满足要求。

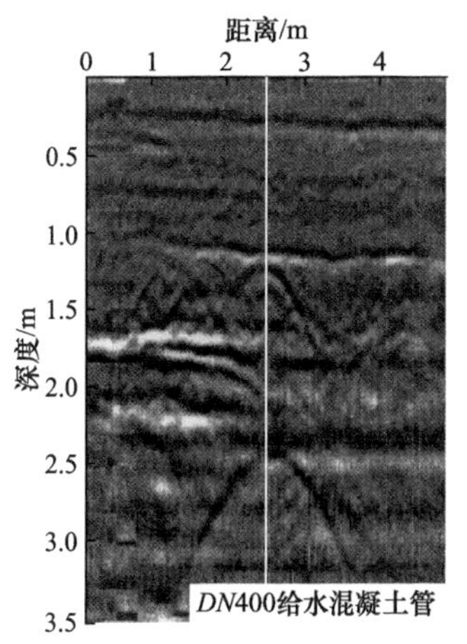

图 5-92 较大埋深混凝土管的地质雷达异常

5.3.3 瞬变电磁雷达

瞬变电磁雷达发射功率大、频率低，在探测深埋地下管线时有其独特的优势。

在目标体埋深较大时可采用大定回线源装置进行探测，充分利用定源大线框发射激发，采用小线框扫描式移动采集，以达到探测深部异常体的目的。该装置在城市内可解决深部管线和地铁上覆地质情况的探测问题。大定回线源分为框内法和框外法，这里举例框内法探测试验。

试验在昌平南口实验基地进行，利用 2011 年 5 月埋设的混凝土管线、球墨铸铁管、钢管，同时和常规地质雷达进行比较试验。各种管线实际的物理模拟试验场布置如图 5-93 所示。

本次试验的现场测线布置如图 5-94，测线距边线 2m。图 5-95 为美国劳累 GSSI 型雷达 100MHz 天线、意大利 IDS 型雷达 80MHz 天线探测图谱，两个雷达均未探测到管线，此处钢管埋深在5m以下。图5-96、图5-97为大定回线源框内法扫描临近两条测线探测结果，在管线埋设处有明显的异常。参数设置：发射线框10m×10m，2匝，频率6.25Hz；接收线框30cm×30cm，150匝，采样率26kHz，道数330。

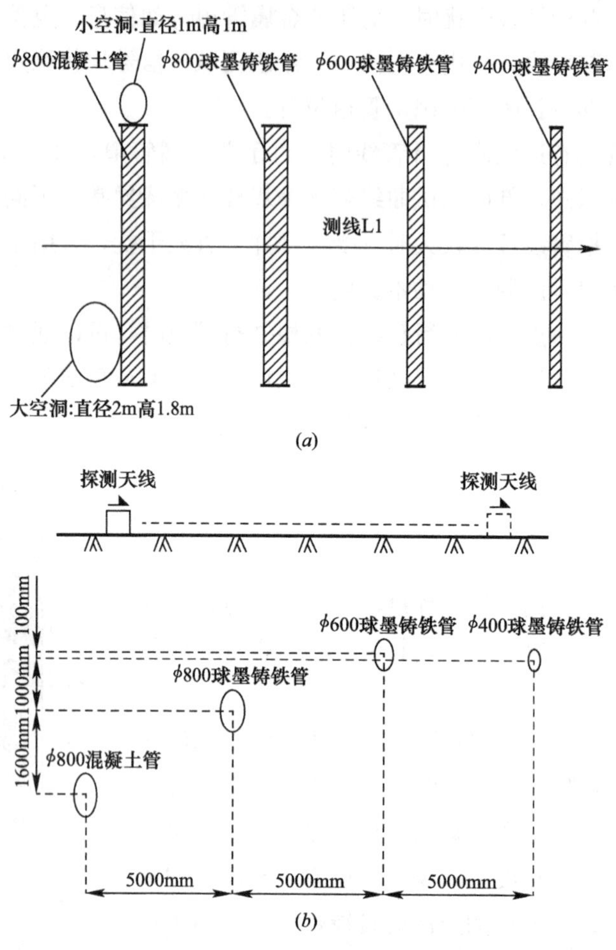

图5-93　昌平南口物理模拟试验场布置

（a）平面图；（b）纵面图

模拟试验场框内法布置图(2016.05.12)

图5-94　昌平南口模拟试验场测线布置

本次试验说明大定回线源框内法对深部管线探测有非常明显的效果。

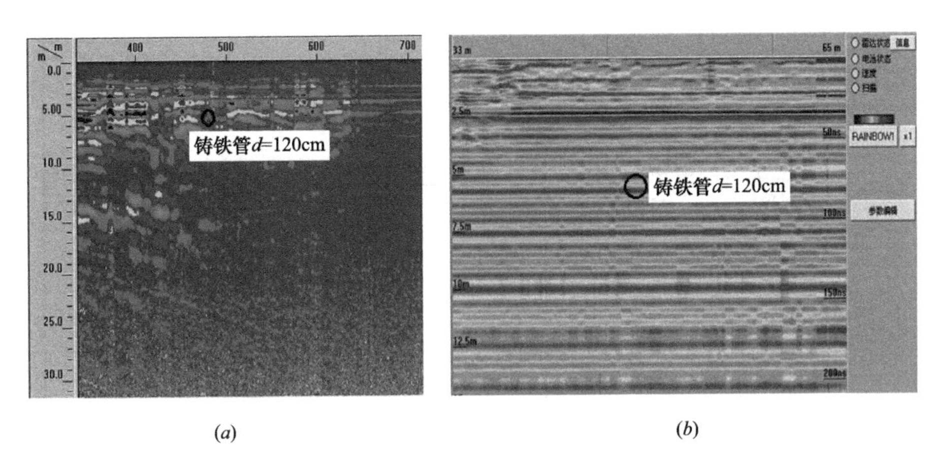

(a) (b)

图 5-95 常规地质雷达探测结果

(a) 美国劳雷 GSSI 型雷达 100MHz 天线的探测结果；(b) 意大利 IDS 型雷达的 80MHz 天线的探测结果

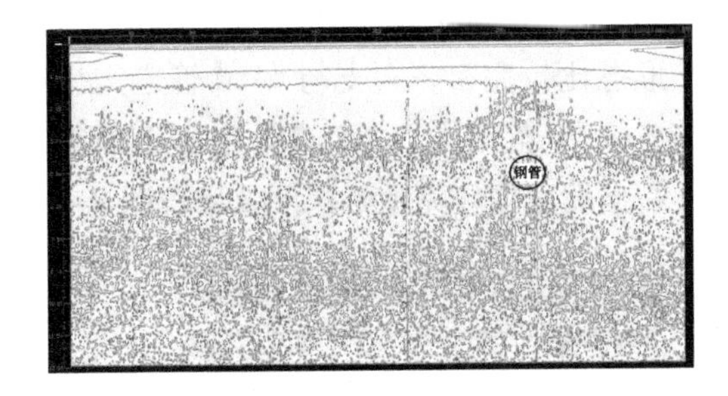

图 5-96 测线 1 测试预处理结果图

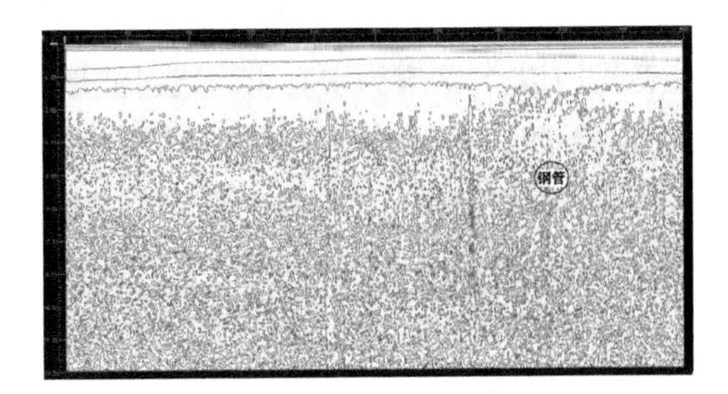

图 5-97 测线 2 测试预处理结果图

5.3.4 地震映像法

地震波法探测的基本原理是利用不同介质有其不同的波阻抗值（密度、速度），可产生弹性界面，当界面两侧的弹性波速度和波阻抗差达到一定程度时，地震波法探测即会取得满意的探测效果。在地下管线探测中，地震映象法是一种比较常用的探测技术，利用地下管道与其周围介质之间的面波波速差异，测量不同频率激振所引起的面波波速，可探测埋设较深且口径较大的金属或非金属管道。

1）深埋排水管线探测试验

（1）管线埋设的基本情况

试验位置位于上海某地，目标管线为排水管线，试验共布置四条测线。其中，测线 1 和测线 2 目标管线为管径为 ϕ1350 的排水管线，管线埋深为 5.65m，有一条管径为 ϕ450 的不明管线与之并行；测线 3 和测线 4 目标管道为 ϕ2000 的排水管线，管线埋深为 5.97m，亦有一条管径为 ϕ450 的不明管线与之并行，测线布置详见图 5-98。试验采用地震映像法，试验参数：检波器 4.5Hz；偏移距 5m；道间距 0.5m。

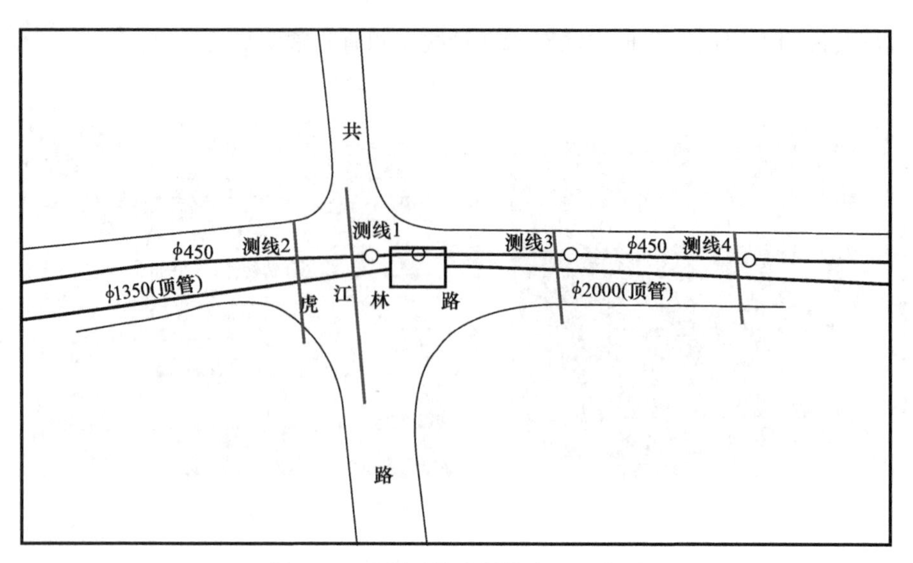

图 5-98 地震映像法测线布置示意图

（2）试验结果分析

图 5-99 和图 5-100 为测线 1 和测线 2 地震映像剖面图，从图 5-99 可以看出，在 0.1～0.2s 范围内以 N28 道为中心出现绕射波形，左支形态比较完整，右支与 ϕ450 管道产生绕射波产生干涉，波形不完整。图 5-100 表明在 0.1～0.2s 范围内以 N8 道为中心出现绕射波形，该测线区域由于距 ϕ450 管道较远，因此左右支发育均较完整，探测效果较明显。

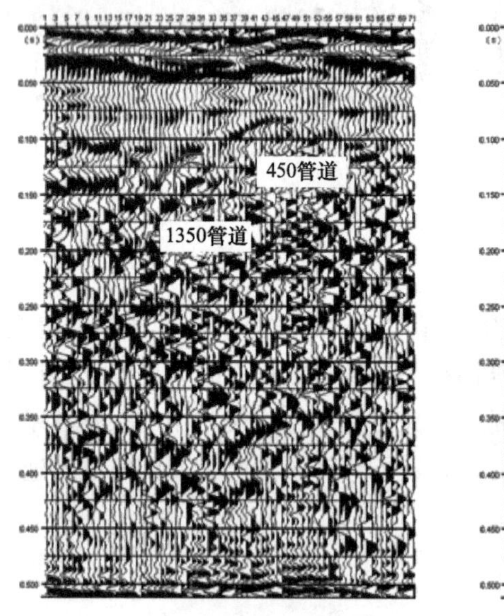

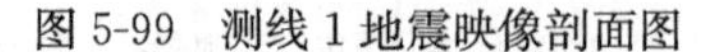
图 5-99 测线 1 地震映像剖面图

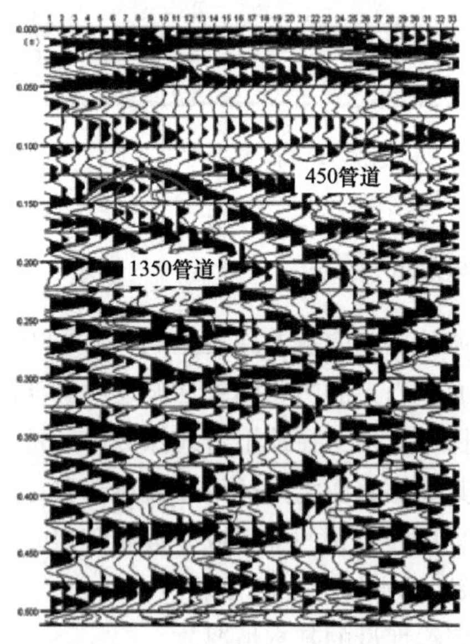

图 5-100 测线 2 地震映像剖面图

图 5-101 和图 5-102 为测线 3 和测线 4 地震映像剖面，从图 5-106 可以看出，在 0.07～0.2s 范围内以 N18 道为中心存在绕射，左支发育相对完整，右支由于受到其他管道窨井绕射波的干涉，形态不规则。图 5-102 表明在 0.07～0.1s 范围内以 N21 道为中心存在绕射，左支发育相对完整，右支由于受到其他管道窨井绕射波的干涉，形态不规则。

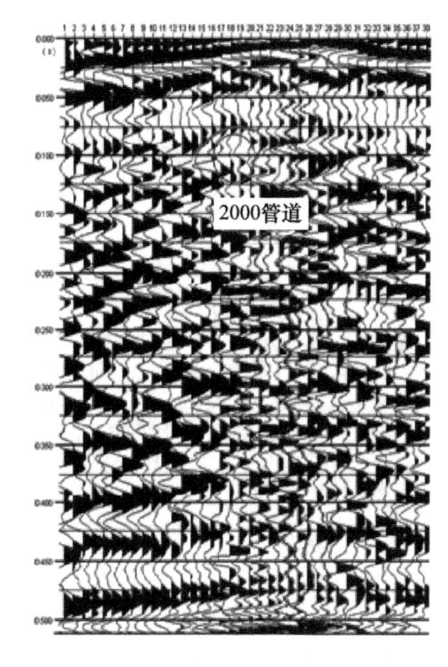

图 5-101 测线 3 地震映像剖面图

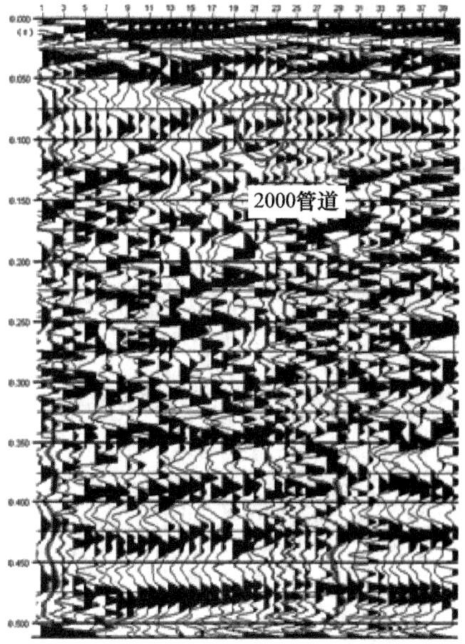

图 5-102 测线 4 地震映像剖面图

2）深埋信息管线探测试验

（1）管线埋设的基本情况

试验位于上海某地，目标管线为非开挖工艺敷设的信息管线，试验采用地震映像法进行，试验参数：检波器 4.5Hz；偏移距 5m；道间距 0.5m。共布设两条测线，测线布置详见图 5-103。

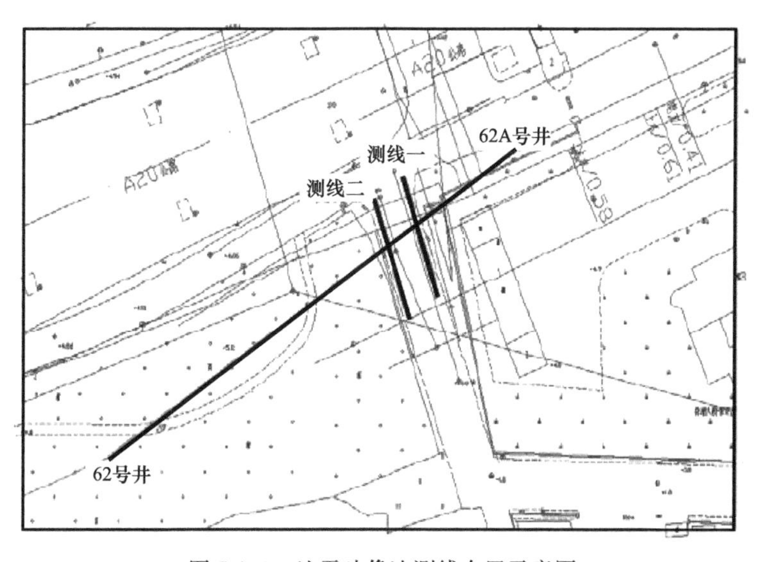

图 5-103 地震映像法测线布置示意图

（2）试验结果分析

图 5-104 为测线 1 的地震映像剖面图，图中可以看出在 0.15～0.25s 范围内以 N51 道为中心出现绕射，但由于该处目标体非单纯的圆柱状，为束状目标体，根据惠更斯原理，

各绕射波之间干涉削弱了整体形态，反映能量不如圆柱体产生的绕射波强。

图 5-105 为测线 2 的地震映像剖面图，表明在 0.08～0.15s 范围内以 N50 道为中心出现绕射，由于该处上覆介质不均匀，面波在地层中传播很不规则，剖面反映波形比较杂乱，探测效果不明显。

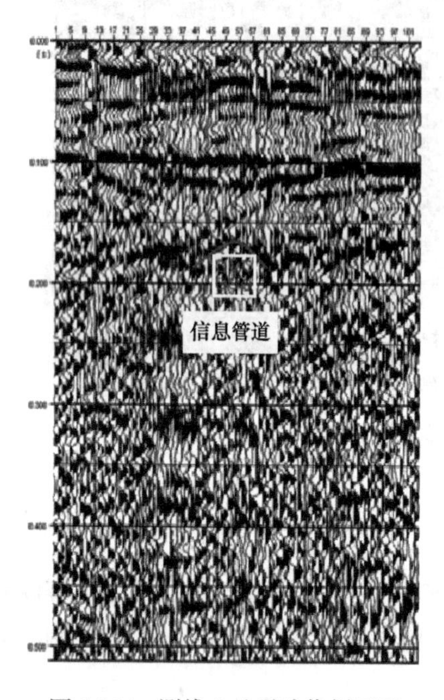

图 5-104 测线 1 地震映像剖面图

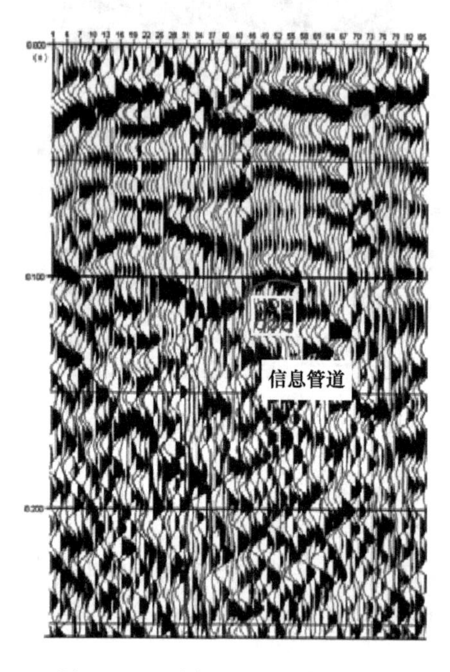

图 5-105 测线 2 地震映像剖面图

3）深埋天然气管道探测试验

试验位于上海某地，目标管线为非开挖工艺敷设的天然气管道，试验采用地震映像法进行，试验参数：检波器 4.5Hz；偏移距 6m；道间距 0.5m。共布设两条测线，测线布置详见图 5-106。

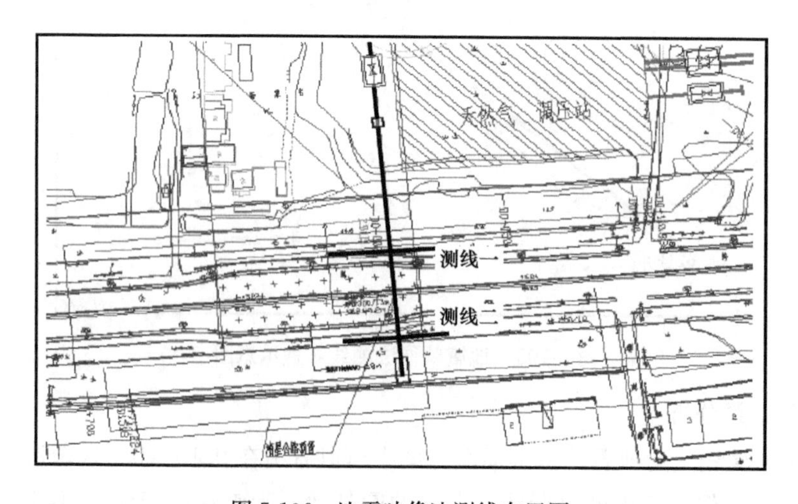

图 5-106 地震映像法测线布置图

图 5-107 可以看出，在 0.12～0.2s 范围内，以 N57 道为中心出现较强、左右两支对称的绕射波组，明确反映下部存在管道，探测效果明显。

图 5-108 表明剖面管道产生的绕射不强，这是由于上覆介质产生干涉所致，在 0.06～0.15s 范围内存在一组很强的面波，可见在 61 道开始至 80 道波形发生畸变，且下部有不连续强能量波组出现，推断该段区域下部就为管道所处区域，上部波组干涉了管道产生的绕射波组。

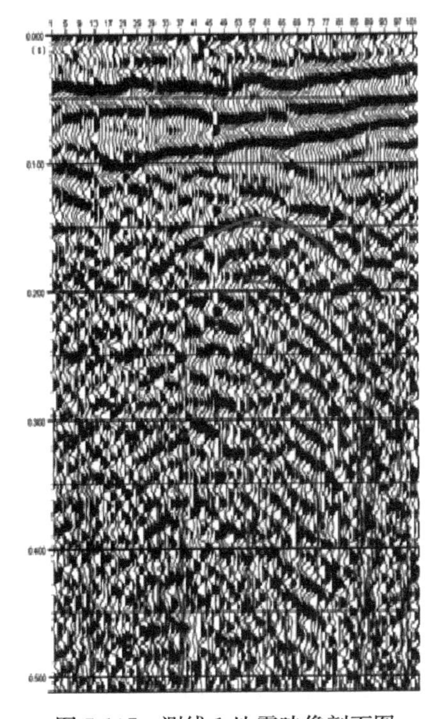

图 5-107 测线 1 地震映像剖面图

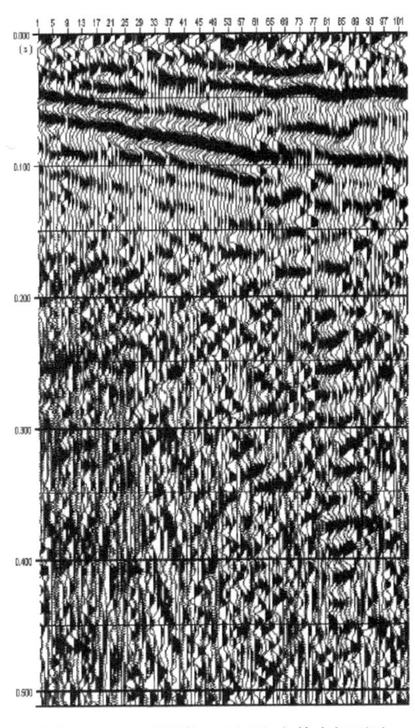

图 5-108 测线 2 地震映像剖面图

4）管线探测结果分析

（1）采用地震映像法测试非开挖管道时，测试剖面出现较为明显的绕射波形，尤其是雨污水等大直径管道。当有间距较近多条管道时，绕射波的半支会受到其他管道产生绕射波的干涉，导致波形出现异常。当多条管道间距较大时，测试剖面产生多条管道的绕射波形，从而能够较为清晰地判别各管道位置。

（2）当非开挖管道为非单纯的圆柱状，如束状目标体，各绕射波之间干涉会削弱绕射波形整体形态，反射能量不如圆柱体产生的绕射波强。

（3）采用地震映象法测试非开挖管道不可避免会受到激发条件以及地层条件的影响，当地表为厚混凝土层等，同时激发的能量不足时，会导致不能形成能量较强的波组，从而难以判别管道的反映。当地下介质分布不均匀，较为杂乱时，亦会对波形产生干扰，通常在道路等处测试时，会由于地基处理时局部处理方法不同，使得测试结果会有较大的差异。

（4）城区水上地震映象法测试时会受到作业条件的限制，如河道较窄、水深较小，以及因上部架空线路影响无法用吊车将测试船吊装下水等条件限制。同时，会由于所测管线的管径较小，且水域地震本身条件的限制，如多次波干涉、激发能量不强以及水底强反射对下行波能量的削弱等原因，使得测试效果不明显。

5.3.5 管道惯性定位陀螺仪

1）工作原理：陀螺仪管道测绘系统又称惯性导航系统（inertial navigation system，INS)，是一种推算式的导航方式。通过惯性传感器不断对载体运动产生的惯性数据进行测量，实现对载体任意时刻位置和姿态的计算。

陀螺仪用来感应机体相对于绝对静止坐标系的角速度或角度变化，通过反馈或计算机的运算，加速度计所测量的加速度信息就可以在相对于惯性坐标系没有角度偏转的情况下，实现载体相对于惯性坐标系加速度的测量。然后将导航坐标系下测得加速度信息经过运算、解算得到地速信息，地速信息再次运算可以得到地面上的位移变化。

2）可解决的管线定位问题：可解决孔径大于 90mm 两端开口的各类管线定位问题，不受地形限制和埋深限制。

3）探测要求：管道两端均为开口，且管内无杂物，管径不能小于 90mm。

4）精度分析：采用陀螺仪管道测绘系统的探测误差与被测管道的长度成正比，管道越长，误差越大，大约是管道长度的 0.2%，其误差的最大点在被测管道的中部，不受外界环境干扰。

在深层管线探测过程中，因工程地质、水文地质条件的原因，地质雷达探测效果无法满足生产需要。在地下水较高的地区及遇到桥梁、下穿建筑物及水面等传统探测方法无法获取数据的地方，一种基于惯性技术的地下管线测量系统（地下管道惯性定位陀螺仪）有良好的测绘效果，如图 5-109、图 5-110 所示。

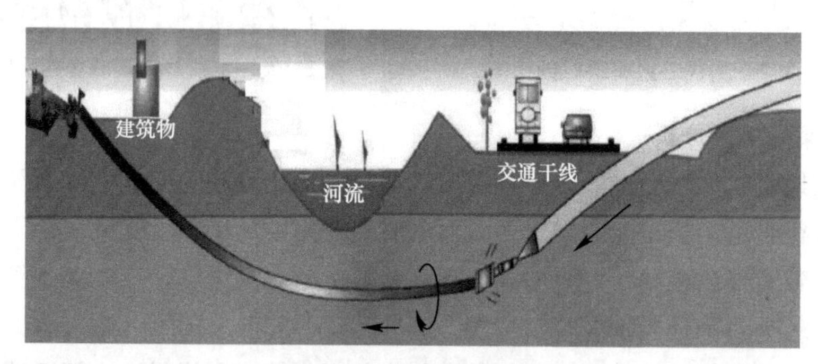

图 5-109 惯性定位系统

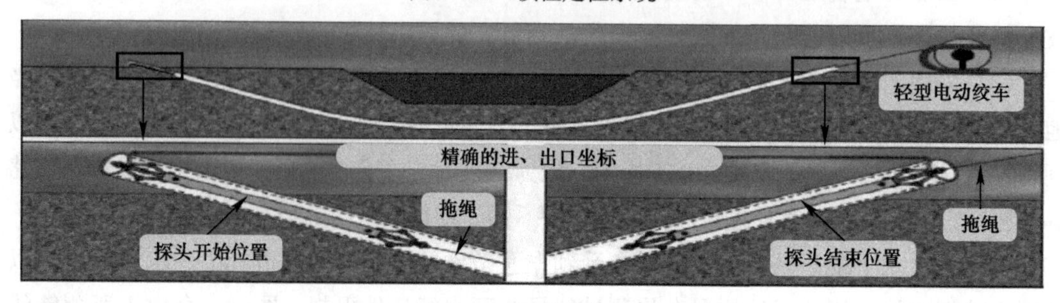

图 5-110 惯性定位系统

惯性定位系统：(1) 管内测量：不受地理环境和管线埋设影响；(2) 无需激发信号：不受管线材质和外界干扰；(3) 采集点密集：连贯性好，避免管线小弧度的改变路径；(4) 不受周边环境、管线材质及埋深的影响；(5) 抗干扰性强、精度高。

5) 惯性定位系统提高精度的方法

(1) 人为误差

主要来源于操作过程，在仪器到达起终点位置，由于惯性导致仪器端头超过管口；使仪器测量长度大于管道实际长度，导致测量精度降低，如图 5-111 所示。

解决方法：在牵引绳的接近仪器端进行一定距离的标记，保证操作过程中能够提前知道仪器目前的位置，从而放慢速度，避免仪器超出预定位置，并采用多次测量的方法来克服这种偶然误差。

(2) 测量误差

主要来源于管口位置定位过程，如图 5-112 所示。

图 5-111　仪器端头接近管口

图 5-112　管口位置与井盖位置相差太远

解决方法：采用导向仪的探棒置于管口上方，通过对探棒的定位来确定管口在地面上的投影位置及埋深，再对该投影点进行图根点的测量标准进行采集。

(3) 仪器运行中的离心力

由于拉管有一定的弧度，仪器在前进过程中会产生一定离心力，该离心力会影响到陀螺仪的方位测量，如图 5-113 所示。

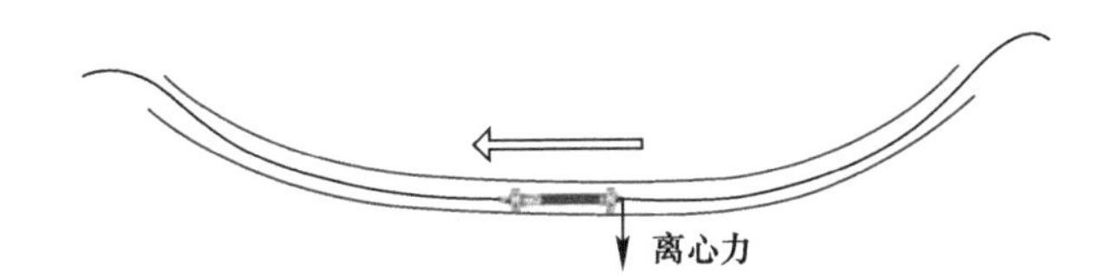

图 5-113　仪器运行中的离心力

解决方案：多次反向测量取平均的方法；从起点到终点进行一次前进后退的一个测量测回，然后将仪器调头进行一次后退前进的一个测量测回，四次平均减小误差。

参 考 文 献

[1]　陈穗生．管线探测四大难题的探测要点 [J]．工程勘察，2007 (7).

［2］ 曹俊彦．浅谈城市地下管线常用的探测方法［J］．江西测绘 2018（3）．
［3］ 刘占林，张瑞卫．浅谈城市地下管线探测方法［J］．现代测绘，2014，37（5）．
［4］ 曹震峰，张汉春，葛如冰．城市新型地下管线的探测方法及其应用［J］．勘察科学技术，2009（4）．
［5］ 熊俊楠，孙铭，彭超等．基于探地雷达的城镇燃气 PE 管道探测方法［J］．物探与化探，2015，39（5）：1079-1084．
［6］ 刘春明，邓小军，刘庆元．金属探测仪在钢筋混凝土排水沟（管）探测中的应用［J］．测绘通报，2016（S1）：110-112．
［7］ 梁枥文．城市小区复杂地下管线探测试验研究［D］．西北大学硕士论文，2018，6．
［8］ 李志华，徐德印，王康平，张恩义．铁路地下管线探测若干问题探索与实践［J］．铁道工程学报，2009，125（2）．
［9］ 钱荣毅，王正成，孔祥春，纪勇鹏．探地雷达在非金属管线探测中的应用［J］．市政技术，2004，22（5）．
［10］ 闫振宁，于会山，宋审宇．地下非金属管线探测方法分析［J］．聊城大学学报（自然科学版），2009，22（1）．
［11］ 肖良武，贾向炜，李英杰．埋地非金属（PE）管线探测新技术［J］．测绘通报，增刊，2013．
［12］ 刘春明．非金属管线探测的方法概述［J］．城市勘测，2018 年 11 月增刊．
［13］ 胡勇．运用物探方法探测隐伏非金属管线的研究［J］，四川地质学报，增刊，2015，35 卷．

6 管内机器人探测

20 世纪 70 年代以来，石油、化工、天然气及核工业等产业迅速发展，各种管道作为一种重要的物料输送设施，得到了广泛应用。由于腐蚀、重压等作用，管道不可避免地会出现裂纹、漏孔等现象。而管道所处的环境往往是人们不易或不能直接接触的。因此，管道的检测和维护，成了工业生产中的一道难题。传统的管道检测方法有全面挖掘法、随机抽样法等，这些方法均存在工程量大、准确率低等缺点。因此，管道机器人应运而生。

一般认为，法国的 J. VRERTUT 最早开展管内机器人理论与样机的研究，他于 1978 年提出了轮腿式管内行走机构模型 IPRIVO，20 世纪 80 年代日本的福田敏男、细贝英实、冈田德次、屈正幸、福田镜二等人充分利用法、美等国的研究成果和现代技术，开发了多种结构的管内机器人。韩国成均馆大学的 Hyouk R. C. 等人研制了天然气管道检测机器人 MRINSPECT 系列。我国管内机器人技术的研究已有 30 余年的历史，哈尔滨工业大学、中国科学院沈阳自动化研究所、上海交通大学、清华大学、浙江大学、北京石油化工学院、天津大学、太原理工大学、大庆石油管理局、胜利油田、中原油田等单位进行了这方面的研究工作。

早在 20 世纪五六十年代，随着以油气管道为代表的大口径管道敷设工程的迅速发展，管道运行事故频繁发生，引起了人们对管道检测和维护的高度重视。美、英、法、德、日等国家相继开展了以长距离管道的清理及检测为目的的自动机械研究。最具代表性的是一种无动力的管内清理及检测设备——PIG，它靠设备首尾两端管内输送介质的压力差来提供行走动力，用相关仪器或装置完成管内清理或管况质量检测。一般认为，PIG 是管道机器人的最初萌芽。

20 世纪 70 年代，核工业等部门的管道和罐状容器的维护及检测需求刺激了管道机器人技术的研究和发展。同时，石油、天然气工业的发展也为其提供了广阔的应用前景。

20 世纪 80 年代以来，随着计算机、传感器、控制理论及技术的迅速发展，又为管道机器人的研究提供了技术保证，用于管道检测、探伤、维护、管内加工等用途的机器人试验样机及商业化产品的种类和数量不断增加。

6.1 管道机器人概况

管道机器人是机器人大家族中的一个成员，其通过携带的机电仪器，能够完全自主或在人工的协助下完成特定的管道作业，一般由机械和电子两大部分组成。机械部分使得机器人能够携带必要的传感器和其他设备沿管道行走，是管道检测设备的载体。电子部分又包含传感器部分和控制部分；传感器根据其功能的不同，采集相关的数据作为缺陷检测数据或者机器人控制器的决策数据；控制机器根据传感器数据控制执行机构，协调机械部分的运动，控制机器人携带的机电设备的启停，完成诸如管道探伤、防腐涂层检测及涂敷、管内异物识别及清除、管内加工等任务。

6.1.1 管道机器人分类

管道机器人按照能源供给方式分为有缆方式（如 CCTV 管道机器人）和无缆方式（如“管道猪”）两种。

按照驱动方式又可以分为介质压差驱动的管内作业机器人和具有自主行走能力的管内移动机器人。而具有自主行走能力的管内移动机器人分成轮式管内移动机器人、履带式管内移动机器人、蠕动式管内移动机器人和步行式管内机器人等类型。

（1）轮式管内移动机器人

在汽车等轮式交通工具的启发下，人们很自然地想到管道机器人可以采用轮式驱动方案。实际上，由于轮式行走具有结构简单、行走连续平稳、速度快、行走效率高、易于控制等诸多优点，使得目前已开发出的管道机器人大多数为轮式驱动方式，轮式管内移动机器人也是工程管道用机器人实用化程度最高、数量最多的一种。但在管道布置复杂的情况下，轮子很容易卡住或者遇到管道弯曲半径较小时机器人容易倾翻。

由于轮式驱动管道机器人行走动力来源于驱动轮与管壁间的摩擦力，所以潜在驱动能力的大小取决于驱动轮与管壁间的正压力。为了获得较大的驱动力，一般采用弹簧力、液压或气动力、磁力、重力等将驱动轮紧压在管壁上，以获得较大的接触正压力。在科技文献上常把驱动轮与管壁间的这种压力叫作封闭力，产生封闭力的机构叫作力封闭机构。驱动轮子转动时，驱动轮与管壁间的附着力产生机器人行进的驱动力，从而实现了机器人的管内移动，这就是轮式管内作业机器人行走的基本原理。

（2）履带式管内移动机器人

为使管道机器人在油污、泥泞、障碍等恶劣条件下达到良好的行走状态，人们研制了履带式管道机器人。履带式管内移动机器人系统主要包括以下三个组成部分：履带式管内移动机器人本体模块，收放线装置模块和控制系统模块。通过三个模块的配合来实现履带式管内移动机器人的移动。履带式载体具有附着性能好，越障能力强，并能输出较大的拖动力等优点；但由于结构复杂，不易小型化，转向性能不如轮式载体，两轮机构稳定性差，容易发生倾覆等原因，此类机器人在管道内应用较少。与轮式管内机器人移动机构类似，履带式管内机器人移动机构也可分为一般履带式管内机器人移动机构及其派生机构。

（3）蠕动式管内移动机器人

参考蚯蚓、毛虫等动物的运动，人们研制了蠕动式管道机器人，机器人的运动是通过身体的伸缩（蠕动）实现的。其运动节拍是：首先，尾部支承，身体伸长带动头部向前运动，然后，头部支承，身体收缩带动尾部向前运动，如此循环实现机器人的行走。此种机器人管道内移动速度慢且波动大，平稳性差。

(4) 步行式管内机器人

管内步行式机器人，其行走过程如图 6-1 所示，通过左右两侧脚锁死和前后腿的机构变化实现机器人在管内的行进。但该机构较复杂，而且控制起来较繁琐。

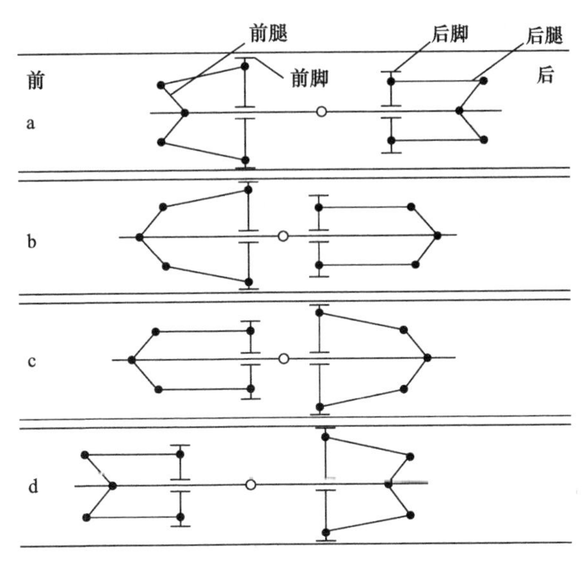

图 6-1 步行式管内机器人

(5) 流动式机器人，这类机器人没有驱动装置，只是随着管内流体流动，属于不需要消耗能源的被动型机器人，但是其运动模式相当有限。

(6) 腹壁式机器人，这类机器人通过可以伸张的机械臂紧贴管道内壁，推动机器人前进。

此外，还有一些机器人拥有多种驱动方式。当然，随着科技发展，技术创新，必将会有越来越多的类型被创造出来。

按照服务对象和内容的不同又可以分为 X 射线管道机器人、敷设光缆机器人、城市供水管道检测机器人、城市排水管道检测机器人等。

6.1.2 管道机器人简介

6.1.2.1 X 射线管道机器人

X 射线检测管道机器人主要用于管道的缺陷检测。英国、美国、德国、日本、比利时等国家在管内 X 射线探伤机器人的研究及技术的产品化和商业化方面处于世界领先水平。较著名的产品有英国 JME 公司生产的 JME10/60 爬行器（图 6-2），它是用于管道对接焊缝 X 射线探伤的管道机器人，其驱动系统采用四轮车式结构，由同位素 137Cs 及其接收器定位，在管道外进行全遥控操作，系统主要由机器人本体（牵引装置）、可充电电池组、控制单元、遥控探测装置和射线源等组成。该爬行器采用同位素定位，无须拖缆，作业距离较长。

然而，由于采用燃油发电机供电，当机器人进入管道深处时，会因为缺氧导致发电机熄火；采用单点射线方式示踪定位，比较容易造成焊缝漏检；除此之外，在管外无法对管内移动机器人进行示踪定位。

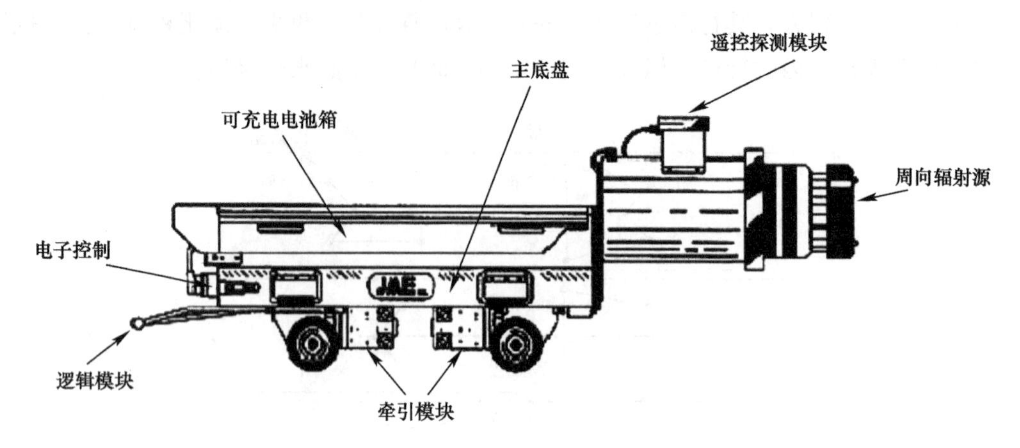

图 6-2　JME10/60X 射线探伤爬行器

比利时 AIB 公司也研制开发了一种 X 射线探伤机器人，该机器人采用六轮径向辐射式支撑结构，机器人本体中间部位是 X 射线发生器，端部有一个射线接收器，也采用同位素 137Cs 射线定位，在管外由操作人员进行全遥控操作。该系统也存在 JME 10/60 管道机器人相同的问题，也无法实现管内移动机器人的管外示踪定位。

在国内，X 射线探伤机器人的研制及产品开发起步较晚。1995 年，邓宗全教授领导的课题组受国家“863”计划资助开发的野外大口径管道对接焊缝 X 射线探伤机器人，是国内第一台 X 射线探伤机器人（图 6-3），该机器人已成功应用于“陕—京”天然气管线的无损探伤施工中，取得了较好的经济效益。该管道机器人在管内一次作业行走距离为 300m；作业位置处定位精度优于±5mm，最大爬坡能力可达 30°。

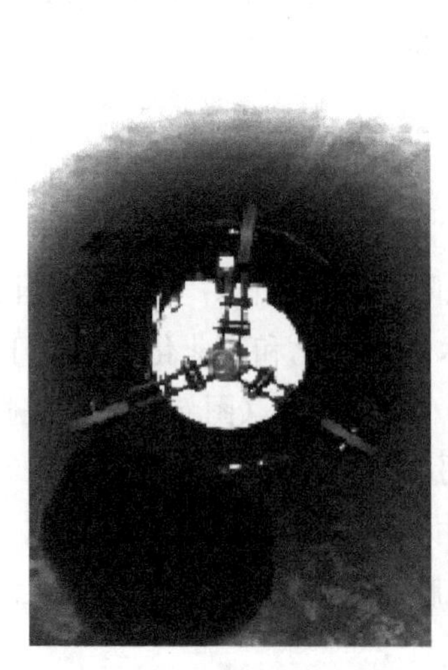

图 6-3　ϕ660 管道 X 射线探伤机器人

2000 年，在国家“863”计划资助下，邓宗全教授领导的课题组又研制成功了内置动力源的 X 射线探伤机器人，如图 6-4 所示。在该管道机器人中，引入 CCD 传感器作为示踪定位传感器并以有缆方式供电，但是，定位过程中尚需要人工参与，并且有缆方式限制了作业距离。

图 6-4 内置动力源管内 X 射线探伤机器人

1997 年，中国石油天然气管道局也研制成功了 γ 射线 ZP 管道爬行器，如图 6-5 所示，在此基础上，又于 2000 年研制了一台 γ 射线爬行器。中国核动力研究院西南无损检测中心也在 1998 年成功研制了一台 γ 射线爬行器；另外，辽宁仪表研究所也先后研制了 XGP-Ⅱ和 XGP-Ⅲ型 X 射线管道爬行器。

图 6-5 ZP 管道爬行器

总之，由于 X 射线是管道焊缝无损检测的重要手段，X 射线检测管道机器人在国内外均得到广泛研究，也已经进入实用化阶段；但是，大部分依然采用放射性元素进行定位，X 射线管道机器人的示踪定位技术依然是管道机器人的重要课题之一。

6.1.2.2 敷设光缆机器人

在国际市场上已经有利用排水管道等现有管路铺设光缆的成功先例，而排水管道等的内径是决定光缆敷设方法的重要依据。一般认为当管道内径大于 700mm 时，是人可以进入作业的场合，人们可以在管道内进行光缆敷设作业；但现有管道中大量存在的是 200mm 到 700mm 的管道，如何在这些管道内完成光缆敷设作业，是人们研究的重点。利用专用机器人进行管道的光缆铺设作业成为一种可行的选择。目前国外已经有几家公司具有这种能力和应用，而国内对这方面的研究基本处于空白。

国外至少有 5 家公司拥有机器人在下水管道安装光纤的技术，即 CableRunner，DTI-

Cable Cat，Ka-Te 和 RCC，这些公司所使用的机器人主要分为 3 类：第 1 类是：钻-销系统，其特征是在下水管道壁的上部钻孔，使用锚杆或电缆盘缚上光缆。使用这种方法的有 CableRunner，Nippon-Hume 和 RCC 公司；第 2 类是胶粘基座或摩擦杆锚固系统，下水管道表面被涂上胶粘剂，电缆可以直接缚在管道表面上或者缚在胶粘剂粘合的电缆盒或夹具上面。DTI-CableCat 公司和 Nippon-Hume 公司和 RCC 公司使用这种方法；第 3 类是夹具-导管系统，利用固定在管道内壁的不锈钢环将内装光纤电缆的不锈钢导管夹紧，使用这种方法的是 Ka-Te 公司。3 种方法各有优点，在实际工程中都有一定的应用，其中 Ka-Te 公司研制的 SAM 机器人由于不损坏管道内壁，引起了各国的广泛重视和应用。

(1) SAM 机器人

美国 CityNet 公司主要依靠 Ka-Te System AG（苏黎世的供应商）制造的 SAM (Sewer Access Module) 特殊机器人进行管道铺设光缆作业。它由主驱动节、检测节和卡圈安装节和光缆挂装节几部分组成，图 6-6 显示了机器人进行卡圈安装时的外形图。SAM 把圆环放入管道中，然后利用这些管道铺设导管和电缆。

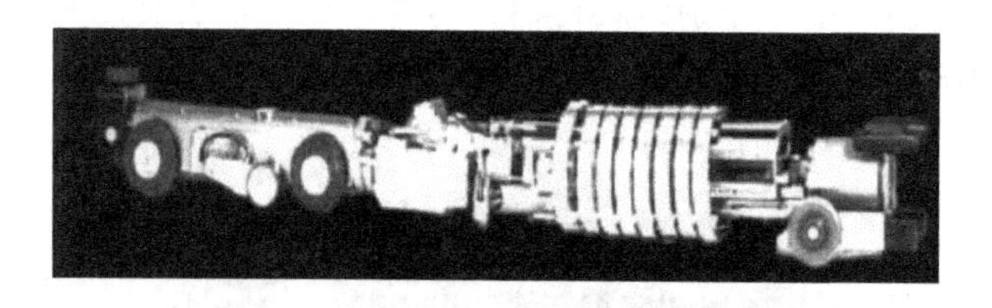

图 6-6 CityNet 公司的 SAM 机器人

(2) STAR 机器人

Ca-botics 主张它的技术 STAR (Sewer Telecommunication Access by Robot) 比 CityNet 的基于圆环的方法更快而且能够在更小的管道里工作，STAR 是把小的钩或锚嵌入管道，然后将特殊设计的电缆穿过管道内的悬挂钩上。机器人完成的动作主要分为 3 步：在管道内打孔、将锚固定在安装孔内和将光缆穿过安装锚。图 6-7 为将光缆穿过锚孔阶段的机构外形图。

图 6-7 Ca-botics 公司的 STAR 机器人

(3) FiberCop 机器人

CableRunner 的方法是几种技术的结合，用 FiberCop 机器人将电缆安装在管道里的一种盘上。CableRunner 认为因为它与其他技术相比作业时不会破坏管道的壁，故比前两种方法优越。图 6-8 是机器人的外形图。它使用胶粘基座或摩擦杆锚的方式将光缆固定在管道内壁上。

图 6-8 CableRunner 公司的 FiberCop 机器人

6.1.2.3 城市供水管道检测机器人

给排水工程在城市市政建设中占有很大的比重，而这些管道的检测、维护成了给排水工程的重要课题。2002 年，受石家庄宝石集团委托，哈尔滨工业大学邓宗全、张晓华教授领导的课题组成功研制了水管形变检测机器人，并应用于山东省高密市城市供水主管道的形变检测中。该机器人属于轮式机器人（图 6-9），形变检测采用平行四边形结构将管道轴向上的形变转化为高精度直线电位器的位移，以此来检测供水管道的轴向形变。

图 6-9 水管形变检测机器人

该机器人能适应高湿度环境工作，具有无缆、简易通讯的功能。主要不足之处在于其虽然具有一定防水功能，但尚不具备在线检测功能，在检测前需要排放供水管道中的残水。

1997 年，由香港城市大学 Robin Bradbeer，Stephen Harrold，FrankNickols and Lam F Yeung 研制的地下水管道检测机器人，在设计上采用“腿”式和螺旋桨相结合的方式，该机器人的“腿”式结构使其具备良好的越障能力，螺旋桨结构使其在水中游动。1999 年，西班牙科技工作者 Moraleda J，Ollero A，Orte M 等人成功地将管道机器人应用于城市供水管道的探伤工作中，在水管中探测裂缝，该机器人的主要特点是可以在线检测供水管线。

6.1.2.4 城市排水管道检测机器人

国外主要采用高压水射流技术结合传统管道（PIG）清洗技术进行下水管道的清刷，

可根据管道的特点和客户的要求设计施工方案，为市政燃气、给排水工程、油田、矿业、电力、造纸、化工、建筑等行业部门提供最为安全、高效、经济的优质服务，高压水射流清洗设备产生高达 100MPa 的水，经喷嘴所形成的高压水射流能够轻松清除管道内的硬垢、焊瘤、无机盐沉积物等清洗难度较大的污垢，将清理出的污物用装在同一台车上的吸泥机吸出，其清掏原理如图 6-10 所示。这种方案不适合国内使用，原因是：国内排水管道大多数是水泥管，时间长了局部会有破损和老化，高压水冲洗会产生破坏，加剧排水管道的老化的过程。另一种原因是作业效率低，高压水清刷出的污物用装在同一台车上的吸泥机吸出，一般垃圾倾倒场远离市区，这样一台车一天只能往返两至三次，而每台车的价值上百万元，大多数城市用不起。

图 6-10　高压水射流技术的清掏原理图

图 6-11　美国 VACTOR 公司的 2100 系列下水管道清洗、吸泥车现场作业示意图

国内现在引进的技术主要是高压水射流技术进行下水管道的清刷，用吸泥设备将冲刷的泥浆吸出，引进的设备的情况也大致相同。图 6-11 是美国 VACTOR 公司的 2100 系列下水管道清洗、吸泥车，图 6-11 是 VACTOR 2100 系列清洗车采用的关键技术。VACTOR 2100 系列清洗车的水罐容积 5678 升，在水压 14MPa 时，排水量 60～80GPM，采用不锈钢罐体，清洗排水管直径 8cm 至 60cm。

6.1.2.5　无缆方式机器人——PIG

管道漏磁在线检测机器人（俗称智能 PIG）以管道输送介质为行进动力，在管道中行走，对管道进行在线直接无损检测，为管道运行、维护、安全、评价提供科学依据，是当前国内外公认的管道实用检测手段之一。从 20 世纪 50 年代起，为了满足长距离管道的自动清理及检测的需要，美、英、法、德、日等国相继开展了这方面的研究，其最初的成果是一种无动力的管内清理检测设备——PIG。该设备依靠其首尾两端管内流体形成的压差产生的驱动力，随着管内流体的流动而向前运动，其原理类似于活塞在气缸内的运动，即把管道看作气缸，把具有一定弹性和硬度的PIG看作活塞。在结构上，PIG的外径略大于管道内径，将其压入管内后，当其后面的流体压力大于前面的压力时，在压差的作用下，PIG就克服了管壁与活塞之间的摩擦阻力而向前运动。PIG可以携带各种传感器，边行走边进行管道检测，不同直径的PIG在管内行走数次后，既可以完成管道的清理，又可以对其进行状态检测，之后还可以对其进行防腐、喷涂等其他作业。

PIG的特点是实用性好、行走距离长（可达300km）、不拖带电缆。但是PIG类检测设备在管道内部无自主行走能力，因此其移动速度和检测区域均不易控制，严格来说它还不是真正意义上的管道机器人。

图6-12为日本东京电力株式会社研制的一种典型管内检测PIG。它具有沿管道全程测量管道内径、识别弯头部位、测量凹陷变形及管道圆度的功能，并用内置存储器把测量结果和检测位置一起记录下来。PIG两端各安装一个聚氨酯密封碗，后部密封碗内侧环向排列的伞状探头与管壁相接触，测量管道的径向变形，并与前部计程轮的旋转联动，从而得到管壁状况与位置间的复合数据。

图6-12　管内检测PIG典型样机

2010卡内基梅隆大学的机器人专家哈根·谢姆丰和同事们从20世纪末开始研究，为使用中的燃气管道创制更完善的检测设备。该团队推出了长2.4m、重30kg的无线遥控机器人“探索Ⅱ号”，最近在宾夕法尼亚州的试验中成功通过了蜿蜒曲折600m、老PIG不能潜入的复杂管道。

“探索Ⅱ号”的主要检测手段，是以2个小型的动态电磁感应线圈在管道中创建一个磁场，机器人实时测量磁场的轻微变化。这种变化提示着管道壁厚度的差异，这可能是腐蚀或接缝破损的迹象，甚至是爆炸隐患。电磁感应也使操作人员能检测到机器人的位置，在系统一旦失效时能将其找回。

它在两端各安装了一个鱼眼摄像头，视野角度达到190°，能持续不断地采集视频数据，就像一路为管道做“内窥镜”检查，如图6-13～图6-16所示。数据送出达300m外，帮助确定管道损坏的位置。同时，这也弥补了传统PIG因无法浏览而不能处理急转弯的缺陷。

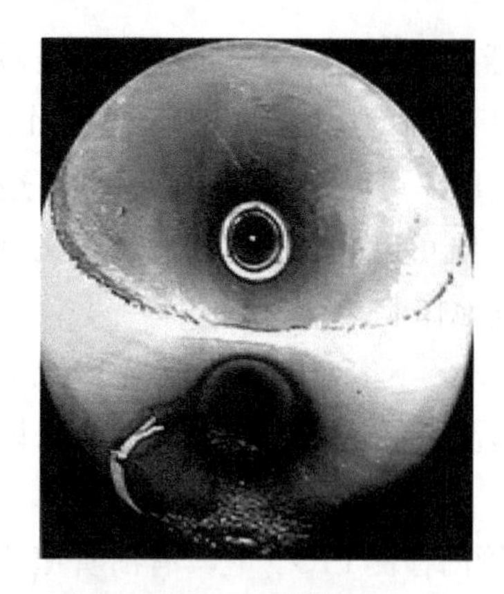

图 6-13 内窥镜检查

图 6-14 进入管道

图 6-15 探索Ⅱ号在拐弯

图 6-16 探索Ⅱ号在管道中

机器人是自主控制的，由机载的两个 32 位神经中枢负责指挥，中枢管理着机器人的基本功能包括行进转向、视频处理、腿的伸缩，以及无线通讯。“探索Ⅱ号”身材苗条，能挤进 6 英寸直径的狭窄管道；“串香肠”式的分段身体，以及能朝任何方向转足 90°的关节，使它能灵活地曲折拐弯。15 条腿中有 6 条装有可伸展和收缩的驱动轮，轮子由摩擦系数颇高的聚氨酯制成，它们与管道壁接触，让机器人有足够的牵引力爬坡，甚至能爬上垂直的管道。

它的头尾各装有一个拳头大小的无刷电机，驱动机器人在管道内移动，不再依赖于气流的推动。驱动能量则来自锂聚合物电池，一次充电能工作 8h，巡航数公里长的管道。这是很大的优势，因为燃气管道动辄长数千公里，并需要年年检查，工作量非常大。按规划，一位员工配备“探索Ⅱ号”，每天可检查 3km 管道。目前，该机器人现在加拿大燃气公司进行商业化试验，由于该机器人检测不受管道内压力和管道复杂程度的限制，为实现城市管道内检测带来了曙光。

2000 年，我国颁布法规要求主干线油气输送管道 3 至 5 年内必须进行在线检测。2001 年，沈阳工业大学杨理践教授领导的课题组研制了国内第一套“智能管道猪”。其具有多重多维漏磁探伤、大容量数据处理存储、里程定位、管道运行、机械制造、数据分析处理等相关技术的研究。该系统可完成管道缺陷、管壁变化、管壁材质变化、缺陷内外分辨、管道特征（管箍、补疤、弯头、焊缝、三通等）识别的检测，可提供缺陷面积、程度、方位、位置等全面信息。已经进行了数千公里的试验与商务检测，对我国油、气输送管道的安全运行起到重要作用。如图 6-17 所示，该装置通过对管道漏磁的在线检测实现对金属管道缺陷监测。

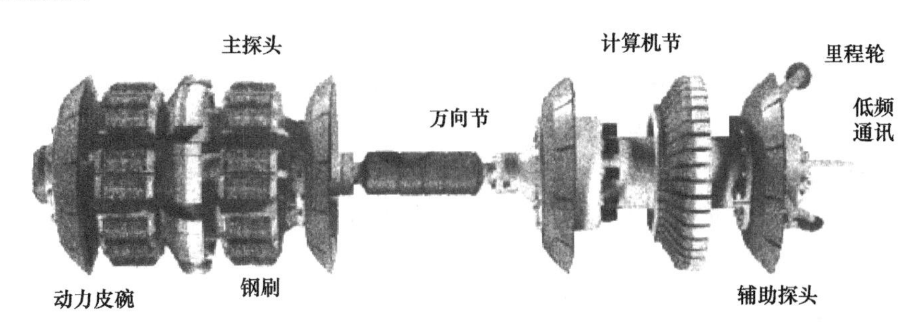

图 6-17 高精度管道漏磁检测装置

总之，管道机器人技术已经进入实用化阶段，其应用领域涉及管道的修理、检测、清理等领域。随着管道运输需求的增加，其应用领域也逐渐扩大；在金属管道焊缝检测、城市供水管线检测以及石油输送管道检测等领域广泛地使用管道机器人技术。同时，由于管道机器人应用领域的特殊性，其工作在管道的内部；通常空间狭小，在以往的管道机器人中所采用的有缆、人工参与方式限制了管道机器人的有效工作范围，约束了管道机器人的应用范围，成为管道机器人发展的重要制约因素之一。

6.2 管道机器人产品介绍

目前，国内外有关有很多厂商提供管道内检测的技术服务，针对城市管网内检测，国内外能提供最多而且比较成熟的技术的是闭路电视机器人（CCTV）和管道猪（PIG）。

6.2.1 有缆方式机器人——CCTV

在国内管道内部状况检查方法一般是大管径时人钻进去检查，小管径则无法进行检查，这种既不科学也不严谨的方法给日后管理带来隐患。1998 年 8 月～2000 年 1 月，香港全港涉及斜坡排水管道泄漏检测项目，工作中采用了闭路电视（CCTV）摄像技术，对 $DN500$～$DN1500$ 的不同管道进行了较为全面的检查，为香港涉及道路、房屋的斜坡安全性评价提供有益的资料。

目前，地下管线检测广泛使用的是闭路电视（CCTV）摄像法，该方法可以对管道破损、龟裂、堵塞、树根侵入等症状进行检测和记录。CCTV 机器人适用的管道最小直径为 50mm，最大为 2000mm。

早期的 CCTV 使用阴极射线管，因而不适用于恶劣的环境，而且容易破损。20 世纪

80年代由于电子技术的发展和CCD（电荷耦合器件）摄像机的采用而改变了这种状况。如今，CCTV机器人的体积更小，质量更轻，数据更可靠，价格也更低。

摄像机的摄像头可以是前视式，也可以是旋转的，以便直接观察管道的侧壁和分支管道，对大直径的管道还可使用变焦距镜头。摄像机一般固定在自行式爬行器上，也可以通过电缆线由绞车拉入，有些小型摄像机通常为半刚性的缆绳一起使用。对大直径的管道，拖车还带有升降架，以便快速调整摄像机的高度。爬行器一般均为电动，摄像机和拖车的动力由地面的主控制台通过改装的多股电缆提供，该电缆也用于传递摄像和控制信号。

CCTV法的一个缺点是不能检查被水和淤泥覆盖的部分。

在国内，CCTV机器人技术已经相当成熟，如DIGIMAX管道检测机器人、DNC 500检测机器人、JMP检测机器人以及P350机器人等众多的CCTV机器人适合不同材质、载体（水、电力、煤气等）的短距离的检测，在国内广泛应用。

6.2.1.1 DIGIMAX管道检测机器人

DIGIMAX管道CCTV检测机器人的检测范围为100～1600mm，该机器人还具有扩展性和附加功能。

图6-18 DIGIMAX CCTV检测爬行机构

DIGIMAX管道CCTV检测系统是德国视频照相、机械制造、电子电路、钢铁加工等技术。DIGIMAX是欧洲市政管道维护行业应用广泛的管道CCTV摄像检测机器人（图6-18）。

系统还可扩展升级，最大检测管径可达2000mm，既可连接单芯牵引电缆系统，又能连接多芯牵引电缆系统，小牵引车在150mm管径的管内，拐弯夹角可达67.5°。内置两个坡度计分别测量横向、纵向倾斜角度并在控制器屏幕上实时显示坡度值，并具有平衡防侧翻保护功能与牵引车完全同步收放的电动电缆卷轴，标配250m（可升级到600m），采用轻质凯夫拉单芯牵引电缆（直径为5.1mm）。DIGIMAX管道摄像检测系统设备的配置如下：

（1）控制单元

高清晰度10英寸彩色显示器，图像质量高；通过带有操纵手柄的手持遥控器控制摄像头、照明灯、电缆卷轴和牵引车等。

（2）数据显示

22行彩色文本显示，每行40个文字，3行状态栏可以显示12个测量值，如公司名称、日期和时间、距离显示、标题等。结构紧凑的PC键盘、管道数据通过RS 232串行接口由软件分析生成报告。

（3）牵引单元

KMT 2002ED电缆卷轴重量为32kg，比较轻便；250m单芯电缆，直径仅为5.1mm；

与牵引车完全同步的电缆卷轴控制，可以选择自动或手动排缆模式；带有数控电子测距器，紧急切断开关及应力缓冲装置。

（4）摄像单元

FW150ED大牵引车架，转向灵活，轮式驱动，带有两盏40W辅助照明灯、电动升降架、内置坡度计，分别测量横向、纵向倾斜角度并在控制器屏幕上实时显示坡度值，并具有防侧翻保护功能，在坡度达到12°时紧急制动。

摄像单元具有360°无限旋转/270°倾斜摄像头SR 100 ED，10倍光学变焦，4倍数字变焦；360°镜头旋转，可倾斜270°；镜头采用1/4″HAD-CCD传感器，440000像素；照度小于1LUX，照明24W；自动调整光圈/白光，摄像模块的最佳参数化，自动回正；可以通过手持遥控器快速返回除了零点之外的八个位置；具有2bar防水等级。

（5）单芯牵引电缆技术

该机器人采用单芯牵引电缆技术，承压能力强的CCTV牵引电缆；重量轻便；故障率低；承受拉力能力强；极大地减少了维护时间，半小时内即可排除故障（传统多芯电缆在检查故障时要一根根电缆进行测试，维修工作极其烦琐）。电缆长度最长可达1000m（图6-19）。

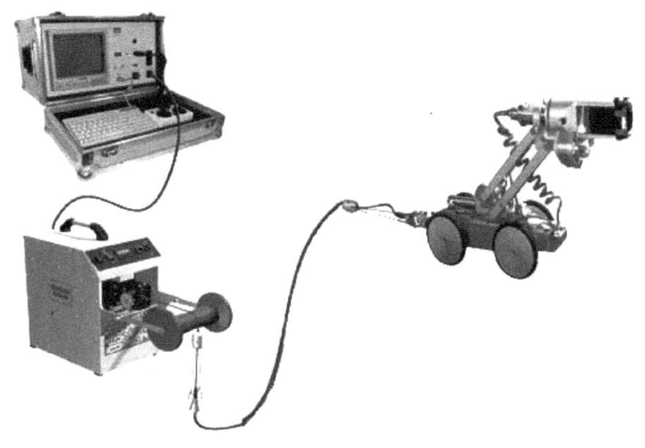

图6-19 DIGIMAX检测机器人

6.2.1.2 DNC 500检测机器人

该机器人采用模块化设计理念，按照国际工业标准设计的搭载平台，使设备具备较强的扩展能力，广泛应用于市政管道、压力容器检测、航天、石油、煤气、矿业、电力系统等多个领域（图6-20）。

图6-20 DNC 500检测爬行机构

（1）主要功能特点

① 全方位视频检测

该机器人前后各安装两台高分辨率彩色摄像机，前置摄像机可以360°观察，自动聚焦，100倍变焦系统，后置摄像机倒车时自动打开，配备辅助照明系统。

② 自动角度检测系统

摄像机辅助系统，自动检测摄像机倾斜角度，校正精度 0.5°；可以使拍摄的图像始终处于正立状态，以便于操作人员观察。

③ 数控辅助照明系统

采用编码器数位控制的辅助照明系统，可以精确配置合理光源，最新技术的低功耗照明芯片大幅提高光亮度，同时功耗只有常规照明的 1/3，延长了设备在恶劣环境下的工作时间。

④ 电动升降平台

适应不同管道内部检测，从 200mm 直径可以延伸至 3000mm 及更远；在爬行过程中仍可以自动进行控制。

⑤ 四轮驱动系统

四轮驱动，采用瑞士马达伺服系统，自动检测电流、温升、过载、过压完善保护设备安全运行。

⑥ 防倾覆设计

内置双轴倾角传感器，实时监测车辆状态，可以对驱动马达进行自动调校，防止车辆行进中倾覆，并将监测数据及时上传控制系统。

⑦ 安全气压检测系统

自动检测车体、摄像系统、升降系统内部气体压力，并实时向后端设备传送数据，并能自动判断和处理异常，确保设备及工作环境的安全。

⑧ 机械手

配置扩展接口，配置多关节机械手，对检查现场的异物进行取样抓取。

⑨ 外置传感器

配置扩展接口，可以根据用户要求配置 CH_4、CO 等各种气体传感器或者其他用途传感器。

(2) 后台控制系统

如图 6-21、图 6-22 所示。

图 6-21 图形化人机交互界面

图 6-22 图形化人机交互界面

有图像视窗、内部压力状态、车辆运行状态、距离、速度、倾斜角度、模拟控制键盘等组成；

① 多键盘控制

采用两种控制方案，模拟键盘和三维控制键盘，方便不同状态下使用。

② 便携式处理系统

军用级计算机系统，坚固耐用适合较恶劣条件下使用。

(3) 线缆传输单元

如图 6-23 所示。

图 6-23 线缆传输单元

① 自动收放系统

根据控制单元指令，自动收放线运行。

② 编码计米测速装置

高精度旋转编码，测长精度可达到毫米级。

③ 高强度铠装电缆

高强度耐磨电缆，承受拉力可达 500kg。

(4) 主要设备参数

① 爬行系统

A. 适用于用于 200-5000mm 管道检测，配置大小轮胎，大爬行器电动升降台，小车体手动升降；

B. 爬行器工作电压 24V，最大输出功率 180W，负载大于 40kg；

C. 四轮驱动，进口的瑞士马达 2×80W（可以调节速度快慢）；

D. 爬行器双马达可左右转弯，前面镜头部分会自动调节转角左右各 30°；

E. 爬坡能力最大为 45°，管道连接的地方一样可以越过；

F. 爬行器内部注入 12psi 的气压，可在水下 10m 工作，防水等级为 IP68；

G. 当爬行器处于不平衡状态时，镜头会自动调节水平状态拍摄；

H. 爬行器处于管道探测时，径向旋转可自（手）动调节 160°，轴向旋转可自（手）动调节 360°；

I. 尺寸（长×宽×高）：480mm×260mm×165mm；

J. 防护等级：IP68。

② 前置摄像机

A. 芯片：1/4 SONY CCD，线数：540TVL；照度：0.01LUX；

B. 变焦：100 倍（10 倍光学，10 倍电子）；

C. 聚焦：手动或自动可调；

D. 照明：高亮 LED；

E. 轴向 360°旋转，180°翻转；

F. 尺寸：直径 90mm，长度 100mm；

G. 重量：2kg；

H. 防水等级：IP68，水深10m。

③ 后置摄像机

A. 芯片：1/4 SONY CCD，线数：480TVL；照度：0.01LUX；

B. 焦聚：定焦；

C. 照明：高亮LED；

D. 防水等级：IP68，水深10m。

④ 控制单元

A. 显示器：12.1寸500cd/m^2高亮液晶屏；

B. 显示：爬行速度、升降高度，爬行距离、压力指数，报警等；

C. 分辨率：1024×768；

D. 控制：可控制爬行速度，电动稳定功能，自动倾斜补偿等功能；

E. 存储：可录像、拍照，300G存储空间；

F. 中英文版本软件，可实现录像功能、温度、气体、照片叠取、井位段显示、存储资料调用、现场录像文字编辑、输出检测报告等功能；

G. 重量：25kg。

⑤ 传输单元

A. 线缆测量：电子计米，距离可直接显示在监视器屏幕上；精确定位，距离测量精度达到5mm；

B. 线缆长度：线缆直径6.5mm，标准配置150m，可根据用户要求配置长度最大长度500m，线缆防水、放油、耐磨、耐腐蚀；

C. 自动或手动收放线缆；

D. 重量：30kg。

DNC 500检测机器人主要性能参数见表6-1。

DNC 500技术性能指标 **表6-1**

序号	设备名称	技术指标和性能说明
1	CCTV管道摄像检测设备	使用环境：−20℃～40℃ 标配：管道检测长度≥150m，最长可达500m
2	摄像单元	CCD彩色图像传感器像素≥440000像素 摄像头变焦≥100倍，其中光学变焦≥10倍，数字变焦≥10倍 解像度：水平大于450线，垂直大于400线 系统标准：彩色625线PAL制式， 外置光源配置要求：≥300LUX组合光源 带灯光的后视摄像头
3	车体单元	大爬行器适合直径300-1800mm 直流电机四轮驱动或六轮可选 最大爬坡能力：≥30° 爬行器总量不小于23kg 防水水压≥10m

续表

序号	设备名称	技术指标和性能说明
4	彩色监视器	PAL-VGA 制式或 NTSC 制式 12.1 英寸彩色电视监视器 水平分辨率 450 线以上 最小图形尺寸 350mm(对角线)
5	控制单元	彩色电视动力控制器 多导线，PAL 彩色制式系统
6	电缆及电缆盘	机电一体化电缆盘，容量≥500m， 电控自动同步系统 标准配置电缆长度≥150m 抗拉断强度≥300kg 防水深度≥10m 防水等级 IP68 防水深度≥10m 的电缆连接器
7	数据存储计算机	处理器参数：主频/2GHz，前端总线/1066MHz，二级缓存/3MB 标配内存：2GB DDRⅢ，最大内存 4G CCFL 背光 12.1 英寸，16：10 宽屏 分辨率 1280×800 硬盘≥250G
8	数据处理软件	可在中文 WINDOWS XP 操作系统下运行 可与 GIS 或 GPS 连接生成工作报告 拥有最常见文档类型（TEST/WORD/EXCEL/PDF） 控制显示器上的所有数据全部自动输入到计算机

6.2.1.3 JMP 检测机器人

JMP1～JMP6 是根据用户要求和工程实际需要的基础上进行多项改进发展起来的，其防水和抗污性能有了进一步提高，使之适应管道施工和修复的苛刻要求，为管道非开挖建设和非开挖修复提供了有力工具。其中 JMP-2 型、JMP-5 型适用探测内径 300mm 的管道；JMP-6 型通过调整轮距和调整镜头高低可以探测内径 300～800mm 的管道。

6.2.1.4 P350 检测机器人

P350 机器人每一款爬行器都配有一套小车轮。P354 爬行器适合于 100mm 管径的管道，P356 适合于 150mm 管径的管道。对于更大一些的管道，需要配置更大的车轮和升降器。非转向 100mm 爬行器可检测管径为 100～300mm 的管道可转向 150mm 爬行器可检测管径为 150～600mm 的管道 100mm 爬行器配有 50W 引擎，150mm 爬行器配有双 50W 引擎可选择硬胎或软胎车轮（图 6-24）。

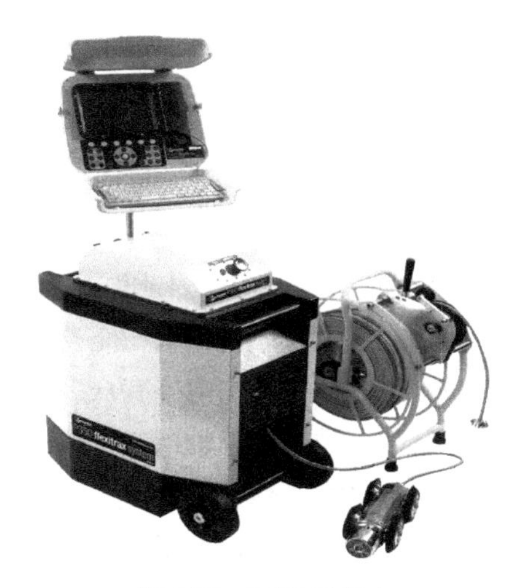

图 6-24 P350 机器人

P350 检测机器人主要技术指标如下：

(1) 环境

① IP53（地面设备），IP68 到水下 100m；

② 温度（存放）－20℃～80℃；

③ 温度（工作）－10℃～50℃。

（2）控制单元

如表 6-2 所示。

控制单元 表 6-2

控制器	控制模块		
线缆盘	手动电缆盘和便携电源	电动电缆盘和自备电源	
爬行器	100mm 爬行器	150mm 爬行器	
摄像头	前视	水平/仰俯摇摄	水平/仰俯摇摄（变焦）
线缆长度	100m/150m/250m	100m/150m/250m	100m/150m/250m
轮胎	小型（硬和软）	中型（硬质和软质）	大型

（3）推杆和线缆盘

如表 6-3 所示。

推杆和线缆盘 表 6-3

	小型线缆盘	标准线缆盘	专业线缆盘
尺寸（mm）	570×440×256	850×750×420	813×1168×475
重量（kg）	11	18.2/24.9	37
结构	焊接钢粉涂层		
线缆（m）	35	60/120	150

（4）附件

如表 6-4 所示。

P350 机器人附件 表 6-4

墙上底座	用于将控制器固定在车内可调节的支架上
爬行器配量	两公斤重的底盘增加了 100mm 爬行器的牵引力
升降器	固定高度或可升降两款
爬行器抓手	两款爬行器抓手（100mm 和 150mm），安全方便地放下和吊起爬行器
灯头	8W 灯头增加亮度
货车/皮卡安装工具	将系统安装在货车和皮卡上

6.2.2 无缆方式机器人——PIG

无缆方式机器人——PIG 管道内检测机器人避开了能源供应问题，是一种比较理想的检测方式。工作时机器人在充满流动介质的管道中，依靠流体提供的压力差驱动，随着流体的运动而前进。国内外有众多的 PIG 机器人适合不同载体（水、油、气等）的内检测，技术比较成熟，如三轴漏磁（Magnescan Triax）、超高清晰度（XHR）检测器等。

6.2.2.1 PIG 检测技术指标

PIG 进行检测，主要是基于漏磁通原理，管内漏磁检测机器人设计参数见表 6-5。漏磁检测器有标准清晰度漏磁检测器和高清晰度漏磁检测器，其性能指标见表 6-6。

管内漏磁检测机器人设计参数　　表 6-5

设计参数	技术指标
流体压力（MPa）	0.7～7
流体速度（m/s）	1～4
流体温度（℃）	0～50
检测壁厚（mm）	0～20

漏磁检测器的性能指标　　表 6-6

性能指标		标准清晰度检测器	高清晰度检测器
周向传感器间距（mm）		25	8～17
轴向采样间距（mm）		5	3
一般金属损失	最小深度	0.15δ	0.1δ
	深度误差	±0.15δ	±0.1δ
	长度误差（mm）	±20	±20
点腐蚀	最小深度	0.2δ	0.1δ
	深度误差	±0.15δ	±0.1δ
	长度误差（mm）	±20	±10
轴向凹沟金属损失	最小深度	0.4δ	0.2δ
	深度误差	±0.2δ	±0.15δ
	长度误差（mm）	±20	±20
周向凹沟金属损失	最小深度	0.1δ	0.1δ
	深度误差	±0.2δ	±0.15δ
	长度误差（mm）	±15	±10
可信度（%）		80	85

注：δ——管道正常壁厚，mm；一般金属损失指母材制造缺陷或施工机械造成的金属损失；
可信度指检测报告数据与管道实际情况的符合程度。

6.2.2.2 PIG 检测技术介绍

（1）三轴漏磁 Magnescan Triax™

多年来，Magnescan 高分辨率检测技术一直是可靠金属损失检测的标准。现在，结合使用最新开发的 Triax 探测器后，这套技术建立了新的优异标准。Triax 探测器能够读取三个轴向的磁信号。与传统的单轴向或双轴向检测设备相比，这种探测器能够从同一套检测数据中探测出均匀缺陷和狭长轴向缺陷（如直焊缝缺陷），从而不必再为探测各类缺陷采用单独的设备，并且还能够提高数据记录的质量、降低总体检测成本。

（2）超高清晰度（XHR）检测器

XHR 超高清晰度检测器是为防止长距离高压输气管线内涂层损坏开发的（图 6-25）。超强磁铁和滚轮设计使钢刷不接触管壁，不会对内涂层造成任何磨损。同时，该检测器可一次运行 1500km，测量厚壁达 38mm 的管道，可承受超高压 19MPa，探测精度为 5%壁厚。

① 测绘和应变测量

应变测量和测绘数据结合，能够更加有效的维护管道，检测出管道的位移；结合地理信息数据管理，查看所有管道的基础数据以及缺陷数据：包括管道 3D 路线图、金属损失/裂纹、局部照片、测绘数据、原始曲率、涂层类型以及土壤条件等。建立测绘数据库后，所有的数据都可以为管道完整性管理软件（PVI）和第三方破坏分析软件所使用（图 6-26）。

图 6-25 XHR 检测器

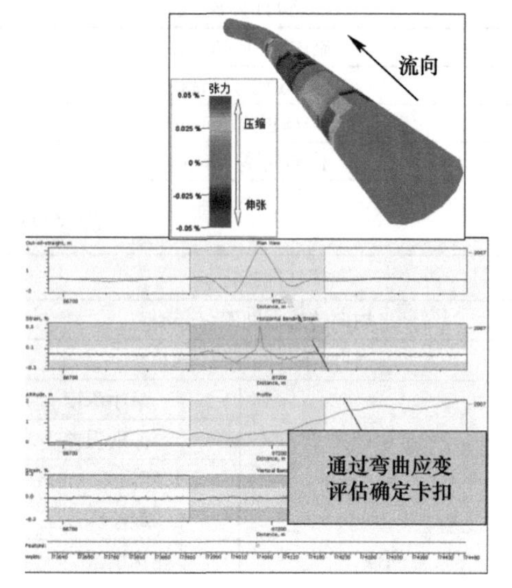

图 6-26 管道 3D 路线图

IMU 惯性测量装置可以安装在漏磁检测工具或几何检测工具上，测量出检测器的三维运动，结合地面的定标盒，能够大大提高管线定位精度。

将原始管道数据与新检测数据进行比对，找出应力点，根据应变测量原理并分析出应变量。

② 引起管线弯曲的风险主要有滑坡、第三方破坏、洪水或地表水、霜冻、海床或石砂侵蚀、船锚托拽、道路穿越。

③ 应变测量原理如下：

曲率是衡量管线多么“弯”的量化指标。

曲率（rad/m）=(rad)/s(m)，直线的曲率为 0，高曲率≥紧密弯。管曲率的计算来自 IMU 数据和里程数据，以及管线的水平和垂直数据。

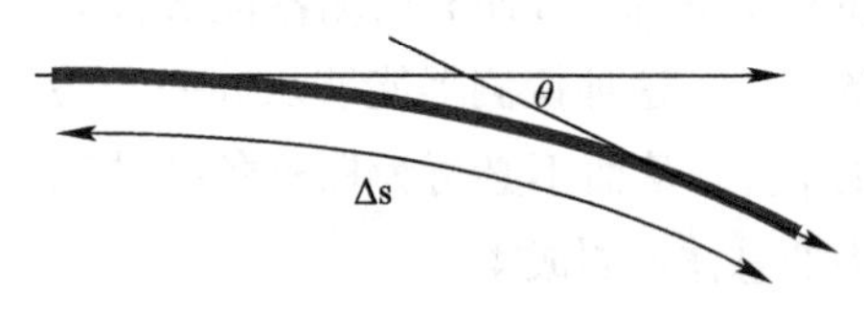

图 6-27 应变测量原理图

④ 弯曲应变转换的优势

能够通过与曲率比较报告管道的弯曲应力，更好地显示对管线完整性造成威胁的因素，而且不同管径具有一致性。应变测量原理如图 6-27 所示。

假设管道最初是直的（该方法对于弯管不适用）。

$$\varepsilon = \frac{k \cdot D}{2} \tag{6-1}$$

式中 k——应力百分比；

D——管线外径（m）。

还有其他多种情况引起的应力：内部压力、热量等。使用 IMU 不能测量出纯环向或纯轴向应变。

根据智能内检测收集的精准数据，识别周围环境导致的管线变形、第一次运行可发现特征应力>400D，二次运行可发现曲率变化 ε>2000D 的区域；结合几何检测数据能够识别出椭圆变形、凹陷、弯曲、褶皱处的应力；发现应力过大区域，可及时报告管道由于局部位置应力过大造成的缺陷（图 6-28）。

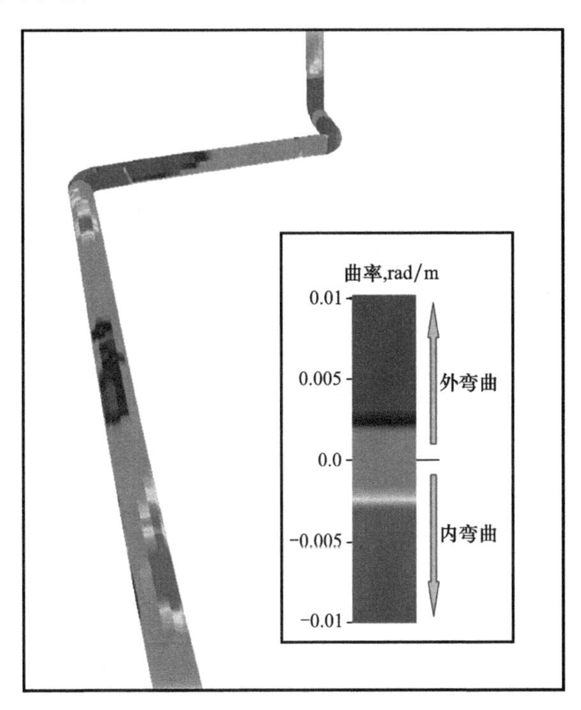

图 6-28 几何检测数据分析图

6.2.2.3 PIG 检测应具备的条件

1）管道应具备的条件

（1）被检测管道直管段变形不得大于 15%D，弯头变形不得大于 10%D。

（2）沿线弯头的曲率半径不得小于 1.5D，且连续弯头间直管段不小于 1200mm。

（3）沿线支线管径大于主管线管径 60%的三通必须装有挡条。

（4）沿线阀门在检测器运行期间必须处于全开状态，且打开后的阀门孔径不得小于正常管道内径。

（5）运行管段如有斜接存在，则其角度不得大于 15°。

2）收发球筒应具备的条件

（1）发球装置。发球筒的长度（盲板至大小头）应符合检测器的长度要求；截断阀出口应设有过球指示器。发球筒前的场地应能满足检测器顶入操作的需要，以便设备顶入。

（2）收球装置。收球筒的长度（盲板至大小头）应符合检测器的长度要求；且在靠近大小头处应设有过球指示器。收球筒前的场地应能满足检测器取出操作的需要，且最好有牵拉装置，便于检测器的取出操作。

（3）收发球系统应备有完备的排污装置。

3）管线的里程碑与标记

被测管线应“三桩”齐备，如不能满足要求，则在每隔两公里处作明显相对永久的标记，这种标记对跟踪设标和腐蚀的准确定位以及检测后的开挖维修十分重要。

4）输气量速度和输气量要求

检测器运行期间，对输气量进行控制，以保证检测器在管道中以1.5～2.5m/s的最佳速度运行，并保持稳定。

5）现场要求

（1）调试车间：面积不小于50m²，应有水源、电源及良好的照明条件，车间内最好有起吊装置。

（2）数据处理室：面积不小于20m²，并具备AC 220V可靠接地电源。

6）管道检测作业流程

内检测操作施工流程以及模拟体、检测器收发流程如下：

（1）施工流程如图6-29所示。

（2）模拟体及腐蚀检测器发送流程如图6-30所示。

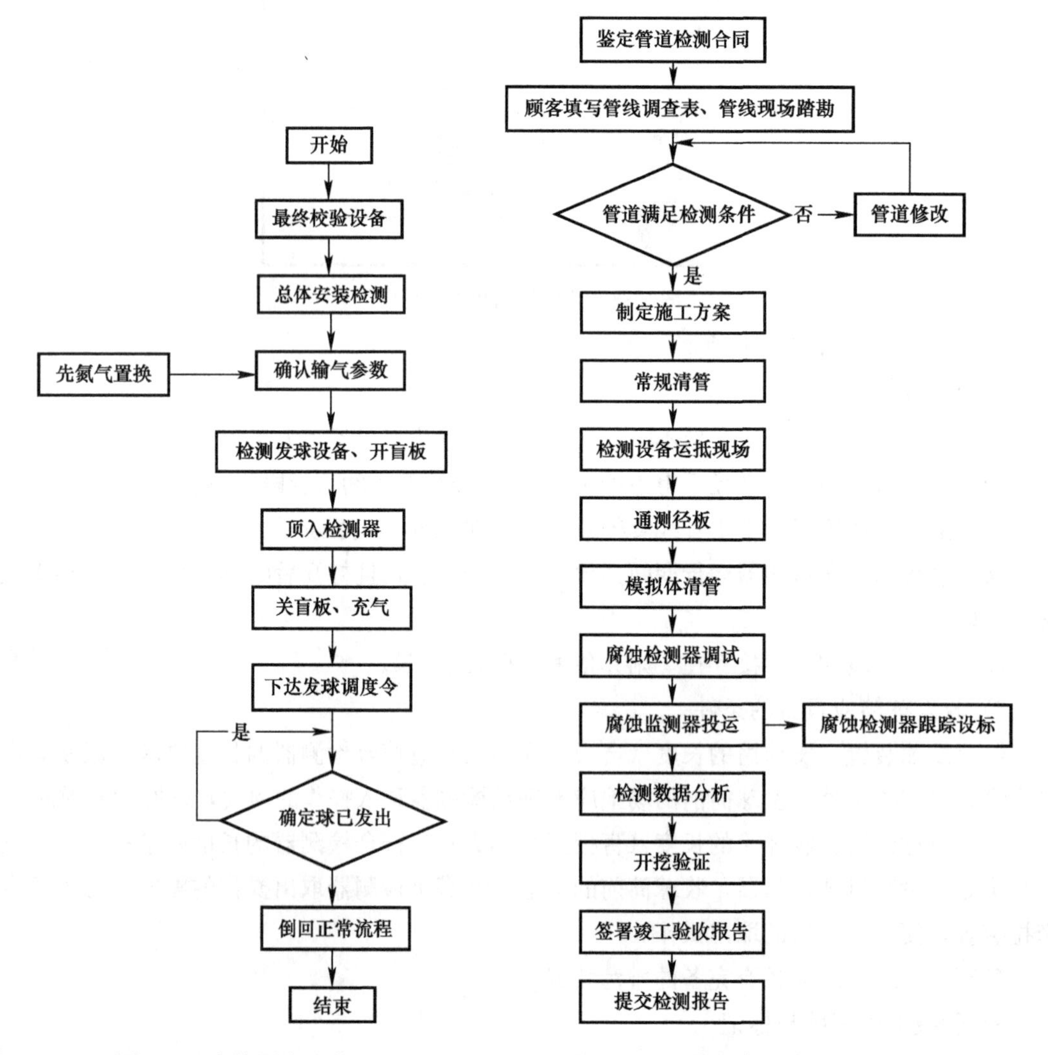

图6-29　内检测施工流程　　图6-30　模拟体及腐蚀检测器发送流程图

(3) 模拟体及检测器接收流程如图 6-31 所示。

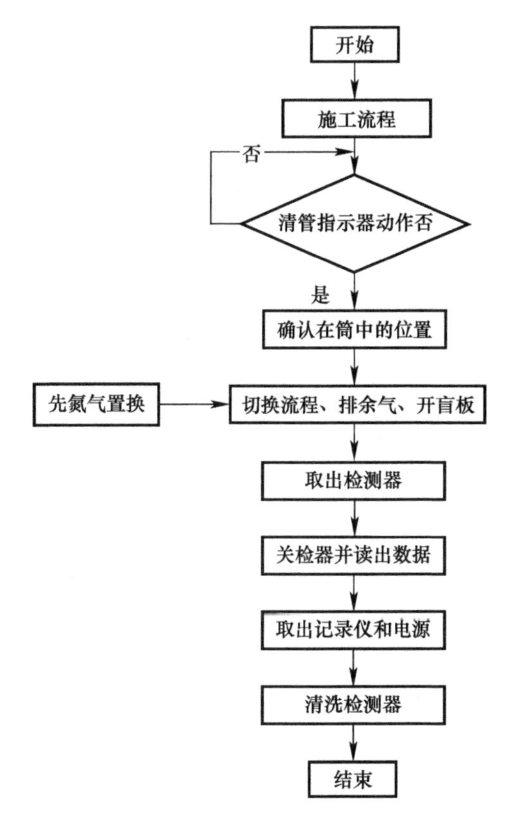

图 6-31 模拟体及腐蚀检测器接收流程图

6.3 地下管线内探测机器人应用分析

从管道机器人的发展过程来看，每前进一步，都和机械电子技术、超精密加工技术的发展以及功能材料、智能材料为基础的微驱动器的研制开发成果密切相关。因此，随着各项技术的不断发展，管内探测机器人将会越来越智能化，实施管道内检测更为方便，为城市管网的安全运营提供保障。

6.3.1 管道机器人应用情况

目前，在国内 X 射线管道机器人和敷设光缆机器人应用很少，机器人主要应用在给排水和燃气等管道的施工、检测、抢险和应急等方面工作。按照管道机器人的能源供给方式有两种：有缆方式和无缆方式，针对这两种方式，国内应用最广泛的是闭路电视机器人（CCTV）和管道猪（PIG）。

6.3.1.1 CCTV 机器人应用情况

使用 CCTV 能够发现市政管道、弯头、侧面管口、管道杂物等为修复旧管道提供修复方案，在 CCTV 检测的时候同时拖进一根细钢丝绳（细钢丝绳上标有长度标记），为下一步清通管道提供了极大的方便。旧管道检测录像可以作为管道修复工程量的依据。

在清通管道后进行第二次 CCTV 检测，检查清通效果并决定是否可以进行下一步的穿管作业，如果清通没有达到要求必须进行第二次清通作业，再进行第三次 CCTV 检查，以此类推。

清通作业完成后进行穿管作业，穿管作业完成后必须进行新管 CCTV 检查，并将检查录像存档。

管道 CCTV 作为管道非开挖技术的一部分已在国内外早有应用，成为市政管理的助手。CCTV 机器人在北京市已经应用很广泛，比如在北京燃气集团现有的美国确视检测设备，如图 6-32、图 6-33 所示。目前的使用情况为：

（1）使用地点：某些施工工艺需进行管道内检测，如进行翻转内衬工艺操作前需先探测管道内的清洁程度，有无焊瘤等影响翻转内衬工艺操作的因素，做完翻转内衬工艺后需再次进行探测，检查施工工艺是否合格。

（2）优点：牢固、耐用，因为是履带式，所以适合管道内条件恶劣、情况复杂的管道探测。爬行器与监视器是一体式，所以节省空间、便于操作、运输方便。信号好、抗干扰能力强。最长探测 180m，全速前进 20m/min。

（3）缺点：功能落后，不能转弯。

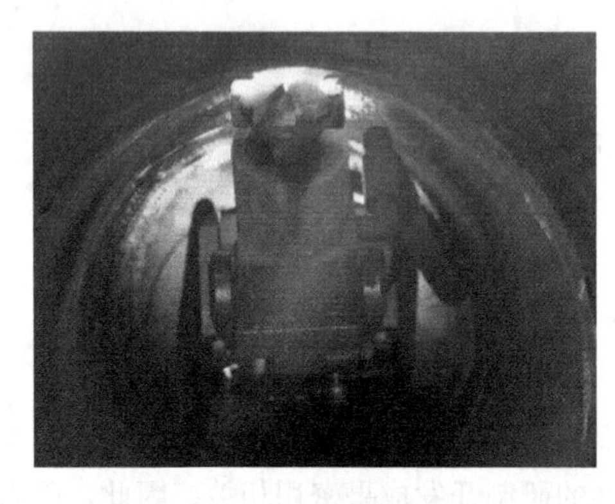

图 6-32　美国确视拖车与推杆

图 6-33　美国确视监视控制系统

在其他省市也有应用，厦门引进检测机器人在燃气道里爬行，此种“管道机器人”采纳先进的管道内窥摄像检测琐屑，在管道内主动爬行，就像医学上的“内窥镜”给管道做“肠镜”一般，对管道内的锈层、结垢、腐化、穿孔、裂纹等状况进行探测和摄像，并将录像传输到地面，可以立即查看并生成录像材料，对修复前后的效果还可以进行直观地查抄、比较和记录。

在给排水行业也有应用，针对“水浸街”产生的多种原因，广州引入了如管道检测机器人等高科技装备辅助手段，及时有效地检查地下排水管道的情况，减少人为因素导致的水浸黑点。管道检测机器人使用的原理是，通过摄像机器人对管道内部进行全线摄像检测，由专业的检测工程师对所有的影像资料进行判读，通过专业知识和专业软件对管道进行打分汇总，然后进行评估，从而确定排水管道的现状。其操作步骤见图 6-34～图 6-36。

图 6-34 准备释放管道检测爬机

图 6-35 下井释放

图 6-36 置入管道运行检测

与广州引进的机器人一样，江苏常州市排水管理处首次应用“管道机器人”技术检测了长江路污水管道，以智能系统代替人工井下作业，不仅消除了安全隐患，创造了良好工作环境，还大大提高了工作效率，成功地实现了污水管道检测的智能化变革。

“管道机器人”在排水、燃气等市政地下管道中有广阔的应用推广前景，因为排水管道泄漏会给邻近斜坡的市政设施及居民住宅的安全带来威胁，加强这类工作应引起足够重视。同样，在地下排水管道施工完毕后经 CCTV 技术方法的应用推广而产生明显的经济和社会效益。

6.3.1.2 PIG 机器人应用情况

PIG 机器人国外比较成熟，如 GE PII 公司的 MFL 漏磁检测产品，横向漏磁检测产品、三轴漏磁检测产品以及第四代综合智能检测产品，TDW 特拉华有限公司漏磁管内检测 MAGPIE 产品和气体泄漏检测 GAZOMAT 产品等。

国内虽然起步较晚，但是最近几年发展迅速。从 1994 年开始，中原油田大力推广应用 PIG 机械清洗检测技术，首先在城市供水管网、油田污水管网及输油管道上应用，效果很好。在 2002 年廊坊石油管道局与英国 ADVANTIC 公司合作开发了直径 660mm 的中清晰度漏磁检测器，并成功为华油天然气集输公司陕京线进行了全线检测。2003 年中国石油管道局又与英国 AD 公司合作开发直径 1016mm 的 40 英寸高清晰度漏磁检测器产品，于 2005 年 7 月获得牵拉试验成功，并成功地为陕京复线进行检测。该项目开发研制成功表明我国高清晰度管道漏磁检测技术达到国际一流水平。现在中油管道检测技术有限责任公司已掌握了测径及漏磁腐蚀检测器的制造技术，并研制出直径从 273mm 到 1016mm 各种口径的管道智能检测器 20 余台，实现了智能检测器的国产化、系列化，并取得了国家专利。图 6-37、图 6-38 为不同种类的漏磁检测器。

图 6-37 泄漏检测器

图 6-38 环形漏磁检测器

使用“管道猪”对长输管网进行检测已经非常普遍，国内较大的燃气企业已经认识到管道内检测的必要性，并根据自身实际情况已经逐步实施，取得了很好的效果。比如，自2009年起，上海燃气公司、港华燃气公司等已经进行对其所辖高压管道（如上海燃气公司对6MPa管道）进行管道变形和腐蚀检测。

6.3.2 管道机器人适用条件分析

通过以上分析可以看出，目前成功应用于城市管网内检测的机器人分为有缆方式、无缆方式或者两种方式结合的机器人。

X射线管道机器人、敷设光缆机器人、城市供水管道检测机器人以及城市排水管道检测机器人目前还处于研究阶段或者不适合中国国情，在国内城市管网内检测等方面尚不具备推广应用的条件。

目前应用最广泛使用的是CCTV机器人和PIG进行内检测。

6.3.2.1 有缆方式机器人——CCTV

使用CCTV能够检测市政管道、弯头、侧面管口等的破损、龟裂、堵塞、树根侵入等症状进行检测和记录。为修复旧管道提供修复方案，在给水、排水等市政地下管道中有广阔的应用推广前景，因为排水管道泄漏会给邻近斜坡的市政设施及居民住宅的安全带来威胁，加强这类工作应引起足够重视。CCTV机器人大多在停输状态下进行检测，适用的管道最小直径为50mm，最大为2000mm。

6.3.2.2 无缆方式机器人——PIG

通过无缆方式机器人——PIG进行检测，可以探测金属环焊缝裂纹及管体夹层缺陷，可以在一定压力和流量下对给水、排水、油气等市政管网实施内检测。它的应用条件是流体压力0.7～7MPa，流体速度1～4m/s，流体温度0～50℃，壁厚0～20mm范围的检测。

6.3.3 存在问题分析

管道检测机器人的研究与应用在一定程度上解决了一些管内探测的问题，但其能源供应、通讯、示踪定位以及运行能力等方面还存在诸多问题。

6.3.3.1 有缆方式机器人——CCTV

(1) 能源供应

机器人要拖动电缆一同前进；因此，当距离较长、转弯较多时，势必会产生较大的摩擦阻力，甚至达到机器人牵引力所不能克服的程度，严重影响了机器人的最大行走距离，而且还会带来可靠性等一系列问题；另外随着电缆增长，其上的电压降也会很大，这都会给机器人的设计与实现带来许多棘手的问题。

(2) 通讯

管内移动机器人在管内进行检测，维修等作业时，需要随时与外界进行联系，将传感器采集到的数据、机器人的工作状态（如自身姿态、故障检测、缺陷状况等）及有关管内环境的信息传递给控制台，并接收操作人员的命令（如速度高低、前进后退、是否作业等)，我们将这些信息由内向外或者由外向内的传递过程称之为通讯。

这些信息传递过程中，采用导线则同样面临着电缆与管壁的摩擦问题；采用无线通讯，信号经过管壁、土壤等介质后衰减很大，而且当管壁为金属时，由于电磁屏蔽作用，信号无法穿过管壁；另外，整个系统的成本和体积都会大幅度上升。因此，如何实现高效、准确的通讯是管内移动机器人正常工作的必要条件。

事实上，上述两个问题的解决都涉及机器人是否拖缆。对于有缆式管内移动机器人，其电缆的数目与种类可达 3～4 种共 10～15 根之多，其中任何一根电缆出现问题都将不同程度地影响机器人的工作状态，最严重的情况是电机供电电缆断线，则机器人在管内将处于进退两难的境地。同时，如何在电缆封装工艺上保证其具有一定的抗拉、抗磨及抗腐蚀的特性，是保证机器人可靠运行的前提条件。如何有效地减少信号传送电缆的数目也是一个重要问题。

(3) 示踪定位

管道机器人的示踪定位技术包含两个层面的意思：管道内示踪定位和管道外示踪定位。管道内的示踪定位主要用于机器人自主控制，提高自主性，所谓自主性是指机器人在管内的移动、定位与作业均由计算机在完善的传感装置配合下，无需人的介入即可自动完成，这一控制方式是真正意义上的“智能化”。而管道外示踪定位主要用于管道外的操作人员了解管道内移动机器人所处的位置。

管道内的示踪定位技术可以通过各种各样的传感器辅助实现；而对于管道外的示踪定位，除了采用有缆的方式外，尚无其他方法。有缆式管内移动机器人随着检测长度的增加，由于电信号的衰减、损耗以及电缆的机械强度的限制等，导致有缆机器人的工作距离一般比较短。所以，无缆机器人是长管线作业机器人发展的必然趋势，视觉传感器也是无缆机器人具有自主性的必要手段之一。

基于以上三点，可以看出，对于有缆方式机器人进行内检测，最主要的受限条件是行走距离的制约。据调研，目前 CCTV 拖缆的最大长度到 1000m 左右，检测范围在 2000m 左右。

6.3.3.2 无缆方式机器人——PIG

通过以上分析可以看出，无缆方式机器人——PIG 检测是在一定压力和流速下的检测，靠流体的压力推动下向前运行。如果应用在复杂的城市地下油气管线内检测，将会受到很多条件制约。

(1) 现阶段管道内检测成本相对较高。经过对北京市高压燃气管道检测的研究，针对北京市高压燃气管道检测费用200万～300万元/每段每次，并且如需对六环高压燃气A管道进行内检测需对管道设施进行改造，改造所需费用至少为1342万元；如需对北京市五环高压燃气B管道实施内检测，所需管网改造费用至少为480万元。

(2) 由于受检测壁厚条件的限制，对管道的清洁度有一定的要求，而对于城市不同介质的管网及运行年限等方面的影响，需要考虑检测精度是否满足要求。

(3) 城市地下管网节点、阀门、三通等管件密集，管道变径较普遍，PIG机器人的正常通过有一定难度。

(4) 城市地下管网输送的流体一般压力较低，并且流速不稳定，可能存在无法满足PIG机器人正常运行的条件。

(5) 要有收发球工艺设备。由于城镇燃气管线沿线用气量变化较大，增加了很多的分支及附属设备，诸多因素的制约，使得PIG顺利通过受到一定程度的制约。

6.3.4 结论

目前适合城市地下给水管线、排水管线、燃气管线以及热力管线等内探测的机器人主要有两种类型，即CCTV机器人和PIG机器人。针对这两种类型的机器人，国内外有不同的厂家进行生产。对每种机器人虽然各个厂家生产的型号或者功能各异，但是原理基本相同。

(1) CCTV机器人技术比较成熟，应用广泛。如北京派普克工程技术有限公司生产的DIGIMAX管道检测机器人，北京德朗检视科技有限公司生产的DNC 500检测机器人，上海精密实业有限公司生产的JMP检测机器人，以及北京埃德尔公司生产的P350检测机器人等。这些机器人适合不同材质的城市管线内检测，但一般是在管线停输状态下才能实施管道内检测，如对燃气管线进行翻转内衬工艺操作前需先探测管道内的清洁程度，有无焊瘤等影响翻转内衬工艺操作的因素，做完翻转内衬工艺后需再次进行探测，检查施工工艺是否合格等。它的适用范围是管道最小直径为50mm，最大为2000mm，行走距离最远1000m，国内报价30万元左右。

(2) PIG机器人在燃气等长输管线上实施内检测比较成熟。如①GE PII公司的MFL漏磁检测产品，横向漏磁检测产品、三轴漏磁检测产品以及第四代综合智能检测产品；②TDW特拉华有限公司漏磁管内检测MAGPIE产品和气体泄漏检测GAZOMAT产品；③中国管道局与英国AD公司合作开发直径40英寸的高清晰度漏磁检测器产品等。但是在城市管线上实施内检测还很少，即使在城市管线上实施内检测也是在高压管线上实施，这与长输管线检测的条件相差不大，如上海燃气公司对6.0MPa高压燃气管道实施的内检测等。但是城市燃气等管线的内检测一般委托专业的检测公司完成，如GE PII公司和派普兰公司等。由于PIG机器人本身不带有驱动装置，而且基于漏磁通等的原理进行的内检测，就决定了它的适用条件是在管线有压力的铸铁管道或钢制管道等的前提下来完成，而对于像聚乙烯等管材则不适用。使用 PIG 机器人实施内检测，主要是根据 PIG 机器人检测出的数据进行分析，找出缺陷，从而进行维护，起到未雨绸缪的作用，对于停输管线的内检测则不适用。目前使用 PIG 机器人是在较高压力和流量下对热力、燃气等市政管网设施内检测，它的应用条件是流体压力 0.7～7MPa，流体速度 1～4m/s，流体温度 0～50℃，检测壁厚为 0～20mm 范围的检测。

(3) 综合以上分析可以看出，在目前条件下，使用在城市地下管线的内检测技术还不完全成熟，成型的机器人在实际使用过程中受到一些条件的制约。因此，应根据地下管线实际情况，并结合管线破损缺陷的机理，跟踪新技术，选择相应的管道机器人进行内检测，以达到预期的目的。地下管线适用机器人类型见表 6-7。

城市地下管线适用机器人类型　　表 6-7

<table>
<tr><th>序号</th><th>管线类型</th><th>适合机器人类型</th><th>适用条件</th><th>备注</th></tr>
<tr><td>1</td><td>自来水管线</td><td rowspan="4">适用于 CCTV 机器人。
部分 CCTV 机器人生产厂家及机器人型号：
(1) 北京派普克工程技术有限公司生产的 DIGI-MAX 管道检测机器人；
(2) 北京德朗检视科技有限公司生产的 DNC500 检测机器人；
(3) 上海精密实业有限公司生产的 JMP 检测机器人；
(4) 北京埃德尔公司生产的 P350 检测机器人</td><td rowspan="4">管道最小直径为 50mm，最大为 2000mm，行走距离最远 1000m 的检测</td><td rowspan="4">一般为停输状态</td></tr>
<tr><td>2</td><td>排水管线</td></tr>
<tr><td>3</td><td>电力管线（管沟）</td></tr>
<tr><td>4</td><td>通信及有线电视管线（管沟）</td></tr>
<tr><td>5</td><td>燃气管线</td><td rowspan="2">既适用于 CCTV 机器人又适用于 PIG 机器人。
CCTV 机器人部分生产厂家及机器人型号见上；
部分 PIG 机器人检测厂家及机器人型号如下：
(1) GE PII 公司的 MFL 漏磁检测产品、横向漏磁检测产品、三轴漏磁检测产品以及第四代综合智能检测产品；
(2) TDW 特拉华有限公司漏磁管内检测 MAG-PIE 产品和气体泄漏检测 GAZOMAT 产品；
(3) 中国管道局与英国 AD 公司合作开发直径 40in 的高清晰度漏磁检测产品</td><td rowspan="2">CCTV 机器人适用条件见上；PIG 机器人适用条件为压力在 0.7～7MPa，流体速度 1～4m/s，流体温度 0～50℃，检测壁厚为 0～20mm 范围的铸铁管道或钢制管道</td><td rowspan="2">CCTV 机器人见上；PIG 机器人为不停输状态</td></tr>
<tr><td>6</td><td>热力管线</td></tr>
</table>

参 考 文 献

[1] 张云伟. 煤气管道检测机器人系统及其运动控制技术研究 [M]. 上海交通大学博士论文，2007 (7).

[2] 蔡自兴. 机器人学的发展趋势和发展战略 [J]. 中南工业大学学报，2000，31 (专辑)：1-9.

[3] 齐福生，刘勇. 管内漏磁腐蚀检测技术的应用 [J]. 油气储运，2006，17 (6)：28-31.

[4] 毕德学，邓宗全. 管道机器人. 机器人技术与应用 [J]，1996 (6)：12-14.

[5] 蔡辉. 排水管道检测机器人的设计及应用 [J]. 湖南大学，2012.

[6] 甘小明，徐滨士，董世运等. 管道机器人的发展状况 [J]. 机器人技术与应用. 2003 (6)：5-10.

[7] 地下管线及地下空洞综合探测技术研究 (D101100049510002)，北京市科委、管委重大项目，2011.

7　地下管线测绘

随着现代科学技术的大规模快速发展，我国“数字城市”的相应建设已经广泛地在大、中城市中迅速开展。“数字城市”的建设是综合利用3S技术（GIS、RS、GPS）、现代多媒体技术和大规模海量数据存储技术、虚拟现实技术和宽带传输等技术，对所在城市相应的基础设施进行动态监测管理、数据的自动采集和辅助决策等进行服务。而城市地下管线测量正是为“数字城市”的构建提供了相应的基础图件和文本资料。根据城市地下管线测量数据建设城市地下管线，是组织建立城市基础设施非常重要的组成部分，是我国现在许多大、中城市得以快速发展和赖以生存的基础，对城市的规划建设和发展有着重要的作用。

城市地下管线的测量工作也越来越体现出它在城市基础设施建设的重要性和必要性，但是现在城市地下管线网的测量和管理相关工作之间的矛盾也越来越显现出来。具体的根源就在于城市地下管线的管理工作存在着许多问题和困难，其中难点之一就是对已有的城市地下管线数据库后续的更新和维护难以满足社会各界不同的需求。然而我国城市地下管线的管理和相应的服务工作一直比较薄弱，许多大城市存在地下管线分布不明的情况，相应的管线资料和数据不完整、不规范、不准确等，由于各管线的管理和控制隶属于不同的管线部门，因此造成了城市地下管线数据资料的不完整和残缺不全等情况，在相应的城市建设、城市扩张、道路拓宽等领域的市政施工中，经常会出现相应的管线事故。由此可知，能及时、快速开展地下管线测量工作具有十分重要的意义。同时随着现代科技的迅速发展，“数字城市”的建设已经在一些大城市中展开，而城市地下管线测量是建立“数字城市”必不可少的重要步骤。

地下管线分布信息、分布走向等对城市规划建设具有重要的意义，如果没有精确科学的地下管道信息就会导致城市建设进程以及城市建设质量等受到重大影响，严重时还会影响城市建设的安全性，形成重大的安全事故。

由于地下管线的埋设情况不够清楚，埋设信息不够精确，导致地下管线在城市建设施工中被损坏的情况非常常见，施工事故频发，对人民生活与工作产生了比较大的影响。

城市建设规模不断扩大，但是地下管线的管理手段比较落后，导致城市地下管线建设跟不上城市发展进程，所以在城市建设中一定要提高城市地下管线的管理水平，保证地下管线的发展质量。要从城市可持续发展的角度，采用最先进、最经济的地下管线普查方式，依据城市规划管理的要求，取得科学精确的地下管线数据，并及时更新数据库信息，建立完善的城市地下管线信息管理系统，促进地下管线数据信息现代化以及科学化管理。最终促进城市生命线的良好运行，有效满足人们生活、工作等需要。

管线测量的任务包括图根控制测量和管线点测量。图根控制要求布设成符合导线并尽量构成网状，增强网的结构强度，提高图根点的精度。图根导线是在一、二级导线基础上布设，其观测方法和精度按《城市测量规范》要求执行。图根点的高程可采用水准测量方法测定，也可采用测距三角高程方法测定。管线点测量主要是测定管线点的平面坐标和高程，管线点的平面坐标可采用 GPS、导线串连法或极坐标法测量，高程采用水准测量或测距三角高程。当采用电子全站仪进行极坐标法测量时，可同时测定管线点坐标和高程。

政府组织的地下管线测量范围一般为城市道路上的管线和市政管线，单位、工厂、院校和封闭的生活小区内部不查，但对穿越上述市政主干线不能中断，以保持主干管线的连续性。普查对象为给水、排水（含雨水、污水、雨污合流）、煤气、热力、电力、交警信号灯电缆、广播电视、路灯、电信、工业管道及直埋电缆等市政公用管线、部队等其他单位的专用管线。

7.1 地下管线测量方法

地下管线的测量主要分为两类：没有还土的城市地下管线和已经竣工的城市地下管线。对于没有还土的管线，要利用管线特征点的测量实现管线测量工作。对于已经竣工的地下管线，要通过实地物探的方法把管线的主要特征反映在地面上，随后测量管线的主要特征点，然后把各个特征点在地形图上进行测绘。

1）施工管线测量方法

要保证管线测量的精确性就要了解测量的特点，对没有还土的管线测量特点如下：

（1）线路施工完毕后要及时进行回填，为了保证测量的准确性要进行现场复查，保证数据的准确性；

（2）控制点不容易查询。要在测量前收集线路资料，尤其是要收集好管线的设计图，有效利用设计图。具体的方法如下：

① 采用全站仪测量管道主要特征点的外顶或者是内底高度以及平面位置等。

② 在空旷区进行管线测量可以采用 GPS 或者是 RTK（Real-Time Kinematic）实时动态测量法，主要测量每一个管道线特征点的三维坐标。

2）竣工管线测量

已经竣工的管线由于上面有覆盖，所以首先要准确探出管线的类别、管径或者是断面等具体项目。

（1）把管线的各个特征点详细地标出来，使用各种检测仪器进行实地测量。

（2）确定管线的性质，对于金属管线要采用管线仪等电磁方法进行探测。

（3）在探测时要严格按照仪器使用要求进行探测。

（4）由于影响竣工管道测量的因素有很多，所以要采取各种措施有效减少各种影响因素的影响，无论人为因素还是机械因素都要有效规避。

对于管线质量控制而言，首先要与相关市政建设部门协商解决，保证管线设计的合理性；另外是施工过程中要具体问题具体分析，对于施工难度比较大的区域，要综合采用各种措施创造有利施工条件；管线施工完毕后要及时进行竣工检验，确保管线施工质量符合设计要求。

7.1.1 现状调绘

1）资料的收集整理

在进行地下管线测量工作之前，需要先进行相应的准备工作，为了能够更好地进行城市地下管线测量工作，同时提高地下管线的探测效率，可以将所有的地下管线设计图纸收集起来进行整理，然后进行合理的利用。

各专业管线权属单位接受城市地下管线普查主管部门下达的任务后，首先要收集现况调绘范围内已有的地下管线资料及地形资料，作为现况调绘的依据。

一般包括地下管线设计图、报批的红线四至图、放线（定线）资料、施工图、地下管线竣工图、断面图、技术说明及成果表和现有的城市基本地形图（通常是 1∶500 地形图）。

资料收集后，要对所收集的已有地下管线现况资料进行分类、整理，以便于现况调绘图的编绘。

2）现况调绘图的编绘

通过解析法和几何作图法编绘现况调绘图，并且整理已有地下管线成果表。施工单位在作业前，应收集业主已准备好的地下管线现状调绘图作为工作底图。

如果业主没有准备这些资料，则通过业主方的协助，施工单位到各专业管线权属单位收集相关资料。

3）管线测量

地下管线点和地物点的平面位置联测可以使用全站仪或者测距经纬仪，根据导线串测法或者极坐标的方法进行探测。地下管线点的平面位置联测采用极坐标法时，测距边不得大于 100m，定向边应采用长边。地下管线点高程联测按《技术规程》的有关规定执行。地下管线测量还应对各种地下管线有关的地面建（构）筑物及附属设施进行测定。

在城市地下管线的测量过程中，所有的管线点均需要全野外数字化采集、测量，对于隐蔽点要以钢钉或者刻“十”字作为点的中心，明显点可以以井盖中心作为中心进行观测，在实际测量工作时将带有气泡的棱镜杆立于待测量的管线中心点上，并且使气泡保持居中，同时保证待测点位的准确性。

要求每一测站都对已测点进行相对应的测站与测站之间的检查，然后记录两次检测结果的差值，此时的插值可以作为检查的最终结果，从而确保控制点定向的相对正确性。同时保证每观测站检查的点不少于 2 个点，重合点坐标差计算相应的点位中误差不应该大于 5cm，高程中误差不应该大于 3cm，对于每天测量的重合检查点，均计算出相应的坐标和高程，然后将坐标和高程进行对比，发现问题及时处理。

4）管线探查草图绘制

对地下管线探查的草图绘制要注意以下几点：

（1）探查草图应根据现场探查结果在 1∶500 地形图上绘制。

（2）地下管线草图绘制内容应包括：管线连接关系、管线点编号、特定地下管线必要的管线注记及必要的地下管线放大之后的示意图等。

（3）探查草图的管线点图式按《技术规程》中图式规定的要求表示，如不好表示的以文字说明，此时要保证地下管线点与周围的地物或者管线点之间的相对位置要准确。

（4）探测草图上的文字和数字注记应整齐、完整，图例、文字和数字注记内容应与探查记录一致。管线点编号尽量字头朝北，方便测绘和检查。

（5）探查组内、组间和各测区间绘制的探查草图应进行接边，其内容包括管线空间位置和管线属性，其中探查范围到测区外 10m。

7.1.2 外业测量

随着现代化的数字测图技术的广泛应用，根据管线探测的工作任务和精度指标，在管线探测中使用较多的有全站仪和 RTK 技术。

1）一般要求

（1）地下管线外业测量使用专业的测量软件进行工作。

（2）采用解析法，按数字成图要求，以电子全站仪观测，电子记录手簿记录。

（3）图根导线测量：利用区内已有的首级控制点，进行一、二级导线点的加密。

其观测方法和布设支点的要求按《城市测量规范》及有关规定执行。在一次附合导线点上可采用电磁波极坐标法加密图根点，测距边不得大于 150m，定向边宜采用长边，并不得以极坐标点再发展图根点。高程采用电磁波测距三角高程进行传递，并与导线测量同步进行，其仪高和镜高均采用经检验的钢尺进行量取，数据取至 mm。

（4）地下管线点测量

① 地下管线点的平面位置联测应使用全站仪或测距经纬仪，以导线串测或极坐标法进行。

② 联测地下管线点时，仪器应整平对中，对中杆上的圆水泡必须居中，棱镜高量测至 mm。

③ 不同测站间应复测两个以上的管线点，以供检核，其误差不得超过 2 倍中误差。当采用极坐标法时，测距边不得大于 100m，定向边宜采用长边。

（5）地下管线图测绘精度按《城市地下管线探测技术规程》及有关细则执行：实际地下管线的线位与邻近地上建（构）筑物，道路中心线及相邻管线的间距中误差不得大于图上 0.5mm。

（6）测量检查采用不同人、不同日期、同仪器进行。

① 检查图幅占总图幅数的 20%。

② 每幅图一般检查三个测站，采集管线点不少于 40 个。

2）控制测量

在管线探测中，由于管线点的密度较大，测量精度要求高，且一般是沿路成带状分布，因此控制点也一般布设成单条附合导线或沿路布设成导线网。

（1）使用全站仪进行控制测量

在控制测量中，只能把全站仪当作电子经纬仪和测距仪来使用，按照控制测量规范进行。但要注意大气折光系数改正和地球重力场系数的改正，此时要测出温度和计算地球重力场常数。重力场常数在小范围地方变化不大，而大气折光系数的影响比较大。

（2）使用 RTK 进行控制测量

RTK（Real Time Kinematic）实时动态测量系统，它集计算机技术、数字通讯技术、无线电技术和 GPS 测量定位技术为一体的组合系统；它是 GPS 测量技术发展中的一个新突破。RTK 定位精度高，可以全天候作业，每个点的误差均为不累积的随机偶然误差；外业操作也十分简单，一般只需一人就能完成作业；能在外业实时显示所测控制点的三维坐标。

（3）控制点的布设与测量

各类管线测量定位点均以管（沟）道中心线和附属设施的几何中心为准。地下管线的测量定位点按表 7-1 执行。

地下管线的测量定位点 **表 7-1**

管线种类	定位特征点	定位附属点	测量高程的位置	地面需测绘的建（构）筑物
给水	三通、四通、拐点、变径点、变坡点	检修井、阀门井、阀门、消火栓、水表、预留口	管外顶及地板高	水厂位置、水塔、水池、水源井、泵站
排水（含污、雨水）	起始点井，交叉口、进出水口、转折井	各种窨井、泵站、排污装置	管（沟）内底及地面高	污水厂位置、净化池、化粪池、泵站、暗沟地面出口
电力	分支点、拐点	人孔井、手孔井、变电站、出（入）地电杆	管顶、管（沟）内底及地面高	变电室、配电房、变压线杆
电信	分支点、拐点	人孔井、手孔井、出地电杆	管（块）外顶及地面高	变换站、控制室、差转台、发射塔
煤气	三通、四通、拐点、弯头	检修井、阀门、抽水缸、调压站、检漏装置、凝水器	管外顶及地面高	煤气房、调压房、储气柜、气化站、瓶组站
工业管道	三通、四通、弯头	排液、排污装置、检修井、阀门	管外顶及地面高	锅炉房、动力站、冷却塔、支架

3）碎部测量

目前国内的野外碎部测量的数字测图方法很多，但归纳起来主要有两种模式：一种就是在碎部测量同时现场成图，即常说的电子平板模式或称为测绘法模式；另一种就是在野外测量的时候现场勾画好草图，然后再带回室内成图，通常称为数字测记模式。由于管线探测时已经把管线点的相对位置落在外业手图上并进行外业编号，探测记录表记录了点号、点属性及点连接信息，所以在管线探测采用的是数字测记模式。这种方式只要把探测外业点号和测量点号对应起来就可以。对于使用 RTK 进行管线点的碎部测量，由于 RTK 受天线高度角的影响很大，而管线一般都分布在高楼或其他高大建筑物附近，使 RTK 很难锁定卫星信号，所以目前应用在管线碎部点的测量工作较少。

4）误差来源

（1）控制测量误差

控制测量误差主要来自仪器误差、人为误差以及自然环境的误差，其中仪器误差和人为误差是固定的，而自然环境的误差主要处理大气折光的误差，全站仪能够对大气折光系数进行自动改正，而 RTK 不受大气折光的影响。

（2）碎部测量误差

在使用全站仪进行数字化测图的过程中，误差来源主要是数字化成图误差和测量误差，包括：

① 水平角观测误差

A. 望远镜的照准误差

望远镜的照准误差与望远镜的放大倍率有关，假如我们取放大倍率为 30，即 $m_s=\pm 60/30=\pm 2''$；

B. 读数误差一般不超过±5″即 $m_r=\pm 5''$；

C. 仪器误差不超过±1.5″即 $m_i=\pm 1.5''$；

D. 目标偏心误差，在数据采集时，棱镜站一般采用手持对中杆，由它引起的误差约为±0.01m，取 $m_0=\pm 0.01''\rho/S$，其中 S 是测距长度，ρ 是 206265″；

E. 测站偏心误差即光学对点器所产生的误差，一般不超过±3mm，其可表示为 $m_p=\pm 0.003''\rho/S$，其中 S 是测距长度，ρ 是 206265″；

F. 外界的影响一般取 $m_v=\pm 0.5$。

综上所述，半测回的方向中误差为：

$$m_\beta=\pm\sqrt{m_j^2+m_r^2+m_i^2+m_o^2+m_p^2+m_v^2} \tag{7-1}$$

而半测回的测角中误差为：

$$m_\xi=\sqrt{2}m_1$$

② 测距误差

A. 仪器误差 m_D=仪器标称精度；

B. 对中杆偏心误差一般为 $m_p=\pm 10\text{mm}$；

C. 棱镜误差一般为 $m_m=\pm 20\text{mm}$。

综上所述，测距中误差为：

$$m_s=\pm\sqrt{m_D^2+m_p^2+m_m^2} \tag{7-2}$$

③ 垂直角观测误差

有照准误差，读数误差，外界条件的影响及仪器自动补偿，前三项和水平角观测误差

一样，而后一项为：$m_i=\pm0.5''$

（3）测点的平面位置精度和高程精度分析

设平面测点为 p，平面精度为：

$$m_p=m_x^2+m_y^2=m_s^2+S^2\ (m_\beta/\rho)^2 \tag{7-3}$$

其中，m_β 为半测回测角中误差，m_s 为测距中误差，S 为距离；高程精度为：

$$m_H=\sqrt{\tan^2\alpha m_s^2+S^2\ (m_\alpha\sec^2\alpha)^2+m_i^2+m_v^2} \tag{7-4}$$

其中，m_β 为半测回测角中误差，m_s 为测距中误差，S 为距离，m_α 为垂直角观测误差，而 $m_i=m_p=\pm0.003$mm。

5）内业处理

在完成管线的外业探查和测量工作之后就可以进入内业处理阶段了，管线探测的内业处理流程一般分为 5 个阶段：前期准备阶段，数据库录入检查，检查数据的完整性和合理性，图形整饰及成果输出，资料归档及保存。只有这 5 个阶段都做好，才能保证最后成果的真实有效，尤其是数据库的检查更为重要。

（1）数据库录入检查

在数据库录入完毕后，作业人员要进行 100％自检 100％互检（两个作业员以上互相核对数据库和外业作业手簿数据是否一致），内业负责人进行 30％以上的质检，如果在检查过程中错误率超过 2％时，作业员要重新检查并做好记录，检查完成后再重复上面的工作，直到数据合格后才能转到下一阶段的工作。

（2）检查数据的完整性和合理性

数据的完整性和合理性由计算机辅助完成，但其检查内容不能缺少：检查探查库重点；检查坐标库重点；检查探查库重线；检查探查库点性代码错；检查探查库中三通、四通、分支方向错；检查探查库缺属性、缺坐标；检查探查库单点未连线错；检查同一条管线属性是否一致；检查管线排水高程错；检查管线超长；检查探查库少原点、分支与原点点性是否一致。在以上的检查中，绝大部分错误可以在内业处理，但是探查库缺坐标的要及时进行外业补测，排水高程错误而导致水流不出去的要到外业实地去核实，属于确实是设计时存在问题的要做好记录，以备日后查询用，属于探查错误的要采取补救措施，对有问题的管线探查段重新进行探查。

（3）图形的成果输出及整饰

数据库经过检查无误后就可以形成管线的现状图了。形成的管线图各种管线要按其专业类型采用不同的颜色，除甲方有特殊要求之外一般采用国家管线探查规范规定的颜色；管线符号要采用国标统一规定的符号绘制；形成的管线图要以城市现状地形图上为背景，并要检查其位置关系是否和实地情况相符合。初步形成的管线图就如我们在地形测量中初步形成的地形图一样，要进行字符的编辑和图面的整饰：要保证注记文字不压管线和地形主要地物线；管线点的注记字头朝北，线注记要顺线的方向；保证分幅图的相邻图幅、带状图的相邻图段与交叉路口的管线拼接好；图幅号、方格网坐标、地形图测量单位、管线探查单位、探查员、测量员、检校员及成图日期和采用的图式要注记清楚。

7.2 地下管线图编绘

管线图的编绘是以 MDB 格式数据文件采用成图软件在计算机上自动生成管线图形，再和数字化地形图叠加，最后形成地下管线图。当用单一权属单位的专业管线数据生成管线，然后与基础地形图叠加编辑成图称为专业地下管线图，它表示的是专业地下管线及与其相关的建筑物、地物、地形和附属设施。当采用所有管线数据生成管线，再与地形图叠加编辑成图称为综合地下管线图，它表示的是所有地下管线及其附属建筑物、地物、地形和附属设施。地下管线图要按规定进行注记和扯旗。

1）一般规定

地下管线图的编绘是在地下管线数据处理工作完成并检查合格的基础上，采用计算机编绘或手工编绘成图。计算机编绘工作应包括：比例尺的选定、数字化地形图和管线图的导入、注记编辑、成果输出等。手工编绘工作应包括：比例尺的选定、复制地形底图、管线展绘、文字数字的注记、成果表编绘、图廓整饰和原图上墨等。专业管线图、综合管线图和管线横断面图是地下管线图的三种类型。

将地下管线探测后的合格数据进行处理，形成的管线图与地形图进行叠加，并进行相应的编辑整理，移动野外管线点号，编辑注记。注记采用线上注记，但不能互相压盖。线段长度短与注记或注记密度过大时可以适当取舍，从而形成专业管线图和综合管线图。具体要求如下：

（1）地下管线图中管线代号、层和颜色的设置见表 7-2。

名称、代码、颜色对照表 **表 7-2**

管线种类		代码	标注简称	颜色	色号
给水	给水	JS	给水	蓝色	5
	中水	ZS	中水		
排水	雨水	YS	雨水	褐色	16
	污水	WS	污水		
电力	供电	DL	供电	红色	1
	路灯	LD	路灯		
电信	电信	DX	电信	绿色	3
	军用	JY	军用	绿色	3
	有线电视	TV	有视	青色	4
天然气		TR	天然气	品红	6
热力		RL	热力	橘黄	40
工业管道		GY	工业	黑色	7

（2）管线图中各种文字注记不得压盖地下管线及其附属设施的符号。

（3）在编辑管线图过程中，基本地形图与管线要素图形矛盾或重合的地物符号、道路名称、注记等应作适当的删除或移位处理，以保证地下管线图图面清晰美观。

（4）各种管线应按其专业的特性在地下管线图内按表 7-3 标注相关信息。

管线标注 **表 7-3**

管线种类		代码	
给水	给水	JS	管类、材质、管径
	中水	ZS	
排水	雨水	YS	管类、材质、管径
	污水	WS	
电力	供电	DL	管类、管径（或断面尺寸）、根数、电压
	路灯	LD	
电信	电信	DX	管类、管径（或断面尺寸）、总孔数/占用孔数（或根数）
	军用	JY	
	有线电视	TV	
天然气		TR	管类、材质、管径
热力		RL	管类、材质、管径
工业管道		GY	管类、材质、管径

（5）地下管线图相关信息的注记要求：

① 要求注记与管线平行，位置选择在管线适中部位，注记整齐、紧凑、清晰；

② 要求压盖地貌地物过多的注记采用扯旗方式表示；

③ 要求管线注记方向遵循光影法则；

④ 管径以 mm 为单位。横截面为蛋形、拱形或马蹄形的管道，两个管径数字间加"×"符号连接；电缆沟、电缆隧道、地下构筑物注记宽×高；

⑤ 直埋电缆注记根数，导管注孔数；根数加注"根"字，孔数加注"孔"字；

⑥ 高程注记至 cm，当高程出现负值时，在高程数字前加"－"符号。

（6）地面及其以上建（构）筑物边界用实线表示；地面以下建（构）筑物边界用虚线表示。

（7）对于垂直的管线，在误差允许范围内，在管线邻接方向上将垂直管线的管线点进行适当移位，使管线点不发生重叠。

2）编制综合管线图

如图 7-1 所示，综合地下管线图应包括测区内探测的各类地下管线和对应的附属设施，在编绘综合地下管线图前应收集测区 1∶1000 数字地形图、地下管线现况调绘图、地下管线探查草图等资料，并按照相关标准及规范进行制图，其中控制点将按现在的《1∶500、1∶1000、1∶2000 地形图图式》规定的要求展绘。1∶1000 综合地下管线图编绘过程注记要满足如下要求：

（1）各种管线要明确注明管径、管线信息；

（2）若跨图幅，则需要在两个图幅内分别标注出跨图幅的文字；

（3）若无管径变化或跨图幅所产生的变化，根据要求在管线图幅两端各标注一处。

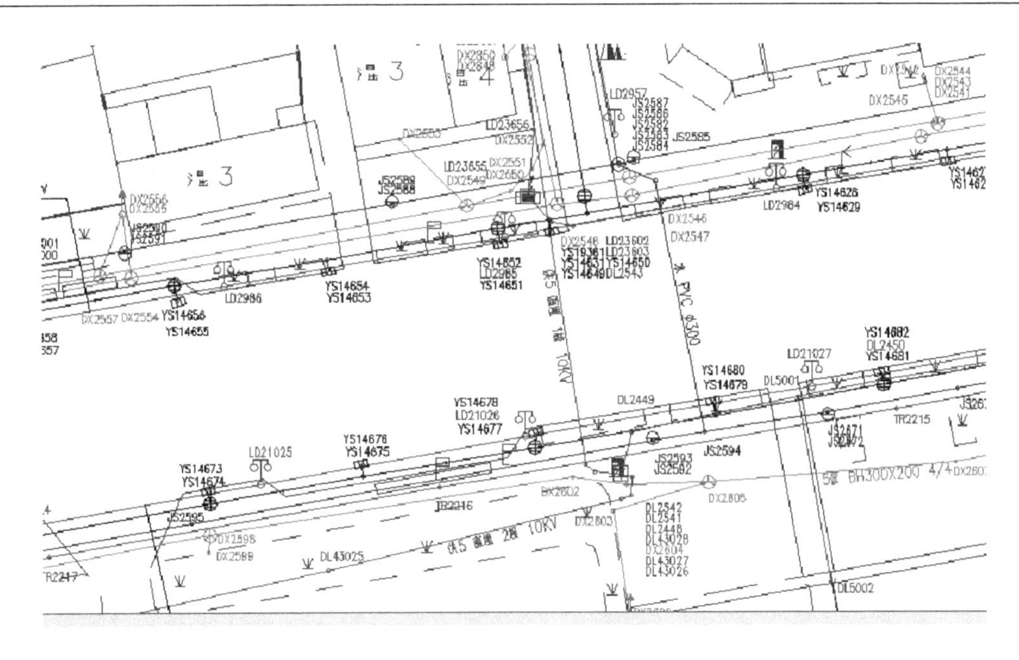

图 7-1　综合管线图

3）编制专业管线图

专业地下管线图表示一种专业管线及与其有关的建（构）筑物、地物、地形和附属设施等内容。依据有关技术方法和标准进行 1∶1000 专业管线图制作，具体专业管线图见图 7-2：

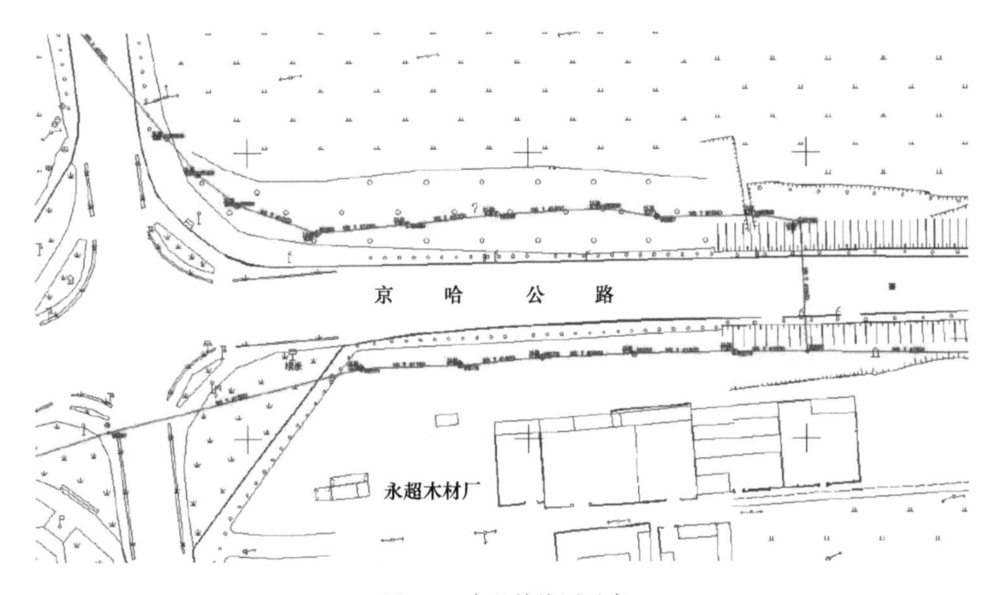

图 7-2　专业管线图示意

（1）地下管线图的编绘必须采用外业测量采集的数据，以数字化成图。

（2）地下管线图分为专业地下管线图、综合地下管线图、局部放大示意图和断面图。

（3）专业地下管线图及综合地下管线图的比例尺为 1∶500，局部放大示意图及地下管线断面图的比例尺视情况而定，图幅规格及分幅编号应符合城市地方要求。

（4）各种地下管线图必须按规定进行。图幅规格一般为50cm×50cm，50cm×40cm两种图幅位于图纸正中。

（5）数据处理所采用的软件及机助制图所采用的设备，可视实际情况和需要选择，但数据格式和代码应按规程的规定执行。

（6）数据处理所采用的软件，应有以下功能。

① 解析坐标文件在形成图形之前按图幅标准编号、分幅。

② 对分幅完的解析坐标文件逐幅形成图形文件。

③ 自动按图幅与图幅、测区与测区接边，并消除矛盾。

④ 图形编辑、修改、注记等清楚明了。

⑤ 图面取舍合理，并能按需要、按附属设施实际位置进行标注。

⑥ 扩展性能良好。

（7）综合地下管线图、专业地下管线图和综合地下管线局部放大示意图以彩色绘制，断面图以单色绘制。地下管线按投影中心（展绘地下管线点位置）、相应图例连线表示，附属设施在实际中心位置绘相应符号表示。

（8）地下管线图按1∶500地形图图式规定绘制。

（9）地下管线图各种文字、数据注记不得压盖地下管线及其附属设施的符号。

7.3 成果质量分析

控制测量是管线点坐标精度的基础和保障。因此在施工前将所有控制点均进行了距离与高差的精度检查，不满足要求的重新进行控制测量。

在采集管线点结束后，对所有管线点进行随机抽样设站检查，对管线点的原始记录、工作草图及机助草图的相符性进行100%的检查，发现问题并确认问题的原因及解决方法，并进行改正。

7.3.1 质量控制要求

管线探测是管线工程一项主要工作，投入经费最大，花费时间最长，管线工程质量主要取决于管线探测数据采集成果的质量。为了确保数据采集成果质量的精度，要通过作业单位自查、工程监理检查、管线办抽查、管线权属单位审图、软件开发单位数据入库复查五道程序严把成果质量关。从实际效果看，通过层层把关，可以有效保证了成果精度，避免数据缺漏。

作业过程中，每个测站必须要检查1个控制点和2个以上的明显点。对于作业成果按照规范要求还要进行自查、互查、专门抽样检查。作业员自检和班组互检应对管线图和成果表进行100%的检查校对；专门抽样检查，每一个工区应在隐蔽管线点中均匀分布随机抽取不应少于隐蔽管线点总数的1%且不少于3个点进行开挖验证；每一个工区必须在隐蔽管线点和明显管线点中分别抽取不少于各自总点数5%的通过重复探查进行质量检查。

7.3.1.1 质量检查误差要求

1）管线点坐标设站检查

平面中误差：$M_s \leqslant \pm 5cm$

$$M_s = \pm \sqrt{\sum_{i=1}^{n} \Delta s_i^2 / 2n} \tag{7-5}$$

式中 Δs_i——重复量测距离差值；

n——重复量测点数。

高程中误差：$M_h \leqslant \pm 3cm$

$$M_h = \pm \sqrt{\sum_{i=1}^{n} \Delta h_i^2 / 2n} \tag{7-6}$$

式中 Δh_i——重复量测高程差值；

n——重复量测点数。

2）明显管线点埋深检查中误差为：

$$M_{td} \leqslant \pm 2.5cm$$

$$M_{td} = \pm \sqrt{\sum_{i=1}^{n} \Delta h_i^2 / 2n} \tag{7-7}$$

式中 Δh_i——重复量测差值；

n——重复量测点数。

3）隐蔽管线点检查

隐蔽管线点仪器同精度重复检测平面位置中误差M_{ts}和埋深中误差M_{th}的限差，根据不同埋深区间分别统计和衡量，取相应精度限差的0.5倍。

$$M_{ts} = \pm \sqrt{\sum_{i=1}^{n} \Delta s_i^2 / 2n} \tag{7-8}$$

式中 Δs_i——平面位置偏差值；

n——检查点数。

$$M_{th} = \pm \sqrt{\sum_{i=1}^{n} \Delta h_i^2 / 2n} \tag{7-9}$$

式中 Δh_i——埋深差值；

n——检查点数。

4）地下管线平面位置和埋深检查限差

（1）地下管线平面位置和埋深限差计算公式如下：

$$\delta_{ts} = \frac{0.10}{n_1} \sum_{i=1}^{n_1} \Delta h_i, \quad \delta_{th} = \frac{0.15}{n_1} \sum_{i=1}^{n_1} \Delta h_i \tag{7-10}$$

式中 h_i——各检查点管线中心埋深，单位为厘米（cm），当$h_i < 100cm$时，取$h_i = 100cm$；

n_1——隐蔽管线点检查点数。

（2）地下管线隐蔽管线点的探查精度规定：

平面位置 δ_{ts}：0.10h；埋深限差 δ_{th}：0.15h。

注：h 为地下管线中心埋深，单位为厘米，当 h<100cm 时，则以 100cm 代入计算。

7.3.1.2 测量和图形精度要求

1）控制测量精度要求

控制测量精度要求见表 7-4～表 7-7。

等级导线的主要技术要求 **表 7-4**

导线类型	仪器类型	导线全长（m）	平均边长（m）	边数	水平角测回数	测角中误差（″）	方位角闭合差（″）	导线相对闭合差
一级导线	DJ2	3600	300	12	2	±5	$\pm 10\sqrt{n}$	1/14000
二级导线	DJ2	2400	200	12	1	±8	$\pm 16\sqrt{n}$	1/10000
三级导线	DJ2	1500	120	12	1	±12	$\pm 24\sqrt{n}$	1/6000

电磁波测距导线的主要技术要求 **表 7-5**

附合导线长度（m）	平均边长（m）	测角中误差（″）	测回数 DJ6	方位角闭合差（″）	导线相对闭合差
1000	100	±20	1	$\pm 40\sqrt{n}$	1/4000

三角高程测量的主要技术要求 **表 7-6**

项目	线路长度（km）	测距长度（m）	高程闭合差（mm）
限差	4	100	$\pm 10\sqrt{n}$

垂直角观测的技术要求 **表 7-7**

等级	仪器型号	测回数	垂直角测回差	垂直角较差
限差	DJ2	1	15″	25″
	DJ6	2	25″	25″

2）地下管线点的测量精度

平面位置测量中误差不得大于±5cm（相对于邻近控制点），高程测量中误差不得大于±3cm(相对于邻近控制点)。

3）地下管线图编绘精度

地下管线与邻近的建（构）筑物、相邻管线以及规划道路中心线的间距中误差不得大于图上±0.5mm。

4）细部点坐标测量精度要求

（1）细部点坐标测量可采用极坐标法、量距法与交会法等，细部点高程采用三角高程测量。细部测量与图根测量可同时进行或分开进行。

（2）设站时，仪器对中误差不应大于 5mm。

照准一图根点作为起始方向，观测另一图根点作为检核，算得检核点的平面位置误差不应大于图上0.2mm。检查另一测站高程，其较差不应大于1/5基本等高距；仪器高、觇牌高应量记至mm。

(3) 采集数据时，角度应读记至秒，距离应读记至mm。测距最大长度，地物点≤100m，地形点≤150m。高程注记点间距为15m。

7.3.2 质量控制内容

外业探查与测量的检查是保证成果质量的重要环节，也是质量控制的重点。须对每一个作业环节、工序所完成的工作、获得的成果进行全面检查，发现问题，及时处理，保证各种调查及观测数据准确可靠，精度满足有关规定的要求。外业质量控制主要包括以下内容：

(1) 地下管线探查的方法、调查表的填写；

(2) 图根导线的布设、控制点的设置、观测方法及观测限差；

(3) 管线点的测定及连线草图的绘制。

(4) 内业资料整理的检查工作同样重要，它是成果质量是否正确、规范的关键因素。内业质量控制内容主要包括以下方面：

① 检查地下管线的连接关系和走向、属性记录是否准确、清楚，并符合《城市地下管线探测技术规程》等相关标准规范的要求；

② 检查内部图幅接边是否正确，管线点编号是否唯一并符合编号原则；

③ 检查地下管线探测原始记录资料；

④ 检查明显管线点调查表、隐蔽管线点探测手薄的准确性和完整性，检查其记录是否规范、准确、完整、清楚，责任人签名是否齐全；

⑤ 检查外业探查数据与计算机内的相应数据库是否一致。

7.3.3 质量控制方法

1) 管理制度保障。每个作业单位都设立有质量管理小组，有专职质检组长和专职的质检员，全面负责作业质量保证工作。

2) 工作程序保障：

实行三级检查制度，即作业小组自查，小组与小组交换互查，再由项目组组织检查。

(1) 作业组自检

作业组自检工作贯穿于整个工程施工的全过程，每一道工序、每一个环节，都要经过认真的自检自查，主要包括对控制资料的检查，对管线调查表及连线草图的自检，对管线点野外重复测量检查、明显管线点的实地量测检查、隐蔽管线点的仪器重复探测检查等。

(2) 项目组复检

在各作业组完成自检之后进行100%检查，重点是对管线调查表、管线点的各种属性及各种管线探查草图的检查。检查内部主要包括以下几项：

① 检查各种管线的表示方法是否正确，各种管线是否齐全，有无遗漏，及图幅接边是否严密等；

② 对管线调查表的检查，主要检查各种管线调查表中的项目是否填写完整，有无缺漏；

③ 检查表格填写是否符合规定的要求，调查略图画得是否清晰易读，管线点的编号是否按规定的原则编排等。

（3）专职检查员检查

项目组复检之后进行的最后一次全面检查，主要包括以下内容：

① 外业抽查

A. 检查控制点的设置情况；

B. 检查各种测量数据记录手簿及计算资料；

C. 检查各种管线调查表；

D. 检查各种地下管线点的外业抽查；

E. 检查管线规格、材质、特征、附属设施名称、电缆根数、电压、流向等的属性是否正确。

② 内业检查

内业检查主要包括：管线图、管线资料、管线成果数据质量等内容，对发现的问题做好记录，能处理的及时处理，处理不了的待外业检查时给予处理。

3）技术保障

严格执行有关技术规定的操作程序和精度指标，认真分析作业区域的地球物理特性，选择最佳探查方法，每天检查仪器性能并进行修正，确保仪器作业时性能最佳。

4）探测监理检查

（1）管线探查巡视检查和记录手簿检查；

（2）重复探查检查和隐蔽点开挖检查；

（3）管线数据逻辑查错和数据可靠性检查；

（4）图形接边检查。

5）业主抽查

管线办除了在工作例会上听取工程质量情况汇报，制定措施，提出要求，抓落实，还到现场进行检查、督促、指导，不定期进行随机抽查。

6）管线权属单位审图

每一测区探测工作完成后，经探测工程监理检查，再由管线权属单位对本单位专业管线图进行审图检查。

7）数据入库复查

所有管线数据在建库前都要进行数据逻辑查错和图形接边检查。

8）精度统计

管线探测完成后要按规定比例进行检查，检查包括管线探测检查和测量工作检查，除了进行观测手簿和图件检查外，还要抽取一定比例进行重复测量，检查其几何精度。

管线探测检查重点进行明显管线点和隐蔽管线点的几何精度检查，即明显管线点的管线埋深复查、隐蔽管线点的水平位置和埋深复查及隐蔽管线点开挖检查。

参考文献

[1] 林广元. 城市地下管线探测工作概论 [J]. 北京测绘，2005 (3).

[2] 徐浩然. 地下管线测量与技术分析 [J]. 测绘与空间地理信息，2012 35 (7).

8 地下管线安全性评价

城市地下管线是指城市范围内供水、排水、燃气、热力、电力、通信、广播电视等管线及其附属设施，是保障城市运行的重要基础设施和“生命线”。由于国内地下管线的权属单位在建设和运营过程中都处于各自为营的状态，管道的技术标准不一，国内目前未能形成统一的技术标准。对于城市道路地下管线，安全性评价的最终目的是提供一个安全性管理方法，确保在管线运营维护过程中对管线进行科学的管理，及时发现并消除地下管线的安全隐患。

通过对地下管线的综合探测，并结合管线的周边环境对地下管线的安全性进行评价，提出了六个地下管线安全性评价指标，分别为地下管线病害的严重程度、病害的异常范围、管体材质及连接结构、载体压力、周边环境活动程度以及管线运行年限等。通过这六个指标对地下管线的安全性进行评价打分，并采用层次分析法对地下管线进行综合探测异常的全面性、整体性、多参数、多因子综合分析，对综合探测目标进行评价与危险程度划分，并制定详细的处治措施或进一步的监测方案。

8.1 指标构建原则

城市地下管线空间布局安全性评价是一个受多种因素综合影响的结果，其评估指标体系的构建应遵循一致性、科学性、全面性、有效性、独立性以及可测性原则。

(1) 目标一致原则

评价前首先明确被评价对象以及评价的最终目标，评价目标主要通过建立的评价指标体系来体现。因此，要保证指标体系与评价目标的一致性。

(2) 科学性原则

指标体系建立应遵循事物发展的客观规律，同时应便于应用现代科学与先进技术，保证评价指标体系自身结构、内容等的科学合理。

(3) 全面性原则

对于综合评价问题，建立的指标体系应尽可能全面地反映评价对象的所有重要方面，不遗漏任何重要特征和信息，保证综合评价指标体系的全面性。

(4) 有效性原则

建立指标体系时不应该盲目追求全面、精确，应在保证全面性原则的同时，尽可能地追求评价指标的简单有效。应筛选出各被评对象间没有明显差别或者对评价目标没有重要影响的指标，将其进行删除。

（5）独立性原则

为了保证不对同一目标进行重复计算，同一层次的评价指标应必须满足相互独立的条件。但是不同层次的指标间不要求相互独立，可以是从属关系。

（6）可测性原则

建立的指标体系中的各项指标所包含的内容必须可以通过直接或间接探测得到，同时各指标必须容易理解，不产生歧义。

8.2 地下管线安全性评价指标

目前对地下管线安全性评价常用的评价指标多是采用英国肯特米尔鲍尔编著的《管道风险管理手册》中的评价指标，书中对影响地下管线安全性的指标进行分类，总共分为五大类，分别从外界破坏、腐蚀破坏、违反设计指数、误操作指数以及泄漏影响系数等来对地下管线的安全性进行评价，分别在管线的设计、施工、运营维护过程中对管线进行科学的管理，保障地下管线的正常运行。

对地下管线安全性进行评价是在对地下管线综合探测后，结合现场条件综合考虑，对地下管线运营过程中的安全性进行评价，有别于《管道风险管理手册》中的设计、施工、运营维护过程中的安全性评价。

8.2.1 病害的严重程度

地下管线出现病害会直接或间接地引起管线事故的发生，病害是一个不能忽视的问题，因为管线壁的损耗意味着管线结构完整性的降低，增加了事故发生的风险，管线材料会受到周围环境破坏的影响，土体中的硫酸盐和酸性物质会导致含有水泥的材料——混凝土和石棉水泥管的性质退化；聚乙烯管线易受到烃类物质的侵害；聚氯乙烯（PVC）管线则存在被啮齿类动物咬穿的危险；而大多数管线的内壁则易被输送的不相容载体所侵蚀。

管线病害探测多是由管内机器人完成，按地下管线病害的严重程度分为轻、重、次严重、严重四个级别，地下管线出现病害的位置及原因有很多种，有的病害是在管线的安装过程中管壁稍有破损造成，有的是因为管线的载体对管壁有腐蚀效果。据某城市管线事故统计资料显示：导致管线事故的最主要原因是来自外界的侵扰，发生的管线事故中40%左右源于外界破坏。而作为整个安全性评价进程的一个要素——外界破坏，管线所受到的严重损害并不只限于管线的实际穿孔，以最小的损害来说，有涂层的铸铁管上一个轻微的刮痕就会破坏防腐涂层，加速管线破坏，若干年后最终导致管线损坏。如果刮痕至金属，则可能形成应力集中区，多年后会由于金属疲劳而导致管线破坏。为了把管线病害程度量化，这里分别将地下管线病害的严重程度进行级别划分，见表8-1。

地下管线病害的严重程度级别划分　　表 8-1

病害严重程度	权重百分制（占总权重 20%）
轻微病害	90
重病害	70
次严重病害	50
严重病害	0

轻微病害指地下管线的一般质量特性不符合规定，对用户使用有轻微影响，给排水管线中出现轻微病害时不会出现渗漏水的状况，只是在管线表面出现裂纹。

重病害指地下管线的较重要质量特性不符合规定，或单位产品的质量特性不符合规定，对用户使用有较重大影响，给排水管线中出现重病害时会出现渗漏水的状况，只在管体表面出现渗水现象。

次严重病害指地下管线的重要质量特性不符合规定，或单位产品的质量特性严重不符合规定，给排水管线中出现次严重病害时会出现渗漏水的状况，且在管体表面出现水滴，凡是出现水滴均属于此类。

严重病害指地下管线的极重要质量特性不符合规定，或单位产品的质量特性严重不符合规定，给排水管线中出现次严重病害时会出现流水的状况。

8.2.2 病害的异常范围

地下管线病害的异常范围大小对地下管线的安全性影响较大，在其他条件相同的情况下，异常范围越大，管线的安全性越低，反之亦然。管线病害的异常范围越大，地下管线的安全性得分就越低，将管线病害的异常范围分为四级，见表 8-2。

管线病害的异常范围划分　　表 8-2

病害的异常范围	权重百分制（占总权重 20%）
0～0.5m	90
0.5～1m	70
1～2m	50
＞2m	30

8.2.3 管体材质及连接结构

当地下管线周边土体出现异常扰动的情况下，柔性管材的地下管线可以在一定程度上承受土体的不均匀沉降，而刚性管线这种情况下出现病害的可能性比较大；管线的连接结构更是管线的薄弱环节，极易产生病害。因此，管线的材质及连接结构是影响地下管线安全性的重要因素，对于钢管、球墨铸铁管及混凝土管来说，钢管和球磨铸铁管为柔性管材，而混凝土管为刚性管材；目前钢管的连接方式主要有螺纹连接、焊接、法兰连接、沟槽连接等，也有采用专用接头或焊接等方式，当管径小于 22mm 时宜采用承插或套管焊接，承口应迎介质流向安装；当管径大于或等于 22mm 时宜采用对口焊接。铸铁管的连接方式为法兰连接以及承插连接（膨胀水泥接口、水泥接口、橡胶圈接口），给水铸铁管道应采用水泥捻口或橡胶圈接口方式进行连接；而对于混凝土管的连接多采用热收缩带，也属于柔性连接。对于管体材质及连接结构的柔性或刚性，需经过现场探测后方可确定。将管体的材质及连接结构分为三级，见表8-3。

管体的材质及连接结构分级　　表8-3

材质及连接结构	权重百分制（占总权重10%）
柔性（柔性材质＋柔性连接）	100
半柔性（柔性材质＋刚性连接或刚性材质＋柔性连接）	75
刚性（刚性材质＋刚性连接）	60

8.2.4 载体压力

对于已出现微小病害的地下管线来说，载体压力的有无及大小对地下管线病害的发展影响巨大，载体在无压情况下的自流对于地下管线病害的发展影响较小，当在压力较大的情况下，管线病害的严重程度及异常范围会逐渐增大，降低地下管线的安全性，按给水压力给水管道分为低压、中压、高压和超高压管道。在介质压力下工作的管道，应具有足够的机械强度，管件、阀件和连接件应安全可靠。排水管一般为雨水管和污水管，是非压力管，是靠管子的倾斜自然流动的。因此载体的压力状况也作为地下管线安全性评价指标之一。在此提出，压力等级参考压力容器安全技术监察规程中按载体压力的大小划分等级，见表8-4。

按载体压力的大小划分等级　　表8-4

载体压力的大小	权重百分制（占总权重10%）
低压（<2.5MPa）	100
中压（4～6MPa）	75
高压（10～100MPa）	60
超高压（>100MPa）	0

8.2.5 周边环境活动程度

管线周边环境的活动程度对地下管线的影响较大，许多的管线病害都是由于外界环境的影响而造成的，随着管线周边开挖活动的增多，导致管线破坏的可能性增大。

按管线周边的活动程度的多少划分出几个等级，见表8-5。

管线周边的活动程度划分　　表8-5

管线周边的活动程度的多少	权重百分制（占总权重20%）
1）高活动程度的地区，这个地区具有以下特性： （1）高人口密度； （2）地下工程建设活动频繁； （3）铁路及公路交通造成威胁； （4）附近有许多其他地下敷设的公用设施	0

续表

管线周边的活动程度的多少	权重百分制（占总权重 20%）
2）中等活动地区，这个地区具有以下特性： （1）附近人口密度较低； （2）没有可能造成威胁的常规建筑活动； （3）附近地下敷设的公用设施很少	40
3）低活动程度地区，这个地区具有以下特性： （1）人口密度很低； （2）几乎没有地下工程施工活动报告（每年小于 10 次）	60
4）本地区无任何活动，这个最高分数值一般授予在该地区的管线附近没有任何挖掘活动或是其他有害活动	100

目前北京市城区郊区都有大量的建设活动。其中包括：地质勘查钻孔取样、开挖地基和公用设施的预埋安装（电话线、给排水管线、电力线与天然气管线等）以及地铁施工，各种地下活动都会或多或少地对地下管线的环境造成影响，影响到地下管线的生存。

8.2.6 管线运行年限

大多数地下管线的有效使用寿命被设计为 30～50 年。可是经过多年运行下来，管线安全性缺乏一个可靠的指标，另外，管线的多年运行又增加了出现故障的可能。运行年限本身并不是失效机理，但作为失效模式中一个起作用的可变因素。用管线材料的金属变化理论解释：在经过多年的埋地敷设或外加防护电流之后，会对管材有显著的影响。年限分组是随意的，不考虑管线系统在每年运行期间在风险方面突然出现的大的变化。在多数情况下将时间分组划分为比一年更小的单位，会造成不必要的复杂化，见表 8-6。

管线运行年限划分 **表 8-6**

管线运行年限	权重百分制（占总权重 20%）
投用 0～5 年	80
投用 5～10 年	60
投用 10～20 年	40
运行年限＞20 年	0

这就意味着在所有条件相同的情况下，较新的管线与运行了 20 年的管线相比具有较小的风险。而超出 20 年，则表明该管线安全性较低，分数也就较低了。

对地下管线安全性评价是以城市道路地下管线中的给水管线和排水管线为主要研究对象，所研究的评价指标是针对管线运营过程中而不涉及管线的设计施工等方面的各个因素，共提出对地下管线安全运行影响较大的七个指标，将每项指标的权重及打分依据进行说明，供有经验的管线评判人员对影响管线安全运行的指标进行评价。在实际操作中，在对地下管线的周边环境进行实地勘测后，并查询相关资料，由各个专家对于影响地下管线安全性的各个因素的权属重要性以及影响各个因素的子因素进行打分评价，专家打分评价是对地下管线评价的关键，打分结果作为采用层次分析法的数据。

8.3 地下管线安全性评价方法

8.3.1 层次分析法

层次分析法（Analytic Hierarchy Process，简称为AHP法）是美国著名运筹学家萨蒂（T. L. Saaty）于20世纪70年代提出的，是一种定性和定量相结合的多目标决策分析方法。特别是将决策者的经验判断给予量化，对目标（因素）结构复杂且缺乏必要数据的情况下更为适用。

这种数学建模方法，是一种定性和定量相结合、系统化、层次化的分析方法。T. L. Saaty教授认为，若某个实际问题涉及到n个因素，需要知道每个因素在整体中各占多大比重，当确切依据不很充分时，只有依靠经验判断。但是只要$n \geqslant 3$，任何专家很难说出一组确切的数据。层次分析法就是从所有元素中任取两个元素进行对比，将“同等重要”“稍微重要”“明显重要”“十分重要”等定性语言量化，并引入函数$f(x, y)$表示对总体而言因素x比因素y重要性标度、若$f(x, y)>1$，证明x比y重要；若$f(x, y)<1$，证明y比x重要；若$f(x, y)=1$时，证明x与y同样重要。

层次分析法的实施步骤如下：

（1）分析系统中各因素的关系，建立递阶层次结构；

（2）对同一层次的各元素关于上一层次中某一准则的重要性进行两两比较构造判断矩阵；

（3）判断矩阵计算被比较元素对于该准则的相对权重；

（4）计算各层元素对系统目标的合成权重。

8.3.2 层次分析法的适用条件

如前所述，层次分析法的应用包括两个部分，首先形成评价决策的递阶层次结构，然后逐层计算权重，其中权重计算的核心是充分发挥专家调查的优势，再用两两比较的结果推导出综合权重值，问题的关键在于能否得到一个合理的判断矩阵。当需要两两比较的指标较多且具有较强的相关性时，一般来说这种人为的判断方法就不太可靠了。

另外，在采用专家调查法得到的判断矩阵时，要注意调查方法。既要避免专家的判断在相互讨论，相互影响的条件下形成，使调查数据失去普遍意义；也不要满足于把各个专家经过独立思考后得出的判断进行简单均值处理后便奉为真理立即采纳。较为科学的做法是，首先让专家在独立思考的状态下得到判断矩阵，然后由所有专家的判断矩阵得到一个平均权重向量（注意：要先求出权重后再求均值，不要先求出判断矩阵的均值再求权），再将平均权重向量向各位专家公布，让专家修改自己的判断矩阵，如此循环下去，直到各位专家的意见趋于一致，这时的权重应该是一个综合考虑了各方面因素的、科学的权重。

8.3.3 构造层次结构

在处理复杂的决策问题的时候，首先要建立决策问题的层次结构模型，通过分析，先对问题所涉及的因素进行分类，然后构造一个各因素相互联结的层次结构模型。这些因素大体可以分为三类：一为目标层，二为准则层，三为方案层。

弄清所要解决问题的各个因素（也称指标）以及各因素之间的相互关系之后，构造层次结构图，如图 8-1 所示。

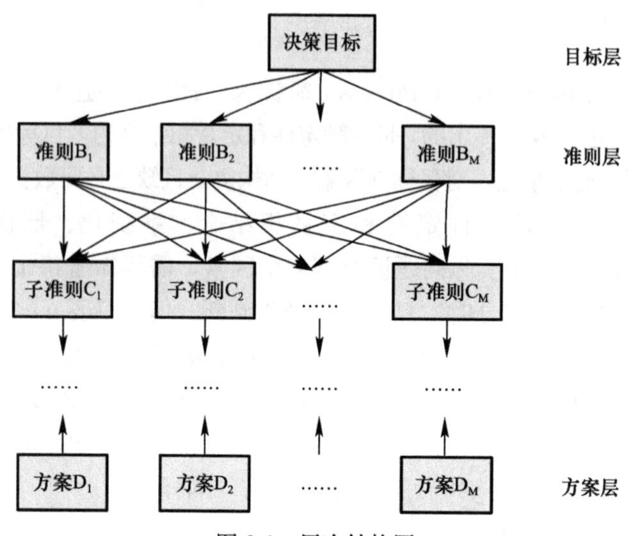

图 8-1　层次结构图

构造好各类问题的层次结构图是一项细致的分析工作，要有一定经验。根据层次结构图确定每一层的各因素的相对重要性的权数，直至计算出措施层各方案的相对权数。这就给出了各方案的优劣次序，以便供领导决策。

8.3.4　构造判断矩阵

建立起层次结构图后，就确立了上下层之间的关系，问题即转化为层次中的排序计算方法。每一次的排序又可转化为各个因素两两的判断比较，并根据给定的相对重要性的比例标度将判断结果进行量化，形成比较判断矩阵。图 8-2 结构层次图，假定以目标层 A 为准则，所属的下一层元素 B_1，B_2，…，B_M 两两比较所形成的比较判断矩阵如表 8-7 所示。

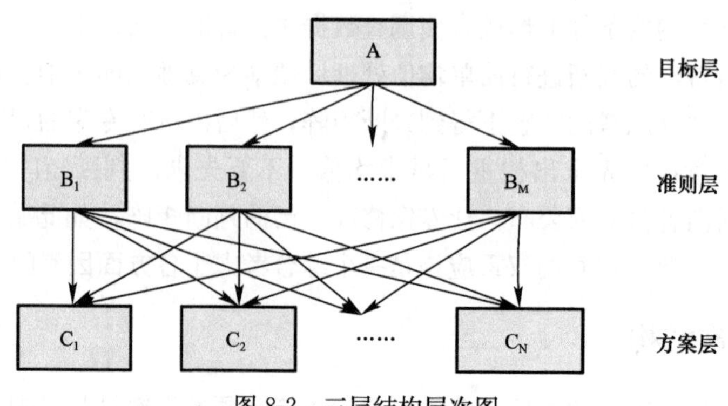

图 8-2　三层结构层次图

判断矩阵表 表 8-7

A	B_1	B_2	……	B_M
B_1	b_{11}	b_{12}	……	b_{1m}
B_2	b_{21}	b_{22}	……	b_{2m}
……	……	……	……	……
B_M	b_{m1}	b_{m2}	……	b_{mm}

矩阵中元素的值参考相对重要性的比例标度，如表 8-8 所示。

相对重要性的比例标度 表 8-8

标度 $f(x, y)$	定义
1	x 与 y 因素相同重要
3	x 比 y 因素略重要
4	x 比 y 因素较重要
7	x 比 y 因素非常重要
9	x 比 y 因素绝对重要
2，4，6，8	为以上两判断之间的中间状态对应的标度值

利用上面的相对重要性的比例标度，对于因素 B_i 和 B_j 作相互比较判断，便可获得一个矩阵，矩阵中的每一个元素都得到一个值 b_{ij}，这样，就构成一个量化了的判断矩阵。显然，判断矩阵 B 是一个对称矩阵，有以下特点：

(1) $b_{ij}>0$；i，$j=1$，2，……，M；

(2) $b_{ii}=1$；

(3) $b_{ij}=1/b_{ji}$。

假定元素 B_i 和元素 B_j 的重要性之比为 b_{ij}，元素 B_j 和元素 B_k 的重要性之比为 b_{jk}，在特殊情况下，元素 B_i 和元素 B_k 的重要性之比 b_{ik} 满足等式：

$$b_{ik}=b_{ij}b_{jk} \tag{8-1}$$

当对 B 所属的所有元素都成立时，称判断矩阵 B 为一致性判断矩阵。但一般不要求判断矩阵具有这种传递性。

8.3.5 同一原则下元素相对权重的计算

(1) 权重的计算

在同一原则下求解各因素相对权重问题，在数学上也就是计算判断矩阵最大特征根及其对应的特征向量问题。还以判断矩阵 B 为例，即是由 $BW=\lambda W$，解出最大特征根 λ_{max} 及对应的特征向量 W，将 λ_{max} 所对应的最大特征向量归一化，就得到 B_1、B_2、……、B_M 相对于 A 的权重值。

(2) 一致性检验

由于客观事物的复杂性或对事物认识的片面性，通过所构造的判断矩阵求出的特征向量（权值）是否合理，需要对判断矩阵进行一致性和随机性检验。

8.3.6 各层因素对目标层的合成权重

上面得到的是一组对其上一层中某因素的权重向量，而最终是要得到每个因素对于总目标的权重，特别是方案层中各方案对于总目标的权重，即所谓的合成权重。以图 8-2 三层结构为例来计算合成权重。

8.3.7 评价指标权重的确定

请一些专家对所地下管线领域有一定研究和认识的专家组成专家组开展调查，调查的目的是应用专家们的集体智慧，对影响地下管线因素的相对重要性进行评估，向一定数量的专家发出征询意见表，按照表 8-8 的规则给表 8-9、表 8-10 打分，然后收回问卷，根据问卷的打分表，综合构造判断矩阵。专家打分如表 8-9、表 8-10。

专家打分表 **表 8-9**

A	B_1	B_2	B_3	B_4	B_5	B_6
B_1	B_1/B_1	B_1/B_2	B_1/B_3	B_1/B_4	B_1/B_5	B_1/B_6
B_2	B_2/B_1	B_2/B_2	B_2/B_3	B_2/B_4	B_2/B_5	B_2/B_6
B_3	B_3/B_1	B_3/B_2	B_3/B_3	B_3/B_4	B_3/B_5	B_3/B_6
B_4	B_4/B_1	B_4/B_2	B_4/B_3	B_4/B_4	B_4/B_5	B_4/B_6
B_5	B_5/B_1	B_5/B_2	B_5/B_3	B_5/B_4	B_5/B_5	B_5/B_6
B_6	B_6/B_1	B_6/B_2	B_6/B_3	B_6/B_4	B_6/B_5	B_6/B_6
B_7	B_7/B_1	B_7/B_2	B_7/B_3	B_7/B_4	B_7/B_5	B_7/B_6

专家打分表 **表 8-10**

C	C_1	C_2	C_3	W_i
C_1	C_1/C_1	C_1/C_2	C_1/C_3	
C_2	C_2/C_1	C_2/C_2	C_2/C_3	
C_3	C_3/C_1	C_3/C_2	C_3/C_3	

专家对①病害的严重程度（B_1）、②病害的异常范围（B_2）、③管体材质及连接结构（B_3）、④载体压力（B_4）、⑤周边环境活动程度（B_5）、⑥管线运行年限（B_6）的重要性比较结果添入表 8-9，专家对各个因素的重要性比较结果填入表 8-10。

8.3.8 安全性评价公式

对每项指标的权重有建议值，专家在打分时可根据实际情况对每项指标的权重进行修改，地下管线安全性评价公式：

$$F = \sum_{i=1}^{n} A_i B_i \tag{8-2}$$

F——地下管线安全性评价值；

A_i——地下管线安全性权值；

B_i——地下管线安全性打分值。

根据以上公式，$F=100$ 为安全性最大，F 值越小表示为安全性越小。

8.3.9 评价依据

在对城市道路地下管线的安全性评价指标进行总结归纳的基础上，通过专家打分的形式，对影响地下管线安全性的各个因素进行打分评价，以此为基础，采用层次分析法对地下管线的安全性进行评价，得到一个综合性的分数，当这个分数很高或者很低的情况下，可以很容易判断地下管线的安全性状况；但多数情况下，许多运行中的管线有或多或少的问题，并不能直观判断地下管线的安全状况，须参考评价依据，对地下管线采取相应措施，保障地下管线的安全运行。

由于目前对地下管线的安全性评价方面尚没有一个评价依据，即使在对管线安全性有一个综合性的评判分数之后，也不能由此判断地下管线的安全性，因此须制定一个安全性评价依据，通过诸多地下管线安全性评价分析，并参考部分已成熟的安全预警分级，制定地下管线安全性评价依据。

将地下管线运行的安全预警设计了四色预警（红、橙、黄、蓝），当地下管线运行安全性评价的分数低于 60 分，为红色预警；当介于 60 分到 70 分之间时，为橙色预警；当介于 70 分到 80 分之间时，为黄色预警；当介于 80 分到 90 分之间时，为蓝色预警；超过 90 分时，定义为安全。它根据风险管理的预警级别、预警内容、处置措施、人员职责等与四色预警系统联系起来进行联动反应预警。

系统的安全预警是针对风险管理设计的，它分为手动预警和自动预警。各预警状态的处置措施见表 8-11。

各预警状态的处置措施表　　表 8-11

预警级别	处置措施
红色预警	除应立即报警外，还应立即采取补强措施进行处理
橙色预警	除应继续加强监测、观察、检查和处理外，应根据预警状态的特点进一步完善针对该状态的预警方案
黄色预警	应加密监测频率，加强观察
蓝色预警	应密切关注，可采取一定的加强措施

参考文献

[1] 地下管线及地下空洞综合探测技术研究（D101100049510002），北京市科委、管委重大项目，2011.

9 地下管线信息管理系统

20世纪80年代地理信息系统（Geographic Information System，GIS）技术进入中国，此后GIS技术的发展，打破了传统MIS（Management Information System）系统的图表管理模式，它既能处理空间数据也能处理属性数据的特点，在地下管线数据管理工作中得到广泛的应用。ESRI、Intergraph、MapInfo等国外GIS软件平台相继提供针对城市管线应用的模块，并提供网络分析模块等进一步推动了GIS在城市管线管理中的应用。

经过近30多年的发展，国内先后出现了超图软件、武大吉奥、中地数码等优秀的GIS软件。而随着我国城镇化建设的快速发展，老旧管线、新建管线的信息化管理成为急需解决的难题。2006年，我国提出了建立数字城市建设整体要求，推动了地下管线的信息化建设，管线的信息化管理水平越来越受到相关管线管理部门的重视。在强烈需求的驱使下，我国也自主开发了一些国产管线系统，如保定金迪、山东正元等二维管线管理系统。

然而，由于纵横交错、层次分明的城市地下管网数据，二维管线图无法表示其地下三维空间的分布情况，此种情况在城市繁华区域更加明显。城市的各种管线沿道路埋设在地下的不同深度空间，二维图无法表现管线之间的深度空间关系，为了更加科学、合理地管理地下管线数据，真三维管线数据的普查和建库逐渐产生并得到快速发展。地下管线三维模型数据可以直观展示城市地下管线的空间分布，利用三维可视化特点解决二维管线系统中无法表达错综复杂的管线数据的问题。近几年国内三维管线系统正在快速发展，三维管线系统是未来“智慧管廊”信息化监管系统建设的核心组成部分。

由于管线数据量大、信息多，对于数据管理效率尤为重要，因此在管线探测的外业工作中要严格遵循一定的工作流程和规定的数据记录格式，才能使后续工作顺利开展。

管线探测的外业工作方法一般有两种：一种是使用打印好的管线信息表格在现场记录各管线的规格和位置关系等，内业时再输入数据库中；另一种是现场绘制草图，标明各种关系，外业采点结束并展绘图形后，根据草图编辑管线信息。第1种方法适合内外业分开的模式，管线信息表由内业人员输入到数据库中，外业人员一直进行数据采集即可。这种方法是流水线型的作业模式，效率高，速度快；但外业人员需要专门的培训，需要熟练掌握记录的方法才可上岗，而且这种方法无法提高一个人的整体专业素质。第2种方法在AutoCAD成图并生成MDB管线数据库后，根据图库联动进行管线编辑和信息输入，由于对比草图后不容易出现错误，而且直观具体，在图形编辑和信息输入结束并检查无误后，根据委托方需要提交的格式，直接输出成果。这种方法可以使每个技术员都能接触到管线探测的步骤，能提高技术员的综合素质。

三维管线管理系统以用户需求开发为向导，以地形图数据为基础，采用 GIS 技术、云计算技术、空间数据建库技术等先进技术，结合市政管理业务流程，可对电力、路灯、通信、燃气、热力、给水、中水、雨水、污水等市政管线进行三维管理。系统集成高精度的地上三维数据、地表及地下管网数据，实现海量数据的加载和快速调用，实现城市综合管网系统的共享、更新、统一管理、空间分析和辅助决策等功能。

9.1 概述

城市地下综合管网是一个城市重要的基础设施，担负着信息传输、能源输送等工作，随着城市化进程的加快，目前我国许多城市已形成大规模、纵横交错的地下管网。自 20 世纪 90 年代中期至今，全国已经有一百多个城市开展了地下管线普查工作，各城市在开展地下管线普查的同时，一般都同步建立了地下管线数据库。建立地下管线数据库主要是基于以下的目的：

（1）动态管理的需要；

（2）数据共享的需要；

（3）开发不同业务应用的需要；

（4）提高工作效率的需要；

（5）降低成本的需要。

城市建设是一个动态的过程，随着城市的日新月异，城市道路网和市政管线不断的新增、改建，要保证管线数据的现势性，必须对城市地下管线进行动态维护更新。

9.1.1 地下管线信息管理存在的问题

1）城市地下管线管理体制复杂，信息整合困难

城市地下管线种类繁多，资源权属多样，职能管理、行业管理、权属管理等不同的管理体系相互交叉，涉及从中央到地方不同行政层级的数十个行政、事业单位和各类企业；管线本身从投资、规划、建设、运维到退出又可能处于不同的阶段；管理的单位、职能、层级、阶段及管线本身的空间布局等多个不同的维度相互交织，使地下管线信息呈现高度的复杂性。

长期以来，管线信息管理基本处于不同单位各自为政的状态，管理部门、权属单位、建设单位和测绘机构的地下管线信息未能得以有效地归集和整合。在历史数据尚未有效整合实现综合管理的情况下，城市建设的快速发展又使新的管线信息数据迅速增加，新、老数据之间由于标准规范、管理手段和资料汇集方式等方面的差异，其接边结合本身也存在一定的难度，这一切都极大地提高了管线信息整合的难度。

2）地下管线相关数据标准体系有待完善

我国针对地下管线探测及信息系统建设已经出台了一系列数据标准，主要包括《基础

地理信息要素分类与代码》(GB/T 13923—2006)、《城市测量规范》(CJJ 8—99)、《国家基本比例尺地形图图式》(GB/T 20257—2017)等标准化体系中的相关内容，以及《城市地下管线探测技术规程》(CJJ 61—2003)等专业标准，较好地引导和保障了各类专业地下管线的信息建设和管理。但在这些标准应用过程中，因为其涉及范围较广、要素描述概略性强，对实际建设管理中的一些细节问题还未形成具体、统一的标准规范，影响了管线信息管理的精确性。实践当中，综合管线与专业管线之间在空间位置、分类体系、属性字段等方面存在诸多差异，如不同数据集中的同名要素由于管理精度的要求差异，在空间位置上往往并不重合甚至相距甚远；在分类体系上综合管线数据按照行业进行分类，每个行业分为管点数据与管段数据两个图层，而专业管线数据还需要按照设备设施类、配件类与保护类3个方面对数据进一步分层、分类和组织。这些因素造成管线数据的利用效率较低，综合管线和专业管线长期存在“两张皮”的困境。

3）专业管线信息平台普遍存在，但信息共享利用机制难以建立

目前，各类专业管线权属单位基于数据管理方式、数据使用者需求的差异基本上各自建设了相应的信息系统平台，以实现数据的积累和专业信息化管理。

但各个信息系统平台之间难以相互兼容，从技术上给整合增加了很大难度。管线地理信息作为管线建设、规划、管理的主要依据，一方面管线管理部门、权属单位对综合管线数据需求强烈；另一方面专业管线单位基于自身的业务功能也积累了大量的信息成果，为地下管线信息的综合管理奠定了良好的基础。

但目前专业管线信息平台既在技术上不能顺利融入综合管线信息平台，同时在数据信息整合过程中又面临系统之间安全性、保密性要求程度不一，部门之间信息整合协调机制不畅等问题，这导致地下管线信息的共享利用机制难以有效建立，极大限制了城市地下管线管理的效率。

4）地下管线信息更新制度缺乏有效实施机制

信息管理滞后于建设现状。城市地下管线信息管理是一个长生命周期的动态数据管理，贯穿地下管线规划、建设、监管和运维的各个环节。在全面完成地下管线普查工作的情况下，如果后续的信息没更新，也无法维持管线信息的现势性和准确性。

根据《城乡规划法》《档案法》《城市地下管线工程档案管理办法》，地下管线建设单位在建设开工前，应调查相关地下管线数据，建设时应按照许可管位开挖、施工，建设后应及时提交地下管线竣工档案。但目前由于缺乏管线信息更新的有效实施机制，上述法规的实际效力不足，各建设单位、专业地下管线单位不能及时实施地下管线竣工测量，不能主动及时汇交变化的地下管线信息状况。这造成城市地下管线的信息管理严重滞后于实际的建设发展，如何保障地下管线综合信息的动态更新已经成为管理部门在完成管线信息普查后面临的突出问题。

5）城市地下管线管理的法制建设相对滞后

随着地下空间开发范围日益扩大，各项管理的立法需求也日益迫切，这也使城市地下管线的立法工作迎来了机遇。目前，地下管线的法制建设总体上较为薄弱，明显滞后于快

速发展的建设实际。管线信息分散于不同的管理部门和权属单位，要加强综合信息管理必须有上位法作为管理的依据。但目前我国地下管线立法主要集中在地方特别是部门规章层面，各地的规范并不一致，地下管线的管理部门、管理节点和管理效果都不尽相同，国家层面和地方层面立法上的缺失是地下管线管理主体分散、档案管理混乱、地下管线重复建设和事故频发的重要原因。要解决城市地下管线信息综合管理的问题，有效协调各类管线建设有序进行，加强法制建设、提升法规效力已经成为刻不容缓的重要基础工作。

9.1.2 建立信息管理系统的条件

城市地下管线种类繁多，分属各行业，系统建立工作量大。要顺利完成地下管线信息系统的建立工作，须采取强有力的管理和技术措施以及经济保障。

1）管理保障

管理上的保障主要有四个方面：

（1）建立一个强有力的领导协调班子。

（2）落实一个城市地下管线信息系统中心站。建立城市地下管线信息系统，最终要实现城市管理部门和各专业管线管理部门的计算机联网，以实现数据共享和信息的快速传递。

（3）建立一套数据更新办法。城市地下管线信息系统建成后，就面临数据如何及时更新等问题，为此，必须研究和建立一套数据更新策略，其中，主要是建立严格的新建地下管线的审批、放线、验线以及竣工测量和验收制度。

（4）建立一套数据共享政策。地下管线信息分属于不同的管线主管部门。这些管线信息系统是各自部门辛勤劳动的结晶。地下管线信息系统建成后，数据如何共享、哪些数据可以共享，信息提供的范围是什么，这些问题必须及时解决，因此，必须研究和建立一套数据共享的原则、标准、范围及取费等。否则，共享就成了乱享或不能享。

2）技术保障

技术上的保障主要有三个方面：

（1）必要的硬、软件条件和人才优势。建立城市地下管线信息系统必须具备一定的硬、软件条件。其中，主要有：计算机设备、数据采集设备、数据存储设备、数据输出设备、软件环境、人才优势。

（2）统一测绘和信息整理技术规范。

开展地下管线普查和建立城市地下管线信息系统，须有统一的测绘和信息整理技术规范为基础。执行《城市测量规范》《城市地下管线探测技术规程》的有关规定，作为开展这项工作的基础。

（3）经费保障。地下管线的探测及建立城市地下管线信息系统需大量经费支持。经费的投入直接影响该项工作的深度、进度和广度。没有足够的经费支持，该项工作难以开展。

3）实施步骤

（1）做好组织和技术准备：在建立城市地下管线信息系统开始前，必须认真做好组织工作，制定工作步骤以及将任务分解，落实部门和负责人，同时，做好技术材料准备和人员培训与培养工作。

（2）全面开展地下管线探查与测量工作：在熟悉现有资料的基础上，开展广泛的地下管线探查与测量。地下管线探查与测量工作是一项系统性工作，任务重，牵涉面广，要加强组织，制定一系列措施，摸清原有的地下管线情况，为建立城市地下管线信息系统提供基础数据。

（3）购置必要的硬、软件，做好联网工作：应根据工作进度，分期分批购置计算机及数据采集设备。做好各部门与中心站的联网工作。

（4）数据录入与管线图的数字化：要组织人力，将普查的调查表输入信息系统，并将已有的管线图进行数字化和数据处理。这是一项工作量相当大的工作，而且，数据录入的正确与否直接关系到以后的使用。所以，必须认真组织严格检查及质量把关。

（5）建立健全数据管理和更新：城市地下管线数据库首次建成后，就面临日常管理和数据更新任务。必须将新埋设的管线及附属设施及时反映在数据库中，以保持管理信息系统的现势性。为城市规划、市政建设、城市管理及建筑施工提供全方位信息服务。

9.2 系统功能

1）系统流程

系统的设计主要依据管线探测的内外业步骤，包括外业的数据采集、内业的数据输入等，如图 9-1 所示。

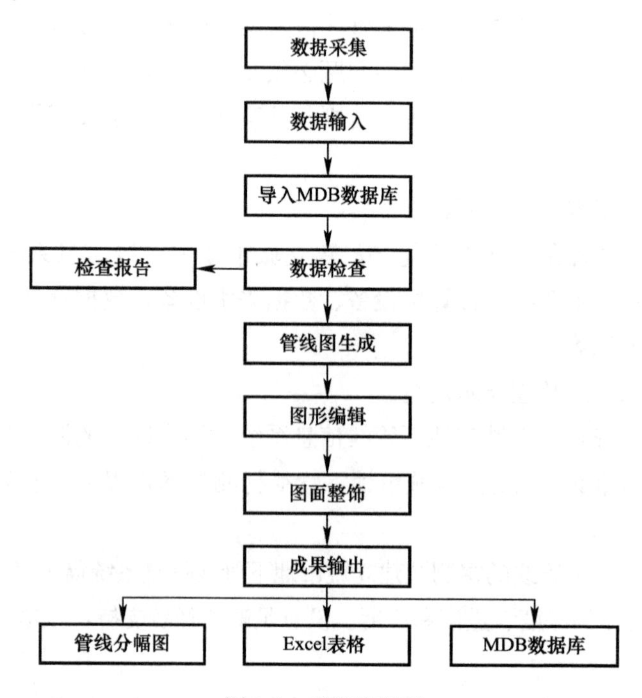

图 9-1 系统流程图

根据内业操作的作业流程，将系统分为 3 个模块，即数据检查、查询与编辑、成果输出，每个模块将实现具体的功能，如图 9-2 所示。

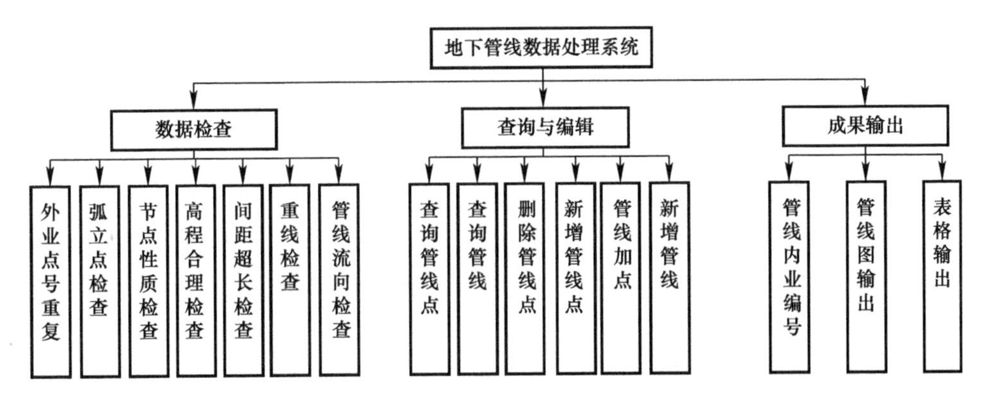

图 9-2 模块设计图

数字三维管线管理系统集成高精度的数字高程模型（DEM）数据、数字正射影像（DOM）数据、城市三维建模数据及三维地下管网数据，为用户提供地上地下一体化三维展示、管线统计、信息快速检索查询、空间数据量算、管线标注、管线规划、管线更新、空间数据分析等功能。系统的功能设计如图 9-3 所示。

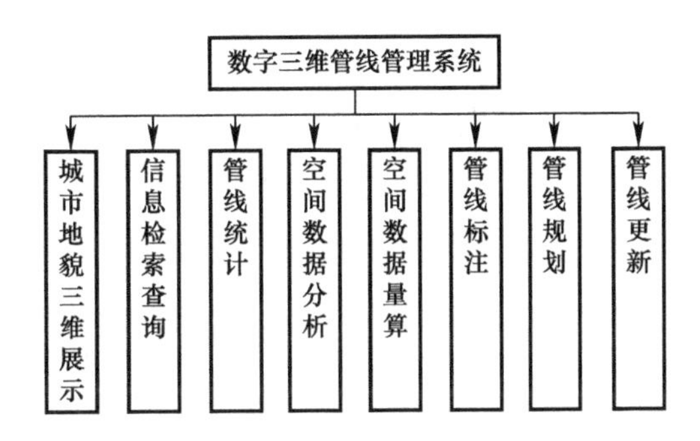

图 9-3 系统功能设计框架图

2）功能说明

（1）管线数据输入

CASSPIPE 系统的管线是建立在管点之上的，在添加管线段之前，必须先添加管线点。接收外业管线探测数据资料后，将野外测点（全站仪数据）展到绘图区。展点结束之后，根据草图所示添加管线点，在对应管点属性表中录入属性。

（2）属性窗口编辑

CASSPIPE 的屏幕就是属性窗口，在属性窗口内显示的是所有管线点和管线段的属性数据。在属性窗口可以对管线属性进行编辑。管线属性分为管点属性和管段属性，管点属性又包括图上编号、管点特征、管点构件、地面高程、管偏等。图上编号采用“字母+数字”，软件系统默认累加；管段属性包括第一管径、第二管径、起始埋深、终止埋深、埋设方式、权属单位、孔数、已用孔数、电压等。

(3) CASSPIPE管线编辑

CASSPIPE的管线编辑功能有：添加管线段、追加管线段、管线段插点、编组合并、编组开关、删除管线要素、注记、标注流向、管线段换向、管线点消隐、管线图层显示。

(4) 管线信息查询统计

管线信息的查询分为管点查询和管段信息查询，管线信息的统计功能分为管点统计和管段统计。

(5) CASSPIPE各类成果输出

CASSPIPE的各类成果输出有：图形打印输出、管线成果表输出、管线断面图输出、管线交换文件输出。管线点成果表的输出有三种方式：打印预览及其输出、Word输出、Excel输出。

管线断面图分为横断面、纵断面两种。横断面的绘制需要有一条断面线，同时，还要求输入断面线的高程，绘制地面线；纵断面图只需选取管线起点和管线终点就可以绘制。CASSPIPE系统为了能更好地与其他平台系统兼容，CASSPIPE的管线成果输出提供了管线精灵、MIF/MID格式（支持MapInfo平台）、SHP格式（支持Arc/Info）三种格式输出。

3）系统应用

系统建成后，主要用在以下几方面：

(1) 地形图管理：系统有海量图库管理能力，可对测区内的地形图统一管理，包括增加、删去、编辑、检索等，同时，可做到按多种方式调图，以满足各种用户的需要。

(2) 管线数据输入与编辑：系统的基础地形图和管线信息的输入，适应图形扫描矢量化、手扶跟踪数字化或实测数据直接输入或读入等多种输入方式。系统具有对常用GIS平台双向数据转换功能。系统的编辑模块具有完备的图形编辑工具，具有图形变换、地图投影方式转换和坐标转换功能。对管线数据的编辑具有图形和属性联动编辑的功能以及对管线数据的拓扑建立和维护的功能。

(3) 管线数据检查：系统可对管线数据进行检查，如点号和线号重号检查、管线点特征值正确性检查、管线属性内容合理性和规范性检查、测点超限检查、自流管线的管底埋深和高程正确性检查、管线交叉检查和管线拓扑关系检查等。

(4) 管线信息查询与统计：系统可对管线进行信息查询与统计。包括空间定位查询、管线空间信息和属性信息的双向查询，以及管线纵、横断面查询。管线属性信息的查询结果可用于统计分析。

(5) 管线信息分析：在管线工程设计中可以对管线进行碰撞分析和最短路径分析；还可以进行管线事故分析，以指导抢险工作等。

(6) 管线维护更新：系统具备空间信息和属性信息的联动添加、删除和移动的功能，确保了系统更新时数据的完整性，图形与属性连接的一致性，点号的唯一性等。

(7) 输出功能：系统可将各类信息的查询、统计的结果输出到绘图仪、打印机，或输出到其他相关系统中以利于应用。

9.3 数据库设计

Microsoft Office Access 是由微软发布的关联式数据库管理系统。它结合了 Microsoft Jet Database Engine 和图形用户界面两项特点，是 Microsoft Office 的系统程式之一。Access 能够存取 Access/Jet、Microsoft SQLServer、Oracle，或任何 ODBC 兼容数据库内的资料。虽然相对于大型数据库来说，其功能要少很多，但是对于开发小型的软件已经足够。

1）建库原则

地下管线数据建库就是将地下管线普查的成果或地下管线竣工测量的成果，输入数据库，并进行数据预处理、检查、纠错和处理，形成具有拓扑关系的地下管线点数据表和线数据表。一般而言，一个城市的地下管线数据量大，涉及的数据项也多，数据预处理工序比较复杂。因此，地下管线数据建库应该遵循以下的原则：

（1）探查和测量的原始记录作为依据建库。

（2）为确保入库的数据与现场获取的数据一致，入库的数据需要进行人工和软件检查。

（3）经软件检查出的数据错误应分析错误的原因，必要时到现场进行复核，并将复核结果在数据库中改正，数据经过改正后应重新用软件进行检查。

2）逻辑设计

数字地下管线数据库的逻辑设计如图 9-4 所示。

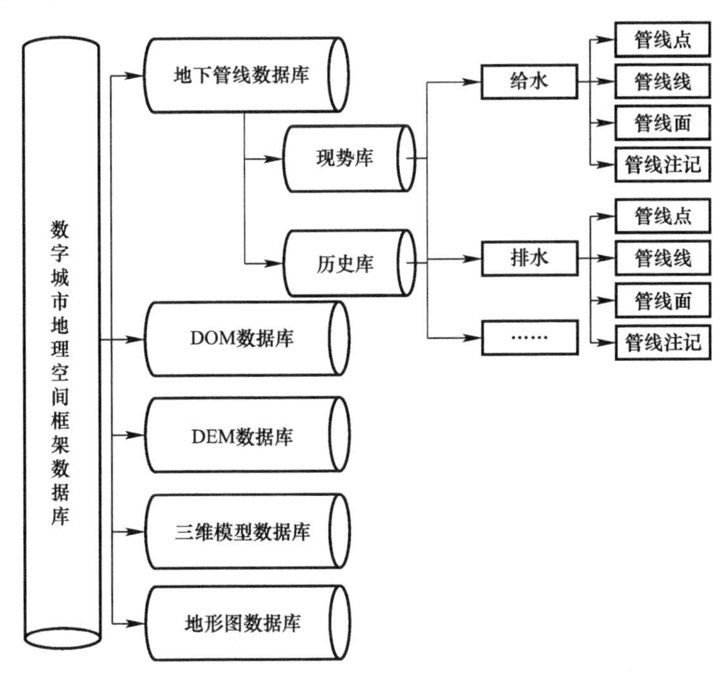

图 9-4 地下管线数据库逻辑设计

3）物理设计

地下管线数据库各实体要素可以概括为由点要素、线要素和面要素构成，其中管线点主要是管线点符号，记录管线位置信息；管线线数据，记录管线拓扑信息；管线面数据记录方井、井室等的边界面；管线注记要素，记录管线的特征和附属设施信息。

每一类管线包含多个图层要素，地下管线数据库的物理设计过程中，要素表的命名方式为管线大类＋管线子类＋数据类型。

管线点要素的数据结构要求如表 9-1 所示。

管线点要素要求 **表 9-1**

序号	字段名	备注
1	管点编号	唯一识别码，全局唯一，必要字段
2	地面高程	管线点地表面的高程，单位为米，必要字段
3	特征	多通点、转折点、偏心点等，当附属物字段值为空时为必填，必要字段
4	附属物	检修井、阀门井等，当特征字段值为空时为必填，必要字段
5	井底埋深	管线点井底相对于管线点地表的埋深，井底埋深＝井脖深＋井室深。有井室面存在时，为必要字段
6	井盖类型	方、圆等
7	井盖规格	长×宽、直径等（单位：cm）
8	井盖材质	铁、混凝土、塑料
9	井室材质	水泥、砖混
10	井室类型	填写井室类型或代码
11	井脖深	井盖向下的垂直段的距离，井脖深＋井室深＝井深。有井室面存在时，为必要字段
12	井室直径	当检修井为圆柱体的直径
13	权属单位	多个权属单位之间用“/”符号分隔
14	建设日期	支持多种格式
15	偏心井点号	当管线点为偏心点时为必填，填入窨井附属物井盖中心点的管点编号
16	旋转角度	当管线点所表示的符号有方向时为必填，正东方向为 0，逆时针为正。单位弧度或角度
17	所在道路	市政道路上的管点填写所在道路名称

管线线要素的数据结构要求如表 9-2 所示。

管线线要素要求 **表 9-2**

序号	字段名	备注
1	管线编号	唯一标识码，全局唯一，必要字段
2	起点点号	管点编号，全局唯一，必要字段
3	终点点号	管点编号，全局唯一，必要字段
4	起点埋深	架空管线其埋深值均记录为负值，必要字段
5	终点埋深	架空管线其埋深值均记录为负值，必要字段
6	起点高程	按外业实地测量的高程填写
7	终点高程	按外业实地测量的高程填写
8	材质	管线材质，如铜、光纤，必要字段
9	埋设方式	分为直埋、管沟、圆形管沟、拱形管沟、管块、管埋、架空、顶管八种类型，必要字段

续表

序号	字段名	备注
10	线型	分为预埋管线、井内连线、穿越管线、架空管线、参考管线、轮廓线、一般管线
11	管径	直径、宽×高，单位为毫米，必要字段
12	建设日期	“年”要保证4位，“月份”不详用“00-00”填充
13	权属单位	多个权属单位之间用“/”符号分隔
14	压力	电力：电压值（单位为kV，k为小写，V为大写），燃气：低压/中压/次高压/高压/超高压；工业：无压/低压/中压/高压
15	电缆条数	只对直埋、管沟埋设、井内连线的线缆类管线填写
16	总孔数	管块或管埋的线缆类管线的总孔数
17	已用孔数	管块或管埋的线缆类管线已穿线使用所占用的孔数
18	使用状况	包括：在用、停用、废弃、移除、空管
19	流向	排水和自流工业管道填写。0-起点到终点；1-终点到起点，必要字段
20	所在道路	市政道路上的管线填写所在道路名称

管线面要素的数据结构要求如表9-3所示。

管线面要素要求 **表9-3**

序号	字段名	备注
1	管面编号	唯一标识码，全局唯一

管线图层要素命名要求如表9-4所示。

管线图层表命名 **表9-4**

管线大类	管线子类	表名	几何类型	说明
电力	供电	DL_GDX_LINE	Line	供电管线线
		DL_GDX_POINT	Point	供电管线点
		DL_GDX_TEXT	Point	供电管线点号注记
	路灯	DL_LDX_LINE	Line	路灯管线线
		DL_LDX_POINT	Point	路灯管线点
		DL_LDX_TEXT	Point	路灯管线点号注记
信息与通信	通讯	XX_TXX_LINE	Line	通讯管线线
		XX_TXX_POINT	Point	通讯管线点
		XX_TXX_TEXT	Point	通讯管线点号注记
	有线电视	XX_YXX_LINE	Line	有线电视管线线
		XX_YXX_POINT	Point	有线电视管线点
		XX_YXX_TEXT	Point	有线电视管线点号注记
	广播	XX_GBX_LINE	Line	广播管线线
		XX_GBX_POINT	Point	广播管线点
		XX_GBX_TEXT	Point	广播管线点号注记
	监控	XX_JKX_POINT	Point	监控信号管点
		XX_JKX_LINE	Line	监控信号管线
		XX_JKX_JKTEXT	Point	监控线管线点号注记
		XX_JKX_JKBDPT	Point	监控管线井室点
		XX_JKX_JKBDLE	Line	监控管线井室线
		XX_JKX_JKOUTLINE	Line	监控管线沟管边线

续表

管线大类	管线子类	表名	几何类型	说明
给水	原水	JS_SYG_LINE	Line	原水管线线
		JS_SYG_POINT	Point	原水管线点
		JS_SYG_TEXT	Point	原水管线点号注记
	上水	JS_SSG_LINE	Line	自来水管线线
		JS_SSG_POINT	Point	自来水管线点
		JS_SSG_TEXT	Point	自来水管线点号注记
	中水	JS_ZSG_LINE	Line	中水管线线
		JS_ZSG_POINT	Point	中水管线点
		JS_ZSG_TEXT	Point	中水管线点号注记
排水	雨水	PS_YSG_LINE	Line	雨水管线线
		PS_YSG_POINT	Point	雨水管线点
		PS_YSG_TEXT	Point	雨水管线点号注记
	污水	PS_WSG_LINE	Line	污水管线线
		PS_WSG_POINT	Point	污水管线点
		PS_WSG_TEXT	Point	污水管线点号注记
	合流	PS_HSG_LINE	Line	合流管线线
		PS_HSG_POINT	Point	合流管线点

4）数据建库

(1) 管线数据建库的总体流程

如图 9-5 所示。

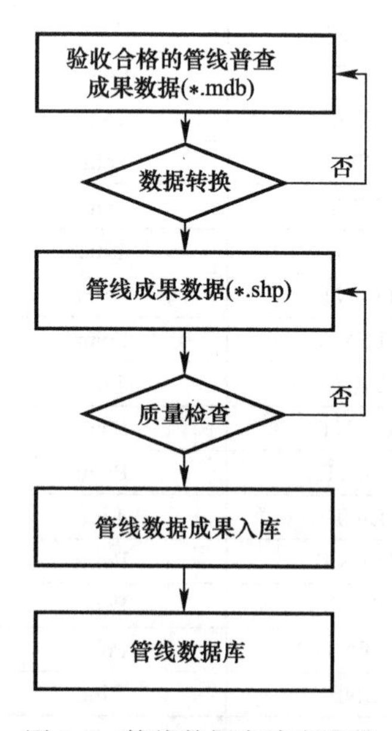

图 9-5 管线数据库建库流程

遵循《城市地下管线探测技术规程》《地下管线探测与三维管理系统建设项目设计方案》及其他相关技术指标及要求，将管线探查与管线测量后的地下管线数据（*.mdb 格式，如

图 9-6、图 9-7 所示）进行处理、转换，得到满足要求的地下管线矢量数据（＊.shp 格式），再将管线成果矢量数据（＊.shp 格式）进行检查、处理，做好管线数据入库准备。

DLL

ID	管类	管线起点号	管线终点号	管线起点埋	管线终点埋	断面尺寸	截面大小	材质	埋设方式
1	供电	DL116	DL962	1.38	1.38	200	200	铜	管埋
2	供电	DL11	DL961	.7	.72		100	铜	直埋
3	供电	DL14	DL960	.72	.72		200	铜	直埋
4	供电	DL1116	DL959	.7	.7		200	铜	直埋
5	供电	DL15	DL958	.01	.7		100	铜	直埋
6	供电	DL3724	DL3725	.53	.51		100	铜	直埋
7	供电	DL3713	DL3714	.2	.4		100	铜	直埋
8	供电	DL3712	DL3713	.19	.2		100	铜	直埋
9	供电	DL3711	DL3712	.44	.19		100	铜	直埋
10	供电	DL3710	DL3711	.4	.55		100	铜	直埋
11	供电	DL19	DL18	.81	1		100	铜	直埋
12	供电	DL18	DL17	1	1.34		100	铜	直埋
13	供电	DL17	DL16	1.34	1.8		200	铜	直埋
14	供电	DL1260	DL16	.66	1.34		100	铜	直埋
15	供电	DL960	DL15	.72	.01		200	铜	直埋
16	供电	DL959	DL15	.7	.01		200	铜	直埋
17	供电	DL961	DL15	.72	.01		100	铜	直埋
18	供电	DL12	DL14	.75	.72		200	铜	直埋
19	供电	DL16	DL13	1.8	.9		200	铜	直埋
20	供电	DL1269	DL1270	.76	.73		100	铜	直埋
21	供电	DL958	DL127	.7	.75		100	铜	直埋
22	供电	DL1268	DL1269	.66	.76		100	铜	直埋

记录：第 16 项(共 55 项　无筛选器　搜索

图 9-6　管线数据线表

DLL

管线点号	连接点号	管线类别	材质	管线点类别		坐标(m)		高程(m)		管径或断面尺寸（mm）	埋深(m)	距离
				特征	附属物	X	Y	地面	内底			
PS90	PS89	雨污合流	混凝土		检查井	3697722.69	382037.62	4257.88	4254.36	Φ400	3.52	3.32
PS91	PS90	雨污合流	混凝土		检查井	3697763.22	382025.78	4257.60	4253.86	Φ400	3.74	42.22
PS92	PS91	雨污合流	混凝土		检查井	3697797.96	382015.40	4257.67	4253.12	Φ400	4.55	36.26
PS33	PS32	雨污合流	混凝土		检查井	3697731.26	381706.47	4254.95	4252.48	Φ400	2.47	29.87
PS32	PS33	雨污合流	混凝土		检查井	3697724.37	381677.41	4254.73	4252.53	Φ400	2.20	29.87
PS103	PS64	雨污合流	混凝土		检查井	3697994.13	381723.67	4254.05	4251.15	Φ400	2.90	20.38
PS104	PS55	雨污合流	混凝土	转点		3697430.62	381810.84	4256.95		Φ400		32.00
PS105	PS104	雨污合流	混凝土	转点		3697478.96	381800.81	4256.66		Φ400		49.37
PS56-1	PS55	雨污合流	混凝土		检查井	3697444.85	381840.66	4257.29	4253.39	Φ400	3.90	7.09
PS109	PS110	雨污合流	混凝土		检查井	3697543.55	382285.50	4261.03		Φ400		4.65
PS110	PS78	雨污合流	混凝土	三通	检查井	3697538.96	382286.27	4260.93		Φ400		40.09
PS111	PS110	雨污合流	混凝土		检查井	3697516.19	382289.14	4261.50		Φ400		22.95
PS74	PS86	雨污合流	混凝土		检查井	3697599.93	382049.99	4258.82	4255.53	Φ400	3.29	20.00
PS75	PS85	雨污合流	混凝土		检查井	3697557.63	382061.17	4259.20	4256.21	Φ400	2.99	20.46
PS72	PS71	雨污合流	混凝土		检查井	3697718.30	382017.03	4257.97	4254.55	Φ400	3.42	40.89
PS71	PS72	雨污合流	混凝土		检查井	3697758.33	382008.67	4257.70	4253.82	Φ400	3.88	40.89

记录：第 9 项(共 55 项　无筛选器　搜索

图 9-7　管线数据点表

同时，通过 ArcCatalog 建立数据库连接，建立数据库和数据集，并将准备好的管线数据入库，具体技术流程如图 9-5 所示。

（2）管线数据建库具体方法

地下管线数据建库分为三个阶段：数据录入形成 mdb 数据表、数据转换形成 shp 数据、数据导入系统平台数据库。

① 建立 mdb 数据表可以采用两种方式：

A. 外业绘制草图，内业手工录入（图 9-8）；

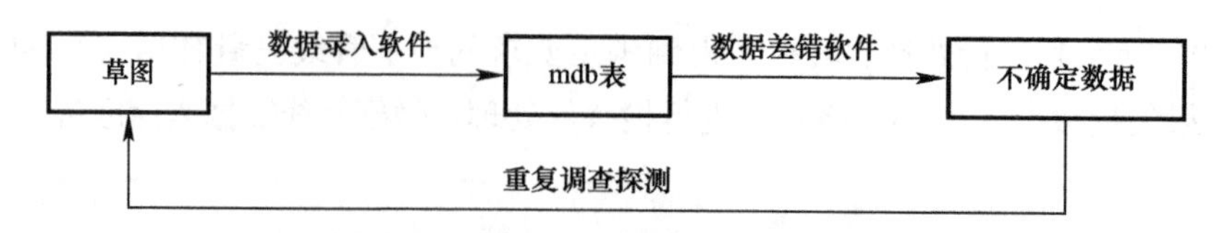

图 9-8 手工建表流程

B. 利用安卓系统的外业手簿或手机，现场调查探测，实时录入数据，内外业一体化作业（图 9-9、图 9-10），如果结合通讯网络还可以达到实时录入实时传输回单位数据中心的效果。此种方式数据录入时达到了所见即所得的效果，避免了重复调查的过程（图 9-11、图 9-12）。

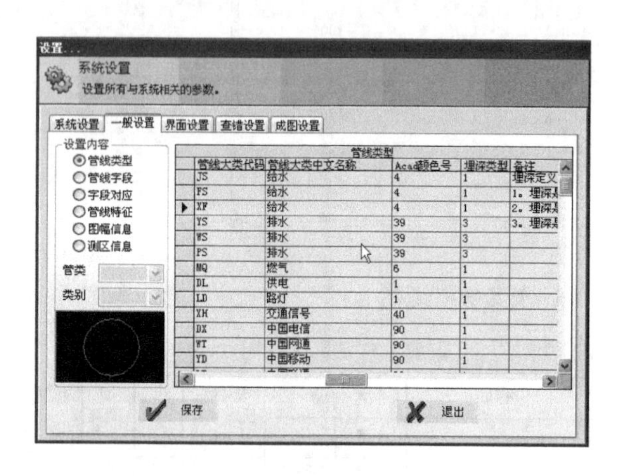

图 9-9 数据录入软件

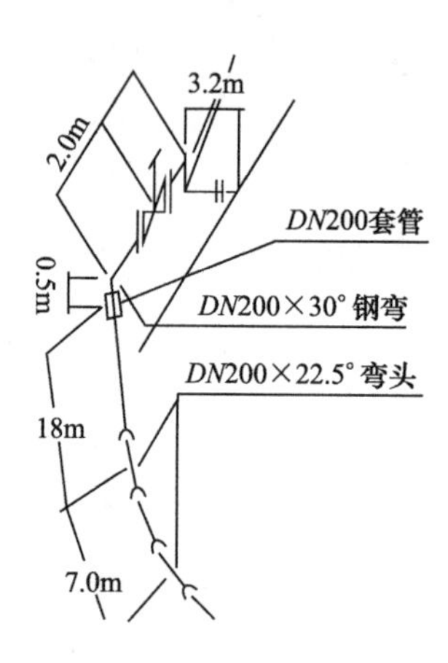

图 9-10 外业工作草图

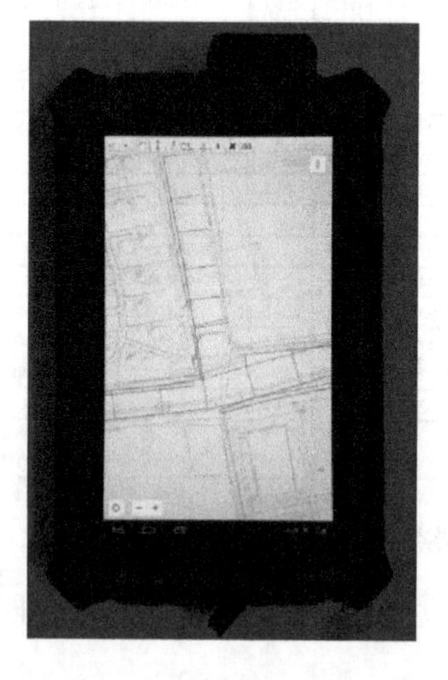

图 9-11 安卓建库系统

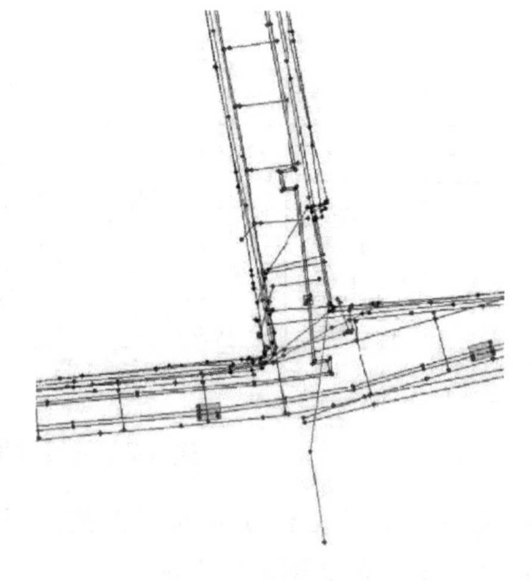

图 9-12 数据库

② 数据转换形成 shp 数据文件可以采用两种方式：一是通过软件直接输出 shp 格式的点、线、面及图形文件；二是利用 arcgis 软件的 ET 扩展工具通过点到线、线到面的方式形成。

③ shp 数据建立系统平台数据库，主要包括两种数据库，一是管线属性数据库；二是管线三维模型数据库（图 9-13）。

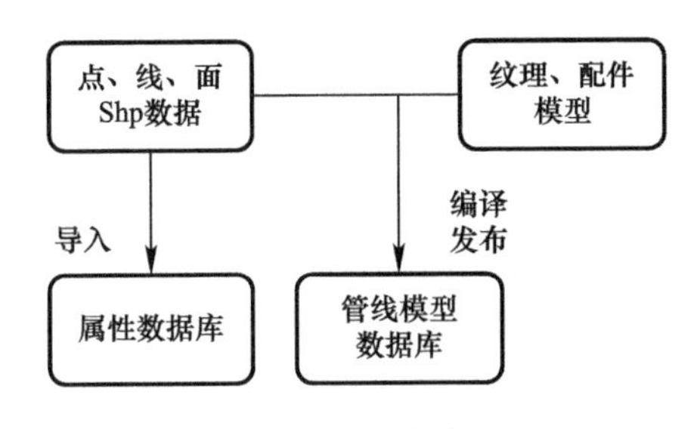

图 9-13 入库流程

5）数据录入与数据库检查

（1）数据录入

由于外业探查或竣工测量的管线数据记录在《地下管线探查记录表》（附录 A）中。

附录 A 管线点探查记录表 **表 9-5**

测区： 图幅号： 管线类型： 仪器类型及编号： 日期： 年 月 日

管线点号	连接点号	特征	附属物名称	材质	管径/断面尺寸（mm）	总孔数/已用孔数	流向/压力（电压）	电缆条数	探查方法		埋深			埋设		权属单位	所属道路
									定位	定深	起点		终点	方式	年代		
											探测（查）	修正后					

探测单位： 探测者： 校核者：

（2）数据库检查

地下管线数据入库前的质量检查是为了保障三维系统真实、有效的三维展示，以及精准、流畅地分析查询。数据入库检查模块的检查项设计主要围绕着两个大的方面进行开发，一是数据之间的矛盾，包括属性之间的自相矛盾、属性与规则之间的矛盾、属性与常识之间的矛盾以及拓扑关系的矛盾；二是属性填写的完整程度。

主要包括以下内容：

① 属性检查

A. 管线信息要素属性分为基本属性和扩展属性，其中基本属性为必填项，扩展属性为选填项，需检查其是否满足要求；

B. 检查数据的属性项名称、类型及值域的具体格式是否按照规程执行；

C. 检查各要素的属性值应正确无误，当要素属性无属性值时应为空（或 null）；

D. 检查属性值是否统一采用半角符号表示。

② 完整性检查

A. 检查管线数据内容是否完整，有无遗漏、多余或重复现象；

B. 检查管线分层是否正确，有无遗漏层、多余层或重复层的现象；

C. 检查管线属性值是否多余、遗漏现象。

③ 逻辑一致性检查

A. 检查数据结构及存储格式是否符合要求；

B. 检查管线点、线等表示方式及关系是否正确；

C. 检查数据是否在正确的要素类中；

D. 检查管段是否相交，有无悬挂或过头现象。

④ 表征质量检查

A. 检查管线要素几何类型表达是否正确；

B. 检查管段是否用圆弧、样条曲线等不规则形状的线型；

C. 检查有方向的管段方向是否正确。

⑤ 要素表达及处理检查

A. 检查管线是否进行对象化处理，各类管线的中间节点处是否有电杆、电线架、电线塔（铁塔）、墩架等与之配套；

B. 检查管线类要素是否赋分类代码、描述等基本属性。

（3）检查的方式方法

城市地下综合管线普查时，获取的数据量非常庞大。从实际工作中总结的经验值可知一般中小城市每公里管线就可以产生 100～150 条数据信息。因此数据检查一般采用管线数据质量检查模块电脑机助完成（图 9-14）。但是电脑只能执行人为设计好的检查条件，不可能灵活多变的应付各式各样数据错误，因此还要采取人工检查的方式相互辅助。

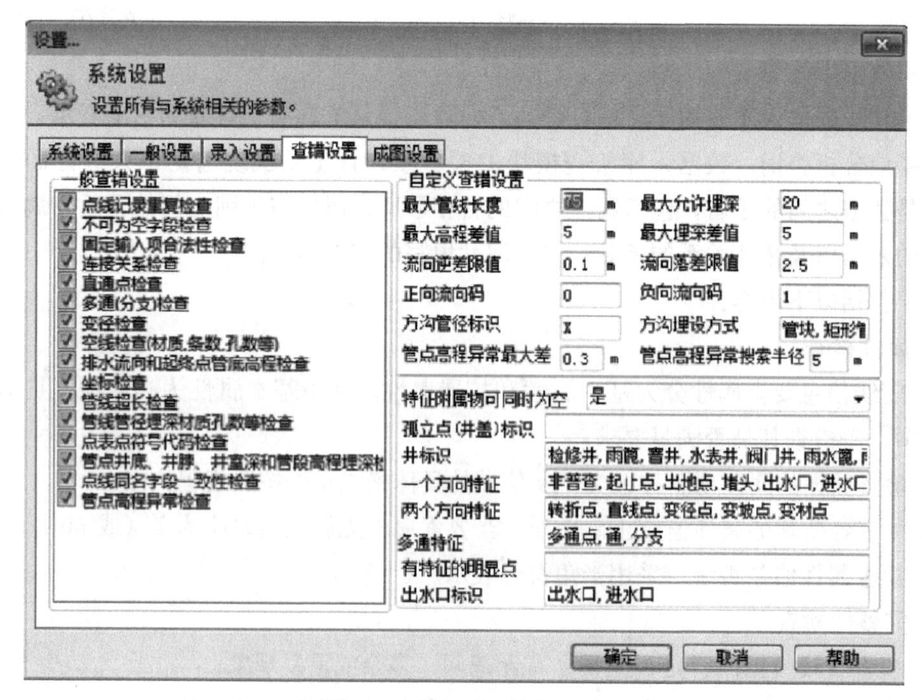

图 9-14　数据质量检查模块

检查方式可以分为三种：

① 软件检查；

② 人工检查；

③ 软件与人工协作检查。

9.4 系统实现与应用

9.4.1 开发平台

（1）应用平台：现在大部分工程技术人员使用的软件都是基于 AutoCAD 平台的。此平台的优点是图面直观、易于操作等。因此，为了更快地上手操作软件，选用 AutoCAD 作为软件开发平台。

（2）开发语言平台：从 AutoCAD2006 开始，增加了 .NETAPI，其提供了一系列托管的外包类，使开发人员可在 .NET 框架下，使用任何支持 .NET 的语言（如 VB. NET、C＃、ManagedC＋＋等）对 AutoCAD 进行二次开发。随着版本的更新，在最新的 AutoCAD2011 中，.NETAPI 已经拥有与 C＋＋相匹配的强大功能。

三维管网信息管理系统的界面设计包括业务窗口、工具栏、三维场景窗口。

（3）数字三维管线管理系统采用 4 层架构，分别为应用层、服务层、平台层、数据层。

应用层：提供地下管线的三维浏览、二三维联动演示、管网信息查询、统计、分析等高质量的服务，为城市发展建设提供专家级的领导决策辅助依据。

服务层：将基础层中获取到的数据进行处理及存储，该层是整个平台的核心，是连接底层数据与上层应用之间的桥梁；同时服务层可以为上层提供身份、智能检索等服务支撑。

图 9-15　软件系统界面（王洪林，2016）

平台层：为综合地下管线三维管理系统提供基础平台支撑，平台工具对所获取的不同来源的各种数据预先进行自动化建模、编译处理，然后再发布为系统可显示、搜索和分析的数据；同时，该工具提供管线的发布与更新机制，对重新铺设的管线数据进行更新，以实现数据库的实时更新，提高管网数据的准确性。管线系统架构见图 9-16。

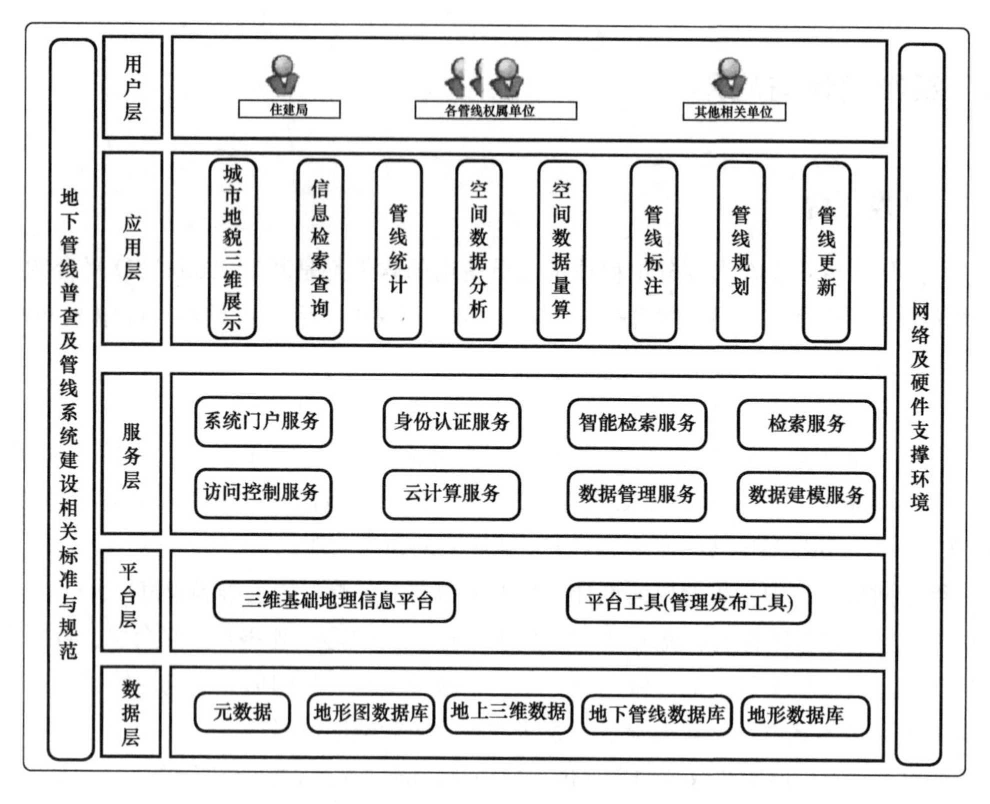

图 9-16 管线系统架构图

数据层：提供基础数据服务，包括元数据、地形图数据库、数字高程模型（DEM）数据库、数字正射影像（DOM）数据库、地上三维模型数据库、地下管网数据库、与管网有关的道路等矢量数据库。其中矢量数据、栅格数据采用二维 GIS 空间数据引擎进行存储，即 Geodatabase＋OracleSpatial 方式存储。

9.4.2 系统功能实现

为减少内业工作量，外业采集管线点时需赋予每个点特定的编码，内业则根据编码自动绘制相应的图形。根据规范要求每种管道要有相应的图式表示，因此要制作图块，在成图时根据编码对应地将图块插入图形中即可，如图 9-17 所示。

对外业的采集信息数据进行各项检查，如管线距离超长检查、管线重线检查等，以确保数据准确无误，如图 9-18 所示。

数字码	含义
0	一般高程点
⋮	⋮
901	下水检修井
902	电信人孔(圆)
903	电信手孔(方)
904	电力检修井
905	燃气检修井
906	热力检修井
907	下水暗井
908	不明检修井
⋮	⋮

符号名称	图例	符号名称	图例
给水		电信人孔	
污水		电信手孔	
燃气		阀门	
热力		水源井	
电力		水池	
工业		水表	
石油		消火栓	

图 9-17 编码与图例

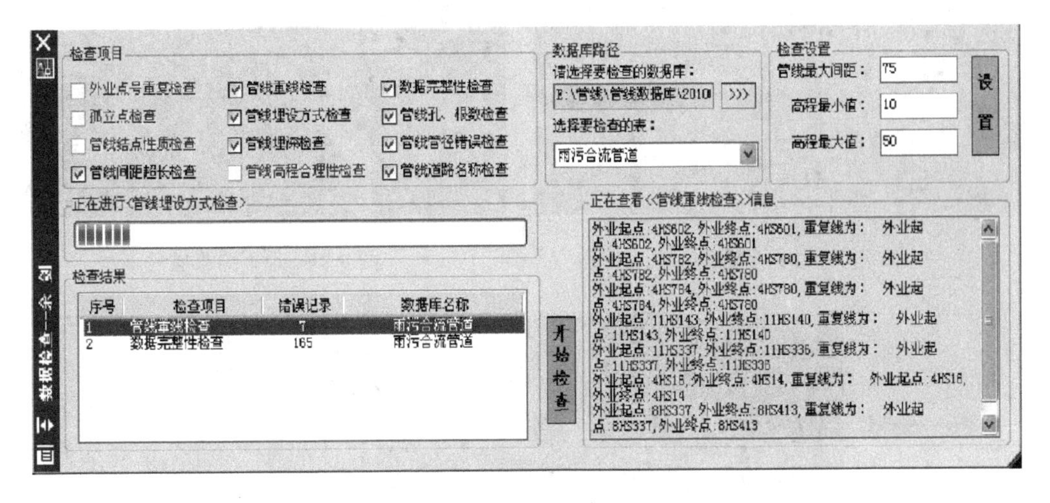

图 9-18 数据检查

9.4.2.1 图形绘制

(1) 三维浏览显示

系统可构建数字城市地上地下一体化三维场景，实现地上地物要素和地下管网的三维可视化显示，同时支持地上地下一体化场景、地面半透、地下浏览显示，真实展现城市地形、地貌及地下管线分布情况（图 9-19～图 9-21）。

(2) 信息查询

系统可实现对管线设备的综合查询功能（图 9-22），可根据设定的查询条件，采用点选取查询、圆域选取查询、矩形选取查询、多边形查询等多种查询方式，快速精确地检索到相关管线，并以列表形式显示出来。

图 9-19 地上地下一体化场景显示（王洪林，2016）

图 9-20 地面半透显示

图 9-21 地下浏览显示

图 9-22 综合查询功能显示

（3）针对三维管线系统需求增设的探查信息

二维管线系统的属性数据集主要包括点文件（图 9-23）、线文件（图 9-24）。点文件记录了管线的空间位置及特征、附属物的属性信息，线文件记录了点与点之间的拓扑关系及管段上的属性信息。在三维管线系统需求中，又增加了面文件（图 9-24、图 9-25），主要解决了各种形状井室的描述问题。

表

GR_P

Shape	管点编号	X坐标	Y坐标	地面高程	特征	附属物	构筑物	井盖形状	井盖尺寸	井盖材质	井底深	井脖深	井材质	井形状	井尺寸	偏心井点	FID
点 ZM	GR11911	4426200.625	480269.46	21.816	直线						0	0					0
点 ZM	GR11910	4426200.548	480268.63	21.843	直线						0	0					1
点 ZM	GR10785	4425941.336	483425.062	26.877	偏心	检修井		圆	80	铸铁	2	.5	水泥				2
点 ZM	GR10784	4425919.993	483420.656	26.582	偏心	检修井		圆	80	铸铁	2	.6	水泥				3
点 ZM	GR10783	4426028.24	483412.892	27.016	偏心	检修井		圆	80	铸铁	1.5	.6	水泥				4
点 ZM	GR10782	4425957.662	483417.494	27.142	偏心	阀门井		圆	80	铸铁	1.8	.6	水泥				5
点 ZM	GR10781	4425491.284	483379.736	26.884	偏心	检修井		圆	80	铸铁	2.5	.5	水泥				6
点 ZM	GR10780	4425036.475	483412.579	26.403	偏心	检修井		圆	80	铸铁	1.5	.5	水泥				7
点 ZM	GR10779	4424998.085	483415.363	26.462	偏心	阀门井		圆	80	铸铁	1.5	.5	水泥				8
点 ZM	GR10778	4425610.391	483232.751	26.688	偏心	阀门井		圆	80	铸铁	2	.5	水泥				9
点 ZM	GR10777	4424806.232	483280.037	26.238	偏心	检修井		圆	80	铸铁	1.5	.4	水泥				10
点 ZM	GR10776	4424938.352	482008.109	26.59	偏心	检修井		圆	80	铸铁	6.5	.8	水泥				11
点 ZM	GR10775	4424888.115	481810.752	25.9	偏心	检修井		圆	80	铸铁	1.5	.6	水泥				12
点 ZM	GR10774	4423682.506	483019.388	24.561	偏心	阀门井		圆	80	铸铁	2.3	.8	水泥				13
点 ZM	GR10773	4423173.744	483324.369	24.302	偏心	阀门井		圆	80	铸铁	1.8	.6	水泥				14
点 ZM	GR10772	4418370.5	481488.312	19.549	偏心	检修井		圆	80	塑胶	13	1	水泥				15
点 ZM	GR10771	4418371.31	481499.275	19.538	偏心	检修井		圆	80	塑胶	13	1	水泥				16
点 ZM	GR10770	4418378.497	481498.817	19.485	偏心	检修井		圆	80	塑胶	13	1	水泥				17
点 ZM	GR10769	4418377.731	481487.85	19.48	偏心	检修井		圆	80	塑胶	13	1	水泥				18

A　B　C

0　(0 / 11267 已选择)

GR_P

图 9-23　管线点表

表

GD_L

Shape	管线编号	起点点号	终点点号	起点高程	起点埋深	终点高程	终点埋深	材质	埋设方式	管径	截面大小	条数	总孔数	已用孔数
折线(polyline) ZM	[illegible]	[illegible]	[illegible]	[illegible]	.97	19.7	.62	铜	直埋		100	16	0	
折线(polyline) ZM	GD1361GD10934	GD1361	GD10934	19.732	.5	19.7	.62	铜	直埋		100	16	0	
折线(polyline) ZM	GD1534GD10933	GD1534	GD10933	19.604	1.05	19.568	1.05	铜	直埋		100	1	0	
折线(polyline) ZM	GD4462GD10933	GD4462	GD10933	19.22	.73	19.568	1.05	铜	直埋		100	1	0	
折线(polyline) ZM	GD1526GD10932	GD1526	GD10932	18.286	2.08	17.408	3.23	铜	方沟	1550X1900	1550X1900	33	0	
折线(polyline) ZM	GD1525GD10932	GD1525	GD10932	17.354	3.3	17.408	3.23	铜	方沟	1550X1900	1550X1900	33	0	
折线(polyline) ZM	GD1529GD10931	GD1529	GD10931	18.437	2	18.119	2.44	铜	方沟	1550X1900	1550X1900	24	0	
折线(polyline) ZM	GD1528GD10931	GD1528	GD10931	17.988	2.5	18.119	2.44	铜	方沟	1550X1900	1550X1900	24	0	
折线(polyline) ZM	GD1527GD10930	GD1527	GD10930	18.992	1.36	19.123	1.24	铜	直埋		100	4	0	
折线(polyline) ZM	GD1552GD10930	GD1552	GD10930	19.876	.67	19.123	1.24	铜	直埋		100	4	0	
折线(polyline) ZM	GD1529GD10929	GD1529	GD10929	18.437	2	18.462	1.98	铜	直埋		100	6	0	
折线(polyline) ZM	GD1544GD10929	GD1544	GD10929	18.882	1.65	18.462	1.98	铜	直埋		100	6	0	
折线(polyline) ZM	GD1526GD10928	GD1526	GD10928	18.286	2.08	19.905	.44	铜	直埋		200	2	0	
折线(polyline) ZM	GDD32GD10928	GDD32	GD10928	19.527	.8	19.905	.44	铜	直埋		200	2	0	
折线(polyline) ZM	GDD673GD2487	GDD673	GD2487	24.556	.6	23.561	1.1	铜	直埋		400	4	0	
折线(polyline) ZM	GDD670GDD469	GDD670	GDD469	21.67	3.7	24.568	.78	铜	直埋		400	4	0	
折线(polyline) ZM	GDD470GDD671	GDD470	GDD671	21.234	4	22.155	3	铜	直埋		400	4	0	
折线(polyline) ZM	GDD69GD1526	GDD69	GD1526	18.343	.7	18.286	2.08	铜	直埋		600	6	0	
折线(polyline) ZM	GDD490GDD498	GDD490	GDD498	19.927	5.4	24.073	1.15	铜	管块	300X150	300X150	2	2	2
折线(polyline) ZM	GDD469GDD470	GDD469	GDD470	24.568	.78	21.254	4	铜	直埋		400	4	0	
折线(polyline) ZM	GDD468GDD469	GDD468	GDD469	23.968	1.3	24.568	.78	铜	管块	450X450	450X450	8	8	8
折线(polyline) ZM	GDD467GDD468	GDD467	GDD468	22.534	2.66	23.968	1.3	铜	管块	450X450	450X450	8	8	8
折线(polyline) ZM	GDD643GDD645	GDD643	GDD645	22.181	1.5	22.146	1.5	铜	直埋		300	2	0	
折线(polyline) ZM	GDD644GDD643	GDD644	GDD643	22.134	1.5	22.181	1.5	铜	直埋		300	2	0	
折线(polyline) ZM	GDD642GDD643	GDD642	GDD643	18.392	5.1	22.161	1.52	铜	管块	300X150	300X150	2	2	2
折线(polyline) ZM	GDD650GDD643	GDD650	GDD643	22.332	1.36	22.151	1.53	铜	管块	300X150	300X150	2	2	2
折线(polyline) ZM	GDD641GDD642	GDD641	GDD642	18.466	5	18.392	5.1	铜	管块	300X150	300X150	2	2	2
折线(polyline) ZM	GDD640GDD641	GDD640	GDD641	21.397	2	18.466	5	铜	管块	300X150	300X150	2	2	2
折线(polyline) ZM	GDD635GDD640	GDD635	GDD640	22.026	1.57	21.397	2	铜	管块	300X150	300X150	2	2	2

D

0　(0 / 10897 已选择)

GR_P　GR_L　GD_L

图 9-24　管线线表

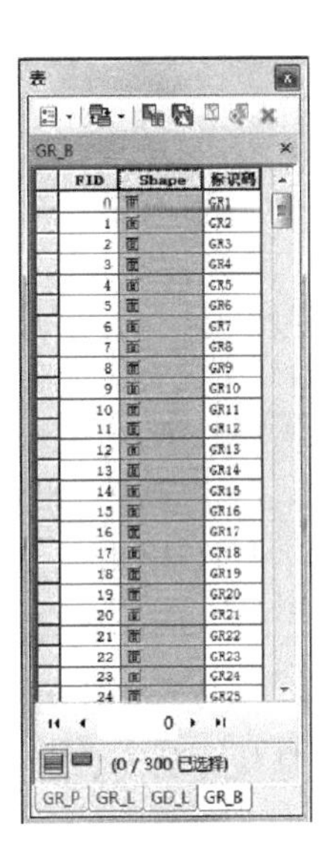

表

GR_B

FID	Shape	标识码
0	面	GR1
1	面	GR2
2	面	GR3
3	面	GR4
4	面	GR5
5	面	GR6
6	面	GR7
7	面	GR8
8	面	GR9
9	面	GR10
10	面	GR11
11	面	GR12
12	面	GR13
13	面	GR14
14	面	GR15
15	面	GR16
16	面	GR17
17	面	GR18
18	面	GR19
19	面	GR20
20	面	GR21
21	面	GR22
22	面	GR23
23	面	GR24
24	面	GR25

0　(0 / 300 已选择)

GR_P　GR_L　GD_L　GR_B

图 9-25　管线面表

在点文件（图 9-23）中，A 区域中的坐标数据为系统提供了空间基础，B 区域中的特征属性数据为系统提供了附属设施的建模依据，C 区域中井室描述信息为系统提供了井盖、井脖、井室的建模依据。同时它们也是为满足三维管线系统需求而增加的探查信息。

在线文件（图 9-24）中，D 区域描述的截面大小是管段在建立模型时需求的直径（长×宽）数据，也是新增加的探查信息。但截面大小不等同于《规程》要求的管径，因为在埋设方式为“直埋”时，即电缆或光缆没有附加保护设施而直接埋入沟槽内，因此也就不具备管径信息。所以在线文件中设置了管径和截面大小两列描述管线截面的数据列，管径可以准确体现属性信息，供使用者查询和分析，截面大小只是在建立管段模型时使用。

根据数据绘制图形时，应自动绘出各种信息，如管径、材质、流向等，并可提供概略信息显示—鼠标悬停显示信息，这样可以方便用户查看管线信息，如图 9-26 所示。

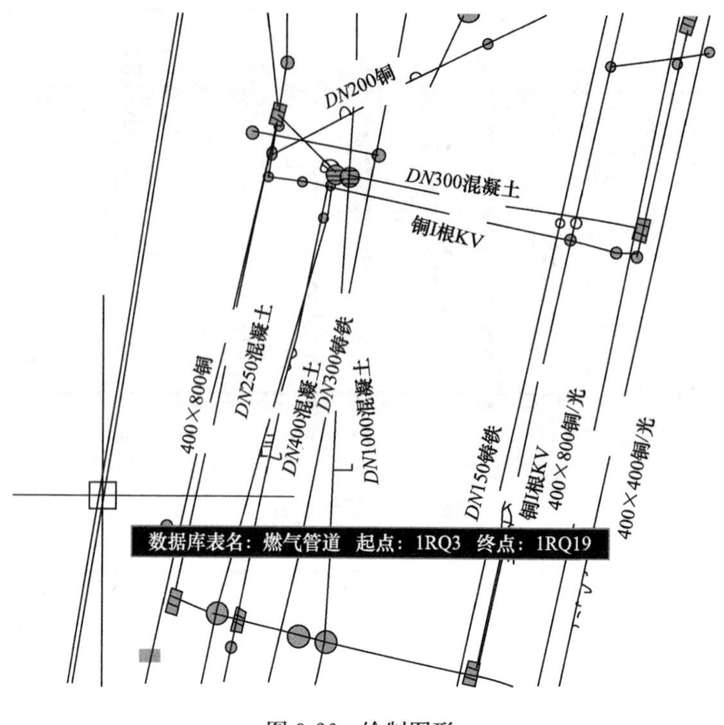

图 9-26　绘制图形

（4）剖面图

对于管线中出现的相交问题，如平交、立体交等，可通过查看每个节点的剖面图，详细了解具体情况，如图 9-27 所示。

（5）内业编号

在最后提交的管线图中，图上显示的是内业编号，每幅图的编号都重新开始，而且顺序是从北到南、自西向东的排列，如 LD1、LD2 等，如图 9-28 所示。

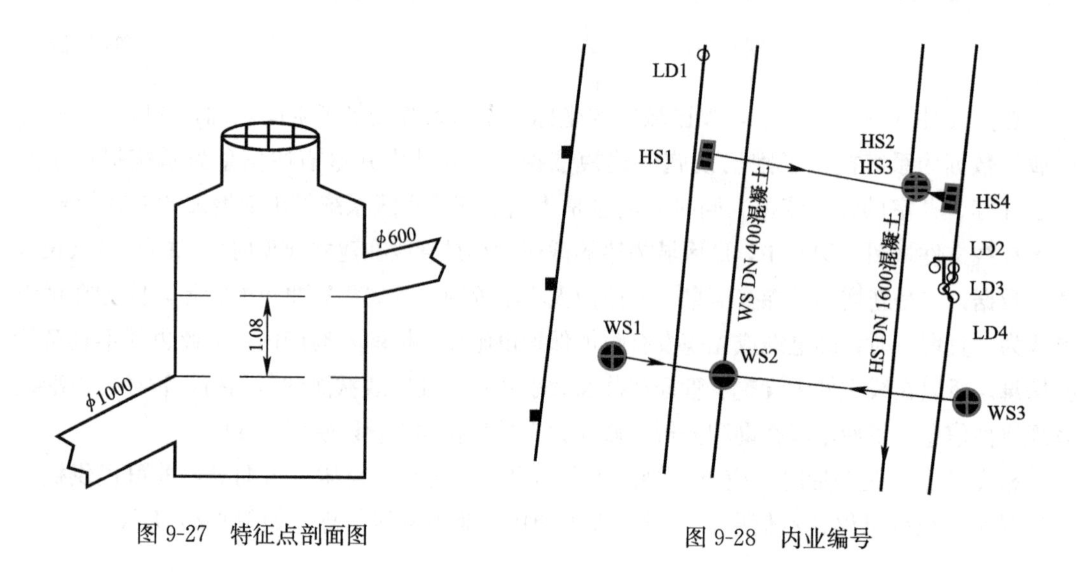

图 9-27　特征点剖面图

图 9-28　内业编号

9.4.2.2 管线分析

1）管线加点

规范中规定管线长度要小于75m，因此在内业中经常遇到给已有管线加点的情况。

若手动计算效率非常低，且容易出错，而利用程序自动加点非常方便，它会自动根据起点和终点的管线高程内插管线点，并自动添加到数据库中，如图9-29所示。

管线加点

源管线		第一条管线		第二条管线		新管线点	
起点点号：	1JS95	起点点号：	1JS95	起点点号：	1JS200	外业点号：	1JS200
终点点号：	1JS93	终点点号：	1JS200	终点点号：	1JS93	管线性质：	给水管道
管线性质：	给水管道	管线性质：	给水管道	管线性质：	给水管道	节点性质：	直线点
起点埋深：	1.35	起点埋深：	1.35	起点埋深：	1.33	x坐标：	46948.945
终点埋深：	1.3	终点埋深：	1.33	终点埋深：	1.3	y坐标：	36206.090
管径尺寸：	300	管径尺寸：	300	管径尺寸：	300	地面高程：	21.775
截面宽高：		截面宽高：		截面宽高：		权属单位：	
权属单位：		权属单位：		权属单位：		所在道路：	解放路
所在道路：	解放路	所在道路：	解放路	所在道路：	解放路	退 出	确 定
埋设方式：	直埋	埋设方式：	直埋	埋设方式：	直埋		
材质：	铸铁	材质：	铸铁	材质：	铸铁		

图9-29 管线加点

2）变深点的定点分析

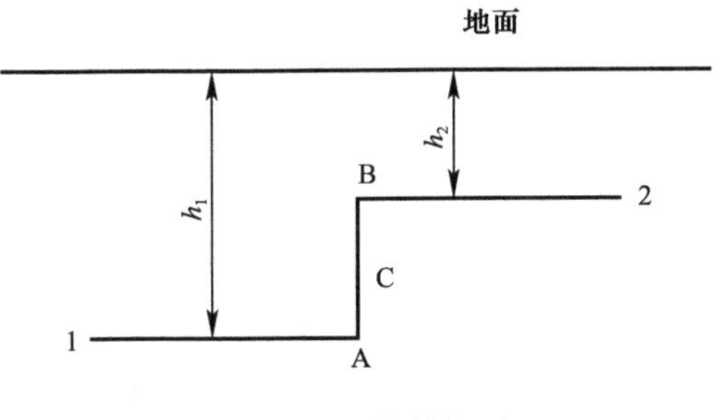

图9-30 立管结构图

变深点即为管线埋深变化的特征点，如图9-30所示，传统的定点连线方式是C点连接1号点埋深为h_1，C点连接2号点埋深为h_2，AB段管线是通过h_1-h_2的埋深差值来体现的。三维管线的定点连线方式应为1-A-B-2的方式，A点、B点均要设置管线点，特征设置为弯头。从而体现立管的真实存在。

3）交叉管线的定点分析

管线交叉时，根据物探原理，信号叠加后很难在管线交叉点探测管线的埋深和走向，因此常规做法，如图9-31所示的情况，不能测定2、3、4、5号点位。但为了使管线三维展示更加合理、逼真，可以测定图9-30中1、6号点位埋深，与管线1的埋深进行对比，如有碰撞时，虚拟增设2、3、4、5号点位。

4）近距离平行叠加管线的定点分析

近距离平行叠加管线就是多条管线纵向平行布设且距离较近（图9-32），测定管线1、管线2、管线3的位置及埋深时，应通过探测埋深推算管线2的管底埋深，并与管线1的管顶埋深进行对比。防止形成三维图时管线叠加在一起，影响合理性。

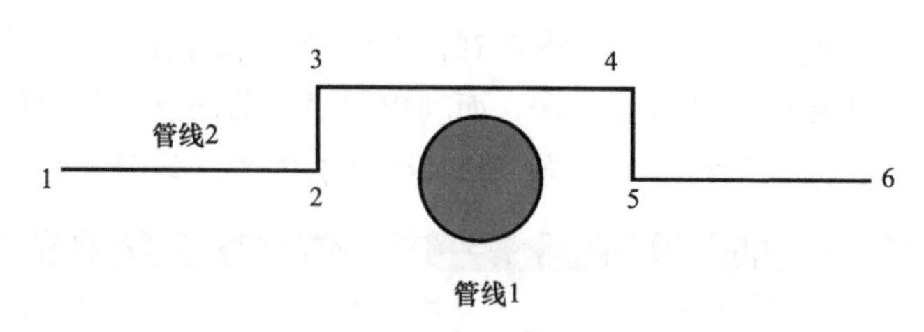

图 9-31 管线交叉示意图

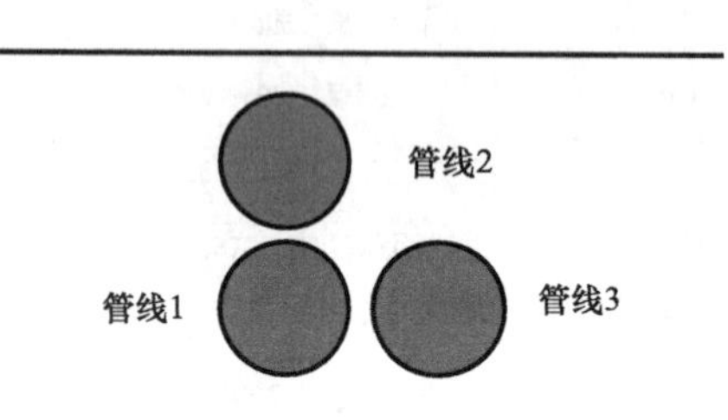

图 9-32 平行管线断面示意图

5）井模型分析

（1）地下管线三维模型类型的分析

地下管线三维场景主要由管段模型、配件（即特征点，例如弯头、三通等）模型、井模型、附属设施（即附属物，例如阀门、消防栓等）模型构成。

（2）地下管线模型的建模方式分析

管段模型的建立是采用专有的编译发布工具软件，通过读取截面信息电脑机助完成；配件模型的建立同样是采用专有的编译发布工具软件，通过读取特征点信息，结合与之相连的管段截面信息电脑机助完成。

附属设施模型的建立采取的方式类似于二维图形中符号块调用插入的模式，在编译发布前，首先用 3DMAX 软件制作附属设施模型库，通过读取附属物信息对应模型库选取相应的模型。

井模型的建立是管线三维展示的重要环节，也是管线三维模型建立过程中最为复杂的部分。井模型的构成主要分为井盖、井脖、井室三部分（图 9-33），根据实际情况，结合管线窨井的构造不同可分为表 9-6 中所列的五种模式。

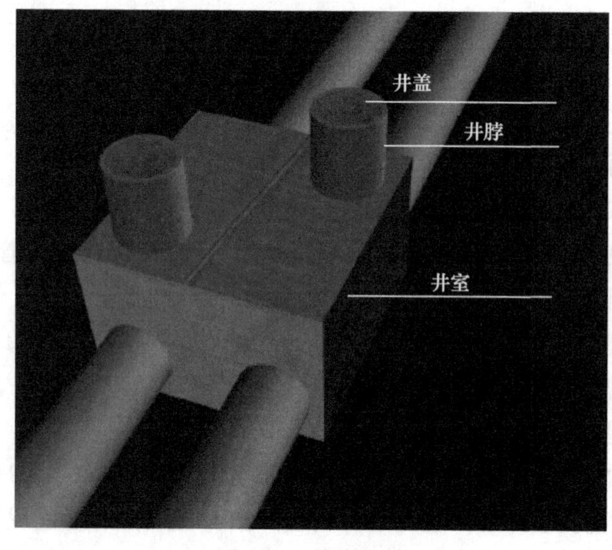

图 9-33 管线井室

为了能够真实地建立井模型，尽量实景再现地下窨井空间的结构形状，设计制订了表 9-6 中要求的信息数据。

井模型的种类及必要信息　　表 9-6

井模型描述	模型示意图	井盖需采集的信息	井脖需采集的信息	井室需采集的信息
井盖、井脖、井室同心的柱体或台体		井盖材质 井盖形状 井盖尺寸 井盖坐标	井脖材质 井脖尺寸 井脖深	井室材质 井室面域 井底深
井脖中心与井室中心不同心		井盖材质 井盖形状 井盖尺寸 井盖坐标	井脖材质 井脖尺寸 井脖深	井室材质 井室面域 井底深
井盖、井脖、井室同心的椎体		井盖材质 井盖形状 井盖尺寸 井盖坐标	井脖材质 井脖尺寸 井脖深	井室材质 井室形状 井室尺寸 井底深
井盖、井脖为圆形，井室为方形		井盖材质 井盖形状 井盖尺寸 井盖坐标	井脖材质 井脖尺寸 井脖深	井室材质 井室面域 井底深
井盖、井脖、井室均为方形		井盖材质 井盖形状 井盖尺寸 井盖坐标	井脖材质 井脖尺寸 井脖深	井室材质 井室面域 井底深

9.4.2.3 空间分析

地下管线的空间分析功能是三维管线系统的核心，按照国家规范中的管线水平净距、垂直净距、碰撞距离和覆土深度指标为依据，对现状管线数据进行净距分析、开挖分析、断面分析等功能，实现分析结果以 Excel 文件的形式导出。

1）净距分析

地下管线之间保持合理的间距，既可以避免各类管线相互干扰，又方便施工和检修。按照国家规划管理规范，选择指定范围内管线，即可实现水平净距分析、碰撞分析、覆土分析等功能，可为管线的分析、设计、施工及管理提供精确的辅助决策支持。

（1）水平净距分析

可对埋设在地下的管线进行分析，判断目标管线在指定范围内与其他管线在水平方向上是否发生碰撞或最小净距是否符合国标净距规范。用户可在三维视窗中选择目标管段，指定水平分析的半径范围。分析结果为这些管线的编号、所在图层、与目标管线的水平净距、国际净距标准，并将不符合的结果以红色区别，在三维视窗中，用红色高亮显示不满足国际净距要求的管线。

（2）垂直净距分析

同水平净距分析，可判断目标管线在指定范围内与其他管线的上下关系，判断管线在垂直方向上是否发生碰撞或最小净距是否符合国标净距规范。

（3）碰撞分析

同水平净距分析，对目标管线与指定范围内的所有管线进行碰撞分析，分析其在水平及垂直方向上与其他管线是否发生了碰撞（图 9-34）。

图 9-34 碰撞分析

（4）覆土分析

因地下管线会受到气候、土壤等环境因素的影响，因此国家对管线的埋深都有严格的规定。系统可对指定图层的管线进行覆土分析，分析指定范围（全部、圆域、多边形区域）内的所有管线的起点埋深和终点埋深是否符合国际埋深标准，并将不符合标准的管线以红色区别，在三维视窗中，用红色高亮显示不符合标准的管线（图 9-35）。

图 9-35 覆土分析

2）断面分析

可实现在无需实地开挖的情况下，对管线横断面和纵断面分析。

(1) 纵断面分析

对同一图层的多个管段进行纵断面分析，并生成纵断面剖视图，标注相应的地面高程、管线高程、间距、规格和埋深等指标信息，可在三维视图中高亮显示分析的管线（图 9-36）。

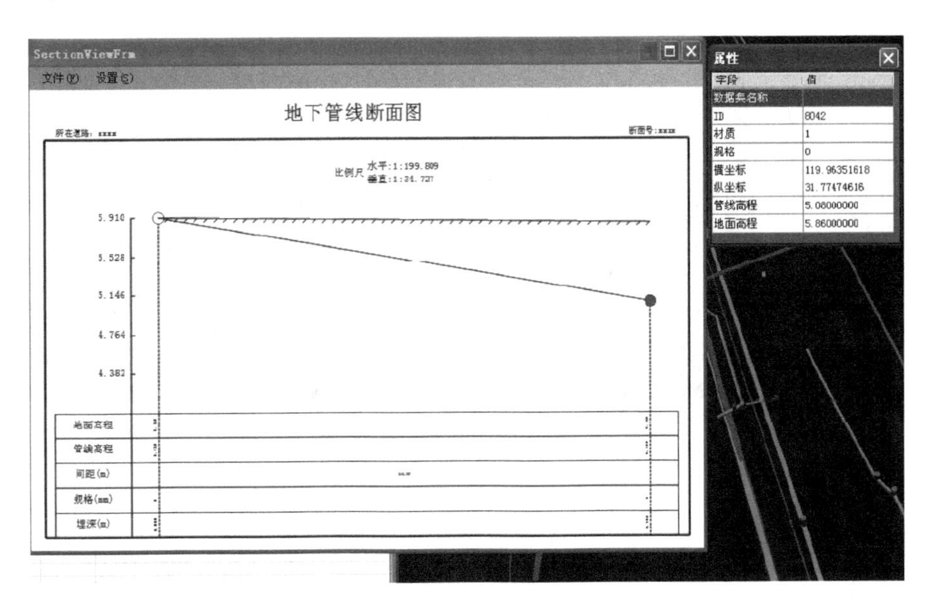

图 9-36 纵断面分析

(2) 横断面分析

可根据用户选取的任意两点，生成两点之间所有地下管线的横断面剖视图，并标注相应的地面高程、管线高程、间距、规格和埋深等指标信息，可在三维视图中高亮显示分析的管线（图 9-37）。

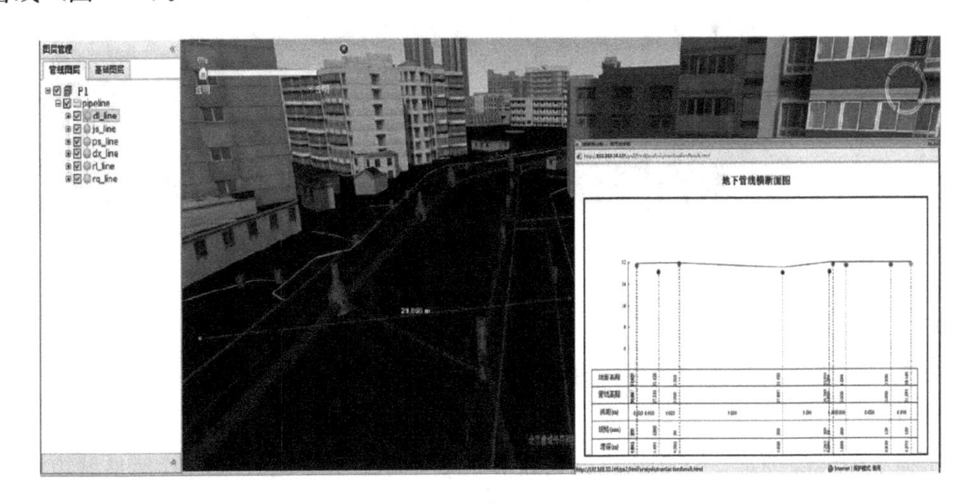

图 9-37 横断面分析

3）拓扑分析

（1）爆管分析

在对城市压力管线发生爆管时，若处理不及时，会给城市带来极大的经济损失。系统可根据爆管位置，通过系统已经建立的管道连通情况，自动分析需关闭的阀门及事故点到阀门的连接管段，输出关阀列表，提供准确可靠的爆管处理方案。同时在三维视窗中可红色高亮显示受影响的管段，方便分析受影响的用户情况（图 9-38）。

图 9-38　爆管分析

（2）连通分析

可对管网进行仿真分析，分析当前管网的连通情况。用户可任意指定两个管点或管段，系统会分析这两个节点是否连通。若连通，则给出连接的管点和管段列表。同时在三维视窗中可红色高亮显示两节点之间的所有管点和管段（图 9-39）。

图 9-39　连通分析

（3）流向分析

可对重力管线或具有流向字段的管线提供流向显示功能（图 9-40）。

4）开挖分析

由于地下管线深埋地下，无法直接目视其现状，使地下管网数据的管理是城市建设与规划工作中的难点、重点工作，直接影响各项生产、生活。在对地下管网进行开挖时，开挖地点的准确性、开挖面积的大小、开挖深度等各种因素都可能造成开挖事故。

图 9-40 流向分析

鉴于以上问题和需求，对任意区域内的【沿路开挖】、【自定义开挖】、【导入 SHP 开挖】、【输入坐标开挖】四种地面开挖模拟模式，可自由设置开挖深度和开挖缓冲半径。在进行模拟开挖时，根据设定的开挖深度和半径，三维地形自动塌陷，展示出地下管网的分布情况，并显示开挖区域内的管线（线、特征点、附属设施）列表，方便施工方与管线所属单位协商，指定合适的开挖方案（图 9-41）。

图 9-41 施工分析

9.4.2.4 管线成果

整个测区的管线任务完成，且图形和数据检查无误、图面整饰完成后，就可以使用程序自动输出成果表和图形，表格的样式可以根据不同的要求来定制。成果表如表 9-7 所示。

系统实现对数据库中的管线、管点数据各类属性信息进行分段、分类统计，并根据用户提供的统计条件对满足条件的管网数据进行分类统计，生成统计数据列表及统计图，并可将统计结果保存为 Excel 文件导出。

地下管线点成果 表 9-7

管线类型：路灯　　　　图幅号：　　　　权属单位：路灯管理所

图上点号	物探点号	连接点号	管线点类型		平面坐标（m）		高程（m）		埋深（m）	管径或断面尺寸（mm）	材质	电压（kV）	根数	总孔数/未用孔数	埋设方式	道路名称	埋设年代	备注
			特征	附属物	X	Y	地面	管线										
LD1	LD02021822	LD28	转折点		3646399.47	534995.60	23.29	23.06	0.23	50	铜	0.38	1	1/0	管理	胜利路		
LD2	LD02021831	LD9	转折点		3646398.92	534930.74	23.23	23.01	0.22	50	铜	0.38	1	1/0	管理	胜利路		
LD3	LD02021825	LD6		手孔	3646398.59	534969.95	23.34	22.09	0.25	50	铜	0.38	1	1/0	管理	胜利路		
LD4	LD02021827	LD8		手孔	3646398.52	534968.00	23.32	22.99	0.33	50	铜	0.38	1	1/0	管理	胜利路		
LD5	LD02021824	LD3		灯杆	3646398.52	534975.86	23.39	23.04	0.35	50	铜	0.38	1	1/0	管理	胜利路		
LD6	LD02021826	LD4	转折点		3646397.88	534969.15	23.34	23.29	0.05	50	铜	0.38	1	1/0	管理	胜利路		
LD7	LD02021833	LD12		手孔	3646397.84	534906.85	23.46	23.06	0.40	50	铜	0.38	1	1/0	管理	胜利路		
LD8	LD02021828	LD10	转折点		3646397.81	534951.14	23.25	22.84	0.41	50	铜	0.38	1	1/0	管理	胜利路		
LD9	LD02021832	LD7		灯杆	3646397.70	534908.12	23.32	22.96	0.36	50	铜	0.38	1	1/0	管理	胜利路		
LD10	LD02021829	LD11		灯杆	3646397.05	534948.17	23.38	23.04	0.34	50	铜	0.38	1	1/0	管理	胜利路		
LD11	LD02021830	LD2		手孔	3646397.03	534945.29	23.40	23.03	0.37	50	铜	0.38	1	1/0	管理	胜利路		
LD12	LD02021834	LD13	直线点		3646395.53	534865.08	23.51	23.11	0.40	50	铜	0.38	1	1/0	管理	胜利路		
LD13	LD02021835	LD16		灯杆	3646394.31	534856.66	23.46	22.98	0.48	50	铜	0.38	1	1/0	管理	胜利路		
LD14	LD02024715	LD15	转折点		3646392.93	534562.56	23.56	22.78	0.78		铜	0.38	1		直理	高平街		
LD15	LD02021866	LD14		灯杆	3646392.14	534562.86	23.59	23.43	0.16		铜	0.38	1		直理	高平街		
LD15	LD02021866	LD17		灯杆	3646392.14	534562.86	23.59	23.43	0.16	50	铜	0.38	1	1/0	管理	胜利路		
LD16	LD02021836	LD19	直线点		3646390.98	534830.49	23.45	22.78	0.67	50	铜	0.38	1	1/0	管理	胜利路		
LD17	LD02021865	LD15	转折点		3646390.90	534563.49	23.55	23.38	0.17	50	铜	0.38	1	1/0	管理	胜利路		
LD18	LD02021838	LD20	转折点		3646390.82	534824.69	23.45	22.96	0.49	50	铜	0.38	1	1/0	管理	胜利路		
LD19	LD02021837	LD18		灯杆	3646390.33	534826.44	23.50	23.05	0.45	50	铜	0.38	1	1/0	管理	胜利路		
LD20	LD02021839	LD23		手孔	3646390.17	534813.96	23.51	22.91	0.60	50	铜	0.38	1	1/0	管理	胜利路		
LD21	LD02021841	LD24		手孔	3646389.96	534812.14	23.53	22.99	0.54	50	铜	0.38	1	1/0	管理	胜利路		

探测单位：勘测设计研究院　　　制表者：　　　校核者：　　　日期：　　　第 30 页

管线统计功能可实现对系统数据库中管线进行管径分段统计和埋深分段统计，快速掌握城市管线特征。同时，根据市政工作管理的需要，开发了特征分类统计、附属物统计、管径分类统计、分级统计、材质统计、废弃统计、权属统计、埋设统计、道路统计、行政统计等功能，全方位的对管线数据库进行统计分析，辅助管线管理者掌握城市管线的现状，对管线的规划、管理、维护、修复提供决策支持。

下面以附属物统计功能为例，管线统计功能可对指定区域范围内的阀门、阀门井、变压器、排气阀、消防栓等附属物和附属物个数进行统计，如图 9-42 所示。

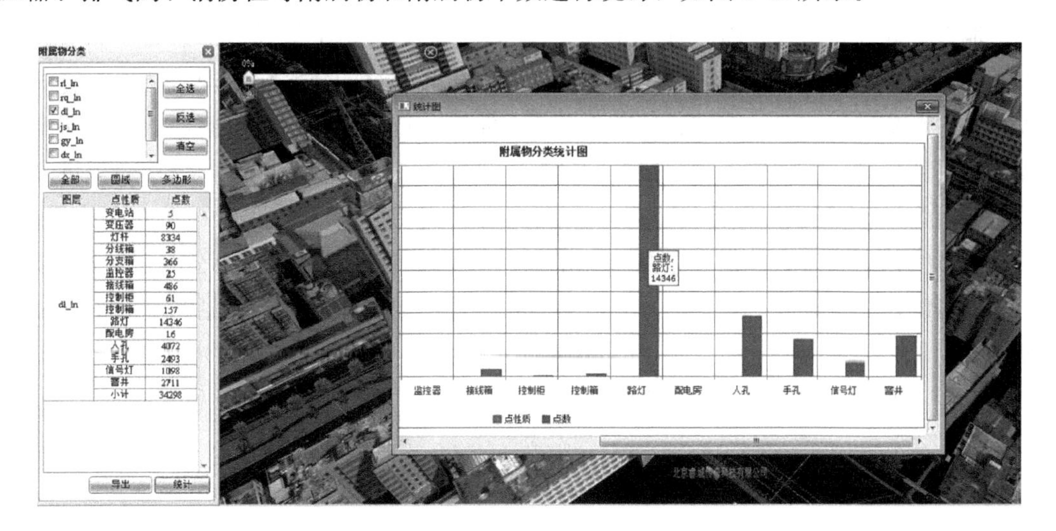

图 9-42　指定区域范围附属物个数统计

参 考 文 献

[1]　许丹艳，刘颖，严建国等. 城市基础信息共建共享背景下的地下管线信息建设与管理［J］. 测绘通报，2018 (6)：139-143.

[2]　许新海. 地下管线数据处理系统的设计与实现［J］. 测绘通报，2013，增刊.

[3]　王洪林. 数字燕郊地下管线探测与三维管线系统的设计与实现［D］. 吉林大学硕士论文，2016，6.

10 地下管线运行管理

采用地下管线探测、建立信息管理系统、动态管理和综合应用一体化的方法，全面查明城市地下管线分布情况，建立具有充分性、现势性的城市地下管线综合数据库和专业数据库。构建城市地下管线信息管理系统，实现地下管线信息的数字化管理，将地下管线信息以数字的形式进行获取、存储、处理、分析、管理、查询、输出、更新，并建立切实可行的数据更新机制，保证地下管线数据的动态管理。提高城市管理效率，为社会提供多元化的服务，为城市可持续发展及减灾防灾提供决策支持。它应满足以下五方面的需求：(1) 地下管线信息管理、处理和信息查阅的需求；(2) 管线管理部门办公自动化的需求；(3) 辅助管线规划设计的需求；(4) 管线事故快速反应的需求；(5) 信息共享和信息交换的需求。

10.1 地下管线管理现状分析

1) 国内外地下管线管理情况

国内外地下管线管理在以下几个方面具有相似性：

(1) 地下管线管理面临的问题是相似的

各国地下管线管理面临的问题也是相似的。无论是国外还是国内，都面临着现存地下管线信息的收集、管理组织架构问题、资金问题、维护和安全问题等。

(2) 安全是地下管线管理的第一要务

无论是美国、英国还是德国、日本，都将地下管线运行安全放到了第一位。美国专门通过了《2006管道检测、保护、实施及安全法案》，英国1996年出台了《管道安全条例》，日本、德国采用了严格的程序和共同沟等手段来减少事故的发生。

国内也是如此，国务院办公厅《关于加强城市地下管线建设管理的指导意见》(国办发〔2014〕27号) 明确指出发文的原因是："为切实加强城市地下管线建设管理，保障城市安全运行，提高城市综合承载能力和城镇化发展质量"。

(3) 地下管线管理都采用了因地制宜的管理原则

就世界范围来看，地下管线管理没有统一的模式，即使在一个国家内，也没有完全一样的管理方法。因为各个城市地下管线建设的规模不同、遇到的问题不同，各个城市在其国家的管理框架下，都制定了更为细致、可行的管理办法。

国内外地下管线管理在以下几个方面具有差异性：

（1）立法力度

目前，中国还没有一部地下管线的专门法规，各个城市也基本是以规章的形式制定了一些管理办法，而纵观各发达国家，基本都有比较成熟的法律体系。

（2）监管力度

国内在地下管线管理领域，有法不依、有章不循的情况普遍存在，但是监管力度却不太大，而发达国家如英国，监管是其最为重要的职能。

（3）协会的作用

国外行业协会的作用非常大，如美国、德国，行业协会甚至是地下管线管理的重要力量。但是，中国的行业协会相比之下作用要弱很多，管理作用非常有限。

2）国内各城市地下管线管理情况

国内各城市地下管线管理在以下几个方面具有相似性：

（1）地下管线问题越来越得到重视

在几次重特大事故之后，国内各城市对地下管线问题尤其是安全问题都非常重视。各地相继出台管理办法，加强对地下管线的管理。

（2）基本上都是多头管理、多段管理

除了个别城市成立了专门的管理部门和机构外，大部分城市都是多头、多段管理。

（3）地下管线底数不清的问题普遍存在

大部分城市还没有进行地下管线普查。即使是进行地下管线普查的城市，普查范围也都局限于主城区。而随着我国经济的快速发展，地下管线的范围早已超过了普查范围。

（4）监察执法与数据更新普遍困难

在我国地下管线竣工核验开展过程中，大量城市都发现了“未批先建、边批边建”、“不验不合法、验了不合格”等情况，然而由于市政工程多数为政府工程，监察执法较为困难。同时，由于竣工资料不完善，数据更新普遍困难。

国内各城市地下管线管理在以下几个方面具有差异性：

（1）管理机构

有些城市由市政部门主导，有些城市由规划部门主导，有些城市由道路部门主导，有些城市由档案部门主导。

（2）管理力度

有些城市成立了专门机构，有些城市领导高度重视，则管理力度要大一些。有些城市由市政部门主导，则对运行管理力度更大，有些城市由规划部门主导，则对规划管理力度更大。

3）国内各城市地下管线管理的差异

（1）地方法规建设要加强。在我国 32 个省、自治区、直辖市中，陕西省制定全省范围的《陕西省城市地下管线管理条例》，走在了全国前列，该地方法规制定得也非常全面，易于实行。《重庆市城市管线条例》进入征求意见阶段，走在了个直辖市的前列。

在我国省会以上的城市中，武汉、杭州、昆明、银川分别制定了各自城市的地下管线管理条例，其余各省会以上城市都有以政府令形式发布的地下管线管理办法。

从北京市的现状来看，政府层面的规章、通知较多，但没有形成地方法律、条例，一方面有些法规制定较老，更跟不上时代发展，另一方面执行力度有限。地下管线竣工验收和资料归档执法情况不理想，资料更新不能全面反映管线现状更新。

《北京市城市地下管线管理办法》第 8 条规定，规划、建设、市政行政管理部门和地下管线权属单位应建立地下管线信息管理系统，及时将地下管线普查资料、竣工资料、补测补绘资料输入系统，并实行动态管理和信息共享。该条规定造成管线资料及其管理系统的条块分割，信息共享内容非常有限。

（2）机构建设及其协调待加强。《北京市城市地下管线管理办法》明确规定，市政行政管理部门负责本市城市基础设施地下管线综合协调管理工作，并组织实施本办法。同时规定了规划行政管理部门、建设行政管理部门等部门的责任。由于市政行政管理部门位于地下管线精细化管理工作流的中下游，较难协调其上游对管线的投资、规划、设计的管理。北京市的地下管线信息管理分属到规划、市政、建设 3 个行政管理部门，条块分割，难以形成合力。

深圳的情况与北京有些相似，建有两个综合管线平台：一个是由市规划房产信息中心管理，主要数据来源是原市国土资源和房产管理局定期组织（一般为一年一次）的地下管线普查和修补测；另一个是由市城建档案馆管理，主要数据来源是项目建设单位移交的竣工归档材料。两系统关心信息数据的准确性和时效性不足，时常相互矛盾。水务、燃气、电力各有一套自己的管线专业信息平台，彼此之间不共享、不兼容。

天津市规划局负责全市地下管线工程信息统一管理工作。天津市地下空间规划管理信息中心是地下空间信息日常管理机构，负责地下空间信息的收集、整理、利用、更新、维护和日常管理等具体工作，负责地下空间信息综合管理系统和共享平台的建设、维护与开发利用。该中心与规划建设管理等职能建立管理流程机制，与各专业主管部门建立地下管线信息共建共享机制，建立重点工程服务机制，24 小时动态跟踪测量响应机制，违法建设发现查处机制，定期修补测机制。

南京市成立了城市地下管线数字化管理中心（以下称管线中心），专门负责地下管线信息的收集、储备、更新、提供、利用及地下管线信息系统的建设、管理和维护工作。

昆明市成立了昆明市城市地下管线探测管理办公室，主要职责是开展地下管线探测等业务，负责昆明市地下管线信息系统的运行、维护、升级和数据更新工作。

（3）管线施工安全推广力度要加大。在挖掘工程管理方面，北京市借鉴欧美等发达国家的做法，建立了挖掘工程地下管线安全防护机制（挖掘工程地下管线安全防护信息沟通公示机制，挖掘工程建设、施工单位与地下管线权属单位间对接配合机制，挖掘工程属地区域监控机制，地下管线安全防护三级协调配合会议机制，地下管线安全防护宣传教育和社会监督机制）。

在管线管理方面实行综合协调管理，部门分段负责，行业分工监管，属地区域监管，企业主体履责，明确建设单位的安全责任和安全生产管理，强调地下管线信息不明的需进行地下管线探测。尽管在管线施工方面北京市采取了一些措施，但由于该举措并非强制，北京的建设单位还没有广泛使用，3 年来共报了 1000 件，很多权属单位在建设时并不使用。

（4）管线普查、竣工测量验收、成果汇交归档及数据建库工作有待加强。昆明等市的地下管线竣工测量已用于地下管线数据库的数据更新，市规划委系统的地下管线数据库也一定程度上实现了地下管线竣工测量成果更新地下管线数据库。但由于原有地下管线数据库资料不全，汇交的管线竣工测量成果不完整，地下管线数据库的完整性和现势性仍有待加强。从地下管线工程的竣工验收到成果汇交、归档，国家到地方层面的法律、法规都有，关键是执法力度不够。

北京全市性的管线普查工作已有 20 多年没有开展，区县的管线普查也只在密云、朝阳、大兴、顺义、延庆、怀柔、通州、西城等区县展开，相比广州、重庆、昆明等城市这 20 年已开展了多次管线普查，北京的管线资料欠账较多。

(5) 统一完整、现势、准确的综合地下管线信息平台有待建立。天津、昆明等地已经建立了统一完整、现势、准确的综合地下管线信息平台，武汉等地的建设也在进行之中。

北京市相对要落后一些，包括规委的两套系统和市政管委的一套系统。两个部门的系统数据来源不同，精度、完整性及现势性均有差异，现在正在建设两部门共享的综合地下管线信息平台，比较校核两部门的管线数据，希望通过这种合作及今后的普查成果和竣测成果实现综合地下管线信息的完整、现势、准确。

(6) 管线运维取得一定成果，深层次工作仍有待加强。北京市城市管理实行网格化管理，制定了管线应急预案，在管线运维方面取得了一定成果。但管线运维的许多深层次工作仍有待加强。如城市内涝预警、排水管线合理性监测，老旧管线泄漏检测、维修、改造。另外，应急事件处理后的管线资料现状归档到城建档案馆也是一个亟待解决的问题，否则会造成管线档案信息的不完整。

(7) 综合管廊的管理机制有待进一步探索。陕西省、广东省、哈尔滨市等地非常重视综合管廊、管沟的建设。有的写入地方管线条例，有的进行了部分试验，由于资金、规划等诸多方面的问题在全国开展有一定困难。

北京也开展了综合管廊的建设工作，但管理机制并没有理顺，如果没有硬性要求，权属单位并不愿意将管线入廊。

(8) 废弃管线管理在信息上报和生态化处理方面仍有差距。国内未见在废弃管线处理方面有较为完善的报道，美国则已施行废弃管线管理的生态化。通过立法或设立相应的政府监管机构保障公共环境的安全与发展。依据《公共设施监管政策法案》，美国设立了联邦能源监管委员会负责天然气及液化天然气有关设施废弃的项目审批（批准）。

北京应在废弃管线的档案信息处理方面规定废弃管线信息必须实时上报城建档案管理部门，废弃管线的生态化处理应符合环保要求并得到环保部门的认可。

10.2 管理特点与模式

1) 管理特点

北京市的城市地下管线分属不同单位建设和管理，资料分散分布在不同的城市部门。

由于各管线权属单位获取和存储地下管线信息的方式不同，其信息化建设工作程度也不均衡。因此地下管线资料具有多源性、多样性、离散性和时空性等特点。

（1）多源性：是指地下管线信息获取的方式不同，如野外调查、管线探测、竣工测量或由已有竣工资料数字化等。

（2）多样性：是指地下管线的类型多种多样，包括给水、排水、燃气、热力、电信、电力、工业和综合管沟（廊）8大类管线；地下管线资料的介质类型、数据格式和存储方式多样，从其存储的介质类型可划分为纸介质资料和电子数字资料。

（3）离散性：是指地下管线信息分散存储在城市规划、建设、市政、城建档案、管线权属单位以及各企事业单位等部门。

（4）时空性：是指随着城市建设的发展和时间的推移，城市地下管线信息会发生变更，需要对城市地下空间的变更信息进行管理，以保证其现势性。

地下管线信息的离散性决定了各建设单位利用地下管线信息时，要到多个管线权属单位查询。而地下管线信息的其他3个特性，又会导致多方式获取的资料在完整性、准确性、现势性方面存在问题。

各家权属单位存储的地下管线范围、数据精度、数据内容、数据格式等都有差异。因此，城市地下管线信息化建设工作首先要对各家存储的数据进行评估，从中提取符合标准要求的数据，提出需要进行补测补绘的数据。

2）管理模式

（1）机构管理

北京市地下管线管理属于典型的多头管理，市政市容管理委员会是地下管线运行阶段的综合管理部门。相关职能部门各管一段，部门间关系处理、协调运行不够流畅。管理职权方面，管理节点、监管措施、牵头部门协调其他部门的职权内涵与界限不清晰。地下管线产权归权属单位。管线权属单位众多，各管一段，空间覆盖呈片段化，不利于管线的安全运行和整体管理。

北京市市政市容委建立了“运行综合协调管理、行业主管部门行业监管、区域属地监管、权属单位主体履责”的一整套特色管理机制，取得了较好的管理效果。现有的运行安全管理中，行业主管单位的作用还不够明显。

地下管线的全生命周期一般包括：投资、规划、建设、运维和退出阶段。各阶段间的沟通、联动很少。退出阶段对废弃管线的管理几乎是空白状态。

（2）信息系统建设

北京市分别由市政市容委和市规划委以及各管线权属部门组织开发了地下管线信息系统，前两者涉及综合管线信息，后者主要是专业管线信息。

市规划委管线系统建于1996年，2003年起依据汇交到市规划设计勘察测绘地理信息管理办公室的管线竣工资料对系统数据进行了持续更新，全部数据都进行二级检查一级验收，数据的现势性较好。竣工测量资料及数据库内容的管线分类、数据精度、数据格式统一执行北京市地方标准《北京市地下管线探测技术规程》（DB11/T 316—2005），共存储了约 40000km 管线。

市政市容委系统建立的综合地下管线信息系统，初期设想建成 1＋3＋n 的模式，数据库在市政市容委，与管线的规划、建设、运维 3 家部门实现信息共享，与 n 家管线权属单位实现管线数据交换。由于涉密问题，该系统只在市容委运行。市政市容委在其门户网站上还开通了“北京市地下管线综合协调管理系统”和“北京市挖掘工程地下管线安全防护信息沟通系统”。各地下管线权属单位分别建立了自己的专业地下管线信息系统。这些系统与规划委的系统没有业务关系。市政市容管委的系统建设前期，向各主要管线权属单位收集了地下管线资料，在 2013 年年底建成后与权属单位管线信息的交换较少。

自来水集团公司 1995 年建成管线信息系统，实现了地下管线普查，现有管线 8900km，每年新增 200～300km，具有编辑、查询、统计功能，实现了管线数据的实时更新。

（3）管线普查与竣工测量

北京市重视地下管线竣工测量和建档工作。1955 年第 1 次在天安门广场对雨水、污水管线进行地下管线竣工测量。1957 年对全市历年来埋设的自来水管线进行普查工作。1964 年、1976 年、1986 年组织开展了 3 次地下管线普查大会战，共测地下管线 5088km。之后北京市有近 30 年没有开展过全市大规模的普查工作。

近几年，中心城区主要权属单位通过自己的管线探测公司积累了大量数据，部分区县开展了地下管线信息普查。普查存在普查范围、内容标准不一致，数据成果格式不规范，成果形式差别大，以纸形式留存成果等问题。普查后的数据更新基本处于停滞状态。

（4）综合管廊建设

早在 1958 年，天安门广场下就铺设了 1000 多米的综合管廊。2006 年，中关村西区建成了我国大陆地区第二条现代化的综合管廊。2012 年昌平未来城也建设了容纳了水、电、气、热等基础设施的市政综合管廊。目前，通州新城也在建设地下环廊。

3）北京城市地下管线精细化管理模式

筑牢地下管线信息基础，加强地下管线的建设和运维的精细化管理，地下管线管理的责任做到全覆盖、无漏洞，最终建立健全地下管线管理的相关保障机制。

（1）筑牢地下管线信息基础

地下管线信息是地下管线精细化管理的基础，要建立地下管线普查和更新机制，做到“老管线账目清、新管线不欠账”。老管线账目清就是要通过普查摸清已存在管线的现状信息，没有遗漏，新管线不欠账就是对管线普查完成后的每条新建管线都要进行竣工测量验收及成果归档工作。

（2）加强地下管线的建设和运维的精细化管理

建议地下管线的管理要做到建设、运行齐头并进，同时做到精细化管理。

在建设方面，现行管线的规划、投资、施工流程是顺畅的，但是都是一个个审批项目，要进一步明确规划部门对全市范围内地下管线信息获取、更新、数据提供方面的主管责任。

在运行方面，就是要像抓管线的规划、投资、施工那样抓管线的运行维护，建立地下管线的定期检测、保养、预警制度，组织行业主管部门对地下管线进行定期检查监督。运维过程中管线信息的改变要随时记录归档。

(3) 地下管线管理的责任做到全覆盖，无漏洞

建议地下管线的管理从地下管线的建设流程、属地管理、行业管理3个维度进行责任划分，构成纵向管理一条线和横向管理一张网，达到“横向到边、纵向到底”的管理效果。所谓横向到边就是要明确北京城市范围内每一根管线的权属以及管线的其他空间和属性信息，对没有权属的管线进行退出或设定新权属的处理。纵向到底就是建立每根管线从设计规划到退出的完整档案，对于普查前没有档案的管线补建从普查到退出的阶段档案。

(4) 地下管线管理保障机制

要建立北京市地下管线精细化管理与服务模式，必须配套建立保障机制，包括法律保障、组织机构与人力资源保障、应急保障、信息化保障、经费保障、科技保障。

① 法律保障方面，北京市在现有管理办法的基础上立法，细化行业主管部门的职责，规定废弃和未知地下管线的处理方法，将普查、测绘城市地下管线，建立和维护更新城市地下管线信息系统纳入政府财政预算，提倡综合管廊的建设等。

② 组织机构与人力资源方面，建立专门的地下管线信息管理机构——地下管线信息管理办公室，全面负责地下管线的信息化管理工作。

③ 各专业管线权属单位或公司的行业主管政府部门，负责向地下管线信息管理办公室提交地下管线数据。将《北京市地下管线抢修预案》的应急范围扩大到地震、爆炸、瘟疫等其他方面的突发事件。该预案提到的要逐步建立完善市级地下管线综合管理信息系统。

④ 信息保障方面，应高质量完成北京市地下管线普查工作，加大竣工测量成果汇交的执法力度。补充完善校验已有的综合地下管线管理信息系统，建立管线竣工测量成果更新地下管线数据库技术流程，保持系统的现势性。

⑤ 将地下管线的普查、竣工测量、信息系统建立与维护更新纳入市财政预算，建立经费保障。

⑥ 政府积极鼓励使用新技术，发挥行业协会作用，作好新技术的宣传推广，已经成形的新技术如物联网、管线电子标识识别器、综合管廊要加大推广力度。

10.3 地下管线信息共建共享

1) 成立地下管线综合信息管理职能机构

设置综合管理机构，重视管线信息的集中管理是许多国家和地区有效管理城市地下管线的成功经验。

近几年来我国许多地区也先后成立了不同形式的管线信息综合管理部门。管线信息综合管理部门负责组织制定全市管线综合信息管理的数据标准和政策规范，建设城市地下管

线综合信息系统，进行城市管线信息的收集、更新和共享利用。这既保证了管线综合信息普查的快速实现和动态及时更新，也能在较短时间内实现管线信息的统一管理和资源共享。

2）建立与完善管线信息管理的制度体系

为促进管线信息共建共享，确保管线信息数据类型等无缝衔接，应从技术标准、管理规范、审批流程等各个层面进行管线基础地理信息相关制度体系的建设和完善。通过结合国家的上位规程规范，制定符合地方实际的“地下管线数据标准”“地下管线探测技术规程”等地方性文件，为整合地下管线数据、实现地下管线地理空间信息标准化提供基本依据。同时，通过联合规划局、住建委、财政局、交通局及城建档案馆等相关部门，将地下管线的竣工测量信息数据汇交制度纳入审批管理流程，可以有效实现管线建设与信息维护的同步更新。

3）逐步完善地下管线信息的收集、存储及动态更新管理体系

地下管线基础地理信息的收集，目前主要包括探测普查、竣工测量、修补测及权属单位提供的专业地下管线信息等方面。其中普查、修补测数据，在通过探测后经质量检查直接录入基础信息系统库；竣工测量数据则由建设单位和测绘单位通过系统申请，经材料完整性和数据信息质检合格后入库。具体流程如图 10-1 所示。

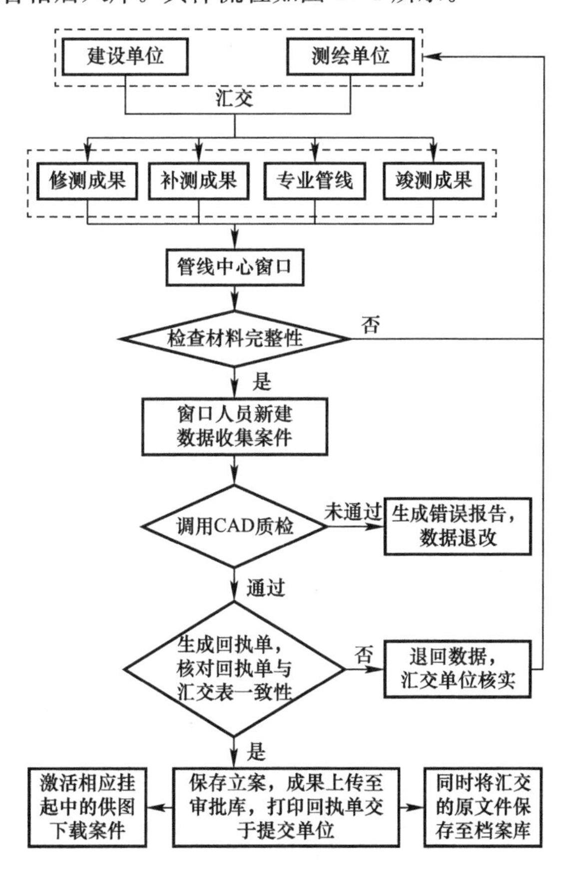

图 10-1 管线信息数据收集入库流程

在普查基础上，建成地下管线地理空间信息系统和数据库，作为地下管线信息储存的主要载体。通过竣工汇交、外业巡查和现场核实等途径，对管线数据变化区域开展修测，对管线数据未覆盖区域开展补测，从而实现系统和数据库中地下管线信息数据的动态更新与维护工作。

4）加强顶层设计，搭建管线信息互通共享平台

在完成数据收集及系统入库后，应制定顶层设计方案，以“数据—服务—应用”为主线，开发建设管线地理空间信息共享交换平台，通过该平台发布统一规范的数据和应用服务（图 10-2）。

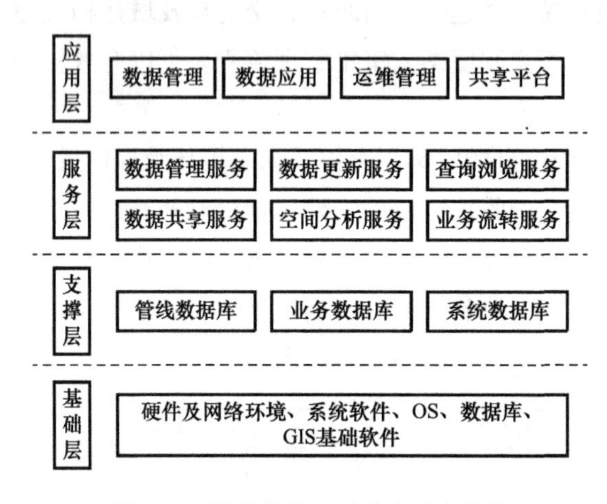

图 10-2　管线信息互通共享平台结构

初期，信息共享平台可以单一专业管线为试点，进行管线综合信息与专业信息的共享管线数据动态更新。

后期，根据管线用户的多样化需求，共享平台在符合信息安全等级保护等相关要求的前提下，还将根据角色不同，实现不同数据类型、权限范围等访问控制。

5）不断深化管线信息共建共享的实践应用

地下管线信息建设的成果通过在城市规划与建设、城市道路施工、河道整治等各项工作中的应用，一方面能够有力保障城市建设和环境维护，另一方面地下管线信息的准确性也可以得到进一步地验证和动态更新。同时，通过利用信息成果开展管线间安全间距和碰撞分析，还能及时加强对地下管线的隐患排查，强化监控预警，进而加强地下管线统筹管理、综合设计，尽可能避免并逐步消除因地下管线碰撞带来的安全隐患。

地下管线基础信息综合管理系统主要负责地下管线普查数据库的管理、维护和共享应用扩展工作，功能如图 10-3 所示，涉及数据库管理、数据管理、数据编辑、数据转换、元数据管理、制图输出、运行维护、数据共享服务、历史库数据应用和三维子系统等，实现普查成果在数据层面、系统功能层面的共建共享。

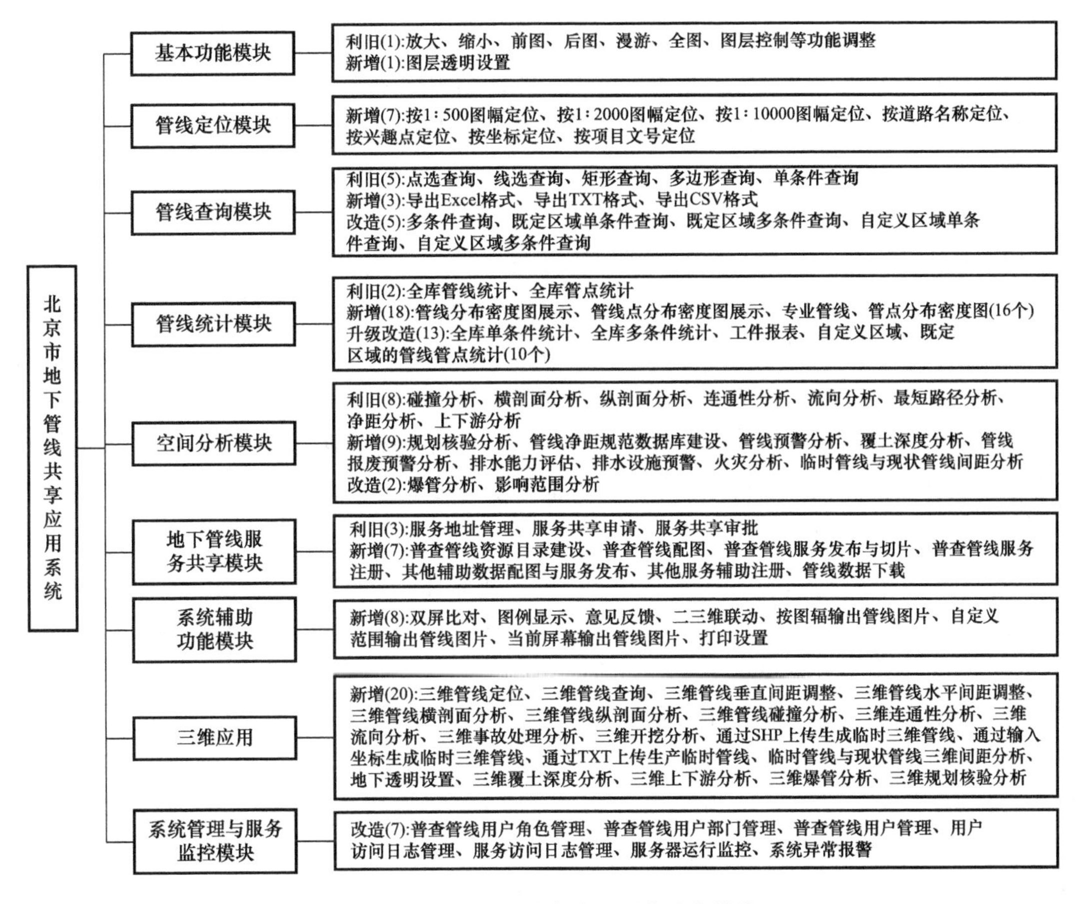

图 10-3 地下管线共享应用系统功能模块

10.4 地下管线信息管理面临的挑战与建议

1）面临的挑战

城市地下管线信息的建设与管理已在城市建设中初步发挥了积极的保障作用，有效避免了重复建设，节约了建设成本，但由于管线信息的共建共享平台搭建仍然处在初期阶段，从今后的工作来看，依然面临着挑战。

（1）地下管线信息管理需要加强地方立法

鉴于地下管线信息管理的复杂性和全国层面立法的缺失，要有效落实国家关于城市地下管线建设管理的要求，通过地方立法，进一步规范地下管线规划、建设、管理等环节，明确地下管线建设单位、管线主管部门和管线信息主管部门在管线管理中的职责，形成地下管线信息共建共享的法律支撑已经刻不容缓。

（2）地下管线建设管理急需长远规划

地下管线综合信息管理工作刚刚起步，要有力推进这项工作的长期开展，满足城市规划、建设、运行和应急需要，使之成为智慧城市的有机组成部分，需要加强对地下管线信息建设的长远规划，在制度建设、数据覆盖、数据利用及动态更新等方面提出明确的目标和路径。在综合管廊建设方面，更需要管线综合信息主管部门发挥牵头作用，及早编制布局规划方案，引导城市未来发展。

(3) 管线信息范围要逐步实现“全覆盖”“一张图”

目前，大部分城市虽然开展了管线探测普查，但管线数据仍未能实现全覆盖，特别是非公共空间的探测普查还在试点阶段。要充分发挥管线信息共建共享的效力，信息的完整性、全面性尤为重要。目前应进一步加强管线信息普查的工作力度，尽快实现管线信息的“全覆盖”和“一张图”，达成管线信息的全面共享。

(4) 管线信息共建共享的长效机制仍待探索，目前管线信息的共建共享初步成形，但要形成管线数据共建共享的长效机制，一方面需要积极学习和总结国内外共建共享建设的经验；另一方面要针对各管线主管部门和管线产权单位深入调研和沟通，围绕专业管线数据信息、数据结构及所使用的数字化平台，研究确定不同管线相关单位之间的共享内容、共享方式、共享标准等，探索不同数据格式、不同系统平台之间的共享和共建方法，为管线信息共建共享平台开发奠定坚实的基础。

(5) 管线信息的保密制度尚待完善

城市地下管线信息数据是国家保密数据，管线数据的共享应用必须以有效的安全保密措施为前提。但目前国家相关文件仅规定了地下管线纸质档案的保密事项，对管线电子数据的保密事项尚无明确规定；同时，管线权属单位、信息数据使用单位对管线信息保密程度的理解和要求也各不相同，这给信息的共享互换工作带来了一定的难度。如何尽快完善相关制度，对涉密信息实施分级保护，有效保障信息安全已经成为当前需要解决的一个重要问题。

2) 政策建议

(1) 加快建设完善地下管线信息管理的法律体系

目前，全国各地已出台了大量地方性的地下管线管理办法甚至条例，积累了比较丰富的管理经验，在此基础上，结合相关法律法规中已有的条款，应尽快制定出台全国性的地下管线管理的专项法规，对地下管线管理的环节、相关部门职责、信息安全、违法责任等做出一般性的规定，为地方城市地下管线管理提供直接的上位法依据。

(2) 优化完善城市地下管线信息管理的组织机构

城市地下管线犹如城市肌体的“血脉”，要加强管线信息的建设和管理，有效的组织保障必不可少。但目前许多城市地下管线信息的职能管理部门都只是行政层级较低的事业单位，在相关法律和政策不尽完善的条件下，协调城市相关专业管线权属单位存在诸多困难，难以保证各项综合管理工作有效落实。建议以地方主要领导牵头负责成立城市地下管线综合管理委员会，对地下管线的规划、建设和协调管理进行决策，管线信息管理部门主要承担综合信息的建设、管理等具体业务工作。

(3) 加强城市地下管线的规划编制管理

要引导城市地下管线的规范建设，围绕城市规划做好管线发展的规划编制至关重要。

今后应积极利用目前管线综合普查的信息成果，在城市规划特别是控制性详细规划层面对公共区域的管线进行优先布局，为各类地下管线预留管位，有效、集约利用地下空间。对有条件的城市新区，应积极结合综合管廊的建设试点，优先开展综合管廊规划编制。在规划控制的基础上，加强管线建设的规划审批和竣工汇交等扎口工作。

（4）大力推进城市地下管线的“一张图”

建设地下管线信息管理的工作历史负担较重，基础也比较薄弱，目前尽管管线普查工作基本完成，但非公共区域的普查及与公共区域的网络整合，地上地下管线信息的整合，以及现状管线与新建管线信息的整合等还有很多的基础工作要做。为高起点做好管线信息建设工作，全方位提升管线信息共享交换效率，大力推进城下管线空间地理信息的“一张图”建设，发挥管线信息管理的“软”基础设施功能，是今后管线信息建设中的重要内容。

（5）加强地下管线信息管理的技术研发和应用

不同专业管线的差异性和复杂性既要求在管理中形成相关单位之间良性的协调联动机制，也需要在管线的探测、普查、管线信息系统的建设方面加强新技术的应用和研发，以应对城市地下管线建设快速发展的现实。在信息管理方面，积极应用各种新媒体手段，增强新建管线信息汇交的便捷性和即时性，加强管线公共信息的发布，以促进管线建设、运维中的公众参与。通过技术手段的更新和应用保证管线信息管理的持续服务能力。

参考文献

［1］ 张保钢，杨伯钢，陶迎春．北京城市地下管线精细化管理模式研究［J］．测绘通报，2015（S0）：11-15.

［2］ 许丹艳，刘颖，严建国，等．城市基础信息共建共享背景下的地下管线信息建设与管理［J］．测绘通报，2018（6）：139-143.

［3］ 赵泽生，刘晓丽．城市地下管线管理中存在的问题及其解决对策［J］．城市问题，13（12）：80-83.

［4］ 刘晓丽，吴颖婕，陈无风，等．城市地下管线综合管理理论与制度研究［J］．城市发展研究，2013，20（3）：102-107.